失控

（修订版）

全人类的最终命运和结局

[美] 凯文 · 凯利（Kevin Kelly） 著

张行舟　陈新武　王钦　等译

電子工業出版社
Publishing House of Electronics Industry
北京 • BEIJING

版权贸易合同登记号 图字：01-2015-6748

图书在版编目（CIP）数据

失控：全人类的最终命运和结局：修订版 /（美）凯文 · 凯利（Kevin Kelly）著；张行舟等译. —北京：电子工业出版社，2023.8

书名原文：Out of Control: The New Biology of Machines, Social Systems, & the Economic World

ISBN 978-7-121-45888-0

Ⅰ. ①失… Ⅱ. ①凯… ②张… Ⅲ. ①未来学－通俗读物 Ⅳ. ① G303-49

中国国家版本馆 CIP 数据核字（2023）第 119136 号

责任编辑：胡　南
印　　刷：上海盛通时代印刷有限公司
装　　订：上海盛通时代印刷有限公司
出版发行：电子工业出版社
　　　　　北京市海淀区万寿路 173 信箱　　邮编：100036
开　　本：720 × 1000　1/16　印张：48.25　字数：671.6 千字
版　　次：2016 年 1 月第 1 版
　　　　　2023 年 8 月第 2 版
印　　次：2025 年 2 月第 6 次印刷
定　　价：138.00 元

凡所购买电子工业出版社图书有缺损问题，请向购买书店调换。若书店售缺，请与本社发行部联系，联系及邮购电话：（010）88254888，88258888。

质量投诉请发邮件至 zlts@phei.com.cn，盗版侵权举报请发邮件至 dbqq@phei.com.cn。

本书咨询联系方式：010-88254210，influence@phei.com.cn，微信号：yingxianglibook。

序

我写《失控》是25年前的事了。对于一本声言要讨论未来的书来说，这时间很长。离它的第一个中译本的出版，也已经10年。在这期间，世间许多事，皆已面目全非，包括我们对未来的态度。技术界更是沧海桑田，着实难以在这篇小文中一言以蔽之。然而，我自然也想知道，我这本书在过去25年间表现如何？它仍然有价值吗？今天还值得一读吗？若以我今天所知来重写一遍，那么它会有何不同？若真不同，那么我又将做哪些改动？

除了一些拼写错误，我还真不觉得哪里有错误或失真。我极力描述和解释的原则仍然有效，并且我相信仍然有用。实际上，我觉得它们现在比以往任何时候都有效用。我们每年都会创建几十个新的合成系统，我集纳于书中的知识可对其做有益的指导。过去25年间最大的变化，是去中心化系统、分布式动力和机器智能带来的裨益日趋明确。而此前，《失控》中的诸多主题，比如“涌现”“蜂箱”“蜂巢思维”“蚂蚁算法”“社交机器人”，都看起来像是一些可爱又深奥的思想，属于哲学范畴。而今它们则被正确地理解为互联网核心的、本质的、实用的基础概念。从前当我谈到这些事物时，它们显得邈远、近于臆测；而如今我们再提到它们，就已经近乎陈词滥调了。如今尽人皆知：众人的智慧堪做大用。

这本书的不足之处在于，它遗漏的、未曾涉及的部分。我没有写一章来讨论为什么经济也属于一种人工分布式系统，就像一个视频游戏，或者一个有机体。我本来为这章做了一些笔记，但是对于一本体量已经太大的书来说，它又属于体量较大的一个章节。我同样没有探讨新闻、信息系统或社交网络，现在看来这是一个巨大的疏忽，去探讨这些话题才合乎逻辑。如果我今天要重写这本书，那我会让它多一个信息生态的章节。

让我惊异的是，《失控》一直不曾落伍。在诸多科学领域，一本25年前写的书，肯定早就严重过时了。我感到欣慰的是，我用来讲述“涌现”故事的示例和具体案例仍然有效，这是因为这一领域的进展，远非我所预期的那样迅捷。在2020年的今天，我可以在原书24个章节中的每一章里添加相同数量的新材料来支持我的论点。比如许多原本只是书面上的畅想，现在已经出现在了研究实验室里；许多原本在研究实验室里的想法，现在已经变成了商品。但奇怪的是，在过去的25年里，这些方面都没有出现重大突破，也没有出现颠覆性思想。唯一的例外是深度学习及神经网络的进步，它们比任何人预测的都要好用得多。应该补充一点，如果今天重写这本书，那么我会用几章的篇幅来介绍深度学习及神经网络（我此前曾简要地提到过），因为它们对于人工智能这一当前世界上重要的新技术而言，已经变得举足轻重了。事实上，深度学习及神经网络是自下而上、分布式、去中心化、涌现系统的最好例证。它们是我25年前在《失控》中写到的全部事物的完美例证。

就算深度学习及神经网络取得了巨大的成功，但25年前我们所不了解的多数其他事物，我们此时仍然不明就里，我们的理解存在着相同的漏洞。对于如何构建可以引导或提升自身复杂性的系统，我们仍然没有很好的把握，我们不知道如何对演化系统进行编程以使其自行演化。我们甚至还没有关于外熵系统何以运作的合理的理论构想，即解释它们可以持久并不断发展的原因。对于复杂性，我们没有可行的衡量标准，甚至没有人造生命的可行框架。如果有人在我写《失控》时问我，那时候我会猜测，我们现在至少可以给其中一些问题找到答案。但是，呜呼，它们仍然是未知数。

但我们确实已然理解了某些事。我可以自信地说，现在尽人皆知的一件事就是，我在《失控》最后一章中描述的如何创造复杂事物的“九律”确实有效。举个例子，我们确实可以用简单的东西创造出复杂的东西。即便那些非科学工作者，如今也看得更清楚，复杂的机器与生物有许多相似之处，而我们乐见如此。在过去的25年里，我们一次又一次地看到那些非常基本的自下而上的去中心化系统是如何取得成功的，如何取得比我们猜测的速度更长远的进步。即便是一个完全去中心化的系统，也未必能够让你功成事遂，自下而上通常是最理想的方式。这些都已经属于渗入我们文化中的教义，今天大家已经视其为理所当然的了。

我想《失控》在使上述思想得到接纳并进入主流方面发挥了自己的作用。《失控》的中文版于那时来到中国，我特别感恩。那是一个完美的时间节点。中文版的发行是在中国企业家制作大型复杂系统的时候，我所进行的深入研究对他们的实验大有裨益。在美国，我的书却出现得太早了。它是在互联网时代真正开始之前出版的，它收到的评论很少，在当时受到漠视，因为技术被认为很无聊，并且无关紧要。到互联网迅速发展之时，这本书已被人们遗忘了。现在情况则有所不同，因为我们已经受到了教育去理解“涌现”，另外别的作者关于这些思想的著述也陆续出版。《失控》现在的销售量，比它首次发行时更高。

出版界有句老话：“小书易卖，大书难销。”《失控》是一本大书。如果我今天重写它，它将会更长、更大。故此，我对所有愿意啃这本大书的读者心存感激。它艰深晦涩，不易理解。感谢读者，和我一起踏上这段旅程。我希望我的研究对你有所助益，我也希望这本书短一点！

凯文·凯利

2020年7月1日

于美国加利福尼亚州帕西菲卡市

技术元素宣言 ——《失控》十三周年版感言

人性是技术的发明。

——贝尔纳·斯蒂格勒(Bernard Stiegler)

2008年，朋友将《失控》英文版推荐给我时，我还无法预见，这本书和它的作者KK会带给我怎样的影响。

一

“技术元素”(technium)是KK造的一个词。-ium这个词缀常常出现在化学元素的名字中。KK想要表达的意思再明确不过——技术就像化学元素一样，是天生的、天然存在的。不过，techn-这个源自希腊语的词根意为“艺术”“手艺”。那technium这个词岂不是自相矛盾?

我们会优先把自身放在认知体系的中心位置。“日心说”远远晚于“地心说”，这是一个不可避免的过程，也是一种必然的进步。

技术一直被视为人类的发明，但自然界也有它的“技术”。风蚀是加工的技术，河流是连接的技术，DNA是编码的技术，而人类以及人类文明的存在则构建在DNA这个编码技术之上。

二

语言也是一种编码技术。语言的出现使人类经历了第一次技术奇点。

KK认为，大约在一万年前，当人类改变自然环境的能力超过了自然环境改变人类的能力时，就出现了第一个临界点；而眼下，技术元素改变我们的能力又超过了我们改变技术元素的能力，第二个临界点就出现了。

编码技术的问世会带来技术奇点。技术奇点以多样性的爆发为标志。

DNA带来了物种多样性的爆发。语言带来了人类思想和文化多样性的爆发。计算机程序又会带来哪种多样性的爆发？

三

早在万维网萌芽时期，KK就预言：计算机的未来不在计算，而在连接。

连接带来交换——物质的交换、能量的交换、信息的交换。从广义上讲，连接即环境。或者说，连接与编码如同DNA的双螺旋结构一样缠绕在一起，共同形成了演化。

以语言及其媒介为例，按照麦克卢汉的媒介理论，人类迄今为止的历史可以分为口语时代、读写时代和电子时代。语音字母的出现，使语言可以借助甲骨、竹简、纸张等介质持久保存和传播。而古登堡印刷术的出现，更是将人类的读写文化推向了巅峰。

假如，人类早于语音字母而发现了语音的持久保存和传播技术，那么人类历史的进程是否会大不相同？

四

陆游有诗云："文章本天成，妙手偶得之。"

阿根廷文豪博尔赫斯也构想了一个包含世上所有可能之书的巴别图书馆。不管你想写什么书，它都已经存在于这个图书馆的某个角落了。

人类的发明，与其说是发明，不如说是发现。在一座包含了宇宙中所有可能之物、可能之技术、可能之文明的形式库中，我们按照某种算法漫游其中；浏览过的橱窗序列，即人类文明演化的路径。

"我因寻找这本书而写就这本书"，KK在《失控》中写道，"……漫长的搜索带给我的巨大成就感在于——不管这本书写得如何，只有我能找到它。"

五

人性的演化，归根结底，是对技术演化的适应。

开放、共享、利他、协作、集体所有……这些人性中的新的"善"之所以能够出现，不是因为我们主观上认为它们是好的，而是因为它们符合当下技术演化的需要。

而技术的演化大体上讲，是朝向复杂性和多样性增加的方向的。

2017 年 5 月，余姚。

在从王阳明故居回酒店的路上，我问 KK："西方的超验主义和中国的心学有什么区别？"KK 想了想说："我们没有王阳明这样的圣人。"

赵嘉敏

译言网创始人

《失控》中文版再版序

一转眼，《失控》中文版面世已经5年了。这5年里，国内互联网产业和环境发生了巨大变化，《失控》中文版的市场反响也如同它的英文原版一样，一年比一年卖得好。

凯文·凯利被国内的科技媒体界尊为“预言帝”。但他自己在多个场合表示过，对未来3~5年的具体产品或企业做出预测几乎是不可能的，他也绝不会做这样的预测；他更关注的是未来20年、30年甚至50年、100年的大趋势。

这个大趋势就是网络和数字技术对商业、社会的全面渗透和影响。

今天，无论是谈论商业还是文化，抑或是社会问题，我们几乎都离不开“互联网”这个关键词。互联网不仅是一项技术，它更是一项“使能”技术（enabling technology），如同制造工具的技术一样——在第一把石斧被打造出来后，它又可以被用于制造更精细、更复杂、更强大的工具。在经历了数百万年的制造和使用工具生涯后，人类社会开始进入与工具融合的时代。互联网既是一种融合技术——人与数字技术不可分地融合成网络，同时它也进一步催生了更多的融合技术。从此，人类社会真正进入了与科技水乳交融的时代。嗅嗅身边的空气，你不难发现，商业是科技的商业，文化是科技的文化，社会是科技的社会。

30多年前，阿尔文 · 托夫勒以一种近乎思想实验的方式预见了这一变革。20多年前，凯文 · 凯利通过大量的观察和思考“看见”了这一变革的种种端倪。类似的端倪，今天仍然存在，今后也依然存在。凯文 · 凯利把自己看作一个观察者、一个学习者、一个追随者，这是他能够比大多数人更早看到这些端倪的原因。正如他在《必然》的序言中所说的，“日新月异的高科技板块下是缓慢的流层；数字世界的根基被锚定在物理规律和比特、信息与网络的特性之中……这些（科技的）力量并非命运，而是轨迹。它们提供的并不是我们将去往何方的预测。它们只是告诉我们，在不远的将来，我们会向哪些方向前行，必然而然”。

再次感谢参与《失控》协作翻译的所有译者，没有他们的付出，就不可能有《失控》中文版。也非常感谢《失控》中文版再版的编辑胡南女士，她在极短的时间内以高强度的付出完成了图书的出版工作。

当然，最最重要的是，感谢凯文 · 凯利多年来给予我们的支持和帮助。对于我们而言，他不仅是一位作者，更是一位亲密的朋友和伙伴。

赵嘉敏

译言网CEO、东西文库主编

致《失控》中文版的读者

20岁那年，我用在一家货运中心打工挣的钱买了一张从新泽西州到亚洲的机票。在此之前，我只结识过一位中国人，甚至连亚洲的饮食都没沾过。我不知道在这个离家万里的地方会碰到什么。当我到达的时候，我的钱包几乎空空如也；不过，我有的是时间。

在接下来的8年里，我走访了亚洲的许多国家，间或回到美国挣些钱，然后再去往那遥远的东方。那时候我还年轻，正是接受新事物的时候，也因此，亚洲改变了我的想法——我成了一个彻头彻尾的乐天派。飞速的发展就发生在我眼前，我开始相信，一切皆有可能。

更重要的是，我开始换一种方式思考。我开始领会到大型任务如何通过去中心化的方法并借助最少的规则来完成；我懂得了并非所有的事情都要事先计划好。印度街道上车水马龙的画面始终浮现在我的脑海里：熙熙攘攘的人群、伫立不动的牛群、钻来钻去的自行车、慢慢悠悠的牛车、飞驰而过的摩托车、体积庞大的货车、横冲直撞的公交车——车流混杂着羊群、牛群在仅有两条车道的路面上蠕动，彼此却相安无事。亚洲给了我新的视角。

没有人知道他们的理念究竟从何而来；我也不敢确定地说，这本书中的想法就来自亚洲，但我想，是亚洲使我准备好了接受这些想法。我认为其中的一些想法与传统的亚洲理念是有共鸣的，譬如说，自下而上而非自上而下地构建事物、去中心化系统的优势、人造与天生之间的连续性，等等。正因为如此，当这本思想之书被翻译成中文时，我感到万分高兴。

更令我感到高兴的是，正是我在书中所讨论的一些想法，催生了你手中的这本中文版。它并非由一位专业的作者（自上）来完成的，而是由一些业余爱好者通过一个非常松散的去中心化的网络协作（自下）完成的。我称这个过程为“蜂群思维”，或者用一个更时髦的词——“众包”。虽然我在书中描绘了这种方法在自然界中是如何行之有效的，但当它成功用于我的这本书时，我仍然感到惊讶不已。

我是在1990年开始写这本书的，距今刚好有20年左右的时间。经常有人问我，在这20年中发生了什么变化，我需要做哪些更新？对于我亲爱的读者来说，好消息是，这本书在今天与在20年前同样有效，需要更新的仅仅是一些事例。研究人员发现了越来越多的证据来更好地证明我在20年前提出的想法，而这些想法本身令人惊奇的“历久弥新”。

事实上，这本书在今天比在20年前更应景。当我开始写这本书的时候，还没有万维网，互联网刚刚进入实用阶段，仿真处于初级阶段，计算机绘图还很少见，数字货币尚不为人知。虚拟生活、去中心化的力量以及由机器构成的生态等概念，即使在美国，也没有太多意义。这些故事和逻辑看上去太抽象、太遥远。

而今天，一切都改变了。万维网，成为遍布全球的网络，不仅有由电话、iPad和个人计算机组成的实时网络，还有可以自动驾驶的汽车，这些都出现在我们眼前。我在这本书中所概括的原则显得更加必要和重要。事实上，这本书如今在美国的销量要比它当初发行时的销量还要好。

这就是我说的好消息。坏消息是，在过了20年之后，我们对于如何使大规模复杂事物运作起来的理解仍然少有进展。我很遗憾地告知大家，无论是在人工生命还是在机器人技术，抑或是在生态学或仿真学领域中，并没有出现新的重大思想。我们今天所知的，绝大多数是我们20年前就已知的，并且都在这本书中提及了。

我很高兴这本书被翻译成中文。我寄希望于一些中国读者在读完本书后，可以追溯到原始的研究论文，并继续深入研究下去，发明或发现全新的理念，从而使这本书彻底“过时”。若果真如此的话，那么我会认为我的作品是成功的。

希望你能开卷有益，并喜欢我的下一本书：《科技想要什么》（*What Technology Wants*）。

凯文 · 凯利

2010年11月

于美国加利福尼亚州帕西菲卡市

目录 CONTENTS

第一章 人造与天生 *001*

1.1 新生物文明 *002*
1.2 生物逻辑的胜利 *004*
1.3 学会向我们的创造物低头 *007*

第二章 蜂群思维 *009*

2.1 蜜蜂之道：分布式管理 *010*
2.2 群氓的集体智慧 *014*
2.3 非匀质的看不见的手 *019*
2.4 认知行为的分散记忆 *023*
2.5 从量变到质变 *032*
2.6 群集的利与弊 *034*
2.7 网络是21世纪的图标 *039*

第三章 有心智的机器 045

3.1 取悦有身体的机器 046
3.2 快速、廉价、失控 058
3.3 众愚成智 064
3.4 嵌套层级的优点 069
3.5 利用现实世界的反馈实现交流 072
3.6 无躯体则无意识 077
3.7 心智/躯体的黑盲性精神错乱 079

第四章 组装复杂性 087

4.1 生物——机器的未来 088
4.2 用火和软体种子恢复草原 092
4.3 通往稳定生态系统的随机路线 096

4.4 如何同时做好一切 100

4.5 艰巨的“拼蛋壳”任务 103

第五章 共同进化 107

5.1 放在镜子上的变色龙是什么颜色的 108

5.2 生命之无法理喻之处 114

5.3 在持久的摇摇欲坠状态中保持平衡 120

5.4 岩石乃节奏缓慢的生命 125

5.5 不讲交情或无远见的合作 131

第六章 自然之流变 141

6.1 均衡即死亡 142

6.2 谁先出现，稳定性，还是多样性 147

6.3 生态系统：超有机体，抑或是身份作坊 153

6.4 变化的起源 157

6.5 生生不息的生命 160

6.6 负熵 166

6.7 第四个间断：生成之环 170

第七章 控制的兴起 175

7.1 古希腊的第一个人工自我 176
7.2 机械自我的成熟 183
7.3 抽水马桶：套套逻辑的原型 188
7.4 自我能动派 196

第八章 封闭系统 203

8.1 密封的瓶装生命 204
8.2 邮购盖亚 210
8.3 人与绿藻息息相关 215
8.4 巨大的生态技术玻璃球 220
8.5 在持久的混沌中进行的实验 225
8.6 另外一种合成生态系统 234

第九章 “冒出”的生态圈 239

9.1 一亿美元玻璃方舟的副驾驶 240
9.2 城市野草 245

9.3 有意的季节调配 249
9.4 生命科学的回旋加速器 256
9.5 终极技术 260

第十章 工业生态学 263

10.1 全天候、全方位的接入 264
10.2 看不见的智能 268
10.3 咬人的或不咬人的房间 273
10.4 规划一个共同体 277
10.5 闭环制造 279
10.6 适应的技术 285

第十一章 网络经济学 289

11.1 脱离实体 290
11.2 以联结取代计算 293
11.3 信息工厂 299
11.4 与错误打交道 306
11.5 联通所有的一切 314

第十二章 数字货币 319

12.1 密码无政府状态：加密永胜 320

12.2 传真机效应和收益递增定律 328

12.3 超级传播 333

12.4 带电荷的东西就可用于数字货币充值 341

12.5 点对点金融与超级小钱 350

12.6 对隐秘经济的恐惧 353

第十三章 上帝的游戏 357

13.1 电子神格 358

13.2 有交互界面的理论 361

13.3 一位造访他用多边形创造出来的天地的神祇 369

13.4 拟像的传送 376

13.5 数字之战 378

13.6 无缝分布的军队 386

13.7 一个万千碎片的超真实 391

13.8 两厢情愿的文字超级有机体 393

13.9 放手则赢 400

第十四章 在形式的图书馆中 *403*

14.1 “大千”图书馆之旅 *404*
14.2 一切可能图像之空间 *412*
14.3 徜徉在生物形态王国 *416*
14.4 御变异体而行 *423*
14.5 形式库中也有性 *427*
14.6 三步轻松繁育艺术杰作 *431*
14.7 穿越随机性 *436*

第十五章 人工进化 *439*

15.1 汤姆·雷的电进化机 *440*
15.2 你力所不逮的，进化能行 *446*
15.3 并行实施的盲目行为 *450*
15.4 计算中的军备竞赛 *456*
15.5 驾驭野性的进化 *460*
15.6 “进化”聪明分子的愚钝科学家 *462*
15.7 死亡是最好的老师 *467*

15.8 蚂蚁的算法天赋 472
15.9 工程霸权的终结 476

第十六章 控制的未来 481

16.1 玩具世界的卡通物理学 482
16.2 合成角色的诞生 487
16.3 没有实体的机器人 492
16.4 行为学架构中的代理 498
16.5 给自由意志强加宿命 501
16.6 米老鼠重装上阵 506
16.7 寻求协同控制 510

第十七章 开放的宇宙 513

17.1 拓展生存的空间 514
17.2 生成图像的基元组 517
17.3 无心插柳柳成荫 520
17.4 打破规则求生存 525
17.5 掌握进化工具 530

17.6 从滑翔意外到生命游戏 533
17.7 生命的动词 537
17.8 在超生命的国度中安家落户 540

第十八章 有组织的变化之架构 545

18.1 日常进化的革命 546
18.2 绕开中心法则 550
18.3 学习和进化之间的区别 555
18.4 进化的进化 560
18.5 进化解释一切 563

第十九章 后达尔文主义 565

19.1 达尔文进化论不完备之处 566
19.2 只有自然选择还不够 571
19.3 生命之树上的连理枝 575
19.4 非随机突变的前提 578
19.5 怪亦有道 583
19.6 化抽象为具象 587

19.7 物以类聚 590
19.8 DNA 并不能给所有东西编码 593
19.9 不确定的生物搜索空间密度 596
19.10 自然选择之数学原理 599

第二十章 沉睡的蝴蝶 603

20.1 无序之有序 604
20.2 反直觉的网络数学 607
20.3 迭坐，喷涌，自催化 611
20.4 值得一问的问题 614
20.5 自调节的活系统 620

第二十一章 水往高处流 625

21.1 40亿年的庞氏骗局 626
21.2 进化的目的是什么 632
21.3 超进化的7个趋势 638
21.4 土狼般的自我进化 646

第二十二章 预言机 649

22.1 接球的大脑 650
22.2 混沌的另一面 655
22.3 具有正面意义的短视 658
22.4 从可预测性范围里挣大钱 661
22.5 前瞻：内视行动 668
22.6 预测的多样性 673
22.7 以万变求不变 679
22.8 系统存在的目的就是揭示未来 681
22.9 全球模型的诸多问题 683
22.10 舵手是大家 692

第二十三章 整体，空洞，以及空间 695

23.1 控制论怎么了 696
23.2 科学知识网之缺口 701
23.3 令人惊讶的琐碎小事 706
23.4 超文本：权威的终结 712
23.5 新的思考空间 717

第二十四章 九律 721

24.1 如何无中生有 722

24.2 将宇宙据为己有 726

附录 人名索引 729

译后记 “失控”的协作与进化 735

第一章

OUT OF CONTROL

人造与天生

1.1 新生物文明

我被关在密不透气的玻璃小屋里。在小屋里，我吸入的是自己呼出的气体，不过，在风扇的吹动下，空气依然清新。由众多导管、线缆、植物和沼泽微生物构成的系统回收了我的尿液和粪便，并将其还原成水和食物供我食用。说真的，食物的味道不错，水也很好喝。

昨夜，外面下了雪。玻璃小屋里却依然温暖、湿润而舒适。今天早上，厚厚的内窗上挂满了凝结的水珠。小屋里到处都是植物。大片大片的香蕉叶环绕在我的四周，那鲜亮的黄绿色暖人心房。纤细的青豆藤缠绕着，爬满了墙面。小屋内的植物大约一半可食用，而我的每顿大餐均源于它们。

这个小屋实际上是一个太空生活试验舱。我周边大气的循环再利用完全依赖植物及其扎根的土壤，以及那些在树叶间穿来穿去的、嗡嗡作响的管道系统。不管是绿色植物，还是笨重的机器，单靠它们自己，都不足以保证我在这个空间的生存。确切地说，是阳光供养的生物和燃油驱动的机器共同保证了我的生存。在这个小屋内，生物和人造物已经融合成为一个稳定的系统，其目的就是养育更高级的复杂物——当下而言，就是我。

在这个千年[1]临近结束的时候，发生在这个玻璃小屋里的事情，也正在地球上大规模地上演着，只不过不那么明晰。造化所生的自然王国和人类建造的人造国度正在融为一体。机器，正在生物化；而生物，正在工程化。

这种趋势正验证着某些古老的隐喻——将机器比喻为生物，将生物比喻为机器。那些比喻由来已久，古老到第一台机器诞生之时。如今，那些久远的隐喻不再只是诗意的遐想，它们正在变为现实——一种积极有益的现实。

人造与天生的联姻正是本书的主题。技术人员归纳总结了生命体和机器之间的逻辑规律，并一一应用于建造极度复杂的系统；他们正在如魔法师一般召唤出制造物和生命体并存的新奇装置。从某种程度上来说，是现有技术的局限性迫使生命与机械联姻，为我们提供有益的帮助。由于我们自己创造的这个世界正变得越来越复杂，我们不得不求助于自然世界以了解管理它的方法。这也就意味着，要想保证一切正常运转，我们最终制造出来的环境越机械化，可能越需要生物化。我们的未来是技术性的，但这并不意味着未来的世界一定会是灰色冰冷的钢铁世界。相反，我们的技术所引导的未来，朝向的正是一种新生物文明。

1 此书初稿成于1994年，故此处指临近2000年的时候。

1.2 生物逻辑的胜利

自然一直在用它的血肉供养着人类。最早，我们从自然那里获取食物、衣着和居所。之后，我们学会了从它的生物圈里提取原材料来创造出我们所需的新的合成材料。而现在，自然又向我们敞开它的心扉，让我们学习它的内在逻辑。

钟表般的精确逻辑，即机械的逻辑，只能用来建造简单的装置。真正复杂的系统，如细胞、草原、经济体或大脑（不管是自然的还是人工的）都需要一种地道的非技术的逻辑。我们现在意识到，除了生物逻辑，没有任何一种逻辑可以让我们组装出一台能够思考的设备，甚至不可能组装出一套可运行的大型系统。

人类能够从生物学中提取自然的逻辑并用来制造出一些有用的东西，这个发现真令人惊奇。尽管过去有很多哲学家都觉得人类能够抽象出生命的法则并将其应用到其他领域，但直到最近，当计算机及人造系统的复杂性能够与生命体相媲美时，这种设想才有了得到验证的可能性。生命中到底有多少东西是能被转化的，仍然是一个神奇的谜团。到目前为止，那些原属于生命体却成功被移植到机械系统中的特质，包括自我复制、自我管理、有限地自我修复、适度进化及局部学习。我们有理由相信，还会有更多的特质被人工合成出来，并转化成新的东西。

人们在将自然逻辑输入机器的同时，也把技术逻辑带到了生命之中。

生物工程的源动因，就是希望充分控制有机体，以便对其进行改进。被驯化的动植物，正是将技术逻辑应用于生命的范例。野生胡萝卜芳香的根，经由草本植物采集者一代代的精心选培，才最终成为菜园里甜美的胡萝卜；野生牛的乳房也是通过“非自然”的方式进行了选择性增大，以满足人类而不是小牛的需求。所以说，胡萝卜与奶牛跟蒸汽机与火药一样，都是人类的“发明”。只不过，胡萝卜与奶牛更能代表人类在未来所要发明的东西：它们是生长出来而非被制造出来的。

基因工程所做的事情，恰如养牛人挑选更好的种牛，只不过基因工程师运用了一种更精确并且更强大的控制手段。当胡萝卜与奶牛的培育者不得不在冗长的自然进化基础上进行优选时，现代的基因工程师却可以利用定向人工进化，通过目标明确的设计大大加快物种改进的过程。

机械与生命体之间的重叠在一年年增加。这种仿生学上的融合也体现在词语上。“机械”与“生命”这两个词的含义在不断延展，直到某一天，所有结构复杂的东西都可以被看作是机器，而所有能够自维持的机器都可以被看作是有生命的。除了语义的变化，还有两种具体趋势正在发生：(1)人造物表现得越来越像生命体，(2)生命变得越来越工程化。遮在有机体与人造物之间的那层纱已经被撩开，显示出两者的真面目。其实它们本质相同，而且一直如此。我们知道，在生物领域中，有诸如有机体和生态系统这样的概念，而与之相对应的人造物则包括机器人、公司、经济体、计算机回路，等等。对于两者共有的灵魂，我们该如何命名呢？由于两者都具备生命属性，我将这些人造或天然的系统统称为“活系统”[1]。

在以后的章节中，我会对这个大一统的仿生学前沿系统进行一次巡礼。我所描述的活系统，有很多是“人造”的，即人类制造的机巧之物。它们真实地存在于我们周围，而绝非泛泛的理论空谈。这些活系统都是复

1 活系统（vivisystem）：这是凯文·凯利造的一个词，代表所有具备生命属性的系统。

杂且宏大的，例如：全球电话系统、计算机病毒孵化器、机器人原型机、虚拟现实世界、合成的动画角色、各种人工生态系统，还有模拟整个地球的计算机模型。

自然的野性是我们深刻认识活系统的主要信息来源，也许还将是未来深入了解活系统的最重要的源泉。我要报道的新实验包括了组装生态系统、复原生物学、复制珊瑚礁、探索昆虫（蜜蜂和蚂蚁）的社会性，以及建立像我在本书开场白中所描述的“亚利桑那州生态圈Ⅱ号”的复杂封闭系统。

本书所研究的活系统深奥且复杂，涉及范围广泛，差别也巨大。从这些特殊的大系统中，我提取出了一套适用于所有大型活系统的统一原则，称为“神律”。这套神律是所有自我维持和自我完善系统共同遵循的基本原则。

在创造复杂机械的进程中，人类一次又一次地回归自然去寻求指引。因此，自然绝不仅仅是一个储量丰富的生物基因库，为我们保存一些尚未面世的能够救治未来疾患的药物；还是一个“文化基因[1]库”，是一个创意工厂。丛林中的每个蚁丘中，都隐藏着鲜活的、后工业时代的壮丽蓝图。那些飞鸟鸣虫，那些奇花异草，还有那些从这些生命中汲取了能量的原生态的人类文化，都值得我们去呵护——不为别的，就为那些它们所蕴含的后现代隐喻。对于新生物文明来说，毁掉一片草原，失去的不仅是一个生物基因库，还失去了一座蕴藏着各种启示、洞见和新生物文明模型的宝藏。

1 文化基因（meme）：也译为弥母，文化传播的最小单位，通过模仿等非遗传途径而得以代代相传。

1.3 学会向我们的创造物低头

向机器中大规模地植入生物逻辑有可能使我们充满敬畏。当人造与天生最终达到完全统一的时候，那些由我们制造出来的东西将会具备学习、适应、自我治愈，甚至是进化的能力，这是一种我们还很难想象的力量。数以百万计的生物机器汇聚在一起的智能，也许某天可以与人类自己的创新能力相匹敌。人类的创造力，也许总是属于那种华丽绚烂的类型，但还有另外一种类型的创造力值得一提——一种由无数默默无闻的“零件”通过永不停歇的工作而形成的缓慢而宽广的创造力。

在将生命的力量释放到我们所创造的机器中的同时，我们也丧失了对它们的控制。它们获得了野性，并因野性而获得了一些意外和惊喜。之后，就是所有造物主都必须面对的两难窘境：它们将不再完全拥有自己最得意的创造物。

人造世界就像天然世界一样，很快就会具有自治力、适应力及创造力，也会随之失去控制。但在我看来，这是一个美妙的结局。

第二章

OUT OF CONTROL

蜂群思维

2.1 蜜蜂之道：分布式管理

在我办公室外的窗下，蜂箱静静地任由忙碌的蜜蜂进进出出。夏日的午后，阳光透过树影映照着蜂箱。阳光照射下的蜜蜂如弧形的曳光弹，发出嗡嗡的声音，钻进那黑暗的小洞口。此刻，我看着它们将熊果树花朵今年最后的花蜜零星地采集回家。不久雨季将至，蜜蜂就会躲藏起来。写作时，我会眺望窗外，而这时它们仍在继续辛勤劳作，不过是在黑暗的家中。只有在晴朗的日子里，我才能幸运地看到阳光下成千上万的蜜蜂。

养蜂多年，我曾亲手把蜂群从建筑物或树林中搬出来，以这种快捷而廉价的方式在家中建起新的蜂箱。有一年秋天，邻居砍倒了一棵空心树，我用链锯切开那倒下的老山茱萸。这可怜的树里长满了瘤瘤似的蜂巢。切得越深，发现的蜜蜂越多。蜜蜂挤在一个我身体大小的空洞里。那是一个阴沉凉爽的秋日，所有的蜜蜂都待在家里，正被我的“手术”扰得不得安宁。最后我将手插入蜂巢中。好热！至少有95华氏度（36摄氏度左右）。被十万只冷血蜜蜂挤满的蜂巢已经变成热血的机体，加热了的蜂蜜像温暖稀薄的血液一样流淌着。我感到仿佛触摸到了垂死动物的身体。

将蜜蜂群集的蜂巢视同动物的想法姗姗来迟。希腊人和罗马人曾是著名的养蜂人，他们能够从自制的蜂箱中收获到数量可观的蜂蜜，尽管如此，这些古人对蜜蜂的所有认识仍有许多是错误的。其原因要归咎于蜜蜂生活的隐秘性，这是一个由上万只狂热而忠诚的“武装卫士”守护着的秘密。德谟克利特[1]认为蜜蜂的孵化和蛆虫如出一辙。色诺芬[2]分辨出了蜂后，却错误地赋予它监督的职责，而它并没有这个任务。亚里士多德[3]在纠正错误认识方面取得了不错的成果，包括他对于“蜜蜂统治者”将幼虫放入蜂巢隔间的精确观察（实际上，蜜蜂初生时的确是卵，但他至少纠正了德谟克利特的“蜜蜂始于蛆虫”的误导）。文艺复兴时期，蜂后的雌性基因才得到证明，蜜蜂下腹分泌蜂蜡的秘密也才被发现。直到现代遗传学出现后，才有研究结果指出，蜂群是彻底的“母权制”，而且是姐妹关系：除了少数无用的雄蜂，所有的蜜蜂都是雌性姐妹。蜂群曾经如同日食一样神秘，一样深不可测。

我曾观看过几次日食，也曾多次观察过蜂群。我观看日食是把它当作风景，兴趣并不大，多半是出于责任——由于它的罕见与传说，那感觉更像是观看庆典游行。而蜂群唤起的是另一种敬畏。我见过不少次蜜蜂分群，每一次都令我痴迷若狂，也令其他所有目击者目瞪口呆。

即将离巢的蜂群是疯狂的，在蜂巢的入口处明显地躁动不安，喧闹的嗡嗡声此起彼伏，震动邻里。蜂巢开始吐出成群的蜜蜂，仿佛不仅要清空其肠胃，还要清空其灵魂。那微小的精灵在蜂巢上空形成喧嚣的风暴，渐渐成长为有目的、有生命、不透明的黑色小云朵。在震耳欲聋的喧闹声里，小云朵慢慢升入空中，留下空空的蜂巢和令人困惑的静谧。德国灵智学学者鲁道夫·斯坦纳[4]在其另类怪僻的《关于蜜蜂的九个讲座》（*Nine Lectures on Bees*）中写道：“正如人类的灵魂脱离人体……通过飞行的蜂群，你可以真实地看到人类灵魂分离的影像。”

---

1 德谟克利特（Democritus，约公元前460—前370）：古希腊哲学家。

2 色诺芬（Xenophon，约公元前434—前355）：希腊将军，历史学家，著有《长征记》一书。

3 亚里士多德（Aristotle，公元前384—前322）：古希腊哲学家、科学家，亚历山大大帝的教师，雅典逍遥学派创始人。

4 鲁道夫·斯坦纳（Rudolf Steiner，1861—1925）：奥地利社会哲学家，灵智学（anthroposophy）的创始人，崇尚用人的本性、心灵感觉和独立于感官的纯思维与理论解释生活。

许多年来，和我同区的养蜂人马克·汤普森一直有一个强烈而怪诞的愿望，建立一个同居蜂巢——一个你可以把头伸进去探访的活生生的蜜蜂之家。有一次，他正在院子里干活，突然一个蜂箱涌出一大群蜜蜂，“像流淌的黑色熔岩，渐渐消融散开，然后腾空而起”。由3万只蜜蜂聚结成的黑色云团形成直径20英尺（约6.1米）的黑晕，像UFO似的离地6英尺（约1.8米），正好在我们眼睛的高度。忽隐忽现的“昆虫黑云”开始慢慢地飘移，一直保持离地6英尺的高度。马克终于有机会让他的同居蜂巢梦想成真了。

马克没有犹豫。他迅速扔下工具进入蜂群，光着的脑袋立刻就处在了“昆虫黑云”的中心。他小跑着与蜂群同步穿过院子，戴着蜜蜂光环，跳过一个又一个篱笆。此刻，他正跑步跟上那响声如雷的昆虫，他的头在它们的腹部晃荡。他们一起穿过公路，迅速通过一片开阔地，接着，他又跳过一个篱笆。他累了，可蜂群却不累，他和蜂群加快了速度。这个载着蜂群的男人滑下山岗，滑进一片沼泽。他和蜂群犹如一头陷入沼泽的魔鬼，蜜蜂嗡嗡叫着，盘旋着，在瘴气中翻腾；马克在污泥中拼命摇晃着，努力保持平衡。这时，蜜蜂仿佛得到某种信号，又加快了速度。它们除去了马克头上的光环，留下湿漉漉的他独自站在那里，“气喘吁吁，快乐而惊愕”。蜂群依旧保持着齐眼的高度，从地面飘过，好似被释放的精灵，越过高速公路，消失在昏暗的松树林中。

“‘蜂群的灵魂’在哪里……它在何处驻留？”早在1901年，作家莫里斯·梅特林克[1]就发出了这样的疑问：“这里由谁统治，由谁发号施令，由谁预见未来？……”现在我们已经可以确定，统治者并不是蜂后。当蜂群从蜂巢前面的狭小出口涌出时，蜂后只能跟着。蜂后的女儿（工蜂）负责决定蜂群应该于何时在何地安顿下来。五六只无名工蜂在前方侦察，核查可能安置蜂巢的树洞和墙洞。它们回来后，用圈子越缩越小的舞蹈向休息的蜂群报告。在报告中，“侦察员”的舞蹈越夸张，说明它主张使用的地点越

1 莫里斯·梅特林克（Maurice Maeterlinck，1862—1949）：比利时剧作家、诗人、散文家。主要作品有剧作《盲人》《青鸟》，散文集《双重的花园》《死亡》《蚂蚁的生活》等。1911年，其凭借作品《花的智慧》获诺贝尔文学奖。

好。接着，一些头目根据舞蹈的强烈程度核查几个备选地点，并以加入侦察员旋转舞蹈的方式表示同意。这就引导更多跟风者前往占上风的候选地点视察，回来之后再加入看法一致的侦察员的喧闹舞蹈，表达自己的选择。

除侦察员外，极少有蜜蜂会去探查多个地点。蜜蜂看到一条信息："去那儿吧，那儿是个好地方。"它们去看过之后便回来用舞蹈说："是的，真是个好地方。"通过这种重复和强调，大家中意的地点便会吸引更多探访者，由此又有更多的探访者加入进来。按照收益递增的法则，得票越多，反对越少。渐渐地，一个大的蜂群舞会以滚雪球的方式形成，并成为舞会终曲的主宰——最大的蜂群获胜。

这是一个平民有、平民享、平民治的选举大厅，其产生的效果却极为惊人。这是民主制度的真髓，是彻底的分布式管理。曲终幕闭，按照民众的选择，蜂群挟带着蜂后和雷鸣般的嗡嗡声，向着通过群选确定的目标前进。蜂后非常谦恭地跟随着。如果它能思考，它可能会记得自己只不过是一个村姑，与受命（谁的命令？）选择她的保姆是血亲姐妹。最初它只不过是一个普通幼体，然后由其保姆以蜂王浆为食物来喂养，从灰姑娘变成了女王。是什么样的因缘选择这个幼体作为女王呢？又是谁负责挑选呢？

"是由蜂群选择的。"威廉·莫顿·惠勒[1]的回答解答了人们的疑惑。威廉·莫顿·惠勒是古典学派自然哲学家和昆虫学家，他引导创立了社会性昆虫研究领域。在1911年写的一篇爆炸性短文（刊登在《形态学杂志》上的《作为有机体的蚁群》）中，惠勒断言，无论从哪个重要且科学的层面上来看，昆虫群体都是一个有机体，而且非仅仅类似于有机体。他写道："就像一个细胞或者一个人，它表现为一个一元整体，在空间中保持自己的特性以抗拒解体……既不是一种事物，也不是一个概念，而是一种持续的波涌或进程。"

这是一个由两万个群氓合并成的整体。

1 威廉·莫顿·惠勒（William Morton Wheeler，1865—1937）：美国昆虫学家、蚁学家，哈佛大学教授。

2.2 群氓的集体智慧

在拉斯维加斯的一间漆黑的大会堂里，一群与会者兴高采烈地挥舞着硬纸棒。纸棒的一端是红色，另一端是绿色。大会堂的最后面，有一架摄像机摄录着疯狂的参与者。摄像机将纸棒组成的彩色点阵和由制图奇才罗伦·卡彭特[1]设置的一套计算机软件连接起来。卡彭特定制的软件会对会堂中每个红色和绿色的纸棒进行定位。今晚到场的有将近5000人。计算机将每个纸棒的位置及颜色精确地显示在一幅巨大而详细的视频地图上。地图就挂在前台，人人都能看到。更重要的是，计算机要计算出红色和绿色纸棒的总数，并以此数值来控制软件。当观众挥舞纸棒时，屏幕上会显示出一片在黑暗中疯狂舞动的光之海洋，宛如一场朋克风格的烛光游行。观众在视频地图上看见的自己要么是红色像素，要么是绿色像素。翻转自己的纸棒，就能在瞬间改变自己所投映出的像素颜色。

罗伦·卡彭特在大屏幕上启动了老式的视频游戏“乒乓”。“乒乓”是第一款流行的商业化视频游戏。其设置极其简单：一个白色的圆点在一

1 罗伦·卡彭特（Loren Carpenter，1947—）：计算机图形图像专家，皮克斯动画工作室创始人之一，并担任其首席科学家。

个方框里跳来跳去，两边各有一个可移动的长方形，模拟球拍的作用。简单地说，就是电子乒乓球。在这个版本里，如果你举起纸棒红色的一端，则球拍上移，反之则球拍下移。更确切地说，球拍随着会场中红色纸棒的平均数的增减而上下移动。你的纸棒只是参与总体决定中的一票。

卡彭特不需要做过多解释，因为出现在这场于1991年举办的计算机图形专家会议上的与会者可能都曾经迷恋过“乒乓”游戏。卡彭特的声音通过扬声器在会场中回荡：“好了，伙计们。会场左边的人控制左球拍，右边的人控制右球拍。假如你认为自己在左边，你就是在左边。明白了吗？开始！”

观众们兴高采烈地欢呼起来。近5000人没有片刻犹豫，玩起了乒乓大家乐，玩得还相当不错。球拍的每次移动都反映了数千个玩家意向的平均值。这种感觉有时会令人茫然。球拍一般会按照你的意愿移动，但并不总是如此。当它不合你的意向时，你会发现自己花在对球拍动向做预判上的关注力堪比对付那只正跳过来的乒乓球。每个人都清晰地体察到，游戏里别人的智慧也在起作用：一群大呼小叫的群氓。

群体的智慧能把“乒乓”玩得这么好，促使卡彭特决定加大难度。在没有提示的情况下，球跳动得更快了。参与者齐声尖叫起来。但在一两秒之内，众人就立刻调整并加快了节奏，玩得比以前更好了。卡彭特进一步加快游戏速度，大家也立刻跟着加快速度。

“我们来试试别的。”卡彭特建议道。屏幕上显示出一张大会堂座位图。他用白线在中央画了一个大圈。“你们能在圈里摆个绿色的‘5’吗？”他问观众。观众们瞪眼看着一排排红色像素。这个游戏有点像在体育场举着广告牌拼成画面，但还没有预先设置好的顺序，只有一个虚拟的映像。红色背景中立即零落地出现了绿色像素，歪歪扭扭，毫无规则地扩大，因为那些认为自己的座位在“5”的路径上的人把纸棒翻成了绿色。一个原本模糊的图形越来越清晰了。喧闹声中，观众们开始共同辨认出一个“5”。这个“5”一经认出，便陡然清晰起来。坐在图形模糊边缘的纸棒挥舞者确定了自己“应该”处的位置，使“5”字显得更加清晰。数字自己把自己拼搭出来了。

“现在，显示4！”声音响起来。瞬时出现一个“4”。“3”，眨眼工夫“3”也显示出来了。接着迅速地、不断地一个个显现出“2……1……0”。

罗伦·卡彭特在屏幕上启动了一个飞机的飞行模拟器。他简洁地说明玩法：“左边的人控制翻滚，右边的人控制机头倾角。如果你们把飞机指向任何有趣的东西，我就会向它发射炮弹。”飞机初始态是在空中。飞行员则是5000名新手。大会堂内第一次完全静了下来。随着飞机挡风玻璃外面的情景展现出来，所有人都在研究导航仪。飞机正朝着粉色小山之间的粉色山谷降落，跑道看上去非常窄小。

让飞机乘客共同驾驶飞机的想法既令人兴奋，又荒唐可笑。这种粗蛮的民主感觉真带劲儿。作为乘客，你有权来参与表决每个细节，不仅可以决定飞机航向，而且可以决定何时调整机翼以改变升力。

但是，“群体智慧”在飞机着陆的关键时刻似乎成了不利条件，这时可没空均衡众意。当5000名与会者开始为着陆降低高度时，安静的大厅爆发出高声呼喊和急迫的口令。会堂仿佛变成了危难关头的驾驶员座舱。“绿，绿，绿！”一小部分人大声喊道。“红色再多点！”一会儿，另一大群人又喊道：“红色，红色，红——色！”飞机令人晕眩地向左倾斜。显然，它将错过跑道，机翼先着地了。飞行模拟器不像“乒乓”游戏，它从液压杆动作到机身反应，再从轻推副翼杆到机身侧转，会有一段时间的延迟。这些隐藏起来的信号扰乱了群体的思维。受矫枉过正的影响，机身陷入了“俯仰震荡”，飞机东扭西歪。但是，众人不知怎么又中断了着陆程序，理智地拉起机头复飞。他们将飞机转向，重新试着着陆。

他们是如何掉转方向的？没有人决定飞机左转还是右转，甚至转不转都没人能决定、没人能做主。然而，仿佛是万众一心，飞机侧转并离场。再次试图着陆，再次摇摆不定。这次没经过沟通，众人又像群鸟乍起，再次拉起飞机。飞机在上升过程中稍稍摇摆了一下，然后又侧滚了一点。在这不可思议的时刻，5000人同时有了同样坚定的想法：“不知道能否翻转360度？”

众人没说一句话，继续翻转飞机。这下没有回头路了。随着地平线令人眼花缭乱地上下翻转，5000名外行飞行员在第一次单飞中让飞机打了个滚，那动作真是非常优美。他们起立为自己鼓掌喝彩很长时间。

参与者做到了鸟儿做的事：他们成功地结成了一群。不过，他们的结群行为是自觉的。当合作形成“5”或操纵飞机的时候，他们是对自己的总体概貌做出反应。而飞行途中的一只鸟对自己的鸟群形态并没有全局概念。结队飞行的鸟儿对鸟群的飞行姿态和聚合是视而不见的。“群态”正是从这样一群完全罔顾其群体形状、大小或队列的生物中涌现出来的。

拂晓时分，在杂草丛生的密歇根湖上，上万只野鸭有些躁动不安。在清晨柔和的淡红色光辉的映照下，野鸭吱吱嘎嘎地叫着，抖动着自己的翅膀，将头插进水里寻找早餐。它们散布在各处。突然，受到某种人类感觉不到的信号的提示，上千只野鸭如一个整体腾空而起。它们轰然飞上天空，随之带动湖面上另外千来只野鸭一起腾飞，仿佛它们就是一头躺着的巨兽，现在翻身坐起了。这头令人震惊的巨兽在空中盘旋着，转向东方的太阳，眨眼间又急转，前队变为后队。不一会儿，仿佛受到某种单一想法的控制，整群野鸭转向西方，飞走了。17世纪的一位无名诗人曾经写道：“……成千上万条鱼如一头巨兽游动，破浪前进。它们如同一个整体，似乎受到不可抗拒的共同命运的约束。这种一致从何而来？”

一个鸟群并不是一只硕大的鸟。科学报道记者詹姆斯·格雷克[1]写道：“单只鸟或一条鱼的运动，无论怎样流畅，都不能带给我们像玉米地上空满天打旋的燕八哥或上百万条鲱鱼鱼贯而行的密集队列所带来的震撼……（鸟群疾转逃离掠食者的）高速电影显示出，转向的动作以波状传感的方式，以大约1/70秒的速度从一只鸟传到另一只鸟，比单只鸟的反应要快得多。”鸟群远非鸟的简单聚合。

1 詹姆斯·格雷克（James Gleick，1954—）：美国作家、记者、传记记者，代表作《混沌：开创新科学》《信息简史》等。他的书揭示了科学技术的文化派别，其中3本分别获普利策奖和国家图书奖的决赛资格，并被译成20多种文字。

在电影《蝙蝠侠归来》中有一个场景，一大群黑色大蝙蝠一窝蜂地穿越水淹的隧道涌向纽约市中心，这些蝙蝠是由计算机制作的。动画绘制者先制作一只蝙蝠，并赋予它一定的空间，以使其能自动地扇动翅膀；然后再复制出几十只蝙蝠，直至成群。之后，让每只蝙蝠独自在屏幕上四处飞动，但要遵循算法中植入的几条简单规则：不要撞上其他的蝙蝠，跟上自己旁边的蝙蝠，离队不要太远。当这些"算法蝙蝠"在屏幕上运行起来时，就如同真的蝙蝠一样成群结队而行。

群体规律是由克雷格·雷诺兹[1]发现的。他是在图像硬件制造商Symbolics工作的计算机科学家。他有一个简单的方程，通过对其中各种作用力的调整——如多一点聚力、少一点延迟，便能使群体的动作形态像活生生的蝙蝠群、麻雀群或鱼群。甚至《蝙蝠侠归来》中行进的企鹅群也是根据雷诺兹的运算法则聚合的。像蝙蝠一样，先一次性地复制很多计算机建模的三维企鹅，然后把它们释放到一个朝向特定方向的场景中。当它们行进在积雪的地面上，就很容易地显现出推推搡搡拥挤的样子，好像不受任何人控制。

雷诺兹的简单算法所生成的群体是如此真实，以至于当生物学家回顾自己所拍摄的高速电影后断定，真实的鸟类和鱼类的群体行为必然源自一套相似的简单规则。群体曾被看作生命体的决定性象征，某些壮观的队列只有生命体才能实现。如今，根据雷诺兹的算法，群体被看作一种自适应的技巧，适用于任何分布式的鲜活系统，无论是生物的还是人造的。

1 克雷格·雷诺兹（Craig Reynolds，1953—）：仿真生命与计算机图形图像专家，1986年发明仿真人工生命"类鸟群"。

2.3 非匀质的看不见的手

蚂蚁研究的先驱者惠勒率先使用“超级有机体”来称呼昆虫群体的繁忙协作，以便清楚地和“有机体”所代表的含义区分开来。惠勒受到世纪之交（1900年左右）的哲学潮流影响，该潮流主张通过观察组成部分的个体行为去理解其上层的整体模式。当时的科学发展正一头扎入对物理学、生物学及所有自然科学之微观细节的研究之中。这种一窝蜂地将整体还原为其组成部分的研究方式，在当时被看作能够理解整体规律的最实际做法，而且持续了整个世纪（20世纪），至今仍是科学探索的主要模式。惠勒及他的同事们是这种还原观点的主要拥护者，并身体力行地写就了50篇关于神秘的蚂蚁行为的专题论文。在同一时期，惠勒还从超越了蚂蚁群体固有特征的超级有机体中看到了“涌现的特征”。惠勒认为，集群所形成的超级有机体，是从大量聚集的普通昆虫有机体中“涌现”出来的。他认为，这种涌现是一种科学，一种技术性的、理性的解释，而不是什么神秘主义或炼金术。

惠勒认为，这种涌现的观念为调和“将之分解为部分”和“将之视为一个整体”两种不同的方法提供了一条途径。当整体行为从各部分的有限行为里有规律地涌现时，身体与心智、整体与部分的二元性就真正烟消云散了。不过当时，人们并不清楚这种对原有属性的超越是如何从底层涌现出来的。现在依然如此。

惠勒团队清醒地认为：“涌现”是一种非常普遍的自然现象。与之相对应的是日常可见的普遍因果关系，就是那种A引发B，B引发C，或者2+2=4这样的因果关系。化学家援引普遍的因果关系来解释实验观察到的硫原子和铁原子化合为硫化铁分子的现象。而按照当时的哲学家劳埃德·摩根[1]的说法，“涌现”这个概念表现的是一种与之不同类型的因果关系。在这里，2+2并不等于4，甚至不可能意外地等于5。在“涌现”的逻辑里，2+2=苹果。“对于‘涌现’——尽管看上去多少都有点跃进（跳跃）——的最佳诠释是，它是事件发展过程中方向上的质变，是关键的转折点。”这是摩根1923年的著作《涌现式的进化》中的一段话。那是一本非常有胆识的书，书中接着引用了布朗宁的一段诗，这段诗佐证了音乐是如何从和弦中涌现出来的：

> 而我不知道，除此（音乐）之外，人类还能拥有什么更好的天赋。
>
> 因为他从三个音符（三和弦）中所构造出的，不是第四个音符，而是星辰。

我们可以声称，是大脑的复杂性使我们能够从音符中精练出音乐——显然，木头疙瘩是不可能听懂巴赫的。聆听巴赫时，感染我们身心的所有“巴赫的气息”，就是一幅富有诗意的图景，恰如其分地展现出富有含义的模式是如何从音符以及其他信息中涌现出来的。

一只小蜜蜂的机体所代表的模式，只适用于其1/10克重的更细小的翅室、组织和壳质。而一个蜂巢机体，则将工蜂、蜂后，以及花粉和蜂巢组成了一个统一的整体。一个重达50磅（约22.68千克）的蜂巢机体，是

1　劳埃德·摩根（Lloyd Morgan，1852—1936）：英国心理学家、生物学家和哲学家，比较心理学的先驱。

从蜜蜂的个体部分涌现出来的。蜂巢拥有大量其组成部分所没有的东西。一个斑点大的蜜蜂大脑，只有6天的记忆，而作为一个蜂巢机体所拥有的记忆时间是3个月，是一只蜜蜂平均寿命的两倍。

蚂蚁也拥有一种蜂群思维。从一个定居点搬到另一个定居点的蚁群，会展示出涌现控制下的“卡夫卡式噩梦[1]”效应。你会看到，当一群蚂蚁用嘴拖着卵、幼虫和蛹拔营西去的时候，另一群热忱的工蚁却在以同样的速度拖着那些家当掉头东行。而与此同时，还有一些蚂蚁，也许是意识到了信号的混乱和冲突，正空着手一会儿向东一会儿向西地乱跑，简直是典型的办公室场面。不过，尽管如此，整个蚁群还是成功地转移了。在没有上级做出任何明确决策的情况下，蚁群选定一个新的地点，发出信号让工蚁开始建巢，然后就开始进行自我管理。

“蜂群思维”的神奇之处在于，没有一只蜜蜂在控制蜂群，但是有一只“看不见的手”，一只从大量愚钝的成员中涌现出来的手，控制着整个蜂群。它的神奇还在于，量变引起质变。要想从单个昆虫的机体过渡到集群机体，只需要增加昆虫的数量，使大量的昆虫聚集在一起，使它们能够相互交流。等到某一阶段，当复杂度达到某一程度时，“集群”就会从“昆虫”中涌现出来。单只昆虫的固有属性就蕴含了集群，蕴含了这种神奇。我们在蜂箱中发现的一切都潜藏在蜜蜂的个体之中。不过，你尽管可以用回旋加速器和X射线机来探查一只蜜蜂，但是永远也不能从中找出蜂巢的特性。

这里有一个关于活系统的普遍规律：低层级的存在无法推断出高层级的复杂性。不管是计算机还是大脑，也不管是哪一种方法——数学、物理或哲学——如果不实际地运行它，就无法揭示融于个体部分的涌现模式。只有实际存在的蜂群才能揭示单个蜜蜂体内是否蕴含着蜂群特性。理论家是这样说的：要想洞悉一个系统所蕴含的涌现结构，最快捷、最

---

1 卡夫卡式噩梦：德语小说家弗兰兹·卡夫卡在其作品中表现出来的一种毫无逻辑、茫然无从、琐碎复杂的精神状态。

直接也是唯一可靠的方法就是运行它。要想真正“表述”一个复杂的非线性方程，以揭示其实际行为，是没有捷径可走的，因为它有太多的行为被隐藏起来了。

这就使我们更想知道，蜜蜂体内还蕴含着什么别的东西是我们还没见过的？或者，蜂巢内部还裹藏着什么，因为没有足够的蜂巢同时展示，所以还没有显露出来？就此而言，又有什么潜藏在人类个体中没有涌现出来的，除非所有的人都通过人际交流或政治管理联系起来？在这种类似于蜂巢的仿生超级思维中，一定酝酿着某种最出人意料的东西。

2.4 认知行为的分散记忆

任何思维都会酝酿出令人费解的观念。

因为人体就是一个由术业有专攻的器官组成的集合体——心脏负责泵送，肾脏负责清扫——所以，当发现思维也将认知行为委派给大脑不同区域时，人们并没有感到过分惊讶。

19世纪晚期，内科医生注意到刚去世的病人在临死之前，其受损的大脑区域和明显丧失的心智能力之间存在着某种关联。这种关联已经超出了学术意义：神经错乱在本源上属于生物学的范畴吗？1873年，在伦敦西赖丁精神病院[1]，一位对此心存怀疑的年轻内科医生用外科手术的方式取出两只活猴的一小部分大脑组织。其中一例造成猴子右侧肢体瘫痪，另一例造成猴子耳聋。而在其他所有方面，两只猴子都是正常的。该实验表明：大脑一定是经过划分的，即使部分失灵，整体也不会遭遇灭顶之灾。

如果大脑按部门划分，那么记忆在哪一个“科室”储存呢？复杂的大脑以何种方式分摊工作？答案出乎意料。

1888年，一位曾经谈吐流利、记忆灵敏的男人，惶恐不安地出现在

---

1 西赖丁精神病院（West Riding Lunatic Asylum），现改名为斯坦利·罗伊德医院（Stanley Royd Hosphal），英国伦敦一家精神卫生机构。

朗道尔特博士的办公室，因为他说不出字母表里任何字母的名字了。在听写消息的时候，这位困惑的男人写得只字不差。然而，他却怎么也读不出所写的内容。即使写错了，也找不出错的地方。朗道尔特博士记录道："请他看视力检查表，他一个字母也说不出。尽管他声称看得很清楚……他把A比作画架，把Z比作蛇，把P比作搭扣。"

四年后，当这个男人去世的时候，他的阅读困难变成了彻底的失语症。不出所料，解剖遗体时发现了两处损伤：老伤在枕叶（视力）附近区域，新伤则大致在语言中枢附近。

这是大脑"官僚化"（按片分管）的有力证明。它暗示着，不同的大脑区域分管不同的功能。如果要说话，则由这个"科室"进行相应的处理；而如果要书写，则归那个"科室"管。要说出一个字母（输出），你还需要向另一个地方申请。数字则由另一幢楼里的另一个完全不同的部门处理。如果你想骂人，就要像滑稽短剧《巨蟒剧团之飞翔的马戏团》[1]里提示的那样，必须沿着大厅走另一头。

早期的大脑研究员约翰·休林·杰克逊[2]讲述了一名女病人的故事。这名病人在生活中完全失语。有一次，她所住病房的街对面有一堆倾倒在那里的垃圾着火了，这位病人清晰地发出了一个字——也是休林·杰克逊所听到的她讲的绝无仅有的一个字——"Fire"（火）。

怎么会这样？他感到有点不可思议，难道"Fire"是她的语言中枢记得的唯一一个字？难不成大脑有自己的"Fire"字部门？

随着大脑研究的进一步深入，思维之谜向人们展示出其极具特定性的一面。在有关记忆的文献中，有一类人能正常区分具体的名词——对他们说"肘部"，他们就会指着自己的肘部，但非常奇怪的是，他们无法识别抽象名词——问他们"自由"或"天资"，他们会茫然地瞪着眼睛，耸耸

1 《巨蟒剧团之飞翔的马戏团》（*Monty Python's Flying Circus*）：1969年英国 BBC 电视台推出的一个电视滑稽剧。

2 约翰·休林·杰克逊（John Hughlings Jackson，1835—1911）：英国皇家学会会员、精神病学家。

肩。与此相反，另一类看上去很正常的人则失去了记住某些具体名词的能力，却能完全识别抽象的东西。伊斯雷尔·罗森费尔德在其精彩却太不引人注目的著作《记忆的发明》（*The Invention of Memory*）中写道：

> 有这样一名病人，当让他给干草下定义时，他回答："我忘了。"当请他给海报下定义时，他说："不知道。"然而，给他"恳求"这个词时，他说："真诚地请求帮助。"说到"公约"，则回答："友好的协定。"

古代哲学家说，记忆是座宫殿，每个房间里都有你这辈子的一些思想。随着临床上一例例特别的健忘症被发现和研究，记忆房间的数量呈爆炸式增长，且无穷无尽。已经被划分为套间的记忆堡垒，又被分割为由极小的密室组成的巨大迷宫。

有一项研究描述了这样的四名病人，他们能辨明无生命的物体（如雨伞、毛巾），却会混淆生物，包括食品！其中一名病人能毫不含糊地谈论无生命的物体，但对他来说，蜘蛛的定义是"一位为国家工作的找东西的人"。还有许多记录，是关于受过去时态困扰的失语症病人的。我听说过另一个传闻（我不能证实，但毫不怀疑），说患某种疾病的人能够分辨所有食物，但蔬菜除外。

南美文学名家博尔赫斯在他的小说中杜撰了一部名为《天朝仁学广览》（*Celestial Emporium of Benevolent Knowledge*）的古代中国百科全书。其中的分类体系恰如其分地代表了这种潜藏在记忆系统下的怪诞不经。

在那本年代久远的百科全书中，动物被划分为：a）属于皇帝的，b）防腐处理的，c）驯养的，d）乳臭未干的小猪，e）半人半鱼的，f）赏心悦目的，g）离家的狗，h）归入此类的，i）发疯般抽搐的，j）不可胜数的，k）用驼毛细笔描绘的，l）除此之外的，m）刚刚打破花瓶的，n）远看如苍蝇的。

"天朝分类法"确实过于牵强，不过任何分类过程都有其逻辑问题。除非每个记忆都能有不同的地方存放，否则一定会有令人困惑的重叠。举例来说，一只喋喋不休的、淘气的小猪，就可能被归入上述类别中的3个里面。尽管可以将一个想法插入3个记忆槽里，但其效率非常低。

在计算机科学家试图创立人工智能的过程中，知识如何存入大脑，已经不仅仅是一个学术问题了。那么，蜂群思维中的记忆架构是什么样的呢？

过去，许多研究人员倾向于认为，（记忆的存储）就如同人类管理文件柜一样，直观而自然：每个存档文件占用一个地方，彼此间有多重交叉引用，就像图书馆一样。活跃于20世纪30年代的加拿大神经外科医生怀尔德·潘菲尔德[1]通过一系列著名的精彩实验，将这种认为每条记忆都对应于大脑中一个单独位置的理论发展到了顶峰。潘菲尔德通过大胆的开颅术，在病人清醒的状态下利用电击探查其小脑活体，请他们讲述自己的感受。病人能够回忆起非常生动的往事，而电击的最微小移动都能引发截然不同的想法。潘菲尔德在用探测器扫描小脑表面的同时，绘制出每个记忆在大脑中的对应位置。

他的第一个意外发现是，那些往事是可以重播的，就如同在若干年后播放录音机一般——“按下重播键”。潘菲尔德在描述一位26岁妇女癫痫发作后的幻觉时用了“闪回”这个词：“同样的闪回出现了几次，都与她表亲的家或去那里的旅行有关——她已经有10到15年没有去那里了，但小时候常去。”

潘菲尔德对“活脑”这块处女地的探索使人们形成了根深蒂固的印象：脑半球就好比出色的记录装置，其精彩的回放功能似乎更胜过时下流行的留声机。我们的每个记忆都被精确地刻画在它自己的位置上，由不偏不倚的大脑忠实地将其分类归档，并能像自动点唱机中的歌曲一样，按下正确的按键就能播放出来，除非受到暴力损伤。

然而仔细查看潘菲尔德实验的原始记录就会发现，记忆并不是十分机械的过程。有一个例子，是一位29岁的妇女在潘菲尔德刺激其左颞叶时

1 怀尔德·潘菲尔德（Wilder Graves Penfield，1891—1976）：加拿大神经外科医生、神经生理学家。

的反应：“有什么东西从某个地方朝我来了。是一个梦。”4分钟以后，当刺激完全相同的点时：“景色似乎和刚才的不一样……”而刺激附近的点时：“等等，什么东西从我上面闪过去了，我梦到过的东西。”在第三个刺激点——在大脑的更深处，“我不停地做梦。”对同一点重复刺激：“我不停地看到东西——我不停地梦到东西。”

这些文字所谈及的，与其说是从记忆档案馆的底层文件架上翻出的杂乱无章的昨日事件重现，倒不如说是梦一般景象的模糊闪现。这些过往经历的主人把它们当作零碎的“半记忆”片段。它们带有生硬的“拼凑”色彩，漫无目的地飘荡；梦境由此而生——那些关于过去的、星星点点的、没有中心的故事被重组成梦中的拼接影像。既没有所谓似曾相识的感觉，也没有“当时情形正是如此”的强烈意识。没有人会被这些重播所蒙蔽。

人类的记忆的确会不管用。其不管用的方式十分特别，比如在杂货店里记不起购物清单中的蔬菜或是干脆就忘掉蔬菜这码事。记忆的损伤往往和大脑的物理损伤有关，据此我们猜测，记忆在某种程度上是与时间和空间捆绑在一起的，而与时间和空间捆绑在一起正是真实的一种定义。

然而，现代认知科学更倾向于一个新的观点：记忆好比由储存在脑中的许多离散的、非规范记忆似碎片汇总起来而从中涌现出来的事件。这些“半意识”的碎片没有固定的位置，它们分散在大脑中。其储存方式在不同的意识之间有着本质的不同——对洗牌技能的掌握与对玻利维亚首都的了解就是按完全不同的方式组织的，并且这种方式对不同人会有所不同，上一次与下一次之间也会有所不同。

由于可能存在的想法或经历要比大脑中神经元的组合方式多，因此，记忆必须以某种方式进行组织，以尽可能容纳超过其存储空间的想法[1]。它不可能有一个架子来存放过去所有的念头，也无法为将来可能出现的每一个想法预留位置。

1 还有脑科学家认为，人类的大脑，无论其存储记忆能力、联想推理能力，还是计算与判断能力……都只使用了很少的一部分，甚至不足五分之一。——译者注记得1990年的一天，在中国台湾的一个夜晚，我坐在敞篷卡车的后面，行进在满是灰尘的山路上。山上空气很冷，我穿上了夹克。我搭的是顺风车，要在黎明前到达山区里的一座高峰。卡车在陡峭黑暗的山路上一圈圈艰难地向上爬升，而我在清新的空气中仰望星空。天空如此清澈，我能看见接近地平线的小星星。突然，一颗流星嗖地滑落，因为我观看的角度特别，所以看见它在大气层里跳动。它跳啊，跳啊，跳啊，像粒石子。

现在，当我回忆起这一幕时，那颗跳动的流星已经不再是我记忆的重播——尽管它是如此的生动。它的影像并不存在于我记忆中任何特别的地方。当我回忆这段经历时，实际上对其重新进行了组合，并且每次回忆之时都会重新进行组合。所用的材料是散布在我大脑中的细小的记忆碎片：在寒风中瑟瑟发抖，在崎岖的山路上颠簸前行，在夜空中闪烁着无数星星，还有在路旁伸手拦车的场景。这些记录的颗粒甚至更细小：冷，颠簸，星星，拦车。这些正是我们通过感官所接收到的原始影像，并由此组合成了我们当前的感知。

我们的意识正是通过许许多多散布在记忆中的线索创造了现在，如同它创造了过去一样。站在博物馆的一个展品面前，其所具有的平行直线让我在头脑中将它与“椅子”的概念联系起来，尽管这个展品只有3条腿。我的记忆中从未见过这样一把椅子，但它符合所有（与椅子）相关联的事物——它是直立的，有水平的座位；是稳定的，有若干条腿——并随之产生了视觉映像。这个过程非常快。事实上，在察觉其所特有的细节之前，我会首先注意到其所具备的一般“椅子属性”。

我们的记忆（以及我们的蜂群思维）是以同样模糊而偶然的方式创造出来的。要（在记忆中）找到那颗跳动的流星，我的意识首先抓住了一条移动的光的线索，然后收集了一连串与星星、寒冷、颠簸有关的感觉。创造出什么样的记忆，有赖于最近我往记忆里塞入了什么，也包括上次重组这段记忆时所加进去的感觉或其他事情。这就是每次回忆起来都有些微不同的原因，因为每次它都是真正意义上的完全不同的经历。感知的行为和记忆的行为是相同的，两者都是将许多分布的碎片组合成一个自然涌现出的整体。

认知科学家道格拉斯 · 霍夫施塔特[1]说道:“记忆，是高度依赖重建的。在记忆中进行搜取，需要从数目庞大的事件中挑选出什么是重要的，什么是不重要的，强调重要的东西，忽略不重要的东西。”这种选择的过程实际上就是感知。“我非常非常相信，”霍夫施塔特告诉我，“认知的核心过程与感知的关系非常非常紧密。”

在过去20年里，一些认知科学家已经勾画出了创造分布式记忆的方法。20世纪70年代，心理学家戴维 · 马尔[2]提出一种人类小脑的新模型，在这个模型中，记忆是随机地存储在整个神经元网络中的。1974年，计算机科学家彭蒂 · 卡内尔瓦[3]提出了类似的数学网络模型。借助这个模型，长字符串的数据能随机地储存在计算机内存中。卡内尔瓦的算法是一种将有限数量的数据点储存进巨大的潜在的内存空间的绝妙方法。换句话说，卡内尔瓦指出了一种能够将思维所拥有的任何感知存入有限记忆机制的方法。由于宇宙中存在的思想可能比原子或粒子更多，人类思维所能接触到的只是其中非常稀疏的一部分，因此，卡内尔瓦称他的算法为“稀疏分布记忆”算法。

在一个稀疏分布式网络中，记忆是感知的一种。回忆行为和感知行为都是在一个巨大的模式可选集中探查所需要的一种模式。我们在回忆的时候，实际上是重现了原来的感知行为，也就是说，我们按照原来感知这种模式的过程，重新定位了该模式。

卡内尔瓦的算法是如此简洁清晰，以至于某个计算机高手用一个下午就能大致地实现它。20世纪80年代中期，在美国宇航局艾姆斯研究中心，卡内尔瓦及其同事们在一台计算机上设计出非常稳定的实用版本，对他的

---

1 道格拉斯 · 霍夫施塔特（Douglas Richard Hofstadter，1945—）：美国作家，从事意识思考及创造力方面的研究。侯世达是他的中文名。其著作《哥德尔、埃舍尔、巴赫》获得1980年普利策非小说类别奖。

2 戴维 · 马尔（David Courtnay Marr，1945—1980）：英国神经系统科学家、心理学家。马尔整合心理学、人工智能及神经生理学研究成果，提出了视觉处理新模式，被公认为计算神经科学创始人。

3 彭蒂 · 卡内尔瓦（Pentti Kanerva）：发明了“稀疏分布记忆”算法，现为雷氏神经系统科学研究所研究员。

稀疏分布记忆结构进行了细调。卡内尔瓦的记忆算法能做一些可媲美人类思维的不可思议的事情。研究者事先向内存中放入几个画在20厘米×20厘米格子里的低画质数字图像（1~9）。内存保存了这些图像。然后，他们拿一个比第一批样本画质更低的数字图像给算法，看它是否能“回忆”起这个数字是什么。结果它做到了！它意识到了隐藏在所有低画质图像背后的原型。从本质上来说，它通过记忆辨识出了以前从未见过的图像！

这个突破不仅使找到或重现过去成为可能，更重要的是当只给定模糊的线索时，它也能够从无数的可能性中做出正确的判断。对于一个储存器来说，仅仅能调出图像是不够的，在不同的光线下，以及从不同的角度去看图像时，它都应该能准确地辨认出来。

蜂群思维是能同时进行感知和记忆的分布式算法。人类的思维应该也是分布式的，至少在人工思维中，分布式思维肯定是占优势的。计算机科学家越是用蜂群的思维方式来思考分布式问题，就越能发现其合理性。他们指出，大多数个人计算机在开机状态的绝大部分时间里并没有真正投入使用。当你在计算机上写信时，敲击键盘产生的短脉冲会打断计算机的休息，但当你构思下一句话的时候，它又会返回到无所事事的状态。总体来说，办公室里打开的计算机在一天的大部分时间里处于闲置状态。大公司的信息系统管理人员眼见价值不菲的个人计算机设备晚上在工作人员的办公桌上闲着，很想知道是否能够充分利用这些设备的全部计算能力。他们所需要的正是一个在完全分布式的系统中协调工作和存储的办法。

不过，仅仅解决闲置问题并不是分布式计算的主要意义。分布式系统和蜂群思维有其独特的优势，比如，对突然出现的故障具有极强的免疫力。在加利福尼亚州帕罗奥多市[1]的数字设备公司（DEC）[2]的实验室里，一名工程师向我演示了分布式计算的优势：他打开装有公司计算机网络中网关设备的机柜门，动作夸张地从里面拔掉了一条电缆。网络系

1 帕罗奥多市（Palo Alto）：位于加利福尼亚州北部湾区地带，著名的斯坦福大学就位于该市。

2 数字设备公司（Digital Equipment Corporation，1957—1998）：美国计算机行业的著名公司，以PDP11和VAX-11而闻名，1998年被Compag公司收购，后于2001年与惠普公司合并。

统毫不迟疑地绕过了断开的节点，继续正常运行。

当然，任何蜂群思维都有失灵的时候。但是，因为网络的非线性特质，当它确实失灵的时候，其故障可能类似于“除了蔬菜什么食物都记得”的思维障碍。一个“受伤”的网络也许能计算出圆周率的第10亿个数位，却不能向新地址转发邮件；它也许能查出为非洲斑马变种进行分类这样晦涩难懂的课本文字，却找不出任何有关一般动物的合乎情理的描述。对蔬菜的整体“健忘”不太像局部的存储器故障，更像是系统层面上的故障，据其症状推断，有可能是与蔬菜相关的某种特殊关联出现了问题——就像计算机硬盘中的两个独立但又相互矛盾的程序有可能造成一个“漏洞”，使系统资源快速耗尽，无法正常运行。

创建分布式计算思维所遇到的一些障碍可以通过分布式计算机网络加以克服。这种分布式计算是并行计算的实现方式之一，因为在超级计算机群中的成千上万的计算机在并行运转。并行计算不能完全解决“办公桌上闲置的计算机”问题，也不能将散布各处的计算能力全部聚合起来；并行计算的“聚合性”优势很像蜂群的个体优势，它是当代计算机的一大发展方向。

并行计算非常适用于感知、视觉和仿真领域。并行机制处理复杂性的能力要好于以体积庞大、运算速度超快的传统超级计算机。记忆成为感知的再现，与最初的认知行为没有什么区别。两者都是从一大堆互相连接的部件中涌现出来的模式。

2.5 从量变到质变

满满一槽的水。当你拔去水槽底部排水孔的塞子，水就会开始流出，水流搅动，形成涡流。涡流发展成为旋涡，像有生命一般成长。不一会儿，旋涡从水面扩展到槽底，带动了整个水槽里的水。不停变化的水分子瀑布在龙卷中旋转，时刻改变着旋涡的形状。而旋涡持续不变，就在崩溃的边缘舞动。“我们并非僵滞的死物，而是自我延续的模式。”诺伯特 · 维纳[1]如是写道。

水槽空了，所有的水都通过旋涡流得一干二净。当满槽水都从槽里排入下水道后，旋涡的模式到哪儿去了？这模式又是从何而来？

不管我们在何时拔掉塞子，旋涡都会无一例外地出现。旋涡是一种涌现的事物——如同蜂群一样，它的能量及结构蕴含于群体而非单个水分子的能量和特性之中。无论你多么确切地了解H_2O（水的分子式）的化学特征，它都不会告诉你任何有关旋涡的特性。一如所有涌现的事物，旋涡的特性源于大量共存的其他个体；在之前所举的例子中，是满满一槽的水分子。一滴水并不足以显现出旋涡，而一把沙子也不足以引发沙丘的崩塌。

1 诺伯特 · 维纳（Norbert Wiener，1894—1964）：美国数学家，美国科学院院士，控制论的创始人。

事物的涌现大多依赖一定数量的个体、一个群体、一个集体、一个团伙，或是更多。

数量的变化能带来本质性的差异。一粒沙子不能引起沙丘的崩塌，但是一旦堆积了足够多的沙子，就会出现一个沙丘，进而也就能引发一场沙崩。一些物理属性，如温度，也取决于分子的集体行为。空间里一个孤零零的分子并没有确切的温度。温度更应该被认为是一定数量分子所具有的群体性特征。尽管温度也是涌现出来的特征，但它仍然可以被精确无疑地测量出来，甚至是可以预测的，它是真实存在的。

科学界早已确认大量个体和少量个体的行为存在重大差异。群聚的个体孕育出必要的复杂性，足以产生涌现的事物。随着成员数目的增加，两个或更多成员之间可能的相互作用呈指数级增长。当连接度足够高且成员数目足够大时，就产生了群体行为的动态特性——量变引起质变。

2.6 群集的利与弊

有两种极端的途径可以产生“更多”。一种途径是按照顺序操作地构建系统，就像工厂的装配流水线一样。这类顺序系统的原理类似于钟表的内部逻辑——通过一系列的复杂运动来测度出时间的流逝。大多数机械系统遵循的是这种逻辑。

还有另一种极端的途径。我们发现，许多系统都是将并行运作的部件拼接在一起的，很像大脑的神经元网络或者蚂蚁群落的行为。这类系统的动作是从一大堆乱糟糟且又彼此关联的事件中产生的。它们不再像钟表那样，以离散的方式驱动并显现，更像是有成千上万个发条在一起，驱动一个并行的系统。由于不存在指令链，任意一根发条的某个特定动作都会传递到整个系统，而系统的局部表现也更容易被系统的整体表现所掩盖。从群体中涌现出来的不再是一系列起关键作用的个体行为，而是众多的同步性动作。这些同步性动作所表现出来的群体模式就是群集模型。

这两种极端的组织方式都只存在于理论之中，因为现实生活中的所有系统都是这两种极端的混合物。某些大型系统更倾向于顺序模式（如工厂），而另外一些则倾向于网络模式（如电话系统）。

我们发现，宇宙中最有趣的事物大多靠近网络模式这一边。彼此交织的生命、错综复杂的经济、熙熙攘攘的社会，以及变幻莫测的思绪，莫不如此。作为动态的整体拥有某些相同的特质，比如某种特定的活力。

这些并行运转的系统中有我们所熟知的各种名字：蜂群、计算机网络、大脑神经元网络、动物的食物链，以及代理群集。上述系统所属的种类也各有其名称：网络、复杂自适应系统、群系统、活系统或群集系统。我在这本书中用到了所有这些术语。

每个系统在组织上都汇集了许多（数以千计的）自治成员。“自治”意味着每个成员要根据内部规则及其所处的局部环境状况而各自做出反应。这与服从来自中心的命令，或根据整体环境做出步调一致的反应截然不同。

这些自治成员之间彼此高度连接，但并非连到一个中央枢纽上。它们组成了一个对等网络。由于没有控制中心，人们就说这类系统的管理和中枢是去中心化分布在系统中的，与蜂巢的管理形式相同。

以下是分布式系统的4个突出特点，活系统的特质正是由此而来：

◎ 没有强制性的中心控制。

◎ 次级单位具有自治的特质。

◎ 次级单位之间彼此高度连接。

◎ 点对点间的影响通过网络形成了非线性因果关系。

上述特点在分布式系统中的重要度和影响力尚未经过系统的检验。

本书主题之一是论述分布式人造活系统——如并行计算、硅神经网络芯片，以及互联网这样的庞大在线网络等——在向人们展示有机系统的迷人之处的同时，也暴露出它们的某些缺陷。下面是我对分布式系统的利与弊的概述。

群系统的好处：

◎ 可适应——人们可以建造一个类似钟表装置的系统来对预设的激励信号进行响应。但是，如果想对未曾出现过的激励信号做出响应，或是能够在一个很宽的范围内对变化做出调整，则需要一个群——一个蜂群思维。只有包含了许多构件的整体才能够在其部分构件失效的情况下继续生存或适应新的激励信号。

◎ 可进化——只有群系统才可能将局部构件历经时间演变而获得的适应性从一个构件传递到另一个构件（从身体到基因、从个体到群体）。非群体系统不能实现（类似于生物的）进化。

◎ 弹性——群系统由于是建立在众多并行关系之上的，所以存在冗余。个体行为无足轻重。小故障犹如河流中转瞬即逝的一朵小浪花。就算是大的故障，在更高的层级中也只相当于一个小故障，因而得以被抑制。

◎ 无限性——对于传统的简单线性系统来说，正反馈回路是一种极端现象，比如扩声话筒无序地回啸。而在群系统中，正反馈能导致秩序的递增。通过逐步扩展超越其初始状态范围的新结构，群可以搭建自己的脚手架借以构建更加复杂的结构。自发的秩序有助于创造更多的秩序——生命能够繁殖出更多的生命，财富能够创造出更多的财富，信息能够孕育出更多的信息，这一切都突破了原始的局限，而且永无止境。

◎ 新颖性——群系统之所以能产生新颖性有3个原因：（1）它们对“初始条件很敏感”——这句学术短语的潜台词是说，后果与原因不成比例——因而，群系统可以将小土丘变成令人惊讶的大山。（2）系统中彼此关联的个体所形成的组合呈指数级增长，其中蕴藏了无数新颖的可能性。（3）它们并不强调个体，因而也允许个体有差异或缺陷。在具有遗传可能性的群系统中，个体的变异和缺陷能够导致更新，这个过程我们称为进化。

群系统的明显缺陷：

◎ 非最优——因为冗余度高，又没有中央控制，群系统的效率是低下的。其资源分配高度混乱，重复的努力比比皆是。青蛙一次产出数千只卵，只为了少数几个子代成蛙，这是多么大的浪费！假如群系统有应急控制的话——如自由市场经济中的价格体系，就可以在一定程度上解决“效率低下”问题，但绝不可能像线性系统那样彻底消除它。

◎ 不可控——没有一个绝对的权威。引领群系统犹如羊倌放羊：要在关键部位使力，要扭转系统的自然倾向，使之转向新的目标（利用羊怕狼的天性，用爱撵羊的狗将它们聚拢）。经济不可由外部控制，只能从内部一点点地调整。人们无法阻止梦境的产生，只能在它现身时去揭示它。无论在哪里，只要有“涌现”的字眼出现，人类的控制就会消失。

◎ 不可预测——群系统的复杂性以不可预见的方式影响着系统的发展。“生物的历史充满了出乎意料。”研究员克里斯·朗顿[1]如是说。他目前正在开发群的数学模型。“涌现”一词有其阴暗面。视频游戏中涌现出的新颖性带给人无穷乐趣但也会使人脱离现实；而空中交通控制系统中如果出现涌现的新情况，就可能导致全国进入紧急状态。

◎ 不可知——我们目前所知的因果关系就像钟表系统。我们能理解顺序的钟表系统，而非线性网络系统是地道的难解之谜。后者湮没在它们自制的困思逻辑之中。A导致B，B导致A。群系统就是一个交叉逻辑的海洋：A间接影响其他一切，而其他一切间接影响A。我把这称为横向因果关系。真正的起因（或者更确切地说，由一些要素混合而成的真正起因），将在网络中横向传播开来，最终，触发某一特定事件的原因将无从获知。就顺其自然吧。我们不需要确切地知道西红柿细胞是如何工作的，也能够种植、食用，甚至还能够改良西红柿品种。我们不需要确切地知道一个大规模群体计算系统是如何工作的，也能够建造、使用它，并使之变得更加完美。不过，无论我们是否了解一个系统，都要对它负责，因此了解它肯定是有帮助的。

◎ 非即刻——点起火，就能产生热量；打开开关，线性系统就能运转。它们准备好了为你服务。如果系统熄了火，重新启动就可以了。简单的群系统可以用简单方法唤醒；但层次丰富的复杂群系统就需要花些时间才能启动。系统越是复杂，需要的预热时间就越长。每个层面都必须安定下来；横向起因必须充分传播；上百万自治成员必须熟悉自己的

---

1 克里斯·朗顿（Chris Langton，1949—）：美国生物学家，仿生领域开创者之一。20世纪80年代他发明了术语仿真，1987年在洛斯阿拉莫斯国家实验室组织了第一次“生命系统的合成仿真国际会议”。

环境。我认为，这将是人类所要学的最难的一课：有机的复杂性将需要有机的时间。

在群系统的优缺点中进行取舍就如同在生物活系统的成本和收益之间进行抉择一样——假如我们需要这样做的话。但由于我们是伴随着生物系统长大的，而且别无选择，所以我们总是不加考虑地接受它们的成本。

为了使工具具备强大的功能，我们可以允许其在某些方面有点小瑕疵。同样，为了保证互联网上拥有数千万个计算机节点的群系统不会整个垮掉，我们不得不容忍讨厌的蠕虫病毒或是毫无理由和征兆的局部停电。多路由选择既浪费且效率低下，但我们可以借此保证互联网的灵活性。另外，我敢打赌，在我们制造自治机器人时，为了防止它们自作主张地脱离人类的完全控制，不得不对其适应能力有所约束。

随着人类的发明从线性的、可预知的、具有因果关系属性的机械装置，转向纵横交错、不可预测且具有模糊属性的生命系统，我们也需要改变自己对机器的期望。这有一个可能有用的简单经验法则：

对于必须绝对控制的工作，仍然采用可靠的发条控制的老系统。

在需要终极适应性的地方，你所需要的是失控的群件。

我们每将机器向集群推进一步，都是将它们向生命推进了一步。而我们的奇妙装置每离开发条控制一步，都意味着它又失去了一些机器所具有的冷冰冰但快速且最佳的效率。多数任务都会在控制与适应性中间寻找一个平衡点，因此，最有利于工作的设备将是由部分发条装置和部分群系统组成的机器人。我们能够发现的通用群处理过程的数学属性越多，我们对仿生复杂性与生物复杂性的理解就越好。

群突出了真实事物复杂的一面。它们不合常规。群计算的数学延续了达尔文有关动植物经历无规律变异而产生无规律种群的革命性研究。群逻辑试图理解不平衡性，度量不稳定性，测定不可预知性。用詹姆斯 · 格雷克的话来说，这是一个尝试，以勾画出“无定形的形态学”，即给似乎天生无形的形态造型。科学已经解决了所有的简单任务——都是一些清晰而简明的信号。现在它所面对的只剩下噪声；它必须直面生命的杂乱。

2.7 网络是 21 世纪的图标

禅宗大师曾经指导新入门的弟子以一种无成见的“初学者心态”悟禅。禅宗大师告诫学生，“要消除一切先入之见”。要想领悟复杂事物的群体本质，需要一种可以称为“蜂群思维”的意识，这便是“放下一切固有和确信的执念”。

一个深思熟虑的蜂群的看法：原子是20世纪科学的图标。

原子标志是直白的：几个点循极细的轨道环绕着一个黑点。原子独自旋转，形成单一性的典型缩影。这是个性的象征——原子的个性，是最基本的力量基座。原子代表着力量，代表着知识和必然，如同圆周一样可靠而规律。

行星似的原子图像被印在玩具上，印在棒球帽上。旋转的原子渐渐出现在公司的商标图案和政府的印章上，出现在麦片盒的背面，出现在教科书中，并且在电视广告中扮演着主要角色。

原子的内部轨道是宇宙的真实镜像，一边是遵守规则的能量核，一边是在星系中旋转的同心球体。其核心是意志，是本我，是生命力；一切都被固定在其适合的旋转轨道上。原子符号化的确定轨道及轨道间分明的间隙代表了对已知宇宙的理解。原子象征着简单，代表着质朴的力量。

另一个带有禅意的思想：原子是过去。21世纪的科学象征是充满活力的网络。

网络的图标是没有中心的，它是一大群彼此相连的小圆点，是由一堆彼此指向、相互纠缠的箭头织成的网。不安分的图像消退在不确定的边界。网络是原型—— 总是同样的图像——代表了所有的电路，所有的智慧，所有的相互依存，所有的经济、社会和生物的东西，所有的通信，所有的用户，所有的群体，所有的大规模系统。这个图像很具有迷惑性，看着它，你很容易陷入其自相矛盾的困境：没有开始、没有结束，也没有中心，或者反之，到处都是开始、到处都是结束，到处都是中心。人们纠结的是它的特性。真相暗藏于表象的凌乱之下，要想解开它，需要很大的勇气。

达尔文在其巨著《物种起源》中论述了物种如何从个体中涌现。这些个体的自身利益彼此冲突，却又相互关联。当他试图寻找一幅插图做此书的结尾时，他选择了缠结的网。他看到“鸟儿在灌木丛中歌唱，周围有弹跳、飞舞的昆虫，还有爬过湿地的蠕虫”；整个网络形成“盘根错节的一堆，以非常复杂的方式相互依存”。

网络是群体的象征。由此产生的群组织——分布式系统，将自我放置在网络中，以至于没有一部分能说：“我就是我。”无数的个体聚在一起，形成了不可逆转的社会性。它所表达的既包含了网络的逻辑，又包含了大自然的逻辑，进而展现出一种超越理解能力的力量。

暗藏在网络之中的是神秘的“看不见的手”—— 一种没有权威存在的控制。原子代表的是简洁明了，而网络传送的是由复杂性而生的凌乱之力。

作为一面旗帜的网络更难相处，因为它是一面非控制性的旗帜。网络在哪里出现，哪里就会出现对抗传统控制方式的反叛者。网络符号象征着心智的迷茫、生命的纠结，以及追求个性的群氓。

网络的低效率——所有那些冗余，那些来来回回的连接关系，以及仅仅为了穿过街道而窜来窜去的东西——包容着瑕疵而非剔除它。网络不断出现着小的故障，但可以避免大故障的频繁发生。正是其容纳小故障而非杜绝错误的能力，使分布式存在成为学习、适应和进化的沃土。

网络是唯一有能力无偏见地发展或无引导地学习的组织形式。所有其他的拓扑结构都会限制可能发生的事物。

一个网络群到处都是连接，因此，无论你以何种方式进入，都毫无阻碍。网络是结构最简单的系统，其实根本谈不上有什么结构。它能够无限地重组，也可以不改变其基本形状而向任意方向发展，它其实是完全没有外形的东西。类鸟群学说的发明者克雷格·雷诺兹指出了网络这种可以不受打断而吸收新事物的非凡能力："没有迹象表明自然鸟群的复杂性受到任何方式的限制。有新鸟加入时，鸟群并不会变得'满载'或'超负荷'。当鲱鱼向产卵地迁移时，它们那数百万成员的队伍绵延可达17英里（约27千米）。"我们的电话网络能够达到多大？一个网络理论上可以包容多少个节点仍能继续运转？这些问题甚至都不会有人问起过。

群系统的拓扑结构多种多样，但是唯有庞大的网状结构才能包容形态的真正多样性。事实上，由真正多元化的部件所组成的群体只有在网络中才能相安无事。其他结构，如链状、金字塔状、树状、圆形、星形等，都无法包容真正的多元化，以一个整体的形式运行。这就是网络差不多与公开、平等和市场意义等同的原因。

动态网络是少数几个融合了时间维度的结构之一。它注重内部的变化。无论在哪里看到持续不断的不规则变化，我们都应该能看到网络的身影，事实也的确如此。

与其说一个分布式、去中心化的网络是一个物体，还不如说它是一个过程。在网络逻辑中，存在着从名词向动词的转移。如今，经济学家认为，只有把产品当作服务来做，才能取得最佳的效果。你卖给顾客什么并不重要，重要的是你为顾客做了些什么。这个东西是什么并不重要，重要的是它与什么相关联，它做了什么。流程重于资源。行为最有发言权。

网络逻辑是违反直觉的。比如，你要铺设连接一些城市的电话电缆。以堪萨斯城、圣地亚哥和西雅图3个城市为例，连接这3个城市的电话线总长为3000英里（约4828千米）。根据常识，如果要在电话网络中加上第四个城市，那么电话线的长度必将增加。然而，网络逻辑给出的答案截然相反。如果将第四个城市作为中心（让我们以盐湖城为例），其他城市都通过盐湖城相连，电缆总长就可以减少至2850英里（约4586千米），比原来的3000英里减少了约5%。由此，网络的总长度在增加节点后反而缩短了！不过，这种效果是有限的。1990年在贝尔实验室工作的黄光明[1]教授和堵丁柱[2]证明，通过向网络引入新的节点，系统所能够获得的最大节省大约为13%。在网络中，更多代表了不同的含义。

另外，1968年，德国运筹学家迪特里希·布拉斯[3]发现，为已经拥堵的网络增加线路只会使其运行速度更慢，现在我们称其为布拉斯悖论。科学家发现了许多例子，都是说增加拥挤网络的容量会降低其总产量。19世纪60年代末，斯图加特的城市规划者试图通过增加一条街道来解决闹市区的交通拥堵问题。但增加之后城市的交通状况更加恶化，于是，他们又关闭了那条街道，交通状况得到了改善。1992年，纽约在地球日关闭了拥挤的42街，人们曾担心情况会恶化，结果却是，那天的交通状况得到了改善。

还不止于此。1990年，3位致力于脑神经元网络研究的科学家报告说，提高个体神经元的增益——响应度——并不能提高个体检测信号的性能，却能提高整个网络检测信号的性能。

网络有其自己的逻辑性，与我们期望的格格不入。这种逻辑将迅速影响生活在网络世界中的人类文化。从繁忙的通信网络中，从并行计算的网络中，从分布式装置和分布式存在的网络中，我们得到的是网络文化。

艾伦·凯[4]是个有远见的人，他与个人计算机的发明有很大关系。他

---

1 黄光明（Frank Hwang）：毕业于台湾大学外语系，获美国纽约市大学管理学硕士、美国北卡罗来纳大学统计学博士。1967年进入贝尔实验室工作，达29年之久。从1996年至今任台湾交通大学应用数学系教授。

2 堵丁柱（Ding Zhu Du，1948—）：中科院应用数学所研究员，1990年2月到美国普林斯顿大学做访问学者。4月10日，他就和美国贝尔实验室黄光明研究员合作攻克了吉尔伯特–波雷克猜想，即斯坦纳比难题，被列为1989—1990年度美国离散数学界和理论计算机科学界重大成果。堵丁柱现在是德州大学达拉斯分校计算机科学系教授。

3 迪特里希·布拉斯（Dietrich Braess，1938—）：德国鲁尔大学数学学院教授。

4 艾伦·凯（Alan Kay，1940—）：美国计算机科学家，以其面向项目的程序设计和视窗用户界面设计而著名。

说，个人拥有的图书是文艺复兴时期个人意识的主要塑造者之一，而广泛使用的网络计算机将来会成为人类的主要塑造者。我们甩在身后的不仅仅是一本本的书，一天24小时、一周7天的全球实时民意调查，无处不在的电话、电子邮件，500个电视频道、视频点播：所有这一切共同交织成辉煌的网络文化、非凡的蜂群式王国。

我蜂箱里的小蜜蜂大约意识不到自己的群体。根据定义，它们共同的蜂群思维一定超越了它们的个体小蜜蜂思维。当我们把自己的计算机与蜂巢似的网络连接起来时，会涌现出许多东西，而我们仅仅作为身处网络中的神经元，是意料不到、无法理解、控制不了的，甚至都感知不到，而这正是任何涌现的蜂群思维会让你付出的代价。

第三章

OUT OF CONTROL

有心智的机器

3.1 取悦有身体的机器

当马克 · 波林[1]和你握手致意时，你握住的实际上是他的脚指头。若干年前他在摆弄自制火箭时炸飞了手指。外科医生拿他的脚指头勉强拼凑出了一只手，但残疾的手还是让他动作迟缓。

波林制造嚼食同类的机器。他的发明往往复杂而庞大，最小号的机器人都比成人的个头还大，最大号的机器人伸直了脖子能有两层楼那么高。他的这些机器人装备着由活塞驱动的下颌和气动式铲车那样的机械臂，浑身洋溢着活力。

为了防止他的“怪兽们”散架，波林经常要用他那只残疾的手费力地拧紧螺钉，这让他感到很不便。为了加快修理速度，他在自己的卧室门外安装了一台顶级的工业车床，还在厨房堆满了焊接设备，使焊接他那些钢铁巨兽的气动式四肢只需一两分钟。但是他自己残疾的手还是很折磨人，他很想从机器人身上卸下一只手来给自己安上。

波林住在旧金山市一条街道尽头的仓库里，那条街是公路高架桥下的一条死胡同。住处旁边尽是简陋的白铁皮工棚，挂着汽车修理的招牌。仓

1 马克 · 波林（Mark Pauline，1953—）：美国表演艺术家，1978年创立“生存研究实验室”。

库外就是一个废品站，里面堆满了锈迹斑斑的报废机器，其中竟然还有一个喷气发动机。废品站平时总是阴森森、空荡荡的。来给波林送信的邮递员跳下越野车时，总要将车熄火，并锁上车门。

波林自称是个少年犯，长大后则干些“有创意的汪达尔式[1]街头打砸”。即便在旧金山这个崇尚个性的地方，大家也都承认他的恶作剧水平不一般。还是10岁小孩的时候，他就用偷来的乙炔枪割掉过口香糖贩卖机上的大罐子。20多岁时，他玩起了街头艺术，给户外广告牌改头换面——在深夜里别出心裁地用喷漆把广告上的文字涂改成政治信息。最近，他又闹出了一个新闻：他的前任女友报警说，他趁自己周末外出，把她的车涂满环氧树脂黏合剂，之后在车身、挡风玻璃等各处都沾满了羽毛。

波林发明的装置是机巧与生物属性结合的机器。看看这个“回转利嘴机”：两个缀满鲨鱼状利齿的铁环在相交的轨道上疯狂旋转，彼此互成夹角，周而复始地“大嚼特嚼”。它可以在瞬间嚼碎一个小物体。平常它总是在啃着一个机器人身上悬荡着的胳膊。再来看看“拱拱虫”：这个改良农具的一端安装了一个汽车引擎，通过曲柄带动6组特大号的钉耙，耙地的时候一拱一拱地前行。它蠕动的方式非常低效，却是在模仿生物。还有“一步一啄机”：其机身附带罐装的加压二氧化碳，用气动的方式带动它的钢头捶打地面，凿碎路面的柏油沥青。它好似一只500磅（约226千克）的巨型啄木鸟，发疯似的啄着公路。“我的绝大多数机器都是世界上独一无二的。其他神经正常的人不会去造这些对人类毫无实际用处的机器。”波林面无笑容地说道。

每年总有几次，波林会带着他的一家子机器人举办一场展示。1979年的处女秀名叫“机器之爱”。秀场上，他那些古怪的机器人互相踩来踏去、撕扯碾压，最后不分你我，成为一堆破烂。几年后他办了一场叫“无用的机械行为”的展示，延续了他把机器解救出来，使其归于原始形态的

1 汪达尔（Vandals）：古代日耳曼人部落的一支，曾洗劫了罗马，使罗马古文物遭到严重破坏，“汪达尔主义”也成了肆意破坏和亵渎圣物的代名词。

风格。至今为止，他举办了40场左右的展示，通常都是在欧洲——“因为在那儿，”他说，“不会有人控告我。”而欧洲国家对艺术的支持体系（波林称之为艺术黑手党）也接纳这种胆大妄为的演出。

1991年，波林在旧金山闹市区举办了一场机器马戏演出。那一夜，在某高速公路立交桥下废弃的停车场里，数千位一袭黑皮夹克的朋客追捧者完全靠口口相传云集于此。在这个临时搭建的竞技场内，在耀眼的聚光灯下，十来个机甲怪兽和铁疙瘩角斗士正等着用激情和蛮力干掉对方。

这些铁家伙的块头和精神劲儿使人想起一个形象：没有皮肤的机械恐龙。它们通过液压软管驱动的骨架、铰链咬合的齿轮和电缆连接的力臂来保持平衡。波林称它们为“有机机器”。

这可不是博物馆里死气沉沉的恐龙。它们的身体部件是波林从别的机器那里“连偷带借”来的，它们的动力来自废旧的汽车引擎。它们似乎被注入了生命，在散发着灼热的臭氧味的探照灯光束下碾压着、翻腾着、跳跃着、冲撞着——活了起来！

那天晚上，在金属强光照射下，离座的观众们癫狂不已。多个大喇叭（特意挑选的音质粗糙的）不停地播放着预先录制的工业噪声。偶尔，刺耳的声音会切换成电台的电话访谈节目或电子时代的其他背景音。一声尖利的汽笛压住了所有刺耳的声音——演出开始了，机器斗士动起来了！

在接下来的一小时里是一场“混战”。一枚2英尺（约0.6米）长的钻头在一头状似雷龙的大家伙的长颈一端“咬”了一口。这枚钻头形同蜜蜂的蜇针，让人联想到令人恐怖的钻牙的钻头。它接着又“暴跳如雷”地钻进了另一个机器人。“嗞——嗞——嗞——”，听得人牙根发麻。另一个发狂的家伙——“螺丝锥投石机”，则滑稽地到处乱冲，嘶嘶狂叫着撕裂路面。它是一部长10英尺（约3米）、重1吨的钢制滑车，底部是两个钢螺旋胎面的履带，每个轱辘带动一个直径1.5英尺（约0.46米）的螺丝锥疯狂地旋转。它在沥青路面上以30英里（约48千米）的时速四处乱窜，真是逗人喜爱。机车顶部装有投石装置，可以投射50磅（约22千克）的爆破火焰弹。当钻头“追”着去蜇“螺丝锥投石机”时，“螺丝锥投石机”

正对着一座由钢琴搭成的塔楼大投火焰弹。

“这里接近于受控的无政府状态[1]。”波林曾对他那帮完全自愿的“手下”开玩笑说。他把自己的“公司”戏称为“生存研究实验室”(SRL)，一个故意让人误以为是公司的名称。生存研究实验室举办演出，喜欢不经官方许可，不向市镇消防部门报告，不投保险，不做事先宣传；让观众坐得离“舞台”很近，看上去很危险——也确实危险。

一部改装过的商用草地洒水车——它本来应在草丛里爬行、洒水，赐予草地生命——现在却给此地带来一场邪恶的火焰浴。它的旋臂泵出一大圈点燃的煤油，形成炽热的橘红云团。未完全燃烧的呛人烟气被头顶的高速公路硬逼回来，使观众感到窒息。角斗中，“螺丝锥投石机”不小心踢翻了“地狱花洒”的燃料箱，使它不得不结束了自己的使命。“喷火器”立刻点火补上了空缺。“喷火器”是一台可操控的巨型鼓风机，通常用来给市中心的摩天大楼做空调鼓风。它被拴在一台马克型卡车发动机上。发动机带动巨大的风扇从55加仑(约250升)的桶里把柴油燃料泵到空气中。炭弧火花点燃油气混合物，吐出长达50英尺(约15米)的亮黄黄的火舌，烘烤着由20架钢琴叠起的塔楼。

波林可以通过一部模型飞机用的无线遥控手柄来操控火龙。他把“喷火器”的喷嘴转向观众，观众急忙躲避。即便在50英尺远的地方，都能感到扑面的热浪。“你明白是怎么回事了吧，”波林后来说道，“缺了掠食者，生态链就不稳定了。这些观众的生活里没有天敌，就让这些机器充当掠食者吧。它们的任务就是给文明社会突降些掠食者。”

生存研究实验室的机器们相当复杂，而且愈演愈烈。波林总是忙于孵化新型的机器以使马戏团的生态系统保持不断被进化。他常给老型号升级新式肢体。他可能换掉“螺丝锥”的电锯，代之以类似龙虾爪的一对大铁螯，也可能给身高25英尺(约7.6米)的“大坨塔”的胳膊焊上一把喷火

1 受控的无政府状态(controlled anarchy)：指通过设定一套规则，让绝大多数人认同并遵守这套规则，恰当地约束自己的行为，而不需要一个中央管理机构的治理模式。现在普遍认为维基百科即采用了这种模式。

枪。有时候他还搞杂交，把两个大家伙的部件对调一下。在其余的时间里他则忙着为新玩意儿接生。最近的一次秀场上，他推出了4只新宠物：一台便携式闪电机，对着近旁的“机器武士”喷吐出9英尺（约2.7米）长噼啪作响的蓝色闪电；一只由喷气机引擎发动的120分贝汽笛；一门军用的电磁轨道炮，发射时速200英里（约321.87千米）的热熔铁疙瘩，彗星般的火球在空中爆裂开，变成燃烧的毛毛细雨洒落下来；还有一门先进的远程呈现[1]人机一体加农炮，戴着虚拟视镜的操控者转动自己的脑袋盯住目标就可调整炮口的瞄准方向，而炮弹是塞满雷管炸药和混凝土的啤酒罐。

这些表演既然是“艺术”，就难免会资金短缺：门票收入仅够应付一场演出的杂项开销——燃料、员工的伙食以及备用件。波林坦承，他用来拆配成新怪兽的一些机器原型是偷来的。一位生存研究实验室的成员说，他们乐于在欧洲一直演出下去，是因为那里有很多“可求之物”[2]。什么是“可求之物”？“容易得到的，容易解救的，或不花钱拿来的东西。”除此之外的原材料则是从军队过剩的部件中拣选出来的。波林以65美元一磅的价钱从那些缩减规模的军事基地里一车车买回来。他还从那里搜刮来不少机床、潜艇部件、稀奇古怪的马达、罕见的电子器件、粗钢，甚至还有价值10万美元的备件。“要在10年前这些东西可值钱了，而且还关乎着国家安全。可是忽然之间就成了没用的废品。我对它们进行改造，实际上是让这些机器改邪归正——它们过去从事的是‘有价值的’毁灭性工作，如今则做些毫无用处的破坏。”

几年前，波林做了一个会在地板上快速爬行的蟹形机器生物。一只惊慌失措的小豚鼠被锁在一个满是开关的小座舱里充当驾驶员。做这么一只生物机器并非要蓄意表现残忍，而是为了探究有机体和机器趋合的可能。生存研究实验室的发明常常会把高速运转的重金属物体和柔软的生物体结

1 远程呈现（tele-presence）：虚拟现实的一种。当进行远程协同研究或教学时，能在浏览器上以电视质量现场显示一台科学仪器或设备，并能对它进行遥控操作，好像这台仪器就在你跟前一样。

2 可求之物（Obtainium）：凯文·凯利造的一个词。这里译为“可求之物”，是从 Unobtainium 来的。Unobtainium 是一种近于调侃的说法，中文意思接近于“可遇不可求之物”。

合起来。启动后，这只小豚鼠生物机器摇摇摆摆，左冲右突。在一场乱哄哄、处于“受控无政府状态”的演出中，几乎没人会注意到它。波林说：“这种机器生物几乎不能操控且毫无用处，但我们所需要的就是这种程度的控制。”

在旧金山新现代艺术馆的开工典礼上，主办方邀请波林在市中心的空地上集中展示他的机器家族，以“在大白天创造几分钟的幻觉”。他的“冲击波加农炮”率先出场发射空炮。你甚至能看到由炮口喷出的空气冲击波。几个街区内的汽车玻璃和大楼窗户都战栗作响，正值高峰期的交通一度中断。随后“蜂群之群”隆重亮相。这是一些高度及腰的圆柱形移动机器人。它们成群结队，四处奔忙。人人都在猜蜂群会往哪里去；任何一个蜂群都不会控制其余的蜂群；其他蜂群也不管这个蜂群去哪儿。广场成了这些硬邦邦的家伙的天下——一群失控的机器。

生存研究实验室的最终目的是让机器们自治。“让它们做出些自治的行为确实很难。”波林告诉我。不过，在试图把控制权由人转交给机器的研究领域里，他可是走在了很多经费充足的大学实验室的前头。他那些花几百美元做出来的蜂群式创造物，是用回收的红外线传感器和废旧的步进电机[1]装配的。在制造自治蜂群机器人的暗战中，他击败了麻省理工学院的机器人实验室。

在自然孕育物与机械制造物之间的冲突中，马克·波林无疑是后者的拥趸。他说：“机器有话要对我们说。每当我开始设计一场新的表演，我都自问，这些机器想做些什么？比如这台老旧的挖土机，让我仿佛看到某个乡下小伙子每天都开着它，在烈日下替电话公司挖沟。老挖土机厌倦了这种生活，它腰酸背痛，尘土满面。我们找到它，问它想干些什么。也许它想加入我们的演出呢。我们就这样四处奔走，去搭救那些被人废弃，甚

1 步进电机：一种将电脉冲转化为角位移的执行器。通俗地讲，当步进驱动器接收到一个脉冲信号时，它就驱动步进电机按设定的方向转动一个固定的角度（步进角）。可以通过控制脉冲个数来控制角位移量，从而达到准确定位的目的；也可以通过控制脉冲频率来控制电机转动的速度和加速度，从而达到调速的目的。

至已经被肢解的机器。我们必须问自己，这些机器到底想做些什么，它们想被刷成什么颜色？于是，我们考虑到颜色和灯光的协调。我们的表演不是为人们办的，而是给机器办的。我们从不关心机器该如何取悦我们。我们关心的是如何取悦它们。这就是我们的表演——为机器举办的表演。”

机器也需要娱乐。它们有自己的复杂性，有自己的日子要过。通过制造更加复杂的机器，我们正赋予它们自治的行为，因此它们不可避免地会产生自己的打算。“这些机器在我们为它们创造的世界里过得自由自在，”波林对我说道，“它们的行为举止非常自然。”

我问波林：“假使机器的表现遵循自然之道，那它们是否也有天赋万物的权利？”“那些大家伙有很多权利，”波林说道，“我学会了尊敬它们。当其中一个大块头朝你走来的时候，它保有行走的权利，你就得给它让道。这就是我尊敬它们的方式。”

如今的问题是，我们并不尊敬我们的机器人。它们被堆放在没有窗户的工厂里，干些没人乐意干的活。我们把机器当奴隶一样使唤，其实本不该如此。人工智能研究的先驱、数学家马文 · 明斯基[1]曾对那些肯倾听的人表达过这样的意见。他不遗余力地鼓吹把人脑的智能下载进计算机。而发明了文字处理技术、鼠标和超媒体的神奇小子道格拉斯 · 英格巴特[2]，却提倡计算机为人服务的理念。20世纪50年代，这两位宗师曾在麻省理工学院相遇，留下了一段脍炙人口的对话：

明斯基：我们要赋予机器智慧，让它们有自我意识！

英格巴特：你要给机器做那么多好事？那你打算给人类做点什么呢？

1 马文 · 明斯基（Marvin Minsky，1927—2016）：美国麻省理工学院教授，人工智能专家，1969年获图灵奖，是第一位获此殊荣的人工智能学者。

2 道格拉斯 · 英格巴特（Douglas C. Engelbart，1925—2013）：美国发明家，瑞典人和挪威人后裔。他最广为人知的发明是鼠标。另外，他的小组是人机交互的先锋，开发了超文本系统、网络计算机，以及图形用户界面。他致力于倡导运用计算机和网络来协同解决世界上日益增长的紧急而又复杂的问题。

那些致力于使计算机界面更友好、更人性化、更以人为本的工程师常常会讲起这个故事。而我却固持明斯基的理念——站在制造物的一边。人类有自己的生存之道。我们会训练机器来伺候我们。那么，我们打算为机器做点什么呢？

至2009年，世界上工业机器人的总数已经接近100万。然而，除了旧金山那个疯狂的坏小子艺术家，没有谁会问机器人想要什么。人们认为那是可笑、不合时宜的，甚至是大不敬的。

诚然，在这上百万的“自动装置”中，99%的装置仅仅赢得了手臂的美名。它们是聪明的手臂，能做手臂可以做的所有事情，并且不知疲倦。不过，作为我们曾经所希望的“机器人”，它们仍然既瞎又哑，并且还得靠墙上的插座养活。

除了马克·波林的那些失控的机器人，今天绝大多数肌肉僵硬的自动装置都笨重、迟缓，而且还要靠救济过日子——离不开持续的电力供给和人类脑力的驾驭。很难想象这些家伙会衍生出什么有趣的事情。即便再给它安上几只胳膊、几条腿或者一个脑袋，得到的还是一个昏昏欲睡的巨兽。

我们想要的是那个罗比机器人[1]，是那个科幻小说中的原型机器人——一个真正自由自在、自主导航、能量自给的机器人，一个让人类大惊失色的机器人。

一些实验室的研究者意识到，要想造出罗比，最有效的途径是拔掉静态机器人身上的电源插头，制造出“移动的机器人”。如果静态机器人的手臂里能完全容纳下能量块和大脑，那也许还能实现。其实，任何机器人只要能够做到独立行走和独立生存，就会更上一层楼。尽管波林有些玩世不恭和多愁善感，但他造出的机器人，屡屡打败那些世界顶级大学研制出来的机器人，而他所用的设备恰恰是那些大学所摒弃的。对金属自身局限

---

1 罗比机器人（Robbie the Robot）：最早出现于1956年的科幻电影《惑星历险》（*Forbidden Planet*）中，随后成为科幻作品中机器人的原型代表。

性和自由度的深刻理解弥补了波林没有学位的弱点，他在制造那些有机机器的时候从不用设计图。有一次，为了逗逗一位穷追不舍的记者，波林带他走遍自己的工作室，翻找正在开发的跑步机器的“计划书”。两人费力地扒拉了20分钟（“我记得上个月图纸就在这里来着”），最终在破旧不堪的金属写字台最底下一个抽屉里的一本1984年发黄的电话簿下面，找到一张纸。纸上是用铅笔勾勒出的一台机器，其实就是一张草图，没有任何技术说明。

“都在我脑子里呢。我只需在金属块上画画线，就可以动手切割了。”波林拿起一块车削精细的2英寸（5.08厘米）厚的铝制工件对我说。铝块略显出暴龙前肢骨骼的形状。工作台上还有两块和它一模一样的成品。他正在做第四块。这些铝块将来会安在一头骡子大小的会跑的机器身上，作为其四肢的一部分。

波林的跑步机器并不是真的会跑。它只是走得快一些而已，偶尔会有些踉跄。当时，还没人能制作真正会跑的机器人。几年前，波林制造出一个结构复杂的特大型四足行走机器，高12英尺（约3.66米），方方正正的，既不聪明也不敏捷，但它确实拖着脚慢慢地挪动了。4条树干粗的方柱就是它的4条腿，由巨大的变速器和杂乱的液压管来共同驱动。如同生存研究实验室的其他发明一样，这头笨拙的怪兽由一台模型汽车的遥控器来操纵。换句话说，这头怪兽就是一只重达2000磅（约907千克）但大脑却小如豌豆的恐龙。

目前，尽管已在研发上投入了千万美元的巨资，还没有哪位计算机高手可以摆弄出一台靠自己的智能穿过房间的机器。有些机器人要么磨磨蹭蹭花上数天的时间，要么莽撞地一头碰到家具上，要么刚走完四分之三就出了故障。1990年12月，在经过了10年的努力之后，卡耐基－梅隆大学“野地机器人学[1]中心”的研究生终于组装出了一台机器人，并命名为“漫

1 野地机器人学（Field Robotics）：研究利用移动机器人在野外工作站或自然地理环境下执行独特任务，同时保障自己安全的学科。

步者”。它慢慢地横穿了整个院子，大约走了100英尺（约30米）。

“漫步者”的个头比波林那拖脚走路的巨物还要大，原本的研发目的是做远地行星考察。但是卡耐基－梅隆的这个庞然大物还在样机阶段就花费了纳税人的几百万美元，而波林拖脚走路的怪兽只花了几百美元，其中三分之二还买了啤酒和比萨。这位19英尺（约5.8米）高的铁打的“漫步者”先生重达两吨，这还没算它那搁在地上的沉甸甸的大脑。这台巨大的机器在院子里蹒跚学步，每次迈步都要经过深思熟虑。除此之外，它不干别的。在等待了这么久之后，能走得不被绊倒就足以让人们感到欣慰了。“漫步者”的“父母亲们”满意地为它的人生第一步鼓掌喝彩。

动动六条蟹爪似的腿，对于“漫步者”而言是一件很轻松的事，而试图搞清自己身处何地就太难为这个巨人了。即使只是简单地描绘出地形，让自己可以计算出行动的路径，也成了“漫步者”的噩梦。它不怕走路，却要花大量的时间考虑院子的布局。“这肯定是个院子，”它对自己说，“这儿有些我可以走的路径。不过，我得把它们和我脑子里的院子地图一一比对，然后选择最佳的那条。”“漫步者”通常要在头脑中创建出环境的轮廓图，然后根据这张轮廓图来为自己导航；每走一步都要更新一次轮廓图。中央电脑中用来管理“漫步者”的激光成像仪、传感器、气压足肢、齿轮箱和电机马达的程序长达数千行。尽管重2吨并有两层楼那么高，这个可怜虫却只靠它的头活着，而这个头用一条长长的电缆连在它身上。

我们拿“漫步者”一只大脚垫下面的小蚂蚁做比较。“漫步者”好不容易才从院子这头踱到那头，蚂蚁已经跑了个来回。一只蚂蚁，脑袋加身体的分量才百分之一克——也就米粒那么大点儿。它既没有对整个院子的印象，也对自己身处何地一无所知。然而它却能在院子里畅行无阻，甚至想都不用想。

研发人员把“漫步者”造得粗壮硕大是为了抵御火星上极端严寒和多风沙的环境，在火星上它不会那么重。然而具有讽刺意味的是，由于“漫步者”的块头太大“体重超标”，这辈子无论如何去不了火星了；只有蚂蚁那么小的机器人才有希望。

用蚂蚁式移动机器人来作为解决方案是罗德尼·布鲁克斯[1]的设想。这位麻省理工学院的教授觉得与其浪费时间制造一个无用的天才，还不如制造千万个有用的白痴。他指出，往行星上派送一个智力不俗的超重恐龙恐怕是不可能的，而派送一大群能做事的机械蟑螂有可能使我们获得更多的信息。

布鲁克斯于1989年发表了一篇论文，题为《快速、廉价、失控：一场太阳系的机器人入侵》(*Fast, Cheap and Out of Control: A Robot Invasion of the Solar System*)。该论文后来被广为引用。他在文中声称，“若干年内利用几百万只低成本小机器人入侵一颗地外行星是可能的”。他提议用一次性火箭发射一群鞋盒大小的太阳能推土机去入侵月球，同时派出一支由无足轻重、能力有限的机器人个体组成的军队，让它们协同完成任务，并允许它们自由行动。有些士兵会死掉，大多数会继续工作，并最终做出一些成绩。这支移动机器人大军可以用现成的部件在两年内完成组装，然后用最便宜的单程环月轨道火箭发射。就在别人还在为某个大笨家伙而争论不休的时候，布鲁克斯可能早已把侵略大军制造出来并派出去了。

美国国家航空航天局的官员有理由听从布鲁克斯的大胆计划，但从地球上进行远程控制的效果不太令人满意。一个在裂缝边缘摇晃的机器人，需要等上1分钟才能接到从地面站发来的指令。因此，机器人必须实现自治。一个宇航机器人不能像“漫步者”那样，身在太空，头在地球。它必须随身携带自己的大脑，完全依靠内在逻辑和规则运行，无须与地球进行过多的通信。它们的头脑不必非常聪明。比如，要在火星表面清理出一块着陆场，移动机器人可以每天花上12小时的笨工夫去刮平一块区域。推，推，推，保持地面平整！它们当中单拿出来任何一个，可能干得都不是很好，但当成百个机器人进行集团化作业的时候，就能出色地清理出一块着陆场。日后，当人类的考察队着陆时，宇航员可以让那些依然活着的移动

1 罗德尼·布鲁克斯（Rodney A.Brooks，1954—）：美国著名机器人专家，人工智能研究先驱。麻省理工学院计算机科学与人工智能实验室主任，同时也是著名的类人机器人小组的创建者。

机器人休息一下，并赞赏地拍拍它们的头。

绝大多数移动机器人会在着陆后的数月内死去。日复一日的严寒与酷热会使电脑芯片开裂或失效。但就像蚂蚁群落，单个移动机器人是无足轻重的。与“漫步者”相比，它们被发射到太空的费用要便宜上千倍；这样一来，即便发射数百个小机器人，其成本也只是一个超大超重机器人的零头。

布鲁克斯当初想入非非的主意如今已经演化为国家宇航局的正式项目。“喷气推进实验室”[1]的工程师正在创造一种微型漫游者。这个项目刚开始的时候是想制造一个“真正的”行星漫游者的微缩模型。但当人们逐渐认识到小尺寸及分布式的优点后，微型漫游者本身就变成了真正的成果。国家宇航局的这个微型机器人原型看上去很光鲜：六轮行走，无线电遥控，像一台儿童沙滩车。从某种意义上说它确实是一台沙滩车，不过它还是太阳能驱动和自引导的。计划于1997年启动的火星环境勘测[2]任务里，可能会有一大批这样的微型漫游者担当主角[3]。

微型机器人可以用现成的部件快速搭建。发射它们很便宜，而且一旦成群释放，它们就会脱离控制，无须持续管理（其实可能是误导的）。这种粗犷却实用的逻辑，完全颠覆了大多数工业设计者在设计复杂机械时采用的缓慢、精细、力图完全掌控的解决之道。这种离经叛道的工程原理简化成了一个口号：快速、廉价、失控。工程师预见，遵循此道的机器人将适用于以下领域：探索星球，采集、开矿、收割，远程建设。

1 喷气推进实验室（Jet Propulsion Laboratory）：美国联邦政府资助的研发中心，主要是为了建设和运行机器人和航天器。

2 火星环境勘测（Mars Environment Survey）：美国国家航空航天局的一项计划，旨在对火星进行现场观察和测量。

3 本书写于1994年，事实上，1997年，一个叫作Sojourher的仅重10.6千克的机器人火星探测器的确在那次行动中被带上了火星。

3.2 快速、廉价、失控

“快速、廉价、失控”的口号最早出现在展览会的宣传牌上，后来罗德尼·布鲁克斯将之用于自己那篇引起轰动的论文的标题中。新的逻辑带来对机器全然不同的新视角。“在移动机器人群体中并没有控制中心。它们分散在时空里，好像一个民族穿越历史和大陆而来。大量地制造这些机器人吧，别把它们看得过于珍贵。”

罗德尼·布鲁克斯在澳大利亚长大成人。与别的男孩一样，他喜欢读科幻小说，喜欢做玩具机器人。他养成了反过来看事物的习惯，总是以逆于习以为常的观念行事。他不断进出美国各大顶尖机器人研发实验室，追寻关于机器人的奇思异想，最后接受了麻省理工学院移动机器人研究项目负责人的职位。

在那里，布鲁克斯开展了一个雄心勃勃的研究生课题项目，研发更接近昆虫而非恐龙的机器人。第一个诞生的机器人是“阿伦”。它的头脑保存在旁边的台式计算机里，因为当时的机器人研发者都这么做，以获得值得保存的大脑。阿伦的身体具有视觉、听觉和触觉，它所感知到的信号通过几股线缆传送到那个盛放大脑的“盒子”里。在这些线缆上会产生太多的电子背景干扰，使布鲁克斯和他的团队备受困扰，挫折不断。为解决这一问题，布鲁克斯换了一个又一个学生。他们查遍了各种已知的传播介质，甚至尝试了业余无线电、警用对讲机、手机等多种替代方案，但无论哪种方案，都无法建立不受电子信号干扰又能传输丰富多样信号的连接。最后布鲁克斯和学生都发誓，不管把大脑设计得多么小，下一个项目非把大脑中枢整合到机器人体内不可——这样就再也用不着那些“惹麻烦”的线缆了。

因此，在制作后两个机器人“汤姆”和“杰瑞”时，他们被迫只使用非常简单的逻辑步骤以及短且简单的连接。出乎意料的是，在完成简单任务时，这种简陋的自带神经电路居然比原来的“大脑”表现得更好。这个不大不小的收获促使布鲁克斯重新审视弃儿“阿伦”。他后来回忆道：“事实证明，阿伦的头脑真没起什么作用。”

这次“大脑精简”让布鲁克斯尝到了甜头，并促使他继续探索，看看机器人能傻到什么程度但仍能做些有用的工作。最终，他得到了一种基于反射的智能。具有这种智能的机器人不比蚂蚁更聪明，但它们和蚂蚁一样能给人以启迪。

布鲁克斯的设想在一个叫“成吉思”的机巧装置上成形。“成吉思”有橄榄球那么大，外形像一只蟑螂。布鲁克斯把他的精简理念发挥到了极致。小成吉思有6条腿，却没有一丁点儿可以称为“脑”的东西。所有12个电机和21个传感器分布在没有中央处理器的可解耦网络上。然而这12个充当肌肉的电机和21个传感器之间的交互作用居然产生了令人惊叹的复杂性和类似生命体的行为。

“成吉思”的每条小细腿都可自顾自地工作，和其余的腿毫无关系。每条腿都通过自己的一组神经元——一个微型处理器——来控制其动作。每条腿只需管好自己！对“成吉思”来说，走路是一个团队合作项目，至少有6个“小头脑”在工作。它体内其余更微小的脑力则负责腿与腿之间的通信。昆虫学家说这正是蚂蚁和蟑螂的解决之道——这些爬行昆虫的足肢上的神经元负责为该足肢进行思考。

在“成吉思”身上，行走是通过12个电机的集体行为而完成的。每条腿上两个马达的起落，取决于其他几条腿在做什么动作。如果它们抬起、落下的次序正确，那么，起步！一、二、一，一、二、一！——就“走起来”了。

在这个精巧的装置上没有任何一部分是掌管走路的。无须借助高级的中央控制器，控制会从底层逐渐汇聚起来。布鲁克斯称之为“自下而上的控制”，自下而上的行走，自下而上的机敏。如果折断蟑螂的一条腿，它会马上调整步态用余下的五条腿爬行，一步不乱。这样的转换不是断肢后重新学习来的，而是即时的自我重组。如果你弄废了“成吉思”的一条腿，还能走的其余5条腿会重新组合走路，就如同蟑螂一样，轻易地找到新的步态。

布鲁克斯在他的一篇论文里首先阐述了怎样使创造物“无知无觉”地走路的方法：

> 没有所谓的中央控制器来指导身体把脚放在哪里，或者跨过障碍时要把腿抬多高。实际上，每条腿都有权做些简单动作，而且每条腿都能独立判断在不同环境下该如何行事。举例来说，一个基本动作的意识是，“如果我是腿而且抬起来了，那么我要落下去”，而另一个基本动作的意识可描述为，“如果我是一条腿并且在向前动，得让那5个家伙稍微拖后一点”。这些意识独立存在且随时待机，一旦感知的先决条件成立就会触发。接下来，要想开步行走，只需按顺序抬起腿（这是唯一可能需要中央控制的地方）。一条腿一抬起来就会自动向前摆动，然后落下。而向前摆动的动作会触动其余的腿略微向后挪动一点。由于那些腿正好接地，身体就向前移动了。

一旦机器生物能在平滑表面稳步前行，就可以增添一些其他动作使它走得更好。要让“成吉思”翻越横亘在地板上的电话簿，需要安装一对触须，用来把地面上的信息传递回来。来自触须的信号可以抑制电机的动作。此规则可能是：“如果你感觉到什么，我就停下；不然我还接着走。”

“成吉思”在学会爬过障碍物的同时，其基本的行走模式却未受到丝毫扰乱。布鲁克斯借此阐释了一个普适的生物原则——一个“铁律”：当某个系统能够正常运转时，不要扰乱它，要以它为基础来构建。在自然体系中，改良就是在现存的调试好的系统上“打补丁”。原先的基础继续运作，甚至不会注意到（或不必注意到）其上还有其他层级。

当你的朋友告诉你走哪条路去他家的时候，绝不会顺便告诫你“千万别撞车”，即便你确实必须遵守此“铁律”。他们不需要就那么低层次的目标和你沟通，因为你熟练的驾车技术早已保证那个目标会轻易实现。而走哪条路去他家就属于高层次的活动了。

动物（在进化过程中）的学习方式与此类似，布鲁克斯的移动机器人也是如此。它们通过建立行为层级来学会穿越复杂的世界，其顺序大致如下。

◎ 避免碰触物体。

◎ 无目的漫游。

◎ 探索世界。

◎ 构造内在地图。

◎ 注意环境变化。

◎ 规划旅行方案。

◎ 预见变化并相应地修正方案。

在碰到障碍物的时候，负责无目的的漫游的部门会毫不在意，因为负责避免碰触物体的部门早已对此应对自如了。

布鲁克斯移动机器人实验室的研究生制作了一个拾荒机器人，他们开心地称它为“回收机”——一到晚上，它就在实验室里四处搜集空饮料罐。它无目的地漫游，在每个房间里晃来荡去；避免碰触部门则保证它在漫游的时候不会磕碰家具。

回收机整晚地闲逛，直到它的摄像头侦测到桌子上一个饮料罐形状的物体。信号触动移动机器人的轮子，将其推进到饮料罐正前方。回收机的胳膊并不需要等待中枢大脑（它也没有“脑子”）发出指令，就能够通过周围环境“了解”自己所处的位置。它的胳膊上连有传递信号的导线，以便胳膊能够“看”到轮子。如果它察觉，“咦，我的轮子停下了”，它就知道，“我前面肯定有个饮料罐”。于是，它便伸出胳膊去拿罐子。如果罐子比空罐子重，就留在桌子上；如果和空罐子一样轻，就拿走。机器人手拿着空罐子继续无目的地漫游，直到偶遇一只回收桶。这时，轮子就在回收桶前停下，“傻乎乎”的胳膊会“查看”自己的手是否拿着罐子，如果是，就会扔进回收桶。如果不是，就再次在办公室里四处漫游，直到发现下一个罐子为止。

这种荒唐的、“撞大运式”的回收系统效率极其低下。但夜复一夜，在没有什么其他事好做的情况下，这个“傻乎乎”却很“可靠”的回收机居然搜集到了数量可观的铝罐子。

如果在原有的正常工作的回收机上添加一些新的行为方式，就能发展出更复杂的系统。复杂性就是这样依靠叠加而不是改变其基本结构而累积起来的。最底层的行为并不会被破坏。无目的漫游模块一旦被调试好，并且运转良好，就基本不会改变。就算这个无目的漫游模块妨碍了新的高级行为，其所应用的规则也只是会被抑制，而非被删除。代码是不变的，只是被忽略了而已。多么“官僚”却又多么“生物化”的一种方式啊！

更进一步地，系统的各个部分（部门、科员、规则、行为方式）都在不出差错地发挥作用——犹如各自独立的系统。“避免碰触部门”自顾自地工作，不管“拿罐子部门”在不在做事。“拿罐子部门”同样干自己的工作，不管“避免碰触部门”在不在做事。青蛙的头即便掉下来了，它的腿还会短时间抽跳，就是这个道理。

布鲁克斯为机器人设计的分布式控制结构后来被称作“包容架构”（Subsumption Architecture），因为更高层级的行为希望起主导作用时，需要包容较低层次的行为。

如果把国家看成一台复杂的机器，则可以用包容架构来这么建造：先从乡镇开始。解决乡镇的后勤：基本工作包括整修街道、敷设水电管道、提供照明，还要制定管理规则。当你有了一些运转良好的乡镇，就可以设立郡县。在保证乡镇正常运作的基础上，你在郡县的范围内设立警察室、监狱和学校，在乡镇的层级之上增加了一层复杂度。就算没有郡县，也不会影响乡镇照常运转。郡县数量多了，就可以添加州的层级。州负责收税，同时允许郡县继续行使其绝大部分的职权。没有州，乡镇也能维持下去，虽然可能不再那么有效率或那么复杂。当州的数量多了，就可以添加联邦政府。通过对州的行为做出限制并承载其层面之上的组织工作，联邦层级包容了州的一些活动。即使没有联邦政府干预，千百个乡镇仍会继续做自己的地方工作——整修街道、敷设水电管道、提供照明。但是当乡镇工作被州所包容，并最终被联邦所包容时，这些乡镇工作就会显示出更强大的功效。也就是说，以这种包容架构所组织起来的乡镇，在开展建设、实施教育、执行管理、繁荣经济方面，都可以做得比独自运作时更好。

3.3 众愚成智

布鲁克斯机器人大脑和身体的构建方式是相似的——自下而上。与从乡镇开始类似，它会从简单行为——本能或反射——开始。先生成一小段能完成简单工作的神经回路，接下来让大量类似的回路运转起来。之后，复杂行为从一大堆有效运作的反射行为中脱颖而出，你也就此构建出第二个层级；无论第二个层级生效与否，最初的层级都会继续运作。但当第二个层级设法产生一个更复杂的行为时，就把下面层级的行为包容进来了。

以下是由布鲁克斯机器人实验室开发出来的一套普适性的分布式控制方法。

◎ 先做简单的事。

◎ 学会准确无误地做简单的事。

◎ 在简单任务的成果之上添加新的活动层级。

◎ 不要改变原有层级的事物。

◎ 让新层级像简单层级那样准确无误地工作。

◎ 重复以上步骤，无限类推。

这套办法也可以作为管理任何一种复杂系统的诀窍，事实上布鲁克斯机器人也就是用作这个的。

不会指望依赖一个中心化的机构来管理整个系统的运转。假如你想修键盘的某个按键，你是找计算机修理工，还是找计算机设计制造公司？你能想象自己会搅起怎样一连串可怕的事情吗？

一直以来，主流的机器人研发、人造生物、人工智能研发等走的都是中枢指挥的套路。那些头脑中心论的家伙培育出的机器人，到现在都还没能复杂至可以“崩溃”的程度，对此，布鲁克斯一点也不感到奇怪。

布鲁克斯一直致力于培育没有中枢大脑的系统，以使系统拥有得当的性能。在一篇论文里，他把此类没有中枢大脑的智能称为“非理性智能”，其含义生动而微妙，语带双关。一方面，这种基于自下而上层累结构的智能本身并没有用到复杂的推理机制；另一方面，这种智能的涌现也没有推理理论或者规律可遵循。

作为人类，难道我没有一个中央大脑吗？

人类有大脑，但它既没有中央集权机制，也没有所谓的中心。“认为大脑有一个中心的想法是错误的，而且还错得很离谱。”丹尼尔·丹尼特[1]这样断言。丹尼特是塔夫斯大学哲学系教授，长期坚持意识的“功能性”视角：意识的各种功能，比如思考，都来自不负责思考的部分。爬虫式移动机器人所具有的“半意识”，就是动物和人类意识的极好样本。据丹尼特的说法，人体内并没有一处是用来控制行为的，也没有一处会创造“行走”，没有所谓的“灵魂居所”。他说：“如果你仔细看看大脑内部，会发现这是一所无人居住的空房子。”

丹尼特正在慢慢地说服很多心理学家，让他们相信，意识是从一个由许许多多渺小而无意识的神经环路构成的分布式网络中涌现出来的。丹尼特告诉我：“旧的模式认为，大脑中存在一处中心位置，一座隐秘圣殿，一个剧场，意识都从那里产生。也就是说，一切信息都必须提交给一个特使，以使大脑能够察觉这些信息。你每次做出的有意识决定，都要在‘大脑峰会’上得到最终确认。本能反射例外，它们是穿山而过的隧道，因而

1 丹尼尔·丹尼特（Daniel Dennett，1942—）：毕业于哈佛大学，后获牛津大学哲学博士学位。1971年开始任教于塔夫斯（Tufts）大学，创立认知科学研究中心并任主任一职。

得以不参加意识峰会。”

按照这种逻辑（这在脑科学领域绝对“正统”），丹尼特说：“一个人开口讲话时，大脑里就生成了一个语言输出盒。由某些讲话工匠编撰排版好要说的话，再放进盒子里。讲话工匠服从一个叫‘概念生成者’的子系统的指示，得到一些先于语言构成的信息。当然，概念生成者也得从某个来源获取信息，于是，类似的控制过程便无限地回溯下去。”

丹尼特称这种观念为“唯中央意图”。想要表达的意思从大脑中央权威处层层下传。他从语言的角度对这种观点进行了描述——就像“有位四星上将对部队训话：‘好了，伙计们，你们的活儿来了。我想狠撸这家伙一顿。快找个合适的话题，再造些英语脏话，然后发送过来。’假如说话要经过这么一个流程，想想也觉得泄气”。

丹尼特说，实际的情况更像是“有许多微不足道的小东西，本身并没有什么意义，但意义正是通过其分布式交互而涌现出来的”。一大堆分散的模块生成常常自相矛盾的原材料——这儿有一个可用的词，那儿有一个不确定的词。“语言就是从这样一堆杂乱无章、不完全协调，甚至是互相竞争的‘词堆’中冒出来的。”

我们常用文学的手法来修辞讲话，把它看成意识的畅流，就如同我们头脑里正在播放新闻广播。丹尼特说：“并没有什么意识之流。意识的苗头往往是多发的、并存的，或者说，有许多不同的意识流，没有哪一条是被单独选出来的。”心理学先驱威廉·詹姆斯[1]在1874年写道：“……思维在任何阶段都像是一个舞台，上演着各种并发的可能性。意识在这些可能性互相比对的过程中起起落落，选此即抑彼……”

彼此各异的才思们吵闹着，共同形成了我们所认为的“统一的智慧”。马文·明斯基把这种情形称为“心智社会”[2]。他将其简单形容为“你

1 威廉·詹姆斯（William James，1842—1910）：美国本土第一位哲学家和心理学家，也是教育学家，实用主义哲学的倡导人，美国机能主义心理学派创始人之一，美国最早的实验心理学家之一。

2 《心智社会》（*The Society of Mind*）：马文·明斯基于1988年出版的哲学人文著作。其理论是：人类心智活动和任何自然进化出的感知系统是由无数“碌碌众生”式的代理（agent）所完成的单独简单进程组合成的大社会。从脑部高度关联的互动机制中，涌现出各种心智现象。

可以通过许多微小的反应建立知觉意识，每种反应自己却都是无知无觉的”。想象一下，有很多独立的专业机构关心各自的重要目标（或本能），诸如饮食、喝水、寻找庇护所、生育或自卫，这些机构共同组成了基本的大脑。拆开来看，每个机构都只有低能儿的水平，但通过错综复杂的层累控制，以许多不同的搭配组合有机结合起来，就能创造高难度的思维活动。明斯基着重强调，“没有心智，社会就没有智能。智慧从愚笨中来”。

心智社会听起来和心智的官僚主义似乎大同小异。实际上，如果没有进化与学习的压力的话，头脑中的心智社会就会流于官僚主义。然而正如丹尼特、明斯基、布鲁克斯等预想的一样，一个复杂组织里愚钝的个体之间总是为了获得组织资源和组织认同而相互竞争又共存合作。竞争个体间的合作是松散的。明斯基认为，智能活动产生于“几乎各自离散的个体，为了几乎各自独立的目的而结合的松散的联盟”。胜者留存，败者随时间而消逝。从这层意义上来看，头脑并非垄断独裁，而是一个无情而冷酷的生态系统，在这里，竞争孕育出自发的合作。

心智的这种微混沌特性比我们所能体会的还要深刻，甚至到了让我们的内心感到不安的程度。很有可能，心智活动实际上就是一种随机或统计现象——等同于大数定律[1]。这种随机分布式鼓荡生灭的神经脉冲群落构成了智力活动的基石；即使给定一个起点，其结果也并非命中注定。没有可重复的结果，有的只是随机而生的结果。某个特定念头的涌现，都需要借助一点点运气。

丹尼特对我坦承：“我为何痴迷于这个理论？因为当人们第一次听到这种说法时会不禁摇头大笑，但接着再想想，他们会觉得也许真是对的！后来随着思考越发深入，他们意识到，哦不，这不仅有可能是对的，而且某些观点肯定是对的！”

1 大数定律：在随机事件的大量重复中所呈现出的一种必然规律。通俗地讲，在条件不变的前提下，重复试验多次，随机事件出现的频率近似于它的概率。比如，我们向上抛一枚硬币，硬币落下后哪一面朝上本来是偶然的，但当我们上抛硬币的次数足够多后（上万次甚至几十万次、几百万次以后），硬币每一面向上的次数就会约占总次数的二分之一。

就像丹尼特和其他人都注意到的那样，人类并不多见的多重人格综合征在某种程度上源于人类意识的分散化和分布式特性。每一个人格——无论是比利还是莎莉，都共用同一群人格代理以及同一群执行者和行为模块，却产生出显著相异的角色。罹患多重人格障碍的病人实际上将他们人格中的某个碎片（某个群组）当作一个完整的人格表现出来了。外人永远不知道他们在和谁交谈。病人看上去缺失了一个“我”。

而我们难道不都是这样的吗？在生活的不同时期，在不同的心境下，我们也变换着自己的性格。当某个人被我们内心世界的另一面所伤害时，她会冲着我们尖叫：“你不是我所熟悉的你了！”“我”是我们内心世界的一个笼统外延，我们以此来区分自己和他人。一旦“我”失去了“我”，就会忙不迭地创设一个新“我”。明斯基说，我们正是这么做的。世上本无“我”，不过是庸人自设之。

人无“我”，蜂窝无“我”，野兽无“我”，公司无“我”，家国无“我”，任何活物都无“我”。一个活系统中的“我”是一个幽灵，是不知晦朔的朝菌。它就如同亿万个水分子汇成的瞬间的旋涡，指尖轻轻一碰，便即销弭无形。

然而须臾之际，那些分布在低层的乌合之众又搅起了旋涡。这个旋涡是新象，还是旧影？你有过濒死体验吗？之后是感觉“再世为人”，还是只感觉成熟了一点？如果本书的章节打乱次序，那还会是原来这本书吗？想想吧，想到白头愁未解，你就明白什么是分布式系统了。

3.4 嵌套层级的优点

每个单独的生物个体内都有一大群非生物的东西。将来有一天，每台单独的机器内也会有一大群非机械的东西。不管哪种类型的群体，它们都一方面各忙各的，另一方面组成一个新的整体。

布鲁克斯写道：“包容结构实质上是一种将机器人的传感器和执行器连接起来的并行分布式计算。”这种架构的要点在于，将复杂功能分解成小单元模块并以层级的形式组织起来。很多观察家很喜欢分布式控制的社会理想，但当听说层级是包容结构中最重要和最核心的部分时，很反感。他们会问，难道分布式控制不就意味着层级机制的终结吗？

当但丁一层层爬上天堂的九重天时，他所攀爬的是一座地位的层级。在地位层级里，信息和权力自上而下地单向传递。在包容或网络层级架构里，信息和权力自下而上地传递，或由一边到另一边。布鲁克斯指出：“不管一个代理或模块在哪一个层级工作，它们均生来平等……每个模块只需埋头做好自己的事。”

在人类的分布式控制管理体系中，某些特定类型的层级会得到加强而非减小或消失。在那些包含人类节点的分布式控制体系内更是如此，如巨大的全球性计算机网络。许多计算机领域的专家大力鼓吹网络经济的新纪元——一种围绕计算机网络建立起来的新纪元，认为是时候抛弃那些等级森严的网络了。他们的说法既对又错。虽然那种专制的“自上而下”的层级结构会趋于消亡，但是，我认为，若离开了“自下而上”控制的嵌套式层级，那么分布式系统也不会长久。当同层的个体之间相互影响时，它们自然而然地聚合在一起，形成完整的细胞器官，并成为规模更大但行动更迟缓的网络的基础单元群。随着时间的推移，就形成了一种基于由下而上渗透控制的多层级组织：底层的活动较快，上层的活动较慢。

通用的分布式控制的第二个重要方面在于，控制的分类聚合必须从底部开始渐进累加。把复杂问题通过推理拆解成符合逻辑的、互相作用的因子是不可能的。动机虽好，但必然失败。例如，合资企业如果只是一个“空壳”，其垮掉的可能性非常高；为解决另一部门的问题而创生的大型机构，其本身也成了问题部门。

数学运算时除法比乘法难，同样道理，自上而下的分类聚合也不可行。几个简单质数相乘得出答案很容易，小学生就会做。但要对一个大数做分解质因数，超级计算机也要花些时间。自上而下的控制一样困难，而用因子求得乘积则非常容易。

相关的定律可以简明地表述为，必须从简单的局部控制中衍生出分布式控制，必须从已有且运作良好的简单系统中衍生出复杂系统。

为了验证自下而上的分布式控制理论，罗切斯特大学研究生布赖恩·山内[1]制作了一个号称“杂耍抛球”的机器胳膊。该胳膊的任务是，用拍子反复弹拍一只气球。这只机器胳膊并没有一个大脑来定位气球并指挥拍子移动到气球下方，再用适合的力量弹拍；相反，山内将这些定位和控制力量的工作分散化了。最终的动作平衡是由一群“愚笨的代理”组成的委员会来完成的。

举例来说，把“气球在哪里”这个最复杂的难题细分为几个独立的问

1　布赖恩·山内（Brian Yamauchi）：美军坦克自动化研究、开发及工程中心资助的第二阶段小企业开发新技术推动计划的首席机器人专家。该研究项目旨在发展高速遥控小型无人地面车辆。

题，将其分散到许多微型逻辑电路中。某一个代理只考虑一个简单问题：气球在触手可及的范围内吗？——一个相对容易操作的问题。主管此问题的代理对何时拍击气球一无所知，甚至也不知晓气球在哪里，它的单一职责就是当气球不在胳膊上的摄像仪的视线内时指令胳膊倒退，并持续移动，直到气球进入视野。由这些头脑简单的决策中心所组成的网络或社会就构成了一个机体，能够展现出非凡的敏捷性和适应性。

山内说："行为代理之间并没有明确的信息交流。所有的交流都是通过观察其他代理的动作在外界环境里留下的痕迹和影响而得以进行的。"像这样保持事物的局部性和直接性，就可让社会进化出新的行为方式，同时也避免了伴随"硬件"通信过程而产生的"复杂度爆炸"问题。与流行的商业说教相反，把每件事告知每个人并非智慧的产生方式。

"我们更进一步地拓展了这个想法，"布鲁克斯说道，"并常常利用外部世界作为分布式部件间的交流媒介。"一个反射模块并非由另一个模块来通知它做什么，而是直接感知外部世界反射回来的信息，然后通过其对外部世界的作用把信息传递给他人。"信息有可能会丢失——实际上丢失的频率还很高。但没关系，因为代理会一遍又一遍地不断发送信息。它会不断重复'我看见了，我看见了，我看见了……'，直到胳膊接收到信息并采取相应动作改变外部世界，该代理才会安静下来。"

3.5 利用现实世界的反馈实现交流

过度集中的通信负荷并非中央大脑仅有的麻烦。中央内存的维护问题同样让人感到头痛。共享的内存必须严格、实时、准确地更新，很多公司对此都深有感触。对于机器人来说，控制中心要承担的艰巨任务是根据自己的感知来编辑或更新一个“外部世界模型”，一个理论，或者一个表述——墙在哪里，门还有多远，还有，别忘了，留神那里的楼梯。

如果由不同感应器反馈回来的信息互相冲突，大脑中枢该怎么办？眼睛说有物体过来了，而耳朵说那物体正在离去。大脑该信谁的？合乎常理的做法是尽力找出真相。于是，控制中心调解纠纷并重新修正信号，使之一致。在非包容结构的机器人中，中央大脑的计算资源大多消耗在根据不同视角的反馈信号绘制协调一致的外部世界映像上。系统每个部分对摄像头和红外传感器传回的海量数据有着各自不同的解读，因而各自形成对外部世界大不一样的观感。在这种情况下，大脑要花费太多的时间和资源来协调所有的事情，因而效果自然不佳。

要协调出一幅关于外部环境的中央视图实在太难了，而布鲁克斯发现利用现实环境作为其自身的模型要容易得多：“这个主意很棒，因为现实环境确实是其自身相当好的模型。”由于没有中央强制的模型，也就没有人承担调解争议的工作，争议本身本不需要调和。相反，不同的信号产生出不同的行为。在包容控制的网络层级中，行为是通过抑制、延迟、激活等方式被遴选出来的。

实质上，对机器人来说（或者说对机器昆虫来说——布鲁克斯更愿这么表述），并不存在现实环境的映像。没有中央记忆，没有中央指令，即根本没有“中央”存在。一切都是分布式的。“通过现实环境进行沟通可以避免根据来自触臂的数据调校视觉系统的问题。”布鲁克斯写道。现实环境自身成为“中央”控制者；没有映像的环境成为映像本身。这样就省略了海量的计算工作。“在这样的组织内，”布鲁克斯说，“只需少量的计算就可以产生智能行为。”

没有了中央机构，形形色色的个体或是冒尖或是沉寂。我们可以这样理解布鲁克斯提出的机制，用他的话来说就是：“大脑里的个体们通过外部世界进行沟通来竞争机器人的身体资源。”只有成功做到这一点的那些个体才能引起其他个体的注意。

那些脑子转得快的人发现，布鲁克斯的方案正是市场经济的绝妙写照：参与市场活动的个体之间并没有交流，他们只是观察别人的行动对共同市场所造成的影响（不是行动本身）。从千百位未曾谋面的商贩那里，我得知了鲜蛋的价格信息。信息告诉我（含杂在很多别的信息里）：“一打鸡蛋比一双皮鞋便宜，但是比两只牛油果贵。”这个信息和很多其他价格信息一起，指导了众多养鸡场主、制鞋商和投资者的经营行为，告诉他们该在哪里投放资金和精力。

布鲁克斯的模型，不仅为人工智能领域带来了变革，也是任何类型的复杂机体得以运作的良好模型。我们在所有类型的活系统中都能看到包容结构和网络层级机制。布鲁克斯总结了设计移动式机器人的5条经验，其表述如下。

◎ 递增式构建——让复杂性自我生成发展，而非生硬植入。

◎ 传感器和执行器的紧密耦合——要低级反射，不要高级思考。

◎ 与模块无关的层级——把系统拆分为自行发展的子单元。

◎ 分散控制——不搞中央集权式的计划和控制。

◎ 稀疏通信——观察外部世界的结果，而非依赖导线来传递讯息。

当布鲁克斯把笨重且刚愎自用的机器怪兽压缩成一只卑微的、轻如鸿毛的小爬虫时，他从那次小型化的尝试中有了新的认识。以前，要想使一个机器人“更聪明”，就要为它配置更高级的微处理器和外部设备，因而会使它更笨重，供电所需的电池组就越大，电池组的构架也就越大，如此陷入恶性循环。这个恶性循环使机器人大脑与身体的比重朝着越来越小的趋势发展。

但如果将这个循环反过来，则成为一个良性的循环。电脑部件越小，电机就可以越小，电池也越小，构架也越小，其对应尺寸的结构强度就越大。这也使小型移动机器虫的大脑占身体的比重相应更大，尽管大脑的绝对尺寸还是很小。布鲁克斯的移动机器虫大多轻于10磅（约4.54千克）。“成吉思”，由模型汽车组件装配出来，仅重3.6磅（约1.63千克）。布鲁克斯想要在3年内推出体长1毫米（铅笔笔芯大小）的机器虫。他干脆叫它“机器跳蚤”。

布鲁克斯主张不仅要把这种机器人发送到火星上去，还要让它悄悄渗透在人类社会各个角落。布鲁克斯说，他想尽可能多地把人造生命引入现实生活，而非尽可能多地在人造生命里引入有机体。他想让世界各处充满便宜的、微小的、无处不在的“半思维”机器生物。他举了个聪明门的例子。在你的住宅里，只需增加10美元成本，就可以在一扇门上安装一个计算机芯片，它会知道你要出门了，或者听到另一扇门传递的信息说你过来了，它还会在你离去时关闭电灯，诸如此类。如果一幢大楼里的每扇门都会互相交谈，就可以对室温进行控制，还可以帮助控制交通流量。如果在所有其他在我们现在看来冰冷乏味的设施里推广这些小小的入侵者，注入快捷、廉价、失控的小小智慧，我们就能拥有无数感觉灵敏的小家伙。它们为我们服务，而且不断学习如何更好地为我们服务。

受到触动的布鲁克斯预言了这样一幅未来的美好画卷：我们的社会到处是人造生物，与我们和谐共处互相依赖，构成一种新型的共生关系。其中大部分并不被我们所察觉，而是被看成理所当然的事情。它们解决问题的方式被设计为昆虫的方式——每个个体单元微不足道，但众人拾柴火焰高，昆虫的聚集潜移默化，能力巨大，个体单元则微不足道。它们的数量将像自然界的昆虫一样远多于人类。事实上，布鲁克斯眼中的机器人不必像《星球大战》里的R2-D2那样为我们端茶倒水，只需在我们视线不及处自成一体，与万物同化。

移动机器人实验室有位学生制作了一款兔子大小的廉价机器人。它会观察人员在房间里的位置，随着你的走动不断调整你的立体声音响，从而达到最佳的音效。布鲁克斯也有一个创意，让一个小型机器人生活在我们客厅的某个角落或者沙发下面。它会像回收机那样四处游荡，专等你不在家的时候四处吸尘。只有在回家发现地板光洁一新后你才会意识到这位“田螺姑娘”的存在。还有个机器爬虫，会在电视机关着的时候从角落里面爬出来偷偷吸食电视机身上的灰尘。

每个人都幻想拥有可以编程的宠物。“汽车和马的最大区别就是，你无须每天照料汽车，却必须每天侍候马，”凯斯·汉森[1]，一位颇受欢迎的技术布道者说，“我想人们一定希望动物也具备可以开关的功能。”

“我们热衷于制造人工存在物。”布鲁克斯在1985年的一篇文章中写道。他把人工存在物定义为一种可以脱离人类协助、在现实环境里生存数周乃至数月，并可以做一些有用工作的创造物。“我们的移动机器虫就属于这种创造物。开启电源后，它们就会融入外部世界，与之交互作用，寻求达成各种目标。别的机器人与之相比则大为不同。它们要遵循预设程序或计划，完成某项特别任务。”布鲁克斯坚持自己不会像大多数机器人设计师那样，为他的存在物设立玩具环境（简单、容易的环境）。他说：“我们坚持建造能在现实世界里存在的完整系统，以免自欺欺人、逃避难题。”

1 凯斯·汉森（Keith Hensen，1942—）：美国电气工程师、作家。著有《长生术》《人体冷冻法》《谜因学》《进化心理学》。

时至今日，自然科学一直未能解决的一个难题就是，如何建立一种纯意识。如果布鲁克斯是对的，那么这个目标也许永远无法实现。相反，意识将从愚笨的身体中生长出来。几乎所有从移动机器人实验室获得的经验教训都在告诉我们，在一个不宽容错误的真实世界里，离开身体就无从获得意识。“思考即行动，行动即思考，”海因茨 · 冯 · 福尔斯特[1]，一位19世纪50年代控制论运动的启蒙者说道，“没有运动就没有生命。”

1 海因茨 · 冯 · 福尔斯特（Heinz von Foerster，1911—2002）：奥地利裔美国科学家，集物理学和哲学之大成。与沃伦 · 麦克洛克、诺伯特 · 维纳、约翰 · 冯 · 诺依曼、劳伦斯 · 福格尔等一起创立了控制论。

3.6 无躯体则无意识

人类认为自己更接近于机器人“漫步者”而非小小的蚂蚁，这种与生俱来的想法造就了“漫步者”体态臃肿的麻烦。自从现代医学证实了大脑在生理上的重要作用后，大脑就取代了心脏，成为我们现代人所认同的中心。

20世纪的人类完全依靠大脑而存在，因此，我们制造的机器人也是依靠大脑而存在。同样是些凡人的科学家认为，作为生灵的自己就扎根在眼球后、前额下的那一小块区域。我们生息于此。到了1968年，脑死亡已经成为判断临床死亡的依据，无意识则无生命。

功能强大的计算机催生了无躯体智能的狂热幻想。我们都见过这样一种表述：意识可以栖居于浸泡在容器中的大脑里。现代人说，借助科学，我可以无须躯体而以大脑的形式继续存活下去。由于计算机本身就是巨大的头脑，所以我可以生存在计算机中。同样的道理，计算机的意识也可以轻易地使用我的躯体。

在美国通俗文化之中，意识的可转移性已经成为被广泛信守的教条。人们宣称，意识转移是绝妙的想法、惊人的想法，却没有人认为那是错误的想法。民众相信，意识可以像液体一样在容器间倒来倒去。由此产生了

《终结者 2》《弗兰肯斯坦》等一大批类似的科幻作品。

不管结果如何，在现实中，我们不以头脑为中心，也不以意识为中心。即便真的如此，我们的意识也没有中心，没有“我”。我们的身体也没有向心性。身体和意识跨越了彼此间的假想边界，模糊了彼此间的差别。它们都是由大量的亚层次物质组成的。

我们知道，与其说眼睛像照相机，还不如说它更像大脑。眼球拥有超级计算机般的超级处理能力。我们的许多视觉感知在光线刚刚触及纤薄的视网膜时就发生了，比中枢大脑形成影像要早得多。我们的脊髓不只是一捆传输大脑指令的传输线，它也在思考。当我们把手按在胸口（而非额头），为我们的行为做出保证时，我们更接近于事情的真相。我们的体内流淌着荷尔蒙和多肽等构成的津液，我们的情感漫游其中。脑垂体分泌的激素，释放出爱的念头（也许还有些可爱的想法）。这类荷尔蒙也处理信息。科学家的最新推断表明，我们的免疫系统是一台神奇的并行分布式感知机器，它能辨识并记住数以百万计的不同分子。

对于布鲁克斯来说，躯体就意味着简洁、明了。没有躯体的智能和超越形式的存在都是虚妄的幽灵，给人以错觉。在真实世界里创造真实的物体，才能建立如意识和生命般的复杂系统。创造出必须以真实躯体而存活的机器人，让它们日复一日地自食其力，人类便可能发掘出更高级的人工智能和真正的智慧。当然，假如你意图阻止意识的涌现，那么只管把它与躯体剥离开来。

3.7 心智 / 躯体的黑盲性精神错乱[1]

单调乏味会使人心智错乱。

40年前，加拿大心理学家赫伯斯[2]对一些案例发生了很大兴趣：据传，一些人在极度无聊的时候会出现诡异的幻觉。雷达观测员常常报告发现了信号，而雷达屏幕上空空如也；长途卡车司机会突然停车，因为他看到搭便车的旅行者，而路上连个鬼影都没有。1952年前后，加拿大国防研究会邀请赫伯斯参与研究另一件事情，研究人体处于单调疲乏心理状态下的产物：招供。在战争中被俘的士兵，由于环境的突变和交战方的“施教”产生各种心理问题。

1954年，赫伯斯为此在蒙特利尔麦吉尔大学搭建了一间避光隔音的小房间。受试者待在这个狭小的房间内，头上戴着半透明的防护眼镜，手臂裹着纸板，手上戴着棉手套，耳朵里塞着耳机，里面播放着低沉的噪声，在床上静躺两天到三天。他们先是听到持续的嗡嗡声，不久即融入一

1 黑盲性精神错乱（black patch psychosis）：双眼蒙住时出现幻视的谵妄，多与白内障手术有关。

2 赫伯斯（Donald Olding Hebb，1904—1985）：在神经心理学方面很有影响力的加拿大心理学家。他致力于了解神经元功能在心理过程中（如学习过程中）所起的作用，被尊为“神经心理学与神经网络学之父”。

片死寂。他们只感觉到背部隐隐作痛，只看得到暗淡的灰色，抑或是黑色。与生俱来氤氲心头的五色百感渐渐蒸发殆尽。慢慢地，各种意识挣脱身体的羁绊开始旋转。

有半数的受试者报告说产生了幻视，其中一些出现在第一个小时："有一队小人，一个德军钢盔……一个卡通式人物的鲜活而完整的场景。"加拿大科学家的报告说："早期的受试者中有几个案例，声称其进入了被测试者称为'醒时梦'的状态。这种描述最初让人很是莫名其妙。后来，我们的一位研究员以受试者的身份也观察到了这一现象，并意识到了其特殊性及其引申。"静躺不动到第二天后，受试者可能会报告"现实感没了，身体好像变化了，说话困难，尘封的往事历历在目，满脑子性欲，思维迟钝，梦境复杂，以及由忧虑和惊恐引起目眩神迷"。他们没有提及"幻觉"，因为那时词汇表里还没有这个词。

几年后，杰克·弗农[1]继续进行赫伯斯的实验。他在普林斯顿大学心理学系的地下室建造了一间"黑屋"。他招募了一些学生；这些受试的学生打算花四五天的时间在黑暗中"好好想些事情"。最初受试的一批学生中有一位后来告诉前来听取情况的研究者："你们打开观察窗的时候，我猜自己大概已经在那儿待了一天了。我那时还奇怪，为什么你们过了这么久才来观察我。"然而事实是，那儿根本没有什么观察窗。

在这个与世隔绝的、寂静的棺材式的房间里待了两天后，几乎所有的受试者都没有了正常的思维。注意力已经土崩瓦解，取而代之的是虚幻丛生的白日梦。更糟糕的是，活跃的意识陷入了一个不活跃的循环。"一位受试者想出了一个游戏，按字母表顺序，列出每种化学反应及其发现者的名字。列到字母N的时候，他再也想不出来了，他试图跳过N继续下去，但N总是固执地跳入思绪，非要得到答案不可。这个过程实在令他厌烦，他打算彻底放弃这个游戏，却发现已经被'心魔'控制住了。他忍受着这

1 杰克·弗农（Jack Vernon）：生在田纳西州，长在弗吉尼亚州，是第二次世界大战期间的飞行员。获美国弗吉尼亚大学博士学位。1966年，他移居美国俄勒冈州开始进行耳鸣临床研究，不久即在俄勒冈保健科学大学建立了美国第一个耳鸣诊所。

个游戏所带来的不断的压迫感，坚持了一小会儿之后，发现自己已经无法控制游戏了，于是他按下紧急按钮，中止了测试。”

身体是意识乃至生命停泊的港湾，是阻止意识被自酿的风暴吞噬的机器。神经网络天生就有玩火自焚的倾向。如果放任不管，不让它直接连接“外部世界”，聪明的网络就会把自己的构想当作现实。意识不可能超出其所能度量或计算的范畴。没有身体，意识便只能顾及自己。出于天赐的好奇心，即便是最简单的头脑也会在面对挑战时，殚精竭虑以求一解。然而，如果意识直面的大多是自身内部的网络和逻辑问题，它就只能终日沉迷于自己所创造出的奇思异想。

而身体，或者说任何由感觉和催化剂汇集起来的实体，通过加载需要立即处理的紧急事务，打断了神智的胡思乱想！生死攸关！能闪避吗?！心智不必再去虚构现实，现实正扑面而来，直击要害。闪避！它凭着一种全新原创的洞察做出决断，以前从未有过，若非这次则不可能尝试。

失去了感觉，心智就会陷入意淫，并产生心理失明。若非不断被来自眼耳口鼻和手指等器官的信号打断，心智最终就会陷入一隅、自娱自乐。眼睛是最重要的感官之一，其本身就相当于半个大脑（塞满了神经细胞和生物芯片）。它以难以想象的丰富信息——半消化的数据、重大的决策、未来演变的暗示、隐匿的事物线索、跃跃欲试的动感、无尽的美色——滋养着心智。心智经过一番细嚼慢咽，抖擞登场。若突然斩断其与眼睛的纽带，心智就会陷入混乱、晕眩，最终缩入自己的龟甲里。

看了一辈子大千世界的眼球会产生晶状体混浊，这种折磨老年人的白内障是可以通过手术摘除的，但重见光明之前不得不经历一段全盲或半盲的过程，比白内障带来的混浊不清还要黑暗。医生通过外科手术摘除病变恶化的晶状体，然后敷以全黑的眼罩，用于遮蔽光线，减少眼球转动，因为只要眼球在看东西就会下意识地转动。因为左右眼球是联动的，所以两眼都要戴上眼罩。为了尽可能减少眼球转动，病人须卧床静养长达一周。入夜，喧闹的医院渐渐沉寂下来，由于身体静止不动，病人愈加体会到蒙着双目带来的无边黑暗。20世纪初，这种手术首次在临床普及时，医院里没有机器设备，没有电视广播，夜班护士很少，也没有灯光。头缠绷带躺在眼科病房里，周围是一片黑暗死寂，令人感觉跌入了无底深渊。

术后第一天的感觉黯淡无光，只是静养。第二天感觉更黑暗，头脑发木，焦躁不安。第三天则是黑暗、黑暗、黑暗，外加一片寂静，四周墙上似乎爬满了密密麻麻的红色小虫子。

“术后第三天的深夜，60岁的老妇撕扯着自己的头发和被单，拼命想下床，声称有人要抓她，还说房间起火了。护士解开她未做手术的那只眼睛上的绷带后，她才慢慢平静下来。”此段文字记载于1923年一家医院的报告上。

20世纪50年代初，纽约西奈山医院的医生抽样研究了白内障病房一连发现的28例异常病例：“有9位病人感到日益焦躁不安，他们撕下护具或是试图爬上床头的架子。有6位病人出现癔症，4位病人诉说身体不适，4位病人兴奋异常！ 3位病人有幻视，2位病人出现幻听。”

“黑盲性精神错乱”现在已成为眼科大夫巡视病房时很留意的一种症状。我认为大学也该给予足够的重视。每个哲学系都应该在一个红色的类似火灾警报的盒子里挂一副黑眼罩，上面标明：“一旦发生与意识和身体有关的争执，请打破玻璃，戴上眼罩。”

在一个充斥着虚拟事物的时代，再怎么强调身体的重要性也不过分。马克·波林和罗德尼·布鲁克斯之所以在为机器赋予了人性方面比大多数人做得更成功，正是因为他们把这些创造物完全实体化了。他们坚持其设计的机器人必须完全融入现实的环境。

波林的自动机器活的时间并不太长。每次表演结束后，还能自己动弹的铁武士寥寥可数。但平心而论，别的大学研发的机器人并不比波林那些大块头活得更长久。许许多多的机器人“存活”不过几十小时。对于大多数移动机器来讲，它们是在关机状态下得以改良的。本质上，机器人专家都是在创造物处于“死亡”状态的时候来琢磨如何改进它们，这个怪异的窘境并没逃过一些学者的注意。“要知道，我想制造的是那种可以24小时开机、连续工作的机器人。这才是机器人的学习之道。”说这话的是玛

佳 · 玛塔瑞克，布鲁克斯团队的一员。

我走访麻省理工学院的移动机器人实验室时，“成吉思”已被大卸八块，各种零件躺在实验台上，旁边还堆放着一些新的部件。“他在学习呢。”布鲁克斯俏皮地说。

成吉思是“在学习”，但不是以最行之有效的方式。它不得不依赖于忙碌的布鲁克斯和他忙碌的学生。如果能在活着时学习该多好！这是机器将要迈出的下一大步。自我学习，永不停歇。不仅是适应环境，更要进化自身。

进化是步步为营的。“成吉思”的智力与昆虫相当。它的后代有一天可能会赶上啮齿动物，总有一天，会进一步进化得像猿一样聪明伶俐。

但是，布鲁克斯提醒说，在机器进化的道路上我们还是耐心点为好。从创世纪的第一天算起，几十亿年后，植物才出现，又过了大约15亿年，鱼类才露面。再过一亿年，昆虫登上舞台。“然后一切才真正开始加快前进的步伐，”布鲁克斯说道。爬行类、恐龙、哺乳类在随后的一亿年里出现。而聪明的古猿，包括早期人类，在最近两千万年才出现。

在地质学史上，复杂性在近代有了较快的发展。这使布鲁克斯想到：一旦具备了生命和对外界做出反应的基本条件，就可以轻而易举地演化出解决问题、创造语言、发展专业知识和进行推理等高级智能。从单细胞生物进化到出现昆虫历经了30亿年的时光，而从昆虫进化到人类只花了5亿年。这意味着昆虫的智力水平绝非低下。

因而，类昆虫生命——布鲁克斯正努力解决的课题——是一个真正的难题。创造出人造昆虫、人造猿的需求也就随之而来了。这也表明了研究快速、廉价、失控的移动机器人的第二个优势：进化需要数量巨大的种群。一只成吉思固然可以学习，但要想实现进化，则需要云集成群的成吉思。

要让机器发生进化，就需要大量成群的机器。像蚊虫一样的机器人也许是最理想的方法。布鲁克斯的终极梦想是，制造出充满了既会学习（适应环境变化）又能进化（生物种群经受“无数考验”）的机器的活系统。

当初，有人提出要实行民主制的时候，许多理性的人确实担心它还不如无政府主义。他们有自己的道理。同样，给自治的、进化的机器以民主，也会引发人们对新无政府主义的担忧。这样的担心也不无道理。

有一次，自治机器生命的鼓吹者克里斯 · 朗顿问马克 · 波林："要是有一天机器拥有了无比的智慧和超高的效率，人类将在何处容身？我的意思是，我们是要机器呢，还是要自己？"

我希望本书的字里行间能回响着波林的回答："我认为人类将不断积聚人工和机械的能力，同时，机器也将不断积累生物的智慧。这将使人与机器的对抗不再像今天那么明显，那么关乎伦理。"

对抗甚至可能转变成一种共生协作：会思考的机器、硅晶中的病毒、与电视机热线连接的人、由基因工程定制的生命，整个世界网络联结成人类与机器共生的心智。如果一切都能实现的话，那么我们将拥有协助人类生活和创造的精巧机器，而人类也将协助机器生存和创造。

以下这封信刊发于1984年美国《电气和电子工程师学会会刊》(*IEEE Spectrum*)：

2034年6月1日

亲爱的布里斯先生：

我很高兴地支持你考虑由人类来承担专业工作的想法。你知道，人类历来都是不错的备选者。直到今天我们仍有很多强烈推荐他们的理由。

正如他们的名称所示，人类是有人性的。他们可以向客户传递真诚关爱的感觉，有利于建立更好且更有效率的客户关系。

人类每个个体都是独一无二的。很多情况下，观点的多样性是有益的，而由个体的人类所组成的团队，在提供这种多样性上是无与伦比的。

人类具有直觉，这使他们即使在不明缘由时也能做出决定。

人类善于变通。因为我们的客户常常提出变化很大的、不可预知的要求，变通能力非常关键。

总之，人类有很多有利条件。他们虽然不是万能药，但对某些重要且具挑战性的专业难题来说却是对症良药。仔细考虑一下人类吧。

您忠实的

雷德里克·海斯－罗特

达尔文进化论最重大的社会后果是，人类不情愿地承认自己是猿猴的某个偶然的后代分支，既不完美也未经过设计和改良。而未来新生物文明最重大的社会后果则是，人类不情愿地承认自己碰巧成了机器的祖先，而作为机器的我们，人类本身也会得到设计改良。

上述观点可以更进一步地概述为，自然进化强调我们是猿类，而人工进化则强调我们是有心智的机器。

我相信人类绝不仅仅是猿和机器的结合生物（我们有很多得天独厚的优势！），我也相信我们比自己想象的还要接近猿和机器。这为人类所具备的那种无法测量却明晰可辨的差异留下了发展空间。这种差异激发出了伟大的文学、艺术，以及人类的整个生命。我欣赏并沉浸于这种感性认识中。但是在机械的进化过程中，在支撑生命系统的复杂而可知的相互连接中，在产生机器人可靠行为的可复现进程中，我所遭遇的是在简单生命、机器、复杂系统和我们之间存在的“大一统”。它所能激发出的灵感，不逊于我们曾有过的任何激情。

机器现在还不是讨人喜欢的东西，因为我们没有为其注入生命的精髓。因此，我们将被迫重新打造它们，使之在某天成为众口称道的东西。

作为人类，当我们知道自己是这颗蓝色星球上枝繁叶茂的生命之树上的一根枝条时，我们就找到了精神的家园。也许将来某一天，当我们知道自己是生存在绿色生命之上的复杂机器中的一根纽带时，我们将进入精神的天堂。从旧的生命系统中诞生出新生命的庞大网络，人类则成为其中一个华丽的节点——也许我们还会为此高唱赞美诗哩！

当波林的机器怪兽嚼食同类的时候，我看到的不是毫无价值的破坏，而是狮子在围猎斑马以维护野生动物的进化旅程。当布鲁克斯那6足的“成吉思”机器虫伸出铁爪子，搜寻可以抓握的地方时，我看到的不是从机械的重复劳动中解脱出来的工人，而是一个欢天喜地手舞足蹈着的新生婴儿。我们与机器终将成为同类。当某天机器人开口反驳我们时，谁不会心生敬畏呢？

第四章

OUT OF CONTROL

组装复杂性

4.1 生物——机器的未来

灰暗的秋色降临，我站在美国最后一片开着野花的大草原[1]中间。微风拂来，黄褐色的草沙沙作响。我闭上眼睛向耶稣——那重生复活的上帝——祈祷。接着，我弯下腰，划着火柴，点燃这片最后的草原。草原燃起熊熊烈火。

“离离原上草，一岁一枯荣。”那复活者说。火借风势噼啪作响，燃起8英尺（约2.44米）高的火墙，如一匹脱缰野马；此时，那一段福音浮现在我的脑海中。丛丛枯萎的野草发出的热量令人敬畏。我站在那里，用绑在扫帚把上的橡皮垫拍打火苗，试图控制火墙的边界，阻止它向淡黄色的田野蔓延。我想起了另一节福音：“新的到来，旧的逝去。”

在草原燃烧的同时，我想到了机器。逝去的是旧的机器之道，到来的是重生的机器之本性，一种比逝去更有活力的本性。

我来到这片满是草木灰烬的草地，因为这片曾经开满野花的草原以自

1　北美大草原（prairie）：分布于北美大陆中部和西部的辽阔的大草原，也称温带草原，以禾本科植物为主。随着降雨量的由西向东增加和草茎的高低，而又分为高、中、低几种类型的草原，东部气候半湿润，草木繁茂，种类丰富，并常出现岛状森林或灌丛，称为高草草原；西部内陆靠近荒漠一侧，雨量减少，气候变干，草群低矮稀疏，种类组成简单，并常混生一些旱生小半灌木或肉质植物，称为矮草草原。中部为过渡性混生草原。

己的方式展现了人造物的另一个侧面，正如我马上要解释的那样。这片烧焦的土地以事实说明，生命正在变为人造的，一如人造的物品正在变得有生命一般，它们都在成为某种精彩而奇特的东西。

机器的未来就在脚下这片杂乱的草地里。这片曾经野花盛开的草原被机器按部就班地翻犁过，什么都没留下，除了我脚下的这一小片草地。然而，具有极大讽刺意味的是，这片小草地掌握着机器的命运——因为机器的未来是生物。

带我来到这片草场火海的人，是30多岁、做事极其认真的史蒂夫 · 帕克德[1]。当我们在这片草原上漫步时，他抚弄着少许干杂草——他非常熟悉它们的拉丁名字。大约20年前，帕克德陷入一个无法自拔的梦想。他幻想某个郊区的垃圾场重新绽放出花朵，还原为缤纷草原的原始颜色，成为烦扰不断的世人寻求心灵平和的生命绿洲。就像他喜欢对支持者说的那样，他幻想得到一个"带来生活品质改善"的草原作为礼物。1974年，帕克德开始实施自己的梦想。在持怀疑态度的环保组织的些许帮助下，他开始在离芝加哥市中心不太远的地方重建一个真正的草原。

帕克德知道，生态学家奥尔多 · 利奥波德[2]在1934年曾经成功地重建了一块勉勉强强称为草原的草场。利奥波德所在的威斯康星大学买了一个名为柯蒂斯的旧农场，打算在那里建立一个植物园。利奥波德说服学校让柯蒂斯农场重新还原成草原。废弃的农场将最后一次接受翻犁，然后被撒上行将绝迹的、几乎叫不上名字的草原种子，随后就听之任之了。

这个简陋的实验并不是在逆转时钟，而是在逆转文明。

在利奥波德这天真的行动之前，文明迈出的每一步都走上对自然进行控制和阻隔的又一个阶梯。修建房屋是为了将大自然的极端温度挡在门

1 史蒂夫 · 帕克德（Steve Packard，1943—）：主持伊利诺伊州自然保护协会的科学和管理工作，唤起了世界对芝加哥地区残存的稀树草原的关注，建立了志愿者网络，成为《纽约时报》科学作家威廉 · 史蒂文斯的新书《橡树下的奇迹》所关注的焦点。

2 奥尔多 · 利奥波德（Aldo Leopold，1887—1948）：美国伦理学家、环境保护主义理论家。著有自然随笔和哲学论文集《沙乡年鉴》。在这本书中，利奥波德从哲学的意义上提出了"土地道德"的概念，把人们对自然的态度与人的道德联系在一起；并指出在人类历史上，征服者最终都将祸及自身。

外，侍弄园圃是为了将自然生长的植物转变为驯服的农作物，开采铁矿则是为了制造武器桥梁和机器。

这种前进的步伐很少有过停歇。偶尔，某个封建领主为了自己的狩猎游戏会保留一片野生树林不被毁掉。在这块地上，猎场看守人可能会种植一些野生谷物为他主人的狩猎吸引动物。但是，在利奥波德的荒唐举动之前，没有人刻意地去“种植野生状态”。事实上，即使在利奥波德审视柯蒂斯项目的时候，他也不认为能有人“种植野生状态”。作为一个自然学家，他认为必须由大自然来主掌这片土地，而他的工作就是保护自然的一项举动。在同事以及“大萧条时期”由国家资源保护队雇用的一群农民小伙子的帮助下，利奥波德在头5年时间里，用一桶桶水和偶尔进行的间苗，养护了300英亩(约1.21平方千米)新兴的草原植物。

草原植物生长茂盛，非草原杂草同样生长茂盛。这片草场无论覆盖上了什么，都不再是草原曾经有过的模样。树苗、欧亚舶来物种及农场杂草，都与草原植物一起旺盛地生长。在最后一次耕耘又过了10年后，利奥波德终于明了，新生的柯蒂斯草原只不过是个“荒原混血儿”。更糟糕的是，它正在慢慢变成一个杂草丛生的场地。这里缺少了什么？

也许有一个关键的物种缺失了。一旦这个物种被重新引进，它就有可能恢复整个植物生态圈的秩序。20世纪40年代中期，人们找到并确认了这个物种。它是个机敏的动物，曾经遍布高草草原，四处游荡，影响着所有在草原安家的植物、昆虫和鸟类。这个缺失的成员就是火。

火使草原有效地运转。它使那些需要浴火重生的种子[1]得以发芽，将那些入侵者一笔抹去，让那些经不起考验的“体弱者”望而却步。火在高草草原生态中所承担的重要职能被重新发现，这也正契合了对火在北美其他几乎所有生态圈内所承担的职责的重新发现。说是“重新发现”，因为原住民中的土地学家早已认识和利用了火对大自然的影响。欧洲移民曾详

1 浴火重生的种子：某些硬壳类植物种子，非火烧去外壳不能发芽。比如，澳洲桉树的种子有厚厚的木质外壳，借助大火把它的木质外壳烤裂，便于生根发芽。因此桉树林就像凤凰，大火过后不仅能获得新生，而且会长得更好。

细记录了火在白人统治前的草原上无处不在、肆意横行的情况。

尽管对于我们来说火的功能已经了然于胸，但当时生态学家还不清楚火是草原的重要组成部分；自然资源保护论者，也就是我们现在所说的环保人士，就更不理解了。具有讽刺意味的是，奥尔多·利奥波德，这位最伟大的美国生态学家，竟然强烈反对让野火在荒地里燃烧。他于1920年写道：“放火烧荒不仅无益于预防严重的火灾，而且最终会摧毁为西方工业提供木材的森林。”他列举出放火不好的五个原因，没有一个是有根据的。利奥波德严厉斥责“烧荒宣传员”，他写道：“可以确定地说，如果烧荒再持续50年的话，我们现存的森林区域将进一步大幅度缩小。”

10年后，当大自然的相互依赖性被进一步揭示之后，利奥波德终于承认了天然火的重要作用。当他重新在威斯康星这块人造草地引入火种之后，草原迎来了几个世纪以来最茂盛的生长期。曾经稀少的物种开始遍布草原。

然而，即使经过了50年的火与太阳及风霜雨雪的洗礼，今天的柯蒂斯草原仍然不能完全体现其物种的多样性。尤其是在边缘地带——通常这里都是生态多样性最集中体现的地方，草原几乎成了杂草的天下，这些杂草同样肆虐在其他被人遗忘的角落。

威斯康星的实验证明，人们可以大致地拼凑出一个草原的近似物。但是，到底要怎样才能再现一个各方面都真实、纯洁、完美的草原呢？人类能从头开始培育出真正的草原吗？有办法制造出自我维持的野生状态吗？

4.2 用火和软体种子恢复草原

1991年秋天，我和史蒂夫·帕克德站在他的宝地——他称为“阁楼中发现的伦勃朗”——芝加哥郊外草原的树林边。这是我们将要放火焚烧的草原。散生的橡树下生长着几百英亩的草，沙沙作响、随风倾倒的草扫拂着我们的脚面。我们徜徉在一片比利奥波德看见的更富饶、更完美、更真实的草地上。融入这片褐色植物海洋的是成百上千种不寻常的物种。“北美草原的主体是草，”帕克德在风中大声说道，“而大多数人注意到的是广告中的花朵。”我去的时候，花已经凋谢，样貌平平的草和树似乎显得有些乏味。而这种“无趣”恰恰是重现整个生态系统的关键所在。

为了这一刻，帕克德早在20世纪80年代初，就在伊利诺伊州繁茂的丛林中找到了几块开满鲜花的小空地。他在地里播上草原野花的种子，并将空地周边的灌木清除掉，扩大空地的面积。为了阻止非原生杂草的生长，他把草点燃。起初，他希望火能自然地做好清理工作。他想让火从草地蔓入灌木丛，烧掉那些林下灌木。然后，当地的林木缺乏油脂，火会自然地熄灭。帕克德告诉我：“我们让火尽可能远地冲进灌木丛。我们的口号是，‘让火来做决定’。”

然而，灌木丛没有按他希望的那样燃烧。于是，帕克德和他的工作人员就动手用斧子清除那些灌木。在两年的时间内，他们获得了令人满意的结果。野生黑麦草和金花菊茂密地覆盖了这片“新领地”。每个季节，这些重建者都要亲自动手砍伐灌木，并播种他们所能找到的、精挑细选的北美草原花种。

可是，到了第三年，显然又有什么不对劲的地方了。树荫下的植物长得很不好，不能为季节性的烧荒提供良好的燃料。而生长旺盛的草又都不是北美草原的物种，而是帕克德以前从没见过的。渐渐地，重新种植的区域又还原为灌木丛。

帕克德开始怀疑，任何人，包括他自己，是否能走出几十年来“焚烧一块空地，却一无所获”的困境。他认为一定还有另一个因素被忽略了，以至于无法形成一个完整的生物系统。他开始读当地的植物发展史，研究那些古怪的物种。

他发现，那些在橡树地边缘的空地上繁茂生长的不知名物种并不属于北美草原，而是属于稀树大草原生态系统[1]——一个生长有树木的草原。研究了那些与稀树大草原有关的植物之后，帕克德很快意识到，在他的重建地边缘还点缀着其他的伴生物种，如蒲公英、霜龙胆和金钱草，甚至还在几年前发现了怒放的星形花朵。他曾经把开着花的植物带给大学的专家看，因为星形花植物多种多样，非专业人士是分辨不出来的。“这是什么鬼东西？”他问植物学家，“书中找不到，（伊利诺伊）州物种目录中也没列出来。这是什么？”植物学家说：“我不知道。这可能是稀树大草原的星形花植物，可是这里并没有稀树大草原，那么，它就不可能是那种植物。不知道是什么。”人们对他们不想要的东西总是视而不见。帕克德甚至告诉自己那不同寻常的野花一定是偶然出现的，或被认错了。他回忆说：“稀树大草原物种不是我最初想要的，因此曾想把它们除掉来着。”

1 热带或亚热带稀树大草原（savanna）：指干湿季对比非常明显的热带地区。主要见于东非、南美巴西高原和印度等地。以高达1米以上的旱生禾草为主要成分所组成的草被层占优势，在这种草被层的背景上散生着一些旱生矮乔木。以禾草的生产力高及植被稀疏开旷等为其特点。savanna土著原意为“树木很少而草很高”。

然而，他不断地看到它们。他在地里发现的星形花植物越来越多。帕克德渐渐明白了，这古怪的物种是这些空地上的主要物种。其他与稀树大草原相关的许多物种，他还没有认出来。于是，他开始到处搜寻样本——在古老公墓的角落里、沿着铁路的路基，以及旧时的马车道——任何可能有早期生态系统零星幸存者的地方，只要可能，就收集它们的样本和种子。

帕克德看着堆在车库里的种子，有了一种顿悟。混成一堆的北美草原种子是干燥的、绒毛似的草籽。而逐渐多起来的稀树大草原的种子则是"一把把色彩斑斓、凹凸不平、黏糊糊的软胶质"，成熟后的种子包有果肉。这些种子不是靠风而是靠动物和鸟类传播的。那个他一直试图恢复的东西——共同进化系统，连锁的有机体系——不是单纯的北美大草原，而是有树的大草原：稀树大草原。

中西部的拓荒者称有树的草原为"荒野"。杂草丛生的灌木丛和长在稀少树木下的高草，既不是草地也不是森林，因此对于早期定居者来说那是"荒野"。几乎完全不同的物种使这里保持着与北美大草原截然不同的生物群系。这块稀树大草原的荒野特别依赖火，其程度远超过北美大草原。而当农民来到这里，停止了烧荒，这块荒野就迅速沦为树林。20世纪初，这种荒野几乎消失，而有关这里的物种构成也几乎没有记录。但是一旦帕克德脑子里形成了稀树大草原的"搜索图像"，他就开始在各处看到它存在的证据。

帕克德播种了成堆的稀树大草原古怪的黏糊糊种子。两年之内，稀有的、被遗忘了的野花就把这块地点缀得绚丽多彩：问荆、蓝茎秋麒麟、星花蝇子草、大叶紫菀。1988年的干旱使那些原本非土生土长的杂草枯萎了，而重新得以安家落户的"土著居民"却依然茁壮成长。1989年，一对来自东方的蓝色知更鸟（在这个地区已经几十年未见过了）在它们熟悉的栖息地安了家——帕克德将这件事看作"认证"。大学的植物学家回了电话，州里似乎有关于稀树大草原多种花色鲜明植物的早期记录。生物学家将其列入濒临灭绝的物种清单。长有椭圆叶的乳草植物在这块重建的荒野恢复生长了，而在州里其他任何地方都找不到它们的影子。稀有而濒临灭绝的植物，如白蝴蝶兰花和浅色连理草也突然自己冒了出来。可能它们的种子一直处在休眠中——在火和其他因素之间找到了合适的萌芽条件——或者由鸟类，如来访的蓝色知更鸟，带了过来。伊利诺伊州各地整整10年未见过的银蓝色蝴蝶，奇迹般地出现在芝加哥郊区，因为，在那新兴的稀树大草原上生长着它最喜爱的食物——连理草。

“啊，”内行的昆虫学家说，“爱德华兹细纹蝶是典型的在稀树大草原生活的蝴蝶，但是我们从没见过。你肯定这是稀树草原吗？”到了重建后的第5年，爱德华兹细纹蝶已经在这个地区满天飞舞了。

“你盖好了，他们就会来。”这是电影《梦幻之地》[1]中的经典台词。这是真的。你付出的努力越多，得到的也越多。经济学家称其为“报酬递增法则”，或滚雪球效应。随着相互联系的网络编织得越来越紧密，再加织一片就更容易了。

---

1 《梦幻之地》（*Field of Dreams*）：凯文·科斯特纳最出色的代表作之一。这是一部带有神秘色彩的文艺片，描写中年人不甘心于平凡而内心渴望追求梦想的那股力量，对于美国婴儿潮一代的集体心理有深刻动人的刻画。主人公是青少年时期与父亲失和而无法完成梦想的农场主人雷，有一天他听到神秘声音说：“你盖好了，他们就会来。”于是他像着了魔一样铲平了自己的玉米田，建造了一座棒球场，没想到他的棒球偶像真的来到那里打球，而且还因此使他跟父亲之间的多年心结得以打开。

4.3 通往稳定生态系统的随机路线

不过，其中仍有机巧。随着事情的进展，帕克德注意到物种加入的次序很有关系。他获悉其他生态学家发现了同样的情况。利奥波德的一位同事发现，通过在杂草丛生的土地，而不是像利奥波德那样在新开垦的土地上播种北美草原的种子，能够获得更接近真实的北美草原。利奥波德曾经担心争强好胜的杂草会扼杀野花，但是，杂草丛生的土地比耕种过的土地更像北美大草原。在杂草丛生的陈年土地上，有一些杂草是后来者，而它们中有些又是大草原的成员。它们的提早到来能加速向草原系统的转变。而在耕耘过的土地上，迅速发芽抽枝的杂草极具侵略性，那些有益的后来者加入这个集体的时间过晚。这好比在盖房子时先灌注了水泥地基，然后钢筋才到。因此，次序非常重要。

田纳西州立大学生态学家斯图亚特 · 皮姆[1]将各种次序——如经典的刀耕火种——与自然界上演了无数次的次序做了比较。“从进化的意义上来说，参与游戏的选手知道先后的顺序是什么。”进化不仅发展了群落的

1 斯图亚特 · 皮姆（Stuart Pimm）：1971年英国牛津大学文学学士，1974年新墨西哥州立大学哲学博士。皮姆具有保护濒危物种的经验，对热带雨林的消失及其后果颇有研究。

机能，而且还对群落的形成过程进行了微调，直到群落最终能够成为一个整体。还原生态系统群落则是逆向而行。“当我们试图还原一块草原或一块湿地的时候，我们是在沿着该群落未曾实践过的道路前行。”皮姆说。我们的起点是一个旧农场，而大自然的起点可能是一个万年前的冰原。皮姆自问道：我们能通过随机加入物种，组合出一个稳定的生态系统吗？要知道，人类还原生态系统的方式恰恰带有很强的随机性。

在田纳西州立大学的实验室里，生态学家皮姆和吉姆·德雷克[1]一直在以不同的随机次序组合微生态系统的元素，以揭示次序的重要性。他们的微观世界是个缩影。他们从15种至40种不同的单水藻植株和微生物入手，依次把这些物种以不同的组合形式及先后次序放入一个大烧瓶。10天到15天之后，如果一切进展顺利，这个水生物的混合体就会形成稳定的、自繁殖的泥地生态——一种很特别的、各物种相互依存的混合体。另外，德雷克还在水族箱里和流水中分别建立了人工生态。将它们混在一起后，让其自然运行，直到稳定下来。“你看看这些群落，普通人也能看出它们的不同，”皮姆评论道，“有些是绿色的，有些是棕色的，有些是白色的。有趣的是没办法预先知道某种特定的物种组合会如何发展。如同大多数的复杂系统一样，必须先把它们建立起来，在运行中才能发现其秘密。”

起初，人们也不是很清楚是否会容易地得到一个稳定的系统。皮姆曾以为，随机生成的生态系统可能会“永无休止地徘徊，由一种状态转为另一种状态，再转回头来，永远都不会到达一个恒定状态”。然而，人造生态系统并没有徘徊。相反，令人惊讶的是，皮姆发现了“各种奇妙的现象。比如说，这些随机的生态系统绝对没有稳定方面的麻烦。它们最共同的特征就是都能达到某种恒定状态，而且通常每个系统都有其独有的恒定状态”。

如果你不介意获得的系统是什么样子，那么要获得一个稳定的生态系统是很容易的。这很令人吃惊。皮姆说：“我们从混沌理论中得知，许多

1 吉姆·德雷克（Jim Drake，1929—2012）：美国宇航工程师，发明家，帆板运动创始人之一。

确定系统都对初始条件极其敏感——一个小小的不同就会造成它的混乱。而这种生态系统的稳定性与混沌理论相对立。从完全的随机性入手，你会看到这些东西聚合成某种更有条理性的东西，远非常理所能解释。这就是反混沌。”

为了补充他们在试管内的研究，皮姆还设立了计算机模拟试验——在计算机里构建简化的生态模型。他用代码编写了需要其他特定物种的存在才能生存下来的人造“物种”，并设定了弱肉强食的链条：如果物种B的数量达到一定密度，就能灭绝物种A。（皮姆的随机生态模型与斯图亚特·考夫曼[1]的随机遗传网络系统相似。见第二十章。）每个物种都在一个巨大的分布式网络中与其他物种有松散的关联。对同一物种列表的成千上万种随机组合运行后，皮姆得到了系统能够稳定下来的频度。所谓稳定，就是指在小扰动下，如引入或移除个别物种，不会破坏整体的稳定性。皮姆的结果与其瓶装微观生物世界的结果是相呼应的。

按皮姆的说法，计算机模型显示：“当混合体中有10至20种成分时，其峰值（或者说稳定点）可能有十几个到上百个。假如你重演一遍生命的进程，会达到不同的峰值。”换句话说，投放了同样的一些物种后，初始的无序状态会朝向十几个终点。而改变哪怕是一个物种的投入顺序，都足以使系统由一个结果变成另一个。系统对初始条件是敏感的，但通常都会转为有序状态。

皮姆把帕克德还原伊利诺伊大草原（或者应该说是稀树大草原）的工作看成对他的发现的佐证：“帕克德第一次试图组合那个群落的时候失败了，从某种意义上说，是由于他得不到所需的物种，而在清除不想要的物种时又遇到很多麻烦。一旦引进了那些古怪却合适的物种，离恒定状态就相当接近了，所以它能容易地达到那个状态，并可能一直保持下去。”

1 斯图亚特·考夫曼（Stuart Kauffman，1939—）：美国圣塔菲研究所（Santa Fe Institute）科学家，理论生物学家。

皮姆和德雷克发现了一个原则，它对任何关注环境及对创建复杂系统感兴趣的人都是重要的经验。“要想得到一块湿地，不能只是灌入大量的水就指望万事大吉了。”皮姆告诉我，“你所面对的是一个已经历经了千万年的系统。仅仅开列一份丰富多样的物种清单也是不够的。你还必须有组合指南。”

4.4 如何同时做好一切

史蒂夫·帕克德的初衷是延续真正的北美草原栖息地。在此过程中，他复活了一个已经消逝了的生态系统，也许还得到了一个稀树大草原的合成指南。30年前，戴维·温盖特[1]在百慕大群岛的一片海洋（而不是如海的草地）中看护一种珍稀岸禽，以使其免于灭绝。在此过程中，他再现了一个亚热带岛屿的完整生态环境，进一步阐明了组合大型机能系统的原理。

百慕大的故事说的是，一个岛屿受到病态的、无规划的人工生态系统的蹂躏。第二次世界大战结束时，住房开发商、外来害虫彻底侵占了百慕大群岛，当地植物被进口的花园物种所毁灭。1951年，在该群岛外岛的悬崖上发现了百慕大圆尾鹱——一种海鸥大小的海鸟——这一通告令当地居民和全球科学界极为震惊，因为人们认为百慕大圆尾鹱已经灭绝几个世纪了。人们最后看到它们是在渡渡鸟灭绝前后的17世纪。出于一个小小

1 戴维·温盖特（David Wingate，1935—）：鸟类学家、博物学家、自然资源保护论者，大英帝国勋章获得者。再现了百慕大生态环境，拯救了珍稀鸟类圆尾鹱。

的奇迹，几对圆尾鹱一连几代都在百慕大群岛远处海崖上孵卵。它们大部分时间生活在水上，只有在构建地下巢穴时才上岸，因此4个世纪都没人注意到它们。

戴维·温盖特在中学时代就对鸟类充满狂热的兴趣。1951年，百慕大一位自然学家成功地将第一只圆尾鹱从裂隙深处的鸟巢取出时，他就在现场。后来，温盖特参与了尝试在百慕大附近名为楠萨奇无人居住的小岛重新安置圆尾鹱的行动。他如此倾心于这个工作，以至于新婚的他搬到了这个无人居住、没有电话的外岛上一处废弃的建筑里。

温盖特很快就明白了，如果不还原这里的整个生态系统，就不可能恢复圆尾鹱的兴旺。楠萨奇和百慕大原本覆盖着茂密的香柏树林，但是在1948年至1952年仅三年的时间里，香柏就被引入的害虫彻底毁掉了，只剩下巨大的白色树干。取而代之的，是许多外来植物。温盖特认为主岛上那些高大的观赏树肯定逃不过50年一遇的飓风。

温盖特面对着所有整体系统制造者都会面临的难题：从何入手？事事都要求其他的条件万事俱备，但你又没有三头六臂来让万事俱备。有些事必须先做，而且要按正确的顺序去做。

通过对圆尾鹱的研究，温盖特断定，它们的地下筑巢地点已经因无计划的城市扩张而减少了，之后，又有热带白尾鸟前来抢夺仅存的合适地点。好斗的热带鸟将圆尾鹱的幼鸟啄死，再占用其鸟巢。严峻的形势需要采取严厉的措施。因此，温盖特为圆尾鹱制订了“安居计划”。他制作了人工巢穴——一种地下鸟窝。假如楠萨奇森林能够恢复，那些树木就会在飓风的作用下微微倾斜，根部拔起而形成大小合适的缝隙。热带鸟太大进不去，但对于圆尾鹱来说就太完美了。但是，温盖特等不及这一天了，因而，他制作了人工鸟巢，作为解开这个谜题的第一步。

由于需要森林，他种植了8000棵香柏，希望其中能有一些抵抗得住枯萎病。有些香柏确实顶住了病害的侵袭，但是又被大风扼杀了。于是，温盖特又种了一种辅助物种——生长迅速、非本地生的常青植物木麻黄——作为环岛防风林。木麻黄迅速长大，香柏则慢慢地生长，几年过后，更适应环境的香柏取代了木麻黄。补种的森林为一种已经几百年未在百慕大出现过的夜鹭创造了完美的家，而夜鹭吞食陆地蟹。如果没有夜鹭，这些陆地蟹就成了岛上的有害物种。数目暴涨的陆地蟹一直享用着湿地植物汁多味美的嫩芽。如今蟹的数量减少，让稀少的百慕大莎草有了生长的机会，近几年里，它也有了结籽的机会。这就好像“少了钉子，丢了王国”[1]的寓言故事。反过来说：找到钉子，王国获胜。温盖特一步步地重组了失去的生态系统。

生态系统和其他功能系统犹如帝国，毁掉容易，建起来难。大自然需要发展森林或湿地的时间，因为就连大自然也不能同时做好一切。温盖特所给予的那种帮助并没有违反大自然的规律。大自然一般都是利用临时的脚手架来完成自己的许多成就的。人工智能专家丹尼 · 希利斯[2]在人类的大拇指身上看到了类似的故事。灵巧的手借助拇指的抓握，使人类的智能更进一步，具备了制造工具的能力。但是一旦智能建立，手就没那么重要了。希利斯宣称，建立一个巨大的系统确实需要许多阶段，一旦系统运行起来，这些阶段就变得可有可无了。“锤炼和进化智能所需的辅助手段远比简单地停留在某个智能水平上要多得多。”希利斯写道，“人们在确信与其他四指相对的拇指在智能发展中的必要性的同时，也毫不怀疑现在的人类可以脱离开拇指进行思考。”

当我们躺在隐于高山山梁的草甸上，或涉入潮汐沼泽泥泞的水中，就遭遇了大自然的“无拇指思想”。将样板草场更新为花的世界所需要的中间物种此刻都消失了。留给我们的只有“花的念想”，而缺失了看护它们成形的“拇指”。

1 少了钉子，丢了王国：这则寓言故事讲的是一个国王去打仗，所骑的战马少了一个马掌钉，结果在战斗中战马跌倒，输掉了战争，也丢掉了王国。

2 丹尼 · 希利斯（Danny Hillis，1956—）：美国发明家、创业家和作家。他与其他人联合创立了“思考机器公司”（Thinking Machine Corporation），该公司研发了并行超级计算机“连接机”（Connection Machine）。

4.5 艰巨的“拼蛋壳”[1]任务

你可能听说过一个感人的故事——《植树人种出了幸福》，它讲的是如何从荒芜中创造出一片森林和幸福的故事。这里讲的是一位1910年徒步去阿尔卑斯山深处旅行的欧洲年轻人的故事：

> 这位年轻人信步来到一个多风无树的荒芜山区。那里仅剩的居民是一些吝啬、贫穷、牢骚满腹的烧炭人，挤在一座破败的村庄里。年轻人在这个地方见到的唯一一个真正快乐的居民是一个孤独的牧羊隐士。年轻人惊奇地看着这位隐士整天默默无语，白痴似的把橡子一粒粒戳进月球表面似的荒山。沉默的隐士每天种100粒橡子。年轻人迫不及待地离开了这块荒凉的土地。许多年后，第一次世界大战爆发，年轻人竟又意外地回到了这里。这次，他发现当年的那座村庄已经郁郁葱葱，几乎认不出来了。山上生长着茂盛的树木和植物，流淌着溪水，到处是野生的鸟兽，还有一批心满意足的新村民。那位隐士在30年的时间里种了90平方英里（约233平方千米）茂密的橡树、

1 拼蛋壳：有个英语童谣，大意是，一个叫 Humpty Dumpty 的矮胖子，不小心从墙头摔下来，像鸡蛋一样跌得粉碎。国王的骑士谁都无法把他拼好。

山毛榉和桦树。他在大自然面前看似孤立无援、蚍蜉撼树的举动已经重塑了当地的气候，为成百上千的人们带来了希望。

可惜这个故事是杜撰的。尽管人们把它当作真实的故事在世界各地传扬，实际上，它只是一位法国人为时尚杂志编写的奇幻故事。不过，也确实有一些理想主义者通过种植上千棵树木而重建森林的故事。他们的成果证实了法国人的直觉：大面积生长的植物能促进当地生态系统进入良性循环。

一个真实的例子：20世纪60年代初期，英国奇女子温迪·坎贝尔普尔蒂旅行到北非，通过在沙漠中栽种树木来抵御沙丘的入侵。她在摩洛哥提兹尼特省的45英亩（约18公顷）沙地上种植了2000棵树，形成一道“绿色的墙”。在6年的时间里，这些树功勋卓越。温迪又设立了基金，为在阿尔及利亚布萨达的260亩（约105公顷）沙漠荒原上再种植13万株树木提供资金。这项工作也取得了成果，形成了一小块适合柑橘、蔬菜和谷物生长的新田地。

哪怕只给予一个小小的立足点，那些相互关联的绿色植物内所隐藏的巨大潜能都会触发收益递增的法则：“拥有者得到得更多。”生物促进环境发展，也促进更多生物的成长。在温盖特的岛上，鹭鸟的出现使莎草能够重现。在帕克德的北美大草原，以火来清除障碍使野花得以生存，从而使蝴蝶得以生存。在阿尔及利亚的布萨达，一些树木改变了气候和土壤，从而使那里适合更多树木生长。更多的树木为动物、昆虫和鸟儿创造了生存地，从而为更多的树木准备好了栖息地。从一些橡子开始，大自然就像一部机器，为人类、动物和植物建造丰饶的家园。

楠萨奇和其他森林收益递增的故事，以及来自斯图亚特·皮姆微观世界的数据报告，都印证了一个重要的经验，皮姆称为“拼蛋壳效应”。我们能把失去的生态系统重新组合起来吗？是的，只要所有的碎片都还存在，我们就能将其还原。只是，不知道我们能否还能得到所有的碎片。也许陪伴生态系统早期发展的某些物种——正如助推智能发展的拇指——在附近已不复存在了。或者，在一场真正的灾难中，重要的辅助物种在全球灭绝了。完全有这样一种可能，曾经有一种假想的、到处生长的小草，对于北美大草原的形成具有至关重要的作用，但在最后的冰河时期被一扫而空。随着它的逝去，蛋壳就不可能再还原了。“记住，两点之间并非总有一条路径可走。”皮姆说。

帕克德曾经有过这个令人沮丧的想法：“大草原永远不能完全复原的一个原因是有些成分永远地消失了。也许没有大型食草动物，如古时候的乳齿象乃至过去的野牛，大草原是不会回来的。”皮姆和德雷克的工作还得出了更可怕的结论：“不仅要有合适的物种按恰当的顺序出现，而且还要有合适的物种在恰当的时间消失。一个成熟的生态系统也许能轻易地容忍X物种，但是在其组合过程中，X物种的出现会把该系统转到其他路径上，将其引向不同的生态系统。”帕克德叹息道：“这就是创造一个生态系统往往要经过数百万年的原因。”如今，扎根在楠萨奇岛或驻扎在芝加哥郊区的哪个物种能将重现的稀树大草原生态系统推离原来的目的地呢？

由此说到机器，有一个违反直觉却很明确的规则：复杂的机器必定是逐步的，而且往往是间接地完善的。别指望通过一次华丽的组装就能完成整个工作正常的机械系统。你必须首先制作一个可运行的系统，再以此为平台研制你真正想完成的系统。要想形成机械思维，你需要制作一只机械“拇指”，这是很少有人欣赏的迂回前进的方式。在组装复杂机械过程中，收益递增是通过多次不断的尝试才获得的，也即人们常说的“成长”过程。

生态系统和有机体一直都在成长，今天的计算机网络和复杂的硅芯片也在成长。即使我们拥有现存电话系统的所有关键技术，但如果缺少了从许多小型网络向一个全球网络成长的过程，我们也不可能组装出一个与现有电话系统一样巨大且可靠的“替代品”。

制造极其复杂的机器，如未来时代的机器人或软件程序，就像还原大草原或热带岛屿一样，需要时间的推移，这是确保它们能够完全正常运转的唯一途径。没有完全发展成熟或没有完全适应外界多样性就投入使用的机械系统，必然会遭到众口一词地诟病。用不了多久，再听到“时机成熟，再把我们的硬件投放市场”时就不会觉着可笑了。

第五章

05

OUT OF CONTROL

共同进化

5.1 放在镜子上的变色龙是什么颜色的

20世纪70年代初期，斯图尔特·布兰德[1]向格雷戈里·贝特森[2]提出了上述谜题。贝特森与诺伯特·维纳同为现代控制论的奠基人。贝特森接受的是“正统牛津教育”，从事的却是“异端职业”。他在印度尼西亚拍摄巴厘岛舞蹈的影片；他研究海豚；他还提出了实用的精神分裂症理论。60多岁时，贝特森在加利福尼亚州大学圣巴巴拉分校任教。在那里，他那些有关心理健康和进化规律的观点既离经叛道又才气横溢，深深吸引了具有整体观念且崇尚非主流文化的人群。

斯图尔特·布兰德是贝特森的学生，也是倡导控制整体论（cybernetic holism）的传奇人物。1974年，布兰德在他的《全球概览》杂志中提出了变色龙公案。布兰德这样写道：“一次，我与格雷戈里·贝特森进行讨论，当时，两人都沉湎于思考意识的功能是什么，或者意识到底有没有功能（指自我意识）。我向他提出了这个问题。我们都是生物学家，便将话题

---

1 斯图尔特·布兰德（Stewart Brand，1938— ）：《全球电子链接》（*WELL - Whole Earth'Lectronic Link*）电话会议系统创建者，《全球概览》（*The Whole Earth Catalog*）刊物创办人。

2 格雷戈里·贝特森（Gregory Bateson，1904—1980）：英国人类学家、社会科学家、语言学家、符号学者及控制论专家，其论述涉及许多领域。

转而讨论这让人难以捉摸的变色龙。格雷戈里断言，变色龙最终将停留在它变色范围的中间点；我则坚信，这个可怜的家伙因为想方设法要从自身影像的世界中隐身，会将种种保护色试个没完。”

镜子是可以构成一个信息回路的绝妙实物。普普通通的两面镜子相对放置会产生奇趣屋[1]效应，不停地将一个物象来回映射，直至消失于无穷回溯中。相向而放的镜子间的任何信息，无论如何来回反射都不会改变其形式。那么，如果其中一面镜子具备了变色龙似的反应功能，既能反射又能产生影像将会如何呢？这种试图将自己与自身镜像保持一致的行为会不断搅乱自身的镜像。它有可能最终定格于某种持续时间足够长、可以准确描述的稳定状态吗？

贝特森觉得这个系统——可能与自我意识类似——会快速进入一种由变色龙在各种颜色的极值间变化时而达成的平衡态。互相冲突的颜色（或者人类心智所组成的社会中相互冲突的观点）会向“中间色调”折中，仿佛那是一次民主表决。而布兰德则认为任何类型的平衡都近乎没有可能，而且自适应系统将既无定向也无终点地摇摆不定。他猜想（变色龙的）颜色变化会陷入一种如同太极阴阳的混沌状态中。

变色龙对自身影像变化的反应恰似人类世界对时尚变化的反应。从整体来看，时尚不正是蜂群思维对自身映像的反应吗？

在一个紧密相连的21世纪社会中，市场营销就是那面镜子，而全体消费者就是变色龙。你将消费者放入市场的时候，他该是什么颜色？他是否会沉降到某一个最小公分母——成为一个平均消费者？或者总是为试图追赶自己循环反射的镜像而处于疯狂振荡的摇摆状态？

变色龙之谜的深奥莫测令贝特森沉醉，他继续向自己的其他学生提出此疑问。其中一名学生杰拉尔德·霍尔提出了第三种假说来解释这位镜中人的最终颜色：“变色龙会保持进入镜子反射区域那一瞬间的任何颜色。”

---

1 奇趣屋（fun-house hall）：马戏团常设的一种娱乐项目。屋内放置了许多镜子，人走入其中就像走入了“复制自己的世界”。

在我看来，这是一种符合逻辑的答案。镜子与变色龙之间的相互作用或许是如此密切、迅捷，几乎没有发生适应调节的可能。事实上，一旦变色龙出现在镜子前，它可能丝毫也改变不了自己的颜色，除非是外部诱因导致其变色或者其自身的变色程序出错。否则，镜子与变色龙及其镜像组成的系统将凝固于其初始状态——无论那是什么颜色。

对于市场营销这样一个镜像世界来说，这第三个答案就意味着“消费者冻结”。他要么只买其最初所用的物品，要么什么也不买。

当然还可能有其他的答案。在为写这本书进行采访的时候，我不时地向被访者提出变色龙之谜。科学家将它看作自适应反馈的典型案例。他们的答案林林总总。下面举几个例子。

数学家约翰·霍兰德[1]：变色龙会像万花筒一样千变万化！由于存在时间的滞后，它的颜色会闪烁不停。变色龙永远不可能停在某种固定的颜色上。

计算机科学家马文·明斯基：变色龙可能会有若干特征值或者特征色，因此会回归到若干颜色上。假如你把它放进去的时候它是绿色，它可能一直是绿色；假如是红色，它就可能一直是红色；而如果你是在它呈棕色时放进去，它有可能会变成绿色。

自然主义者彼得·沃肖尔：变色龙出于某种恐惧反应才改变颜色，因此这一切都取决于其情绪状态。一开始它也许被自己的镜像吓坏，但随后就处之泰然了；颜色则会随着它的情绪而变化。

把变色龙放在镜子上似乎是一个很简单的实验，所以我想，即使是像我这样的作家也可以完成这个实验。于是我着手实验。我做了一个小箱

1 约翰·霍兰德（John Holland，1929—）：复杂理论和非线性科学的先驱，遗传算法之父。美国约翰·霍普金斯大学心理学教授，麦克阿瑟研究奖获得者，麦克阿瑟协会及世界经济论坛的会员，圣塔菲研究所指导委员会主席之一。

子，里面装上镜子，将一条会变颜色的蜥蜴放进去。虽然布兰德的谜题已流传了20年之久，但据我所知，这还是第一次有人尝试真正动手实验。

趴在镜子上的蜥蜴稳定在一种颜色——绿色，是春树发新叶的那种嫩绿。每次把它放进去时都回归到这个颜色。但在回到绿色之前，它也许在一段时间内会保持棕色。它在镜箱里休憩时用的颜色看来与它在箱外时喜欢保持的深棕色不同。

尽管我完成了这个实验，但我对实验的结果信心不足，这主要由于如下一些重要的原因：我用的不是真正的变色龙，而是一条变色蜥蜴，它可以改变的颜色种类比真正的变色龙少多了。（真正的变色龙一条要花好几百美元，还要配一个专门的玻璃容器来饲养，我可不想买。）更为重要的是，根据我所读过的为数不多的相关文献资料，除了根据背景颜色而相应改变颜色，变色蜥蜴变色还有别的原因。如同沃肖尔所说，它们为了应对恐惧也变色。它们确实相当恐惧。变色蜥蜴不愿进入镜箱。在镜箱里显示出的绿色与它害怕时采用的颜色一样。镜子上的变色龙也可能仅仅会处于持续的恐惧状态——它本身的陌生感被放大并充斥着其所在的周身环境。假如我在镜箱里，肯定也会抓狂。最后是观察者的问题：我只有把脸贴近镜箱，将蓝眼睛和红鼻子深入变色蜥蜴的地盘，才能看到蜥蜴。这种行为骚扰了蜥蜴，却又无法避免。

可能要等到将来使用真正的变色龙，并进行更多的对比实验，才能真正破解这个谜题。但我仍心存疑虑。真正的变色龙与变色蜥蜴一样，是身体硕大的动物，有着不止一个改变颜色的理由。镜子上的变色龙之谜恐怕最好仅作为“思想实验”来保持其理想化的形式。

即便从理论角度来考虑，“真正的”答案也取决于下述具体因素：比如变色龙颜色细胞的反应时间，其对色调改变的敏感性及是否有其他影响信号等因素。所有这些都是反馈回路中常见的重要数值。如果有人能够改变变色龙身上的这些参数，就可以一一演示前文所述镜子上的变色龙变色的种种可能。其实，工程师正是这样设计控制电路以引导宇宙飞船或控制机器人手臂的。通过调整滞后的长短、信号的敏感度，以及衰减率等参数，他们可以调整一个系统使之达到一种广域的平衡态（如将温度保持在68华氏至70华氏度），或不断地变化，或某个介于两者之间的动态平衡点。

我们看到，这种情况也发生在网络化的市场活动中。毛衣生产商试图通过文化景象来激发消费者此消彼长的购买欲望，以销售多种款式的毛衣；而洗碗机制造商则力图将消费者行为的反馈聚集在几个公约数上，即仅推出几款洗碗机，因为较之花样繁多的毛衣款式，推出多种洗碗机的成本要高得多。反馈信号的数量和速度决定了市场的类型。

镜子上变色蜥蜴之谜的重要之处在于，蜥蜴与镜子形成了一个整体。“蜥蜴属性”和“镜子属性”融合为一种更复杂的属性——“蜥镜属性”，其行为方式与单一变色蜥蜴或单一镜子的行为方式都有所不同。

中世纪的生活是极端抹杀个性的。普通人对自己的形象只有模糊的概念。他们对独立人格和社会身份的认知是通过参与宗教仪式和遵循传统而达成的，而非通过行为反射。与此相反，当今世界是一个充满了镜像的世界。我们有无处不在的摄像头、每天都在进行的社会或行为调查（如“63%的美国人离过婚”），它们将我们集体行为的每个细枝末节都反映给我们。持续不断的纸面记录——账单、评分、工资单、商品目录——帮助我们建立了个人的身份标识。不远的将来，普及的数字化必将为我们提供更清晰、更快捷、更无所不在的镜子。每个消费者都将成为反射镜像与反射体，既是因也是果。

希腊哲学家痴迷于“链式因果关系”，研究如何沿因果链条溯本追源，直至找到最初原因。这种反向倒推的路径是西方逻辑的基础，即线性逻辑。而“蜥蜴-镜子”系统展示的是一种完全不同的逻辑——一种网状的因果循环。在递归反射领域，事件并非由存在链所触发，而是由一系列原因如奇趣屋般地反射、弯曲、彼此互映所致。与其说原因和控制是从其源头按直线发散，倒不如说它是水平扩展，如同涌动的潮水，曲折、弥散地释放着影响力。浅水喧闹，深潭无波；仿佛万物彼此间的关联颠覆了时空的概念。

计算机科学家丹尼·希利斯指出，计算，特别是网络计算，呈现了一种非线性的因果关系域。他写道：

> 在物质世界中，一件事对另一件事的影响随两者之间的时间或空间距离的增大而衰减。因此，我们在研究木星卫星的运行轨道时不去考虑水星的影响。这是物体和作用力这一对相互依存的概念所遵循的基本原则。作用力的局限性体现在光速是有限的，体现在场的平方反比定律之中[1]，还体现在宏观统计效应上，如反应速度和音速等。
>
> 在计算领域中，或至少在计算领域的旧有模式中，一个随意的微小事件有可能、也往往会造成任意的重大影响。比如，一段小程序可以抹去所有内存中的内容；一条简单的指令可以使主机停止运行。在计算科学中没有类似于距离这样的概念。没有哪个存储单元比别的存储单元更不易受影响。

自然生态系统中的控制轨迹也呈发散状融入因果关系的界域。控制不仅分散到空间中，还随着时间而逐渐模糊。当变色龙爬到镜子上的时候，诱使其变色的原因便融入一个因果自循环的界域中。事物的推演不像箭那样直线行进，而是像风一样四散开来。

---

1 场的平方反比定律：指物体或粒子间的场力（引力、电磁力等）与距离的平方成反比。

5.2 生命之无法理喻之处

斯图尔特·布兰德在斯坦福大学主修生物学，他的导师是人口生物学家保罗·埃尔利希[1]。布兰德也执着于难解的镜子上的变色龙之谜。埃尔利希从蝴蝶与其宿主植物之间的关系中清楚地看到了这一谜题的影子。那些狂热的蝴蝶收藏家很早就知道，制作完美标本的最好方法就是，将毛毛虫和它要吃的植物一起装入盒子等它化茧。变身之后，蝴蝶会破茧而出，展现出完美无缺的翅膀。这时迅速将它杀死，就能制成完美的标本。

这个办法要求蝴蝶收藏家懂得蝴蝶要吃什么植物。为了得到完美的标本，他们可谓不遗余力。其结果是积累了大量有关植物、蝴蝶群落的文献资料。简而言之，大多数蝴蝶幼虫只吃一种特定的植物。举个例子，黑脉金斑蝶的幼虫就专吃马利筋[2]，而马利筋似乎也只欢迎黑脉金斑蝶前来就餐。

埃尔利希注意到，从这个意义上说，蝴蝶的映像投入了植物，而植物

1　保罗·埃尔利希（Paul Ehrlich，1854—1915）：德国著名医学家，血液学和免疫学奠基人之一， 1908年诺贝尔生理学及医学奖获得者。

2　马利筋（milkweed）：一种蜜源植物，它的乳汁是有毒的。其花蕊的封闭式构造使其很难利用风力传粉。所以分泌花蜜并通过蝴蝶的足肢沾染授粉器达到授粉目的。黑脉金斑蝶幼虫以马利筋嫩茎与叶为食，蜕蝶后以花蜜为食；它能将马利筋的强心柑毒素累积在自己的体内转为防御武器。

的映像也投入了蝴蝶。为了防止蝴蝶幼虫完全吞噬自己的茎叶，马利筋步步设防，迫使黑脉金斑蝶“改变颜色”——想法子绕过植物的防线。这种相互投映仿佛两条贴着肚皮跳舞的变色龙。马利筋如此投入地进行自我保护，以抗拒黑脉金斑蝶的侵袭，结果反而变得与蝴蝶难舍难分。任何长期敌对的关系似乎都包容这样的相互依存。1952年，关注机器学习的控制论专家罗斯·艾希比[1]写道：“(生物的基因模式)并没有具体规定小猫如何抓老鼠，但是它提供了学习机制和游戏的旨趣，因此是老鼠将捕鼠的要领教给了小猫。”

1958年，查尔斯·J.穆德[2]在《进化》杂志上发表了一篇论文，题为《专性寄生生物与其宿主共同进化的数学模型》。伯兰德在这个标题中发现了一个可以用来形容这种“贴身双人舞”的词——共同进化(coevolution)。与大多数生物学发现一样，共同进化这个概念并不新鲜。神奇的达尔文在其1859年的杰作《物种起源》中便曾提到：“生物体彼此之间的共同适应……”

约翰·汤普森[3]在《互相影响和共同进化》一书中对“共同进化”做了一个正式定义：“共同进化是互相影响的物种间交互的进化演变。”实际上共同进化更像一曲探戈。马利筋与黑脉金斑蝶肩并肩结成了一个单系统，互相影响共同进化。共同进化之路上的每一步都使这两个对手缠绕得更加密不可分，直到一方完全依赖另一方的对抗，从而合二为一。生物化学家詹姆斯·洛夫洛克[4]就这种相拥状况写道：“物种的进化与其所处环境的演变密不可分。这两个进程紧密结合，成为不可分割的单一进程。”

布兰德采用了这个术语，并创办了名为《共同进化季刊》的杂志，用

---

1 罗斯·艾希比(Ross Ashby，1903—1972)：英国精神病学家，从事控制论和复杂系统研究的先驱。

2 查尔斯·J. 穆德(Charles J. Mode，1927—2020)：宾州费城德雷塞尔大学名誉数学教授，资深多产科学家。研究兴趣包括生物统计学、随机过程、人口统计学、传染病学、遗传学和生物信息学、统计推理与数据分析方法、马尔科夫链、不完全马尔科夫过程、软件工程、蒙特卡罗模拟法等。

3 约翰·汤普森(John Thompson，1951—)：美国进化生物学家，以共同进化的研究而闻名。

4 詹姆斯·洛夫洛克(James Lovelock，1919—2022)：英国皇家学会会员，英国科学家，盖亚假说的提出者。在他的假说中，地球被视为一个“超级有机体”。

于发表包罗万象的宏论——阐述相互适应、相互创造、同时编织成为整体系统的生物学、社会学和科技等。布兰德撰写了共同进化的定义作为发刊词："进化是不断适应环境以满足自身的需求。共同进化是更全面的进化观点，不断适应环境以满足彼此的需求。"

共同进化之"共同"是指向未来的路标。尽管有人抱怨人际关系的地位在持续降低，现代人在生活中互相依赖的程度却日益增长，超过了以往任何时候。在通信网络基础上建立起的在线社区则是"共同"世界。马歇尔·麦克卢汉[1]并非完全正确。我们共同打造的不是一个舒适的地球村；我们共同编织的是一个熙熙攘攘的全球化蜂群——一个具备社会性的"共同"世界，一个镜状往复的"共同"世界。在这种环境下，所有的进化，包括人造物的进化，都是共同进化。任何个体只有接近自己变化中的邻居，才能给自己带来变化。

自然界充斥着共同进化。每个有植物的角落都有寄生生物、共生生物在生存着，时刻上演着难解难分的"双人舞"。生物学家P. W.普莱斯[2]估计，今天地球上50%的物种都是寄生生物。（这个数字已经很陈旧了，而且应该在不断增长。）而最新的说法是：自然界半数生物都共生共存！商业咨询师常常警告其客户，切不可陷入依赖某个单一客户或供应商的共生处境。但是，据我所知，许多公司都是这么做的，而他们所过的有利可图的日子，平均起来也并不比其他公司少。20世纪90年代，大企业之间的结盟大潮——尤其在信息技术和互联网产业当中——是世界经济日益增长的共同进化的又一个侧面。与其吃掉对手或与之竞争，不如结成同盟——共生共栖。

共生关系中的各方行为不必对称或对等。事实上，生物学家发现自然界几乎所有的共栖同盟在相互依存过程中都必然有一方受惠更多，这实际

1 马歇尔·麦克卢汉（Marshall Mcluhan，1911—1980）：加拿大著名哲学家及教育家，曾在大学教授英国文学、文学批判及传播理论。他是现代传播理论的奠基人，其观点深远地影响了人类对媒体的认知。在没有"互联网"这个词出现时，他已预示了互联网的诞生，"地球村"一词正是他首先使用的。

2 P. W. 普莱斯（P. W. Price，1938—）：生物学家。在加拿大和美国从事科学研究多年，2002年至今任北亚利桑那大学生物科学系名誉教授。

上暗示了某种寄生状态。尽管一方所得就意味着另一方所失，但从总体上来说双方都是受益者，因此契约得以维持。

布兰德在他那本名为《共同进化》的杂志里开始收集各种各样共同进化的故事。以下是一则自然界里最具说服力的结盟的实例：

> 墨西哥东部生长着各类金合欢属灌木和掠夺成性的蚂蚁。多数金合欢长有刺和苦味的叶子，以及其他抵御贪婪世界伤害的防护措施。其中一种“巨刺金合欢”（牛角相思树）学会了如何诱使一种蚂蚁为独占自己而杀死或驱赶其他的掠食者。诱饵渐渐囊括了可供蚂蚁居住的防水的漂亮巨刺、现成的蜜露泉和专为蚂蚁准备的食物——叶尖嫩苞。蚂蚁的利益渐渐与合欢的利益相融合。蚂蚁学会了在刺里安家，日夜为金合欢巡逻放哨，攻击一切贪吃金合欢的生物，甚至剪除如藤萝、树苗之类可能遮挡住金合欢妈妈的入侵植物。金合欢不再依靠苦味的叶子、尖尖的刺或是其他保护措施，如今它的生存完全依赖于这种金合欢蚂蚁的保护；而蚁群离开金合欢也活不下去。它们组合起来就天下无敌。

在进化过程中，生物的社会性与日俱增，共同进化的实例也越来越多。生物的社会行为越丰富，就越有可能形成互惠互利的关系。同样，我们构建的经济和物质世界越是相互影响，共同努力，我们越能见证到更多的共同进化的实例。

对于生命体而言，寄生行为本身就是一个安身立命的法宝。也正因此，我们发现寄生之上还有寄生。生态学家约翰·汤普森注意到“正如丰富的社会行为能够促进与其他物种的共生关系，某些共生关系也促成了新型社会行为的进化”。共同进化的真正含义是，共同进化孕育了共同进化。

距今千百万年后，地球上的生命可能大多具有社会性，随处可见寄生物和共生体；而世界经济也许会是一个拥挤的联盟网络。那么，当共同进化充斥了整个地球时又会发生什么呢？这个由映射、回应、相互适应及首尾相接循环不息的生命之链所组成的星球会做些什么呢？

蝴蝶和马利筋继续在彼此周围舞蹈着，无休无止的疯狂舞蹈使它们的形态大大改变，远远不同于它们彼此处于平静状态时可能拥有的形态。镜子上不停翻腾的变色龙陷入了远非正常的某种紊乱状态。第二次世界大战之后的核军备竞赛让我们同样有种“愚蠢地追赶自我倒影”的感觉。共同进化将事物推往荒唐的境地。蝴蝶和马利筋，虽然从某种角度来看是竞争对手，但又不能分开独立存活。保罗·埃尔利希认为共同进化推动两个竞争对手进入“强制合作”。他写道：“除掉敌人既损害了掠食者的利益，也损害了被掠食者的利益。”这显然不合乎常理，但又是一股推动自然的力量。

当一个人的意识失去控制、钻入揽镜自顾的牛角尖时，或过于看重自己的敌人以至于对敌人亦步亦趋时，我们会认为这种意识有些失常。然而，智力和意识本来就有一点失常——或者说，一点失衡。从某种程度上说，即使是最简单的心智，也一定会顾影自怜。莫非任何意识都非得固守自我吗？

在布兰德向贝特森提出镜子上的变色龙之谜题后，有关意识的失衡性成了谈话的重点，两人转而顺着这个话题探讨了下去，最终得出了一个古怪的结论，相对于其他事物都有一个平衡点，意识、生命、智力及共同进化是失衡的、意外的，甚至是无法理喻的。我们之所以看到智力和生命的不可捉摸之处，正是因为他们维持着一个远离平衡态的不稳定状态。较之宇宙间其他事物，智力、意识乃至生命，都稳定地处于非稳态。

蝴蝶和马利筋，犹如立足笔尖的铅笔，依靠共同进化的递归动态而立得笔直。蝴蝶拉扯马利筋，马利筋也拉扯蝴蝶，它们拉扯得越厉害，就越难以放手，直到整体的蝴蝶/马利筋逐渐形成一个独特的存在——一个鲜活的昆虫/植物系统便自我生成。

共生并非只能成双成对。3个一组也可融合成一个渐进的、以共同进化方式连接的共生系统。整个群落也可共同进化。实际上，任何生物，只要能适应其周边生物，就可以在某种程度上起到间接的共同进化触媒的作用。所有的生物都相互适应，就意味着同一生态系统内所有生物都能通过直接共生或间接相互影响的方式参与到一个共同进化的统一体里。共同进化的力量由一个生物流向它最亲密的邻居，然后以较弱一级的波状向周边扩散，直至波及所有生物。这样一来，地球家园中由亿万物种构成的松散网络就编织起来，成为不可拆分的共同进化体系，其组成部分会自发提升至某种不可捉摸的、稳定之非稳态的群集状态。

地球上的生命网络，与所有分布式存在一样，超越了作为其组成成分的生命本身。然而强悍的生命向更深处扎根，不但用它的网络将整个地球包裹起来，还将没有生命的岩石和大气也串联进它的共同进化的怪诞行动之中。

5.3 在持久的摇摇欲坠状态中保持平衡

20世纪60年代，生物学家请NASA（美国国家航空航天局）将两个无人操纵的探测器分别发射到最有可能找到地外生命的两个待选星球——火星和金星上，并用生命探测器插入它们的土壤检测是否有生命迹象。

NASA的生命探测器是一个相当复杂、精密而且昂贵的精巧装置，一旦着陆，就能从尘土中找寻细菌或生命的蛛丝马迹。说话温和的英国生物化学家詹姆斯·洛夫洛克是NASA聘请的顾问之一。他发现了一个能够更好地检测行星生命的办法。这个办法不需要价值数百万美元的精巧玩意儿，甚至都不需要发射火箭。

洛夫洛克是现代科学研究领域罕见的奇才。他在英格兰康沃尔郡乡下一个灌木篱笆墙围绕的石头库房内从事科学研究，仿佛一位独行侠。他保持着无可挑剔的科学声望，却不隶属任何正规的科研机构，这在常常需要大笔资金的科学界实属罕见。他那鲜明的独立性滋养了其自由思想，他也离不开自由思想。20世纪60年代早期，洛夫洛克提出了一个颠覆性的建议，让NASA探索团队的其他成员都感到不痛快。他们是真想向外星发射探测器，而他却说不必找这个麻烦。

洛夫洛克告诉他们，只需通过一架天文望远镜进行观测，他就能确定某行星是否有生命。他可以通过测量该行星大气层的光谱来确定其气体的成分。包裹着行星的大气组成就能揭秘星球是否存在过生命体。因此，用不着投掷一个“昂贵的罐罐”穿越太阳系去查明真相。答案他早就知道了。

1967年，洛夫洛克写了两篇论文，预言说，根据他对星球大气光谱的解读，火星上面没有生命。10年后，NASA发射了环火星轨道航天器，再经10年后的数次壮观的火星软着陆[1]探测终于明白地告诉世人，火星确实如洛夫洛克预测的那样死气沉沉。对金星进行的类似探测带回来同样的坏消息：太阳系里除地球之外一片死寂。

洛夫洛克是怎么知道的呢？

答案是通过对化学反应和共同进化的研究。火星大气和土壤中的成分被太阳射线赋予能量，被火星核心加热，再被火星引力吸附，历经数百万年进入动态平衡。懂得了化学反应的一般规则，科学家就可以将星球当作一个大烧瓶里的物质来对它们的复杂反应做计算。化学家得出火星、金星及其他行星的近似反应方程式之后，等号两边基本持平：能量、吸入成分；能量、逸出成分。通过天文望远镜及后来的实地采样获得的结果都符合反应方程式的预测。

地球却不同。地球大气中气体混合的路数并不寻常。经洛夫洛克查明，它们的不寻常，是共同进化累积形成的有趣效果。

尤其是氧气，它占地球大气的21%，造成地球大气的不稳定。氧气是高活性气体，能在被称为火或燃烧的激烈化学反应中与许多元素化合。从热力学角度来看，由于大气氧化了固体表面，地球大气中氧气的高含量理应快速下降才对。其他活性示踪气体[2]，如一氧化二氮、碘甲烷也处于异

1 火星软着路探测：在发射了“水手”号探测器的基础上，美国实施“海盗”号火星着陆探测计划，共研制了2个“海盗”号火星探测器。1975年8月20日发射“海盗”1号，1976年6月19日探测器进入了火星轨道，7月20日降落装置在火星表面软着陆成功，进行了大量拍照和考察，在火星上工作时间达6年，于1982年11月停止发回信息。1975年9月9日“海盗”2号发射上天，1976年8月7日进入火星轨道，9月3日降落装置在火星表面软着陆成功，在火星上的考察至1978年7月停止。这两个探测器专门对火星上有无生命存在进行了4次检查和重要的试验。

2 示踪气体：在研究空气运动中，能与空气混合，而且本身不发生任何改变，并在很低的浓度时就能被测出的气体的总称。其他示踪气体包括氟仿、过氧乙酰硝酸酯、二氧化氯、氮氧化物、二氧化硫、氡、汞。由于示踪气体的总量非常小，它们的变化幅度可以非常大。目前，空气成分变化最大的是二氧化碳，工业化开始后其浓度增加了约40%。

常爬升的水平。氧气虽与甲烷共存，却根本不相容，更确切地说，它们太融洽了，以至于会相互引爆。令人费解的是，二氧化碳理应像在其他行星那样成为大气的主要成分，却仅仅是一种“示踪气体”。除大气之外，地球表面的温度及碱度也处于异乎寻常的水平。整个地球表面似乎是一个巨大、不稳定的化学怪胎。

在洛夫洛克看来，似乎有一种看不见的能量，一只“看不见的手”，将互动的化学反应推至某个高点，似乎随时都会回落至平衡状态。火星和金星上的化学反应犹如元素周期表那般稳定，那般死气沉沉。以化学元素表来衡量，地球的化学性质是不正常的，完全失去了平衡，却充满活力。由此，洛夫洛克得出结论，任何有生命的星球，都会展现奇特的不稳定的化学性质。有益生命的大气层不一定富含氧气，但应该突破规范的平衡。

那只“看不见的手”就是共同进化的生命。

共同进化中的生命拥有非凡的生成稳定的非稳态的能力，将地球大气的化学循环推至一个洛夫洛克所称的“持久的非均衡态”。大气中的氧含量应该随时都会下降，但数百万年来它就是不降下来。既然绝大多数的微生物生命都需要高浓度的氧，既然微生物化石都已存在亿万年了，那么，这种奇特的不和谐的和谐状态算得上是相当持久而稳定的了。

地球大气寻求稳定的氧含量，与恒温器寻求稳定的温度非常相似。它碰巧使氧气的平均浓度为21%，按一位科学家的说法“纯属偶然”。低于这个水平是贫氧，高于这个水平就易燃。多伦多大学的乔治·R.威廉斯这样写道：“21%左右的氧含量似乎能够保证某种平衡，在洋流近乎完全换气的同时，又不会招致毒性物质或可燃性有机物的聚集而产生更大危害。”那么，地球的传感器和温控机制在哪儿呢？那个加热用的炉子又在哪儿呢？

无生命星球通过地质轮回来达到平衡。气体，如二氧化碳，溶入液体并经沉淀析出固体。溶入定量的气体之后达到自然饱和。固体在火山活动中经加热或加压，会将气体释放回大气层。沉降、风化、隆起——所有巨大的地质力量——也如强大的化学作用那样，打断或形成物质的化学键。

热力学的熵增定律[1]将所有化学反应拉到它们的最低能量值。火炉的比喻失效了。无生命星球上的平衡不太像恒温控制下的平衡，它更像碗里的水，处在等高的水平；当不能降得更低时就干脆处在同一个水平面上。

而地球则是一个恒温器。相互纠缠共同进化的生命提供了一个自主循环的回路，引导地球的化学物质趋向上升的势能。大概要等地球上所有的生命都寂灭之后，地球的大气才会回降至持久的平衡态，变得像火星和金星那样单调乏味。但是，只要生命的分布式之手仍占主导地位，地球的化学物质就不可能保持平衡态。

但失衡本身又能自主平衡。共同进化的生命产生的持久失衡，自有其稳定之道。洛夫洛克一直致力于寻找这种持久失衡，想将此作为生命存在的快速测试。据我们所知，地球大气中21%左右的氧含量已保持了亿万年之久。大气层像一个高空悬索上摇摇摆摆的杂技演员，而且几百万年来一直保持着那个欲跌还休的姿势，永不坠落，也永远摆脱不了坠落的趋势，始终处于摇摇欲坠的状态。

洛夫洛克认为这持久的《摇摇欲坠的状态》是生命的显著特征。近年来，复杂性理论的研究人士也已意识到，任何活系统，如经济体、自然生态系统、复杂的计算机模拟系统、免疫系统，以及共同进化系统，都具有摇摇欲坠的显著特征。当它们保持着埃舍尔[2]式的平衡态——处在总在下行却永远未曾降低过的状态时，都具有那种似是而非的最佳特性——在塌落中平衡。

戴维·雷泽尔[3]在他的科普性书籍《宇宙发生说》中辩称："生命的核心价值不在于它繁殖的不变性，而在于它繁殖的不稳定性。"生命的密钥

1 热力学的熵增定律：大多数自发化学反应趋向于系统混乱度增大的方向，即熵增方向。伴随着系统熵的增加，反应体内的能量相应减少。

2 埃舍尔（M. C. Escher，1898—1972）：荷兰著名艺术家，他以在画面上营造"一个不可能的世界"而著称。在他的作品里展示了深广的数学哲理。一些自相缠绕的怪圈、一段永远走不完的楼梯或两个不同视角所看到的两种场景产生出悖论、幻觉甚至哲学意义。

3 戴维·雷泽尔（David Layzer）：哈佛大学天体物理学家。他在20世纪70年代初期明确指出，根据热力学第二定律，在日益膨胀的宇宙中熵会增加，但是由于一些相空间细胞也不断增加，熵的最大极限增长速度可能超过熵本身的增长。

在于略微失调地繁衍，而不是中规中矩地繁衍。这种几近坠落乃至混沌的运行状态确保了生命的增殖。

少有人注意到活系统的核心特点，这种似是而非的特质是具有传染性的。活系统将它们的不稳定姿态传染给它们接触到的任何事物，而且无所不及。地球上，生命横冲直撞，把势力扩张到固体、液体和气体之中。就我们所知，没有哪块岩石从未被生命触摸过。微小的海洋微生物将溶入海水的碳和氧固化，生产出一种散布在海床的盐。这些沉积物最终被沉淀性的重量压成岩石。微小的植物性微生物将碳从空气中吸入土壤乃至海底，在地下或水下化为石油。生命生产出甲烷、氨气、氧气、氢气、二氧化碳以及其他气体。铁，还有金属，聚集来细菌造出金属矿团。（铁作为非生命的典型代表，竟然产生生命！）通过严格的观察，地质学家得出结论：所有露出地表的岩石（或许火山岩除外）都是再循环的沉淀物，因此，所有的岩石都具备生物成因的实质，也就是说，在某些方面受生命影响。共同进化生命的无情推拉，最终将宇宙中的非生命物质带入它的游戏之中。它甚至将顽石也变为映射其婆娑姿影的明镜之一角。

5.4 岩石乃节奏缓慢的生命

俄罗斯地质学家弗拉基米尔·沃尔纳德斯基[1]第一个明确提出了具有划时代意义的观点——生命直接塑造了地球的肉身。他将地球上亿万生命体加以总结，并思考它们对地球的物质资源产生的群体影响。1926年，他出了一本书，把这个宏大的资源系统称为“生物圈”(爱德华·苏斯[2]在几年前也曾创造了这个术语)，书中对生物圈进行了量化评估。这本名为《生物圈》的著作直到最近才被译成英语。

沃尔纳德斯基把活体生物所处的生物圈看作巨型的化工厂，激怒了生物学家。在他看来，植物和动物在矿物质环绕世界的流动中发挥着临时化学容器的作用。“活体生物不过是岩石的一个特类……既古老又永恒年轻的岩石。”沃尔纳德斯基写道。活体生物是存储这些矿物的精美而脆弱的贝壳。有一次，他谈到动物的迁移和运动时说：“动物存在的意义，就是为了帮助风和浪来搅拌发酵中的生物圈。”

1 弗拉基米尔·沃尔纳德斯基(Vladimir Vernadsky，1863—1945)：俄罗斯矿物学家和地球化学家。代表作为《生物圈》(1926)一书。在苏联，他被称为20世纪的罗蒙诺索夫。他的生物圈学说和智慧圈思想揭示了人与自然平等共生的关系，描绘出人与生物圈共同进化的图景。他被称为“现代生物地球化学之父”。

2 爱德华·苏斯(Eduard Suess，1831—1941)：奥地利地质学家。曾任维也纳大学教授，是英国皇家学会、奥地利皇家学会会员，法国科学院、彼得堡科学院外籍院士。

与此同时，沃尔纳德斯基将岩石看作半生命，又引起了地质学家的强烈不满。他说，由于每块石头都是从生命中起源，它们与生命机体之间的不断互动表明，岩石是生命中移动最慢的一部分。山脉、海洋里的水及天空中的气体，都是节奏非常缓慢的生命。地质学家当然要阻止这种明显的密契主义[1]观点。

两种奇思怪论组合成一个美丽且对称的体系。生命是不断更新的矿物质，矿物质是节奏缓慢的生命。它们构成了一枚硬币的正反两面。等式的两端并不能精确地开解；它们同属一个系统：蜥蜴/镜子、植物/昆虫、岩石/生命，以及当代的人类/机器系统。有机体即环境，而环境也即有机体。

这个古老且神圣的观念在边缘科学领域起码存在有几百年了。19世纪的许多进化论生物学家，如T. H. 赫胥黎[2]、赫伯特·斯宾塞[3]，当然还有达尔文，对此都有直觉上的认识——物理环境塑造了生物，生物也塑造了其所处的环境。如果从长远看，环境就是生物，生物就是环境。早期的理论生物学家阿尔弗雷德·洛特卡[4]于1925年写道："进化的不只是生物或物种，而是物种加环境的整个系统。两者是不可分割的。"进化的生命和星球构成了一个共同进化的整体系统，一如变色龙的镜上舞。

沃尔纳德斯基认为，假如生命从地球上消失，不但地球本身沉沦至一种"化学稳定"的平衡状态，那些沉积的黏土层、石灰岩的洞穴、矿山中的矿石、白垩的峭壁，以及我们视为地球景观的特有构造也将随之消退。

1 密契主义（Mysticism）：同时肯定道与万物。"密契主义"一词出自希腊语动词 myein，即"闭上"，尤其是"闭上眼睛"。之所以要闭上眼睛，是因为出自对通过感官从现象世界获得真理、智慧感到失望。不过，密契主义并不像怀疑主义那样放弃对真理的追求，它仅仅主张闭上肉体的眼睛，同时却主张睁开心灵的眼睛，使心灵的眼睛不受现象世界的熙熙攘攘所干扰，从而返回自我，在心灵的静观中找到真理、智慧。因此，辞书中对神秘主义的解释一般是"通过从外部世界返回到内心，在静观、沉思或迷狂的心理状态中与神或某种最高原则结合，或者消融在它之中"。

2 T. H. 赫胥黎（T. H. Huxley，1825—1895）：英国生物学家、教育家。在古生物学、海洋生物学、比较解剖学、地质学等方面都有重大贡献。

3 赫伯特·斯宾塞（Herbert Spencer，1820—1903）：19世纪下半期英国著名的唯心主义哲学家、社会学家和教育学家，他被认为是"社会达尔文主义之父"。

4 阿尔弗雷德·洛特卡（Alfred Lotka，1880—1949）：数学家。曾于1924年至1933年担任美国大都会人寿保险公司统计数学研究项目的负责人。

"生命并非地表上偶然发生的外部演化。相反，它与地壳构造有着密切的关联。"沃尔纳德斯基于1929年写道，"没有生命，地球的脸面就会失去表情，变得像月球般木然。"

30年后，自由思想家詹姆斯·洛夫洛克通过天文望远镜对其他星球进行分析，也得出同样的结论。"生物体简直无法'适应'一个仅由物理和化学支配的死气沉沉的世界。它们生存的世界由其先祖们的气息和骨骼构成，而今由它们继续维持着。"洛夫洛克有关早期地球的知识较之沃尔纳德斯基更为全面，对气体和物质在地球上的环流模式的理解也略高一筹。所有这些，都令他得出一个十分严肃的结论："我们呼吸的空气，以及海洋和岩石，所有这一切要么是生命机体的直接产物，要么是由于他们的存在而被极大改变了的结果。"

法国自然哲学家让·巴蒂斯特·拉马克[1]早在1800年就已预言了这一非凡的结论，当时他所拥有的行星动力学方面的知识甚至比沃尔纳德斯基还要少。作为生物学家，拉马克与达尔文旗鼓相当。他，而非达尔文，才是进化论真正的发现人。拉马克之所以没有获得应得的赞誉而沦落为"失败者"，部分原因是他太过依赖直觉而不是现代科学所推崇的详细例证。拉马克凭直觉推演生物圈，而且具有先见之明。但因为当时没有一丝一毫的科学根据的支持，拉马克的言论并不具有影响力。1802年，他写道："以单体聚合、矿体、岩层等形式出现的所有构成地壳的复合矿物质，以及由此形成的低地、丘陵、峡谷和山脉，都是在地球表面生存过的动植物的独一无二的产物。"

拉马克、沃尔纳德斯基还有洛夫洛克之流大胆的主张乍看起来似乎荒谬可笑，但是在横向因果关系下颇有道理：我们周围目所能及的一切——白雪皑皑的喜马拉雅山，从东到西的深海，逶迤起伏的群山，色调阴森的

1 让·巴蒂斯特·拉马克（Jean Baptiste Lamarck，1744—1829）：法国生物学家，科学院院士，早期的进化论者之一。1809年发表了《动物哲学》（*Philosophie Zoologique*）一书，系统地阐述了他的进化理论，即通常所称的拉马克学说。书中提出了用进废退与获得性遗传两个法则，并认为这既是生物产生变异的原因，又是适应环境的过程。达尔文在《物种起源》一书中曾多次引用拉马克的著作。

荒漠峡谷，充满乐趣的溪谷——与蜂窝一样都是生命的产物。

洛夫洛克不停地向镜中窥探，发现它几乎是个无底的深渊。其后几年，随着对生物圈的仔细观察，他将更多的复杂现象列入生命产物表。例如，海洋浮游生物释放出一种气体（二甲基硫），经氧化后产生亚微观的硫酸盐气雾，形成云中水滴凝聚的凝结核。如此说来，甚至云层雨水也是由生物的活动产生的。夏天的雷暴雨也许是生命自身幻化为雨。某些研究暗示，大多数雪晶的核也许是腐朽的植物、细菌或菌类孢子，因此，也许雪大多是由生命触发的。能逃脱生命印记的只是极少数。“也许我们这个星球的内核并不受生命的影响，但我不认为这种假设是合理的。”洛夫洛克如是说。

“生命是最具威力的地质力量。”沃尔纳德斯基断言，“而且这力量与时俱进。”生命越多，它的物质力量就越大。人类将生命进一步强化。我们利用化石能源，将生命植入机器。我们的整个制造业基础设施——好比我们自己身体的扩展——成为更广泛的、全球规模的生命的一部分。我们的工业产生的二氧化碳进入大气，改变全球大气的成分，我们的人造机械领域也成为地球生命的一部分。乔纳森·韦纳[1]当年写《下个一百年》时就能肯定地说：“工业革命是惊心动魄的地质学事件。”如果岩石是节奏缓慢的生命，那么我们的机器是相对快一点的节奏缓慢的生命。

将地球比作母亲是一种古老且亲切的说法，但将地球比作机械装置令人难以接受。沃尔纳德斯基的看法非常接近洛夫洛克的感悟，即地球的生物圈显现了一个超越化学平衡的规则。沃尔纳德斯基注意到“生物体呈现出一种自我管理的特性”，生物圈似乎也是自我管理的，但他没有进一步深入下去，因为一个关键概念——纯机械过程的自我管理——当时尚未出现。一台纯粹的机器怎么能自我控制呢？

我们现在知道了，自我控制和自我管理并非生命独有的神奇活力要

1 乔纳森·韦纳（Jonathan Weiner，1953—）：美国作家，1976 年毕业于哈佛大学，曾获1995年普利策奖、1994年洛杉矶时报图书奖、1999年全国图书评论家大奖，并获2000年安万特奖入选提名。曾在亚利桑那州州立大学、洛克菲勒大学任教，现在哥伦比亚大学新闻研究院执教。

素，因为我们已经创造出了能够自我控制和自我管理的机器。其实，控制和目的是纯粹的逻辑过程，它们可以产生于任何足够复杂的介质中，包括铁质的齿轮和操作杆，乃至更为复杂的化学路径中。如果恒温器和蒸汽机都能够具有自我调控能力，那么一个星球可以进化出如此优雅的反馈回路也不是怪异的想法了。

洛夫洛克将工程师的敏感带入对地球母亲的分析。他做过修补匠、发明家、专利持有人，还给无论何时都是最大的工程技术公司NASA打过工。1972年，洛夫洛克提出了地球的自治表征的假说。他写道："地球上的所有生命体集合，从巨鲸到细菌，从橡树到海藻，可以看成一个单体生命，它能够熟练地操控地球大气层以满足自己的全部需要，而其具备的能力和能量也远超过其组成部分。"洛夫洛克把这个观点称为盖亚[1]，并于1972年与微生物学家林恩·玛格丽丝[2]一起公布了这个观点，以接受科学评判。洛夫洛克说："盖亚理论要比共同进化论更强化些。"至少在生物学家使用这个词的时候。

一对在互相攀比、不断升级的军备竞赛中共同进化的生物似乎只能滑向失控的深渊；而一对卿卿我我、眼中只有对方的共生体又似乎只能陷入停滞不前的唯我主义。但洛夫洛克认为，假如有一张遍布着共同进化的动因的大网，它网罗所有生物使其无可逃遁，生物创造自身存活所需的基质，而基质又创造存活其中的生物，这个共同进化的网络就会向周围扩

1 盖亚（Gaia）：这个名字源自希腊神话的大地女神盖亚，是一个统称，包含了地球上有机生命体通过影响自然环境使之更适于生存的相关概念。这套理论认为，地外生命中的所有生物体使星球管理生物圈以造福全体。盖亚理念描绘出一个物种间的残存性生命力的联系，以及这种联系对其他物种生存的适用性。当盖亚理论有了若干先驱者时，英国化学家詹姆斯·洛夫洛克便于1970年以科学形式推出了盖亚假说。盖亚假说解决的是自动动态平衡概念，并主张主体星球的居留生命与其居住环境匹配为一个单一、自动调节的系统。这个系统包括近地表的岩石、土壤，以及大气。开始时有过论战，后来科学界许多人都或多或少地接受了以不同形式呈现的这一理念。

2 林恩·玛格丽丝（Lynn Margulis，1938—2011）：美国马萨诸塞州立大学教授，生物学家，美国国家科学院院士，著有《性的奥秘》《何为生命》。她因提出真核生物起源理论而闻名，也是现今生物学普遍接受的内共生学说的主要贡献者，此学说解释了细胞中某些胞器（如线粒体）的由来。其另一个理论认为，发生在不同界或门之间的生物共生关系是驱动进化的力量。她认为遗传变异的存在源自细菌、病毒及真核细胞之间的信息转移。近年来，她不断强调共生与合作在生物进化上的重要性，并认为所有生物之间存在共生现象。同时更与英国生物学家詹姆斯·洛夫洛克合作阐述盖亚假说。但这些理论并未为主流科学界所完全接受。

展，直到成为一个自给自足、自我控制的闭环回路。埃尔利希提出的共同进化论中的“强制合作”——无论互为敌人抑或互为伴侣——不仅能从各方培育出自发的内聚力，而且这种内聚力还会有效地调和自身的极端值以寻求自身的生存。全球范围内的生物在共同进化的环境中所映射出的休戚与共的关系，就是洛夫洛克所指的盖亚。

许多生物学家（包括保罗·埃尔利希）都不喜欢盖亚的理念，因为洛夫洛克并未获得他们的准许就扩大生命的定义。他单方面将生命的范畴扩大，使之具有一个占优势地位的机械器官。简而言之，这个固体行星成了我们所知道的“最大的生命形式”。这是一头怪兽——99.9%的岩石、大量的水、一点空气，再裹以薄薄一层环绕其周身的绿膜。

但是，假如将地球缩成细菌大小，放在高倍显微镜下观察，它能比病毒更奇怪吗？盖亚就在那里，一个强光映照下的蓝色球体，吸收着能量，调节着内部状态，挡避着各种扰动，并日趋繁复，准备好一有机会便去改造另一个星球。

后来，洛夫洛克不再坚持早期的主张，即强调盖亚是一个有机体或表现得像一个有机体，但他依然认为盖亚确实是一个具有生命特征的系统。它是一个活系统。无论是否具备有机体所需的所有属性，它都是一个鲜活的系统。

尽管盖亚是由许多纯粹的机械回路组成的，但这不应成为阻止我们为它贴上生命标签的理由。毕竟，细胞在很大程度上可以看作化学循环；海洋中的某些硅藻也只不过是毫无生气的钙晶，树木则是硬化的浆汁。但它们仍然全都是有生命的有机体。

盖亚是一个有边界的整体。作为一个生命系统，它那些无生气的机械构件也是其生命的一部分。洛夫洛克说：“在地球表面任何地方，生命物质和非生命物质之间都没有明确的区分。从岩石和大气所形成的物质环境到活细胞，只不过是生命强度的不同层级而已。”在盖亚的边界上——或是在稀薄的大气顶层，或是在炽热的地球核心——生命的影响会消退。但是，没有人能说清这条边界到底在哪，如果它有的话。

5.5 不讲交情或无远见的合作

对于多数怀疑论者来说，盖亚的麻烦在于将一个非活物的星球看作一部“聪明的”机器。我们曾试图将毫无生气的计算机设计成人工学习机器，却遭受了挫折。因此，在行星尺度内展开头绪纷乱的人工学习，其前景似乎是荒谬的。

但实际上我们高估了学习，把它当成了一件难事，这与我们的沙文主义情结——把学习当成人类特有的能力——不无关系。在本书中，我想要表述一种强烈的看法，即进化本身就是一种学习。因此，凡有进化（哪怕是人工进化）的地方就会有学习。

将学习行为拉下神坛，是我们正在跨越的最激动人心的知识前沿之一。在一个虚拟的回旋加速器里，学习正被撞裂成为基本粒子。科学家正在为适应、归纳、智能、进化、共同进化等事物的基本成分编目造册，使之成为一个生命的元素周期表。学习所需的各种粒子藏身于所有迟钝的介质当中，等待着被组装（并往往自行组装）成奔涌灵动的事物。

共同进化就是多种形式的学习。斯图尔特·布兰德在《共同进化季刊》中写道：“没错，生态系统是一个完整系统，而共同进化则是一个时间意义上的完整系统。它在常态下是向前推进的、系统化的自我教育，并从不断改正错误中汲取营养。如果说生态系统是在维持，那么共同进化则是在学习。”

生物的共同进化行为也许可以用一个更好的术语来描述——共同学习，或者共同传授，因为共同进化的各方在相互学习的同时也在相互传授。（我们没有恰当的字眼来表述同时施教与受教，但假如做到了教学相长，我们的学校教育将会得到改善。）

一个共同进化关系中的施与受——同时施教与受教——使许多科学家想到了玩游戏。简单的儿童游戏如“哪只手里有钢镚儿”具有“镜子上的变色龙”般的递归逻辑。藏钢镚儿的人进入这样一个无止境的过程：“我刚才把钢镚儿藏在右手里，那么现在猜的人会认为它在我的左手，因此，我要把它移到右手里。但她也知道我知道她会怎么想，于是，我还是把它留在左手里。”

由于猜测者的思考过程也是如此，双方就构成了一个相互预测对方意图的游戏。“哪只手里有钢镚儿”的谜题和“镜子上的变色龙是什么颜色”的谜题相关联。从这类简单的规则衍生出的无限复杂性令约翰·冯·诺依曼[1]非常感兴趣。在20世纪40年代早期，这位数学家就研发出用于计算机的可编程逻辑，并同维纳和贝特森一起开辟了控制论的新领域。

冯·诺依曼发明了与游戏有关的数学理论。他将游戏定义为一场利益冲突，游戏各方都试图预测其他方的举动，并采取一系列的步骤，以解决冲突。1944年，他与经济学家奥斯卡·摩根斯特恩[2]合写了一本书——《博弈论与经济行为》。他察觉到，经济具有高度共同进化和类似游戏的特性，而他希望以简单的游戏动力学来阐释它。例如，鸡蛋的价格取决于卖方和买方之间的预期猜测——我出价多少他才能够接受，他认为我会出

1 约翰·冯·诺伊曼（John von Neumann，1903—1957）：美国籍犹太裔数学家，现代计算机创始人之一。

2 奥斯卡·摩根斯特恩（Oskar Morgenstern，1902—1977）：出生于德国的奥地利经济学家。他与约翰·冯·诺依曼一起创立了博弈论。

多少，我的出价应该比我能承受的价位低多少？令冯·诺依曼惊讶的是，这种相互欺诈、相互蒙骗、效仿、映像及“博弈”的无休止递归一般都能落实到一个明确的价格上，而不是无限纠缠下去。即使在股市中，当有成千上万的代理在玩着相互预测的游戏时，利益冲突的各方也能迅速达成一个还算稳定的价格。

冯·诺依曼最感兴趣的是想看看自己能否给这种互动游戏找出最理想的策略，因为乍一看来，它们在理论上几乎是无解的。于是他提出了博弈论作为解答。位于加利福尼亚州圣塔莫妮卡市的兰德公司是美国政府资助的智库。那里的研究人员发展了冯·诺依曼的工作，最后列出了4种有关相互猜测游戏的基本变体。每个变体各有不同的输赢或平局的奖励结构。这4个简单的游戏在技术文献中统称“社会困境”，但又可以被看作构成复杂的共同进化游戏的4块积木。这4个基本变体是草鸡博弈、猎鹿博弈、僵局，以及囚徒困境。

“草鸡博弈”是供鲁莽的青少年玩的游戏。两辆赛车朝悬崖边奔去，后摔出来的司机是赢家；“猎鹿博弈”是一群猎手面对的难题，他们必须合作才能把鹿杀死，如果没有人合作，那么开小差各自去撵兔子会更好些。他们是在赌合作（高回报）还是背叛（低，但是肯定有回报）吗？“僵局”是挺无聊的游戏，彼此背叛收益最高。最后一个“囚徒困境”最有启发性，在20世纪60年代末成为200多例社会心理学实验的测试模型。

“囚徒困境”是由兰德公司的梅里尔·弗勒德[1]于1950年设计出来的。游戏中，两个被分别关押的囚犯必须独立决定否认还是坦白罪行。如果两人都认罪，那么两人都会受到惩罚。如果两人都否认，则都会被无罪释放。但假如只有一人认罪，这个就会得到奖励，而另一人会受到惩罚。合作有回报，但如果策略奏效，背叛也有回报。你该怎么办呢？

如果只玩一次，那么背叛对手是最合理的选择。但当两个“囚徒”一

---

1 梅里尔·弗勒德（Merrill Flood，1908—1991）：美国数学家，1950年，与梅尔文·德雷希尔提出“囚徒困境”。

次又一次地玩，从中相互学习，也即“重复的囚徒困境”，游戏的推演就发生了变化。你不能无视对手玩家的存在，无论是作为强制的敌手还是同伙，他都必须受到重视。这种紧密相连的共同命运与政敌、生意对手或生态共生体之间的共同进化关系非常类似。随着对这个简单游戏的研究的进一步深入，问题变成了：要想在长期内取得高分，面对“重复的囚徒困境”应该采取什么样的策略？还有，同无情或友善的各类玩家对垒时，该采取什么样的策略更容易取得成功呢？

1980年，密歇根大学政治学教授罗伯特·阿克塞尔罗德[1]组织了一次锦标赛，征集了14条不同的用于“囚徒困境”的对策，以循环赛的形式看哪个对策最后胜出。最后获胜的是一个最简单的对策，叫作“一报还一报”，由心理学家阿纳托尔·拉普伯特[2]设计。“一报还一报”是往复型策略，它以合作回报合作，以背叛回报背叛，往往产生一轮轮合作的周期。阿克塞尔罗德发现，重复游戏能产生一次性游戏所不具备的“未来阴影”之效果，这种效果鼓励合作，因为对于玩家来说，用现在给予他人的合作来换取今后他人给予的合作是一个合理的选择。合作的闪现使阿克塞尔罗德陷入沉思：“没有中央集权的自我主义世界需要具备什么条件才能涌现出合作的行为？”

1651年，托马斯·霍布斯[3]宣称：“只有在善意的中央集权的帮助下才能产生合作。”这一传统政治推论曾经在几个世纪里一直被奉为圭臬。霍布斯认为：没有自上而下的管理，就只会有群体自私。不管经济体制如何，必须有强大的势力来推行政治利他主义。然而，在美国独立和法国大革命后逐步建立起来的西方议会制度表明，社会可以在没有中央集权干预的情况下发展合作机制，个人利益也能孕育合作。在后工业化经

1 罗伯特·阿克塞尔罗德（Robert Axelrod，1943—）：密歇根大学政治学与公共政策教授，美国科学院院士，著名的行为分析及博弈论专家。

2 阿纳托尔·拉普伯特（Anatol Rapoport，1911—2007）：出生在俄罗斯的美籍犹太裔数学家和心理学家。主要贡献有统摄系统理论、数学生物学、社会相互影响的数学模式，以及随机感应模型。

3 托马斯·霍布斯（Thomas Hobbes，1588—1697）：英国政治学家、哲学家。英国传统理性主义的奠基人。

济里，自发合作是常有的事情。被广泛采用的工业标准（既有质量方面的，也有协议方面的，如110伏电压、ASCII码），以及互联网这个世界性非中心化网络的兴起，都使得人们更加关注孕育共同进化合作所需的必要条件。

这种合作不是新时代的精神至上主义。相反，如阿克塞尔罗德所说，这是一种“不讲交情、无须远见的合作”，是大自然的冷规则，适用于许多层面，并催生了自适应组织结构。不管你愿不愿意，多少都得合作。

“囚徒困境”这类游戏，不单是人类，任何自适应个体都可以玩。细菌、犰狳或计算机算法，都可以根据各种回报机制，在眼前的稳妥收获与未来的高风险高回报之间作出权衡。当长时间与相同的伙伴一起玩这个游戏时，双方既是在博弈，又是在进行某种类型的共同进化。

每个复杂的自适应组织都面临着基本的权衡。生物必须在完善现有技能、特质（练腿力以便跑得更快）与尝试新特质（翅膀）之间做取舍。它不可能同时完成所有的事情。这种每天都会碰到的难题便属于在开发和利用之间权衡。阿克塞尔罗德用医院做了一个比喻：“一般情况下，你可以想见试用某种新药比尽可能发掘已有成药的疗效回报来得低。但假如你给所有病人用的都是目前最好的成药，你就永远无法验证新药的疗效。从病人个人角度来讲最好不要试用新药。但从社会集合体的角度出发，做实验是必要的。”开发（未来收益）与利用（目前稳赢的筹码）之比应该是多少，这是医院不得不做的博弈。生命有机体为了跟上环境的变化，在决定应该在多大程度上进行变异和创新时，也会作出类似的权衡。当海量的生物都在做着类似的权衡并互相影响时，就形成一个共同进化的博弈游戏。

1987年，阿克塞尔罗德发起的、由14位玩家参与的“囚徒困境”循环锦标赛是在计算机上进行的。阿克塞尔罗德通过设定一套系统拓展了这个计算机游戏。在系统里，有一小群程序玩家执行随机产生的“囚徒困境”策略。每个随机策略在和所有其他运行中的策略对阵一圈之后会被打分，得分最高的策略在下一代的复制率最高，于是最成功的策略便得以繁衍和传播。许多策略都是通过“捕食”其他策略来取胜的，因而，只有当猎物能存活时，这些策略才能兴旺发达。这就导出了自然界荒野中俯拾皆是的生物数量呈周期性波动的机制，说明了狐狸和兔子的数量在年复一年的共同进化的循环中是如何起起落落的。兔子数量增，狐狸繁殖多；狐狸繁殖多，兔子死翘翘。但是兔子数量太少了，狐狸就得饿死。狐狸数量少了，兔子数量就再增多。以此类推。

1990年，在哥本哈根尼尔斯波尔研究院工作的克里斯蒂安·林德格雷[1]将这个共同进化实验的玩家数扩展到1000，同时引入随机干扰，并使这个人工共同进化过程可以繁衍到30000世代之后。林德格雷发现，由众多参与“囚徒困境”游戏的愚钝个体组成的群体不但重现了狐狸和兔子数量的生态波动，也产生出许多其他自然现象，如寄生、自发涌现的共生共栖，以及物种间长期稳定的共存关系等，就如同一整套生态系统。林德格雷的工作让一些生物学家兴奋不已，因为在他的漫长回合博弈游戏中出现了一个又一个的周期。每个周期的持续时间都很长；而在一个周期内，由不同策略的“物种”所形成的混合维持着非常稳定的状态。然而，这些盛世都被一些突发的、短命的不稳定插曲所打断，于是旧的物种灭绝，新的物种生根。持新策略的物种间迅速达成新的稳定，又持续发展数千代。这个模式与从早期化石里发现的进化的常见模式相契合，该模式在进化论业界里叫作间断平衡[2]，或简称“蹦移”（punk eek）。

这些实验得出了一个了不起的结果，令所有希望驾驭共同进化力量的人都为之瞩目。这是众神的另一条律法：在一个饰以“镜子上的变色龙”式的叠套花环的世界里，无论你设计或演变出怎样高妙的策略，如果你绝对服从该策略，被其所束缚，从进化的角度来看，这个策略便无法与其他具竞争力的策略相抗衡。也即是说，如何在持久战中让规则为你所用才是

1 克里斯蒂安·林德格雷（Kristian Lindgren）：从事复杂系统和物质能源理论的研究，目前是威尼斯的欧洲生活科技中心主任。

2 间断平衡论（punctuated equilibrium）：1972年由美国古生物学家N. 埃尔德雷奇和S.J. 古尔德提出后，在欧美流传颇广。认为新物种只能以跳跃的方式快速形成；新物种一旦形成就处于保守或进化停滞状态，直到下一次物种形成事件发生之前，表型上都不会有明显变化；进化是跳跃与停滞相间的，不存在匀速、平滑、渐变的进化。

一个具有竞争力的策略。另外，引入少许的随机因素（如差错、缺陷）反而能够在共同进化的世界里缔造出长久的稳定，因为这样一来，某些策略就无法轻易地被“山寨”，从而能够在相对长的时期里占据统治地位。没有了干扰——出乎意料或反常的选择——没有足够多的稳定周期来维持系统的发展，逐步升级的进化也就失去了机会。错误能使共同进化关系不致因为胶着太紧而陷入自沉的旋涡，从而保持共同进化的系统顺流前行。向你的错误致敬吧。

在计算机中进行的这些共同进化游戏还提供了另外的教益。零和博弈与非零和博弈的区别是少数几个被大众熟知的博弈论理念。象棋、选举、赛跑和扑克是零和游戏：赢家的收益取自输家的损失。自然界的荒野、经济、思维意识、网络则属于非零和游戏：熊的存在并不意味着狼或獾的失败。共同进化中的冲突环环相扣、彼此关联，意味着整体收益可以惠及（有时波及）所有成员。阿克塞尔罗德告诉我：“来自博弈论最早也是最重要的洞见之一就是，非零和博弈的战略内涵与零和博弈的战略内涵截然不同。零和博弈中对他人的任何伤害都对你有好处。在非零和博弈中，你们可能共荣，也可能同衰。我认为，人们常用零和博弈的观点看世界，其实他们本不该这样。他们常说：‘我比别人做得好，所以我就该发达。’而在非零和博弈里，尽管你比别人做得好，你也可能和他一样潦倒。”

阿克塞尔罗德注意到，作为赢家，“一报还一报”策略从不琢磨利用对手的策略，它只是以其人之道还治其人之身。在一对一的对决中，该策略并不能胜过任何其他策略；但在非零和游戏中，它能够在跟许多策略对抗的过程中取得最高累积分，从而夺得锦标。正如阿克塞尔罗德向“囚徒困境”的始作俑者威廉·庞德斯通[1]所指出的：“这个理念太不可思议了。

1 威廉·庞德斯通（William Poundstone，1955—）：美国作家、怀疑论者。曾长期为《纽约时报》《经济学人》等知名报刊以及美国一些电视台撰稿。已出版著作十余部，其中《循环的宇宙》《推理的迷宫》获普利策奖提名。

下棋时怎么可能不击败对手就夺得锦标呢？”但是在共同进化中——变化是响应自身而变化——不用击败他人就能赢。企业界那些精明的首席执行官现在也承认，在网络和结盟的时代，公司犯不着击败对手就可以大把地赚钱。这就是所谓的“双赢”。

双赢是共同进化模式下生命所演绎的故事。

坐在堆满书籍的办公室里，罗伯特·阿克塞尔罗德还沉浸在对共同进化的理解和思考中。然后他补充道：“希望我在合作进化方面的工作有助于避免世界冲突。你看过国家科学院给我的奖状没有？”他指着墙上的一块牌匾说：“他们认为它有助于避免核战争。”尽管冯·诺依曼是发展原子弹的关键人物，但他并没有将他的理论明确地应用于核军备竞赛的政治游戏中。在1957年冯·诺依曼逝世之后，军事战略智囊团开始利用他的博弈论分析冷战，冷战中两个相互为敌的超级大国带有共同进化关系中“强制合作”的意味。

对于“伪神”[1]来说，从共同进化中获得的最有用的教训就是，在共同进化的世界里，控制和保密只能帮倒忙。你无法控制，而开诚布公比遮遮掩掩效果更好。“在零和游戏中你总想隐藏自己的策略。”阿克塞尔罗德说，“但在非零和游戏中，你可能会将策略公之于众，这样一来，别的玩家就必须适应它。”

“镜子上的变色龙”是一个完全开放的系统。无论是蜥蜴还是玻璃，都没有任何秘密。盖亚的大封闭圈里循环不断，是因为其中所有的小循环都在不断发生的共同进化中互相交流。

共同进化可以看作双方陷入相互传教的网络。共同进化的关系，从寄生到结盟，从本质上来看都具有信息的属性。稳步的信息交流将它们焊接成一个单一的系统。与此同时，信息交流——无论是侮辱、帮助，抑或只是普通新闻——都为合作、自组织及双赢结局的破土发芽开辟了园地。

1 伪神：这里是指人类。

在网络时代中，频繁的交流正在创造日益成熟的信息世界，为共同进化、自发的自组织以双赢合作的涌现而准备着。在这个时代，开放者赢，自我封闭者输，稳定则是由持续的误差保证的一种永久临跌状态。

第六章

OUT OF CONTROL

自然之流变

6.1 均衡即死亡

今晚是中国传统的中秋佳节。旧金山唐人街闹市区内，华侨一边互赠月饼，一边讲述着嫦娥奔月的故事。我家在距此12英里（约19.31千米）陡峭堤岸的后面。金门海峡的大雾积聚在我家屋后堤岸的上空，将附近地区笼罩在雾气中。我踏着夜晚的月光，出去散步，犹如云中漫步。

发白的黑麦草高及胸口，在风中喃喃低语。我跋涉其中，仔细观察加利福尼亚州的崎岖海岸。这是一块无序的土地，大多是多山的沙漠，相邻的大海虽然水量充足，却无法提供雨水，于是在夜间展开浓雾，偷偷地运送着生命之水。清晨来临，雾气凝结成水滴附着在嫩枝和树叶上，滴滴答答地落到地上。整个夏天，水大多是以这种方式传送过来的，而在其他地方，这本是雷雨云团的分内之事。生命中的庞然大物的红杉树，就在这雨水替代物的涓涓滋养下茁壮成长。

雨水广施恩泽，涵盖万物，包罗万象且一视同仁。相比之下，雾气却只能逡巡于方亩之间。它依赖微弱的空气对流，漂移到最容易到达的地方，然后滞留在适当而平和的丘陵间的凹陷处。地形以这种方式掌控着水汽，也间接地掌控了生命。丘陵起伏之间，合适的地形就能留住浓雾，凝水滴露滋润峡谷。与阴面的北部斜坡相比，朝南向阳的山丘会因为蒸发作用失去较多的宝贵水分，而某些地表的土壤能够更好地保持水分。当这些变数彼此叠加组合时，便会造成许多小片的动植物栖息地，构成拼贴画般的风景。在沙漠地带上，水决定着生命去留。但是，当一块沙漠地带上水的传送无法做到普降恩泽、其所达范围有限且反复无常时，决定生命去留的就是土地本身。

结果就形成了拼贴画一样的风景。我屋后的小山就披着由3块截然不同的“料子”拼成的植被，一面斜坡上是匍匐的草地群落，居住着老鼠、猫头鹰、蓟和罂粟——一直延伸到海边。小山顶上，粗桧林和柏树把持着另一个单独的群丛，其中有鹿、狐狸和青苔。而在另一边的高地上，无边无际浓密的毒葛和常绿灌木丛中隐藏着鹌鹑及其他种群成员。

这些“小联邦”之间保持着动态的平衡，它们相互间自我维持的姿态保持着将跌未跌的状态，就像春天溪流中的驻波[1]。当大量的自然界生物互相推搡着拥进共同进化的怀抱之时，在不均衡的地貌和气候环境中，它们的相互作用令彼此无法聚集，于是成为一片片隔离的斑块[2]，块内的动植物互相依存。这些斑块的位置也随时间的改变而游移。

风和春季洪水侵蚀着土壤，暴露出地下土层，新组成的腐殖质和矿物成分初露地表。土壤混合物上下搅动翻身的同时，与之息息相关的动植物也混杂着搅动变迁。郁郁葱葱的仙人掌树丛，如巨树仙人掌丛林，可以在短短不到100年之内迁进或迁出西南部的小块沙漠地带。如果延时拍摄后用普通转速放映的话，会发现巨树仙人掌丛林在沙漠景观里蔓延的过程就像水银泻地。能游走的不只有仙人掌树丛。在同样延时拍摄的画面里，中西部稀树大草原的野花绕着橡树丛漫溢上来，犹如涌来的潮水，有时，将树丛淹没在茫茫草原里；有时，山火过后，花草的潮水又会退却，复现扩

1 驻波：振动频率、振幅和传播速度相同而传播方向相反的两列波叠加时，就产生驻波。如水波从岸边反射回来，前进和反射波的叠合就产生驻波。当驻波形成时，空间各处的介质点或物理量只在原位置附近做振动，波停驻不前，而没有行波的感觉，所以称为驻波。

2 斑块（patch）：这里是生态学术语，指的是外观上与周围地表环境明显不同的非线性区域。其类型分为干扰斑块（由自然的火、雷电、山崩等引起）、残存斑块、环境镶嵌分布斑块和人类活动引起（已经占据主要作用）的斑块等。

散膨胀的橡树林。生态学家丹·鲍肯[1]曾这样描述过，“森林和着气候变换的节拍缓缓地穿行于地貌之中”。

“如果没有变化，沙漠就会退化。”托尼·博格斯[2]断言。他是一位身材魁梧，留着一大把红胡须的生态学家，他深爱沙漠，全身心地学习研究与沙漠相关的知识和资料。在亚利桑那州图森市附近，博格斯顶着酷热一直监测着一块沙漠带。几代科学家在此进行了持续80年的测量和拍摄，对这块土地的观察是所有无间断生态学观察中时间最长的。通过研究这80年来沙漠变化的数据，博格斯得出结论：“多变的降雨量是沙漠存续的关键。每年降雨的情况稍有不同，才能使每个物种略微脱离平衡态。如果降雨量变幻多端，那么物种的混合群落就会增加两个到三个数量级。反之，如果相对于每年的气温循环周期，降雨量保持不变的话，美丽的沙漠生态将几乎总是向着单一乏味方向溃缩。”

“均衡即死亡。”博格斯如是陈述。这个观点在生态科学圈内流行的时间还不很长。“直到20世纪70年代中期，我们所有人都在前人学说的指导下工作，即生物群落正趋向不变的均衡，形成顶极群落。而今，我们看到，正是紊乱和多变真正给自然赋予了丰富的色彩。”

生态学家偏爱自然界中的各种均衡状态，其主要原因和经济学家偏爱经济中的各种均衡状态相同：均衡状态可以用数学模型来表达，你可以为一个过程写出你求解的方程。如果你说这个系统永远处于非均衡状态，也等于说它的模型是无法求解的，就难以探究，相当于你几乎什么都没说。在当今这个时代，生态学（还有经济学）上的理解发生巨大改变并不是偶然的，因为用廉价计算机就能轻松地为非平衡和非线性方程编程求解。在个人计算机上为一个混沌的共同进化的生态系统建立模型突然不再是难题了。你看，这和行进的巨树仙人掌丛林或稀树大草原的奇

---

1 丹·鲍肯（Dan Botkin，1937—）：资深生物学家，理学博士。研究自然、环境和地球生命。研究对象包括北极驼鹿、北冰洋弓头鲸、非洲大象、中北美森林等。参与拯救加利福尼亚州兀鹰、西北太平洋鲑鱼，同时写了大量有关自然、生物的书，对环保事业贡献良多。

2 托尼·博格斯（Tony Burgess，1948—2022）：沙漠、草原生态学博士，曾任职于亚利桑那州图森的沙漠协调实验室。

异行为多像啊。

近年来，学者提出了上千种非均衡态模型；事实上，现在有一个小圈子，专门研究混沌的非线性数学，如微分方程和复杂性理论等，所有这些研究都有助于改变旧观念——大自然和经济活动都会收敛到平衡稳态。“流动即常态”这个新观点重新阐述了历史数据。博格斯能够向人们展示沙漠的老照片，表明巨树仙人掌丛林的生态地块在一段相对较短的时间（几十年）里正在图森盆地内漂移。“从我们监测的沙漠带发现，”博格斯说，“这些地带的发展并不同步。而正因如此，整个沙漠带内物种较为丰富，如果自然灾害彻底毁灭了一个地块上的物种，处在另一发展阶段的地块可以输出生物体和种子到这个地块。甚至在没有降雨量变化的生态系统，如热带雨林，由于周期性的暴风雨和倒折的树木，也存在这种斑块状生态动力系统（patch dynamics）。”

“均衡态不仅意味着死亡，它本身就是死亡状态，”博格斯强调，“系统要变得丰富，就需要时间和空间上的变化。但变化太多也不行，你会一下从生态渐变群[1]转到生态交错群[2]。”

博格斯认为，自然界对扰动和变化的依赖是个现实问题。“在自然界，如果作物（包括蔬菜、种子和树木）的收成年复一年差异很大，那没什么问题。自然实际上在此差异中增加了其丰富性。但是当人们要靠一个生态系统中的作物维持生计，如受变化驱动演化的沙漠系统，他们能做的仅仅是将这个系统简化成我们所谓的农业——根据变化的环境提供固定的产品。”博格斯希望沙漠的变迁能教会我们如何不用简化系统就能和变化的环境共处。这并不是一个完全愚蠢的梦想。数字经济模式为我们提供的是一种能够适应调整的基础结构，它能围绕无规律的产出灵活地作出修正；这就为灵活的“即时”制造业提供了基础。理论上，对于提供食物和有机

1 生态渐变群：同一物种的多个种群散布在大片地理区域中。

2 生态交错群：两个不同群落交界的区域，也称生态过渡带。两群落的过渡带有的狭窄，有的宽阔；有的变化突然，有的逐渐过渡或形成镶嵌状。群落交错区的环境特点及其对生物的影响，已成为生态学研究的重要课题。

资源的丰富多变的生态系统，我们可以利用信息网络调节投入，以适应其极不规律的产出。但是，正如博格斯承认的：“眼下，除了赌博，我们还没有由变化驱动的工业经济模式。”

6.2 谁先出现，稳定性，还是多样性

如果说自然建立在恒久流变的基础之上，那么不稳定性可能是自然界生物类型丰富多彩的原因。不稳定的自然力量是多样性产生的根源，这种想法与一条古老的环境主义格言背道而驰——稳定性产生多样性，多样性又带来稳定性。但如果自然的系统的确并不趋向精致的平衡，我们就应该习惯于和不稳定打交道。

20世纪60年代后期，生物学家开始获得计算机的帮助，在计算机网络上建立动态生态系统和食物链模型。他们试图回答的首批问题之一是，稳定性来自何处？如果在虚拟网络上创建掠食者和被掠食者的相互关系，是什么条件致使二者稳定下来演绎一段长期共同进化的二重奏，又是什么条件会使这些虚拟生物难以为继？

最早的模拟稳定性的论文中有一篇是加德纳和艾希比在1970年合作发表的。艾希比是一位工程师，他对正反馈回路的种种优点和非线性控制电路很感兴趣。两人在计算机上为简单的网络回路编制出数百种变化，并系统地改变节点的数量和节点间的关联度。他们发现了惊奇的一幕：如果增加关联度至超过某一临界值，系统从外界扰动中恢复的能力就会突然降低。换句话说，与简单的系统相比，复杂的系统更趋向不稳定。

次年，理论生物学家罗伯特·梅[1]也公布了类似的结论。梅在计算机上构建了多种生态模型，一些模拟的生态群落包含大批互相作用的物种，另一些则只包含极少的物种。他的结论与稳定/多样性的共识相抵触。他提醒大家，不要简单地认为增加物种混合的复杂性就能带来稳定性。相反，梅的模拟生态学认为，简单性和复杂性对稳定性的影响，并不如物种间相互作用的模式来得大。

“一开始，生态学家建立起简单的数学模型和简单的实验室微观系统，他们搞砸了。物种迅速消失。”斯图亚特·皮姆告诉我，“后来，生态学家在计算机上和水族箱里建立了更复杂的系统，他们以为这样会好些。但是他们错了，情况变得更糟了。复杂性只会让事情变得异常困难，因为参数必须正好合适。所以，除非它确实简单（单猎物－单资源的种群模型），否则随机建立一个模型是行不通的。增加多样性、加强互相作用或增加食物链长度，它们很快也会达到崩溃的地步。这是加德纳、艾希比、梅和我对食物网络所做的早期研究的主题。但继续在系统里加入物种，不断地让它们崩溃，它们最终竟然混合在一起，不再崩溃，突然获得了自然的秩序。它们经过大量反复的杂乱、失败后开始走上正轨。我们所知道的获得稳定持续的复杂系统的唯一方式，就是再三重复地把它们搭配在一起。就我所知，还没人能真正理解其有效的原因。”

1991年，斯图亚特·皮姆和他的同事约翰·劳顿[2]以及约·科恩[3]一起回顾了所有对野外食物链网进行的实地测量，通过数学方法分析，得出的结论是“生物种群从灾难中恢复的比率……取决于食物链长度”和一个物种所对应的被掠食者和掠食者数量。昆虫吃树叶就是一条食物链的一环。龟吃掉吃叶子的昆虫就形成了一条食物链上的两环。狼也许处在离叶

1 罗伯特·梅（Robert May，1936—2020）：理论生物学家，皇家学会会员，联合王国政府首席科学顾问，皇家学会会长，在悉尼大学、普林斯顿大学、牛津大学、伦敦大学帝国学院等多所大学任教授。

2 约翰·劳顿（John Lawton，1943—）：达勒姆大学教授，动物学家。1969年到1999年任教于达勒姆大学、牛津大学、约克大学、帝国理工学院等多所院校，并在英国全国环境研究委员会任主席等职。

3 约·科恩（Joel Cohen，1944—）：数学生物学家，目前任教于纽约洛克菲勒大学，同时也是哥伦比亚大学地球研究所人口学教授。

子很远的环节上。总体来说，当食物链越长，环境破坏带来的影响就会使得互相作用的食物链网络越不稳定。

西班牙生态学家罗蒙 · 马格列夫[1]在此前几年观察到的一个现象，最恰当地阐述了由梅的模拟实验中得出的另一要点。马格列夫像梅一样注意到，由许多成员组成的系统成员彼此之间的联系会很弱，而成员很少的系统成员彼此间的联系会很紧密。马格列夫这样说："实际经验表明，那些与别的物种互动自由度大的物种，它们的交际圈子往往很大。相反地，彼此交往密切、互动程度强的物种常常隶属一个成员很有限的系统。"生态系统内的这种明显的折中，要么是多数联系松散的成员，要么是少数联系紧密的成员，与众所周知的生物体繁殖策略折中非常相似——要么生出少数后代并加以妥善保护，要么产出无数后代任其"自寻生路"。

生物学表明，除了调节网络中每个节点各自的连接数量，系统还趋于调节网络中每对节点之间的"连接可靠性"（连接强度）。自然似乎是维护连接性。因此，我们应该料想能在文化、经济和机械系统中找到相似的连接性守恒[2]定律，尽管我不清楚是否有过这样的研究。如果在所有的活系统中有这样的规律，我们也可料想，这种连接性在流变，永远处于不断调整的状态。

"一个生态系统就是一个活物的网络。"博格斯说。生物通过食物链网、气味和视野以各种不同程度的连接性连接到一起。每个生态系统都是一个动态的网络，总是在流变，总处在重塑自己的过程中。"不论在何处，当我们寻找不变时，找到的都是变化。"伯特克写道。

当我们踏上黄石公园朝圣之旅，或去加利福尼亚州红杉林，抑或去佛罗里达湿地，我们总被当地那种可敬的、恰到好处的浑然天成深深打动。熊似乎就应出没于落基山脉的幽深河谷里；红杉林似乎就应摇曳在海岸山

1 罗蒙 · 马格列夫（Ramon Margalef，1919—2004）：巴塞罗那大学生物系名誉生态学教授，是西班牙当之无愧的科学巨匠。指导、建立了巴塞罗那大学生态学系，1967年成为西班牙首位生态学教授。其重要贡献包括将信息理论运用于生态研究，创造了研究人口的数学模式。

2 连接性守恒：意指由连接数量和连接强度组成的某种形式的总量保持不变，即连接数量增加时，强度降低；反之亦然。

丘上，而北美鳄似乎就该待在平原……我们有一种冲动，要保护它们免遭干扰。但从长远眼光来看，它们原本就全都是过客，既不是此地的老住户，也不会永住于此。鲍肯写道：“自然本身无论是形式、结构还是构成都不会恒久不动，自然无时无地不在变化。”

学者研究从非洲一些湖底的钻孔里得到的花粉化石，发现非洲地貌在过去几百万年中一直处于流变的状态。在过去的某个时刻，非洲的景观看起来和现在迥然不同。现在广袤的撒哈拉沙漠在不太遥远的地质时期里是热带森林。自那时到现在曾出现过许多生态类型。我们认为野性是永恒的；现实中，自然就是受限的流变。

注入人工介质和硅晶片中的复杂性只会有更进一步的流变。虽然我们知道，人类制度——那些凝聚人类心血和梦想的社会生态系统——也一定处在不断的流变和反复的破立中，但当变化开始时，我们总是惊讶或抗拒。（问一个新潮的“后现代美国人”是否愿意改变订立已200年之久的美国宪法，他会突然变成中世纪的保守派。）

变化本身——而不是红衫林或国家议会——才是永恒的。问题就变成：什么控制着变化？我们怎样引导变化？在政府、经济体和生态系统等松散团体中的分布式生命可以用任一种刻意的方式加以控制吗？我们能预知未来的变化状态吗？

例如，你在密歇根购买了一块100英亩（约40.47公顷）荒废的农田。你用篱笆把四周围起来，把牛和人都隔在外面。然后你走开，监测这块荒地几十年的变化。第一个夏天，园内野草占据这块地。从那以后每年都有篱笆外的新物种被风吹入园内落地生根。有些新来者慢慢地被更新的后来者代替，生态组合在这片土地上自我组织，如此经年累月。如果一位知识渊博的生态学家观察这片围起来的荒野，那么他能否预测百年之后哪些野生物种会占据这片土地？

“是的，毫无疑问他能预测。”斯图亚特·皮姆说，“但这预测不会像人们想的那样有趣。”

翻开所有标准的大学生态学课本，在有关生物演替概念的章节中都可找到这块密歇根热土最后的形态。第一年到访的杂草是每年开花的草本植物，接着被更坚韧的多年生植物如沙果草和豚草所取代，木本的灌木丛会荫蔽并抑制开花植物的生长，随后松树又抑制了灌木的生长。不过，松树的树荫保护了山毛榉和枫树等阔叶木的幼苗，接下来轮到后者坚定地把松树挤出本块地盘。百年之后，典型的北方阔叶林就几乎完全覆盖了整块土地。

整个过程，就好像这片土地本身就是一粒种子。第一年长出一堆野草，过了一些年，它变成浓密的灌木丛，再后来它长成了繁茂的树林。这块土地演替的画卷按着可以预知的阶段逐步展开，正如我们可以预知蛙卵将以何种方式变成蝌蚪。

这种发育过程还有其他奇特的侧面，如果这块新开发的开始于100英亩（约40.07公顷）潮湿的沼泽区，而不是一块田地，或者换成同样大小的密歇根干燥多沙的沙丘，那么最初来接管的物种是不同的（沼泽上会是莎草，沙丘上会是覆盆子），但是物种的混合逐渐向同一个终点会集，那就是阔叶林。三粒不同的种子孵化成同样的成体。这种会集现象使得生态学家萌生了生物演替存在终点或顶极群落[1]的设想。在某一区域，所有生态混合体趋于转替直到它们达到一种成熟、终极、稳定的和谐。

在气候温和的北方，土地“想要”的是阔叶林。只要时间充足，干涸的湖泊或风沙沼泽地就会成为阔叶林。如果再暖和一点，高山山顶就会有此愿望。就好像在复杂的吃与被吃的食物链网中，无休止的生存竞争搅动着该地区混杂在一起的物种，直到混合态变成阔叶林这种顶极形态（或是其他气候条件下的特定顶极群落）。那时，一切就会平静地归于一种大家都可接受的和平，土地就在顶点混合状态下平息下来。

1 顶极群落：群落演替的最终阶段是顶极群落。顶极群落是最稳定的群落阶段，其中各主要种群（如某种阔叶林、松、牧草等）的出生率和死亡率达到平衡，能量的输入和输出，以及生产量和消耗量也都达到了平衡。只要气候、地形等条件稳定，不发生意外，顶极群落就可以几十年几百年保持稳定而不发生演替。现在地球上的群落大多是在没有人为干扰下经过亿万年的演替而达到的顶极群落。——摘自《普通生物学—生命科学通论》，陈阅增。

土地演替达到顶极期时，多样物种间的相互需求漂亮地合拍，使整体很难遭到破坏。在短短30年内，北美的原种栗树就完全消失了[1]——这些强势的栗树本是北美森林主体的重要组成部分。然而，森林的其他部分并未遭受巨大影响，森林依然挺立着。物种间的特殊混合产生的持久稳定性——生态系统——显示了类似属于有机体的和谐性的某种盆地效应。互相支撑中驻留着某种具有整体性且富有生命力的东西。也许一片枫树林仅仅是由较小有机体组成的巨大的有机体。

另外，奥尔多·利奥波德写道："若依普通的物理度量，无论是质量还是能量，松鸡在一英亩的土地生态系统中仅是沧海一粟。但是若从系统里拿走松鸡，整个系统也就停转了。"

1　北美原种栗树的消失：100年前，美国东海岸还都生长着巨大的美洲栗树。在阿巴拉契山脉，许多山头都是一整片的栗树林。人们说，松鼠只需在栗树的枝头跳跃，就可以轻松地从南方的佐治亚跳到纽约，爪子都不用沾地。100年前，物种交流引起一场大灾难。亚洲移植的栗树携带一种霉菌，亚洲栗树对这种霉菌有很强的抗病力，美洲栗树对此却毫无抵抗能力。从第一棵树的发病开始，只经历了短短几十年，到20世纪50年代，美国东部地区900万英亩森林中的主要品种——美洲栗树，事实上已经全部灭绝了。直到现在，得到很多民众支持的美洲栗树基金会仍在做着徒劳而不懈的努力。

6.3 生态系统：超有机体，抑或是身份作坊[1]？

1916年，生态学奠基人之一弗雷德里克·克莱门茨[2]把类似山毛榉阔叶林这样的生物群落称为自然产生的超有机体。用他的话说，顶极群落构成的就是一个超有机体，因为“它产生、发展、成熟、死亡……的主要特点，堪比单株植物的生命历程”。由于森林自身就能在荒废的密歇根田地里再次播种，克莱门茨将其描绘为繁殖，生物体的另一个特性。对于任何一位敏锐的观察者而言，山毛榉－枫树林[3]差不多和乌鸦一样展示出了完整性和身份特征。能够可靠地繁殖自身，并在空地和不毛的沙地上传播，除了（超）有机体，我们还能把它叫做什么？

20世纪20年代，超有机体在生物学家眼里可是个时髦词。用来描述在那时尚属新奇的想法：群集的干员（agent）协力行动，产生由整个群体控制表达的种种现象。就像点点霉斑将自身聚合为黏液菌，一个生态系统也能结合而成一个稳定的超组织（superorganization）——蜂群或森林。一

1　身份作坊：物种的身份，即其区别于其他物种的特性，不是特意地、带有预判地创造的，而是通过“彩排……物种彼此尝试演练不同的角色”，进化到某处，自然而然地涌现出来的，因而是漫无目的的、作坊式的、细敲碎打的。

2　弗雷德里克·克莱门茨（Frederic Clements，1874—1945）：美国植物生态学家，植被演替研究的先驱。

3　山毛榉－枫树林：北美地区常见的植物顶极群落。

片乔治亚州松树林的行为与单棵松树不同。得克萨斯州山艾树荒原也不同于单棵的山艾树，就像鸟群不是一只大鸟，它们是另一种有机体。动植物联合成松散的联邦，展现出一个有自己独特行为方式的超有机体。

克莱门茨的竞争对手，另一位现代生态学之父，生物学家H.A.格利森[1]认为，超有机体联邦的观点过于牵强，很大程度上是人类内心的产物，试图在各处发现模式。格利森反对克莱门茨的假设，他提出顶极群落仅仅是生物体偶然形成的联合，其兴衰取决于当地气候和地质条件。生态系统更似一个联合会而非社区——不确定、多元、包容、不断流变。

自然界的万千变化为这两种观点都提供了证据。在某些地方，群落间的边界是明确的，更符合生态系统是超级有机体的期待。太平洋西北部多岩石的海岸沿线，高潮期的海藻群落和临水侧的云杉林之间是杳无人烟的贫瘠海滩。站在数尺宽的狭窄沙盐地带，仿佛可以感受到两侧的2个超有机体，正忙碌着各自的烦恼尘缘。另一个例子在中西部地区，落叶林和开满野花的草原之间有着无法渗透的边界，引人注目。

为解开生态超有机体之谜，生物学家威廉姆·汉密尔顿[2]从20世纪70年代开始在计算机上为生态系统建模。他发现，在他的模型中（和现实生活中一样）很少有系统能自组织形成任何一种可持久的连贯一致性。他还找到了另外几个例子：几千年来，水藓泥炭沼泽抵制了松树的入侵。苔原冻土带也是如此。但是大多数生态群落跌跌撞撞地发展出的杂交混合物种，并未作为一个整体给整个群落提供特别的自卫能力。从长远来看，大多数生态群落，不管是模拟的还是真实的，都很容易受到外部的侵入。

格利森是正确的。一个生态系统内各成员间的连接远比有机体内各成员间的连接更为易变和短暂。从控制论的角度来看，像蝌蚪这样的有机体和淡水沼泽这样的生态系统之间，控制方式的不同在于，单个有机体受到

1 H. A. 格利森（H.A.gleason，1882—1975）：美国著名生态学家、植物学家及分类学家，以其对个体/开放群落的生态演替概念的支持而著称。

2 威廉姆·汉密尔顿（William Hamilton，1936—2000）：英国进化生物学家，20世纪最伟大的进化理论家。

严格紧密的束缚，而生态系统则宽松自由，不受束缚。

长远来看，生态群是临时性的网络。尽管有些群落相互联系紧密，近乎共生，大多数物种在进化期内还是漫无目的地随着伙伴的自身进化而与不同的伙伴同行。

从进化的时间尺度上看，生态学可以看作一场漫长的带妆彩排。对于生物类型来说，就是一个身份作坊。物种变换角色尝试与每个物种合作，探索合作关系。随着时间的推移，变换角色和扮演融入生物体的基因中。用诗意的话讲，基因不愿意将取决于其邻伴行为方式的任何交互作用和功能吸收进自己的编码，因为邻里关系时时刻刻都在发生变化或替换。基因宁愿为保持灵活、独立和自由付出些代价。

同时，克莱门茨也是对的。存在某种效率盆地：假定其他条件不变，可以使特定的混合群体达到稳定的和谐状态。譬如，设想一下山谷两边岩石滚落谷底的方式。不是所有的岩石都能在谷底着陆；某些石头可能会卡在某个小山丘处。同样，在山水间的某处，也可以发现未达到顶极群落状态的稳定的中间级物种混合群落。在极短的地质时期（几十万年）内，生态系统形成一个亲密的团体，既与外界无涉也无须额外物种加入。这些联合体的生命甚至远比个体物种的生命还要短暂，个体物种通常可以存续一两百万年。

为使进化发挥效力，参与者之间必须具有一定的连接性；所以在那些紧密连接的系统里，进化的动力得以尽其所能。而在连接松散的系统里，如生态系统、经济系统、文化系统，发生的则是不那么结构化的适应性调整。我们对松散系统的一般动力学所知甚少，是因为这种分散的改变是杂乱而无限间接的。早期的控制论专家霍华德 · 派蒂[1]将层次结构定义为一个连接性频谱。他说：“在理想主义者的眼中，世上万物间都互有联系——也许的确如此。每个事物都有联系，有的事物会比其他事物有更多

1 霍华德 · 派蒂（Howard Pattee，1926—）：任职于T. J. 沃森学校系统科学与工业工程系，以及纽约州立大学工程及应用科学系。主要研究包括复杂系统进化模式、动态系统语言控制及理论生物学。

的联系。”派蒂定义的层级是系统内的连接性差异化的产物。那些联系松散以至于“扁平化”的成员，容易形成一个独立的组织层次，与那些成员间联系紧密的区域分离开来。不同的连接性区域产生了层级构造。

用普适的话来说，进化是紧密的网络，生态是松散的网络。进化性的改变像是强力束缚的进程，非常类似于数学计算，甚或思维活动。在这种意义上，它是“理智的”。另外，生态变化则像是低等智力的、迂回的过程，以那些对抗风、水、重力、阳光和岩石的生物躯体为中心。生态学家罗伯特·洛克利夫[1]这样写道：“群落（生态学的）属性是环境的产物而非进化史的产物。”进化是直接由基因或半导体芯片产生的符号信息流控制的，而生态则受控于不那么抽象，但更加杂乱无章的复杂性，这种复杂性来自肉体。

因为进化是这样一个充满符号信息的过程，所以我们现在能人为创造并加以控制，但因为生态变化受到有机体本体的约束，只有当我们能更容易地模拟出生物躯体和更丰富的人工环境时，才能加以合成。

1　罗伯特·洛克利夫（Robert Ricklefs，1943—：美国鸟类学家和生态学家。2006年因其在鸟类学领域的毕生成就而获库珀鸟类学社团罗伊和奥尔登米勒研究奖。

6.4 变化的起源

多样性从何而来？1983年，微生物学家朱利安·亚当斯[1]在培养一族大肠杆菌菌群的时候发现了一个线索。他将培养基提纯，得到了具有完全一致的不变性的同一菌类。他将菌群放入一个特制的恒温器，给菌株提供一个均匀一致的生长环境——每个大肠埃希菌都享有相同的温度和营养液。然后他令这些一模一样的大肠埃希菌复制并发酵。经过400代的裂变之后，大肠埃希菌孕育出与其本身基因稍有变异的新菌株。在恒定不变没有特色的环境中，生命自发地走向了多样化。

亚当斯很惊讶，他仔细研究那些变体（它们不是新物种）的基因，想查明究竟发生了什么。某个初始的细菌经历了一次变异，使其分泌有机化学物质乙酸酯。另一个细菌经历的变异使它能够利用第一个细菌分泌出来的乙酸酯。乙酸酯制造菌和乙酸酯采食菌的共栖协同依赖性突然从均质性中显露头角，这一群体分化成了一个生态体系。

虽然均质性也能产生多样性，但是不一致产生的效果会更好。假使地

1 朱利安·亚当斯（Julian Adams）：理学博士，曾在普洛斯克里普公司、勃林格殷格翰公司担当过多种职务。在勃林格殷格翰公司工作时成功发现了对抗艾滋病的药物—— Viramune®。

球像闪亮的轴承滚珠一样平滑——像完美的球状恒化器般均衡地分布着同样的气候和土壤——那么地球所拥有的多姿多彩的生态群落要大大减少。在一个持久不变的环境里，所有的变异和多样性必须由内力驱动产生。其他共同进化的生命将是作用于生命的唯一限制。

假如进化可以自行其道，不受地理或地质变化的干扰——换言之，脱离躯体的拖累——那么这似乎有意识的进化会将进化的产物作为进一步进化的输入，产生递归的进化。一个没有山脉，没有风暴，也没有出乎意料的干旱的星球上，进化会将生命卷进越缠越紧的共同进化之网，形成充满沉湎于不断加速的协同依赖性的寄生物、寄生物之寄生物（重寄生物）、仿制品及共生体的平淡世界。但由于每个物种与其他物种的耦合如此之紧密，想要分辨从何处起算是一个物种的身份发端和另一个物种的身份消亡就很困难。最后，滚珠般均匀的星球上的进化会将所有的事物一股脑儿地塑造成一个在全球范围内超级分布式的、单一、巨大的超个体（超有机体）。

出生在环境恶劣的地点的生物，必须随时应对大自然强加给它们的难以捉摸的变化。夜晚的严寒、白昼的酷热、春天融冰过后的暴风雪，都造就了恶劣的栖息环境。而位于热带或深海的栖息地相对“平稳”，因为它们的温度、雨量、光照、养分都持久不变。因此，热带地区或洋底的平和环境允许那里的物种摒弃以改变生理机能的方式适应环境的需要，并给它们留下以单纯的生态方式适应环境的空间。在这些稳定的栖息地里，我们大有希望观察到许多怪异的共栖和寄生关系的实例——寄生吞噬寄生，雄性在雌性体内生活，生物模仿、伪装成其他生物，事实也正是如此。

没有恶劣环境，生命就只能自己把玩自己，但仍然能够产生变异和新特性，无论是在自然界还是在人工仿真界，通过将生物投入恶劣而变化多端的环境都能产生更多的多样性。

这一课对于那些设法在计算机世界里创造仿真行为的众神仿效者并非毫无教益。自我复制、自我变异的计算机病毒一旦被放进存储器中，便快速进化成一大群递归复制的变种，有寄生，有重寄生，还有重重寄生。有个名叫戴维·艾克利[1]的计算机生命研究员告诉我:“我最终发现,想要得到和生命真正类似的行为,不是设法创造出真正复杂的生物,而是给简单的生物提供一个极其丰饶的变异环境。”

1 戴维·艾克利(David Ackley):卡内基梅隆大学物理学博士。在新墨西哥大学任职之前,他是贝尔通信研究所认知科学研究组的研究员。他的研究兴趣集中在人工生命模型和人工生命实体;目前研究重点包括遗传算法及程序设计、分布式计算和社会性计算,以及计算机安全。

6.5 生生不息的生命

一个大风天的下午两点，离上次夜晚远足6个月之后，我又爬上了屋后的山丘。冬雨洗得草儿绿，大风吹得草儿弯。爬到山脊不远处，我在野鹿卧在软草上压成的一个圆圆的草垫前停下。踩过的草茎饱经风霜，浅黄中微微带紫，这颜色好像是从鹿的肚子上蹭下来的。我在这草窝中歇息。头顶上是呼号的大风。

我看见吹弯的草叶下蜷缩着的野花。不知什么原因，附近所有的物种都是紫蓝色的：羽扇豆、蓝眼草、蒲公英、龙胆草。在偃伏的草叶、远处的大海和我之间，是披挂着银绿色叶子粗矮的灌木丛——典型的荒漠版本。

这里有一株野胡萝卜花。它叶子上的纹路纵横交错，精细而复杂，令人眼花缭乱。每片叶子上排列着24片小叶，其中每片小叶上又排列着12片更小的细叶。这种递归式的形状无疑是某种过度处理的结果。其顶生的复伞形花序，由30朵奶白色的小碎花簇拥着中心一朵小紫花，同样令人感到意外。在我歇息的这个草坡上，多种多样的生命形式各自以势不可当之状呈现着自己的细节和不可思议。

我本应感动。但是坐拥这两百万棵草本植物及数千棵杜松灌木林，对我冲击最大的却是想到地球上的生命是何其相像。在被赋予生命的物质所能采用的所有形状和行为中，只有少数几种极其广泛的变异形式通过了选拔。生命骗不了我，一切都是一样的，犹如杂货店里的罐头食品，尽管商标不同，却是由同一个食品集团制造的。显然，地球上的所有生命都来自同一个超越国界的联合大企业。

我坐着的草丛支棱着，乱蓬蓬的蒲公英杆刮着我的衬衫，棕胸燕朝山下俯冲：它们是向四面八方滋蔓的同一事物。我之所以懂得，是因为我也被拉扯进去了。

生命是一种联结成网的东西——是分布式的存在。它是在时空中延展的单一有机体。没有单独的生命，哪里也看不到单个有机体的独奏，生命总是复数形式（直到变成复数以后——复制繁殖着自己——生命才称其为生命）。生命承接着彼此的联系、链接，还有多方共享。“你和我，血脉相同，”诗人莫格利柔声吟咏，“蚂蚁，你和我，血脉相同。暴龙，你和我，血脉相同。艾滋病毒，你和我，血脉相同。”

生命将自己分散成为显在的众多个体，但这些不过是幻象。“生命（首先）是一种生态属性，而且是稍纵即逝的个体属性。”微生物学家克莱尔·福尔索姆这样写道。克莱尔专爱在瓶子里搞超有机体。我们分布式地生活在同一个生命里。生命是一股变换的洪流，一路注满空容器，满溢出之后再注入更多的容器。无论那些容器的形状和数量如何，都不会对此造成丝毫影响。

生命像一个极端分子，运行起来时狂热而不加节制。它到处渗透，充塞大气，覆盖地表，还巧妙地挤进石床的缝隙，谁也无法拒绝它。如洛夫洛克所言，我们每挖出一块远古岩石，也就同时挖出了保存在那里的远古生命。约翰·冯·诺依曼，用数学术语思考生命，他说：“生命有机体……从任何合理的概率论或热力学理论来看，都属于高度不可能……（但是）倘若因由任何一次概率论无从解释的意外，竟然真的产生了一个生命，那么，就会出现许多生命有机体。”生命一旦形成，便迅速占领地球，征召所有类型的物质——气体、液体、固体，纳入它的体制。“生命是一个行星级的现象，”詹姆斯·洛夫洛克说，“一个星球上不可能只有星星点点的生命。否则它会像只有半个身子的动物那样站立不稳。”

如今，整个地球表面覆盖着一层整体生命的薄膜外罩，这个外罩怎么也脱不掉，撕开一个口子，外罩会自行将破损处修补；蹂躏它，外罩会因此变得更繁茂。这不是件破衣烂衫，它苍翠华丽，是一件覆盖在地球巨大躯体上的艳丽长袍。

实际上，它是一件永恒的外套。生命对我们保有一个大秘密，这个秘密就是，生命一旦出生，就是不朽的；一旦发动，就是不能根除的。

不管环保激进人士怎么说，完全消除地球上的生命洪流都超越了人类的能力。即使是核弹，也无法在整体上令生命停止。

数十亿年前，生命肯定有过一次跨越不可逆性门槛的行动。我们称之为I（不可逆转或不朽的缩写）点。I点之前生命是纤弱的，它面临的是一面陡峭向上的高坡。40亿年前地球上频繁的陨石冲击，强烈的射线，大起大落的温差，给所有半成型、准备复制的复杂体造成了难以置信的恶劣环境。但随后，如洛夫洛克所描绘的，“在地球历史的太古期，气候条件形成了一个恰好适合生命诞生的机遇窗口。生命获得了自我创生的短暂时期。如果它当初失败了，也就没有未来的整个生命系统了”。

可是一旦扎下了根，生命就再也不撒手了。并且，一旦越过了I点，生命就不再娇贵脆弱，而会出落得桀骜不驯。单细胞细菌出奇地不屈不挠，它们生存在每种你想得到的恶劣环境中，包括强辐射地区。将病房里的细菌完全清除？也许只有医院才知道这根本就是天方夜谭。从地球上把生命抹去？哈！做梦吧！

我们必须留意生命永不停歇的本性，它与活系统的复杂性密切相关。我们打算制造类似蝗虫程度的复杂机器，将它们播散到世界中。一旦登场，它们就不会下台。迄今为止，病毒制造者编写过的数千种计算机病毒，有些尚未灭绝。据杀毒软件公司说，高峰之时，每星期都有数十种病毒诞生。只要我们还在用计算机，病毒便不可能绝迹。

之所以无法令生命止步，是因为生命动力的复杂性已经超过了所有已知破坏力的复杂性。生命远比非生命复杂，生命自己就能打理死亡的事宜——掠食者分食被掠食者——由一种生命形式消费掉另一种生命形式，这在总体上无损整个系统的复杂性，甚至可能增加它的复杂性。

全世界所有的疾病和事故，每天24小时、每星期7天，永不止歇地向人类机体进攻，平均要用621960小时才能杀死一个人类个体（世界人口平均寿命），即以70年全天候的攻击来突破人类生命的防线——不计现代医学的干扰（现代医学既可加速也可延缓生命的死亡，视你所持观点而定）。这种生命的顽强坚持直接源于人体的复杂性。

相比之下，一辆做工精湛的轿车最多开上20万英里（约32万千米）就会用坏一个气缸阀门，行驶时间大约是5000个小时；一台喷气机的涡轮发动机可运转40000小时；一个没有可动部件的普通灯泡可使用2000小时。非生命复杂体的寿命比之生命的执着，简直不能相提并论。

哈佛大学医学院的博物馆里，专门用一个陈列柜摆放着“撬棍头骨”。这个头骨被高速飞来的撬棍粗暴地打了一个洞。头骨属于菲尼亚斯·盖吉，他是19世纪一个采石场的工头，在用铁棍将注入孔洞的黑色炸药捣实时，炸药爆炸了，铁棍打穿了他的头。他的手下将露在他脑袋外面的铁棍锯断，然后把他送到一个设备极差的医院里。据认识他的人说，盖奇此后又活了13年，功能或多或少还算齐全，只不过变得脾气暴躁。这是可以理解的。但他的身体还能运转。

人少了一个胰脏，缺了一个肾脏，或切了一节小肠，可能不能跑马拉松了，但他们还都能存活。当身体的许多小部件，尤其是腺体，功能降低的时候会引起整体死亡，但这些部件都有厚重的缓冲使其轻易不会破损。的确，避免破损解体是复杂系统主要的属性。

野生状态下的动植物常常在遭受猛烈的暴力或损害后仍能存活。据我所知，唯一一次有关野外损害率量度的研究是以巴西蜥蜴为对象，而其结论是有12%的蜥蜴至少缺失了一只爪趾。麋鹿中枪之后仍能存活，海豹被鲨鱼咬过也能痊愈，橡树被砍掉半截主干后还会抽芽。在一次实验中一组腹足动物[1]被研究人员故意压碎了壳，然后放归野外生活，之后它们活得和未受损的对照组一样长。自然界中，小鱼“鲨口脱险”不算什么，老人过世若能导致系统崩溃才是“重大新闻”。

形成网络的复杂性会逆转事物间通常的可靠性关系。举例来说，现代照相机中的单个开关件可能有90%的可靠性。把数百个开关凑合着连成一个序列，如果不按分布式排列，这数百个开关作为一个整体，其可靠性就会大大降低——就算它们有75%的可靠性。而如果连接得当——每个开关都把信息传给其他开关——如在先进的小型数码相机中，与直觉相反，照相机整体的可靠性可上升至99%，超出了每个个体部件的可靠性。

但此时照相机有了许多新的由部件组成的子集，每个子集就像是一个部件。这样的虚拟部件越多，部件层面发生不可预知行为的总体可能性就会越大，出错的路径越千奇百怪。因此，虽然作为一个整体的照相机的可靠性更高了，但当它出现意外时，这些意外常常是想象不到的。老相机容易失灵，也容易修；新相机则会创造性地失灵。

创造性地失灵是活系统的标记。寻死很难，但导致死亡的路有无数条。1990年，两百多个高薪的工程师紧张工作了两个星期来找出当时全美电话交换网频繁出现各种状况的原因，而正是这些工程师设计和建造了这个系统。问题在于，某种状况可能过去从未出现过，并且可能将来也不再会出现。

每个人的出生情况都大致相同，每例死亡却不相同。如果验尸官愿意给出精确的死因证明，那么每例死亡就都是独一无二的。医学觉得一般化的结案和归类更为有益，因此没有记录每例死亡独有的真正特性。

复杂系统不会轻易死亡。系统的成员与其整体达成了一种交易。部件说：“我们愿为整体牺牲，因为作为一个整体的我们大于作为个体的我们的总和。”生命与复杂交织。部件会死，但整体永存。当系统自组织成更

1　腹足动物：软体动物门中物种最多的一个纲。蜗牛及田螺、玉螺、骨螺等各种各样的海生螺类都属于这个纲。

复杂的整体时，它就加强了自己的生命——不是它的生命长度，而是它的生命力度，它拥有了更强的生命力。

我们往往将生与死想象成是二元性的，一个生物非死即生。但生物体内自组织的子系统使人联想到，有些东西比别的东西更有活力。生物学家林恩·马基莉斯还有其他人指出，甚至单一的细胞也是以复数形式存活的，因为每个细胞都至少留有细菌的3个退化形式，这是历史性联姻的结果。[1]

“我是所有生命中最有活力的。”俄国诗人塔科夫斯基（电影摄制者之父）聒噪道。这从政治角度来说不对，但有可能是事实。麻雀和马的活力可能没有实质的不同，但马和柳树、病毒和蟋蟀之间的活力就不同了。活系统的复杂性越高，里面栖息的生命力就可能越多。只要宇宙继续变冷，生命就会逐步建立更多奇怪的变体，构筑更加互联的网络。[2]

1　细胞的起源：距今39亿年前，古细菌、蓝菌（俗称蓝藻）是地球上最初的生命形式，拥有细胞质、细胞壁、细胞膜，称为原核生物，而后的真核细胞拥有细胞核、高尔基体（细胞器）、线粒体、内质网等，进行有丝分裂，是真正的细胞。按照现在普遍接受的内共生理论，线粒体是最初真核生物吞噬细菌后，形成共生关系而进化出来的；同样，叶绿体是真核生物吞噬蓝菌后共生而来的；细胞器也是如此。

2　热寂和熵减的关系：本书作者在2008年的一次访谈中说道，“人们都说，没有什么能逃脱冷酷的热力学第二定律，宇宙的最后归宿是一片热死寂。但这不是故事的全部，宇宙在沉寂的同时，也在热闹起来，从旧物中带来新生、增加复杂性的新层次。宇宙充满了无尽的创造力。熵和进化，两者就像两支时间之矢，一头在拖拽着我们退入无穷的黑暗，一头在拉扯着我们走向永恒的光明。”

6.6 负熵

早晨，我再次登上屋后的山丘，漫步至一小片桉树林，本地的4H俱乐部[1]曾在这里放养蜜蜂。每日的此时，小树林都在特有的水汽笼罩下打盹儿；树林所处的面向西方的山丘，挡住了早晨温暖的阳光。

我想象着历史开篇时这山谷瘦骨嶙峋的贫瘠模样——满山裸露的石英岩和长石，荒凉而闪亮。10亿年倏忽而过。而今，岩石披上了如织的草毯。生命用成片高过我头顶的树木填补了一片小树林的空间。生命正努力填满整个山谷。下个10亿年，它会不断尝试新造型，并在所有能找到的缝隙里或空地上勃发成长。

在生命出现之前，宇宙中没有复杂的物质。整个宇宙绝对简单，只有盐、水等物质，乏味之极。有了生命之后，就有了许多复杂的物质。根据天体化学家的观点，在生命之外的宇宙中，我们无法找到复杂分子团（或大分子）。生命往往劫持所有它能接触到的物质并把它复杂化。经由某种离奇的术数，生命向这山谷注入的活力越多，它给未来生命创造的空间就

1 4H：头（Head）、心（Heart）、手（Hands）、健（Health）。4H俱乐部又称四健会。

越大。最终，这片加利福尼亚州北部海岸蜿蜒的小山谷将会变成一整块顽强的生命。如果任它随意飘摇，生命最终就会渗透所有物质。

为何从太空看到的地球不是莽莽苍苍？为何生命尚未遍及海洋并充满天空？我相信假使由它自生自灭，地球总有一天会绿成一体。生物体对天空的侵入是相对较近的事件，而且事情还没完结。海洋的完全饱和有待巨藻铺天盖地，进化到能抵御风浪的撕扯。但最终，生命将凌驾一切，海洋会变为绿色。

将来某一天，银河系也可能变为绿色。现在不利于生命的那些行星不会永远如此。生命会进化出别的形式，在目前看来并不适宜生存的环境里繁盛起来。更重要的是，一旦生命的某个变体在某处有了一席之地，生命固有的改造本性就会着手改变环境，直到适合其他物种的生存。

20世纪50年代，物理学家欧文·薛定谔[1]将生命活力称为“负熵”，意即与热力学的熵增是反向的[2]。20世纪90年代，一个活跃在美国的科技主义亚文化群体把生命力称作“外熵”[3]。

外熵概念的鼓吹者自称为“外熵族”。基于生命外熵的活力论本质[4]，他们发表了关于生活方式的7点声明。声明第三点是纲领性条文，申明他们“无疆界扩展”的个人信仰，即生命会一直扩张，直至充满整个宇宙。那些不这么认为的人，被他们贴上“死亡主义者”的标签。从他们的宣传来看，这一信条不过是盲目乐观者的自我激励：“我们无所不能！”

1 欧文·薛定谔（Erwin Schrödinger，1887—1961）：著名的奥地利理论物理学家，量子力学的重要奠基人之一，在固体的比热、统计热力学、原子光谱及镭的放射性等方面的研究都有很大成就。

2 负熵（negentropy）：自然万物都趋向从有序到无序，即熵值增加。而生命需要通过不断抵消其生活中产生的正熵，使自己维持在一个稳定而低的熵水平上。生命以负熵为生。——摘自薛定谔著《生命是什么——活细胞的物理学观》。

3 外熵（extropy）：系1988年1月由汤姆·比尔杜撰，并由马克斯·摩尔定义为“生命系统或有组织系统内的智力、功能秩序、活力、能量、生活、经验以及能力还有改进和成长的动力”。外熵只是一种隐喻，还未成为技术名词，故此，它不是熵的反义（反义词是负熵），尽管也有人考虑将它作为专用反义词。马克斯·摩尔撰写的《外熵的哲理》，其原意旨在阐述其超人主义。

4 活力论和还原论：两者的纷争由来已久，鉴于逐渐意识到生命体独特的复杂性和整体性，近年来科学界已不再像过去那样排斥活力论了。

但我仍有些固执地把他们的鼓吹当作一个科学主张：生命将会充满宇宙。没有人知道生命所引起的物质扩散的理论极限在哪里，也没有人知道我们的太阳最多能支持多少带有生命印记的物质。

20世纪30年代，俄罗斯地球化学/生物学家沃尔纳德斯基写道："最大化扩张的属性是活物与生俱来的，就如同热从温度较高的物体传到温度较低的物体，可溶性物质溶入溶剂，以及气体扩散到空间。"沃尔纳德斯基称之为"生命的（物理）压力"，并且以速率来度量这种扩张。他认为大马勃菌的扩张速度是所有生命体中最快的。他说，大马勃菌产生孢子的速率极快，如果能够快速地为其发育提供原料，只需繁殖三代，大马勃菌的体积就能超过地球的体积。按照他晦涩难懂的算法，细菌生命力的"传输速度"大约为每小时1000千米。以这样的速度，生命填满宇宙就要不了太久。

当还原至其本质时，生命很像是计算用的函数。与众不同的思想家爱德华·弗雷德金[1]曾在麻省理工学院工作过，他构思出一个异类的理论，说宇宙就是一台计算机。不是比喻意义上的计算机，而是说物质和能量也是信息处理的形态，其对信息处理的方式与一台麦金塔计算机里的内部处理方式相同。爱德华·弗雷德金不认同原子的不可分性，他坦率地说："世界上最具体的东西就是信息。"在多种计算机算法领域做出过开拓性工作的数学天才斯蒂芬·沃尔夫拉姆[2]对此表示赞同。他是首批将物质系统视为计算性处理过程的人之一，其后，这个观点便在一些物理学家和哲学家的小圈子里盛行起来。根据这个观点，生命达成的极小工作，其物理与热力学性质与计算机中达成的极小工作类似。爱德华·弗雷德金及其合作者会说，知道了宇宙能够进行的最大的计算量（如果我们将其中的全部物质视作一台计算机），我们就能够知道，在给定我们所看到的物质和能量的

1　爱德华·弗雷德金（Ad Fredkin，1934—）：曾任麻省理工学院计算机实验室主任，鼓吹"宇宙就是一台计算机"的思想。

2　斯蒂芬·沃尔夫拉姆（Stephen Wolfram，1959—）：生于伦敦，美国物理学家，数学家，商人。以其在理论粒子物理学、宇宙学、格状自动机、复杂性理论及计算机代数方面的成就著称，是计算机程序Mathematica的创建人。

分布下，生命是否能够充塞宇宙[1]。我不知道是否有人做过相应的计算。[2]

认真考虑过生命的最后命运的科学家很少，理论物理学家弗里曼·戴森[3]是其中之一。戴森做过粗略的计算，以估计生命和智力活动是否能够存活到宇宙最终完结之时。他的结论是：能。他写道："我计算的数值结果显示，永久生存和信息交流所需的能量不算很大，这令人惊讶……这强有力地支持了对生命潜力持乐观态度的观点。无论我们向未来走得有多远，总会有新鲜事物发生，有新信息进入，有新世界去开发，有可供不断拓展的生命、意识、知觉和记忆的疆域。"

戴森将这个观念推进到我不敢想象的程度。我操心的只是生命的动力，以及它如何渗透所有的物质，还有为何已知万物没有一个能够阻止它。然而正如生命不可逆转地征服物质，与生命类似的、我们称之为心智的更高级的处理能力，也一发不可收地征服了生命，并因而征服了所有物质。戴森在他抒情而又形而上学的书——《全方位的无限》(*Infinite in All Directions*)中写道：

> 在我看来，心智渗透及控制物质的倾向是自然定律……这种渗透深入宇宙，不会被任何灾难或我所能想象的任何藩篱永久阻挡。假如我们这个物种不走在前头，别的物种就会带头，也许已经走在前头了。假如我们这个物种灭绝，其他物种会更聪明更幸运。心智是有耐心的。它在奏响第一阙弦乐四重奏之前，在这个星球上等待了30亿年。或许还需要30亿年它才能遍布整个银河系。我认为不会等这么久。但是如果需要的话，它有此耐心。宇宙就像在我们周边展开的沃土，准备好等待心智的种子萌芽、生长。或迟或早，心智终将践行传承。当它知会并控制宇宙之后会选择做什么？这个问题我们不能奢望有答案。

1　宇宙的总质量：有机体的基本构成粒子都源于宇宙物质，来自恒星和星云。宇宙的粒子总数是一定的，约为10^{80}个，一个人体约为10^{28}个。那么，根据维持生命存活所必需的环境温度、压力、日光等物理变量计算出符合要求的恒星系统的大小、分布和类型及其所需的基本粒子数量，也许就能推测出生命能否奢侈到布满宇宙各个角落。

2　关于宇宙所能进行的最大计算量：2000年麻省理工学院的赛斯·劳埃德给出了计算值（本书成书于1994年），他依据光速、普朗克常数、万有引力常数等物理规律，按信息论把所有基本粒子看成可储存并计算0和1的二进制运算单元。根据宇宙所包含的总能量，劳埃德算出宇宙计算机可以执行10^{120}次基本运算。而它能存储的信息则大约有10^{90}比特。考虑到计算还需要能量和时间，上述数值已按爱因斯坦的质能方程和量子物理理论做了修正。

3　弗里曼·戴森（Freeman Dyson，1923—2020）：优秀的理论物理学者，早年作为量子电动力学的巨擘，与诺贝尔物理学奖擦肩而过。1956年发表的《自旋波》论文被无数次引用，堪称物理学史上的重量级论文之一。戴森称，"自旋波"或许是他一生最重要的贡献。

6.7 第四个间断：生成之环

大约一个世纪以前，人们普遍信奉生命是注入活物的一种神秘液体的观点，被精练为现代哲学所谓的活力论[1]。活力论与平常的“他失去了生命”这句话意义相差并不远。我们都设想某些不可见的物质会随着死亡而流走。活力论者认真看待这一专属的含义。他们认为，活跃于生物体内的本质灵魂，其自身并不是活体，也不是无生命的物质或者机械，它是某种别的东西：是存在于被它激活的生物体外的原脉动。

我对生命侵略特性的描述并不意味着要将它变为后现代的活力论。的确，将生命定义为“通过组织各个无生命部分所涌现出来的特性，但这个特性却不能还原为各个组成部分”（这是科学研究目前能给出的最好定义），这非常接近形而上学的调调，但其目的是可以测试的。

我认为生命是某种非灵性的、接近于数学的特性，可以从对物质的类

1　活力论的历史：作者在这里的论述不尽符合事实。活力论由来已久，可以追溯到亚里士多德时期。他把生命这种要素区别于水、火、气、土，称为entéléchie（完成）。活力论一直到20世纪仍有其代表人物，其中最后一位即文中所提到的胚胎学家汉斯·德里施。但是到了20世纪20—30年代，生物学家几乎普遍否定了活力论。这是因为自牛顿、笛卡儿以来的自然科学的发展，物理定律、化学热力学定律的大批发现，使朴素唯物主义的机械论、还原论占了上风。近二三十年来，随着学界对生命独特的复杂性和整体性的重新认识，以及建立在分子生物学上的实验生命科学飞速进步，人们不再因为害怕活力论无法进行实证研究而排斥它，而是视之大有可为。

网络组织中涌现。它有点像概率法则，如果把足够多的部件放到一起，系统就会以平均律展现出某种行为。任何东西，仅需按照一些现在还不知道的规律组织起来，就可以导出生命。生命所遵循的那些规律，与光所遵循的那些规律同样严格。

碰巧，这一受自然法则支配的过程给生命披上了貌似灵性的外衣。第一，按照自然法则，这种组织必定产生无法预知的、新奇的东西；第二，组织的结果必须寻找各种机会复制自身，这让它有一丝急迫感和欲望；第三，其结果能轻易连接起来保护自身存在，并因此获得一种自然发生的流程。综合起来，这些原则也许可以称为生命的“涌现性”原理。这一原理是激进的，因为它要求以一种修正的理念看待自然法则的含义：不规则性，循环逻辑，同义重复性，出奇的事物。

活力论，正如历史上许多错误的观念，也包含了有用的真理片段。20世纪主要的活力论者汉斯·德里施[1]在1914年将活力论定义为“关于生命进程自治的理论”。在某些方面他是对的。在我们刚刚萌芽的新观点中，生命可以从活体和机械主体中分离出来，成为一种真实、自治的过程。生命可以作为一种精巧的信息结构（灵性或基因）从活体中复制出来，注入新的无生命体，不管它们是有机部件还是机器部件。

回顾人类的思想史，我们逐步将各种“间断”从我们对自己作为人类角色的认知中排除。科学史学家大卫·查奈尔[2]在他的著作《活力机器：科技和有机生命研究》中总结了这一进步。

首先，哥白尼[3]排除了地球和物理宇宙其他部分之间的间断。其次，达尔文排除了人类和有机世界其他部分之间的间断。最后，弗洛伊德[4]排除了自我的理性世界和无意识的非理性世界之间的间断。但是正如历史学

---

1 汉斯·德里施（Hans Driesch，1867—1941）：德国生物学家、哲学家。以其早期胚胎学实验性研究以及实体新活力哲学著称。

2 大卫·查奈尔（David Channell，1945—）：科学技术史博士，主要研究伦理学。

3 哥白尼（Copernicus，1473—1543）：波兰天文学家，现代天文学创始人。创立日心说，推翻了托勒密的地心说，使自然科学开始从神学中解放出来，著有《天体运行论》。

4 弗洛伊德（Freud，1856—1939）：奥地利神经学家、精神病医学家、精神分析的创始人。提出潜意识理论，认为性本能冲动是行为基本原因，主要著作有《释梦》《精神分析引论》等。

家和心理学家布鲁斯·马兹利士[1]所指出的，我们依然面对着第四个间断，人类和机器之间的间断。

我们正在跨越这第四个间断。我们不必在生物或机械间做选择了，因为区别不再有意义。确实，这个即将到来的世纪（21世纪）里最有意义的发现一定是对即将融为一体的技术和生命的赞美、探索与开发利用。

生物世界和人造物品世界之间的桥梁是彻底不均衡的永久力量——一条叫作生命的定律。将来，生物和机器将共同拥有的精髓——将把它们和宇宙中所有其他物质区别开来的精髓——是它们都有自我组织改变的内在动力。

现在，我们可以假定生命是某种处于流变之中的东西，其遵循的规律是人类能够揭示和认知的，即使我们不能完全理解这些规律。在本书中，为探索机器和生物间的共同之处，我提出以下这些问题：生命想要什么？我用同样的方式考虑进化，进化想要什么？或者更精确些，从生命和进化各自的角度来看，它们是怎么看待世界的？假如我们把生命和进化看作自主自治的过程，那么它们的自私行为指向什么目标？它们要走向何方？它们会变成什么？

格瑞特·埃里克[2]在其充满诗意的《蒙大拿空间》（*Montana Spaces*）一书中写道："野性没有条件，没有确定的路线，没有顶点或目标，所有源头转瞬超越自身，然后放任自流，总在生成当中。靠CT扫描或望远镜无从探究其复杂性，相反，野性的真相有多个侧面，有一种率直得总是出乎意料的本性，就像我脚下的红花菜豆，以及地上连串的野草莓。野性同时既是根源又是结果，就好像每条河流都头尾环绕着，嘴巴吞吃尾巴——吞、吞、吞掉源头……"

野性的目的就是它自身，它同时是"根源和结果"，因和果混合在循

1 布鲁斯·马兹利士（Bruce Mazlish，1923—2016）：麻省理工学院名誉历史学教授。
2 格瑞特·埃里克（Gretel Ehrlich，1946—）：美国旅行作家、散文家，1978年开始写作，最有影响的著作是《旷野的慰藉》（*The Solace of Open Spaces*），美国艺术及读书协会因此给她颁发了哈罗德·D.沃尔肖卓越散文奖。

环逻辑里。埃里克所谓的野性，我叫作活力生命的网络，是一种近似于机械力的流露，其唯一追求就是扩张自己，它把自身的不均衡推及所有物质，在生物和机器体内喷薄汹涌。

埃里克说，野性/生命总在生成当中。生成什么？方生方死，方死方生，生生不息。生命在生命之路上更复杂、更深入、更神奇，更处在生成和改变的过程中。生命是生成的循环，是自身催化的迷局，生命点火自燃，可以自我养育更多生命、更多野生、更多“生成力”（becomingness）。生命是无条件的，无时无刻不在瞬间生成多于自身之物。

如埃里克所暗指的，狂野的生命很像乌洛波洛斯衔尾蛇，吞掉自己的尾巴，消费自己。事实上，狂野的生命更加奇异，它是一个正在脱出自己肉身的衔尾蛇，吐出不断变得粗大的尾巴，蛇嘴随之不断张大，再生出更大的尾巴，把这种怪异图景溢满宇宙。

第七章

OUT OF CONTROL

控制的兴起

7.1 古希腊的第一个人工自我

像大多数发明一样，自动控制的发明也可以溯源到中国古代。在一片风尘滚滚的平原上，一个身穿长袍的小木人站在一根短柱子上，身子摇摇晃晃。柱子立在一对转动的车轮之间，拉车的是两匹套着青铜挽具的红马。

这具人像身着9世纪飘逸的中式长袍，一只手指向远方。当马车在草原上驰骋的时候，连接两个木头轮子的齿轮吱呀作响；在这些齿轮的神奇作用下，柱子上的小木人总是坚定、准确无误地指向南方。当马车左转或右转的时候，带有联动齿轮的轮子就根据变化做出反向修正，以抵消车子位移，确保木人的手臂永远指向南方。凭借坚定的意志，小木人自动地追寻着南方，永不知倦。它为王师指路，保证整个队伍不在古代中国的荒郊野岭中迷失。

中世纪中国的发明天才心思真是活络啊！居住在中国西南惠水河河畔的农民，想在围炉宴饮时控制酒量，就发明了一个小装置，通过它的自动调节来控制心中对酒的渴望。中国南宋时期的周去非便在他云游溪峒的游记中记述过这种颇具酒趣的吸管。吸管以竹制成，长约5厘米，可自控酒量，牛饮或小啜各得其乐。一条银质“小鱼”浮动其中，如果饮者已经酩酊大醉，无力啜饮，吸管里的“小鱼”就会自动下沉，限制住梅子酒的流动，宣告他的“狂饮”已经结束；如果饮者吸饮过猛，则同样不会喝到什么，因为“小鱼”会借助吸力上升，堵住吸管。只有不疾不徐，平稳啜饮，才能享受到美酒带来的乐趣。[1]

不过，细考起来，无论是指南车还是酒吸管，都不是现代意义上真正的自动（自我控制）装置。这两个装置只是以一种最微妙、最隐晦的方式告诉它们的人类主人，要想保持原来的行为状态就得做出调整，而改变行进方向或吸吮力量这类事情则被交给了人类。按照现代思维的术语来说，人类是回路的一部分。要成为真正的自动装置，指向南方的小木人就应该自己改变车的行驶方向让它成为指南车。至少它的手指尖得挂一根胡萝卜，挑逗马匹（使它进入这个回路）跟着前进。同样，不管人使多大的劲来吸吮，酒吸管也都应当能自行调节酒的流量。不过，虽然算不上自动化，指南车却使用了差速齿轮，这可是现代汽车的变速器在一千多年前的老祖宗，也是在磁力指南针无用武之地的武装坦克上辅助驾驶员的现代自瞄准火炮的早期原型。从这个意义上说，这些机巧的装置其实是自动化谱系上一些奇妙的产物。事实上，最早的、真正意义上的自动装置要比这还早1000年。

克特西比乌斯[2]是公元前3世纪中叶生活在亚历山大港的一位理发师。他痴迷于机械装置，而且在这方面也颇有天分。他最终成为托勒密二世[3]统治下的一名机器工匠，正规地制造起人工物品来。据说，是他发明了泵、水压控制的管风琴和好几种弩炮，还有传奇的水钟。当时，克特西比乌斯作为发明家的名气，堪与传奇的工程学大师阿基米德[4]媲美。而今

---

1 控制饮酒量的装置：参见周去非（1135—1189）的《岭外代答》。

2 克特西比乌斯（Ktesibios，公元前285—前222）：古希腊工程师，发明家。公元前3世纪中叶生活在埃及托勒密王朝下。

3 托勒密二世（King Ptolemy II，公元前308—前246）：古埃及托勒密王朝国王。他利用宗教巩固王朝统治，将版图扩展至叙利亚、小亚细亚和爱琴海，在位期间国势处于全盛时期。

4 阿基米德（Archimedes，约公元前287—前212）：古希腊数学家、发明家，以发现阿基米德原理（浮力原理）而著称，在数学方面的发现有圆周率，以及球体、圆柱体的表面积和体积的计算公式。

天，克特西比乌斯被认为是第一个真正的自动装置的发明人。

当时而论，克特西比乌斯的水钟可谓非常准确，因为它能自行调节供水量。在那之前，绝大多数水钟的缺点在于，推动整个驱动装置的存水器在放空的过程中水流的速度会逐渐减慢（因为水越少、越浅，水的压力就越小），因此也就减慢了水钟的运行速度。克特西比乌斯发明了一种调节阀，解决了这个多年的难题。调节阀内有一个圆锥形的浮子，浮子的尖端向上戳入一个与之配套的、倒转的漏斗中。水从调节阀中的漏斗柄处流出来，漫过浮子，进入浮子漂浮的杯中。这时，浮子会浮起来进入倒扣的漏斗将水道收窄，以此限制水的流量。当水变少的时候，浮子又会往下沉，重新打开通道，让更多的水流入。换句话说，这个调节阀能够实时地找到恰当的位置让“刚刚好”的水量通过，使计量阀容器中的流量保持恒定。

克特西比乌斯的这个调节阀是有史以来第一个可以自我调节、自我管理及自我控制的非生命物体。从这个意义上说，它也就成了第一个在生物学范畴之外诞生出来的“自我”。这是一个真正自动的物体——从内部产生控制。而我们现在之所以把它看成自动装置的鼻祖，是因为它使机器第一次能够像生物一样呼吸。

而我们之所以说它确实有一个“自我”，是因为它置换出的东西，一股能够持续不断地、自动地进行自我调节的水流，转换成了一座能够不断进行自我调节的水钟，这样一来，国王就不再需要仆人来照顾这座水钟的水量了。从这个角度来看，“自动的自我”挤出了人类的自我。有史以来第一次，自动化取代了人类的工作。

克特西比乌斯的发明是20世纪风行的装置——抽水马桶的近亲。读者可以看出克特西比乌斯的浮阀实际上是陶瓷马桶上半部分箱体中浮球的祖先。在冲水之后，浮球会随着水位的降低而下沉，并利用其金属臂拉开水阀。放进来的水会再次充满水箱，成功地抬起浮球，以便它的金属臂在水位精确地达到“满”的位置时切断水流。从中世纪的角度来看，这个马桶通过自动起落的方法来保证自己水量充足。这样，我们就在抽水马桶的箱体内看到了所有“自治机械物品”的原型。

大约在一个世纪之后，同样生活在亚历山大港的海伦[1]琢磨出了很多种不同的自动浮力装置。在现代人的眼里，这些装置就像一系列严重弯折曲绕的厕所用具。事实上，它们却是用于酒会的精巧分酒器。如那个"喝不净的高脚杯"，这东西能够不断地通过它底部的一根管子给自己续杯，让杯子里的酒保持在一个恒定的水平。海伦写了一本百科全书巨著《气体力学》(*The Pneumatica*)，里面塞满了他的各种发明。那些发明，即使以今天的标准来看依然显得不可思议。这本书在古代世界中曾被广泛地翻译和复制，产生了无法估量的影响。事实上，在之后的2000年里（也就是说延续到18世纪的机械时代），众多的反馈系统都是以海伦的发明为基础的。

其中有一个特例，是17世纪的一位名叫科内利斯·德雷贝尔[2]的荷兰人想出来的。此人集炼金术士、透镜研磨匠、纵火狂和潜艇癖（他曾经造出不止一艘能潜到1600米以下的潜水艇！于一身。）正是德雷贝尔在尝试用各种手段提炼金子时，意外地发明了恒温器。这个恒温器是另一个影响全世界的反馈系统的范例。作为一个炼金术士，德雷贝尔当时怀疑实验室里的铅之所以变不成金子，可能是加热元素的热源温度波动太大的缘故。所以在17世纪20年代，他自己拼凑了一个可以对炼金原材料进行长时间适温加热的迷你熔炉，就仿佛地底深处那些界定了冥府的含金石经受灼烧熔解的情形。德雷贝尔在小炉子的一边连接了一个钢笔大小的玻璃试管，里面装满了酒精。受热之后，液体就会膨胀，于是把水银推入与之相连的第二根试管，而水银又推动一根制动杆，制动杆则会关闭这个炉子的风口。显然，炉温越高，风口被关得越久，火也就越小。炉温下降后，冷却了的试管会使制动杆回缩，从而打开风口让火变大。在乡下使用的那种普通的家用恒温器，跟德雷贝尔的这个装置的原理一样，目的都是要保持一个恒定的温度。遗憾的是，德雷贝尔的这个自动炉并没炼出金子来，而德

1 海伦（Heron，公元62年左右、生平不详）：古希腊数学家、力学家、机械学家。

2 科内利斯·德雷贝尔（Cornelis Drebbel，1572—1633）：荷兰发明家，建造了第一艘能航行的潜水艇。

雷贝尔也从来没有向世人公开过这个设计，结果他的恒温器发明消失得无声无息，没有造成任何影响。一百多年之后，才有一个法国的乡绅发现了他的设计，做了一个恒温器用于孵化鸡蛋。

詹姆斯·瓦特[1]，这位顶着“蒸汽机发明者”头衔的人，运气就没有这么差了。事实上，早在瓦特能够看到蒸汽机之前几十年，有效运转的蒸汽机就已经在工作了。有一次有人请年轻的工程师瓦特修理一台无法正常工作的、早期的小型纽科门[2]蒸汽机。这台拙劣的蒸汽机弄得瓦特颇为沮丧，于是他开始着手对它进行改进。大约在美国革命发生的时候，他给当时的蒸汽机增加了两样东西，一样是改良性的，另一样是革命性的。他那项关键的改良性创新是，把加热室和冷却室分开，这样一来，蒸汽机的功效变得极其强大。如此强大的功效需要他增加一个速度调节器来缓和这种新释放的机械力。跟往常一样，瓦特把目光转向了那些已经存在的技术。托马斯·米德[3]既是机器匠，也是磨坊主。他曾经为磨坊发明过一个笨拙的离心调节器，只有在磨石速度足够快的时候才能把磨石降到谷粒上。它调节的是磨石的输出功率，而不是磨石的动力。

瓦特琢磨出了一项根本性的改进。他借鉴了米德的磨坊调节器，把它改良成一个纯粹的控制回路。采用这种新的调节器，他的蒸汽机就自己掐住了自己动力的喉咙。他这个完全现代的调节阀，可以自动让当时变得颇为暴躁的马达稳定在某个由操作者选定的恒定速度上。通过调整调速器，瓦特可以任意改变蒸汽机的转速。这就带来了革命。

和海伦的浮子及德雷贝尔的恒温器一样，瓦特的这个离心调速器在其反馈中也同样是透明的。将两个铅球分别装在一根硬柱子的两端，挂在一根柱子上。柱子旋转的时候，这两个球也会转起来，这个系统转得越快，球就飞得越高。旋转的摆成剪状交叉的联动装置把柱子上的滑动套筒顶

---

1 詹姆士·瓦特（James Watt，1736—1819）：英国著名发明家，是工业革命时的重要人物。他改良了蒸汽机，发明了气压表、气动锤。后人为了纪念他，将功率的单位称为瓦特。

2 纽科门（Newcomen，1664—1729）：英国工程师，蒸汽机发明人之一。他发明的常压蒸汽机是瓦特蒸汽机的前身。

3 托马斯·米德（Thomas Mead）：英国发明家，磨坊主。

起，扳动一个阀门——一个通过对蒸汽进行调整从而控制旋转速度的阀门。球转得越高，这些连动装置关闭的阀门越多，从而降低旋转速度，直到达到某个回转速度（以及旋转中的球的高度）的均衡点。这种控制跟物理学本身一样可靠。

旋转其实是自然界里一种陌生的力量。不过，对于机器来说，它就是血液。在生物学中，唯一已知的轴承存在于精子那转动着的鞭毛螺旋桨的连接处。事实上，除了这个微型马达，所有带着动植物基因的东西都不会有轴承和轮子这些东西。可是，对于那些没有动植物基因的机器来说，旋转的轮子和转动的轴承，却是它们生存的理由。瓦特所给予这些机器的，是那种让它们能够对自身的革命形成控制的秘籍，而这，恰恰就是瓦特的革命。他的发明广泛而迅速地传播开来。也正是因为他的发明，工业时代的工厂才能够以蒸汽机作为动力源，引擎才能够规规矩矩地进行自我调节，而其所采用的，恰恰是这种万能式的自我控制——瓦特的飞球调控器。自供应式蒸汽机的动力催生了机器制造厂，它生产出新型的发动机，后者又生产了新型的机床。它们都有自我调节装置，给滚雪球式的优势累积法则提供着动力。工厂里每一个可见的工人，都被上千个不可见的调控装置围绕着。今天，一个现代工厂里同时工作的可能有成千上万个隐蔽的调节装置，而它们的工作伙伴，可能就只有一个人。

瓦特获取了蒸汽在膨胀时如同火山般狂暴的力量，然后用信息来驯服它。他的飞球调控器是一种原汁原味的信息控制，是最初出现的非生物的控制回路之一。一辆汽车和一个爆炸的汽油罐之间的区别就在于，汽车的信息，也就是它的设计，驯服了汽油那种残暴粗野的能量。暴乱中燃烧的汽车与印地500车赛中超速行驶的赛车的能量与器质相当。而赛车的系统受到临界量的信息控制，从而驯服了喷火的巨龙。一点点的自我认知，就可以把火所带有的全部热量和野性驯服得服服帖帖。人们驯服狂暴的能量，把它从荒蛮之中引入自家后院、地下室、厨房乃至客厅，服务于人们的生活。

要是没有那个安安分分转动着的调控器所构成的主控回路，蒸汽机根本就是不可控的装置。没有那个调控器作为它的心脏，蒸汽机会直接炸毁在它的发明者面前。蒸汽机所释放出的巨大能量，不仅取代了奴隶，还引发了工业革命。然而转瞬间，一场更为重要的革命随之而来。要不是有迅速推广开来的自动反馈系统所引起的革命与之并行（虽然难以发现），工业革命也就不存在了。如果如瓦特蒸汽机缺失了自我控制系统，那么所有被这种机器解放出来的劳动力，又都会束缚在照看燃料的工作上。所以说是信息，而不是煤炭，使机器的力量变得有用，可谓他山之石。

因此，工业革命，并不是为更加复杂周密的自动调整装置而做出准备的原始准备；相反，自动马力本身就是知识革命的第一阶段。把世界拖入信息时代的，是那些粗糙的蒸汽机，而不是那些微小的芯片。

7.2 机械自我的成熟

海伦的调节器、内利斯·德雷贝尔的恒温器，以及有瓦特的自动调控装置，为机械的血脉注入了自我控制、感知意识及渴望的觉醒。调节系统感知自身的属性，关注自己是否发生了与上一次查看时不同的某些变化。如果有变化，就按既定目标调整自身。在恒温器这个特定的例子中，装了酒精的试管感测系统的温度，之后决定是否应当采取行动调整火力，以保持系统的设定温度目标。从哲学的角度来看，这个系统是有目的的。

尽管这一点对于现在的人来说也许是显而易见的，但是，即使把最简单的自动电路，比如反馈电路，移植到电子领域中，也花了世界上最优秀的发明家很长的时间。之所以会如此拖延，是因为电流从被发现的那一刻起，就首先被看成能量而不是通信工具。事实上，在19世纪，德国顶尖的电子工程师就已经意识到电的本性其实是两面的，而这一崭露头角的差别意识，就是把电力技术分成强电和弱电两种。因为，发送一个信号所需的能量小得令人不敢相信，以至于电必须被想象成某种完全不同于能量的东西。对于那批富有想象力的德国信号学家来说，电与说话的嘴以及写字的手是兄弟，功用相似。这些弱电技术的发明者（我们现在要称其为黑客了）带给我们的，也许是史无前例的发明——电报。正是因为有了这项发明，人类之间的沟通，才能通过不可见粒子载体像光速一般地传播。而正是因为有了电这个令人惊叹的奇迹的后代——弱电，才有了我们对整个社会的“重构”。

尽管这些电报员牢记着弱电模型，并且实现了精妙的改革与创新，但是直到1929年8月，贝尔实验室的电话工程师H.S.布莱克[1]才调校出一条电子反馈回路。布莱克当时正在努力为长途电话线路寻找一种能够制造持久耐用的线路中继放大器的方法。早期的放大器，是用天然材料制成的，而这种未经加工的材料往往会在使用的过程中使电能逐渐消耗，导致电能的流失。一个老化的中继放大器不仅会把电话信号放大，还会错误地把任意拾得的各种频率的细微偏差与电话信号相混合，直到这些不断被放大的错误充满整个系统，甚至将系统彻底摧毁。所以，这里就需要某种类似于海伦制造的调节装置，能够产生约束主信号的反向信号，缓冲不断重复的循环所带来的影响。幸好布莱克设计出了一个负反馈回路，它的作用就是抵消放大器的正回路所产生的错误信号的滚雪球效应。单从概念上来看，这个电学负反馈回路，和抽水马桶的冲水系统或者恒温器的作用是有可比性的。这个起着调制作用的电路，能够让放大器在不断的微调中保持在稳定的信号状态上，而其原理，跟恒温器能够通过不断的微调保持在特定温度上是一样的。只不过，恒温器用的是一个金属制动杆，而放大器和滤波器用的则是一些可以自我调制的弱电子流。于是，在电话交换网络的通道里，第一个电学意义上的自我诞生了。

自第一次世界大战开始至战后，炮弹发射装置变得越来越复杂，与此同时，那些移动着的预攻击目标也变得越来越精细，弹道轨迹的计算考验着人类的才智。在战斗的间隙，被称为计算员的演算人员要计算在各种风力、天气和海拔条件下那些火炮的各种参数设置。而计算出来的结果，有时会以表格的形式印在一些衣袋大小的卡片上，便于前线的火炮手使用；或者，如果时间来得及，而且是通用火炮，这些表格就会被编码输入火炮

1 H. S. 布莱克（H. S. Black，1898—1983）：贝尔实验室的电话工程师，提出负反馈放大器。

装置，也就是通常所说的自动操作装置。在美国，与火炮演算有关的种种活动，都集中在海军位于马里兰州的阿伯丁试验场，在那个地方，房间里挤满了人类计算员（几乎全是女性），使用手摇计算机来演算数据，以做出表格。

到了第二次世界大战时期，德国飞机——大炮想要攻打下来的东西——几乎飞得和炮弹一样快，于是就需要速度更快的即时演算。最理想的形式就是火炮在新发明的雷达扫描装置测出飞行中的飞机数据时即行引发。此外，海军的炮手有一个很关键的问题，即如何根据新射击表格提供的精确数据转动这些“怪物”并使之对准目标。办法近在眼前，就在舰尾：一艘巨舰，是通过某种特殊的自动反馈回路，即“伺服机制”，来控制它的方向舵的。

伺服机制[1]是一个美国人和一个法国人在相隔大洋的情况下，于1860年左右同时独自发明出来的。法国人里昂·法尔科[2]为这个装置取了一个很拗口的名字：伺服电动机。由于船只随着时间的推移发展得体积更大、速度更快，人类作用于舵柄的力量已经不足以抵抗水下涌动的水流了。海军的技术人员想出了各种油液压系统来放大作用在舵柄上的力量，这样只要轻轻地摇动船长舵仓内的小型舵杆，就可以控制巨大的船舵。根据不同的船速、吃水线和其他类似的因素，对小舵杆所做的细微摇动，反映到船舵那里就表现为大小不同的舵效。里昂·法尔科发明了一个连通装置，把水下大舵的位置，和能够轻松操纵的小舵杆的位置联系到一起——也就是一个自动反馈回路！这样一来，舵杆就能够指示出大舵的实际位置，并且通过这个回路，移动舵杆这个指示器，也就是在操纵和移动大舵这个实体。用计算机领域的行话来说，这就是所谓的所见即所得！

第二次世界大战时期的火炮炮管，也是这么操作的。装着液压油的液压管把一个小小的转动杠杆（小舵杆）连接到炮管转向装置的活塞，当操炮手把杠杆移动到预计的位置时，这一小小的转动，就会挤压一个小活

1 伺服机制（servomechanism）：系指经由闭环控制方式达到一个机械系统设定的位置、速度或加速度的系统。

2 里昂·法尔科（Leon Farcot，1824—1908）：法国工程师。

塞，使得阀门打开，释放液压油去顶起一个大活塞，进而摆动巨大沉重的火炮炮管。反过来，当炮管摆动的时候，它又会推动一个小活塞，而这个小活塞则会引动那个手动的杠杆。所以，当炮手试图去转动那个小舵杆的时候，他也会感觉到某种温和的抵抗力，这种抵抗力，就是由他想移动的那个大舵的反馈产生的。

那时的比尔·鲍尔斯[1]还是个年轻的电子技师助手，责任是操纵海军自动火炮。后来他通过研究控制系统来探求生物的奥秘。他这样描述普通人通过阅读了解伺服机制时可能产生的错误印象：

> 我们说话或写作的手法，往往把整个行为伸展开来，使之看起来好像是一系列截然分开事件。如果你试图去描述火炮瞄准的伺服机制是如何工作的，你可能会这样开头：“假设我把炮管下压产生了一个位差。那么这个位差就会使伺服电动机生成一个抵抗下压的力，下压力越大，抵抗的力也就越大。”这种描述似乎足够清晰了，但它却根本不符合实情。如果你真的做了这个演示，你会这样说：“假设我把炮管下压，产生了一个位差……等一下，它卡住了。”
>
> 不，它没有卡住。恰恰相反，它是一个优良的控制系统。当你开始向下压的时候，作用于炮管感应位置的微小偏移，使得伺服电动机转动炮管向上来抵抗下压的力量。而产生一个和你的下压力相等的抵抗力所需的偏移量非常之小，小到你根本看不到，也感觉不到。这样一来，炮管在你感觉中僵硬得像是被浇铸在水泥里面一样。因为它重达200吨，所以让人感觉它跟那些老式的机器一样是不能移动的；但是，如果有人把电源切断，炮管好像砸到甲板上。

伺服机制给转向装置添加了如此神秘巧妙的助力，以至于我们现在（采用升级版的技术）还在利用它来为船只导航、控制飞机的机翼，或者

1　比尔·鲍尔斯（Bill Powers，1926—2013）：美国感知控制论的创始人。

摆弄那些处理有毒或者放射性废料的遥控机械臂及其手指。

比起其他那些纯机械的调控器，比如海伦的阀门、瓦特的调控装置及德雷贝尔的恒温器，法尔科的伺服机制更进一步，它向我们开启了另一种可能性的大门：人机共栖的可能性——融合两个世界的可能性。驾驶员与伺服机制相融合，他获得了力量，它控制了实体，他们共同掌舵。控制与共栖——伺服机制的这两个方面激发了现代科学中某个更富色彩的人物的灵感，让他发现了能够把这些控制回路连接在一起的模式。

7.3 抽水马桶：套套逻辑的原型[1]

为计算火炮的精确射击表，第一次世界大战时期征召了一批计算实验室的数学家去阿伯丁试验场，而在这批被征召的数学家中，没有几个人像列兵诺伯特·维纳那样拥有远超正常水准的资质。这位曾经的“数学神童”具有一种异禀的天赋。

在古代人眼里，天才应该是天生便具备（而不是被后天创造出来）某种才能的人。但是，世纪之交的美国，成功地颠覆了这个传统。诺伯特·维纳的父亲利奥·维纳[2]到美洲来是为了创办一个素食主义者的团体。结果他却被另外一些非传统的难题弄得头疼，如对天才的改良。1895年，身为哈佛大学斯拉夫语教授的利奥·维纳决定：他的第一个孩子要成为一个天才，是刻意制造的天才，不是天生的天才。

因此，诺伯特·维纳肩负着很高的期望降生了。他3岁就学会阅读，18岁获得哈佛的博士学位。到了19岁，他开始跟随伯特兰·罗素[3]学习元

1 套套逻辑（tautology）：又称重言式，或同义反复。意指不管条件真假与否，始终为真的命题。例如，“要么所有的乌鸦都是黑的，要么不都是黑的”，又如，“四脚动物有四只脚”。

2 利奥·维纳（Leo Wiener，1862—1937）：俄裔犹太人，语言学家，哈佛大学教授。诺伯特·维纳之父。

3 伯特兰·罗素（Bertrand Russell，1872—1970）：20世纪最有影响力的哲学家、数学家和逻辑学家之一，同时也是活跃的政治活动家。

数学。30岁的时候，他已经是麻省理工的一位数学教授和一个彻头彻尾的“怪物”了。身材矮小，体魄健壮，八字脚，留着山羊胡，还叼着一支雪茄，蹒跚而行，就像一只聪明的鸭子。他有一项传奇的本领，就是在熟睡中学习。不止一个目击证人说过这样的事情：维纳在会议进行时睡着了，然后在什么人提到他的名字的时候突然醒来，并且对他在打盹的时候错过的那些交谈发表评论，还常常提出一些具有穿透力的见解把其他人弄得目瞪口呆。

1948年，他出版了一本为非专业人士写的有关机器学习的机制和可行性的书。这本书最初由一个法国出版社出版（因为各种间接的原因），而后在仅仅6个月中，这本书在美国印了4次，在前10年中卖出了2.1万册——在当时是最畅销的书。它的成功，可以与同年发行的以性行为为研究主题的《金赛报告》（*The Kinsey Report*）相提并论。《商业周刊》的记者于1949年写下如此评论：“从某个方面来说，维纳的书和《金赛报告》类似——公众对它的反应和书本身的内容同样是意义重大的。”

尽管能够理解这本书的人不多，但维纳那些振聋发聩的理念还是进入了公众的头脑之中。原因就在于，他为他的观点及他的书起了那个奇妙的、富有色彩的名字：控制论[1]。正如很多作家指出的，“控制论”这个词源于希腊文中的“舵手”——掌控船只的人。维纳在第二次世界大战时期研究过伺服系统，被能够给各种类型的转向装置提供辅助的神秘能力所震撼。不过，人们通常不会提及，在古希腊语中，“舵手”这个词也被用来指国家的治理者。据柏拉图[2]说，苏格拉底[3]曾经说过：“舵手（治理者）能够在重大的危险中拯救我们的灵魂，拯救我们的身体，拯救我们所拥有的物质财富。”这个说法，同时指向该词的两种不同的含义。所谓治

1 控制论（cybernetics）：诺伯特·维纳在其所著的《控制论：关于在动物和机器中控制和通信的科学》中创造了这个新词来命名当时的新学科。

2 柏拉图（Plato，公元前427—前347）：古希腊哲学家，其哲学思想对西方唯心主义哲学的发展影响很大。

3 苏格拉底（Socrates，公元前469—前399）：古希腊哲学家，认为哲学在于认识自我，美德即知识；提出探求真理的辩证法。本人无著作，其学说仅见于他的学生柏拉图和色诺芬的著作中。

理（对于希腊人来说，指的是自我治理），就是通过整治混乱而产生出秩序。同样，船只也需要人的掌控以避免沉没。而这个希腊词被拉丁语误用为kubernetes之后，就派生出了governor（治理者、调控者），瓦特就用它来标记他那个起控制作用的飞球调节器。

对于说法语的人来说，这个具备管理意味的词还有更早的前驱。维纳所不知道的是，他并不是第一个重新赋予这个词鲜活意义的现代科学家。在1830年左右，法国物理学家安培[1]（作为电流单位的安培，用他的名字以示纪念）遵循法国大科学家的传统做法，为人类知识设计了一个精细的分类系统。其中，安培定义了一个分支学科叫作“理解科学”（Noologcial Science），政治学当时是这个分支下面的一个子学科。在政治学中，在外交这个亚属的下面，安培列入了控制论学科，即关于治理的学说。

不过，维纳的定义更为明确，他的著作名称就显眼地表述了这个定义：《控制论：关于在动物和机器中控制和通信的科学》（*Cybernetics: or the Control and Communication in the Animal and the Machine*，以下简称《控制论》）。随着维纳关于控制论的概略想法逐渐为后来的计算机具体化，又由后来的理论家加以补充丰富，控制论渐渐有了安培所说的治理意味，不过除去了政治治理的意味。

维纳的书所产生的效果是，使反馈的观念几乎渗透到技术文化的各个方面。尽管在某些特殊情况下，这个核心观念不仅老旧而且平常，但维纳仍给它安上了腿脚，把它公理化：逼真的自我控制不过是一项简单的技术活。当反馈控制的观念与电子电路的灵活性完美组合之后，它们就结合成一件任何人都可以使用的工具。就在《控制论》出版的一两年间，电子控制电路就掀起了工业领域的又一次革命。

在商品生产中使用自动控制所产生的雪崩效应，并不都是那么明显。在车间，自动控制不负期望，具有如前面所提及的驯服高能源的能力。同时，生产的总体速度，也因为自动控制天生的连续性得到了提高。不过，

---

1 安培（Ampere，1775—1836）：法国物理学家，电动力学奠基人之一，制定安培定律，首创电磁学理论。

相比起自我控制回路所产生的出人意料的奇迹，即它们从粗中选精的能力，这些都是相对次要的了。

为了说明如何通过基本的回路从不精确的部件中产生出精确性，我沿用了法国作家皮埃尔·拉蒂尔[1]1956年的著作《用机器进行思考》（*Thinking by Machine*）中提出的示例。在1948年以前，钢铁行业中的一代又一代技术人员都想生产出厚度统一的薄钢板，却都失败了。他们发现，影响轧钢机轧出的钢板厚度的因素不下六七个——如轧辊的速度、钢铁的温度，以及对钢板的牵引力等。他们花了多年的时间不遗余力地调整一项项，然后又花了更多的时间进行同步协调，却没有任何效果。控制住一个因素会不经意地影响到其他因素。减慢速度会升高温度，降低温度会增加拉力，增加拉力又降低了速度，等等。所有的因素都在相互影响。整个控制进程处在一个相互依赖的网络的包围之中。因此，当轧出的钢板太厚或太薄的时候，要想在6个相互关联的“疑犯”中追查到确定的“祸首”，简直就是在白费力气。在维纳那本《控制论》提出他那睿智的通用化思想之前，问题就卡在那儿。而书出版之后，全世界的工程师就立刻把握了其中的关键思想，其后的一两年里，他们纷纷在各自的工厂里安装了电子反馈设施。

实施过程中，以一个厚薄规测量新轧出的薄钢板的厚度（输出），然后把这个信号传送回控制拉力变量的伺服电动机上，这信号在钢材进入轧辊之前，一直维持着它对钢材的影响。凭着这样一个简单的单条回路，就理顺了整个过程。因为所有的因素都是相互关联的，所以你只要控制住其中一个对产品的厚度直接起作用的因素，就等于间接地控制了所有的因素。不管出现偏差的倾向来自不平整的金属原料、磨损的轧辊，或是不当的高温，其影响都不太重要。重要的是，这个自动回路要进行调节，使最后一个变量弥补其他变量。如果有足够的余地（确实有）调节拉力，来弥补过厚或热处理不当的金属原材料，以及因为轧辊混入了铁屑

1 皮埃尔·拉蒂尔（Pierre de Latil，1903—2001）：法国作家。

而导致的偏差，那么最终出来的将会是厚度均匀的薄钢板。尽管每个因素都会干扰其他因素，但由于这种回路具有连续性和几乎瞬间响应的特性，因此仍然可以把这些因素间的那个深不可测的关系网络引向一个稳定的目标，即稳定的厚度。

工程师发现的这个控制论原理是一个普遍性的原理：如果所有的变量都是紧密相关的，而且你真的能够最大限度地控制其中的一个变量，那么你就可以间接地控制其他所有变量。这个原理的依据是系统的整体性。正如拉蒂尔所写的："调节器关注的不是原因；它的工作是侦测波动并修正它。误差可能来自某种因素，其影响迄今仍然无从知晓，又可能来自某种业已存在，而从来没有受到过怀疑的因素。"系统怎样、何时达成一致性，超出了人类的知识范围，更重要的是，也没有知道的必要。

拉蒂尔说，颇具讽刺意味的是，这一突破性进展——反馈回路——从技术上说其实颇为简单，而且"如果以一种更为开放的心态去处理的话，它本可以提前15年或者20年就被引进来……"而更具讽刺意味的是，其实采纳这种观念的开放的心态，20年前就已在经济学圈子里建立起来了。弗里德里克·哈耶克[1]及具有影响力的奥地利经济学学院派已经剖析过那种在复杂网络中追踪反馈路径的企图，结果认为这种努力是徒劳的。他们的论证当时被称为"计算论证"(calculation argument)。而对一个经济体中的分布节点间的多重反馈因素进行计算，哪怕是控制性不那么强的计算，和工程师在钢铁厂中追踪那些多变的、相互关联的因素一样，是很难成功的。相反，哈耶克及其他奥地利学派的经济学家在20世纪20年代论证，一个单一的变量——价格——可以用来对其他所有资源分配变量进行调节。按照这个学说，人们就不用在意到底每个人需要多少块香皂，也不用在意是不是应该为了房子或书本去砍伐树木。这些计算是并行的，是在行进中进行的，是由下而上、脱离人为的控制、由相互连接的网络自主自发的。秩序会自发地形成。

---

1 弗里德里克·哈耶克(Frederick Hayek，1899—1992)：奥地利经济学家。

这种自动控制（或人类控制缺失）的结果，就是工程师始终绷紧的神经终于可以放松下来，不用再操心原材料的规格统一、工序的完美调节。于是他们可以使用不完美的原料和不精准的工序开工了。让自动化流程具有的自我修正的特性去进行最优化，从而只放行高质量的产品吧！或者，投入品质一致的原料，将反馈回路设置到一个更高的质量水准，给下一道工序提供精度更高的精品。同一理念也可以向前推广到原材料供应商那里，他们也可以使用类似的自动回路来挑选更高品质的产品。如果这一理念贯通了整个产业链的上下游，那么自动化的自我会在一夜之间变成一部品质管理机器，不断提高，以达到人类要求的精度。

以利·惠特尼[1]的可互换的标准件及福特的流水线理念的引入，已经让生产方式发生了根本性的变化。但是，这些改进需要大规模地更新设备、投入资金，而且也不是处处都适用。另外，家用的自动电路——这种价格便宜得可疑的辅助设施，却能够被移植到几乎所有业有专属的机器上。就好像一只丑小鸭，经过标准化，一下就变成了优雅的天鹅，而且还能下金蛋。

不过，不是每种自动电路都能产生即时性。在一个串联的回路电路组中，每增加一个回路，都加大了一种可能——在这个变得更大的回路中自主漫游的信号，当回到其起点时，却发现事情早在它还在回路中漫游的时候就已经发生了根本性的改变。特别是在那些环境快速变化中的大型网络中，遍历整个线路所需的那几分之一秒，都可能要大于环境发生变化所需要的时间。而做为回应，最后一个节点倾向于做出更大的修正，以期进行补偿。可是，这样一种补偿性的指令，同样会因为所需穿越的节点太多而被延迟，于是它抵达时已错过了移动标记，就又产生了一个“无缘无故”的修正。这就跟新手开车常常开出“之”字形的道理一样，因为每次对方向的修正，总是会矫枉过正，超过上一次的过度反应。这种情况会一

1 以利·惠特尼（Eli Whitney，1765—1825）：美国机械工程工程师、发明家，发明轧花机，设计并生产装配步枪用的互换零件，对工业生产有很大影响。

直延续下去，直到新手学会收紧整个反馈回路，让它作出更小、更快的反应，否则他一定会不由自主地（徒劳地）在高速路上改变方向寻找中线。它往往会进入“大摆”或者“频跳”的状态，也就是说，神经质地从一个过度反应摆荡到下一个过度反应，努力寻求安稳。对付这种过度补偿的倾向，办法有上千种，每个办法都由上千种已经发明出来的更先进的电路实现。在过去的40年间，控制理论领域的工程师写了装满一个书架又一个书架的论文来交流刚刚发现的震荡反馈问题的最新解决方案。幸运的是，反馈回路是可以被整合进有用的装置之中的。

让我们以抽水马桶水阀控制装置为例。如果给它安上一个把手，我们就可以调节水箱中水线的高度。而水箱中的自我调节机制会随之把水调节到我们所设定的高度。向下扳，自我调节机制就会保持在一个满意的低水位，往上扳，它就会放水进来达到一个较高的水位。（现代的抽水马桶上还真有这种调节开关。）现在让我们走得更远一点，再加上一个自我调节的回路来调控把手。这样一来，我们就可以连这一部分的活都放手不做了。这第二个回路的工作，是为第一个回路寻找目标。这么说吧，第二个机制在感受到进水管的水压时，就会移动把手，如果水压高，就给水箱定一个高水位；如果水压低，就给它定一个低水位。

第二个回路控制着第一个回路的波动范围，而第一个回路则控制着水。从抽象的意义上来说，第二个回路给出的是一种二级控制——对控制的控制，或者说，元控制。而有了这个元控制，我们这个二级控制马桶的行为方式就是“有目的的”。它可以依据目标的变化进行调整。尽管为第一个线路进行目标设定的第二线路也同样是机械的东西，但整个机制本身确实在选择自己的目标的事实，使这个元回路获得了某种生物的感觉。

就是这么简单的一个反馈回路，却可以在一种多级整合过程中整合在一起、永远共同地工作下去，直到形成一个由各种不可思议的复杂性和错综复杂的子目标构成的塔。这些多级控制塔会不断地给我们带来诧异，因为沿着它们流转的信号，会无可避免地相互交叉自己的路径。A引发B，B引发C，C又引发A。以一种直白的悖论形式来说：A既是原因，又是结果。控制论专家海因茨·冯·福斯特把这种难以捉摸的循环称为“循环因果”(circular causality)。早期人工智能权威沃伦·麦克洛克[1]把它称为“非传递性优先”[2]，意思是说，优先级的排序上会像小孩子玩的“石头、剪刀、布”那样无休止地以一种自我参照的方式自我交叉：布能包石头，石头能破坏剪刀、剪刀能裁剪布，循环不已。而黑客则把这种情况称为“递归循环”。不管这个谜一样的东西到底叫什么，它都给了传承3000年的逻辑哲学猛然一击，它动摇了传统的一切。如果有什么东西既是因又是果的话，那么所谓的理性，岂非对于任何人来说都是唾手可得之物？

---

1 沃伦·麦克洛克（Warren McCulloch，1898—1969）：美国神经生理学家和控制论专家。

2 非传递性优先（intransitive preference）：所谓传递性，就是说如果A和B有关系R，B和C有关系R，那么A和C也就有关系R，“大于”就是一个有传递性的关系：如果A大于B，而B又大于C，那么A大于C——“大于”这个关系经由B传递到C。现在的情况是A引发B，B引发C，如果传递的话，那么应该是A引发C，但现在是C引发A，所以说不具传递性。

7.4 自我能动派

复杂电路常常具有奇怪的反直觉行为，其根源正在于那些套叠起来且首尾相接的控制回路所具备的复合逻辑。精心设计的电路看似能够可靠、合理地运行，然而突然之间，它们就踩着自己的鼓点，毫无预兆地转向了。人们付给电子工程师高额的工资，想让他们去解决所有回路中的横向因果关系。然而，对于极其复杂的机器人来说，其电路的异常表现是很难彻底消除的。如果把这一切都简化到其最简形式，即反馈回路的话，那么循环因果正是那无处不在的矛盾。

自我从何而来？控制论给出了这样让人摸不着头脑的答案：它是从自己那里涌现出来的。而且没有别的法子。进化生物学家布赖恩 · 古德温[1]告诉记者罗杰 · 卢因[2]："有机体既是它自己的因也是它自己的果，既是它自己固有的秩序和组织的因，也是其固有秩序和组织的果。自然选择并不是有机体的因，基因也不是有机体的因，有机体的因不存在。有

1　布赖恩 · 古德温（Brian Goodwin，1931—2009）：加拿大数学家和生物学家，圣塔菲研究所的创办者之一。

2　罗杰 · 卢因（Roger Lewin，1944—）：英国人类学家和科学作家，曾做过十年《科学》杂志的新闻编辑，是伦敦经济学院复杂性研究小组的成员之一。

机体是自我能动派。”因此，自我实际上是一种自谋划的形式。它冒出来是为了超越它自己，就好像一条长蛇吃掉自己的尾巴，变成了乌洛波洛斯衔尾蛇[1]——那个神秘的圆环。

按照荣格[2]的说法，衔尾蛇是人类灵魂在永恒概念上的最经典的投影之一。这个咬着自己的尾巴的蛇所形成的环，最初是作为艺术装饰出现在埃及雕塑中的。而荣格则发展出一套观点，认为那些在梦中造访人类的近乎混沌的形形色色的意象，容易被吸附在稳定节点上，形成重要且普适的图像。如果用现代术语来作比的话，这跟互连的复杂系统很容易在“吸引子”上安顿下来的情形非常相像。而一大堆这样具有吸引力、奇异的节点，就形成了艺术、文学及某些类型的疗法的视觉词汇。在那些最持久的吸引子当中，一个早期的图式就是“吞食自己尾巴的东西”，往往用图像简单地表示为一个在吞噬自己尾巴的蛇所形成的完美圆环。

衔尾蛇的循环回路显然是一个反馈概念的象征，我难以确定到底是谁先在控制论的语境中使用它。作为真正的原型，它也许不止一次地被独立地看作一个反馈的象征。我毫不怀疑，当一个程序员在使用 GOTO START 转移语句时，他脑子里可能会浮现出那条衔尾蛇的图像。

蛇是线性的，但当它回身咬住自己的时候，它就变成了非线性物体的。在经典的“荣格框架”中，咬住尾巴的衔尾蛇是对自我的一种象征性的图解。圆圈的完整性就是自我的自我控制，这种控制既源于一个事物，也源于相互竞争的部件。从这个意义上说，作为反馈回路的最为平实的体现，抽水马桶也同样是一只神秘的野兽——自我之兽。

荣格派学者认为，自我（self）其实应该被看成“我（ego）的意识的诞

---

1 衔尾蛇（Ouroboros，也作咬尾蛇）：是一个自古代流传至今的符号，大致形象为一条蛇（或龙）正在吞食自己的尾巴，结果形成一个圆环（有时也会展示成扭纹形，即阿拉伯数字8的形状），其名字含义为“自我吞食者”。这个符号一直都有很多不同的象征意义，而当中最广为接受的是“无限大”“循环”等意义。另外，衔尾蛇也是宗教及神话中的常见符号，在炼金术中更是重要的徽记。近代，有些心理学家（如卡尔·荣格）认为，衔尾蛇其实反映了人类心理的原型。

2 荣格（C. G. Jung，1875—1961）：瑞士著名心理学家、精神分析学家，他是分析心理学的始创者，是现代心理学的鼻祖之一。

生前的一种原始心理状态”，也就是说，“是那种原始的曼达拉[1]状态，而个体的我（ego）正是从这种心灵状态中产生出来的”。所以，我们说一个带着恒温器的炉子有自我，并不是说它有一个我。所谓自我，只不过是一个基础状态，一个自动谋划出来的形式，而假如它的复杂性允许，一个更为复杂的我便借此凸显出来。

每一个自我都是一个同义反复：自明、自知、以自己为中心并且自己创造自己。格雷戈里·贝特森说，一个活系统就是一个“缓慢地进行自我复原的同义反复”。他的意思是说，如果系统受到干扰或者干涉，它的自我就会“朝向同义反复寻求解决”——沉降到它的基础自指状态，它那个“必要的矛盾”中。

每一个自我，都是一场试图证明自己特性的论争。恒温系统的自我内部总是在争论到底该调高还是调低炉子温度。海伦的阀门系统则会不间断地就它所能执行的唯一的、孤立的动作进行争论：应不应该移动那个浮子？

一个系统，就是任何一种能够自说自话的东西。而所有的有生命的系统及有机体，最后都必然精简为一组调节器，即化学路径和神经回路，其间总是进行着如此愚蠢的对话：“我要，我要，我要。”“不行，不行，你不能要。”

把各种自我播种到我们构建的世界中，就给控制机制提供了一个家，让它们在那里滴注、蓄积、满溢和迸发。自动控制的出现分成3个阶段，也已经在人类文化中孵化出3个几乎是形而上学的改变。控制领域的每个体制，都是靠逐渐深化的反馈和信息流推进的。

由蒸汽机所引发的能量控制是第一阶段。能量一旦受到控制，它就达到了一种“自由”。我们释放的能量再多，它也不会从根本上改变我们的生活。同时，由于我们达成某一目标所需要的卡路里（能量）越来越

1 曼达拉（mandala）：是指在人类文化史上和人类大脑记忆体内存在着一种图式或图形：其外围是一圆形圈或方形圈，其中央或作对称的“十”字形，或作对称的“米”字形。

少，我们那些最为重大的技术成果，也就不再朝向对强有力的能源做进一步控制。

相反，我们现在的成果是通过加大对物质的精确控制得来的。而对物质的精确控制，就是能量控制的第二阶段。采用更高级的反馈机制给物质灌输信息，就像微处理器芯片的功能那样，使物质变得更为有力，渐渐地就能用更少的物质做出没有信息输入的更大数量物质相同的功能。随着那种尺寸堪比微尘的马达的出现（1991年成功制作出了原型机），似乎任何规格的东西都可以随心所欲地制造出来。分子大小的照相机？可以，怎么不行？房子大小的水晶？如你所愿。物质已经被置于信息的掌握之下，就跟现在的能量所处的状态一样，方法也是同样简单——只要拨动拨号盘就好。“20世纪的核心事件，就是对物质的颠覆。”技术分析家乔治·吉尔德[1]如是说。这是控制史的一个阶段，一个我们身历其中的控制的阶段。从根本上说，物质——无论你想要它是什么形状，都已经不再是障碍。物质已经几乎是“自由”的了。

控制革命的第三阶段，是对信息本身的控制。两个世纪之前，当把信息应用于燃煤蒸汽机的时候，就播下了它的种子。从这里到那里，长达数英里的电路和信息回路执行着对能量和物质的控制，而这些线路和信息回路也在不经意间让我们的环境充满了信号、比特和字节。这个未受约束的数据狂潮达到了有害的水平。我们产出的信息，已经超过了我们能够控制的范围。我们曾经所憧憬的更多的信息，已经成为事实。但是，所谓更多的信息，就好像是未受控制的蒸汽爆炸——除非有自我的约束，否则毫无用处。我们可以这样改写吉尔德的警句：“21世纪的核心事件，是对信息的颠覆。”

基因工程（控制DNA信息的信息），以及电子图书馆所需的各种工具，预示着对信息的征服。首先感受到信息控制的冲击的，是工业和商业，这

1　乔治·吉尔德（George Gilder，1939—）：当今美国著名未来学家、经济学家，被称为“数字时代的三大思想家之一”。20世纪80年代，他是供应学派经济学的代表人物，90年代，他是新经济的鼓吹者。他为《福布斯》《哈佛商业评论》等著名杂志撰稿，影响较大的著作有《企业之魂》《财富与贫困》。

跟能量和物质控制产生的冲击一样，后来才会逐渐渗入个体领域。

对能量的控制征服了自然的力量（让人们变得肥胖了）。对物质的控制带来了可以轻易获取的物质财富（让人们变得贪婪了）。那么，当全面的信息控制遍地开花的时候，又会为我们带来怎样五味杂陈的混乱？困惑，辉煌，躁动？

没有自我，几乎什么也不会发生。马达，数以百万计的马达，被赋予了自我，现在正管理着各种工厂。硅基芯片，数以十亿计的硅基芯片，被赋予了自我，将会自我设计得更小、更快来管理马达。很快，纤细的网络，数量无限的网络，被赋予了自我，将会重新构思芯片，并统治所有我们让它们统治的东西。假使我们试图通过掌控一切的方式来利用能量、物质和信息的巨大宝藏，那么必然会失败。

我们正在以所能达到的速度，尽可能快地把我们这个已经建好的世界装备起来，指令它自我治理、自我繁衍、自我认知，并赋予它不可逆转的自我。自动化的历史，就是一条从人类控制到自动控制的单向通道。其结果就是从人类的自我到第二类自我的不可逆转的转移。

而这些第二类自我是在我们控制之外的，是失控的。文艺复兴时期那些最聪慧的头脑也未能发明出一个超越古代的海伦所发明的自我调节装置，其关键原因就在于此。伟大的列奥纳多·达·芬奇[1]建造的是受控制的机器，而不是失控的机器。德国的技术史学家奥托·麦尔说过，启蒙时代的工程师本可以利用在当时就已经掌握的技术建造出某种可调节的蒸汽动力机的。但是，他们没有，因为他们没有那种放手让他们的造物自行其是的魄力。

中国古代大贤拥有一种正确的关于控制的无念心态。听听老子这位神秘的学者在2600多年前的《道德经》中所写的，翻译成现代话语就是：

1 列奥纳多·达·芬奇（Leonardo da Vinci，1452—1519）：意大利文艺复兴中期的著名美术家、科学家和工程师，以博学多才著称。在数学、力学、天文学、光学、植物学、动物学、人体生理学、地质学、气象学，以及机械设计、土木建筑、水利工程等方面都有不少创见或发明。

智能控制体现为无控制或自由，
因此它是不折不扣的智能控制；
愚蠢的控制体现为外来的辖制，
因此它是不折不扣的愚蠢控制。
智能控制施加的是无形的影响，
愚蠢的控制以炫耀武力造势。[1]

老子的睿智，完全可以作为21世纪饱含热忱的硅谷创业公司的座右铭。在一个练达、超智能的时代，最智慧的控制方式将体现为“控制缺失”的方式。投资那些具有自我适应能力、向自己的目标进化、不受人类监管自行成长的机器，将会是下一个巨大的技术进步。要想获得有智能的控制，唯一的办法就是给机器自由。

至于这个世纪（20世纪）所剩下的那一点点时间，则是为了21世纪那个首要的心理再造工作而预留的彩排时间：放手吧，有尊严地放手吧。

1 《道德经》原文：上德不德，是以有德。下德不失德，是以无德。上德无为而无以为，下德无为而有以为。

第八章

OUT OF CONTROL

封闭系统

8.1 密封的瓶装生命

旧金山史坦哈特水族馆（Steinhart Aquarium）一长溜展品的尽头，灯光照耀下怡然自得地生长着一丛密集的珊瑚礁。水族馆的玻璃墙后面，几英尺的完备空间就将南太平洋海底1英里（约1.61千米）长的珊瑚礁上的各种生物集中展现了出来。

这块浓缩的礁石以异乎寻常的色调和怪异的生命形态，营造出一种新纪元音乐般的氛围。站在这个长方形容器的前面，如同脚踩着和谐的节点。这里每平方米生物种类数目超过了地球上其他任何地方，生命高度密集。那异常丰富的自然珊瑚礁，已经被进一步压缩成了超越自然富集程度的人造堡礁。

两扇平板玻璃窗让你一览充满异域生物的艾丽丝奇境。嬉皮士般色彩斑斓的鱼瞪着眼看橙色底白条纹的小丑鱼，抑或是在看一小群亮蓝雀鲷。这些艳丽的小精灵时而在栗色软珊瑚那羽毛般的触手间疾速游走，时而又在巨型海蚌那缓慢翕动的肥唇间穿梭。

对这些生物来说，这里不单是圈养栏，这里就是它们的家。它们要在这里吃、睡、打闹，在这里繁育后代，直到生命的尽头。不仅如此，如果时间充足，它们还会共同进化，共享天命。它们所拥有的是一个真正的生命群落。

在这个珊瑚展示池后面，是一堆隆隆作响的泵机、管道和各种机械装置，在电力的带动下维持着这个玩具礁体上的超级生物多样性。一个游客，打开一扇没有任何标志的门，从水族馆昏暗的观景室中跋涉到泵机这里，一开门，就有炫目的光和怪陆离的光线奔涌而出。这里的房间内部刷成了白色，弥漫着温热的水汽，耀眼的灯光令人感到窒息。头顶的架子上挂着炙热的金属卤素灯，每天放射出15个小时的模拟热带阳光。盐水涌动着穿过一个4吨重的水泥大桶，桶里装满了净化菌的湿沙。在人工阳光之下，长长的浅塑料托盘里绿色水藻生长旺盛，过滤着礁石水体所产生的自然毒素。

对于这个礁体来说，工业管道装置替代了太平洋。1.6万加仑（约6万升）的再生海水旋转着流过仿生系统，冲刷着这块珊瑚礁，像南太平洋那长达数英里的海藻园和沙滩给野生珊瑚礁提供的东西一样，带来了过滤的、湍急的、富含氧气的海水。这一整套带电的展示系统，是精细脆弱、来之不易的平衡，每天都需要能量和照料。一步走错，整块珊瑚礁就可能在一天内分崩离析。

古人都知道，一天就可以摧毁的东西，要想建成它，可能会需要几年甚至几个世纪的时间。在史坦哈特珊瑚礁建成之前，没有人确定是否能通过人工方法建立起珊瑚礁群落，如果可以，也没有人知道这样的工作到底需要耗费多长的时间。海洋科学家清楚地知道，作为一种复杂的生态系统，珊瑚礁必须按照正确的顺序才能组合成功。但是没有人知道那个顺序到底是什么。很显然，当海洋生物学家劳埃德·高梅兹起先在学院水族楼那阴湿的地下室中转悠的时候，他也不知道正确的顺序到底是什么。高梅兹一桶桶地把微生物倒在大塑料槽里搅和，按照不同的顺序逐样添加各个物种，希望能够获得一个成形的群落。但基本上每次尝试都是失败的。

每次尝试开始的时候，他都会首先培养出一份浓稠的豆色海藻培养液，排放在正午的阳光下，乱糟糟地冒着泡泡。如果系统开始偏离形成珊瑚礁的条件，高梅兹就会冲洗掉培养槽。用了不到一年的时间，他终于获得了演化方向正确的原型珊瑚培养液。

创造自然需要时间。高梅兹启动珊瑚礁（项目）5年之后，礁体才形成自我维持系统。直到前不久，高梅兹还必须给栖息在人造礁石上的鱼和无脊椎生物提供食物。不过在他看来，现在这块礁体已经成熟了。“经过持续了5年的精心照料，我已经给水族箱建立了一个完整的食物链，因此，我不必再给它喂食了。”现在唯一要提供的就是人造阳光，卤素能源源不断地燃烧，生成人造阳光倾泻在这块人工礁石上。阳光哺育海藻，海藻养活水生物，水生物养活珊瑚、海绵、蛤蜊和鱼。归根到底，这块礁石是靠电力维持生命的。

高梅兹预测说，当这个礁石群落最终稳定下来时，还会发生进一步的转变。“在我看来，到满10岁之前它还会发生重大的变化。因为到那时候礁石会发生融合。基脚珊瑚开始向下扎根到松散的岩石中，而身处地下的海绵会在底下挖洞。所有这些会整合成一个大型的生命群。”一块有生命的岩石就会从几个生物体种子中发展起来。

大家都没料到，在所有融进这块玩具礁石的生物里面，大约有90%的生物是偷偷“溜”进来的，也就是说，最初的那锅培养液里没有它们的影子。其实，当初那锅培养液里就存在着少量且完全不可见的微生物，只不过直到5年之后，等到这块礁石已经做好了融合的准备，才具备了这些微生物参与融合发展的条件，而在此之前，它们一直隐匿且耐心地漂浮着。

与此同时，某些在初始阶段主宰这块礁石的物种消失了。高梅兹说：“我没有预料到会出现这种情况。这让我非常震惊。生物接连死去。我问自己我到底做错了什么？事实证明我什么也没有做错。这只不过是群落的循环而已。这个群落启动之时需要大量的微藻类。之后的10个月内，微藻类消失。接着，某些开始时很旺盛的海绵消失，另一种海绵却突然冒出头来。就在最近，一种黑色海绵开始在礁石里扎下根。而我却完全不知道它是从哪里来的。正如帕卡德的北美大草原以及温盖特的楠萨奇岛的复原工作，珊瑚礁在组合的初始阶段，而不是在维护阶段，需要某些伴护性物种的帮助。礁石中的某些部分只不过是‘拇指’。”

劳埃德·高梅兹这种建造礁石的技巧在夜校里大受欢迎。对于那些痴心不改的业余爱好者来说，珊瑚礁算得上是一个最新出现的挑战。这些人登记入学，就是为了学会怎样把浩瀚的大洋微缩到100加仑（约378升）。高梅兹的这个微缩盐水系统，把方圆数英里的生物收入一个带附件的大型水族箱里。附件也就是定量给料泵机、卤素灯、臭氧发生器、分子吸附过滤装置，诸如此类的东西。每个水族箱1.5万美元，价格不菲。这套昂贵的设备运转起来，就像真正的海洋一样，清洁、过滤着礁石周围的水体。珊瑚的生存环境需要水溶气体、微量化学元素、酸碱度、微生物种群、光照、波浪模式和温度等种种因素上达到非常精细的平衡。而所有这一切，都是由机械装置和生物制剂的互联网络在水族箱中提供的。按照高梅兹的说法，常见的失误，往往在于试图往生物栖息地塞入超过系统承载能力的生物，或者，正如皮姆和德雷克所发现的，没有按照正确的顺序来引入这些生物。那么，顺序到底有多么要紧？高梅兹的说法是：“生死攸关。”

要获得稳定的珊瑚礁，重要的是要做好最初的微生物母体。夏威夷大学的微生物学家克莱尔·福尔索姆曾经根据他对广口瓶中的微生物培养液所做的研究得出过这样的结论：“任何一种稳定的封闭生态系统的基础，基本上都是某种微生物。”他认为，在任何一个生态系统里，微生物都肩负着“闭合生物元素之环”的作用，使大气与养分能够循环流动。对此，他通过微生物的随机混合找到了证据。福尔索姆做的实验跟皮姆和德雷克做的实验非常相似，唯一的区别就是，他把广口瓶的盖子给封上了。他仿制的不是地球生命的一小部分，而是自给自足的整个地球的自我循环系统。地球上的所有物质都处于某种循环之中（除了些许无足轻重的轻气体的逃逸，以及陨石的少量坠落）。用系统科学的术语来说，一方面，地球在物质上是一个封闭系统。另一方面，从能量或信息的角度来看，地球又是开放的：阳光照射着地球，信息则来来去去。像地球一样，福尔索姆的广口瓶在物质上是封闭的，在能量上是敞开的。他从夏威夷群岛的海湾挖出含盐的微生物样本，把它们用漏斗倒进实验室用的那种1升或者2升的玻璃烧瓶中，然后密封起来，再通过一个采样口抽取少许样本来测量它们的种群比率和能量流，直到它们稳定下来。

如同皮姆发现随机混合物是能够多么轻易地形成自组织的生态系统时一样，福尔索姆也是大吃一惊。他惊讶地发现，即使对封口的烧瓶中生成的封闭营养物质循环回路施以额外挑战，也阻止不了简单微生物群落获得均衡状态。福尔索姆说，在1983年的秋天，他和另外一个叫曹恒信的研究者意识到，封闭式生态系统，“哪怕它的物种类别再少，也几乎都能成活”。而那时，福尔索姆最初的那些烧瓶，有些已经存在了15年。最早的那一瓶是在1968年搭配封装的，到现在已经有25年的时间了。在此期间，没有向里面添加过一点空气、食物或者营养物质。尽管如此，他这一瓶以及所有其他的瓶装生物群落，仅凭着室内的充足光照，在此后多年里仍然生长旺盛。

不过，无论能够生存多长时间，这些瓶装系统都需要一个启动阶段，一个大概会持续60~100天的波动危险期，在此期间任何意外都可能发生。高梅兹在他的珊瑚微生物中也看到了这种情况：复杂性的开端根植于混沌之中。不过，如果复杂系统能够在一段时间的互相迁就之后获得共同的平衡，那么之后就再没有什么能够让它脱离轨道了。

这种封闭的复杂系统到底能够运行多长时间？福尔索姆说，据说巴黎国家博物馆展出过一株1895年封入一个玻璃罐中的仙人掌，正是这个传说激发了他制造“封闭的物质世界”的最初兴趣。他不能证实传说的存在，但据说在过去的一个世纪里，这株仙人掌上覆盖的藻类和苔藓的颜色会依序从绿到黄循环变换。如果这个封闭的玻璃罐能获得光照和稳定的温度，那么，从理论上说，这些苔藓没有理由不能生存到太阳毁灭的那一天。

福尔索姆的封闭微生物迷你世界有它们自己的生活节奏，也真实地反映了我们星球的生活节奏。在大约两年的时间内，它们重复利用自己的碳，从二氧化碳到有机物质，再从有机物到二氧化碳，循环往复。它们保持着一种与外界的生态系统相类似的生物生产率。它们生产出定量的氧气，比地球的氧水平稍高。它们的能源效率与外部大生态系统相当。而且，它们赡养的生物数量显然是不限定的。

福尔索姆从自己的烧瓶世界中得出这样的结论：是微生物——这种细小细胞构成的微型生命，而不是红杉、蟋蟀或者猩猩——进行了最大量的呼吸，产生了空气，最终供养了地球上无穷的可见生物。隐形的微生物基质引导着生命整体的发展进程，并将各种各样的养分环融合在一起。福尔索姆觉得，那些引起我们注意的生物，那些需要我们照料的生物，就环境而言，可能仅仅是一些点缀性的、装饰性的东西。正是哺乳动物肠道中的微生物，还有黏附在树根上的微生物，使树木和哺乳动物在包括地球在内的封闭系统中有了价值。

8.2 邮购盖亚

我的书桌上曾经摆放了一个小小的生态球。它甚至还有一个编号：58262号世界。我不必为我的生态球做什么，只要时不时地看看它就行了。

1989年10月17日下午5点04分， 在突然袭来的旧金山地震中，58262号世界变成了齑粉。在大地的震动中，一个书架从我办公室的墙面上松脱，砸在我的书桌上。一眨眼的工夫，一本关于生态系统的厚重的大册子就把我的这个生态球的玻璃壳压得粉碎，像搅和打碎的鸡蛋那样把它的液体内脏彻底地搅和在一起。

58262号世界是一个人工制作的生物圈，制作者精心地让它达到了一种平衡状态，以求它能够永远生存下去。它是福尔索姆和曹恒信的那些微生物广口瓶的后裔之一。曹恒信是加利福尼亚州理工学院喷气推力实验室（Jet Propulsion Laboratory）为NASA高级生保计划（Advance Life-support Program）工作的研究人员。与福尔索姆的微生物世界相比，他创造出来的世界更具多样性。曹恒信是第一个找到包含动物在内的自维持生物的简单组合的人。他把盐水虾和盐卤藻一起放进了一个永续的密闭环境中。

他的这个封闭的小世界的商业版名称叫作“生态球”，基本上是一个跟大柚子差不多大小的玻璃球。我的58262号世界就是这些玻璃球中的一个。被彻底地封在这个透明球体中的有4只小盐水虾、一团挂在一根小珊瑚枝上的毛茸茸的草绿色水藻，以及数以百万计的肉眼看不见的微生物。球的底部有一点沙子。空气、水或任何一种物质都不能出入这个球体。这家伙唯一摄入的就是阳光。

从开始制作时算起，年头最长的曹氏人造微生物世界已存活了10年。这让人很意外，因为游弋其中的盐水虾的平均寿命通常在5年左右。照理说这些生物能在封闭的环境中一直繁衍下去，但是让这些生物在这样的封闭世界里繁衍生息总归是个难题。当然，个体的盐水虾和盐卤藻细胞会死。获得“永生”的是群体的生命，是一个群落的整体生命。

你可以通过邮购一个生态球，就好像买到一个盖亚或者一种自发生命的实验。当你从塞满填充物的包裹中拆出这样一个球体时，即使经历了剧烈震荡的旅程之后，那些盐水虾看起来仍然很健康。然后，你用一只手托起这个柚子大小的生态球，对着光照，它会闪烁出宝石一样纯净的光芒。这是一个被吹制进瓶子的世界，玻璃在顶部整齐地收拢在一起。

这个生态球就待在那里，生存在它那种脆弱的不朽之中。自然学家彼得·沃肖尔手里有一个第一批制造出来的生态球，一直放在他的书架上。沃肖尔的读物包括一些已故诗人的朦胧诗作、法国哲学家的法语著作，以及关于松鼠分类学的专题论文。对于他来说，自然就是诗歌的一种；生态球则是一个大肆宣传实体的皮质书套。沃肖尔的生态球生活在善意的忽视下，几乎相当于某种不用去照料的宠物。关于他的这种“非嗜好”，沃肖尔写道：“你不能喂虾，不能去除残腐。你也不能去摆弄那些根本就不存在的过滤器、充气机或泵机。你也不能把它打开来用手指去测试水温。你能做的唯一的事情——如果‘做’在这里还是合适的词汇的话，就是观察和思考。”

生态球是一个图腾，一个属于所有封闭的生命系统的图腾。部落民众选出某种图腾物，作为连接灵魂与梦想这两个相互分离世界的桥梁。而生态球，这个被封闭在晶莹剔透的玻璃里面的独特世界，仅凭着“存在”向我们发出邀请，让我们去沉思那些难以把握的图腾似的理念，如“系统”“封闭”，甚至“存活”。

“封闭”意味着与流动隔绝。一个树林边上修剪整齐的花园，独立生活在自然形成的野生状态的包围中。不过，花园生态所处的分离状态是不完全的——是想象多于现实的分离。每一个花园，实际上只是我们都身历其中的更大生物圈的一小部分。水分和营养物质从地下流入其中，氧气和收获物又会从中“流出”。如果没有花园之外的那个持续存在的生物圈，花园自己就会衰败、消失。一个真正的封闭系统，是不会参与外部元素流动的；换句话说，它所有的循环都是自治的。

“系统”意味着相互连通。系统中的事物是相互联结的，直接或者间接地联结到一个共同的命运。在一个生态球世界中，虾吃藻类，藻类靠阳光生存，微生物则靠两者产生的“废料”生存。如果温度上升得太高（超过华氏90度[1]），虾蜕皮的速度就会超过它进食的速度，这样一来它们实际上就是在消耗自己。而如果没有足够的光照，藻类的生长速度就达不到虾所需要的水平。虾摇摆的尾巴会搅动水，从而搅起微生物，让每个小东西都能得到晒太阳的机会。生态球除了个体生命，更有整体生命。

“存活”意味着惊喜。完全黑暗的环境里，一个普通的生态球可以生存6个月，与逻辑预期相反。而另外一个生态球，在一个温度和光线非常稳定的办公室里待了两年之后，突然有一天爆发了繁育潮，在球里平添了30只小虾仔。

不过，静态才是生态球的常态。沃肖尔不经意地写过这样一段话：“有时候你会觉得这个生态球太过平静，和我们匆忙的日常生活形成鲜明的反差。我曾经想过要扮演一次非生物的上帝。拿起它摇晃一阵：来个‘地震’怎么样，你这小虾米！”

对生态球世界来说，像这样时不时地让其公民混乱上一阵，还真的是一件好事。纷扰维护着世界。

森林需要破坏力巨大的飓风来吹倒老树，以便腾出空间让新树生长。

---

1 华氏90度：约32.2摄氏度。

大草原上的流火，可以释放必须经过火烧才能摆脱硬壳束缚的物质。没有闪电和火焰的世界会变得僵硬。海洋既有在短期内形成海底暖流的激情，也有在长期的地质运动中挤压大陆板块和海床的动能。瞬间的热力、火山作用、闪电、风力以及海浪都能够让物质世界焕然一新。

生态球中没有火，没有瞬间的热力，没有高氧环境，没有严重的冲突——即使在它最长的循环周期里也没有。在它的那个小空间里，在数年的时间里，磷酸盐——所有活细胞的重要成分，会跟其他元素非常紧密地结合在一起。从某种意义上说，把磷酸盐剔出这个生态球的循环，就会逐渐减少产生更多生命的希望。在低磷酸盐的环境中，唯一能够繁荣兴盛的只有大块的蓝绿海藻，而且，随着时间的推移，这个物种势必在这些稳定系统中占据主导地位。

给这玻璃世界加点东西，比如能够产生闪电的附件，也许能逆转磷酸盐的沉降，以及摆脱随之而来的蓝绿海藻必然的接手。一年有那么几次，让这个由小虾和藻类组成的平静世界产生几个小时的灾祸，噼啪作响、嘶嘶作声、沸腾起来。它们的休假当然会就此泡汤，但是它们的世界却可以从此焕发青春。

在彼得 · 沃肖尔的生态球中（除他的遐想之外，这个球多年来一直放在那里没人打扰），矿物质已经在球体的内部凝成一层坚实的晶体。从盖亚理论的角度来说，就是生态球制造出了陆地。这块“陆地”（由硅酸盐、碳酸盐以及金属盐组成）之所以在玻璃上形成，是因为电荷的作用，是一种自然形成的电解沉积。唐 · 哈曼尼，那个生产生态球的小公司的主要负责人，对他的小型玻璃盖亚的这种趋势非常熟悉，他半真半假地建议说，可以通过给这个球体焊上一根地线来阻止石化层的形成。

最后，盐晶会因为自身的重量从玻璃球的表面脱落，沉积到液体的底部。在地球上，海底沉积岩的累积，也正是更大范围的地质循环的一部分。碳和矿物质通过水、空气、土地、岩石进行循环，然后重新返回到生命体中。生态球也是如此，它抚育的各种元素，也是通过自身所组成的循环达到了动态平衡。

绝大多数的野外生态学家都感到惊讶，这样一种自我维持的封闭世界居然能够如此简单。看来随着这种玩具式的生物圈的出现，那种可持续的自给自足状态也可以轻易地创造出来，特别是如果你对这种系统维持的到底是哪些生物不太在意的话。可以说，邮购的生态球证明了一个不同寻常的断言：自我维持的系统“主观上”愿意出现。

如果说简单的小型系统唾手可得，那么我们到底能够把这种和谐扩大到什么程度，而不至于失去这样一个除能量输入外完全封闭的自我维持的世界呢？

事实证明，生态球按比例放大后仍很完好。一个巨大的商业版生态球可达200升，这差不多是一个大垃圾箱的容积。在一个直径30英寸的玻璃球里，盐水虾在盐卤藻的叶片间戏水。不过，与通常只有三四只食孢虾的生态球不同，这个巨大的生态球里装了3000只虾，这是一个有自己居民的小月球。大数定律在这里应验；多则意味着不同。更多的个体生命让这个生态系统更具活力。事实上，生态球越大，达到稳定所需的时间就越长，破坏它也就越困难。只要处于正常状态，一个活系统的集体代谢过程就会扎下根，并一直持续下去。

8.3 人与绿藻息息相关

下一个问题显然是，这种与外界流动隔绝的玻璃瓶，到底要多大、里面要装些什么样的活性物质，才能保障人在里面生存？

当人类的冒失鬼冒险穿越地球大气这个柔软的瓶壁的时候，上述的学术问题就具备了现实意义。你能通过保证植物持续存活，来让人类在太空里像虾在生态球里一样持续存活吗？你能把人也封闭在一个受到日光照射、有充足的活物的瓶子里，让他们相互利用彼此的呼吸吗？这是一个值得去探寻的问题。

小学生都知道，动物消耗植物产出的氧气和食物，植物则消耗动物产出的二氧化碳和养料。这是一个美好的景象：一方生产另一方所需要的东西，就好像虾和水藻那样，彼此服务。也许，可以按照植物和哺乳动物对等的要求，以一种正确的方式把它们搭配在一起，它们就能够相互扶持。也许，人也能在一个封闭的容器里找到适合自己的生物体化身。

第一个足够疯狂来做这个尝试性实验的人，是一名苏联莫斯科生物医学问题研究所的研究员。在对太空研究热火朝天的头些年里，叶夫根尼·舍甫列夫[1]于1961年焊了一个铁匣子，匣子的大小足以把他还有8加仑（约36升）的绿藻装进去。舍甫列夫的精心计算表明，8加仑的绿藻在钠灯的照射下可以产生足够一个人使用的氧气，而一个人也可以呼出足够8加仑的绿藻使用的二氧化碳。方程的两边可以相互抵消成为一体。所以，从理论上说，应该是行得通的，至少纸面上是平衡的，在黑板上的演算也非常完美。

但在这个气闭的铁匣子里，情况却全然不同。你不能凭理论呼吸。假如绿藻发育不良，那天才的舍甫列夫也得跟着倒霉；反之，如果舍甫列夫死了，那绿藻也活不下去。换句话说，在这个匣子里，这两个物种几乎是完全共栖的关系，它们自身的生存完全依赖对方的存在，而不再依赖外部那个由整个星球担当，以海洋、空气及各种大小生物构成的巨大保障网络。被封闭在这个匣子里的人和水藻，实际上已经脱离了由其他生命编织起来的宽广网络，形成一个分离的、封闭的系统。正是出于对科学的信念，干练的舍甫列夫爬进了匣子并封上了门。

绿藻和人坚持了整整一天。在大约24个小时的时间里，人吸入绿藻呼出的氧气，绿藻吸入人呼出的二氧化碳。之后腐败的空气把舍甫列夫赶了出来。在这一天临近结束时，最初由绿藻提供的氧气浓度迅速降低。在最后一刻，当舍甫列夫打破密封门爬出来时，他的同事都被他小屋里那令人反胃的恶臭惊呆了。二氧化碳和氧气倒是交换得颇为和谐，但是绿藻和舍甫列夫排出的其他气体，比如甲烷、氢化硫及氨气，却逐渐污染了空气。就好像寓言中那个被慢慢烧开的水煮熟的青蛙，舍甫列夫自己并没有注意到这种恶臭。

舍甫列夫带有冒险色彩的工作，受到了远在北西伯利亚的一个秘密实验室中的其他苏联研究人员的严肃对待，后者继续做了舍甫列夫的工作。舍甫列夫自己的小组能够让狗和老鼠在绿藻系统中最长生存7天。他们不知道，大约在同一时间，美国空军航空医学学院把一只猴子关进了由绿藻

1 叶夫根尼·舍甫列夫（Evgenii Shepelev）：第一位在封闭的生命系统内中生活的人类。构成该系统生物再生部分的只有绿藻。

制造的大气里50个小时。在此之后，舍甫列夫他们把一桶8加仑的绿藻放在一个更大的密封室里，并且调节了绿藻的养料以及光线的强度，创造了一个人在这个气密室里生存30天的纪录！在这个特别持久的过程中，研究人员发现绿藻和人的呼出物并不完全相等。要想保持大气的平衡，还需要使用化学滤剂去除过量的二氧化碳。不过，让科学家感到鼓舞的是，臭臭的甲烷的含量，在12天之后就稳定了下来。

到了1972年，也就是十多年之后，这个苏联的研究团队，在约瑟夫·吉特尔森的带领下，建立了能够支撑人类生存的第三版小型生物栖息地。俄罗斯人管它叫生物圈三号。它的里面很拥挤，仅可供三人生存。4个小气密室里装进了好几桶无土栽培的植物，用氙气灯照射。盒装的人在这些小房间里种植、收获那些作物——土豆、小麦、甜菜、胡萝卜、甘蓝、水萝卜、洋葱和小茴香。他们的食物一半来自这些收获的作物，包括用小麦做出的面包。在这个拥挤、闷热的密封暖房里，人和植物相依为命共同生活长达6个月之久。

这个匣子其实还不是完全密封的。它密封的空气倒是没有气体交换，但它只能再循环95%的水。苏联科学家事先在里面存储了一半的食物（肉类和蛋白质）。另外，生物圈三号不能对人类的排泄物或者厨房垃圾进行回收；生物圈三号的住客只得把这些东西从匣子里排放出去，这样也就排出了某些微量元素和碳。

为了避免所有的碳都在循环中流失，居民把死掉的植物中那些不能吃的烧掉一部分，把它变成二氧化碳和灰烬。几个星期里房间就积累了不少微量气体，源头各有不同：植物、建材还有居民自己。这些气体有些是有毒的，而当时的人们还不知道如何回收这些气体，于是，只好用催化炉把这些东西“烧”掉。

当然，NASA对在太空为人类提供食物和住所也非常感兴趣。1977年，它发起了一个持续至今的计划：受控生态生命保障系统[1]。NASA采

1 受控生态生命保障系统: CELSS，Controlled Ecological Life Support System。

用的是简约式的方法：寻找能够生产人类生存必需的氧气、蛋白质及维生素的最简单的生命形式。事实上，正是在摆弄这些基本系统的过程中，身为NASA一员的曹恒信偶然发现了虽然有趣但在NASA眼中并不是特别有用的虾/藻搭配。

1986年，NASA启动了面包板计划（Breadboard Project）。这个计划的目的是在更大范围内实现那些在桌面上获得的试验结果。面包板计划的管理人找到一个“水星号”宇宙飞船[1]遗留下来的废弃圆筒。这个巨大的管状容器，曾经用作安在“水星号”火箭顶尖上的小型太空舱的压力测试室。NASA给这个双层结构的圆柱体外面添加了通风和给排水管道系统，把里面改装成带有灯具、植物和循环养料架的瓶装住宅。

与苏联的生物圈三号试验的办法一样，面包板计划利用更高等的植物来平衡大气、提供食物。一个人一天能勉强下咽的绿藻实在有限，而且，就算一个人只吃绿藻，绿藻每天能为人类提供的养分也只达到人类所需的十分之一。正是这个原因，NASA的研究人员才放弃了绿藻系统而转向那些不仅能清洁空气，而且还能提供食物的植物。

看起来每个人都不约而同想到了超密集栽培。超密集栽培能够提供真正能吃的东西，比如小麦。而其中最可行的装置，就是各种水培装置，也就是把水溶性的养料通过雾、泡沫的形式传输给植株，或者用薄膜滴灌的方式给那些遮盖了塑料支撑架的莴笋之类的绿叶植物输送养分。这种精心设计的管道装置在狭窄的空间生产出密集的植物。犹他州大学的弗兰克·索尔兹巴利[2]找到了不少精确控制的办法，把小麦生长所需的光照、湿度、温度、二氧化碳以及养料等控制在最佳状态，将小麦的种植密度扩大了100倍。根据野外试验的结果，索尔兹巴利估算出在月球基

1 “水星号”宇宙飞船：美国的第一代载人飞船，总共进行了25次飞行试验，其中6次是载人飞行试验。“水星号”宇宙飞船计划始于1958年10月，结束于1963年5月，历时4年8个月。

2 弗兰克·索尔兹巴利（Frank Salisbury，1926—2015）：1955年获加利福尼亚州理工学院植物生理学/地球化学博士学位，先后在波摩纳学院、科罗拉多州州立大学任教，1966年到犹他州州立大学农业学院担任新建立的植物科学系主任直至退休。研究范围包括开花生理学、雪下植物生长、受控环境下的植物生长（以向宇航员提供食物和氧气），以及植物对地心引力的反应等。

地之类的封闭环境下每1平方米超密集播种的小麦能够产出多少卡路里。他的结论是："一个美式橄榄球场大小的月球农场能够供养100名月球城居民。"

100个人就靠一个足球场大小的蔬菜农场过活！这不就是杰弗逊的那个农业理想国的愿景吗？你可以想象一下，一个近邻的星球聚居着无数带有超大圆顶的村庄。每一个村庄都可以为自己生产食物、水、空气、人以及文化。

然而，NASA在创造封闭的生存系统方面给许多人的感觉是，过于小心谨慎、速度缓慢得令人窒息，而且简约到了令人无法容忍的程度。事实上，NASA这个"受控生态生命保障系统"可以用一个很贴切的词来形容："受控"。

而我们需要的，却是一点点的"失控"。

8.4 巨大的生态技术玻璃球

那种比较合适的失控状态，发端于靠近新墨西哥州圣达菲的一家年久失修的大牧场。20世纪70年代早期，也就是公社体制最繁荣的时代，这家牧场收拢了一群“文化不适应的典型叛道者”。当时，绝大多数公社都在随心所欲地运转，而这个被命名为协作牧场的大牧场并未随波逐流。这个新墨西哥州的公社要求其成员遵守纪律、辛勤劳作。大灾难来临时，他们不是听天由命、怨天尤人，而是致力于研究如何摆脱社会的疾患。他们设想出几个制作巨型“精神方舟”的方案，那异想天开的方舟设计得越是宏大，大家对整个的构想就越感兴趣。

想出这个令人振奋的主意的，是公社的建筑师菲尔·霍斯。1982年，在法国开的一次会议上，霍斯展示了一个透明球体太空飞船的实体模型。这个玻璃球里面有花园、公寓，还有一个承接瀑布的水潭。“为什么仅仅把太空生活看成一段旅程，而不把它当作真正的生活来看待呢？”霍斯问道，“为什么不仿造我们一直游历其中的环境建造一艘宇宙飞船呢？”换句话说，为什么不创造一个活的卫星来替代打造出来的死气沉沉的空间站呢？把地球本身的整体自然环境复制出来，做出一个小型的透明球体在太空中航行。“我们知道，这是行得通的。”富有魅力的牧场领导者约翰·艾伦说道："因为这其实就是生物圈每天在干的事情，我们要做的只不过是找出合适的规模。"

在离开牧场之后，协作牧场的成员仍在继续努力实现这隐秘的生活方舟的梦想。1983年，得克萨斯州的艾德·巴斯，前牧场成员之一，利用家族非常雄厚的石油财富的一部分，为建造这个方舟的实证原型提供了资金。

跟NASA不一样，协作牧场的人解决问题靠的不是技术。他们的想法是尽可能多地在密封的玻璃圆顶屋内添置生物系统——植物、动物、昆虫、鱼、还有微生物，然后依靠初始系统的自我稳定倾向自行组织出生物圈的大气。生命经营的事业就是改造环境使其有益于生命。如果你能把生物聚拢成群落，给它们充分的自由，制造自己茁壮成长所需的条件，这个生物集合体就能够永远生存下去，人们也没有必要知道它们是怎样运转的。

实际上，不仅它们不知道，生物学家也并不真正知道植物到底是怎么工作的——它到底需要什么，又生产了什么——也不知道一个封闭在小屋子里的分布式微型生态系统到底会怎样运转。它们只能依靠分散的、不受控制的生命自己理出头绪，从而达到某种自我加强的和谐状态。

还没有人建造过这么大的生命体。就连高梅兹那时也还没有建造他的珊瑚礁。协作牧场的人对克莱尔·福尔索姆的生态球也只有个模糊的概念，而对俄罗斯的生物圈三号试验的了解就更少了。

这个小团体——如今自称为太空生物圈企业SBV[1]——利用艾德·巴斯资助的数千万美元在20世纪80年代中期设计建造了一个小棚屋大小的实验装置。小棚屋里塞满了植物、一些负责水循环的别致的管道、几个灵敏的环境监控装置的黑箱子，还有一个小厨房和卫生间，当然还有很多玻璃器皿。

1988年9月，约翰·艾伦把自己封闭在这个装置中进行了第一次为期3天的试验。跟叶夫根尼·舍甫列夫那勇敢的一步类似，这也是一次基于

1 太空生物圈企业（SBV - Space Biosphere Ventures）：生物圈二号最早的管理机构，由石油大亨艾德·巴斯提供部分资金。该机构的投资人试图从项目进程中获取商用技术。1996年美国哥伦比亚大学加入，建立生物圈二号中心股份公司。该合资公司将生物圈二号的设施改造成为会议、教学，以及日后短期的不包括人类的人造生态系统研究基地。

信念的行动。虽然是通过理性的推测精选出来的植物，但这些植物作为一个系统怎样才能工作得好，却是完全不受控制的。不像高梅兹一样辛苦钻研生物排序，SBV的家伙只是把所有的东西一股脑儿往里扔。这个封闭的家园至少能依靠某些品种的植物来满足一个人的肺活量。

测试的结果非常令人鼓舞。艾伦在他9月12日的日记中写道："看起来，我们——植物、土壤、水、阳光、夜晚还有我，已经接近了某种均衡。"在这个大气循环达到100%的有限生物圈中，"可能原本都是由人类活动产生的"47种微量气体的含量降到了微乎其微的水平，这是因为小屋子的空气是透过植被和土壤传送的——SBV把这种古老的技术现代化了。跟舍甫列夫的实验不同的是，当艾伦走出来的时候，里面的空气是清新的，完全可以容纳更多的人进去。而对外边的人来说，吸一口里面的空气，就会震惊于它的湿润、浓厚和"鲜活"。

艾伦的试验数据表明，人类可以在这个小屋子里生活一段时间。后来，生物学家琳达·利在这个小屋子里过了三个星期。在21天的独居生活结束之后，她说："一开始我担心自己是否能呼吸里面的空气，不过两个星期之后我几乎不再注意那里的湿气了。事实上，我感到精力充沛，更舒适，也更健康了，也许是因为植物能清洁空气、制造氧气的机制使然，而大气即使在那个小空间里也是稳定的。我觉得这个测试模块完全可以持续两年的时间，而且大气还不出什么问题。"

在这三周的时间里，小屋子里那些精密的监测设备显示，无论是来自建筑材料的，还是来自生物体的，微量气体都没有增加。总体来说，尽管大气是稳定的，但它也很敏感，任何微小的变异都能轻易地引起它的波动。当琳达利在小屋子里动手收红薯的时候，她的挖掘惊扰了制造二氧化碳的土壤生物，慌乱的虫子们暂时改变了实验室中二氧化碳的浓度，这是"蝴蝶效应"的一个实例。在复杂系统中，初始条件的一个小变动都可能被放大，大到大范围地影响整个系统。这个原理通常是这样来说明的：假设南美洲亚马孙河流域的一只蝴蝶扇动了一下翅膀，就会在两周后的美国得克萨斯州引发一场龙卷风。而在SBV封闭的小屋子里，蝴蝶效应是小规模的：琳达利动了动手指，就扰乱了大气的平衡。

约翰·艾伦和另外一位协作牧场人马克·尼尔森设想在不远的将来，将火星空间站建成一个巨型封闭式系统瓶。艾伦和尼尔森逐渐推演出一种名为生态技术的混合技术，这种混合技术是基于机器和活生物体的融合而建立的，旨在支持未来人类外星移民。

他们对上火星的事是极其认真的，而且已经开始解决细节问题了。为了去火星甚至更远的地方旅行，你需要一组工作人员。到底需要多少人呢？军事长官、探险队领队、创业经理以及危机处理中心的人对此早有认识。他们认为，对于任何一个复杂、危险的项目来说，最理想的团队人数是8个人。超过8个人，会造成决策缓慢和耽搁；而少于8个人，突发事件或者疏忽大意就会变成严重的阻碍。艾伦跟尼尔森决定采用8人一组制。

下一步，要想为8个人无限期地提供庇护、食物、水和氧气，这个“瓶装世界”要有多大？

人类的需要是相当确定的。每个成年人每天大概需要半公斤食物，1公斤氧气，1.8公斤饮用水，美国食品及药物管理局（FDA）建议的维生素量，以及十几升用来洗漱的水。克莱尔·福尔索姆从他的小生态圈中得到推算结果。按照他的计算，需要一个半径为58米的球体——一半是空气一半是微生物的混合液——来为一个人提供无限期的氧气供应。接着，艾伦和尼尔森提取了俄罗斯生物圈三号的试验数据，并把它跟福尔索姆、索尔兹巴利以及其他人从密集栽培农业收获的数据结合在一起。根据20世纪80年代的知识和技术，需要3英亩（约1.2万平方米）的土地才能养活8个人。

3英亩！那个透明的容器必须得像阿斯托洛圆顶体育馆[1]那么大了。

1 阿斯托洛圆顶体育馆：耗资3100万美元、于1965年建成是目前世界上最大的一座室内运动场，内部装有冷暖气设备。棒球、足球、赛马，甚至马戏团表演都可以在室内进行。紧邻的阿斯托洛世界（Astro World）是一个规模极大的娱乐中心，游客可以观赏欧洲各种村落的景色，也能够欣赏各类表演。

这么大的跨度至少需要50英尺（约15米）高的穹顶，外面再罩上玻璃，它真会成为一个不寻常的景观。当然也相当昂贵。

不过，它一定会很壮观！他们一定会建成它！凭借艾德·巴斯的进一步资助，他们也做到了，总共追加了1亿美元。这个8人方舟的工程于1988年正式动工。协作牧场的人把这个宏大的工程称为生物圈二号（Bio2），我们地球（生物圈一号）的盆景版。建成这个“盆景”花费了三年时间。

8.5 在持久的混沌中进行的实验

生物圈二号跟地球相比是很小的，但是作为一个完全自足的玻璃容器，在人类眼里，它的规模就很令人震撼了。生物圈二号这个巨型玻璃方舟有机场的飞机库那么大。至于它的形状，你可以想象一艘全身透明的远洋轮船，再把它倒过来就是了。这个巨大温室的密闭性超强，连底部也是密封的——在地下25英尺（约7.6米）的位置埋了一个不锈钢的托盘来防止空气从地下泄露出去。没有任何气体、水或者物质能够出入这个方舟。它就是一个体育馆大小的生态球——一个巨大的物质封闭、但能量开放的系统，只不过要复杂得多。除了生物圈一号（地球）之外，生物圈二号就是最大的封闭式活系统了。

要想创造一个有生命的系统，无论大小，所面临的挑战都令人心生畏惧。而创造一个像生物圈二号这么大的生态奇迹，只能说是一种在持久的混沌中进行的实验。我们面临的挑战有：首先要在几十亿种组件中挑选出几千个合适的物种；然后把它们合理地安排在一起，让它们能够互通有无，以便这个混合物整体能任凭时间流逝而自我维持；还要保证没有任何一种有机体以其他有机体为代价在这个混合体中占据主宰的位置，只有这样，这个整体才能保证它的所有成员都不断地运动，不会让任何一种成分边缘化，同时保证整个活动和大气的成分永远维持在摇摇欲坠的状态。噢，对了，人还得在里面活得下去，也就是说，里面得有东西吃，有水喝，而食物和水，也都要从这个生态圈中获取。

面对这些挑战，SBV决定把生物圈二号的存亡问题托付给这样一条设计原则：生命体那不寻常的多样性能够达成统一的稳定性。而生物圈二号这个“实验”，至少能够为我们理解下面这条在过去的20年间几乎被所有人都认可的假设提供某些帮助：多样性保证了稳定性。它还可以检验某种程度的复杂性是否可以诞生自我延续性。

作为一个具有最大多样性的建筑，在生物圈二号最终的平面设计图中有7个生态区（生物地理的栖息环境）。在玻璃苍穹下，一个岩石面的混凝土山直插穹顶。上面种着移植过来的热带树木，还有一个喷雾系统：这个合成的山体被改造成一片雾林，也就是高海拔地区的雨林。这片雾林向下融入一片高地热带草原（有一个大天井那么大，但是长满了齐腰高的野草）。雨林的一边在一面悬崖边止住脚步，悬崖下探至一个咸水湖，里面生有珊瑚、色彩斑斓的鱼类，还有龙虾。而高地草原则向下延伸到一片更低更干燥的草原上，黑黢黢地布满了多刺、纠结的灌木丛。这个生态区叫作多刺高灌丛，是地球上最常见的动植物栖息地之一。在真实世界中，这种地域对人类来说几乎是不可穿越的（因此也被忽视了），但是在生物圈二号，它却为人类和野生动物提供了一小块隐居地。这片植物丛又通往一小块紧凑湿软的湿地，这就是第5个生态区了，它最后注入了咸水湖。而生物圈二号的最低处是一片沙漠，大小跟一个体操馆差不多。由于这里湿度非常大，所以种植的是从下加利福尼亚州和南美移植来的雾漠植物。在这块沙漠的一边，就是第7个生态区：一块密集农业区和城市区，这里就是8个现代人种植食物的地方。跟诺亚的方舟一样，这里面也有动物。有些是为了作食用肉，有些是为了当宠物养，还有些逍遥自在：在荒野漫游的蜥蜴，鱼以及鸟类。另外还有蜜蜂、番木瓜树、海滩、有线电视、图书馆、健身房和自助洗衣房。乌托邦啊！

这东西规模大得惊人。有一次我去参观他们的建筑工地，有一台18

轮的半挂大卡车朝生物圈二号的办公室开去。司机从车窗里斜探出身子问他们想要把海放在哪里，他拖来了一卡车的海盐，还要在天黑之前把这车东西卸下来。办公室的工作人员指了指工地中心的大洞。在那里，史密森学会[1]的瓦尔特·阿迪正在建造100万加仑（约3785立方米）的海，有珊瑚礁，有湖沼。在这个巨大的水族箱里，有足够紧凑的空间让各种惊喜出现。

造海并不是容易的事情。不信你可以去问高梅兹，还有那些摆弄咸水水族箱的爱好者。阿迪曾经在史密森学会的一个博物馆开馆前给它培养过一些人造的、能够自我再生的珊瑚礁。不过生物圈二号的海极大，它有自己的沙滩。它的一端是一个昂贵的波浪生发泵，给珊瑚提供它们所喜爱的湍流。这个波浪生发泵，还可以按照月亮盈缺的循环周期制造出半米高的海潮。

司机把“海”卸下来了：一堆每包重50磅（约22.6千克）的速溶大海，跟你在水族店里买的没什么两样。稍后，另一辆卡车会从太平洋拉来含有合适微生物（类似发面用的酵母）的启动溶液，搅和好，倒进去。

负责修建生物圈二号野生生物区的那些生态学家属于一个学派。他们认为：土壤加上虫子就是生态学。为了获得想要的那种热带雨林，需要有合适的丛林土壤。为了能在亚利桑那州得到这样的土壤，必须从零开始：用推土机铲一两斗的玄武岩、一些沙子和一些黏土，再撒进去一点合适的微生物，然后混合。生物圈二号中的所有6个野生生态区下面的土壤，都是这样辛苦得来的。“我们一开始没有意识到的是，”托尼·博格斯说，“土壤是活的，它们会呼吸，而且跟你呼吸得一样快。你必须像对待有生命的东西一样对待土壤。最终是土壤控制着生物区系。”

一旦拥有了土壤，你就可以扮演诺亚的角色了。诺亚把所有能活动

1　史密森学会（Smithsonian Institution）：遵照英国科学家詹姆斯·史密森的遗嘱，时值50万美元（约合2008年的1000万美元）的遗产在1836年被馈赠给美国政府，史密森尼学会在8年后设立。今天，史密森尼学会已成为世界上最大的博物馆系统和研究机构联合体，拥有19处博物馆和动物园，以及9个研究中心。

的东西都弄上了他的方舟，这种做法在这里肯定是行不通的。生物圈二号封闭系统的设计者不断地返回到那个让人又气恼又兴奋的问题上：生物圈二号到底应该吸纳哪些物种？现在问题已经不仅仅是“我们需要什么样的有机体才能正好满足8个人的呼吸”了。现在的难题是“我们得选什么样的有机体才能对应上盖亚？”什么样的物种组合，才能生产出供呼吸的氧气、供食用的植物、喂养食虫植物（如果有的话），以及供养食用植物的物种？我们如何才能随便用有机体编织一张自我支持的网络？我们怎样才能启动一种共同进化的回路？

几乎可以任举一种生物为例。绝大多数的水果都需要昆虫来授粉，所以如果希望生物圈二号里有蓝莓，就需要蜜蜂。但是要想让蜜蜂在蓝莓准备好授粉的时候飞过来，就要让它们在其他季节也有花采。可如果要为蜜蜂提供足够的应季花朵以免它们饿死，那其他植物就没地方摆了。那么，也许可以换另外一种同样能够授粉的蜂？你可以用草蜂，一点点花就能养活它们。可是它们不去为蓝莓及其他几种想要的果实授粉。那么，蛾子呢？以此类推，你就会一直在生物目录上这么找下去了。要分解枯朽的木本植物，白蚁是必需的，但人们发现它们喜欢吃窗户边上的密封胶。那么，又到哪里去找一种能够替代白蚁同时又能和其他生物和平共处的益虫呢？

“这个问题挺棘手，”这个项目的生态学顾问彼得·沃肖尔说，“想要挑出100种生物，然后让它们组成一个‘野生环境’，哪怕从一个地方来挑，也是相当难的事情。而在这里，因为我们有这么多的生态区，我们得从世界各地把它们挑出来混合在一起。”

为了要拼凑起一个合成生态区，六七个生态学家一起坐下来玩这个终极拼图游戏。每个科学家都是某个领域的专家，他们熟悉哺乳动物、昆虫、鸟类、植物等。尽管他们了解一些莎草和池蛙的情况，但是他们的知识很少是可以系统地加以利用的。沃肖尔叹息道：“如果什么地方能有一个关于所有已知物种的数据库，里面列出它们的食物和能量要求、生活习性、所产生的废物、相伴物种、繁育要求诸如此类的东西就好了。但是，现在连与之稍微有点类似的东西都没有。就是对那些相当常见的物种，我们了解的也很少。事实上，这个项目让我们看到，我们对任何物种都所知甚少。”

在设计生态区的那个夏天，亟待解决的问题是：“呃，一只蝙蝠到底要吃多少蛾子？”到最后，选出1000多种较高等生物的工作，实质上成了有根据的猜测和某种“生物外交活动”。每一个生态学家都列了一个长长的待选名单，里面有他们最中意、可能是最多才多艺、最灵活的物种。他们的脑子里满是各种相互冲突的因素——加号、减号，喜欢跟这家伙在一起，又跟那个处不到一块。生态学家推测生物竞争对手的竞争力。他们为帮助生物争取水和日照的权利而斗争。就好像他们是大使，为了保护他们所选出的那些物种的地盘不被侵占而进行着外交努力。

“我的海龟需要那些从树上掉下来的果实，越多越好，”说这话的是生物圈二号的沙漠生态学家托尼·博格斯，“可是海龟会让果蝇无法繁育，而沃肖尔的蜂鸟需要吃果蝇。我们是不是应该种更多的树来增加剩余果实的数量，要不就把这块地方用作蝙蝠的栖息地？”

于是，谈判开始了：如果我能为鸟类争取到这种花，你就可以保留你的蝙蝠。偶尔，彬彬有礼的外交活动也会变成赤裸裸的颠覆行为。管沼泽的人想要他挑的锯齿草，可沃肖尔不喜欢他的选择，因为他觉得这个物种太富有攻击性，而且会侵略到他照看的那片干地生态群系。最后，沃肖尔向管沼泽的人的选择做了有条件的让步，然后半真半假地找补了一句：“噢，反正也没有什么大不了的，因为我正准备种些高点的大象草来遮住你的那些东西。”管沼泽的人回敬说他正准备种松树，比这两个都高。沃肖尔开怀大笑，发誓说他一定会在边缘地带种上一圈番石榴树作为防御墙，这种树倒是不比松树高，可是它长得快，而且要快得多，可以提前占领这个生态位。

物物相关使规划成了一场噩梦。生态学家喜欢采用的做法是，在食物网络中设立冗余的路径。如果每个食物网络中有多条食物链，那么，假设沙蝇都死了，还有其他的东西可以成为蜥蜴的备选食物。所以说，他们的做法不是要去跟那个纠结复杂的相互关系网斗争，而是去发掘它。而要做到这一点，关键就是要发现具备尽可能多的替代能力的生物体，只有这样，当物种的某种角色不起作用了，它还有另外一两个方法来完善某个物种的循环回路。

“设计一个生态群系，实际上是一个像上帝一样去思考的机会，”沃肖尔回忆说。作为一个上帝，能够从无中生出某种有。可以创造出某些东西—— 某些奇妙的、合成的、活生生的生态系统，但是对其中到底会进化出什么，是控制不了的。所能做的唯一的事情，就是把所有的部件都归拢到一起，然后让它们自己组装成某种行得通的东西。瓦尔特 · 阿迪说："野外的生态系统是由各种补丁拼凑起来的。你向这个系统中注入尽可能多的物种，然后让这个系统自己去决定它到底想要哪些物种补进来。”事实上，把控制权交出去已经成为“合成生态学 ”的原则之一。“我们必须接受这样一个事实，”阿迪继续说，“蕴含在一个生态系统中的信息远远超过了我们头脑中的信息。如果我们只对我们能够控制和理解的东西进行尝试，我们肯定会失败。”所以，他警告说，自然生成的生物圈二号生态，其精确的细节是无法预测的。

可细节却是至关重要的东西。8条人命就将放置在这些形成生物圈二号的整体的细节上。生物圈二号的建造者之一托尼 · 博格斯为沙漠生态群系订购了沙丘上的沙子，并让卡车运进来，因为生物圈二号有的只是建筑用沙，而对陆龟来说，这种沙子太尖利，会划破它们的脚。“你必须好好地照顾你的龟，这样它们才能照顾好你。”他说这话的时候有一种神父一样的语气。

在建造生物圈二号头两年中，那些到处乱跑、照顾着这个系统的生物数量非常少，因为没有足够的野生食物来让它们大规模地生存。沃肖尔几乎没有把像猴子一样的非洲婴猴放进去，因为他不能肯定初生的洋槐能否为它们提供足够的咀嚼物。最后他放了4只婴猴在里面，又在方舟的地下室里存放了几百磅救急用的猴嚼谷。生物圈二号的其他野生动物居民还有豹纹龟、蓝舌石龙子（“因为它们是通才 ”——不挑食）、各种蜥蜴、小雀类，以及袖珍绿蜂鸟（为了授粉的需要）。“绝大多数的物种都是袖珍型的，”在封闭之前，沃肖尔告诉《发现》杂志的记者，“因为我们确实没有那么大的空间。事实上，最理想的是，我们能连人也弄成袖珍的。”

这些动物并不是一对一对地放进去的。“要想保障繁殖，雌性的比例应该高一点，”沃肖尔告诉我，“原则上，我们想让雌性和雄性的比例达到5:3。我知道主管约翰·艾伦说的8个人——4男4女，这对人类的新建殖民地和繁殖来说是最小的规模了，但是从符合生态学而不是符合政治观点来看，生物圈二号的组员其实应该是5个女性、3个男性。”

有史以来第一次，创造一个生物圈的谜题逼得生态学家不得不像工程师那样去考虑问题了：“需要的东西都齐了，用什么样的材料才合适？”与此同时，参与这个计划的工程师，则不得不像生物学家那样去思考问题：“这可不是土，这是活物！”

对生物圈二号的设计者来说，一个难以解决的问题是为雾林造雨。降雨很难。最初的计划比较乐观，就是在覆盖丛林分区的85英尺（约26米）高的玻璃屋顶的最高处安一些冷凝管。这些冷凝管会凝结丛林中的湿气，形成温和的雨滴降下，形成真正的人工雨。但是，早期的测试表明，这种方式获得的雨水出现的次数非常少，而一旦出现，又太大且具有摧毁性，根本不是计划中的那种植物所需的温柔持续的雨水。第二个获得雨水的计划热切地寄希望于固定在上空框架上的洒水装置，但事实证明这个办法简直是维护方面的噩梦：在两年的时间里，这些被打了精细小孔的喷雾装置肯定需要疏通或更换。最后的设计方案是在散置在坡面上的水管末端装上水雾喷头，然后把“雨水”从这些喷头里喷出来。

生活在一个物质封闭的小系统里面，有一点未曾预料到，那就是水不仅不缺，而且还颇为充裕。在大约一周的时间里，所有的水都完成了一次循环，通过湿地的处理区中微生物的活动而得到了净化。当用水量加大时，也不过是稍微加快了水进入循环的速度。

生命的任何领域都是由数不清的独立的回路编织而成的。生命的回路——物质、功能和能量所遵循的路线——重重叠叠、横七竖八地交织起来，形成复杂的网络，直至脉络难辨。显现出来的只有由这些回路编结而成的更大的网络。每个回路都使其他回路变得更强，直至形成一个难以解开的整体。

这并不是说，在包裹得严严实实的生态系统中，就没有什么灭绝的事情发生，一定的灭绝率对进化来说是必要的。之前在做部分封闭的珊瑚礁的时候，瓦尔特·阿迪所得到的物种流失率大概是1%。他估计在第一个两年周期结束的时候，整个生物圈二号中的物种会有30%~40%的下降（我在写这本书的时候，耶鲁大学的生物学家还没有完成物种流失的研究，目前正在清点生物圈二号重新开放之后的物种数量[1]。）

不过阿迪相信，他已经学会如何保证和维护多样性了："我们所做的，就是塞进去比我们希望能活下来的物种数量更多的生物。这样流失率就会降下来，特别是昆虫和低等生物。之后，等到新的一轮开始的时候，我们就再过量地往里塞，不过换一些有些许差别的物种——这是我们的第二次猜想。可能会发生的情况是，这一次还是会有大比例的流失，也许是四分之一。但是我们在下一次封闭的时候再进行重新注入。每一次，物种的数量都会稳定在一个比上一次高一点的水平上。而系统越复杂，它所能容纳的物种就越多。当我们不断这样做下去的时候，多样性就确立起来了。而如果你把生物圈二号在最后所能容纳的物种都在第一次就放进去，这个系统就会在一开始就崩溃。"可以说，这个巨大的玻璃瓶其实是个多样性的泵机——它能保证和丰富物种多样性。

留给生物圈二号的生态学家的一个巨大问题是，如何以最佳方式启动初始多样性，使它成为后续多样性成长的杠杆。这个问题，跟如何能把所有动物都装到方舟上去的实际问题是紧密相关的。你要怎么做，才能把3000个互相依存的物种塞到生态群里去——还得是活着的！阿迪曾经提出过一个建议：用缩写一本书的方法压缩整个生态群系，然后把它挪进

1 生物圈二号的物种流失：由于物种关系失调，热带雨林植物和葡萄藤在高二氧化碳浓度下过度生长；所有传播花粉的昆虫消失，大多数植物灭亡；外来侵入的蚂蚁及其依生生物以及微生物成为独占物种；引入的25种脊椎动物有19种消失。

生物圈二号那个相对来说缩小了的空间，也就是说，选择分散在各处的精华，然后把它们融合进一个取样器。

他在佛罗里达州的埃弗格莱兹地区选了一块30英里（约48千米）长的优良的红树林沼泽，把该沼泽一格格地勘查了一遍。按照盐分含量的梯度，大约每半英里就挖一块方红树根[4英尺深、4平方英尺大(约1.2米深、0.37平方米)]。把这一带的多叶枝条、根、泥及附着在上面的藤壶样本装箱拉上岸，每一块分段取出的沼泽样本的含盐量都因其中稍有不同的微生物而略有不同。在和一些把红树认作芒果[1]的农业海关人员长时间谈判后，这些沼泽样本被运回了亚利桑那州。

就在这些来自大沼泽区的泥块等着被放进生物圈二号的沼泽的同时，生物圈二号的工人把水密箱和各种管道组成的网络勾连起来，使其形成一个分布式的咸水湖。然后，大约30块立方体就被重新安放在生物圈二号里。开箱之后重新形成的沼泽只占了小小的（90×30）平方英尺[约（27×9）平方米]的地方。不过在这个排球场大小的沼泽中，每个部分都生活着越来越多的嗜盐微生物的混合体。这样一来，从淡水到盐水的生命流就被压缩到一个鸡犬相闻的范围之中了。对于一个生态系统来说，要运用与此类似的方法，规模是其关键问题的一部分。比如说，当沃肖尔鼓捣那些用来制造一个小型稀树草原的各部分的时候，他摇着头说："我们最多也就把大约一个系统中的十分之一的物种搬进了生物圈二号。至于昆虫，这个比例差不多接近百分之一。在西部非洲的一片稀树草原上会有35种虫子。而我们这里最多也就3种。所以，问题在于：我们到底是在弄草原还是在弄草坪？这当然要比草坪强……可到底能强多少，我就不知道了。"[2]

1　红树认作芒果：英语中，红树（mangroves）和芒果（mangoes）的拼写很接近。

2　生物圈二号的结局：经过两年半的实验，生物圈二号宣告其长期维持8个人生存的努力失败。原因主要有化学元素循环平衡失调、物种关系失调、水循环失调、食物短缺等。2005年，该工程被出售，现在已用于观光和社区建设。

坏性更小的合成生态。

当这些生态学家存心装配第一个合成生态的时候，他们尝试着设计了几条他们觉得对于创造任何活的封闭生物系统都非常重要的指导原则。生物圈二号的制造者把这些原则称为“生物圈原则”。创造生物圈的时候要记住：

◎ 由微生物去做绝大部分的工作；

◎ 土壤是有机体，是活的，会呼吸；

◎ 创造“冗余”（多余）的食物网络；

◎ 逐步地增加多样性；

◎ 如果不能提供一种物理功能，就需要一个类似的模拟功能；

◎ 大气会传达整个系统的状态；

◎ 聆听系统：看看它要去哪里。

雨林、冻土带、沼泽本身并不是自然的封闭系统：它们相互之间是开放的。我们所知道的唯一的自然封闭系统，整体来看是地球，或者说是盖亚。说到底，我们对创造新的封闭系统的兴趣，其实还是在于调配出拥有自己生命的生态系统的实例，这样我们就能概括它们的表现，从而去理解地球系统，理解我们的家园。

在封闭系统中，共同进化的多样性得到了集中体现。把虾倒进一个烧瓶里然后堵塞瓶口，就好像是把一条变色龙扔进了一个镜像瓶，然后堵上入口。这条变色龙会对它自己生成的形象做出反应，就好像虾会对它自己形成的氛围做出反应一样。封了口的瓶子——当内部的回路编织成形然后又变得紧凑之后——就会加速其内部的变化及进化。这种隔绝就跟陆栖进化的隔绝一样，培育着多样性和显著的差异性。

不过，最终，所有的封闭系统都是会被打开的，至少会出现泄露。我们可以肯定的是，无论哪一个人工制造的封闭系统都或早或晚地会被打开。生物圈二号大约每年会封闭、打开一次。而在宇宙中，在星系时间的尺度内，星球的这种封闭体系也会被穿透，以交叉的方式相互提供生命种子——彼此交换一下物种。宇宙的生态类型是：封闭系统（各星球）中的某个星系，像被锁在镜像瓶里的变色龙那样疯狂地发明着各种东西。而时不时地，从一个封闭系统中产生出来的奇迹，就会给另外的一个封闭系统带来震撼。

在盖亚，我们所建造的那些在短暂的时间内处于封闭状态的小盖亚，绝大多数其实都只是有指导意义的辅助物。它们是为了回答一个基本问题建造出来的模型：我们对地球上这个大一统的生命体系到底能产生什么样的影响，发挥什么样的作用？有没有我们可以达到的控制层面？或者，盖亚根本就不受我们控制？

第九章

OUT OF CONTROL

“冒出”的生态圈

9.1 一亿美元玻璃方舟的副驾驶

“我觉得自己仿佛身处遥远的太空。”罗伊·沃尔福德通过视频连线对记者说。1991年9月26日至1993年9月26日，方舟进行了首次为期两年的封闭实验，罗伊是住在生物圈二号里的人之一。在那段时间里，8个人，或者说8个生物圈人断绝了与地球上一切其他生命的直接联系，远离了由生命推进的所有实实在在的物质流，他们在袖珍盖亚中构建了一个与世隔绝的、自治的生命圈，并生活在其中。他们仿佛住进了太空。

沃尔福德身体健康，但是却奇瘦无比，给人没吃饱饭的感觉。在那两年里，所有的生物圈人都没有吃过饱饭。他们的超微型农场一直受到虫害的困扰。由于他们不能向这些肆虐的小动物喷洒农药——否则稍后就得饮用蒸馏过的水，所以他们只能忍饥挨饿。绝望的生物圈人曾一度匍匐在马铃薯的垄沟，用便携式吹风机驱赶叶片上的小虫，但是没有成功。结果，他们总共失去了5种主食作物。其中一位生物圈人的体重更从208磅（约94.35千克）骤减至156磅（约70.76千克）。不过，他为此做了充分的准备，随身带了几件刚来时穿还嫌太小的衣服。

一些科学家认为，一开始就让人类生活在生物圈二号中并不是最有效的方式。自然学家顾问彼得·沃肖尔说：“作为一名科学家，我更赞同第一年只把最底层的两三种生物封闭其中：放入单细胞微生物以及更低等的生物。我们可以观察这个微生物小宇宙是如何调节大气的。接下来，再把所有东西都放进去，把系统封闭一年，比较其间的变化。”一些科学家认为，难以伺候的现代人类根本就不应该进入生物圈二号，人类在里面仅仅是增添了一些娱乐色彩。还有许多科学家确信，相比发展人类在地球以外生存技术的实用目标而言，生态研究毫无意义。为了评判在这个项目的科学意义和进程安排上的对立观点，生物圈二号的资助者艾德·巴斯先生授权成立了一个独立的科学顾问委员会。1992年7月，他们递交了一份报告，肯定了这项实验的双重意义。报告阐述如下：

> 委员会认识到，生物圈二号工程至少能对两大科学领域做出显著贡献。其一，让我们了解封闭系统的生物地球化学循环。从这个角度来说，生物圈二号比以往所研究过的封闭系统都要大得多，也复杂得多。在以往的研究中，人类除去对系统进行观察和测量外，并没有必要出现在封闭系统中，因而其重要性也有所折扣。其二，让我们获得了在封闭的生态系统中维持人类生存和生态平衡的知识和经验。综上所述，人类的存在正是这项实验的核心。

作为后一种情况的例子，人类居住在封闭系统里的第一年，就产生了一个完全出乎意料的医学结果。对这群与世隔绝的生物圈人的血常规测试表明，他们血液中的杀虫剂和除草剂含量增加了。因为生物圈二号里任何一个环境因素都受到持续而精确的监控，可以说是有史以来受监控程度最严密的环境，所以科学家知道这里面不可能存在任何杀虫剂或是除草剂。他们甚至在一位曾经在第三世界国家生活过的生物圈人的血液里，找到了美国20年前就禁止使用的杀虫剂成分。根据医生的推测，由于日常食物有限，生物圈人的体重大幅度下降，于是开始消耗过去储存在体内的脂肪，导致几十年前残留在脂肪中的毒素被释放出来。在生物圈二号建成之前，精确测试人体内的毒素并没有什么科学意义，因为没有办法严格控制人们的饮食，也无法控制人们呼吸的空气和接触的事物。但现在有办法了。生物圈二号不仅提供了一个精确追踪生态系统中污染物质流向的实验室，也提供了一个精确追踪污染物在人体内流动的实验室。

人体本身是一个巨大的复杂系统——尽管我们有先进的医学知识，但是仍未被探明，我们只能将其孤立于更加复杂的生命之外加以适当的研究。生物圈二号是进行这项研究的极好方式，但是科学顾问委员会却忽略了人类进入的另一个理由，这个理由在重要性上堪比为人类进入太空做好准备；这个理由事关控制与辅助。人类将充当“通往思想之路的拇指”，成为初期到场的伴护，一旦过了那个阶段，也就不需要人类了。封闭的生态系统一旦稳定下来，人类便不是必不可少的了，不过，人类可能有助于稳定系统。

例如，从时间成本的角度看，任何一位科学家也负担不起这样的损失：任由苦心经营多年才涌现出的生态系统随时可能自行崩溃，不得不从头再来。而生活在生物圈里的人类可以将这个封闭系统从灾难的边缘拉回来；只要他们测量并记录自己的所作所为，就不违背科学研究的宗旨。在很大程度上，生物圈二号这个人造的生态系统遵循着自己的线路运行，当它滑向失控状态或者停止运转时，生物圈里的人可助其一臂之力。他们与这个涌现出来的系统共享控制权。他们是副驾驶。

生物圈人共享控制权的方式之一，是起到“关键捕食者”[1]的作用——生态抑制的最后一招。超过生态位[2]的植物或动物数量都受到人类的“仲裁”，保持在合理的范围内。如果薰衣草灌木丛生长过旺，生物圈人就手起刀落，把它们劈回到合适的密度。当热带稀树草原上的草疯长，挤占了仙人掌的生存空间，他们就拼命除草。事实上生物圈人每天要花几个小时的时间在野地里除草（还不算他们在庄稼地里除草的时间）。阿迪

1 关键捕食者（keystone predators）：指生物群落中，处于较高营养级的少数物种，其取食活动对群落的结构产生巨大的影响，被称为关键种，关键捕食者或称顶级捕食者，去除后会对群落结构产生重大影响。

2 生态位（ecological niche）：又称小生境，是一个既抽象而含义又十分广泛的生态学概念，主要含义是自然生态系统中种群在时间、空间上的位置及其与相关种群之间的关系。1910年，美国学者R. H. 约翰逊第一次在生态学论述中使用生态位一词。

说：“你想要建立多小的合成生态系统都随你。不过，你建立的系统越小，人类作为操刀手的作用就越大，因为他们必须表现出比施加于生态群落上的自然力量更强大的力量。我们从自然中获得的施予令人难以置信的。”

我们从自然中获得的施予是令人难以置信的，这是参与生物圈二号的自然科学家一次又一次发出的信息。生物圈二号最缺少的生态施予就是扰动。突如其来不合时宜的大雨、风、闪电、轰然倒下的大树、出乎意料的事件，等等。正如同在那个迷你的“生态球”中一样，不论是温和也好还是粗暴也好，自然都需要一些变化。扰动对养分循环来说至关重要。突如其来的一场大火可以催生出一片大草原或者一片森林。彼得·沃肖尔说：“生物圈二号中的一切都是受控的，但是大自然需要狂野，需要一点点的混乱。用人工来产生扰动是一件昂贵的事情。另外，扰动也是一种沟通的方式，是不同的物种和不同的小生境间彼此打招呼的方式。诸如摇晃这样的扰动，对最大化小生境的效率来说也是必不可少的。而我们这里没有任何扰动。”

生物圈二号中的人类就是扰动之上帝、混乱之代表。作为驾驶员，他们有责任共同控制方舟，而从另一个角度讲，他们也有责任不时制造一定的“失控”状态，做个“破坏分子”。

沃肖尔负责在生物圈二号里制造微型热带草原以及针对它的微小扰动。他说，热带草原在周期扰动的情况下进化，时不时地需要自然助力。热带草原上的植物都需要一些扰动，要么经过火的洗礼，要么遭到羚羊的啃噬。他说：“热带草原对扰动非常适应，以至于没有了扰动，它就难以维持下去。”接着他开玩笑说，可以在生物圈二号的热带草原上立一块标牌，上面写着“欢迎打扰”。

扰动是生态的必要催化剂，但是在生物圈二号这样的人工环境中复制这样的扰动却不便宜。搅动湖水的造波机既复杂、嘈杂，又昂贵，还没完没了地失灵；更糟糕的是，它只能制造非常规则的小波动——产生最小的扰动。生物圈二号地下的巨大风扇推动四周的空气，模拟风的运动，但是这样的风却几乎吹不动花粉。制造能够吹动花粉的风昂贵得让人咋舌，而火带来的烟雾也会熏倒里面的人类。

沃肖尔说："如果我们真的要把这个工程做得完美的话，就要为青蛙模拟雷电现象，因为大雨倾盆和电闪雷鸣能刺激它们繁殖。不过我们真正模拟的不是地球，而是在模拟诺亚方舟。事实上，我们要问的问题是，我们究竟可以切断多少联系，还能保证一个物种的生存？"

"还好，我们还没有垮掉！"瓦尔特·阿迪轻声笑道。尽管一直与世隔绝，接触不到大自然的施舍，他在生物圈二号创建的模拟珊瑚礁以及在史密森尼[1]的模拟沼泽地都还茁壮成长（某人曾对着它开大了水龙头，使其经历了一场暴风雨）。阿迪说："只要处置得当，它们是很难被杀死的——即便偶尔处置不当也没关系。我的一个学生有一天晚上忘了拔掉史密森尼沼泽地的某个插头，致使盐水淹没了主电路板，凌晨两点的时候整个东西都炸飞了。直到第二天下午我们才修复了沼泽的抽水机，但是沼泽却活下来了。我们不知道，如果人被这么折腾的话，能活多久。"

1 史密森尼（Smithsonian）：这里指史密森尼学会位于美国华盛顿地区的博物馆群。

9.2 城市野草

生命在生物圈二号中不断繁衍，生生不息。生态瓶里肥沃富饶，生机勃勃。在生物圈二号头两年诞生的幼崽中，最引人注目的是系统关闭后头几个月里诞生的夜猴。2只非洲矮山羊孕育了5个小生命；奥萨博岛猪[1]产下了7只小猪；一条格纹交错的乌梢蛇在雨林边缘淡黄色地带迎来了她的3个小宝宝；蜥蜴把众多的蜥蜴宝宝悄悄藏在了沙漠岩石下面。

不过，所有的大黄蜂都死了，4只蜂鸟也都死了，围湖里的一种珊瑚（共有40支）也走向“灭绝”，仅存一支。所有的蓝带雀还在过渡笼里时就都死了，也许亚利桑那州异常多云的冬天太冷了，它们受不了。生物圈二号内的生物学家琳达·利很伤感，她想，如果早点把它们放出来，说不定它们能自己找到一个温暖的角落藏身。此时，人类成了懊悔的神。而且，命运始终具有讽刺意味。在系统封闭之前，3只英国麻雀偷偷地溜进来，成了不速之客，在这里快乐地生活。琳达·利抱怨说，麻雀既傲

---

1 奥萨博岛猪（Ossabaw Island pig）：生活在美国佐治亚州海岸对过不远的奥萨博岛，由400年前从西班牙引进、逃入岛东南树林的猪种野化繁衍而成，属濒危猪种。其特点为矮小，耳尖，喙长，皮厚，脂肪多，有黑、斑点黑、白、红、褐5种颜色，保有西班牙猪种的遗传特征。为适应该岛春季食物短缺的生态，该猪种形成了独特的脂肪代谢系统，并在储存大量脂肪的同时，患有低度、非胰岛素依赖的糖尿病，是医学实验的理想品种。

慢又吵闹，甚至一意孤行、粗鲁不堪，而蓝带雀优雅、安静，是悠扬的歌唱家。

斯图尔特·布兰德有一次在电话里刺激琳达·利："你们这些人怎么回事？为什么不顺其自然呢？留着麻雀吧，别再想那些蓝带雀了！"布兰德极力推荐进化论：找到活下来的生物，任其自然繁殖。让生物圈自行发展。琳达·利坦白地说："第一次听斯图尔特这么说时，我被吓了一跳，不过，我越来越赞同他的说法。"问题是，不速之客不仅有麻雀，还有生长在人工热带大草原上的霸道的藤蔓、沙漠上的热带草原草、无处不在的蚂蚁，以及其他不请自来的生物。

城市化导致边缘物种[1]的出现。当今世界分裂成一个个的小斑块，存留下来的荒野则被分割成岛屿，那些能够繁衍生息的物种最适合在斑块间的区域茁壮成长。而生物圈二号就是各种边缘地带的紧缩合集，它单位面积所包含的生态边缘比地球上任何一个地方都要多。不过它既没有所谓的中心地带，也没有幽暗的地下世界。欧洲的大部分地区、亚洲的许多地方，以及北美洲东部都在逐渐显露出这个特点。边缘物种都是些机会主义分子：乌鸦、鸽子、老鼠和杂草，它们在世界各地的城市边缘随处可见。

林恩·马基莉斯，这位直言不讳的斗士、盖亚理论的合著者，在生物圈二号封闭以前就对它的前景做出了预言。她告诉我："这个系统最终将被'城市野草'所覆盖。""城市野草"是指那些活跃在人类制造出来的一块块栖息地边缘的各种动、植物，它们随遇而安。而生物圈二号正是最典型的斑块化的荒野。根据马基莉斯的推测，当你最终打开生物圈二号大门的时候，你会发现里面到处都是蒲公英、麻雀、蟑螂和浣熊。

人类的任务就是防止这一切的发生。利说："如果我们不干预的话——就是说，没有人铲除那些过于成功的物种，那么我相信生物圈二号可能会朝林恩·马基莉斯预言的方向发展：最终成为狗牙草和绿头鸭

1　边缘物种：指生活于群落交错区里的生物。

的世界。不过，因为我们在做有选择的砍伐，我想，这种结果不会发生，至少在短期内不会。”

我个人心存疑惑，不知道生物圈人能否操控由3800个物种自然生成的生态系统。在最初的两年里，云雾缭绕的沙漠变成了雾气笼罩的灌木丛——其湿度高于预期，草儿们喜欢这里，疯长的牵牛花藤越过了雨林的天蓬。为了能按自己的心愿发展，这3800个物种采取迂回、智取、暗箱操作等各种战术，一步步瓦解了生物圈人想要成为“关键捕食者”的目标。那些随遇而安的物种十分有韧劲，何况天时、地利、人和，它们怎么会走呢？

以弯喙矢嘲鸫为证。有一天，一位来自美国鱼类和野生动物部门的官员出现在生物圈二号的玻璃窗外。蓝带雀的死亡上了电视新闻，动物权益活动家不停地拨打他办公室的电话，希望他能够履行职责前来察看，看看生物圈二号里的蓝带雀是不是他们从野外捕获并带到那里致死的。生物圈人向这名官员出示了收据和其他证明文书，证明已故的蓝带雀不过是笼养的店售宠物，其身份符合野生动物部门的规定。“顺便问一句，你们这里还有什么其他种类的鸟？”他问他们。

“现在只有一些英国麻雀外加一只弯喙矢嘲鸫。”

“你们有没有饲养矢嘲鸫的许可证？”

“呃，没有。”

“你们应该知道，根据《候鸟协定》，圈养矢嘲鸫是违反联邦法律的。如果你们故意圈住它，我必须给你们开一张传票。”

“故意？不，你误会了。它是一名偷渡客，我们想方设法要把它赶出去，也试过利用一切能够想到的办法来诱捕它。以前我们没想让它进来，现在也不想让它留在这里。它吃了我们的蜜蜂、蝴蝶，还有一切它找得到的昆虫。如今，昆虫已经所剩无几了。”

监督官和生物圈人在厚厚的气密玻璃两侧面对面地交谈。尽管他们近在咫尺，却需要通过步话机谈话。这场梦幻般的对话仍在继续。生物圈人说：“瞧，即使我们把它抓住了，也没法把它放出去。我们还要被封闭在这里一年半呢。”

“噢。嗯，我知道了。”监督官停了一下，“那好，既然你们不是有意把它圈起来的，那我就给你们发一张圈养矢嘲鸫的许可证，你们可以在开启系统以后，再把它放出来。”

有没有人愿意打赌它永远也不会出去?

顺其自然就好。不同于脆弱的蓝带雀，精力充沛的麻雀和倔强的矢嘲鸫都爱上了生物圈二号。矢嘲鸫自有它迷人的魅力，清晨，它的妙曼歌声飘越荒野；白天，它为劳动中的“关键捕食者”喝彩。

生物圈二号里自行交织在一起的杂乱生物都在奋力抗争。这是一个共同进化的世界，生物圈人不得不和这个世界一起进化。而生物圈二号正是专为测试一个封闭系统如何共同进化而建造的。在一个共同进化的世界里，动物栖居的大气环境及物质环境和动物本身一样，适应性越来越强，也越来越栩栩如生。生物圈二号是一个试验平台，用来揭示环境如何统治浸入其中的生物，以及生物如何反过来支配环境。大气是极为重要的环境因素，大气产生生命，而生命也产生大气。结果表明，生物圈二号这个透明的玻璃容器是观察大气和生命交互作用的理想场所。

9.3 有意的季节调配

在这个密闭程度高于任何NASA太空舱数百倍的超级密封世界里，大气中充满了惊喜。首先，空气纯净得出人意料。在以往的封闭栖息地和类似NASA航天飞机这样的高科技封闭系统中，微量气体累积的问题实在令人头疼，而这片荒野的集体呼吸作用却消除了这些微量气体。某种未知的平衡机制（很可能是由微生物引起的）净化了这里的空气，使生物圈二号里的空气比迄今为止任何空间旅行器中的都要干净得多。马克·尼尔森说："有人算过，为了保证一名宇航员能在太空舱里生存，每年约需花费1亿美元，而其居住环境却恶劣得令人难以想象，甚至不如贫民区。"马克跟我提到他的一个熟人，说她曾经有幸迎接返航的宇航员。他们做着开舱准备的时候，她正激动地站在摄像机前面等着。他们打开了舱门，一股难闻的气味扑面而来，她吐了起来。马克说："这些家伙真是英雄，居然在这么差的环境下撑了过来！"

两年中，生物圈二号内的二氧化碳含量时高时低。有一次，连续6天阴天，二氧化碳的含量高达3800ppm[1]。让我们来看一组形象的对比数字：

---

1 ppm：衡量空气中某种气体密度的单位，指100万体积空气中某种气体所占的体积。

外部环境中的二氧化碳含量通常保持在350ppm左右；闹市区的现代化办公室内，二氧化碳含量可能会达到2000ppm；潜艇在开启二氧化碳“净化器”以前，允许艇内的二氧化碳含量达到8000ppm；NASA航天飞机空气中二氧化碳的“正常”含量是5000ppm。相比之下，生物圈二号在春季里日均1000ppm的二氧化碳含量已经相当不错了；二氧化碳含量的波动也完全处于普通城市生活环境的变动范围内，人体几乎难以察觉。

不过，大气中二氧化碳含量的波动确实影响到了植物和海洋。在二氧化碳含量高得令人紧张的那几天，生物圈人担心空气中增加的二氧化碳会溶解在温暖的海水中，增加水中的碳酸比例，降低水的pH值，伤害到新近移植过来的珊瑚。生物圈二号的部分使命就是了解二氧化碳的增加对生态的进一步影响。

地球大气的成分似乎在变化，这引起了人们的注意。但是，我们只能肯定它在变化，除此以外，我们对这种变化的表现几乎一无所知。历史上仅有的精确测量只与一个因素有关——二氧化碳。有关数据显示，近30年来，地球大气层的二氧化碳含量在加速上升。绘制此曲线图的是一位坚持不懈、孤身作战的科学家——查尔斯·基林。1955年，基林设计了一台仪器，可以用来测量任何环境中的二氧化碳含量，从煤烟熏黑的城市屋顶，到荒芜的原始森林。基林像着了魔似的去每一个他认为二氧化碳含量可能有所变化的地方测量。他不分白天黑夜地测量，还发起了在夏威夷山顶和南极不间断测量二氧化碳含量的工作。基林的一位同事告诉记者：“基林最与众不同之处在于，他有测量二氧化碳含量的强烈愿望。他无时无刻不在想着这件事，不论是大气中的还是海洋中的二氧化碳含量，他都想测量。他毕生都在做这件事。”

基林很早就发现，大气中的二氧化碳含量每天都呈周期性变化。晚上，植物停止了一天的光合作用，空气中的二氧化碳含量明显增高；晴天的下午，由于植物全力将二氧化碳转化为营养物质，会使二氧化碳含量达到低点。几年后，基林观察到了二氧化碳的第二个周期：南北半球的季节性周期，夏低冬高，其原因与每日周期的形成一样，都是因为绿色植物停止了捕食二氧化碳。而基林的第三个发现则将人们的关注集中到大气动态的变化上。基林注意到，不论何时何地，二氧化碳的最低浓度永远也不会低于315ppm。这个阈值就是全球二氧化碳含量的背景值。此外，他还注意到，该阈值每年都会升高一些，到如今，已经达到350ppm。最近，其他研究人员在基林一丝不苟的记录中发现了二氧化碳的第4个趋势：其季节性周期的幅度在不断增大。仿佛这个星球一年呼吸一次，夏天吸气，冬天呼气，而且它的呼吸越来越沉重。大地女神到底是在深呼吸，还是在喘息？

生物圈二号是微缩的盖亚，是一个自我闭合的小世界，生活于其中的生物创造了它的微型大气环境。这是第一个完整的大气与生物圈实验室。它有机会解开有关地球大气工作机制的科学谜题。人类进入这个试管，是为了预防实验崩溃，帮助它避过一些显而易见的危机。我们其余的人虽然在生物圈二号外面，却身处地球这个大试管里面。我们胡乱地改变着地球大气，却根本不知道如何控制它，不知道它的调节器在哪里，甚至不知道这个系统是否真的失调，是否真的处于危机之中。生物圈二号可以为我们提供解答所有这些问题的线索。

生物圈二号的大气相当敏感，即使只是一片云飘过，二氧化碳的指针也会翘起。阴影在瞬间减缓植物的光合作用，会暂时阻断二氧化碳的吸入，并且立刻在二氧化碳计量表上反映出来。在局部多云的日子里，生物圈二号的二氧化碳曲线图上会显示出一连串的尖峰信号。

尽管在过去十年里大气中的二氧化碳水平得到了全面关注，而且农业学家也仔细研究了植物中的碳循环，但是地球大气中碳的去向依然是一个谜。气候学家普遍认为，当今时代，二氧化碳含量的增长和工业燃烧碳的速率相匹配。这种单纯的对应忽略了一个令人震惊的因素：经过更精确的测量之后，人们发现，现在地球上燃烧后排放的碳只有一半留在大气中，增加了二氧化碳浓度，另一半却消失不见了！

有关碳失踪的解释很多，占主导地位的有三个：（1）溶入海洋，以碳雨的形式沉降到海底；（2）被微生物储存到泥土中；（3）最具争议的理论是：失踪的碳刺激了草原的生长，或者变身为树木，其规模隐秘而巨大，我们还无法对其进行测量。二氧化碳是公认的生物圈中的有限资源。当二氧化碳含量为350 ppm时，其浓度百分比只有微弱的0.03%，仅仅是一种示踪气体。阳光普照下的一片玉米地，不到5分钟就可以耗尽附近约1米范围内的二氧化碳。二氧化碳水平的微小增加也能显著地提升生物量[1]。根据这个假说，在还没有被我们砍伐殆尽的森林里，树木正因为大气中的二氧化碳“肥料”增加了15%而快速“增重”，其速率甚至可能比别处破坏树木的速率都要快得多。

到目前为止，所有的证据都让人困惑不解。不过，1992年4月《科学》杂志发表了两篇研究报告，宣称地球上的海洋和生物圈确实可以按照需求的规模来储存碳。其中一篇文章表示，尽管受到酸雨和其他污染物质的负面影响，但是自1971年以来，欧洲森林新增了25%以上的木材量。不过，想要详细地审查全球的碳收支并非易事。鉴于我们对全球大气的无知，生物圈的试验就给我们带来了希望。在这个密封的玻璃瓶里，在相对受控的条件下，我们可以探索动态的大气和活跃的生物圈之间的联系。

在生物圈二号封闭之前，其空气、土壤、植物以及海里的碳含量都被仔细地测量过。阳光激发光合作用后，一定量的碳就从空气中转移到了生物体内。于是，每收获一种植物，生物圈人都煞费苦心地为其称重并记录下来。他们可以通过微小的干扰来观察碳分布是如何变化的。比如，当琳达 · 利以一场夏日人工雨“刺激热带草原”时，生物圈人就同时测量底层土、表层土、空气和水等各个范围的碳水平。在两年结束时，他们绘制了一张极其详尽的图表，标明了所有的碳分布点。他们还通过保存干燥的叶片样本，记录其中自然产生的碳同位素的比例变化，来追踪碳在这个模拟世界中的运动轨迹。

碳只是其中的一个谜。而另一个谜更奇怪。生物圈二号里的氧气含量比外面要低，从21%降低到15%，氧气含量下降了6%。这相当于把生物圈二号迁移到海拔更高、空气更稀薄的地方。西藏拉萨的居民就生活在类似的低氧环境中。生物圈人因而体验到头痛、失眠和易于疲倦。尽管不是灾难性事件，但是氧含量下 降仍令人感到困惑。在一个密封的玻璃瓶里，

1 生物量（Biomass）：生态学术语，指某一时刻单位实存生活的有机物质总量。

消失的氧气去了哪里呢?

人们能够想到碳的失踪，但是，人们完全没有预料到，生物圈二号里的氧气会也失踪。有推测说生物圈二号里的氧被固锁在了新近改造过的泥土中，可能被微生物生成的碳酸盐捕获了。要么，可能被新拌的混凝土吸收了。在对科学文献的快速检索中，生物圈的学者发现有关地球大气中氧含量的数据少得可怜。目前仅知的（但几乎没有报道过）事实是，地球大气中的氧很可能也在消失！没有人知道原因，也不知道少了多少。颇有远见的物理学家弗里曼·戴森说:“我很震惊，全世界的民众竟然都默不作声，没有人想要了解我们消耗氧气的速度有多快。”他是为数不多地提出这个问题的科学家之一。

那么，为什么要止步于此呢？一些观察生物圈二号试验的专家建议，下一步应该追踪氮的来源和去向。尽管氮是大气中的主要成分，人们对它在大循环中的作用也只是略知一二。与碳和氧一样，目前对它的了解都来自还原论者的实验室实验或计算机模型。还有一些人提议，下一步生物圈人应该测定钠元素和磷元素。生物圈二号对科学做出的最重要贡献可能就是提出了关于盖亚和大气的很多重要问题。

当生物圈内的二氧化碳含量首度急遽上升时，生物圈人采取了对抗措施来限制二氧化碳的上升。“有意的季节调配”是平衡大气的主要方法。选一片干燥的、休眠中的热带草原、沙漠或荆棘丛，通过升高温度来唤醒它进入春天。很快，叶芽纷纷隆起。然后再降一场大雨。嘭！四天之内所有的植物都爆发出枝叶和花朵。被唤醒的生物群落贪婪地吸收着二氧化碳。一旦唤醒这个生态群落，就可以通过修剪老龄枝条来促发新枝，消耗二氧化碳，让它在原本休眠的时间内保持活跃的状态。正如利在第一年深秋时写道的:“冬日渐短，我们必须做好应对光照减少的准备。今天，我们修剪了雨林北部的边缘地带，以促使其快速生长——这是一项日常的大气管理工作。”

这些人通过“二氧化碳阀门”来管理大气。有时候他们会反过来做：为了向空气中充入二氧化碳，生物圈人把早先修剪下来的干草拖出来，铺在地面上并弄湿。细菌在把干草分解的过程中就会释放出二氧化碳。

琳达·利把生物圈人对大气的干预称为“分子经济”。他们在调节大气的时候，可以“把碳安全地储存在我们的账户里，等到来年夏日变长、植物生长需要它的时候，再把它取出来”。那些地下室就扮演着碳室的角色，修剪下来的枝条都堆放在那里并被晾干。需要的时候就把这些碳借贷出去，大多时候伴随着水。生物圈二号中的水从一个地方流向另一个地方，非常像联邦政府用来刺激地区经济的支出手段。把水灌到沙漠，二氧化碳含量就降低；把水浇到干枯的草甸上，二氧化碳含量就增加。在地球上，我们的碳产生源就是沙漠或海底之下的石油，但是目前多数人所做的却只是消费。

生物圈二号将漫长的地质时间压缩在了几年里。生物圈人对碳存储和碳释放的“地质”调节过程进行摆弄的目的，正是期望能够对大气进行粗略的调整。他们摆弄海洋，降低其温度，调整含盐渗透液的回流，稍稍改变它的pH值，他们还同时对其他上千种变量进行推断。利说：“正是这上千种变量使得生物圈二号系统极具挑战性，其表现也显得离经叛道。我们中的大多数人平时被教导的都是，不要同时考虑哪怕是两个变量。”生物圈人希望，幸运的话，第一年就能通过一些精心选择的重要举措缓和大气和海洋初始的狂野震荡。他们将充当辅助轮[1]，直至这个系统在全年里都可以只依赖太阳、季节、植物和动物的自然活动就保持自己的平衡。到那个时候，系统就“冒出”了。

“冒出”是海水养鱼爱好者的行话，用来描述一个新鱼缸在经过曲折漫长的不稳定时期之后，突然稳定下来的情形。像生物圈二号一样，海水鱼缸是一个精致的封闭系统，它依赖于看不见的微生物来处理较大动植物排泄的废物。正如戈麦斯、弗尔萨姆、皮姆在他们的小世界中所发现的，一个稳定的微生物群落的成形可能需要60天的时间。在鱼缸里，各种细菌需要几个月时间构建食物网，让自己在新鱼缸的砾石中安顿下来。随着更多的生命物种慢慢加入这个“未平衡”的鱼缸，水环境极易陷入恶性循环。如果某种成分超量（比如说氨），就会导致一些生物死亡，而生物腐

1　辅助轮（training wheels）：附加于自行车后轮边的两个轮子，用来帮助初学者找到平衡的感觉。

烂又会释放更多的氨、杀死更多的生物，进而迅速引发整个群落的崩溃。为了让鱼缸能够平稳地通过这段极敏感的未平衡期，养鱼爱好者会通过适当的换水、添加化学药品、安装过滤装置以及引入其他稳定鱼缸里的细菌等手段来柔和地刺激或调整这个生态系统。经过6周左右的微生物层面上的互相迁就——在此期间新生群落一直徘徊在混沌的边缘——突然，系统在一夜之间“冒出”来了，氨气迅速归零。它现在可以长久地运转下去了。系统一旦“冒出”，其自立、自稳定程度就更高，也就不再需要初创时所需的人为扶持。

有趣的是，一个封闭系统在“冒出”前后的两天里，其所处的环境几乎没有什么变化。除了能做点“保姆”式的工作外，你能做的往往只有等待。等待它发育，成熟，长大，发展。海水养鱼爱好者建议说：“不要着急，不要在系统自组织的时候就急着催它孕育。你能给它的最重要的东西就是时间。”

两年以后，生物圈二号仍然绿意盎然，它正在成熟。它经历了需要“人为”照料使之安定下来的狂野的初期“振荡”。它还没有“冒出”。也许还要几年（甚或几十年）才能“冒出”——假使它可以并且能够冒出的话。这正是这个实验的目的。

我们还没有真正注意到，但是我们可能会发现，所有复杂的共同进化系统都需要“冒出”。生态系统恢复者，如恢复大草原的帕卡德和恢复楠萨奇岛的温盖特，似乎都发现，可以通过逐渐提高复杂性来重组大型系统；一旦一个系统达到了稳定水平，它就不会轻易地趋向于倒退，仿佛这个系统被新的复杂性带来的凝聚力所“吸引”。人类组织，比如团队和公司，也显示了“冒出”的特征。某些轻微的助力——新加入进来的合适的管理者，巧妙的新工具——可以马上把35个勤奋而有能力的人组织成一个富有创造力的有机体，并取得遥遥领先的成功。只要我们利用足够的复杂性和灵活性来制造机器和机械系统，它们也会“冒出”。

9.4 生命科学的回旋加速器

就在生物圈的草原、森林、农场以及生物圈人的居所之下，藏有生物圈二号的另一副面孔：机械的“技术圈”。“技术圈”的存在正是为了协助生物圈二号“冒出”。在这片荒野般的几处地方，有盘旋向下的楼梯通向塞满各种设备的洞穴状地下室。那里有手臂般粗细、以颜色编码的管道，顺墙蜿蜒50英里（约80千米）。还有如电影《巴西》[1]中的巨大的管道系统，绵延数英里的电子线路，布满重型工具的工作间，挤满脱粒机和碾谷机的走廊；备件架、开关盒、仪表盘、真空鼓风机、200多部马达、100台水泵、60个风扇。恍若潜水艇的内部，又仿佛摩天大楼的背面部分。这片地盘为工业“废墟”所占有。

技术圈支撑着生物圈。巨大的鼓风机每天要把生物圈二号的空气循环好几次；重型水泵抽排雨水；造波机的马达不分昼夜地运行；各种机器嗡嗡作响。这个毫无掩饰的机器世界不是在生物圈二号外面，而是在它的肌体内，就像是骨骼或软骨，是一个更大有机体的不可分割的部分。

---

1 电影《巴西》（*Brazil*）：又译《妙想天开》，科幻片，1985年上映，讲述在未来资讯管控的时代中，一个政府部门的小人物为了调查“漏洞”引起的冤案而与国家机器乃至其自身相抗争的故事。

譬如说，生物圈二号的珊瑚礁离开了藏有藻类清洁器的地下室就不能存活。清洁器是个桌子大小、布满藻类的浅塑料盘。照亮整个房间的是卤素太阳灯，和展览馆内为人工珊瑚礁照明的灯一样。事实上，清洁器就如同生物圈二号内珊瑚礁的机械肾脏。它们与池塘过滤器净化水质的功能相仿。藻类消耗珊瑚礁排泄出来的废物，在强烈的人工阳光下迅速增殖成黏稠的绿毯子。绿色的黏丝很快就会堵塞清洁器。就像水池或鱼缸的过滤器一样，每隔十天就需要有个倒霉蛋来把它刮干净，这是那8个人的另一个工作。清洗藻类清洁器（清洁下来的东西会制成肥料）是生物圈二号里最不讨好的工作。

整个系统的神经中枢是生物圈二号的电脑控制室，主持工作的“人工大脑皮层”则由周围的电线、集成电路片以及传感器构建而成。一个软件网络对设施中的每个阀门、每条管道、每部马达都进行了仿真。方舟里的任何风吹草动——无论是自然的还是人工的，很少能逃过分布式计算机的知觉。生物圈二号就如同连为一体的怪兽。空气、土壤和水中的约百种化学成分都被不间断地测量。生物圈二号的管理机构SBV寄希望于从该项目中剥离出一种潜在的盈利技术——精密的环境监控技术。

马克·尼尔森说过，生物圈二号是“生态和技术的联姻”，他是对的。这正是生物圈二号的动人之处——它是一个生态和技术协作极佳的范例，是自然和技术的共栖。我们并不太了解如何在没有安装水泵的情况下构建生物群落，但是在水泵的辅助下，我们能够尝试着将系统建立起来并且从中学习。

在很大程度上，这是个学习新的控制机制的过程。托尼·博格斯表示：“NASA追求的是对资源利用的优化。他们选中小麦，就对小麦的生产环境进行优化。但问题是，当把一大堆物种放在一起时，你不可能分别优化每一个物种，你只能对整体进行优化。如果依次优化的话，你就会变得依赖于工程控制。SBV希望能够以生态控制取代工程控制，最终也会降低成本。你也许会失去生产过程中的某些最优性，但却摆脱了对技术的依赖性。”

生物圈二号是一个用于生态实验的“巨大烧瓶”，对环境的控制需要比野外实验所能（或应该）做到的更多。我们可以在实验室里研究个体生命。但是要想观察生态生命和生物圈生命就需要一个更加庞大的空间。在生物圈二号里面，我们可以很有把握地引入或剔除一个单独的物种，并确信其他的物种不会受到改变——这都是因为这个空间足够大，能产生某种“生态”的东西。约翰·艾伦说：“生物圈二号是生命科学的回旋加速器。”

或许生物圈二号真的是一个更好的诺亚方舟，一个大笼子里的未来动物园。在那里，包括自诩为智人的观察者在内的一切事物都可以顺其自然地发展。物种们无拘无束，并与其他物种一起共同进化出任何可能的结局。

与此同时，那些梦想驾驭太空的人们把生物圈二号视为脱离地球神游银河系的一个务实步骤。从空间技术的角度看，生物圈二号是自登月以来最震撼人心的进展。而NASA不仅在概念阶段就对此冷嘲热讽，更是自始至终都拒绝施以援手。最终他们不得不吞下高傲的苦果，承认这个实验确实有所收获。失控生物学有了自己的位置。

所有这些意义，其实都是某种演变的宣示。多里昂·萨根[1]在其著作《生物圈》里对此做了精辟的描述：

> 这些被称为生物圈的“人造”生态系统归根结底也是“自然的”——它是一种行星尺度上的现象，属于生命整体上可复现的奇特表现的一部分……我们正处在行星演变的第一个阶段……在这个阶段明确无疑的是要复现个体——既不是微生物，也不是植物或动物，而是作为一个整体的、鲜活的地球……
>
> 是的，人类卷入了这场复制，但难道昆虫没有参与花的复制吗？鲜活的地球现在依靠我们和我们的工程技术来完成其复现，但这并不

1 多里昂·萨根（Dorion Sagan，1959—）：美国科技作家，写了很多进化论方面的书。多里昂·萨根为卡尔·萨根与玛格丽丝的儿子，从1981年开始与母亲玛格丽丝合作发表文章。

能否定，表面上为人类搭建的生物圈，实际上代表的是行星范围内的生物系统的复制……

什么算是明确的成功？8个人住在里面两年？那么十年，或者一个世纪又怎么样呢？事实上，生物圈的复现——那个在内部回收和再造人类生活所需一切的栖息地——开启了某种我们无法预知其结局的东西。

当一切运转顺利、能腾出时间自由幻想时，生物圈人可以想想，这个系统将会走向哪里？下一步是什么？是一个南极生物圈二号绿洲？还是一个更大的生物圈二号，里面有更多的虫子、鸟类和浆果？最有趣的问题可能是：生物圈二号到底能有多少？日本人是微缩化的大师，他们如痴如醉地迷恋上了生物圈二号。日本的一个民意调查显示，超过50%的人认同这项实验。对于这些生活于局促的方尺之居以及孤零零的岛屿上的人们来说，微型生物圈二号似乎相当有魅力。事实上，日本的一个政府部门已经公布了一项关于生物圈J的计划。据他们所说，这个“J”代表的不是日本，它代表的是Junior，意即更微小。官方草图显示了由一个个房间构成的小杂院，由人造光源照明，内里塞满了紧凑的生态系统。

建造生物圈二号的生态技术学家已经厘清了一些基本技巧。他们知道如何密封玻璃，如何在非常小的面积里更替种植作物，如何回收自己的排泄物，如何平衡大气，如何适应无纸生活，以及如何在其中和睦相处。这对任何规模的生物圈来说都是一个很好的开端。将来还会出现各种规模、各种类型的生物圈二号，可以容纳各种各样的物种组合。马克·尼尔森告诉我：“将来，生物圈会在无数个方向上开枝散叶。”并且他认为，规模各异、组合不同的生物圈就仿佛是不同的物种，为开疆拓土而争斗，为共享基因而结合，以生物有机体的方式进行杂交。它们会在星球上安家落户。地球上的每个城市中也都应该拥有一个用于实验和教学的生物圈。

9.5 终极技术

1991年春天的一个晚上，由于某个管理上的疏忽，我被留在了快要完成的生物圈里。当时，建筑工人都已经收工回家，SBV的员工正在关闭山顶上的照明灯，只有我一个人待在生物圈里面。这里静得出奇，仿佛置身于一座大教堂中。我在农业群落中游荡，可以隐隐听见附近大海传来沉闷的嘭嘭声，那是造波机每隔12秒涌起一个波浪时发出的撞击声。造波机先吸进海水，再吐出来形成波浪。正如琳达 · 利所说，在造波机附近听到的声音就像灰鲸喷气的声音。站在园林里，那稍远处传来的低沉呻吟，听起来如同中国西藏众多喇嘛在地下室里吟唱诵经。

外面，是黄昏时刻的褐色沙漠。里面，是充满生机的绿色世界——高高的草丛，漂浮在盆中的海藻，成熟的番木瓜，鱼儿腾跃溅起的水珠。我呼吸着植物的气息，那是一种在丛林和沼泽中闻得到的浓浓的植物味。大气缓缓地流动，水不断地循环，支撑起这个空间的框架逐渐冷却，发出嘎嘎的声音。这片绿洲生机勃勃，却寂静无声，一切都在静静地忙碌着。这里看不到人影。但是，某些事物正在一起上演，我能够体会到生命共同进化中的“共同”二字。

太阳快要下山了。柔和而温暖的阳光照在这座玻璃宇宙飞船上。我想，我可以在这儿住一阵子。这里有一种空间感，是一个温暖舒适的洞穴，而晚上则依然会向星空开放，成为一个孕育思想的地方。马克·尼尔森说："如果我们真想在太空中过人类一样的生活，那么我们就必须学会如何建立生态圈。"他说，在苏联的太空实验室里，那些无暇做无聊事情的大男子们从床上爬起后做的第一件事，就是莳弄小小的豌豆苗做"实验"。这种和豌豆的密切关系对他们来说至关重要。我们都需要其他生命。

在火星上，我只能生活在人造生物圈里。而在地球，生活在人造生物圈里却是一项崇高的实验，只有那些先驱者才有机会去做。我能想象，这给人一种生活在一个巨大试管里的感觉。在生物圈二号里，我们将学到有关地球、我们自己以及我们所依赖的无数其他物种的大量知识。我坚信，有朝一日，我们在这里所学的知识必将用在火星或月球上。事实上，它已经教会我这个旁观者，要像人类一样生活就意味着要和其他生命一起生活。我的内心已经不再担心，机器技术将替代所有生物物种。我相信，我们会保留其他的物种，因为生物圈二号帮助我们证明了，生命就是技术。生命是终极技术。机器技术只不过是生命技术的临时替代品而已。随着我们对机器的改进，它们会变得更有机化，更生物化，更近似生命，因为生命是生物的最高技术。总有一天，生物圈二号中的技术圈大多会由工程生命和类生命系统替代。总有一天，机器和生物间的差别会很难区分。当然，"纯生命"仍将有它自己的一席之地。我们今天所谓的生命将依然是终极技术，因为它具有自治性——它能够自立，更重要的是，它能够自主学习。任何种类的终极技术都必然会赢得工程师、公司、银行家、幻想家以及先行者的支持——而他们都曾经被视为纯生命的最大威胁。

在这片沙漠中停泊的玻璃宇宙飞船被称为生物圈二号，因为其中贯穿着生物圈逻辑。生物圈逻辑（生物逻辑，生物学）正在融合有机体和机械。在生物工程公司的厂房里和神经网络芯片内，有机体和机器正在融合。不过，没有哪处能够把生物和人造物的联姻像在生物圈二号容器中那样呈现得淋漓尽致。哪里是合成珊瑚礁的终点，哪里又是哗啦作响的造波机的起点？哪里是处理废物的沼泽的起点，哪里又是厕所排水管的终点？控制大气的究竟是风扇还是土里的虫子？

生物圈二号之旅收获的大多数是疑问。我在里面兴致勃勃地待上几个小时，就得到了需要考虑许多年的问题，足够了。我转动气塞门上的巨大把手，走出安静的生物圈二号，走进黄昏的沙漠。如果能在里面待上两年的话，那一定会充实整个人生。

第十章

OUT OF CONTROL

工业生态学

10.1 全天候、全方位的接入

西班牙的巴塞罗那是一个充满铁杆乐观者的城市。这里的市民不仅喜欢贸易与工业、艺术与歌剧，也喜欢拥抱未来。在1888年和1929年，巴塞罗那举办了两次万国博览会。这在当时就相当于如今的世界博览会。巴塞罗那热切地承办了这类与未来亲密接触的盛会，其原因正如某位西班牙作家所言，这个城市“……的存在毫无道理可言……于是（它）不断制造宏大的远景来再塑自己”。1992年巴塞罗那自制的宏大远景即是奥林匹克。年轻的运动员、大众文化、新技术和大把的资金——对于这个充满合理的设计和诚信的商业精神的古板城市来说，是非常吸引人的景象。

在这样一个风气务实的地方，传奇人物安东尼·高迪[1]却建造了几十幢地球上最奇怪的建筑。他的建筑物实在是太前卫、太离奇了，直到前不久，巴塞罗那人和其他地区的人们才理解了它们的真正含义。他最出名的作品就是到现在依然未完工的圣家族大教堂[2]。该教堂始建于1884年，高迪在世时建成的部分充满了激动人心的有机力量：岩石滴水、圆拱和花朵

1 安东尼·高迪（Antonio Gaudi，1852—1926）：西班牙建筑师，塑性建筑流派的代表人物，属于现代主义建筑风格。

2 圣家族大教堂（the Sagrada Familia）：又译作“神圣家族教堂”，简称“圣家堂”。

地立面把它装点得如植物般花团锦簇。四个拔地而起的尖塔宛如许多空洞攒成的蜂巢，展现出嶙峋风骨的同时，它们还担负着支架的作用。建筑后端往上三分之一处，耸立着第二组高塔，巨大的髀骨状支柱自地面而起，斜向撑起教堂，并保持它的稳固。从远处看，这些支柱看起来好像是死去很久的生物所留下的惨白的大腿骨。

高迪所有的作品都涌动着生命的波涛。通风管道从他巴塞罗那的公寓屋顶上冒出，一大堆仿佛来自外星的生命形式在那里麇集。窗檐和屋顶排水沟呈曲线，自然而流畅，不循机械的直角。高迪捕捉了这独特的活性反应，让它跨越校园方正的草坪，勾画出一条弧线优美的捷径。他的建筑似乎不是造出来的，而是长出来的。

想象一下，如果整个城市都是高迪的建筑，这将是一座植入式住宅和有机教堂的人造森林。想象一下，如果高迪不必止步于做石板面的静止图像，而是能够随着时间推移赋予他的建筑有机行为的能力，那么他的建筑就会将迎风面加厚，或者随着住户改变用途而调整内部结构。想象一下，高迪的城市不但依照有机的思想设计建设，而且像生物一样有适应性、灵活性及进化的能力，从而形成一个建筑生态群。这一未来愿景甚至连乐观的巴塞罗那都还没有准备好接受。但是，这是未来，它正带着自适应技术、分布式网络和合成进化向我们走来。

浏览20世纪60年代初期以来的《大众科学》旧杂志，你就会明白关于“活”房屋的设想至少有数十年了，这还没算上更早之前出现的精彩的科幻故事。动画中的《杰森一家》[1]就住在这样的房屋里，和这样的房子说话，就像它是动物或人一样。我认为这个比喻接近事实，但还不太正确。未来的自适应房屋会更像一个有机生态园而不是单个生物，更像一片丛林而不像一条狗。

生态房屋的构件在普通的现代住宅里就能看到。我已经能设定家里的

1 《杰森一家》(*The Jetsons*)：美国动画片，初创于1962年到1963年间，曾风靡美国多年。片中杰森一家生活在2062年，那是一个科技乌托邦的时代，里面有许多古怪的机器和异想天开的发明。

恒温器，使它能操纵炉子，在工作日和周末使家里保持不同的温度。在这里，火和钟表联了网。我们的录像机会报时，还会与电视机对话。随着电脑的尺寸越变越小，直至缩成一个小点，并可以置入所有的电子用品之中，那么就可以期待我们的洗衣机、音响以及烟雾报警器等形成一个“家庭网”，并在其中进行通话。不久的一天，当客人按响门铃，门铃就会关上吸尘器让我们听到铃声。洗衣机把衣服洗好了，就会发送一条信息到电视上，通知我们把它放进烘干机中。甚至家具也会成为生命树林的一部分。躺椅里的一个微型芯片感应到有人坐在上面时就会给房间加温。

这个家庭局域网（称家庭网）——如同目前一些实验室中工程师所设想的那样，是一个通用型网络，遍布于每个家庭的每个房间。每一样东西都可以接入进来：电话、计算机、门铃、暖炉、吸尘器和电视机，都接入这个网络，从中获取电力和信息。这些聪明的接口将电力分配给“合格的”装置，并且是按需分配。当你把一个智能物品接入家庭网，它的芯片会自报身份（“我是烤面包机”）、状态（“我开着”），以及它的需要。而小孩子用的叉子或断掉的线绳是得不到供电的。

网络无时无刻不在交换信息，并在需要的时候为电器供电。至关重要的是，这些互联的设备都通过网络或无线网络连接到一个总接口设备，这样它就可以从任何一点获取信息及智慧。你将门铃按钮接入前门附近的某个插座，然后就可以将门铃喇叭接入任何房间里。在一个房间接入了音响，就可以在其他房间里享受音乐。钟表也一样。用不了多久，全球通用的时间信号就会加载在所有的电线或电话线上[1]。在任何地方接入某个电器，它至少会知道日期和时间，并在英国格林尼治天文台或美国西海洋的天文台的主控钟表指令下自动校准夏令时时间。所有接入家庭网的信息都将被共享。暖炉的恒温器可以将室温信息提供给所有对此感兴趣的装置，如火灾报警器或吊扇之类。所有能被度量的信息——房间亮度、屋子里人

1　时间信号会加载在电线或电话线上：　作者这里提到的是电力线上网技术（PLC – Power Line Communication or Power Line Carrier），指将数字信号加载在普通的电力线上，从而实现电力线和网线合一。

的活动、噪声级别等，都能在家庭网内通过广播的方式进行共享。

遍布智能线路的房屋将为残疾人和老年人雪中送炭。床头的开关使他们能够控制灯光、电视以及房屋其他各处的安全小物件。生态建筑也将更节能。记者伊恩·艾勒比一直致力于报道渐露端倪的智能家居[1]产业。他说道："你不会为了节省一毛五分钱而在早上两点爬起来开洗碗机[2]，但假如你能够预先设置设备的开启时间，那岂不是太好了！"对于电力公司来说，这种分散式的功率消费颇有吸引力，其收益要比建一个新的发电厂大得多。

迄今为止，还没有谁能住在智能家居[3]的房间。1984年，电气公司、建筑行业协会和电话公司聚集在智能家居伙伴计划的大旗下，开发有关智能家居的协议、软件和硬件。到1992年年底左右，他们建成了十多个示范家居来吸引记者和募集投资。他们最终放弃了1984年设定的"万能标准"，因为这个目标在初期阶段显得太过激进了。作为过渡技术，智能家居使用三种线缆，并在接线盒上提供三种插口（直流电、交流电和通信线路）以区分不同的功能。这就保障了"相互兼容性"——给蠢笨的开关式电器接入的机会，而无须统统用智能设备来取代它们。美国、日本和欧洲的竞争对手则在尝试其他的想法和标准，譬如，采用无线网络来接入小插件。这就为用电池作动力的便携式设备和非电气装置提供了接入网络的可能性。门上可以安装智能化的芯片，通过空中的无线信号"接入"网络，使家居生态系统了解房门是否关闭，或者是否有客人来到门前。

1　智能家居（smart house，也作 smart building 或 smart home）：指借助中央电脑来对环境、设备和电器进行程序控制的建筑。

2　美国一些地方的居民用电实行分时电价，高峰期的电价贵。通过提高峰谷价比率，有效地把高峰负荷移到低谷。

3　比尔·盖茨的住宅是典型的智能房屋，于1990年动工，耗时7年，花费6000万美元，在作者写作该书时尚未完工。

10.2 看不见的智能

我在1994年的预言：智能办公室的实现要早于智能家居。商业具有信息度密集的天然本性——它依赖于机器，并且要不断地适应变化，因此对于家居生活来说是鸡肋的“魔法”却能在办公室中带来显著的经济效益。居家时光通常被当作是休闲时间，所以通过网络智能节约的那么一点点时间远不如上班时将点滴时间汇聚起来那般宝贵。如今办公室里联网的计算机和电话属于必备设备，下一步就是联网的照明设施和家具了。

加利福尼亚州帕罗奥多市的施乐公司实验室[1]发明了第一批用户友好型苹果金塔电脑的标志性元素，但很遗憾这些元素从未得到有效利用[2]。吃一堑，长一智，帕罗奥多研究中心现在打算全力拓展实验室里酝酿着的另一

1 帕罗奥多研究中心（PARC，Palo Alto Research Center，Inc.）：原施乐帕罗奥多研究中心（Xerox Palo Alto Research Center），曾是施乐公司最重要的研究机构，成立于1970年。在这里诞生了许多现代硬件及软件技术，包括：个人计算机、激光打印机、鼠标、以太网、图形用户界面、Smalltalk、页面描述语言 Interpress（PostScript的先驱）、图标和下拉菜单、所见即所得文本编辑器、语音压缩技术，等等。帕罗奥多研究中心自2002年1月4日起成为独立公司。

2 未加以充分利用的技术：这里应该是指图形用户界面（GUI，Graphical User Interface）。苹果电脑是第一款商业上成功的 GUI 产品，它在很大程度上得益于施乐研究中心的成果。施乐曾获许购买苹果公司上市前的股票，作为交换条件，施乐允许苹果的工程师访问其研究中心。后来，在苹果起诉微软侵犯其 GUI“观感”的著作权官司中，施乐也起诉苹果侵权。但后来由于施乐提起诉讼的时间过晚，超过了诉讼有效期，因而案件被裁撤。

项超前并且很有可能会盈利的概念。研究中心的负责人马克 · 威瑟[1]年轻开朗。他率先倡议把办公室看作超有机体——一个由许多互联部件构成的网络生物。

帕罗奥多研究中心的玻璃墙办公室坐落在湾区的一座山丘上，从那儿可以俯瞰硅谷地区。我去访问威瑟的时候，他身穿一件亮黄色的衬衫，配着鲜红色背带裤。他总是在笑，好像创造未来是一件非常好笑的事情，而我也被感染并沉浸其中。我坐在沙发上。沙发是黑客巢穴里必不可少的家具，即使在施乐这样时髦的黑客巢穴里也少不了它们。威瑟很好动，简直坐不住；他站在一面从地面直到天花板的大白板前，双手舞动着，一只手里还拿了支记号笔。他舞动着的手好像是在说，你很快就会看到，这非常复杂。威瑟在白板上画的就像古罗马军队的队列图解。图的下方是百来个小单元。再上面是十来个中等单元。顶部位置是一个大单元。威瑟画的队列图是一个“智能家居有机体”的场域。

威瑟告诉我，他真正想要的是一大群微型智能体。布满办公室的一百个小物品对彼此、对它们自己、对我都有一个大概而模糊的意识。智能家居的房间就变成了一个智能芯片的超大群落。他说道，你需要的就是在每本书里都嵌入一枚芯片，以追踪这本书放在房间里的什么地方，上次打开是什么时候，翻开的是哪一页。芯片甚至会有一个章节目录的动态拷贝，当你第一次把书带进房间时，它会自行与计算机的数据库连接。书有了社会属性。所有存放在书架上的信息载体，比如说书、录像带之类都被嵌入一枚便宜的芯片，可以彼此交流，告诉你它们的位置以及它们的内容。

在布满这类物品的生态办公室里，房间会知道我在哪里。如果我不在房间里，显然它（它们）就应该把灯关掉。威瑟说道：“大家都携带自己的电灯开关，而不是在各个房间里安装电灯开关。想开灯时，口袋里

---

1 马克 · 威瑟（Mark Weiser，1952—1999）：施乐公司帕洛阿尔托研究中心的首席科学家，被誉为“普适计算之父”，1999年死于胃癌。

的智能开关就会将你所在房间的灯打开，或者调到需要的亮度。房间里不必装调光器，你手里就有一个，可以实现个性化的灯光控制，音量调节也是一样。礼堂里每个人都有自己的音量控制器。音量往往要么过大，要么过小；大家都像投票似地使用自己口袋里的控制器。声音最终定格在一个平均值上。”

在威瑟眼中的智能化办公室里，无处不在的智能物构成了层级架构。层级的底部是一支“微生物大军”，构成了房间的背景感知网络。它们将位置和用途等信息向其直接上级汇报。这些“一线士兵”是些廉价、功能简单的小芯片，附着在写字簿、小册子，以及可以自己做笔记的聪明贴上。你批量地购买，就像购买写字簿或内存一样。他们在集结成群后的功效最大。

接下来是十个左右中等尺寸的显示屏（比面包盒稍微大一点），安装在家具和电器上，与办公室的主人进行更频繁、更直接的互动。在接入智能房屋这个超级有机体后，我的椅子在我坐下时就能认出我，而不会错认成别人。清晨，当我坐到椅子上时，它会记得我上午一般要做什么。接下来它就会协助我的日常工作，提醒我需要打开的设备，准备当天的计划。

房间里可能会有一个电子显示屏，一米宽窄或更大——像一扇窗户、一幅画或一个计算机显示器或电视屏幕。在威瑟“环境计算”的世界里，房间里的大屏幕都是最聪明的非人类。你和它说话，在上面指指点点，写字，它都能懂。大屏幕可以显示视频、文本、图形，或是其他类型的信息。它和房间里的其他物体都是互联的，能够确切地知道它们要干什么，并忠实地在屏幕上显示出来。这样，我就有两种方式与书进行互动：翻看实体书，或是在屏幕上翻看电子书。

每个房间都成为一个计算的环境。计算机的自适应式操作系统及应用软件融入背景中，几乎看不见，却又无所不在。“最深刻的技术是那些看不见的技术，”威瑟说，“它们将自己编织进日常生活的细枝末节之中，直到成为生活的一部分。”书写的技术走出精英阶层，不断放低身段，从我们的注意力中淡出。现在，我们几乎不会注意到水果上的标签、电影字幕等无处不在的文字。马达刚开始出现的时候就像一只巨大且高傲的野兽；但自那以后，它们逐渐缩小，融入（并被遗忘于）大多数机械装置中。乔治·吉尔德在其《微宇宙》（*Microcosm*）一书中写道："计算机的发展可以视为一个坍塌过程。那些曾经高高悬浮在微宇宙层面之上的部件，一个接一个地进入无形的层面，消失在肉眼的视线外。"计算机给我们带来的自适应技术刚出场时也显得庞大、醒目且集中。但当芯片、马达、传感器都陷入无形王国时，它们的灵活性则留存下来，形成了一个分布式环境。实体消失了，留下的是它们的集体行为。我们与这种集体行为——这个超有机体或者说这个生态系统——来进行互动，于是整个房间就化作一个自适应的系统。

吉尔德又说："计算机最终会变身成针头般大小，并能回应人类的要求。人类的智能便以这种形式传递到任何的工具或装置上，传递到周围的每一个角落。这样说来，计算机的胜利不但不会使世界非人性化，反而会使环境更臣服于人类的愿望。我们创造的不是机器，而是将我们所学所能融会贯通于其中的自动化环境。我们在将自己的生命延伸到周边环境中去。"

"你知道虚拟现实（VR）的出发点是将自己置身于计算机世界，"马克·威瑟说，"而我想要做的恰恰相反。我想要把计算机世界安置在你身周、身外。将来，你将被计算机的智慧所包围。"这种思维上的跳跃变化妙极了。为了体验计算机生成的世界，我们不得不戴上智能眼镜、穿上紧身衣；而要想无时无刻不被计算机包围并沉浸在其魔力中的话，我们所要做的只是推开一扇门而已。

一旦你进入了由网络和智能设备支配的房间，所有的智能房间就互相通知。墙上的大画面就成为进入我和他人房间的门户。譬如，我听说有本书值得一看。我在屋内进行数据搜索，我的屏幕说拉尔夫的办公室有一本，就在他桌子后面的书架上，那里摆的都是公司购买的书，上星期刚被人读过。艾丽丝的小隔间里也有一本，就在计算机手册旁边，这本书是她自己花钱买的，还没有人读过。我选择了艾丽丝，在网上给她发一个借阅的请求。她说行。我亲自到艾丽丝的房间取回书后，它就根据我的嗜好改变了其外观，以便和我房间里的其他书相配衬。（我喜欢让那些我折过页脚的内容先显示出来。）书的内置记录还会记下书的新位置，并知会所有人的数据库。这本书不大可能像以往绝大多数的借书那样一去不复返。

在智能房间里，假如开着音响，电话铃声就会稍稍调高；而当你接听电话的时候，音响也会自动调低音量。办公室里的电话机知道你的汽车不在停车场，它就会告诉打电话的人你还没到。当你拿起一本书时，它就会点亮你常坐的阅读椅头顶的灯。电视会通知你，读过的某本小说在本星期有了电影版。样样东西都相互连接。钟表会播报天气；冰箱会查看时间，并在牛奶告罄之前提醒主人；书会记得自己在哪里。

威瑟写道，在施乐的实验性办公室中，"房门只对佩戴着正确徽章的人打开；房间跟人们打招呼时会叫出他们的名字；打进来的电话会自动转接到接听者可能待着的地方；前台知道每个人的确切位置；计算机能了解坐在其面前的人的喜好；预约系统会自行登记。"但假如我不想让部门里的每一个人都知道我在哪个房间该怎么办？最初参加施乐帕罗奥多研究中心普适计算[1]实验的工作人员时常离开办公室以逃避没完没了的电话。他们觉得总能被人找到像是坐牢。缺少了隐私技术的网络文化是无法兴旺的。个人加密技术或防伪数字签名等隐私技术会迅速发展起来（请参看后续章节）。而匿名化技术也将使隐私得到保障。

---

1 普适计算（Ubiquitous Computing，也作 Pervasive Computing）：由已故施乐帕罗奥多研究中心计算机科学实验室主任马克 · 威瑟及其研究小组于20世纪80年代末（另一说是20世纪90年代初）提出，90年代末得到广泛关注。一般认为，现在流行的"云计算"（Cloud Computing）概念是普适计算下的一个子概念，是它的一个具体应用。

10.3 咬人的或不咬人的房间

威瑟所在公司的建筑群是一个机器共同进化的生态系统。每个设备都是一个有机体，都可以对刺激作出反应并与其他设备沟通。合作会得到回报，但如果单枪匹马、侠客独行，人们和设备就会变成一盘散沙，无所事事。而聚在一起，就会构成一个群落，周到而强壮。每个个体在功能上的不足都会由共有网络的其他个体来补上。共有网络的集体影响力遍布建筑群内，甚至达及人类。

嵌入式智能和生态流动性将不单单为房屋或楼宇所有，街道、卖场以及城镇也都将拥有。威瑟用字词作例子。他说，书写就是一种无处不在的嵌入我们环境当中的技术。文字遍布城乡，无处不在。它们被动地等待人们阅读。想象一下，威瑟说道，当计算和连接以同样的程度嵌入建筑环境中时，街头标识会与车载导航系统或你手中的地图沟通（当街名改变的时候，所有地图都相应地改变）；停车场的灯光会在你进入车场之前亮起；查看广告牌时，它会向你传递更多的产品信息，同时让广告客户了解到街道的哪个地段招来的查询量最大。环境变得生动活泼，反应灵敏，适应性也增强了。它不但回应你，也回应接入的其他所有单元。

共同进化生态的定义之一，即是一个充当其自身环境的有机体集合。

在兰花丛、蚁群和海藻床这些缤纷世界中，处处洋溢着丰饶和神秘。在这部戏中，每个生物既在别人的戏中充当跑龙套的和临时演员，却也在同一个舞台上演的自己的戏中充当主角。每个布景都和演员一样，活生生、水灵灵。因此，蜉蝣的命运要取决于附近的青蛙、鳟鱼、赤杨、水蜘蛛和溪流里其余生物的卖力演出。每一种生物都充当着其他生物的环境。机器也是如此，将在共同进化的舞台上进行表演。

一些老式电冰箱像一个自命不凡的人。你把它带到家里，它还自以为是家里唯一的机器。它既不能从其他机器那里学习什么，也没有什么可以告诉其他机器的。墙上的挂钟会向你报时，但对它的同类却没有只字片语。每种装置的眼里只有它们自己，它们却从未考虑过，若是能与周边的其他装置合作，就可以更好地为人们服务。

对非智能的机器来说，机器生态将提升他们有限的能力。嵌入在书和椅子里的芯片只具备蚂蚁般的智能。这些芯片不是超级电脑，现在也能造出来。但凭借分布式的能力，当细如蚂蚁的单元聚集成群且彼此相联时，它们便升格为一种群体智能，量变引起质变。

然而群体效率是有代价的。生态的群体智能会对新入圈者不利，就像冻土带生态会对新进入北极的任何新来者不利一样。生态系统要求你具备本地知识。通常，只有土生土长的本地人才知道树林里哪能找到大片的蘑菇。要想在澳洲内陆追捕沙袋鼠，你就得找一个出没于灌木丛中的老猎手来当向导。

哪里有生态系统，哪里就有精通本地事务的人。异乡人可以在某种程度上应对不熟悉的野外，但要想进一步发展或从危机中幸存，他一定需要了解专门的本地知识。园丁常常使学院派专家吃惊不小，因为他们引种了本不能在该地区生长的作物，作为本地专家，园丁调和了附近的土壤和气候。

与自然环境打交道是掌握本地知识必不可少的工作。满屋子机械有机体之间的相互改进也需要类似的本地知识。傲慢的老式电冰箱倒是有一个优点，就是对所有人都一视同仁，不论是主人还是客人。而在一间活跃着智能群落的房间里，客人与主人相比要处于劣势。每一个房间都不同，甚至每一部电话都是不同的。新式的电话机只是一个更大的有机体的一个节点——这个有机体将暖炉、汽车、电视、计算机、椅子，乃至整幢建筑或大楼都联结在一起，其行为举止取决于房间里所发生的一切的全盘汇总。而每件物品的行为则取决于用使用它次数最多的人拿它来干什么。对于客人说来，这个让人捉摸不定的“房间怪兽”似乎“失控”了。

可适应的技术是指，技术能适应局部环境。网络生态的逻辑促成了区域性和地方性。或换一种说法，整体行为必然包含局部的多样性。我们已经看到了这种转变。试着用别人的“智能”电话吧：它要么太聪明，要么太笨了。你是按“9”呼外线吗？你能随便按一个键就能接通一条线吗？你怎样做电话转接呢？只有物主才知道。而要想使用一台录像机的全部功能，其所需的局部知识就更了不得了。你能预先设定你自己的录像机来录制重播的《囚犯》[1]，但这绝不意味着你可以同样操作你朋友的录像机。

房间和建筑物的网络生态会各不相同；房间中的电器也是一样，它们都将由更小的分布式零部件集合而成。谁也不会像我一样清楚我办公室的技术特性；我也不能将他人的技术应用得像我自己的这般得心应手。计算机变成了助手，而烤面包机则变成了宠物。

如果设计得当的话，咖啡机能在急性子客人使用时，“感受”到他的迫切，从而默认地使用“新手模式”。这位“咖啡机先生”只需提供5种基本的通用功能，即使是小学生也懂得如何操作。

但是我发现，这种新兴的生态学在其初期阶段就已经让不了解的人们感到害怕了。计算机是所有装置的出发点和归宿，所有陌生的复杂机器都将通过计算机呈现给我们。你对某种特定牌子的计算机再了解都不管用。你借用别人的计算机时，就好像你在用他们的牙刷。在你打开朋友的计算

1《囚徒》（*The Prisoner*）：首播于1967年的英国电视系列片。2009年11月在美国 AMC 频道开始播放重拍的电视迷你剧。

机的那一瞬间，你会发现：熟悉的部件，陌生的排列（他们干吗这样？）；你自以为了解的计算机，却完全找不到北。似曾相识，却又有它自己的秩序。随之而来的是恐怖——你在……窥视别人的思想！

这种“侵入”是双向的。个人计算机生态的“窄域”智慧是如此私密，如此微妙，如此精确，任何扰动都会令其警醒——无论是拿走一块鹅卵石，折弯一片草叶，还是移动一份文件。“有人闯进了我的计算空间！我知道！”

有不咬人的房间，也有咬人的房间。咬人的房间会欺负入侵者。不咬人的房间会把来访者带到安全的地方，远离可能造成伤害的地带。不咬人的房间会款待客人。人们会因为自己的计算机多么训练有素、自己的计算机生态布局有多么巧妙而博得尊敬。而另一些人则因为他们的机器多么的桀骜不驯而获得恶名。将来，大公司里一定会有某些地方是被遗忘的，没有人乐意去那里工作或去转转，只因那儿的计算设施得不到关照，变得粗鲁、偏执、难相处（尽管它们也有灵性）、睚眦必报，但却没有人有时间去驯化或重新教育它。

当然，有一股强大的反作用力在维持着环境的统一。正如丹尼·希利斯向我指出的：“我们之所以创造仿生环境来取代自然环境，是因为我们希望环境保持恒常，可以被预测。我们曾经用过一种计算机编辑器，可以让每个人有不同的界面。于是大家都设置了各自的界面。然后我们发现这个主意很糟糕，因为我们无法使用别人的编辑器了。于是我们又走回老路：一个共享的界面，一个共同的文化。这也正是使我们聚集在一起成为人类的因素之一。”

机器永远不能完全靠自己而发展，但它们会变得更能意识到其他机器的存在。要想在达尔文主义的市场里生存，它们的设计者必须认识到这些机器要栖息在由其他机器构成的环境中。它们一起构成一段历史。而在未来的人造生态系统里，它们必须分享自己所知道的东西。

10.4 规划一个共同体

在美国，每家汽车配件店的柜台上总摆放着一大排产品目录。这些产品目录一字排开的话，有一辆卸货卡车那么宽。书脊向下，页边朝外翻卷着。即使从柜台的另一侧望去，你也可以从这上万页纸里轻易地看出哪些是技工最常用的那十几页——那些页边都沾有手指留下的大量油腻的黑色油迹。那些磨损的标记成了技工找东西的帮手——每一个顽固的痕迹都锁定了他们要经常查阅的章节。廉价的平装书上也能看到同样磨损的痕迹。把书放在床头柜上，书脊的接合部会在你上次阅读处微微张开。第二天晚上你可以凭借这自然产生的“书签”继续跟进你的故事。磨损保藏的是有用的信息。黄树林里有两条岔路，踩踏更多的那一条就给你提供了信息。

磨损的标记是涌现出来的。它们是大量个体活动的产物。如同大多数涌现出来的现象一样，磨损有自我巩固的倾向。自然界里的一条沟壑多半会促成更多的沟壑。同样，与大多数涌现的属性相仿，磨损能够传递信息。现实生活中“磨损是直接刻在物体上的文身，它在哪里显现，就表明哪里有值得注意的不同”，威尔 · 希尔说道。他是贝尔通信研究所[1]的研究员。

---

1 贝尔通信研究（Bellcore – Bell Communication Research）：贝尔通信研究起始于1984年，当时美国电话电报公司（AT&T）分裂成7家区域性贝尔自营公司。贝尔通信研究的财政收入源于各区域性的贝尔自营公司，它对这些公司进行标准化管理。

希尔想要做的是，将物理磨损所传递的环境意识嫁接到办公室的机器生态中去。比方说，希尔认为使用者与电子文档间的互动记录能大大丰富电子文档的信息。“在使用电子表格对预算进行调整的时候，每个格子修订的次数都可以映射到一个灰度区间，从而以视觉形式表现出哪些格子里的数字被改动得最多或最少。”这样一来就指出了哪里可能有混淆、争议或错误。另一个例子是，在使用效率工具的企业中，人们能够追踪到文件在被各个部门踢来踢去的过程中哪些部分被改动得最多。程序员把这类走马灯式变来变去的热点称作“折腾”（churns）。他们发现，在一群人编写的成百万行代码中，如果能找出“折腾”所藏身的区域会是非常有用的。软件商和设备商会很乐意掏钱购买有关他们产品的综合信息——哪部分用得多，哪部分用得少。这类详尽的反馈有助于他们改进产品。

在希尔工作的地方，所有从他实验室流过的文件都保有其他人或机器与之互动的记录。当你选读一篇文件时，显示器上会出现一个窄条画面，上面有一些小小的刻度尺，标示出其他人花在各个部分上的累计时间。你一眼就可以看到有哪几处是其他读者流连驻足的地方：或许是某个关键的段落，或许是某个让人眼睛一亮但又有点含混不清的段落。大众的使用率也可以通过字号的逐渐加大来显示。这有些像杂志中加大字体的“醒目引文”，不过，这些被突出的“常用”段落是从不受控的集体鉴赏中涌现出来的。

磨损可以看作是共同体的一个妙喻。单个的磨损痕迹是低价值的。但是汇聚起来并与他人共享，其存在就提升了价值。它们分布得越广，其价值就越高。人类渴求了解他人的隐私，但事实上，我们的社会性胜过独立性。如果机器也像我们这样互相了解（甚至是一些很私密的事情），那么机器生态就是不可征服的。

10.5 闭环制造

在机械群落里，或者说机械生态系统里，某些机器好像更愿意和另一些机器联合在一起，就像红翅膀的黑鸟喜欢在有香蒲的湿地筑巢一样。水泵与管道相配，暖炉与空调相配，开关和导线相配。

机器组合成食物网。从抽象意义上来说，一部机器“捕食”另一部机器：一部机器的输入是另一部机器的输出。钢厂吞吃铁矿采掘机的流涎。而由它挤压成型的钢则被制造汽车的机器吃掉，然后变形为小汽车。当车子死亡（报废）后，就被废品堆放场的压碎机消化。压碎机反刍的铁渣又被回收工厂吞食，而排泄出来以后，说不定就成了盖房顶的电镀铁板。

假如你追踪一个铁粒子由地底挖出到送入“工业食物链”的过程，就能看到它循行的是一个纵横交错的回路。第一轮，这个粒子可能用在一辆雪弗兰上；第二轮，它可能登陆某个中国产的船壳体中；第三轮它或许又定型于某段铁轨里；第四轮它可能又上了一条船。每一种原料都在这样一个网络内徜徉。糖、硫磺酸、钻石、油料、钢铁各循不同的回路，在各循各的网络途中接触各种各样的机器，甚至可能再度还原为其作为元素的基本形式。

生产原料从机器到机器的、缠绕在一起的流动可以看作一个联网的群落——一个工业生态系统。像所有生态系统那样，这个交织在一起的人造生态系统会扩张，会绕过阻碍物，会适应逆境。从一种合适的角度来看的话，一个强壮的工业生态系统是生物圈自然生态系统的延伸。木纤维碎片从树变成木片再变成报纸，然后从纸张再变成树的肥料，纤维轻易地在自然和工业生态系统间溜进溜出，而这两个生态系统又同属于一个更大的、全球性的元系统。材料从生物圈流转到人工圈，然后再回归到自然和人造的大型仿生生态系统中。

然而，人造工业所带有的杂草特性威胁到了支持着它的自然界，在倡导自然和鼓吹人工的人群间形成了对峙，双方都相信只有一方能够获胜。但是，在过去的几年里，一个有几分浪漫的观点——“机器的未来是生物”——渗入了科学，并将诗意转化为某种实用的东西。这个新观点断言：自然和工业都能取得胜利。借助有机机器系统这个比喻，工业家以及（有些不情愿的）环保主义者就可以勾勒出制造业怎样才能像生物系统那样自己收拾自己的烂摊子。例如，自然界没有垃圾问题，因为物尽其用。效仿诸如此类的生物准则，工业就能与其周边的有机世界更加兼容。

直到不久前，对那些孤立、僵化的机器说，“像大自然一样从事”还是一条不可能执行的指令。但随着我们赋予机器、工厂和材料以自适应的能力、共同进化的动力及全球性的连接，我们能够将制造环境转向工业生态，从而扭转工业征服自然的局面，形成工业与自然的合作。

哈丁·提布斯[1]，一位英国工业设计师，在为如NASA空间站等大型工程项目提供咨询的过程中领悟到，机器是整体系统。制造外太空站或任何其他大型系统时，为确保其可靠性，需要始终关注各个机械子系统间相互作用甚至是时有冲突的各种需求。在机器之间“求同存异”，使得工程师提布斯逐渐具有了全局观念。作为一名热心的环保人士，提布斯想一探究竟：这种全局机械观——即强调系统效率最大化的取向——能不能在工业界中得以普遍应用，以解决工业自身排放的污染问题。提布斯表示，这

1 哈丁·提布斯（Hardin Tibbs）：活跃于澳、欧、美三大陆的管理顾问，期货研究员。他是一位内行的策略分析师，具有产品研发及可视通信设计方面的背景。

个想法，就是“将自然环境的模式作为解决环境问题的模板”。他和他的工程师伙伴称之为“工业生态”。

1989年，罗伯特·福罗什[1]发表在《科学美国人》上的一篇文章使得“工业生态”这个概念又“复活”了。福罗什掌管着通用汽车的研究实验室，并曾担任过NASA的负责人，他给这个新鲜的概念定义道：“在工业生态系统中，能源、材料得到最充分有效的利用，废物产出量降到最低，而一道工序的排出物……成为下一道工序的原料。工业生态系统的运作恰恰类似于一个生物生态系统。”

“工业生态”这个术语自20世纪70年代开始就已使用，当时这个术语被用来考量工作场所的健康和环境问题，“诸如工厂的粉尘里是否生有小虫子之类的话题，”提布斯说。福罗什和提布斯将工业生态的概念扩大，涵盖了机器网络以及由它形成的环境。在提布斯看来，其目标是“仿造自然系统的整体设计理念来塑造工业整体化设计”，以使“我们不仅能改进工业的效率，还能找到更令人满意的与自然接轨的途径”。于是工程师大胆地劫获了这个将机器当作有机体的古老思想，并将其诗意地带入实践中。

“为分解而设计”是制造业的有机观念中最早孕育出来的理念之一。数十年来，易组装性成了制造业至高无上的考量因素。一个产品越容易装配，它的制造成本就越低。易维修、易处理这些因素却几乎完全被忽视。从生态学角度看，“为分解而设计”的产品既可以做到高效的处理或维修，也可以实现高效的组装。设计得最好的汽车，不仅开着顺心，造价低廉，而且一旦报废也应该很容易地分解开来成为通用的部件。技术人员正致力于发明比胶或单向黏合剂更有效且可逆的黏合装置，以及像凯夫拉纤维[2]或模压聚碳酸酯[3]那样坚韧但更易再循环利用的材料。

---

1 罗伯特·福罗什（Robert Frosch，1928—）：美国科学家，哥伦比亚大学理论物理学硕士，出生于纽约。1977年至1981年间在卡特总统任内担任NASA第5任行政官。担任过联合国环境规划署执行主席。

2 凯夫拉纤维：是美国杜邦公司于20世纪60年代研制出来的一种新型复合材料，具有密度低、强度高、韧性好、耐高温、易于加工和成型的特点，常被用在防弹衣和坦克的防护装甲上。

3 聚碳酸酯：是常见的一种材料，由于其抗冲击性好，且无色透明，常被用来生产光碟、眼镜片、防弹玻璃等。

通过要求制造商而非消费者担起处理废物的责任，刺激了发明这些东西的动机，将废物处理的担子推给了上游的厂家。德国最近通过一项法案，强制汽车厂商设计的汽车能够容易地分解成不同特征的零件。你可以买到一把新的电茶壶，它的特点是能够轻易分解成可回收的部件。铝罐都已设计成能回收的了。如果所有东西都能回收会怎样？在制造一部收音机、一双跑鞋或一张沙发的时候，你不得不考虑它“尸体”的归宿。你得与你的生态伙伴合作——那些专吃你的机器排出物的家伙，以确保有人负责处理你产品的“尸体”。每一种产品都要考虑到它自己制造的垃圾。

“我想，你尽可以将所有能想到的废物都看作是潜在的原材料。”提布斯说，“任何在当下没有用的材料，都可以通过设计从源头将它消除，这样就不会生产出那种材料了。我们已经大体上知道如何建成零污染的加工工序。之所以还没有这么做，是因为我们还没下定决心。这与其说是技术问题，倒不如说是决心问题。”

所有证据都显示，生态技术即使带不来令人震惊的利润，也会带来一定的成本收益。自1975年以来，跨国公司3M在每单位产品污染降低50%的情况下节约了5亿美元。通过产品改型、生产工序改进（比如减少使用溶剂）或仅仅是捕获“污染物”等手段，3M公司便借助其内部工业生态系统中所应用的技术创新而赚到了不少钱。

提布斯给我讲了另外一个自我受益的内部生态系统例子：“马萨诸塞州有一家金属抛光厂，多年来不断向当地的水道排放重金属溶剂。环保人士每年都在提高水纯净度门槛，直到不能再提高。这家工厂要么停工并将电镀生产线迁走，要么建造一座非常昂贵的顶尖的全方位水处理厂。然而这家抛光厂采取了更彻底的措施——他们发明了一个完全闭环的系统。这个系统在电镀业是前所未有的。”

在一个闭环系统中，同样的材料被一次又一次地循环利用，就像在生物圈二号或太空舱里那样。在实际中，多多少少会有些物质渗入或漏出工业系统，但总体说来，大多数物质都在一个“闭合回路”里面循环。马萨诸塞州那家金属抛光厂的创新是将加工工序所需的大量水和有害溶剂回收，并且全部在厂墙范围内循环使用。经过革新的系统的污染输出降至为零，并在两年内见到了收益。提布斯说："如果由水处理厂来处理污水的话，要花50万美元，而他们新颖的闭环系统只花费了约25万美元。另外，因为不再需要每星期50万加仑（约227万升）的耗水量，他们还省下了水费。对金属的回收使得化学品的用量也降低了。与此同时，他们的产品质量也得到了改进，因为他们的水过滤系统非常之好，再生的水比以前外购的本地水还要干净。"

闭环制造是活体植物细胞内自然闭环产生的映射——细胞内的大量物质在非生长期间进行内循环。金属抛光厂中的零污染闭环设计原则可以应用于一个工业园或整个工业区，从全球化的观念去看，甚至可以覆盖整个人类活动网络。在这个大循环里任何东西都不会丢弃，因为根本没有"丢弃"一说。最终，所有的机器、工厂以及人类的种种机构都成为一个更大的全球范围的仿生系统的成员。

提布斯可以举出一个已在进行中的原型。哥本哈根往西80英里（约128千米），当地的丹麦企业已经孕育了一个工业生态系统的雏形。十多家企业以开环形式合作处理邻近厂家的"废料"，在他们相互学习如何再利用彼此的排出物的同时，这个开环逐步"收口"。一个燃煤发电厂向一个炼油厂提供蒸汽轮机产生的废热（以前此废热排放至一个附近的峡湾）。炼油厂从其精炼工序中所释放的气体中去除污染成分（硫），并将气体提供给发电厂作燃料，发电厂每年可以省煤3万吨。清除出来的硫卖给附近一家硫酸厂。发电厂也将煤烟中的污染物提取出来，形成硫酸钙供石棉水泥板公司作为石膏的替代品。煤烟中清出的粉尘则送往水泥厂。发电厂其他多余的蒸汽被用来给一家生物制药厂还有3500个家庭以及一个海水鳟鱼养殖场提供暖气热能。来自渔场的营养丰富的淤泥和来自药厂的发酵料用来给本地农场作肥料。或许在不久的将来，园艺温室也会由发电厂的废热来保温。

实事求是地说，无论制造业的闭环如何高明，总会有一星半点儿的能量或没用的物质作为废料进入生物圈。这不可避免的扩散所带来的影响能够被生物界吸收，前提是制造出这些扩散的机械系统必须运行在自然系统所能承受的节奏和范围内。活体生物如水浮莲，能够将稀释在水里的杂质浓缩成为具有经济价值的浓缩物。套用20世纪90年代的话，如果工业与自然完美衔接的话，生物有机体足以能承载工业生态系统所产生的极少量的废物。

如果将这种情景发展到极致的话，在我们的世界中就会充斥着高度变化的物质流，以及分散的、稀释的可回收物质。自然界擅长于处理分散和经过稀释的东西，而人工却不行。一座价值数百万美元的再生纸厂需要持续不断的、质量稳定的旧报纸供应。假如某天因为人们不再捆绑他们的旧报纸而造成纸厂停产，这样的损失是无法承受的。那种为回收资源建造庞大储藏中心的惯用方案使得原本就不丰厚的利润消耗殆尽。工业生态必须发展为网络化的及时生产系统[1]，动态地平衡物质流量，使本地多余或短缺的物质得以穿梭配送，进而最小化应变库存。越来越多的由网络驱动的“灵活工厂”能够采用可适应的机制，生产更多品种的产品（但每种产品的数量却较少），从而来处理质量变化幅度更大的资源。

1　及时生产系统（Just-In-Time System 或 JIT System）：是日本丰田汽车厂提出的一种生产体系模式，属于拉动式系统（Pull System）。在传统的推动式系统（Push System）中，根据市场预测制订生产计划，采购原料，安排生产，产品送入库存，再由库存来推动销售。而在拉动式系统中，由客户订单拉动生产，再拉动原料和配件采购，从而实现零库存。

10.6 适应的技术

适应的技术，如分布式智能、弹性时间计算、生态位经济，以及教导式进化等，都唤起了机器中的有机性。在联结成为一个巨型回路之后，人造世界便稳固地滑向天生的世界。

提布斯对如何在制造业中模仿“天生世界”的研究使得他深信，随着工业活动变得越来越有机化，它将会变得——用一句现代的词儿来说，就是更“可持续发展”。想象一下，提布斯说道，我们正在推动污染的日常工业生产方式向具有生物特性的加工方式转化。绝大多数需要高温、高压环境的工厂，将会被运营在生物值范畴内的工厂所取代。“生物代谢主要以太阳能为燃料，在常温常压下运作，”提布斯在他1991年划时代的专题论文《工业生态学》中写道。“如果工业代谢也是如此的话，工厂作业安全方面就可能有巨大的收获。”热代表着快、猛和高效。冷代表着慢、稳和灵活。生物是冷的，制药公司正在进行一场革命，以生物工程酵母取代具有毒性和强力溶解性的化学品来制造药品。在制药厂保留高科技设备的同时，注入活性酵母汤剂中的基因则接手成为（生物制药的）引擎。利用细菌从废弃的尾矿中提取有用矿物是又一个生物过程取代机械过程的明证。这项工作在过去采取的方法既粗暴又破坏环境。

虽然生命构建在碳元素之上，它却不以碳为驱动力。碳驱动了工业的发展，但同时伴随着对大气的巨大影响。经燃烧释放进入空气的二氧化碳和其他污染物与燃料中的复合碳氢化合物成正比。含碳量越高就越糟糕。其实从燃料中获得的真正能量并不是来自碳氢化合物中的碳，而是它的氢。

古时候最好的燃料是木头。若论氢和碳的比例，木柴中碳约占91%。工业革命的高峰期，煤是主要的燃料，其中碳占50%。现代工厂使用的燃油其含碳量为33%，而正在兴起的清洁燃料天然气，其含碳比例是20%。提布斯解释道："随着工业系统的进化，燃料里的氢元素含量变得更高。从理论上说，纯氢会是最理想的'清洁燃料'。"

将来的"氢能经济"会采用日光将水分解成氢和氧，然后将氢像天然气那样输送到各处，在需要能量的地方燃烧。这样一种对环境无害的无碳能源系统可以与植物细胞中以光为基础的能量体系相比拟。

通过推动工业生产流程向有机模式发展，仿生工程师创建了一系列生态系统形式。其中一个极端是纯粹的自然生态系统，如高山草甸或是红树林沼泽。这些系统可以被看作是自顾自地生产生物量、氧气、粮食，还有成千上万稀奇古怪的有机化合物，其中一部分会被人类收获。另一个极端是纯粹的工业系统，合成那些自然界没有的或是存在量不多的复合物。在两个极端之间是一条混合生态系统带，比如湿地污水处理厂（利用微生物净化水）或酿酒厂（利用活性酵母来酿造葡萄酒），而很快，生物工程工序就会利用基因工程来生产丝绸、维生素或胶黏剂。

基因工程和工业生态都预示着第三类仿生系统的出现——半是生物、半是机器。对各种各样能够生产我们所需的生物技术系统的想象才刚刚展开。

工业将无可避免地采用生物方式，这是因为：

◎ 它能用更少的材料造出更好的东西。如今，制造汽车、飞机、房屋、计算机等所消耗的材料都比20年前要少，而产品的性能更高。未来为我们创造财富的大多数生产方式，都将会缩小至生物学的尺度和可消解的程度，哪怕用这些方法生产出的是和红杉树一样的庞然大物。厂商将体会到自然生物流程所具备的竞争力和创造力，进而驱使制造流程朝生物模式的方向发展。

◎ 今天，创造事物的复杂性已经达到了生物级别。自然是掌控复杂性的大师，在处理杂乱、反直观的网络方面给我们以无价的引导。未来的人造复杂系统为了能够运转，必然会有意识地注入有机原则。

◎ 大自然是不为所动的，所以必须去适应它。自然——它比我们还有我们的奇巧装置都大得多，为工业进展定下了基本的节奏。从长远来看，人造必须顺应自然。

◎ 自然界本身——基因和各种生命形式——与工业系统一样能够被工程化（或模式化）。这使得自然领域和人造生态系统或工业生态系统之间的鸿沟缩小了，工业能够更容易地投入和实现生物的模式。

任何人都可以看到，我们的世界正不断地用人造的小玩意儿来覆盖自己。但我们的社会在快速地迈向人造世界的过程中，也同样在快速地迈向生物世界。当电子小玩意儿多到令人眼花缭乱的时候，它们存在的主要目的便是孕育一次真正的革命——生物学的革命。21世纪中引领风骚的并非大家所鼓吹的硅，而是生物：细胞学、基因工程、生态学、进化论、生命工程。

事实也不尽然如此。21世纪真正的风流学科是超生物学：人造细胞、基因再造、工业生态、教导式进化及人工生命（它们都是同一回事）。硅研究正一窝蜂地转向生物学。团队们热火朝天地竞相设计新型的计算机——它们不但能促进对自然的研究，且其自身也是自然的。

看看最近这些技术会和研讨会所透露出来的影影绰绰的信息吧："自适应算法国际会议"（圣达菲，1992年4月），研究在计算机程序中融入有机体的灵活性；"生物计算"（蒙特利，1992年6月），声称"自然进化是一个适应不断变化的环境的计算进程"；"源于自然的并行解题"（布鲁塞尔，1992年9月），把自然当作一部超级计算机；"第五届基因算法国际会议"（圣地亚哥，1992年），模仿脱氧核糖核酸（DNA）的进化能力；还有数不清的关于神经网络的会议，致力于将脑神经元的独特构造作为人工智能深度学习模式来复现。

在未来10年间，那些出现在你的卧室、办公室及车库里最令人吃惊的产品都会从这些开创性会议的思想中产生。

我们在这里来讲讲世界的通俗史：非洲的稀树大草原孕育出人类的狩猎和采集者——从而诞生了最原始的生物学；狩猎采集者发展出自然的农业和畜牧业；农民孵化出机器时代；工业家则孵化出正在兴起的后工业物品。它到底是什么，我们还在试图弄清楚。不过，我把它称为天生和人造的联姻。

确切地说，21世纪的特色是新生物学而不是仿生学，因为在任何有机体和机器的混成体中，尽管开端可能是势均力敌的，但生物学却总是能最终胜出。

生物学之所以总是胜出，是因为有机并不意味神圣，它并非生命体通过某种神秘方式传承下来的神圣状态。生物学是一个必然——近乎于数学的必然，所有复杂性归向的必然。它是一个欧米茄点[1]（即终极点）。在天生和人造缓慢的混合过程中，有机是一种显性性状，而机械是隐性性状。最终，获胜的一定是生物学。

---

1 欧米茄点（Omega Point）：基督教中用来描述宇宙进化的终点，在这个点上，复杂性和意识觉悟都达到最大化。

第十一章

OUT OF CONTROL

网络经济学

11.1 脱离实体

很难说清约翰·派瑞·巴洛（John Perry Barlow）到底是干什么的。他在怀俄明州的松谷县拥有一家农场，还曾竞选过怀俄明州参议院的共和党席位。面对那些在战后“婴儿潮”中出生的人们，他经常会介绍自己是那个老牌地下乐队“感恩而死”[1]的替补词作者。对于这个角色，他颇为津津乐道，最主要的原因是它能在人脑子里造成某种混乱：一个“死党”[2]，却是共和党人？

在某一时刻，巴洛可能正在斯里兰卡为一条捕鲸船的下水而忙碌（那样环保人士就可以监控灰鲸的迁徙），也可能正在某个电子工程师联合会就言论自由和隐私权的未来而做演讲；他还有可能正在和日本的企业家在北海道一边泡着温泉一边针对环太平洋地区的整合问题集思广益，或是在蒸汽浴室和最后一位空间幻想家制订定居火星的计划。我认识巴洛是在一个名为WELL[3]的实验性虚拟会议室里，那里的人都没有实体。他在其中

1 感恩而死（The Grateful Dead，1964—1995）：美国著名摇滚乐队，作品风格属于乡村摇滚、民谣摇滚和 迷幻音乐。代表作包括*In the Dark*、*Workingman's Dead*、*American Beauty*等，其中后两张专辑是乐队历史上销量最大的专辑。感恩而死乐队系统地把一种自由自在的音乐形式引入了摇滚乐，他们的音乐表明了他们在不断地发展自己的音乐理想。

2 “死党”（Deadhead）：用来指“感恩而死”乐队的死忠乐迷。

3 WELL（Whole Earth'Lectronic Link）：是最古老的虚拟社区之一，成立于1985年，至今仍在运作，大约有4000名成员。

所扮演的角色是一个“神秘的嬉皮士”。

我和巴洛在现实中见面之前，已经在WELL上相识并且一起工作了好几年。在信息时代，友朋之道往往如此。巴洛大概有10个手机号码，分属几个不同的城市，还有不止一个电子地址。我永远都不知道他到底在哪里，不过却总能在几分钟之内就联系到他。这家伙即使坐飞机都带着一个可以插在机舱电话上的笔记本电脑。我在联系他时所拨打的那个号码可能会把我带到世界的任何一个他当时正停留的地方。

我对他这种没有实体的状态感到很郁闷。跟他联系的时候，如果连他在地球的哪个地方都不清楚，我就会陷入一种混乱状态。他也许不介意这种没着没落的状态，但是我介意。当我以为拨打的是他在纽约的号码，不承想却被他卷到了太平洋上空，顿时生出一种被人猛抻了一把的感觉。

“巴洛，你现在到底在哪儿？”有一次我极不耐烦地盘问道。当时我们正在进行一次冗长的通话，讨论一些非常棘手但很关键的问题。

“这个嘛，你刚打过来的时候，我是在停车场，现在我正在行李箱店里修我的行李箱。”

“哎哟，你干脆做个手术直接把接收器安脑子里算了！那多方便啊，省得用手了。”

“我正是这么想的。”他回答道，没有一点开玩笑的意思。

从空旷的怀俄明州搬迁出来，巴洛现在栖身于赛博空间[1]那广袤的荒原上。我们之前的谈话，就发生在这个前沿阵地上。正如科幻小说家威廉·吉布森[2]曾经预见的那样，赛博空间所包裹着的巨大的电子网络正在

---

1 赛博空间（cyberspace）：这个概念来源于控制论，由信息论先驱维纳和科幻小说家吉布森发扬光大。它涵盖信息理论和计算机科学。在赛博空间中，人们借助全域的电磁网络接入，脱离实际地理位置，通过虚拟交互式体验实现全球通信和控制。互联网和移动网络的发展，正在把人类社会一步步引入赛博空间。《黑客帝国》电影中的matrix就是一个赛博空间的极端形式，人类自从出生便被接入（jiack- in），在这个虚拟空间内醉生梦死而不能自拔。

2 威廉·吉布森（William Gibson，1948—）：美国作家，主要写作科幻小说，现居住在加拿大。他被称作赛博朋克（Cyberpunk）运动之父。赛博朋克是科幻小说的一个子类。他的第一部也是最有影响力的一部小说《神经漫游者》（*Neuromancer*）自1984年出版以来已在全球卖出了6500万册。“赛博空间”一词即来自此书。

工业世界的“地下”暗暗地扩张，就如同伸展开的触手或藤蔓。根据吉布森的科幻小说，在不久的将来，赛博空间中的探险者将会“接入”一个由电子数据库和类似视频游戏的世界所构成的无界迷宫中。一个赛博空间侦察员坐进一间小黑屋里，直接把“猫”（调制解调器）接入他的大脑，就能在脑中直接浏览由抽象信息构成的无形世界，就像在某个无边无际的图书馆中穿梭似的。各种迹象表明，这样的赛博空间已经零零散散地出现了。

不过，对于巴洛这个神秘的“嬉皮士”来说，赛博空间还不止于此。它不仅仅是一个由数据库和网络构成的隐形帝国，也不仅仅是某种需要戴上特别的目镜才能进入的三维游戏，它还是一个包含任何无实体存在和所有数字信息的完整世界。用巴洛的话来说，赛博空间就是你和你的朋友在通电话时所“存在”的世界。

有一次，巴洛告诉一个记者：“没有什么东西能比赛博空间更无质无形的，就像让人把你的整个身体都切除了一样。”赛博空间是网络文化的集散地。分布式网络那违反直觉的逻辑和人类社会的各种特异行为在此相遇。而且，它还在迅速地扩张。拜网络经济所赐，赛博空间已经成为一种越使用越丰富的资源。巴洛俏皮地说，“赛博空间‘是一种特殊的地产——越开发’它的面积就越大。”

11.2 以联接取代计算

当初为了给自己的邮购公司建立客户数据库，我买了我的第一台苹果计算机。在玩转了这台苹果Ⅱ型计算机的几个月后，我把它联接到电话线上，从此获得了一种宗教般的体验。

在电话接口的另一边是年轻的互联网。虽然互联网年纪尚轻，但就在那天拂晓，我意识到计算机的未来不在数字而在于联接——一百万台相互联接的苹果Ⅱ型计算机所产生的力量，要远远超过一台价值数百万美元、用最精心的方式研制出来的、单台的超级计算机。徜徉在互联网之中，我有了一种醍醐灌顶般的顿悟。

正如我们所预料过的那样，计算机作为运算工具，将会推动世界进入一个更为高效的时代。但是，没有人会预料到，一旦计算机被用作通信工具，这些被网络联接起来的计算机就会将这个已经取得诸多进步的世界彻底颠覆，并把它推向一个完全不同的逻辑方向——互联网的逻辑。

在所谓的“我时代”中，个人计算机的解放恰逢其时。个人计算机在过去仅仅是个人的奴隶：这些硅芯片的“大脑”忠诚而循规蹈矩，价格便宜又无比听话——哪怕你只有13岁，也能够轻松驾驭它们。在那时，一切似乎再清晰不过了：个人计算机及它们的高性能后代一定会按照我们的详细要求重新塑造这个世界——个性化报纸、视频点播、定制的插件等。而作为个体的你，就是这一切的焦点和中心。然而，现实又一次出乎我们意料：这种硅基芯片的真正力量，不在于通过数字运算来为我们完成筹划的奇妙功能，而在于通过数字网关把我们联接在一起的神奇能力。其实，我们不该把它们叫作“计算机”，而应该把它们称作“联接器”。

到1992年时，网络领域已成为计算机产业中增长最为迅速的领域。它表明，商业活动的各个领域都在以光速的效率把自己接入新的架构。到了1993年，无论是《时代周刊》还是《商业周刊》，都以封面故事的形式对快速走进我们生活的信息高速公路并做了特写——这条高速公路将把电视、电话和普通家庭联接在一起。用不了几年，你就可以用一个小玩意儿（网络装置），通过“高速拨号”收发电影、彩照、完整的数据库、音乐专辑、详细设计蓝图，或是一整套书——随时随地、随心所欲，而且是瞬时完成——这可不是在做梦。

这种规模的网络化将会真正彻底地改变几乎所有的商业行为。它会改变：

◎ 我们生产什么。

◎ 如何生产。

◎ 如何决定生产什么。

◎ 生产活动所处其中的经济的本质。

无论通过直接还是间接的方式，在引入这种网络化逻辑之后，商业活动几乎所有的方面都将焕然一新。网络——不仅仅只是计算机——能够让企业以更快的速度、更灵活的方式，生产各种更贴近消费者需求的新型产品。所有这些，都是在一个急速变化的环境中发生的。在这样的环境中，几乎所有的竞争者也都拥有相同的能力。为了应对这种根本性的变化，法律和金融体系也会发生变化，更不用说由于全球金融机构24小时联网所引起的难以置信的经济变化了。而尚在酝酿中的网络文化热潮也必将如同华尔街一般崛起，席卷整个网络并将之化为己用。

网络逻辑已经塑造出了一些产品，而这些产品正在塑造着今天的商业。正因为有联网系统，“即时现金”，这种从ATM机里吐出来的东西，才成为可能。类似的还有形形色色的信用卡、传真机，以及在我们生活中随处可见的彩色打印机。这种高质低价的现代四色打印机是将打印装置联网而成的。现代四色印刷的高质量和低成本得益于网络化的印刷机，这能够协调每种颜色的高速重叠，使其快速打印。生物技术制药也需要用这种网络化的智能管理那些“活体基液”在大桶容器之间的流动。甚至零食加工行业也在催促我们采用类似的方式，因为用来烹制它们的那些分散的机器，也可以通过网络来进行协调。

在智能化网络的管理下，普通的制造业也会更上一层楼。网络化设备不只能生产出更纯的玻璃和钢材，它的适应力还能让同样的设备生产出更多样化的产品。在生产过程中可以控制合金材料成分上的细微差别，从而突破现有的材料限制，制造出更精确、更适应、更便宜的新材料。

网络化还能对产品维护提供帮助。早在1993年，有些商用设施（如必能宝的传真机、惠普的微型计算机、通用电气的身体扫描仪）就可以进行远程的诊断和修理。你只要把机器连接到网络，身处工厂的操作员就可以对它的内部进行查探，看看它是否正常运转——如果不能正常运转的话，通常可以直接对机器进行远程诊断和设置。原本这种远程诊断技术是由卫星制造商开发出来的——对于他们来说，这实在是无可选择的事情：他们只能对产品进行远程维修。现在，这种方法正被用来修理传真机、卸载硬盘，或者在千里之外快速地修复一台X射线机。有时候，还可以通过上传新的软件来进行修理，最起码，修理人员在去现场前就可以知道他需要带什么工具和配件，从而加快过程。其实，这些网络化的设备可以看成某个更大的分布式机器的节点。最终，也许所有的机器都可以被连接到一个网络之中，当它们快要不行的时候就可以给修理人员发出警报，并可以接受智能升级，在工作的同时完善自身。

这种在公司范围内，将受过良好教育的人和网络化的计算机智能无缝地整合到一个网络之中，以保证其卓越品质的技术，被日本人做到了极致。日本制造企业正是因为在内部对这些关键信息进行协调，才能为世界提供巴掌大小的摄像机和经久耐用的汽车。然而，正当其他的工业领域开始发狂似地安装网络驱动的制造机械的时候，日本人已经转移到了网络逻辑的下一个前沿：灵活制造和大规模定制。比如，位于日本各地区的自行车公司可以在装配线上生产定制的自行车。你可以在它总计达到1100万种各不相同的车型中选择适合自己审美的来下订单，而价格与一般大批量生产的非定制的自行车相比只高10%。

企业所面临的挑战可以简要地概括为：向外扩展企业的内部网络，使其包含市场上所有与公司打交道的实体或个人，从而编织起一张巨大的网络，把雇员、供应商、监管人员和消费者都联接进来，使他们都成为公司集体性存在的一部分。

无论是在日本还是在美国，那些已经着手建立拓展的分布式网络的集团都展示出了巨大的能量。譬如，全世界牛仔服装供应商李维·施特劳斯[1]已经把它的一大部分实体都网络化了。持续不断的数据从它的总部、39个制造厂和成千上万的零售商那里流出，汇聚成一个经济上的超级有机体。当美国巴法罗的商场有人买石洗布的时候，这些销售数据就会在当夜从这个商场流入李维斯的网络中。网络会把这笔交易和其他3500个零售店的交易汇总在一起，然后在几个小时之内生成一条增加石洗布产量的指令给位于比利时的工厂，或者向德国的工厂要求更多的染料，或者向美国北卡罗来纳州的棉花厂要求增加牛仔布的供应。

同样的信号也让网络化的工厂运转起来。成捆的布从厂房中带着条形码被送到这里。在这些布变成裤子的过程中，它身上的这些条形码将会由手持激光条码阅读器来记录追踪：从织布厂到运货车再到商店的货架上。与此同时，商场也会收到一个答复：用来补货的裤子已经在路上了。而所有这些，不过发生在大约几天的时间里。

---

1 李维·施特劳斯（Levi Strauss，1829—1902）：发明牛仔裤的人，创立了著名品牌李维斯（Levi's）。1979年李维斯在美国国内总销售额达13.39亿美元，国外销售盈利超过20亿美元，雄居世界10大企业之列，他由此成为最富有的“牛仔裤大王”。

这个从顾客购买到订购材料再到生产的回路是如此地紧密，以至于一些高度网络化的服装商，如贝纳通，会夸耀说，他们的毛衣不到出厂的时候是不会做染色这道工序的。当各地连锁店的消费者开始抢购青绿色套头衫时，几天之内，贝纳通的“网络”就会开始加染这种颜色的衣服。这样一来，决定当季流行色的就不再是时尚专家，而是那些收款机。通过这种方式，贝纳通才能在变幻莫测的时尚大潮中始终立于风口浪尖之上。

如果你用网络把计算机辅助设计（CAD）工具与计算机辅助制造（CAM）联接在一起的话，那么你能做到的就不仅是灵活地控制颜色，而且可以灵活地控制整个设计过程。你可以用很短的时间先设计出一个样式，然后少量地生产和投放，再根据反馈快速地进行修改，一旦成功则迅速增加产量。整个周期只需要几天的时间。直到不久前，这个周期还需要用季度甚至是年来衡量，其所供选择的方案也非常有限。花王是日本的一家清洁剂和化妆品制造商。它开发出一套极其高效的网络配送系统，即使是最小的订单都能够在24小时内送达。

那么，为什么不用同样的方式生产汽车和塑料呢？事实上，可以。但有一个前提，一个真正具有适应性的工厂必须是模块化的。这样一来，它的工具和流程才能够迅速地进行调整和重新配置，以便生产出不同型号的汽车，或者不同配方的塑料。今天这条组装线还在生产旅行车或者聚苯乙烯泡沫塑料，隔天它就在生产吉普或者胶质玻璃了。技术人员把这称为灵活制造。组装线可以进行调整以适应产品的需要。这是一个非常热门的研究领域，拥有巨大的潜力。如果你能在运行中就对生产流程进行调整而无须停下整个流程，你就可以在一个批量里生产不同的东西。

不过，要想让你的生产线获得这种灵活性，你得让那些现在还被铆在地上、重达几吨的机器能够踮起脚尖来。想要它们舞动起来的话，就需要把许多大块头的东西替换成网络化的智能组件。要想实现灵活制造，就必须让灵活性深深植入系统。这意味着，机器模具本身必须是可以调整的，物料分送的规划必须能在咫尺之间灵活转向，所有的劳动力都必须协调成一个整体，包装供应商不能有任何中断，同时物品运输也必须是可控的，市场营销也必须是同步的。而所有这些，都是通过网络来完成的。

今天，我的工厂可能需要21辆平板卡车、73吨醋酸盐树脂、2000千瓦电力和576小时人工，但到了第二天，也许就什么都不需要了。所以，如果你是提供醋酸盐树脂或者电力的公司，你就需要和我一样灵活，否则我们就无法共事。我们将作为同一个网络来分工协作，共享信息与控制。到了这个时候，有时已经很难说清楚到底是谁在为谁工作了。

联邦快递（FedEx）过去常常为IBM运送计算机核心配件。而现在，它也在自己的库房中存放这些配件。借助网络，联邦快递对新入库的配件在哪里了如指掌——就算它是在某个海外供货商那里刚刚生产出来的。当你从IBM的产品目录中订购某样东西后，联邦快递就通过他们的全球配送服务把东西给你送去。当联邦快递的工作人员把这个配件送到你门口的时候，发货人到底是谁呢？是IBM还是联邦快递？施奈德物流公司是另外一个例子。这个美国首家全国性的卡车运输公司通过卫星把全部的卡车都实时地接入了网络之中。一些重要客户的订单是直接发送到施奈德公司的调度电脑中的，账单也同样是从施奈德公司的电脑中直接接收的。谁在管事？运输公司与供应商的业务分界又在哪里？

消费者也在被飞快地卷入这种网络联接的服务型体系。无处不在的客服电话很快会在车间内响起，这样一来，用户反馈就会直接影响到生产线上应该生产什么东西，以及如何生产这些东西。

11.3 信息工厂

我们可以想象一下未来公司的形态：它们将不断地演化，直到彻底地网络化。一个纯粹网络化的公司，应该具有以下几个特点：分布式、去中心化、协作性以及适应性。

分布式——商业不再是在某个单一的地点进行的。它在几个不同的地方同时发生。公司的总部甚至可能不会再设在一个地方。苹果电脑公司就有大量的建筑密布在两个城市里，每栋建筑都是公司某一个不同职能的“核心”。即使是小公司也可以在同一地域中以分布式的方式存在。一旦实行了网络化，你到底是在楼下的办公室还是在城市的另外一头，根本不重要。

位于加利福尼亚州希尔顿里德岛市的Open Vision公司，是这种新模式下的一个典型例子。这是一家普通的小软件公司。正如公司CEO迈克乐·菲尔德斯所说：“我们是一个真正的分布式公司。”Open Vision在美国的许多城市中都有客户和雇员，所有工作都在网络上进行。不过，“他们中的绝大多数人甚至都不知道希尔顿里德岛到底在什么地方”，菲尔德斯在接受《旧金山纪事报》采访的时候这样说道。

不过，在这种网络化的过程中，公司不应该仅仅是被拆成很多单干的个人组成的网络。就目前收集的数据和我自己的经验来看，对于完全分布式的公司来说，最合理的解决方案是组合成8到12个人的团队放在同一个地点进行工作。一个体量巨大的全球性企业，如果按照完全网络化的方式进行组织，可以被看成一个由细胞组成的系统，每个细胞都由约12个人员构成，包括许多由12个员工掌管的迷你工厂、一个12个人构成的“总部”、成员为8人的利润中心，以及由10个人运作的供应部门。

去中心化——如果你只有10个人的话，怎么才能完成一个大规模的计划？就所谓工业革命时期而言，在绝大多数情况下，真正的财富往往都是通过把某种流程置于集中控制之下而获得的。规模越大，效率越高。过去的那些“攫财大亨”发现，如果能够把自己产业中的每个关键环节和补充环节都控制在自己手里，就能挣到更多的钱。正因为如此，钢铁公司才要控制矿山、采自己的煤、建自己的铁路、制造自己的设备、为自己的员工提供住房，并且力争在一个巨人般的公司内部达到某种自给自足状态。当世界低速运转的时候，这种方法确实有效。

如今，经济发展日新月异，拥有这样完整的生产链已经变成了某种“负担”。这种做法只有在“逢其时”时才有效率。如今时过境迁，控制必须让位于效率和灵活性。那些附加职能，如为自己提供能源，很快就会转给其他的公司。

甚至那些本来很重要的功能也被转包出去了。举例来说，一座酿酒厂就不再自己种植那些酿制葡萄酒所需的特种葡萄；它把这部分费力不讨好的工作分给别人去做，自己则专注于酿造和市场营销。同样，一个汽车租赁公司也会把修理和维护自己车队的工作转包给其他公司，自己只专注于租赁业务本身。一个航空客运公司会把它的跨洲航班的货仓位（一个极其重要的利润中心）转包给一家独立的货运公司，因为他们发现，后者会比他们自己更好地经营这块业务，并获得更多的利润。

底特律的汽车制造商曾经以一切亲力亲为而著名。可现在它们却把近半的职能都分包出去了，其中包括相当重要的发动机制造工作。通用汽车甚至雇用了匹兹堡玻璃板工业公司在通用汽车的厂房内对车体进行喷漆——就销售而言这是非常关键的环节。在商业期刊中，这种渐成燎原之势的通过分包实现去中心化的做法，被称为“外包”。

通过借助电子手段进行巨量的技术和财务信息交换，大规模外包的协调成本已经降低到了一个可以承受的水平。简单来说，网络使得外包成为一个具备可行性、可盈利性且具有竞争力的选择。一个被分派出去的任务，可能要往复好几次，直到最终落实到某个规模虽小但结构紧凑且能够专注、高效地完成任务的团队上。通常情况下，这些团队可能是一个独立的公司，也可能是某个自治的分支机构。

研究表明，如果把一个任务拆分成若干块交给不同的公司来完成，若想保证质量的话，所需的交易成本就要高于在一个公司内完成这项任务的成本。但是，（1）网络技术的发展，如电子数据交换和视频会议，使得这些成本日益降低；（2）相较于适应性增强所带来的巨大收益，这些成本进一步降低——企业不需要再纠缠于那些现在已经不需要的工作，而且可以开始着手处理那些将来可能会需要的工作——而这些，是中心化的企业所缺乏的。

在逻辑上对外包进一步延展，不难得到这样的结论：一个百分之百网络化的公司只需一个办公室就能容下其所有的专业人士，并通过网络技术与其他的独立团体相联结。大量数以百万美元计的无形业务可以由一个只有两个助理的办公室搞定，甚至有的根本就不需要办公室。大型广告公司Chiat/Day[1]就正致力于把它的实体总部给拆分掉。在项目进行期间，团队会租用酒店的会议室，利用便携式电脑和电话转接进行工作。项目完成之后，这个团队就会解散然后重组。这些团队有些是“属于”公司的，另外一些则单独管理和单独核算。

1 Chiat/Day：1968 年，Jay Chiat 和 Guy Day 建立了 Chiat/Day 广告公司。Chiat/Day 一直崇尚放荡不羁的创意，它因此赢得了许多客户，也失去了许多客户。1994 年，为了降低运营成本、提高工作效率，Chiat/Day 又出惊人之举，把原办公室改成仓库，让员工拎着笔记本、手机回家，实行虚拟办公！但事与愿违，虚拟办公导致工作效率更低、大批员工离职。1995 年，Chiat/Day 被 Omnicom 收购，并与 Omnicom于1993 年收购的 TBWA 合并，形成现在的 TBWA/Chiat/Day（李岱艾广告公司）。——摘自《业界纵览》

让我们来假想一家未来设在硅谷的汽车制造商，我把它叫作“新贵汽车公司”。新贵汽车公司准备与日本的汽车三巨头一较高下。

新贵汽车公司的架构是这样的：有12个人在加利福尼亚州帕罗奥多市一个干净整洁的写字楼里共用一个办公室，其中包括一个财务人员，四个工程师，一个CEO，一个协调员，一个律师和一个市场人员。在城市另外一头，员工们在一个旧仓库里组装一款油耗为每加仑120英里（约每升42千米）的环保汽车。这款车由保力强复合材料、陶质引擎以及各种电子器件组成：高科技塑料来自与新贵汽车公司合资的一家年轻公司；引擎则是从新加坡买来的；而其他器件都带有条码，每天都会从墨西哥、犹他州还有底特律源源不断地运来。运输公司充当了这些器件的临时仓储——当天需要的材料正好在当天送达工厂。每辆汽车都是消费者通过网络定制的，并且在装配完成后立即发货。计算机控制的激光车床快速为车体模具定型，而车体设计则是通过消费者反馈和目标市场决定的。由机器人组成的灵活流水线负责汽车的装配。

机器人的维修和改进被外包给了一家机器人公司。一家名为“巅峰厂房维修服务”的公司负责厂棚的维护。而接听电话这类事情则交给了位于圣马特奥市的一家小服务商。公司里所有团队的行政工作都交由一家全国性机构打理。计算机硬件的维护也照此办理。市场和法务人员各司其职（这是当然的），而这些人也是公司外聘来的。记账工作几乎完全计算机化，但一个外部的会计公司会从远程响应公司的任何会计需求。直接从新贵汽车公司领工资的人总共也就100人左右，他们组成一个个小组，每个小组都有自己的福利计划和薪酬制度。通过帮助供应商成长、与合作伙伴结盟甚至是投资合作伙伴，新贵汽车迅速占领了市场。

好像有点遥远，是吧？其实并非那么远。让我们看看一家现实中的硅谷先驱公司是如何在10年前起家的。詹姆斯·布赖恩·奎恩[1]在1990年

1 詹姆斯·布赖恩·奎恩（James Brian Quinn，1928—2012）：达特茅斯大学艾莫斯－塔克商学院威廉姆和约瑟芬管理学教授，现已名誉退休。他是战略计划、技术变革管理、企业创新以及技术对服务部门的影响等领域的学术权威。

3/4月的《哈佛商业评论》中写道：

> 苹果的微处理器是从Synertek[1]买的，其他的芯片则来自日立、得州仪器和摩托罗拉，显示器是日立的，电源是阿斯泰克的，打印机则来自东京电子和奎茂[2]。同样，通过把应用软件的研发外包给微软、市场推广外包给麦金纳顾问公司[3]、产品设计外包给青蛙设计公司[4]、配送外包给ITT工业集团和ComputerLand，苹果公司最大限度地降低了内部的事务性服务和资本投入。

从这种网络化的外包中获益的不只是商业活动。市政和其他政府机构也很快就有样学样了。芝加哥市就是众多示例中的一个，它把它的公共停车管理外包给了罗斯·佩罗建立的计算机外包公司EDS[5]。EDS开发了一种在手持计算机设备上运行的系统，这个系统可以打印罚单，并且与芝加哥市2.5万个咪表的数据库相联网，从而提升罚款的收缴率。在EDS为芝加哥市承接了这个任务之后，罚单的缴付率从10%跃至47%，为颇为窘困的市财政增加了6000万美元的收入。

协作性——将内部工作网络化具有重大的经济意义，以至于有时某些核心功能甚至会外包给公司的竞争者，达到互惠互利。企业之间可能在某个业务上合作，而同时又在另外一个业务上竞争。

在美国，很多主要的国内航空公司都会把复杂的购票订座和出票流程外包给他们的竞争者美国航空公司。同样，万事达和VISA这两家信用卡公司有时候也会把收费或交易处理流程交给他们的主要竞争者美国运通来

---

1 Synertek，一家成立于1973年的半导体制造商，位于加利福尼亚州硅谷中心地带。后被电子与自动控制行业巨头霍尼韦尔（Honeywell）收购。1985年停止运营并被出售。

2 奎茂（Qume）：一家由华人李信麟创立的硅谷公司。专营计算机外设生产，曾在打印机市场上独占鳌头。

3 麦金纳顾问公司（Regis Mckenna）：创立于1970年，以其创始人名字而命名，是硅谷最负盛名的市场营销公司，参与了苹果、美国在线、康柏、Intel、微软等公司创立期的推广工作。

4 青蛙设计公司（Frogdesign）：老牌创意公司，于1969年创立于德国。

5 EDS（Electronic Data System）：美国电子数据系统公司，曾是全球最大的电子信息解决方案提供商之一，于2008年被惠普以139亿美元收购。

做。在20世纪90年代，“战略联盟”对公司来说是个很时髦的词。每个人都在寻找可以和自己形成共生关系的合作伙伴，甚至是和自己能形成共生关系的竞争者。

各个行业，如运输、批发、零售、通信、市场营销、公共关系、制造、仓储，它们之间的界线都消失在无限的网络之中。航空公司会做旅游服务，会用直邮卖旧货，会协助乘客安排酒店预订；而与此同时，计算机公司却几乎已经不去自己生产硬件了。

也许到了某一天，那种完全自给自足的公司会变得非常少见。公司这个概念的寓意，也会从那种紧密耦合、被严格约束的机体，变为一种松散耦合、松散约束的生态系统。那种把IBM看成一个有机体的概念需要被颠覆了。IBM其实是一个生态系统。

适应性——从产品到服务的转移是无可避免的，因为自动化会不断降低物质复制所需的成本。事实上，复制一个软件光盘或者一盘音乐磁带的成本，只是这个产品的一小部分成本。而且，当产品的尺寸变得越来越小的时候，它们的成本也会不断下降，因为用的料越来越少了。一粒药片的成本只是它的售价的一小部分而已。

不过，在制药、计算机以及越来越多的高科技产业中，用于研发、设计、授权、专利、版权、营销和客户支持的费用，也就是那些属于服务性成分的费用，占据着越来越大的比重。而所有这些都是信息和知识密集型的。

今天，一个超级产品并不足以支持一个公司很长的时间。事物的更迭是如此之快，创新的替代品（如取代电缆的光缆）、反向工程、克隆，以及让弱势产品繁荣昌盛的第三方附加件，还有迅速变化的各种标准联合在一起，都试图绕过那些传统的获取优势的路径。要想在新的时代挣到钱，你得追随信息之流。

一个网络就是一个信息的加工厂。当一个产品的价值随着其中所蕴含知识的增加而提高时，产生这些知识的网络价值也随之增加。一个由工厂生产出来的小器件，曾经遵循从设计到生产再到配送的线性路径。而今，一个通过某种灵活的生产流程制造出来的小器件，其生命历程呈现出一种网状的形态——同时散布在众多不同位置的不同部门，而且已经溢出了工厂，以至于很难说到底哪一件事是先发生的，又到底发生在什么地方。

整张网络同时在行动。营销、设计、制造、供应商、购买者都被卷入创造一个成功产品的过程中。产品设计意味着要让营销、法律和工程团队同时都来参与，而不是像过去那样按顺序来完成。

从20世纪70年代UPC条形码在商店中流行开始，零售类商品（罐装汽水、袜子）在柜台处的动向就已经和后台管理系统连接起来了。不过，在一个成熟的网络经济中，应该做到通过添加弱通信能力而把这些东西跟前台管理系统以及消费者连接起来。生产带有主动微型芯片而不是被动条形码的小东西，就意味着在一家有数以千计的货架的折扣店里，每个货架上都摆放着数百个智力迟钝的小东西。那么，为什么不激活这些芯片？它们现在可是有智力的。它们可以自己显示价格，还可以很容易地按照销售情况来调整价格。如果店主想要促销，或是你手上有某种优惠券或者打折卡，它们可以重新计算自己的价格。一个产品还可以记住你是否在看了一眼标价后就走开了——这可是店主和制造商很感兴趣的信息。无论如何，广告商可以吹嘘说：至少你抬眼看了。当货架上的商品获得自己或相互之间的注意，并且和消费者产生互动时，它们会迅速迸发出完全不同的经济形态。

11.4 与错误打交道

尽管我很看好网络经济，但是仍然有许多令人担忧的地方，这些问题也同样存在于其他的大型、去中心化的自为[1]系统中。

◎ 它们很难被理解。

◎ 它们不太容易控制。

◎ 它们并非最优化的。

当各种公司取消实体进入某种巴洛式的网络空间之后，它们就具有了某种类似于软件的特点——无污染、无重量、快速、有用、可移动且有趣。但同时也可能变得非常复杂，充满了没人能查明的烦人的缺陷（Buy）。

如果未来的公司和产品就跟现在的软件一样，那意味着什么？会破碎的电视机？突然熄火的汽车？会爆炸的烤面包机？

大型软件程序可能是人类现在所能制造的最复杂的东西了。微软流行的操作系统有上千万行代码。当然，在7万个Beta版本的测试点进行测试

1 自在（self-being）与自为（self-making）：19世纪德国古典哲学家黑格尔的专门术语，用以表述绝对理念发展的不同阶段。自在反映为客观存在；自为则反映为主观映像和对自在的统一。抛开哲学概念的话，简单地说，自为可以理解为自己做主、自我管理。

之后，比尔·盖茨肯定会说，现在这个软件基本没有漏洞了。

那么，我们是否可以制造出那种超级复杂而又没有任何缺陷（或者，只有很少几个缺陷）的东西来呢？网络经济到底是能帮助我们创造出一种没有缺陷的复杂系统，还是只能为我们建立一个有漏洞的复杂系统？

不管各种公司自己会不会变得更像软件，至少，它们所生产的越来越多的产品肯定会依赖于越来越复杂的软件，所以说，创造没有缺陷的复杂系统是绝对有必要的。

在仿真领域，验证一个仿真品的真伪，与测试一个大型复杂软件是否有缺陷是同一类问题。

加拿大计算机学家戴维·帕那斯[1]曾经对美国总统里根时代炮制的星球大战计划提出了8条批评意见。他的观点基于超级复杂软件内在的不稳定性，而星球大战计划恰恰就依赖这样一种超级复杂的软件系统。戴维·帕那斯的观点中，最有趣的一个是指出存在两种类型的复杂系统：连续的和非连续的。

通用汽车公司在测试新车应对急弯的性能时，会让这辆车在不同的时速下进行测试，如50、60、70英里[2]。显然，性能随时速的变化是连续的。如果一辆汽车能够在时速50、60、70英里的时候通过测试，无须测试就会知道，在各种中间速度的时候，如每小时55或者67英里，它也肯定能通过测试。

他们不用担心这辆车以每小时55英里的速度行驶时会突然长出翅膀来或者翻个底朝天。它在这个速度上的性能，基本上就是它在50英里和60英里时性能的某种插值。一辆汽车就是一个连续的系统。

计算机软件系统、分布式网络以及绝大多数的活系统都是非连续的系统。在复杂的适应性系统中，你根本不可能依赖插值函数来判断系统的行为。相关的软件系统可能已经平稳运行了好几年，然后突然在某些

---

1 戴维·帕那斯（David Parnas，1941—）：世界著名的软件工程专家，现任加拿大皇家学院院士。爱尔兰利默瑞克大学计算机科学与信息系统系软件质量实验室主任，教授。

2 1英里=1.609千米。

特定的值点（比如，每小时63.25英里），发生故障或系统崩溃。

断点或缺陷点始终都存在着，而你已经测试到了所有的邻近取值，却没有测试到这特别的一组环境值。事情发生后，你会很快明白为什么这个故障会导致系统崩溃，甚至能明白地指出为什么人们本该找出这个隐患。不过，这都是“事后诸葛亮”。在一个拥有海量可能性的系统中，根本不可能对所有的可能性进行测试。更糟糕的是，你还不能依靠抽样的方式来对系统进行测试，因为它是非连续的系统。

对于一个超级复杂的系统来说，测试者没有任何把握说那些没测试到的值就一定会和抽样到的数据之间呈现一种连续关系。不过，尽管如此，现在还是出现了一个旨在达到“零缺陷”软件设计的运动，这个运动发生在日本。

对于小程序来说，这个“零缺陷”的零就是0.000。但是对于那种超大型的程序来说，这个“零”指的就是小于等于0.001。这是指每千行代码允许的错误值，而这只是产品质量的一个大概标准。这些旨在编写零缺陷软件的方法，大量借鉴了日本工程师新乡重夫对于零缺陷生产的开创性工作。当然，计算机科学家声称，“软件不一样”。软件可以被完美复制，因此只需要保证最开始的那一个是“零缺陷”就好了。

在网络经济中，研发新产品的费用主要源自生产流程的设计，而非产品设计。日本人擅长生产流程的设计和改进，而美国人擅长的是产品的设计和改进。日本人把软件看作一个生产流程而不是产品。在渐露端倪的网络文化中，我们所生产的越来越多的东西——当然也是我们越来越多的财富——都与符号处理流程密切相关，这些流程所装配的是程序代码而非实物。

软件可靠性大师C.K.曹曾经告诫业界人士，不要把软件看成产品，要把它看成便携式工厂。你卖的，或者说，你给予客户的是一个工厂（程序代码），可以在客户需要时为他制造出一个答案。你的难题是如何制造一个能生产零缺陷答案的工厂。建造能够生产出完美可靠器件的工厂的方法，也可以轻易地应用到创建能给出完美可靠答案的工厂上。

通常，软件的编制遵循三个中心化的关键步骤。首先设计一个总体架构图，然后编写代码（编码）实现细节，最后，在接近项目尾声时，将其作为交互的整体来进行测试（架构设计—编码—测试）。而在零缺陷质量的设计流程中，整个软件设计与编制过程已不再是几个大的关键步骤，而是被分散成上千个小步骤。软件的设计、编码和测试工作每天都在成百个小工作间里进行着，每个小工作间里都有人在忙碌着。

这些零缺陷的传道者有一个概括网络经济的口号："公司里的每个人都有一个客户。"通常而言，这个所谓的客户，就是你的工作伙伴，你要将工作依次转交给他。而你必须首先把你的那个小循环（架构设计—编码—测试）做好，才能把它交付给你的工作伙伴——就好像你在销售商品一样。

当你把你的工作成果交付给你的客户/工作伙伴的时候，他/她就会立刻对它进行检测，并把其中的错误反馈给你，让你进行修改，让你知道你的工作完成得怎么样。从某种意义上来看，软件的这种自下向上的发展过程与罗德尼·布鲁克斯的那种包容结构在本质上并无不同。每个小步骤都是一个小的代码模块，能确保自身的正常运行，在此基础上，人们可以叠加和测试更复杂的层级。

单靠这些小步骤并不能得到零缺陷的软件。"零缺陷"的目标隐含着一个关键的概念。所谓缺陷，是指被交付出去的错误；而在交付之前被修正的错误，不能算是缺陷。按照新乡重夫的说法："我们绝对不可能避免错误，但是我们可以避免错误成为缺陷。"因此，零缺陷设计的任务就是：尽早发现错误，尽早改正错误。

不过，这是显而易见的事情。真正的改进应是，尽早发现产生错误的原因，并尽早清除产生错误的原因。如果一个工人总是插错螺栓，那就设置一个防止插错螺栓的装置。犯错的是人，处理错误的则是系统。

日本人在防错领域的经典发明是一种称为 Poka-Yoke 的防错系统[1]——

1　Poka-Yoke，防错系统日文中意指"失败也安全"或"错不怕"。丰田汽车在其生产系统中首先采用了这种防错体系。

它可以使事情对人们所犯的错误具有“免疫力”。在装配线上设置一些巧妙而简单的装置就可以防止错误的发生。比如，在放螺栓的托盘上为每一个螺栓设定一个特别的孔位，这样，如果托盘上有螺栓剩下，操作人员就知道自己漏装了一个。在软件生产中，有一种防错设计是“拼写错误检查器”，它不允许程序员输入任何拼写错误的命令，甚至不允许他/她输入任何非法（非逻辑）命令。软件研发人员有越来越多可供选择的非常精巧的“自动纠错程序”软件，用来检查正在编写中的代码，以防止典型错误的出现。

还有一些顶尖的研发工具可以对程序的逻辑进行分析和评价——它们会说，“嘿！这一步根本没意义！”从而在逻辑错误一出现的时候就将其清除。有一本软件专业杂志最近列出了近百种检错和改错的工具，沽价待售。其中最精致的一种还可以像那些优质的拼写检查软件一样，为程序员提供合乎逻辑的改错选择。

另外一种非常重要的防错方法是，将复杂软件模块化。1982年发表在IEEE的《软件工程汇刊》上的一个研究论文显示了，在其他条件完全相同的状况下，代码总行数相同的程序拆分为子程序之后，错误数量是如何减少的。统计数据结果显示：一个1万行的程序，如果是一整块，它平均有317个错误，如果把它拆分为三个子程序，总数还是1万行，那么错误数则略有减少，为265个。每拆分一次所减少的错误量，大致符合一个线性方程，所以模块化虽然不能完全解决问题，但它是一种有效的手段。

进一步来说，当程序小到某个阈限以下之后，就可以达到完全没有错误的状态。IBM为它们的IMS系列所写的代码，就是以模块化的方式编制的，其中有3/4的模块达到了完全没有缺陷的状态。具体来说，就是在425个模块中，有300个是完全没有错误的。而在剩下的125个有错误的模块中，有超过一半的错误集中发生在仅仅31个模块上。从这个意义上来说，程序编制的模块化，就是程序的“可靠化”。

在软件设计领域，现在最热的前沿技术就是所谓“面向对象”的编程方式。一个面向对象程序（OOP）实际上就是一个相对去中心化的、模块式的程序。对于一个OOP来说，它的一个“碎片”，就是一个独立成立、保持自身完整性的单元；它可以和其他的OOP“碎片”整合在一起形成一个可分解的指令结构。“对象”限制了程序漏洞所能造成的损害。和那种传统程序不同，OOP有效地对功能实行了隔离，把每个功能都限制在一个可掌控的单元内，这样一来，即使一个对象崩溃了，程序的其他部分也能够继续运转，而对于传统程序来说，一个地方出了问题，相应模块甚至整个程序就会崩溃。程序员可以把这个坏掉的单元换掉，就好像我们可以给一辆汽车换刹车片一样。软件的销售商可以购买或者销售各种事先编制好的“对象”库给其他的软件研发人员，后者则可以基于这些库里的对象快速地组装起大型软件，而不用再像以前那样重新一行一行地编写新的代码。而到了要为这种大型软件升级的时候，你所要做的就是升级旧的对象或者加入新的对象。

OOP中的“对象”，其实就像乐高（Lego）积木玩具中的那些小块，但这些小块可能还带着非常微小的智能。一个对象可以类似于苹果电脑显示器上的一个文件夹图标，只不过这个图标知道自己是一个文件夹，而且可以对某个程序要求所有文件夹列出内容清单的请求做出响应。一个OOP也可以是一张报税表，或者某个公司的数据库，或者一封电子邮件。对象知道自己能干什么、不能干什么，同时也在和其他的对象横向交流。

面向对象的程序使软件具备了中等程度的分布式智能。它和其他分布式的存在一样，有一定的抗错性，能够（通过删除对象）快速修复，并且通过有效单元的组装来实现扩展。

前面曾提到，在IBM的代码中有31处错误。而包含这些错误的模块充分说明了软件的一个特性——错误总是扎堆出现的。我们可以利用这个特性来达到质量管理上的希格玛精度。零缺陷运动的经典书籍《零缺陷软件》写道：“你发现的下一个错误，极有可能出现在你已经找出了11个错误的模块里，而那些从未出过错误的模块，则可能会一直保持不败金身。”

错误扎堆现象在软件中是如此普遍，以至于被当作一条“魔鬼定律”：当你发现一个错误的时候，也就意味着还有另外一堆你没发现的错误在某些地方藏匿着。

《零缺陷软件》中提到的补救方法是这样的：“不要把钱花在错误百出的代码上，抛弃它！重写一段代码的代价和修补一个错误百出的模块的代价相差无多。如果软件某个单元的错误率超过了一定的阈限，就把它扔掉，另找一个开发团队来重写代码。如果你手上正在编写的代码显示出某种容易出错的倾向，就放弃它，因为在前期出现许多错误的话，也就意味着后面还将不断地出错。”

随着软件的复杂性迅速增加，在最后关头再对其进行详细检测是不可能的了。因为它们是非连续的系统，所以总会隐藏着某些诡异的个例或是某种致命的响应——其被激活的概率可能只有百万分之一，无论是系统化的测试还是抽样测试都无法发现它们。另外，尽管统计抽样能够告诉我们是否有出错的可能，却无法确定出错的位置。

新生物学的解决之道是，用一个个可以正常工作的单元来搭建程序，并在这个过程中不断地对其进行检测和修正。不过，我们还会面临这样的问题：尽管各个单元是没有漏洞的，但在搭建的过程中，仍然会发生意料之外的“突现行为”（漏洞）。不过，你现在所要做的就是，在更高一级的层面上进行测试（因为底层单元已经被证明是没有问题的），因而是有希望做到“零缺陷”的——这比同时应付突发问题和深埋问题的情况要好得多了。

泰德靠发明新的软件语言谋生。他是面向对象编程语言的先行者，是SmallTalk和HyperCard的编写者，还为苹果电脑研发了一种“直接操作”（direct manipulation）式语言。当我问起苹果的零缺陷软件解决方式时，他一语带过道：“我认为是有可能在产品化的软件中达到零缺陷的，如你正在写的又一款数据库软件。只要你真正明白自己在干什么，就可以做到没有任何错误。”

泰德永远都不可能跟日本的那种软件作坊合得来。他说：“一个好的程序员可以对任何一个已知的、有规律性的软件进行重写，巧妙地减少代码。但是，在创造性编程过程中，没有任何已经被完全理解的东西。你不得不去编写自己也并不明白的东西……嗯，是，你是可以写出零缺陷的软件，但它会有好几千行超出所需的代码。”

自然亦是如此：它通过牺牲简洁性来换取可靠性。自然界中存在的神经元回路，其非最优化程度始终令科学家瞠目结舌。研究小龙虾尾部神经细胞的科学家揭示了这种回路是多么令人震惊地臃肿和丑陋。只要花点功夫，他们就能设计出一种紧凑得多的结构。不过，尽管小龙虾的尾部回路要比它真正需要的冗余很多，却是不会出错的。

零缺陷软件的代价就是它的“过度设计”，超量编码，重复测试自然会有点浮肿——永远不会处在泰德和他的朋友所经常逗留的那种未知的边缘。它用执行效率来换取生产效率。

我曾经问诺贝尔奖得主赫伯特·西蒙[1]如何让这个零缺陷哲学与他那个不求最优，但求够次优的“满意度”概念相包容。他笑着说：“哦，你可以去生产零缺陷的产品。但问题在于你是否能够以一种有利可图的方式来生产它？如果你关心的是利润，那么你就得对你的零缺陷概念进行满意化处理。”哦，又是那个复杂性的妥协问题。

网络经济的未来在于设计出可靠的流程，而不是可靠的产品。与此同时，这种经济的本质意味着这种流程是不可能最优化的。在一个分布式的、半活性[2]的世界中，我们的所有目标只能是“满意度”了，而且这种满意也只能保持很短的一瞬。也许一天之后整个形势就完全变化了，正所谓“乱哄哄，你方唱罢我登场”。

1 赫伯特·西蒙（Herbert Simon，1916—2001）：美国政治学家、经济学家和心理学家，研究领域涉及认知心理学、计算机科学、公共管理、经济学、管理学和科学哲学多个方向。西蒙不仅仅是一个通才、天才，而且是一个富有创新精神的思想者。他是现代一些重要学术领域的创建人之一，如人工智能、信息处理、组织行为学、复杂系统等。他创造了术语有限理性（Bounded rationality）和满意度（satisficing），也是第一个分析复杂性架构（architecture of complexity）的人。西蒙的天才和影响力使他获得了很多荣誉，如1975年的图灵奖、1978年的诺贝尔经济学奖、1986年的美国国家科学奖章和1993年美国心理协会的终身成就奖。

2 半活性（semiliving）：原是用来描述介于有活力和无活力之间的客体属性。这里可以理解为凯文·凯利一贯主张的“人造”和“天生”的混合特性。

11.5 联通所有的一切

新兴网络经济的特征及其执行纲要：

在我看来，不久的将来，经济中会有几种模式盛行起来。任何经济方案都需要一份执行纲要。当然，不会是我这份了。下面列出的是我认为的网络经济所具备的一些特征：

◎ 分布式核心——公司的边界变得模糊。任务，甚至是财务和制造这样的核心任务，都通过网络外包给合同商，他们再进一步外包出去。所有的公司，从只有一个人的个体公司到“世界财富500强”企业，都变成了一个个由所有权和地理位置都分散的工作中心所组成的社会。

◎ 适应性技术——如果不能达到“实时”要求，你就完蛋了。条形码、激光扫描仪、手机、呼叫中心服务号码、将数据直接上传到网络的收银机、终端设备，还有配送货车，这一切都在操控着商品生产。生菜的价格，就如同机票的价格一样，在杂货店货架的液晶屏上闪烁变化着。

◎ 灵活制造——需求量更少的商品可以利用更小的机器在更短的周期内被生产出来。曾几何时，照片冲洗要在全国有数的几个中心里花上若干天的时间，现在则可以在任何一个街角的小机器上完成，并且立等可取。模块化的设备，消失了的常规库存，以及计算机辅助设计，使得产品研发周期从几年缩短到了几周。

◎ 批量化的定制——流水线上生产的都是个性化定制的产品。适用于你所在地区气候的汽车，按照你的习惯进行设定的录像机……所有产品都是按照个人特定需求生产的，但却是按照大批量生产的价格来销售的。

◎ 工业生态学——闭合回路、无废料、零污染的制造业；可拆解回收的产品；向生物兼容技术的逐步过渡，对违背生物学准则的行为越来越无法容忍。

◎ 全球会计——即使是小公司也在某种意义上具有全球性。从地理上来说不再存在那种未开发的、未知的经济“前沿”。而博弈之局也从那种“每一个胜利都意味着有人失败”的零和游戏变成了正和游戏。只有那些能够把系统看成统一整体的玩家才能获得回报。结盟、伙伴关系、协作——哪怕只是暂时的甚至是矛盾的，都将成为行业根本和规范。

◎ 共同进化的消费者——公司教育和培训消费者，而消费者又反过来教育和培训公司。在网络文化中，产品销售商变成了可改进的连锁经营店，它随着消费者的不断使用而得到不断改进和进化。想想软件升级和用户注册的例子。公司成为共同进化的消费者的俱乐部或用户群。一家公司如果不能教育和培训消费者，也就无法从消费者那里获得知识或洞见。

◎ 以知识为基础——联网的数据会让所有工作都能更快、更好和更容易地完成。但是，数据是廉价的，且大量无效数据充斥在网络上，令人不胜其烦。你的优势不再体现在“如何完成工作”中，而是在“做什么工作”中。数据可不能告诉你这个，但是知识可以。将知识运用到数据上才是无价之宝。

◎ 免费的带宽——接入网络是免费的，但是接入与不接入的选择会非常昂贵。你可以在任意时刻给任意人发送任意东西；但是选择给谁发送、发送什么以及何时发送，或者选择在什么时候接收什么则变成了需要动脑子的事情。选择不接入什么成为关键。

◎ 收益递增——拥有者，得之。给予者、分享者，得之。先到者，得之。互联网络，其价值增长的速度要超过其用户增加的速度。在非网络经济中，一个公司如果增加了10%的客户，那么它的收入也许会增加10%。但是对于一个网络化的公司来说，如电话公司，增加10%的客户可以为其收入带来20%的增长，因为新、老客户之间的对话是按照指数级增长的。

◎ 数字货币——日常使用的数字货币取代了成捆、成沓的纸币。所有账户的金额都是实时更新的。

◎ 隐性经济——创造性的前沿和边缘区域得到扩展，不过，它们现在以一种不可见的方式连接到加密的网络中。分布式结构和数字货币是驱动这种隐性经济的力量。其负面结果是：不规范的经济活动可能会萌芽。

在网络经济中，消费者会享有越来越快的速度和越来越多的选择，同时作为消费者，也承担起越来越多的责任。而供应商的所有功能将会越来越分散化，他们与消费者之间的共生关系也会越来越紧密。在一个由无限信息构成的无序网络中找到合适的消费者，成为网络经济时代的新游戏。

在这个未来的时代里，最核心的行为就是把所有的东西都连接在一起。所有的东西，无论是大是小，都会在多个层面上被接入庞大的网络当中。缺少了这些巨大的网络，就没有生命、没有智能、没有进化，而有了这些网络，这些东西就都会存在，而且还会出现更多的东西。

我的朋友巴洛——至少是他那个没有实体的声音，早就把他的所有东西都相互连按了。他生活和工作在一个真正的网络经济中。他给出的是信息——当然是免费的，而别人给他的是钱。他给出的越多，挣得也就越多。在给我的一封电子邮件里，他对这个正在兴起的网络发表了如下高论：

> 计算机这些小玩意儿本身远谈不上是能带来什么技术狂热的物件，它们倒是更能激起对炼金术的某种一知半解的遐想：用导线将群体意识连接起来，创造出某种星球之脑。德日进[1]曾经在很多年

---

1 德日进（Teilhard de Chardin，1881—1955）：法国哲学家、神学家、古生物学家和地质学家。他在1923年至1946年曾先后8次来到中国，在中国共生活了20多年，是“北京猿人”的发现者之一。德日进是他的中文名。

前就描述过这种设想，不过，他要是看到我们用来实现这一设想的手段是如此乏味，他也会感到震惊。在我看来，通向他所说的那个“终极点”的梯子是由工程师而非神秘主义者制造出来的，这也许是个讽刺吧。

那些最大胆的科学家、技术人员、经济学家和哲学家已经迈出了第一步——把所有的事物、所有的事件都连接到一张复杂的巨型网络之中。随着这张庞大的网络渗透到人造世界的各个角落，我们瞥到了一些端倪：从这些网络机器中冒出的东西活了起来、变得聪明了起来，而且可以进化——我们看到了新生物和新文明。

我有一种感觉，从网络文化中还会涌现出一种全球意识。这种全球意识是计算机和自然的统一体——是电话、人脑还有更多东西的统一体。这是一种拥有巨大复杂性的东西，它是无定形的，能够掌握它的只有它自己那只看不见的手。我们人类将无从得知这种全球意识在想什么。这并不是因为我们不够聪明，而是因为意识本身就不允许其部分能够理解整体。全球意识的独特思想，以及其后的行为，将脱离我们的控制，并超出我们的理解能力。因此，网络经济所哺育的将是一种新的灵魂。

要理解由网络文化形成的全球意识，最主要的困难在于，它没有一个中心的“我”可以让我们去发出诉求。没有总部，没有首脑。这是最令人气恼和气馁的地方。过去，探险者曾经寻找过圣杯、寻找过尼罗河的源头、寻找过约翰王的国度或者金字塔的秘密。未来，人们将会去寻找全球意识的“我在”，寻找其内在一致性的源头。很多灵魂会尽其所有来寻找它；关于全球意识的“我在”究竟藏匿于何处，也会有许多种学说。不过和以往一样，这也将会是一个永远没有终点的探索。

第十二章

OUT OF CONTROL

数字货币

12.1 密码无政府状态：加密永胜

在蒂姆·梅的眼中，一盘数字录音带作为武器的威力和破坏力，如同肩扛式毒刺导弹。梅四十几岁，胡子整洁漂亮，是一名退休物理学家。他手里拿着一盘售价9.95美元的数字录音带（DAT）。这种磁带也就比普通的磁带稍微厚一点，内装有与传统数字唱片保真度相当的一盘莫扎特音乐。DAT也能用来存储文本，就像存储音乐一样容易。如果数据压缩得好，在凯玛特[1]买的一盘DAT可以数字形式存储大概一万本书。

一盘DAT还可以把一个小信息库文件隐藏在音乐文件当中。这些数据不仅能够非常安全地被加密在数字录音带中，而且连强大的计算机都察觉不到这个文件的存在。采用梅所提议的方式，在一盘普通的迈克尔·杰克逊《战栗者》DAT中可以藏下一个计算机硬盘中所有的数据。

隐藏方法如下：DAT是以16位的二进制数字来存储音乐的，但是，这个精度已经超过了人类听觉能感知的精度。所以，可以把所有音乐数据替换为很长的一段信息——如一本图册，一堆电子表格（加密格式）。不管是谁播放这盘数字录音带，听到的都还是迈克尔·杰克逊的声音，其数

1 凯玛特（K-Mart）：类似于沃尔玛的一家连锁超市，在与沃尔玛的竞争中曾经落败并破产重组。

字音效跟购买的《战栗者》DAT没有任何差别。只有在计算机上逐字节匹配一盘没做过手脚的DAT和这盘加密的DAT时才能发现其差异。即使这样，因为差别看起来是随机的，人们会认为是在用模拟CD播放器复制数字录音带时（通常就是这么做）产生的噪声。最终，只有将这个“噪声”解密（这不太可能），才能证明它其实并非噪声。

“这意味着”梅说，“要阻止信息的越界流动是一件毫无希望的事情。因为任何随身携带从店里买来的音乐DAT的人，都可能随身携带隐形轰炸机的电脑文档，而且，我们完完全全察觉不到。”这盘带子里面是迪斯科音乐，另一盘带子里则是迪斯科和关键技术的核心蓝图。

音乐不是隐藏数据的唯一途径。“我也用过照片”梅说，“我从网上找了一幅数字照片，把它下载并用Adobe Photoshop把一份加了密的消息分插到某个小的局部位置。当我重新把这幅图贴到网上的时候，基本上跟原图完全一样。”

另一件让梅着迷的事是匿名交易。如果我们获得很高级的加密算法，然后把它们移植到互联网的广阔天地中，那么我们就能建立起一套非常强大、牢不可破的匿名交易体系。这是目前电话和邮局也无法安全做到的事。

有效的认证和验证方法，如智能卡、防篡改技术和微型加密芯片，使加密的成本下降到消费者能够承受的水平。现在每个人都能用得起加密技术。

梅认为，这一切产生的结果就是企业当前形式的终结，以及精密策划的违法活动的发生。梅管这种运动叫作“密码无政府状态”。“我必须告诉你，我认为两股力量之间即将有一场争斗”蒂姆向我透露，“一股力量想要全面公开化，结束所有的秘密交易——这一方是政府，想要追踪吸大麻者和控制有争议的网上言论。而另一股力量想要的却是隐私权和公民自由。在这场争斗中，加密肯定是赢家，除非政府能够成功禁止加密，而这是不可能的，加密者会胜。”

几年前，梅曾经写过一个宣言，让世界警惕广泛加密的到来。在这份公布在网上的电子书中，他警告说，即将出现一种“密码无政府状态的幽灵”：

> ……国家当然会试图减慢或者终止这种技术的传播，他们会说这是出于国家安全方面的考虑，又或者毒贩和逃税者会使用这种技术，人们会担心出现社会问题。这些考虑有很多都是有根据的；密码无政府状态会使国家机密或非法所得材料的自由交易成为可能。匿名的网络市场中甚至可能存在无耻的暗杀和勒索交易。但是，这并不能中断密码无政府状态的扩散。
>
> 正如印刷术削弱了中世纪行会的权力，改变了社会权力结构，密码技术会改变企业的活动方式和政府干涉经济交易的能力。密码无政府状态和正在兴起的信息市场联合在一起，会为所有能放到文字和图片中的材料创造一个流动市场。不仅如此，就像带刺铁丝网这种看起来完全不起眼的发明却能把广阔的牧场和农场与外部隔离，从而改变了西部拓荒中的土地和财产权的概念一样，某个数学神秘分支中产生的这个看起来并不起眼的发现，将成为拆除知识产权周围的带刺铁丝网的断线钳。
>
> ……
>
> 签名：
>
> 蒂姆·C.梅，密码无政府状态：加密，数字货币，匿名网络，数字假名，零知识，信誉，信息市场，黑市交易，政府控制

我曾经向梅这位英特尔公司退休的物理学家请教加密和现存社会的联系。梅解释说：“中世纪的行会垄断着信息。比如，有个人想要在行会之外做皮货或者银器，国王的人就会闯进来把它们打烂，因为行会是向国王交了税的。打破这种垄断的是印刷术，因为人们可以发表如何制革的论文。在印刷时代，产生了企业，有些企业会垄断某些专门技术，比如枪械的制造，或者炼钢。现在，加密会消除当前企业对专门技术以及专有知识的垄断。企业

无法对这些东西保密了，因为在互联网上卖信息实在是太容易了。”

按照梅的说法，密码的无政府状态之所以还没有爆发，是因为现在加密的关键技术垄断在官方机构手里——就像教会曾经试图垄断印刷术一样。最初，加密技术都是为了军事目的由军方研发的。说军方对这种技术守口如瓶一点也不为过。美国国家安全局会研发密码系统，其研发的技术几乎没有转为民用。

不过，到底谁需要加密技术呢？也许，会有人认为只有那些有东西要藏的人才需要：间谍、罪犯，还有不法分子。而这些人对于加密技术的需求，就该被理直气壮地、有效地、毫不留情地加以阻拦。

但是情况在20年前发生了变化。当信息时代来临，情报成为企业最主要的财富时，加密就不再是中央情报局的专利，而是首席执行官研讨的主题。所谓“情报”，意味着刺探商业机密。非法传递企业的专门知识和技能成为国家不得不关注的问题。

不仅如此，在最近的十年中，计算机变得既快又便宜；加密不再需要超级计算机，也不再需要运转这些大机器所需的大量资金了。随便一台普通品牌的二手个人计算机就能应付专业加密方法所需的计算量。对于那些所有业务都在个人计算机上进行的小公司来说，加密就是他们需要的普通工具。

在过去几年中，众多电子网络已经蓬勃发展成为一个高度去中心化的互联网。它是一个以分布式方式存在的东西，没有控制中心，也几乎没有清晰的边界。没有边界，如何保护？人们发现，某些特定类型的加密正是让去中心化系统在保持其灵活性的同时又不失安全性的理想方法。事实上，如果网络的大部分成员都使用点对点[1]加密技术的话，这个网络就可以容得下各种垃圾，而不用弄一个坚固的防墙努力把麻烦都挡在墙外。

---

1 点对点（Peer-to-Peer，或 P2P）：泛指一种网络技术或拓扑结构，它不同于传统的服务器/客户端结构，没有中心服务器，网络中的节点都是平等的同级节点，既充当服务器，又是客户端。事实上，“点对点”的中文用法并不完全准确，计算机中真正的点对点是 Point-to-Point。因此，Peer-to-Peer 也时常被译为“群对群”，或“对等”。

突然之间，加密对那些除了隐私似乎没什么好隐藏的普通人来说竟然变得非常有用。根植于网络中的点对点加密，同电子支付“联姻”，与日常的商业交易紧紧捆绑在一起，成了像传真机和信用卡一样的常用工具。

也是在突然之间，那些用自己的纳税钱资助了政府机构研发加密技术的公民们想要收回对这项技术的所有权了。

可是，政府机构会以若干不合时宜的理由拒绝将该技术还给人民。所以在1992年夏天，一个由富有创意的数学黑客、公民自由主义者、自由市场的鼓吹者、天才程序员、改旗易帜的密码学家以及其他各种前卫人士组成的联盟开始创造、拼凑甚至盗用加密技术，并将其植入网络之中。他们管自己叫“密码朋克”。

1992年秋天的几个周六，我参加了梅还有其他大概15个“密码反叛者”在美国加利福尼亚州帕洛阿尔托举行的“密码朋克”月度会议。会议在一座毫不起眼的、挤满了小型高科技创业公司的办公楼里举行。这种办公楼在硅谷到处都是。会议室内铺着一体的灰色地毯，还有一个会议桌。黄发披肩的会议主持人埃里克·休斯试图平息大声嘈杂的、固执己见的声音。他抓起笔在白板上潦草地写下了会议日程。他所写的与梅的数字签名遥相呼应：信誉、PGP加密[1]、匿名邮件中继服务器[2]的更新，还有迪菲－海尔曼关于密钥交换的论文。

闲谈了一阵之后，这群人开始干正事了。上课时间到了，成员迪安·特里布尔站到前面发表他对数字信誉研究的报告。如果你要跟某人做生意，可你仅仅知道他/她的电子邮件名称，你怎么能肯定他/她是合法的？特里布尔的建议是你可以从某种“信用托管”那里有偿查询信誉——一种公司，类似于资格或证券公司，可以为某人提供担保，并为此收取费用。他阐释了博弈论中有关循环式谈判游戏——譬如“囚徒困境”——的结论，以及由

1 PGP加密：PGP是Pretty Good Privacy的缩写，中文译为“蛮不错的私密性”。该加密算法的主要开发者为菲利普·齐默曼（Philip R. Zimmermann），他在志愿者的帮助下，突破政府禁令，于1991年将算法在互联网上免费发表。

2 匿名邮件中继服务器：一种网络服务器，它接收含有内嵌指令的信息——这些指令告诉服务器下一步将信息发往何处——并将信息按指令发送出去，而对于它从何处接收到的信息却不做任何透露。

此得到的启发：当游戏参与者不是只进行一次博弈，而是在同一局面下反复博弈时，收益会有所变化；在反复博弈所形成的关系中，信誉至关重要。大家讨论了在线有偿查询信誉可能出现的问题，并对新的研究方向提出了建议。然后，特里布尔坐下，另一个成员站起来做简短发言。讨论以这种方式顺序进行。

身穿黑色皮衣且上面钉有各种饰钉的亚瑟·亚伯拉罕回顾了最近一些关于加密技术的论文。亚伯拉罕在投影仪上演示一些画着各种方程的幻灯片，带着大家把数学证明过了一遍。很明显，数学内容对于大多数人来说并不轻松。坐在桌子周围的，大多是程序员（许多都是自学出来的）、工程师、咨询顾问——全都是非常聪明的人，但只有一个人有数学背景。“你说的是什么意思？”就在亚伯拉罕讲话的时候，一个安静的成员回应说：“哦，我明白了，你忘了系数了。”另一个家伙回应道：“到底是a对x，还是a对y？”这些业余密码学钻研者质疑着每一个论断，要求讲述者给予澄清，他们反复地琢磨，直到每个人都搞清楚。黑客、程序员那种要把事情干得最漂亮、找到最短路径的冲动，冲击着论文的“学院式做派”。指着一个方程的一大片算式，特里布尔问道：“为什么不直接把这些都扔掉？”这时后面传过来一个声音：“问得好。我想我知道为什么。”接着这人解释起来，特里布尔则边听边点头。此时亚伯拉罕环顾四周，看看是不是每个人都听懂了。然后他接着讲下一行，而那些听懂了的则给那些还没明白的人解释。很快屋子里到处是这样的声音：“哦，这就是说你可以在网络设置上提供这种功能！嘿，强！”就这样，又一个分布式计算的工具诞生了；又一个组件从军事机密的遮蔽下传送到了互联网这个开放的网络；网络文化的基座上又添上了一块砖。

小组是通过“密码朋克”邮件列表这个虚拟网络空间来推广他们的努力的。来自世界各地、越来越多的热衷于加密技术的人每天通过互联网上的“邮件列表”互动，为了以低成本来实现他们的想法（比如数字签名），他们就在这个虚拟的空间发送那些还在编写中的代码，或是讨论他们所做事情的政治和伦理含义。有个无名的小团体还发起了一个叫作“信息解放阵线”的活动。他们在价格昂贵（而且还特别难找）的期刊上搜寻有关密码技术的学术论文，把它们用计算机扫描下来，然后再匿名贴到网上，通过这种方法把它们从版权限制中“解放”出来。

在网上匿名发帖颇为困难：互联网从本质上来说是要准确无误地追踪一切，然后不加区别地复制下来。理论上讲，通过监控传输节点从而追溯消息来源是件轻而易举的事情。在这样一个从根本上讲一切皆可知的大环境下，密码反叛者渴求的是真正的匿名。

我曾经向梅坦白我对匿名潜在市场的担忧：“匿名对赎金、恐吓、绑架、贿赂、勒索、内部交易、恐怖主义来说恐怕是再好不过了。”“那么，”梅说，“诸如出售大麻、自助堕胎、人体冷冻等不那么合法的信息又如何？举报者、忏悔者以及约会的人所需要的匿名又怎么办？”

密码反叛者认为，数字匿名是必需的，因为匿名性是和合法身份同样重要的公民权利。邮局提供了一种不错的匿名：你不需要写上回信地址，即使你写了，邮局也不会去核实。大体上讲，（不带来电显示的）电话和电报也是匿名的。最高法院赞成，人人拥有散发匿名传单和小册子的权利。在那些每天花好几个小时进行网络交流的人中，掀起了匿名热潮。苹果电脑的程序员泰德·开勒认为：“我们的社会正陷入隐私权危机中。”在他看来，加密正在像邮局那样的全美机构上扩展：“我们一直都看重邮件的隐私权。而现在，有史以来第一次我们不必只是信任它，我们可以加强它。”身为“电子前沿基金会”的董事，约翰·吉尔摩是个密码怪人，他说：“很明显，在基本的通信介质中，匿名是有着社会性需求的。”

一个美好的社会所需要的不只是匿名。网络文明要求网络匿名、网络身份、网络身份验证、网络信誉、信用信托、网络签名、网络隐私以及网络的访问。所有这些对于一个开放的社会来说都是必不可少的。而“密码朋克”的计划，就是要开发一些工具，为现实社会中的人际关系提供数字化对等物；他们还要免费分发这些工具。等到这些都达成的时候，“密码朋克”希望他们能顺理成章地发放免费签名以及在线匿名的机会。

为了创造数字匿名，“密码朋克”已经研发出匿名邮件中继系统的大约15个原型版本，如果执行得力，该系统就可以达到这样的效果：即使在严密的通信管理系统监控下，也无法确定电子邮件到底来自何处。这种邮件中继系统，现在达到这样一个阶段：当你使用这个系统给艾利斯发邮件，她收到时，发件人显示“无人”。搞清楚这封信到底来自哪里对于任何一台能够监控整个网络的计算机来说都微不足道，但没谁可以拿到这样的计算机。不过，要想达到数学上的不可追踪，就至少需要有两台匿名邮件中继系统来充当两个中继器（越多越好）——其中的一个把消息发到下一个系统，发送时消除消息的来源信息。

埃里克·休斯则看到了数字伪匿名（一些人知道你的身份，但其他人不知道）的应用。“你可以通过伪匿名来团购某些信息，从而成数量级地降低实际成本——直到几乎免费。”事实上，数字合作社可以形成私人在线图书馆，可以团购数字电影、音乐专辑、软件以及昂贵的信息简报，大家都能通过网络相互“借阅”这些东西。卖主绝对没有办法知道他到底是卖给了1个人还是500个人。在休斯看来，这些安排为富含信息的社会增添了佐料，也“扩展了穷人的生存空间”。

“有一件事情是肯定的，”梅说道，“长远来看，这东西会破坏税收。”我冒昧地提出了一些不成熟的看法，认为这可能正是政府为什么不把这种技术交还到百姓手里的一个原因。我还猜想：可能会有一场数字化地下与数字化国税局之间逐步升级的军备竞赛。对数字化地下所发明的每一种隐藏交易记录的方法，数字化国税局都会用一种新的监控手段与之对抗。梅对我的想法嗤之以鼻：“毫无疑问，这种东西是牢不可破的。加密永胜。”

这很恐怖。因为大行其道的加密技术会使对经济活动进行中央控制的任何希望都化为乌有，而经济活动则是驱动社会前进的一种力量。加密技术加剧了“失控”的状态。

12.2 传真机效应和收益递增定律

加密之所以永是赢家，是因为它符合互联网逻辑。给定一个加密公钥，只要时间足够长，都能用超级计算机破解。那些不想让自己的代码被破解的人试图通过增加密钥的长度来应对超级计算机（密钥越长，破解起来越困难），但代价却是让防护系统变得既笨拙又迟钝。更何况，只要有足够的金钱和时间，多数密码都可以破解。就像埃里克·休斯经常提醒他那些“密码朋克”伙伴的：“加密技术是经济学。加密始终是可能的，就是很贵。”为了破解一个128位的密钥，阿迪·沙米尔在业余时间用图形工作站的分布式网络工作了一年。一个人确实可以用一个非常长的密码——长到没有一台超级计算机能在可见的未来把它破解开。但是这么长的密码，在日常生活中用起来非常不方便。今天，美国国家安全局特制的、占据了一整幢楼的超级计算机可能要用一天时间来破解一个144位的密码。

“密码朋克”打算通过“传真机效应”达成能够与中央服务器资源相抗衡的能力。如果只有你有传真机，那它就是废物。但是，这个世界上每多一台传真机，每个人手里的传真机就越有价值。这就是网络的逻辑，也叫“收益递增定律”。这个定律和那些传统的基于均衡交易的经济学理论截然相反。按照那些理论，你是不能无中生有的。但是事实上，你可以做到这一点。（直到最近，才有几位超前的经济学教授在做把这个概念理论化的工作。）而黑客、“密码朋克”以及很多高科技企业家其实已经知道了这一点。在网络经济中，多能带来更多。这就是为什么给予会如此频繁地成为一种有效手段，以及这些“密码朋克”为什么心甘情愿地把他们开发的工具免费传播出去的道理。这种行为，跟善心不直接相关，它其实源于一种清晰的直觉：网络经济奖励那些“较多者”，而不是那些“较少者”——你可以通过免费传播这些工具而从一开始就为这个“较多者”播撒下种子。（这些“密码朋克”也想把这种互联网经济学用到加密的反面，也就是密码破解。他们可以组建一台大众超级计算机，也就是把上百万台苹果电脑连接在一起，每台都运行超大的分布式解密程序中的一小部分。从理论上说，这种去中心化的并行计算结构，其加总的结果会是我们所能想象到的最强大的计算机——远比许多超级计算机要强大。）

这种蚂蚁啃大象的想法，激发了这些密码反叛者的想象力，他们中的有一位开发出了一个免费软件，实现了一个得到高度认可的公钥加密方案。这个软件的名字叫作PGP，也就是Pretty Good Privacy（蛮不错的私密性）的首字母缩写。这个软件已经在网上免费流传，也可以通过网络下载。在互联网的某些地方，看到用PGP加密过的消息已经习以为常，而这些信息也往往附带有发送者的公钥可以“通过索要获得”的说明。

PGP并不是唯一的免费加密软件。在互联网上，“密码朋克”也可以用RIPEM，这是一个用来加强邮件隐私保护的应用程序。无论是这款软件还是PGP都是基于RSA开发的，RSA是一组加密算法，已取得了专利。不过，RIPEM是RSA公司自己公开发行的软件，而PGP却是一个叫作菲利普·齐默曼的密码反叛者自己“鼓捣”出来的。因为PGP使用了RSA的数学专利，它实际上是一款非法软件。

RSA是在麻省理工学院研发出来的，部分地使用了联邦基金，不过后来授权给了那些发明这个软件的学术研究人员。这些研究人员在申请专利之前就把他们的加密方法发表了，因为他们担心美国国家安全局会锁住这些专利，甚至阻止该算法的民用。在美国，发明者在公布一项发明之后还有一年的时间可以申请专利。但是在其他国家或地区，专利申请必须在公开发表之前进行。因此，RSA只能获得美国的专利权。换句话说，PGP使用RSA的数学专利在海外的一些国家是合法的。不过，PGP通常都是在互联网这种谁的地盘都不是的地方传播，而在这个空间中，知识产权还是有点模糊的，而且接近某种“无政府状态”的初始状态。PGP处理这个棘手的法律问题的方法就是，告知美国用户，他们有责任从RSA那里得到使用PGP基本算法的许可。（这样做就对了。）

齐默曼声称，他之所以在世界范围内发布这个“准合法”的PGP软件，是因为他担心政府会收回所有的公钥加密技术，包括RSA的。而RSA无法阻止PGP现有版本的流传，因为互联网就是这样：一旦把某个东西传出去，就再也收不回来了。很难说RSA有多大损失。无论是非法的PGP，还是官方许可的RIPEM，都使互联网产生了“传真机效应”。PGP鼓励用户使用加密技术——使用的人越多，对参与其中的每个人就越有利。PGP是免费的，和绝大多数免费软件一样，使用者迟早都会变成愿意付费的用户。到现在为止，只有RSA提供许可。从经济上来讲，对于一个专利拥有者来说，这是一个再美妙不过的场景了：你什么都不用做就有上百万人使用你的专利，讨论学习产品的奥妙和优点，然后等到他们想要用最好的产品的时候，就来排队买你的东西。

传真机效应成了免费软件的升级规则，还有分布式智能的力量，都是正在兴起的网络经济的一部分。格伦·特尼，年度黑客大会的主席，在美国加利福尼亚州竞选公职的时候就是利用计算机网络来拉选票的，从而对这种工具如何影响政治有了实在的了解。他注意到，网络民主需要能够建立信任的数字工具。他在网上是这样写的：“想象一下，如果一个参议员回复一封电子邮件，结果这封电子邮件被什么人改动之后直接发送给了《纽约时报》会怎么样？认证、数字签名等对于保护各方来说，都是不可缺少的。”而加密技术和数字签名正是一种把信任机制扩展到新领域的技术。齐默曼说，加密技术培育了“信任之网”，而这样的网络，正是任何社会或者人类网络的核心。“密码朋克”对加密技术的执迷可以总结成：蛮不错的私密性就意味着蛮不错的社会。

由于密码技术和数字技术的推动，网络经济学改变了我们所谓的“蛮不错的私密性”。网络把隐私从道德领域转移到了市场领域——隐私成了一种商品。

电话号码簿之所以有价值，是因为找某个特定的电话号码省事了。电话刚出现的时候，把某个电话号码列在号码簿里对编制者和所有电话用户都是有价值的。但今天，在电话号码唾手可得的世界里，一个没有列在号码簿的号码对于不想被列出的用户（要付更多的钱）和电话公司（可以收到更多的钱）来说却更有价值。隐私现在是一种可以定价销售的商品了。

大部分隐私交易很快就会发生在市场里而不是政府的办公室里。因为在一个分布式的、组织松散的网络中，中央政府的控制失灵了，不能再保证事物之间的联接或者隔离。成百上千的隐私卖主会按照市场规律来销售隐私信息。你出售名字时，雇“小兄弟公司”替你从广告（垃圾）邮件或者直销商那里争取到最多的报酬，同时帮你监控这些信息在互联网上的使用情况。而“小兄弟公司”则会代表你和其他隐私卖主就雇用服务进行谈判，比如个人加密装置、绝对不会公开的号码、黑名单过滤器（屏蔽来自不友好人士的信息）、陌生ID筛选工具（比如来电显示，可以让你只接某些限定的号码），以及雇用机械代理（网络智能机器人）来追踪各种地址，同时还雇用“反网络智能机器人”来消除你自己在网络上活动的痕迹。

隐私是与普通信息极性相反的信息，我把它想象成“反信息”。在系统内移除一点信息，就可以看作这个系统重新生产了相应的反信息。在这样一个信息之水滔滔不绝无限复制以至于要爆炸的互联网世界里，一点点信息的消失或者蒸发就变得非常有价值——如果能永远消失，就更有价值了。在所有的东西都相互联接在一起的世界，联接、信息还有知识都非常便宜，贵重的反而是那些隔离、反信息和零知识。等到带宽免费之时，随时随地都在进行GB量级的信息交换的时候，不想通信反倒成了最困难的琐事。加密系统及其同类都是一种“隔离”的技术。它们在某种程度上令网络那种无差别的联接和发送信息的固有倾向得到抑制。

12.3 超级传播

我们日常使用的水电都是按使用量收费的。但计量本身并非一件显而易见和轻而易举的事情。托马斯 · 爱迪生发明的那些令人惊叹不已的电器也要等到工厂和家庭都通电了才能派上用场。因此，爱迪生在事业的顶峰时期将注意力从电子器件设计转向了电力传输网络。一开始的时候，很多问题都没有答案，像是如何发电（交流还是直流）、如何输电、以及如何收费，等等。在收费上，爱迪生倾向于采用固定费用方式。这也是现在绝大多数信息提供商喜欢的方法。比如，不管读多少，读者都为一份报纸付同样的价钱。有线电视、书或者计算机软件都是如此。所有这些都按你能用到的全部内容收取固定费用。

于是，爱迪生在用电上推行固定费用——只要你通了电，就要交一笔固定费用，否则一分钱也不用交。在他看来，统计不同用电量的成本要高于用电量的不同所带来的成本。不过，最大的障碍还是在于如何计量用电量。他在纽约的通用电气照明公司在运行的头六个月中向用户收取的就是固定费用。但是，让爱迪生懊恼的是，这种办法在经济上行不通。迫不得已，爱迪生想出了一个权宜之计。他的补救措施就是电表，但是他的电表既不稳定，也不实用，冬天会冻住，有时候还会往回走，用户也不会读表

（又不相信电力公司派来的读表员）。直到市政电网投入使用十年后，才由另一位发明家发明出了一种可靠的电表。今天，除了这种方式，我们几乎不用考虑其他的交费方式了。

一百年后，信息产业仍然缺少信息计量表。乔治·吉尔德，一位高科技的领域的评论家，这么表述这个问题："你不想每次渴的时候都必须为整个水库付钱，而是希望只为眼前这一杯水付钱。"

确实，既然你要的就只是一杯水（部分信息），为什么要为整个海洋（所有信息）付钱呢？要是你有一个信息计量表，就完全没理由这么做。创业家彼得·斯普拉格认为他正好发明了这么一个东西。"我们可以用加密技术来强制信息计量。"他说。这个"信息龙头"实际上是一个微型芯片，可以从一大堆加密数据中少量发放一部分信息。斯普拉格发明了一个加密设备，对于装有十万页法律文档的只读型光盘，不用整张卖2000美元，而是按每页1美元的价格收费。这样一来，用户就只要为其使用的部分付账，而且也只能使用自己付过账的那部分。

斯普拉格的办法是让每一页文档必须在解密后才能阅读。用户可以从目录中选择浏览信息的范围。用户花很少的钱就可以读摘要或者综述，然后选择想要的部分或全部信息，由"分发器"解密。每解密一页就收一小笔钱（也许50美分）。费用由分发器里面的计量芯片记录，并从用户的预付款里扣除（这个预付款也是存在计量芯片里的），就好像使用邮资"咪表"分发邮政资费条并自动扣钱一样。当存款用完后，用户可以给服务中心打电话，服务中心发送一条加密信息，通过调制解调器传送到用户的计算机的计量芯片中，从而给用户的账户充值。假设分发器上现在有300美元，这300美元在购买信息的时候，可以按页计费，按段落计费，或者按一条条的股票价格计费，这要看信息卖主把信息切分到什么样的精细程度了。

信息极其容易复制，而信息拥有者则希望能够将信息有选择地断开。斯普拉格的加密计量设备所做的，就是令这二者不相冲突。通过分块计费信息，这个设备可以让信息自由流动，而且无处不在——就好像城市水管装置中的水一样。计费让信息成为水电一样的公共供给。

"密码朋克"指出，这种做法并不能阻止黑客免费截取信息。用来为卫星电视节目收费的视频加密系统在投入运行之后的几个星期之内就被破解了。尽管制造商声称这个"加密－计量"芯片是无法破解的，但那些破解企业利用了加密代码周边的漏洞。盗版者会先找到一个有效注册的解码器盒子——比如说，在酒店房间里——然后把这个解码器上的ID克隆到别的芯片上。客户可以把他的解码器寄到"保留地"去破解，新的解码器寄回来的时候就克隆了酒店解码器盒子上的ID。电视节目所采用的广播方式是无法察觉出哪些人是克隆设备的观众的。简而言之，"黑掉"这个系统的方法不是解密，而是在密码与其附属的设备之间做了手脚。

没有不可破解的系统。但是破解一个加密系统需要技能和精力。信息计量表虽然拦不住盗窃者或黑客，却可以消除那些坐享其成者以及人类天生的分享欲望的影响。视频加密卫星电视系统消除了大规模的用户盗版行为——这种盗版行为在有加密之前令卫星电视大为困扰，现在也仍然折磨着软件和复印这两个领域。加密技术将盗版行为变成一件烦琐的事，不像以前那样随便一个人拿张空盘就能干。卫星加密技术总体来说是有效的，因为加密永胜。

彼得·斯普拉格的密码－计量表允许人们想复制多少加密的光盘都可以，反正人们只需为自己要使用的内容付费。从根本上来说，密码－计量表把付费过程和复制过程分离了。

用加密技术强制实施信息计量的办法之所以有效，是因为它并不限制信息的复制欲望。如果其他条件不变，那么一小段信息会在可用的网络中复制，直到充满整个网络。在活力的驱动下，每个事实都自然会尽可能多地扩散。事实越是能"适应"——越有趣或者越有用，传播得就越广。观念或文化基因在人群中的传播与基因在种群中的传播非常相似。基因和"文化基因"都依赖一个由复制机器组成的网络——细胞、大脑或者计算机终端。这样的网络由一堆灵活地连接在一起的节点组成，每个节点都可以复制（或者完全相同或者有所变化）从另一个节点传来的信息。蝴蝶种群和一批电子邮件信息有相同的诉求：要么复制，要么消亡。信息要的就是被复制。

我们的数字社会建造了一个由无数的个人传真机、图书馆影印机和网络设施组成的超级拷贝网络；我们的信息社会也仿佛一个巨大的聚合形态的复印机。但我们却不让这个超级拷贝网络去复制。令所有人感到惊奇的是，在一个角落产生的信息，可以很快地传播到其他角落。我们之前的经济体系是建立在物品的稀缺性之上的，所以我们迄今为止都在通过控制每个复制活动来对抗信息天生的扩散性。我们拥有一个巨大的并行复制机，却试图扼杀绝大多数的复制行为，这行不通。信息要的就是被复制。

“让信息自由流动！”梅大声喊道。不过，这个“自由”，已经不是斯图尔特·布兰德那句经常被引用的格言“信息要免费”中的意思，而变成了某种更为微妙的含义：没有枷锁和束缚。信息想要的是自由地流动和复制。在一个由去中心化的节点组成的网络世界中，成功属于那些顺应信息复制和流动主张的人。

斯普拉格的加密计量表利用了付费和复制的区别。“计算一个软件被调用的次数很容易，但是要统计它被复制过多少次就难了。”说这句话的是软件架构师布莱德·考克斯。他在一段发到网上的话中写道：

> 软件不同于有形物体的地方是，从根本上无法监控其复制，但是却能监控其使用。那么，为什么不围绕着信息时代的物品和制造业时代的物品之间的差别来建设信息时代的市场经济呢？如果收费机制是以监控计算机里面软件的使用为基础的话，那么卖主们就可以完全省去版权保护了。

考克斯是一名软件开发人员，他的专长就是面向对象编程。而面向对象编程除了前面提到过的可以减少漏洞这一优点，与传统的软件相比还有另外两个重大改进。首先，面向对象编程提供给用户一种更灵活的、不同任务之间有更多协作的应用，这就好像是房子里面的家具都是活的，而不是固定的。其次，面向对象编程可以让开发人员重用软件模块，无论模块是他自己编写的，还是从别人那里买来的。要建一个数据库，像考克斯这样的面向对象设计师就会用到排序算法、字段管理、表格生成以及图标处理等，然后把它们组装到一起，而不是完全重写。考克斯编写了一套非常酷的对象，把它卖给了斯蒂夫·乔布斯，被用在了NeXT机[1]上，但是，作为固定业务，销售代码模块太慢了。这就好像是沿街叫卖打油诗一样。要想收回编写代码的成本，如果直接卖代码的话就找不到几个买主，如果卖拷贝的话又太难监控。但如果用户每激活一次代码就能产生收入的话，代码的作者就可以靠写代码谋生了。

在探讨对象们“按使用”销售的市场可能性的同时，考克斯发现了网络化的信息的自然本质：让拷贝流动起来，然后按照每一次使用收费。他说：“前提就是，复制保护对于像软件这种无形的、容易复制的商品来说是完全错误的想法。因为你所想要达到的目标，就是要让信息时代的物品不管通过什么渠道都能自由地分发、自由地获取。鼓励人们积极地从网络上下载软件，拷贝给朋友们，或者用垃圾邮件发给根本不认识的人。从卫星上传播我的软件吧！拜托！”

考克斯还补充说（这是对斯普拉格的回应，但出人意料的是，两人并不熟悉对方的工作）：“之所以可以如此慷慨大度，是因为这样的软件实际上是一种‘计量件’，它上面仿佛系了线，可以让销售回款和软件分发独立进行。”

“这个办法就称为超级分发。”考克斯说。他用了与日本研究人员称呼类似方法的一个词。他们设计那个方法用来追踪软件在网络中的流动。他接着说：“就像超导体，超级分发能让信息自由流动，不再受复制保护或者盗版的阻碍。”

由音乐人和广大音乐从业者设计出来的这个模型成功地平衡了版权和

1 NeXT机：乔布斯在被迫离开苹果后，于1985年创办了一家电脑公司，生产名为NeXT的计算机。该款计算机在商业上并不成功，总销量为5万台左右，但它在面向对象的操作系统以及开发环境方面的创新性则影响深远。

使用权。音乐人不仅可以把作品按“拷贝”卖钱，还可以卖给电台按“使用”次数收钱。免费的音乐拷贝，从音乐人的经纪人手里以不受监控的洪水之势流到电台。而电台则要从中选择且只为他们播放的音乐支付版税，对播放情况进行统计的则是代表音乐人的两个机构“美国作曲家、作家与出版商协会”（ASCAP）和广播音乐公司（BMI）。

日本的计算机制造商联合日本电子工业发展协会（JEIDA）开发了一种芯片和协议，它们可以让网上的每一台苹果电脑自由且免费地复制软件，同时计量出使用权利。按照协会负责人森亮一的说法：“每台计算机都可看成一个广播电台，广播的不是软件本身，而是对软件的使用，‘听众’则只有一个。”在上千个可自由获得的软件中，苹果电脑每“运行”一次某个软件或者软件片段，就激发一次版税。商业电台和电视台为超级分发系统提供了“存在性证明”。该系统自由分发拷贝，电台和电视台只为它们使用的那些拷贝付钱。对于音乐人来说，如果电台制作了他们的音乐带拷贝，分发给别的电台（“让比特自由流动”），他们会相当高兴，因为这增加了电台使用他们音乐的概率。

日本电子工业发展协会所设想的未来是，软件应该不受各种对软件版权或者移动性的限制而在网络中无阻碍地渗透。和考克斯、斯普拉格还有“密码朋克”一样，他们期望通过公钥加密，使得在向信用卡中心传输计量信息时，能够保持信息的私密性不受篡改。斯普拉格明确表示：“对于知识产权来说，加密计量就相当于美国作曲家、作家与出版商协会。”

考克斯在互联网上散发了一本关于超级分发的小册子，其中恰到好处地总结了这些优点：

> 当前，软件的易复制性是一种负担，超级分发则让它变成了一种资产；当前，软件商必须花费重金让用户知晓自己的软件，超级分发则将软件扔进网络世界，自己给自己做广告。

按次付费这个难题一直在纠缠着信息经济。过去，很多公司尝试按观看或者使用次数销售电影、数据库或者音乐，都未能成功，还付出了数十亿美元的代价。至今，这个问题仍然存在。问题是，人们不愿意为他们还没有看到的信息预先付钱，觉得这些信息未必对自己有用。同样，人们也不愿意在看完了这个东西之后付钱，因为这个时候往往直觉都会“应验”：没有这东西他们也能活下去。你能想象看完电影后被人要钱吗？医学知识是唯一不用眼见为实就能卖出去的信息，因为购买者相信不买可能活不下去。

通常，可以通过试用来解决这个问题。《扣人心弦》的预告片就能说服人们看电影之前先花钱买票。软件，可以借朋友的使用，而书或者杂志则可以在书店翻看。

另外一个办法是降低准入价格。报纸就很便宜，所以我们是先买后看。信息计量真正富于创造性的是它为我们提供了两个解决方案：一是记录数据使用量（流量），二是降低信息流的价格。加密－计量的方法是把价格昂贵的大块数据分成便宜的小块数据。而人们对于这种少量低价的信息，已经做好了预先支付的准备，尤其是以看不见的方式从户头里扣除的时候。

加密－计量方法的精细让斯普拉格非常兴奋。我请他举例说明这种方法到底能够达到多么精细的程度，他立刻就说出了一个，很明显他已经对这事琢磨一会儿了：“比如说，你在科罗拉多州特柳赖德市自己的家中，想写一些有趣的段子。假设你一天可以写一个，我们可能会在世界上找到1万个人愿意每天付10美分来看你写的段子。这样一来，我们一年就可以收入36.5万美元，其中给你12万美元，够花很长时间了。”一个不值钱的段子，不管写得多巧妙，除了网络，你找不到其他任何市场出售，不值得一卖。也许整本书有可能，也就是把好段子汇编成集，但单独一篇，不可能。但是在网络市场，哪怕是一个段子——信息量也就跟一块口香糖那么多，也值得制作和销售。

斯普拉格还列举了其他一些可以在市场中以细颗粒度交易的例子。有些东西他现在就愿意付钱购买：“我愿意每个月出25美分购买布拉格的天气预报；我愿意购买我的股票价格更新信息，每只股票50美分；我愿意每周花12美元购买股评；因为我经常被堵在芝加哥的路上，所以我需要不断更新的奥黑尔机场附近道路拥挤报告，每个月1美元；我愿意每天花5美分买《恐怖的哈加》漫画的更新。”所有这些东西，现在的状态是要么随意乱发，要么就是合起来高价卖出。而斯普拉格提出的网络中介市场，可以对这些数据“分类定价”，然后以合理的价格精选一小段发送到桌面终端或者掌上移动设备。加密技术会计量信息，防止你窃取那些在其他情况下（市场中）根本不值得保护或销售的小片段数据。本质上，信息的海洋从你身边流过，但你只为你所饮的那一瓢付钱就好了。

此刻，这一特殊的信息隔离技术以价值95美元的电路板形式存在，它可以插到个人计算机上，连接到电话线。为了鼓励像惠普这样的大计算机制造商把此类硬件板装到它流水线上的产品中，斯普拉格的公司Wave Inc. 把加密系统收入的1%提供给制造商。第一个市场是律师群体，“这是因为，”他说，“律师通常每个月会在信息搜索上花费400美元。”斯普拉格的下一个动作，是要把加密－计量集成电路和调制解调器压缩到一块价值20美元的微型芯片上，它可以装到传呼机、录像机、电话、收音机以及其他任何一种能分发信息的设备上。通常，这一远大理想可能被看作过分乐观的菜鸟发明家的白日梦。不过斯普拉格可是世界主要的半导体生产商之一——美国国家半导体公司[1]的主席以及创始人。他在半导体行业里的地位就如同亨利·福特在汽车行业中的地位。他可不是“密码朋克”。如果说有人知道如何在针尖上发起革命性经济的话，可能就应该有他。

1　美国国家半导体公司（National Semiconductor）：世界最大的半导体制造商之一，总部位于美国加利福尼亚州圣塔克拉拉市。

12.4 带电荷的东西就可用于数字货币充值

我们所期待的网络经济和文化还缺少一个重要的组成部分——再一次需要加密技术使之成为可能的成分，这也是那些留长发的密码反叛者正着手试验的关键性要素：数字货币。

我们已经有了数字货币。每天，从银行金库到银行金库，从经纪人到经纪人，从国家到国家，从雇主到雇员的银行户头，到处都流动着看不见的数字货币。单单一个票据交换所的同业支付系统，每天通过电线和卫星流动的资金平均就有上万亿美元。

不过，这条数字之河中涌动的，是机构的数字货币。它和电子货币的差别如同大型计算机主机和个人计算机之间的差别。当我们口袋里的现金能够数字化，像机构资金经历的那样，由实体货币转变成为数据时，我们就会体验到信息经济最为深刻的影响。就像计算机从机构走向个人之后才重塑了整个社会，数字经济的全面影响，也要等到个人的日常现金（以及支票）交易数字化之后才能显现。

我们可以从信用卡和ATM机上看出数字货币的端倪。我和我这一代的绝大多数人一样，从ATM机中提取要用的小额现金，已经好多年都没进过实体银行了。平均下来，每个月我使用的现金更少了。高管们飞来飞去，在忙碌中消费——吃饭、住店、打车、买日用品和礼物，他们钱包里的现金却不超过50美元。对某些人来说，无现金的社会早已成为现实。

在今天的美国，信用卡支付占到所有消费支付的十分之一。想到不久的将来，人们用信用卡支付所有交易将成为一种惯例，信用卡公司的口水都要流下来了。Visa在美国的部门正在快餐店和杂货店试验一种刷卡的数字货币终端（无须签名）。自从1975年以来，Visa已经发行了超过2000万张借记卡。它实际上把ATM机从银行移到了商店。

银行和大多数未来学家所吹捧的无现金概念，无非就是现有通用信用卡系统的进一步普及。艾丽丝有一个National Trust Me银行的账户，银行发给她某种便携智能卡。她到ATM机上给她那张钱包大小的借记卡充300美元，钱则从她常用账户上扣除。她持卡可以在任何一个有National Trust Me智能卡刷卡设备的商店、加油站、售票点、电话亭消费这300美元。

这种图景有什么不对呢？大多数人都觉得这个系统强过带着现金走来走去，也强过欠Visa或万事达的债。但是这个版本的无现金概念，忽视了用户和商家的利益，结果多年来还停留在筹划阶段，而且很可能就止步于此。

首先，借记卡（或信用卡）最大的“软肋”就在于它的坏毛病：记录了艾丽丝从报亭到托儿所的所有购买历史。若是单单记录一个商店也还没什么可担心的，但是通过她的银行账户或者社会保险号能检索到每个商店的消费记录。这就使得她在每个店的消费历史可以被用来构成一份精准且极具市场推广价值的档案。这是很容易的事情，而且必然会有人这么做。这样一份档案包含着关于艾丽丝的重要信息（更别说她的隐私数据了），艾丽丝本人却无法控制这些信息，而且从信息的泄露中也得不到任何补偿。

其次，这些智能卡是由银行发放的。银行可是有名的吝啬鬼，所以，你也知道这笔费用最后会出在谁身上了吧，而且还要按照银行比率付费。艾丽丝也必须为使用智能卡进行交易而产生的费用付钱给银行。

再次，不管什么时候使用借记卡，商家都要付给银行一定比例的钱。而这让他们本来就不多的利润再次减少，从而打消了商贩在进行小额交易时使用借记卡的念头。

最后，艾丽丝只能在使用National Trust Me专有技术的刷卡设备上才能用那些钱。这种硬件隔离已经成为（该）系统不会在未来出现的主要因素。同时，也排除了个人对个人支付（除非你想带着个刷卡机到处走让别人来刷）的可能。还有，艾丽丝只能在National Trust Me官方的ATM机上给卡充值（本质上是购买货币）。这个问题可以通过使用接入所有银行网络的通用刷卡机来构建银行合作网络解决。这一网络已经初见雏形。

借记卡现金的替代方案是真正的数字货币。数字货币没有借记卡或信用卡的缺点。真正的数字货币是真钱，具有现金的私密性和电子的灵活性。支付是“真金白银”的，但没有关联性。这种现金不需要专属的硬件或软件。因此，钱可以在任何地方、任何个人之间传递。作为收钱的一方，你不必是店家或机构用户；任何接入系统的人都可以收钱。同时，任何拥有良好声誉的公司，都可以提供数字货币的充值服务。这样，费率就会由市场来决定。银行只是外围参与者。如果你愿意，你可以用数字货币订比萨、付过桥费、还朋友钱、还按揭。它和旧时数字货币的不同之处在于，它是不具名的，除支付人外，没有人能够追查到它。使这种体系得以运转的就是靠加密技术。

这种方法——技术上叫作“盲数字签名”，是基于一种已经经过验证的、称为“公钥加密”的技术变种。下面是它在消费者层面的工作方式。你用数字货币在“乔大叔肉店”购买精良烤肉。商家通过核查发行货币银行的数字签名来确认支付给它的钱之前确实没有“花”过。不过，它看不到付钱人的记录。交易完成之后，银行就有验证账单，上面显示你花了7美元，而且只花了一次，同时记录“乔大叔肉店”确实收到了7美元。但是交易双方没有联系，而且只有支付方同意了，银行才能重建这两笔账。乍一看，这种既要隐蔽性又要可验证性的交易似乎不合逻辑，但要实现它们的“隔离”是完全可以做到的。

除扔钢镚外，数字货币可以做到口袋里的现金所能做到的任何事情。你会有关于你的支付情况的完整记录，包括你是向谁支付的。而“他们”有的只是一个收钱的记录，并不包括是谁付的钱。同时做到精确记账和100%匿名，这在数学上是可以“无条件”实现的——绝无例外。

数字货币所具有的私密性和灵活性源于一种简单而聪明的技术。我问一个做数字货币卡的创业家，能否看一张他生产的智能卡，他表示很抱歉，他以为放了一张在钱包里，结果没找到。他说，智能卡看起来就像一张普通的信用卡，说着就给我看他的几张信用卡。它看起来就像……嘿，在这呢！他利落地掏出一张空白的、非常薄的、柔韧的卡片。这张长方形塑料存有数学意义上的钱。卡片之中有一块金色方块。这是一个有基本处理通信和标识功能的芯片，约1平方厘米大小，它存储现金的数额，比如，500美元或者100次交易。Cylink[1]是制造这种芯片的公司之一，芯片内装一个特别设计用来处理公钥加密算法的处理功能。在那个金色方形芯片上有6个非常微小的表面触点，当卡插到刷卡器里的时候它就会被连接到在线的计算机上。

略微愚钝一点的智能卡（没有加密）已经在欧洲和日本大行其道了——使用量大约有1600万张。在日本，预付款的电话磁卡非常流行，这其实是数字货币的一种原型。日本电信电话株式会社（NTT）迄今为止卖出了3.3亿张磁卡（大约每个月1000万张）。而在法国，有40%的法国人随身携带电话智能卡。纽约市最近为它大约5.8万个公用电话亭中的一部分引进了无现金电话卡。促使纽约市这么做的不是未来主义，而是小偷。根据《纽约时报》的报道：“每三分钟就有一个小偷、破坏者或者其他的电话亭暴徒砸掉电话亭里的钱箱或者弄断听筒线。此类事件一年会发生超过17.5万起。”而纽约市每年为此花费的修理费则达到了1千万美元。纽约所用的这种一次性电话卡并不是特别先进，但足以满足需要。它使用

1 Cylink：一家专门从事软、硬件安全性研发的公司，于2003年被SafeNet收购。

了红外线光学记忆——这在欧洲的电话卡中非常普遍，很难伪造，但大批量生产时又非常便宜。

在丹麦，智能卡取代了丹麦人从没用过的信用卡。所以，人们在美国用信用卡，到了丹麦就得揣上一张智能借记卡。丹麦法律规定了如下两个主要限制：(1)没有最低消费；(2)不追加卡的使用费。其直接后果就是：在丹麦，智能卡在日常使用中取代了现金，而且超过了美国支票和信用卡取代现金的程度。这种智能卡的普及为其自身种下了祸根，因为智能卡和低廉、无中心的电话卡不一样，它依赖和银行之间的实时互动。它们使得丹麦的银行系统过载，电话线路被霸占——因为哪怕是卖出一块糖果都要将数据传到中央银行。中央银行的系统被交易事务淹没，造成的损失超出了其带来的价值。

现居住在荷兰的伯克利密码学家大卫·乔姆对此有一套解决方案。乔姆是阿姆斯特丹数学与计算机中心密码系统组的负责人，他为分布式的、真正的数字货币系统提供了数学算法。按照这个解决方案，每个人都随身携带装有匿名现金的可充值智能卡。这种数字货币和来自家里、公司或者政府的数字现金流畅往来。它可离线工作，不会占用电话系统。

乔姆看上去就像典型的伯克利人：灰胡子、一头长发捆在脑后扎成标准的马尾辫，身穿花呢夹克，脚穿便鞋。他在做研究生的时候就对电子投票的前景和问题产生了兴趣。为了准备论文，他研究不能伪造的数字签名，这是防欺诈的电子投票中必不可少的工具。从那时开始，他的兴趣就逐渐转向了计算机网络通信中的类似问题：怎么能够确信一个文档确实来自它所声称的地方？同时他想知道：如何保持某些信息的私密性，令其无法追踪？这两个方向——安全性和私密性——把他引向了密码学的研究，并使他获得该学科的博士学位。

1978年的某个时候，乔姆说：“我当时灵光一闪，想到以这种方式构造一个人群的数据库是可能的：你无法通过这个数据库的信息把其中的人关联起来，但能够使用它证实对其中每个人的各种描述的正确性。当时，我正试图说服自己这是不可能的，但是，我却看到了可能的做法，然后我就想……啧啧……不过一直到1984年还是1985年的时候，我才想清楚到底应该如何实现它。”

乔姆称他的发明具有“无条件的不可追踪性”。当把这段代码整合到具有“几乎不可破解的安全性”的标准公钥加密代码中之后，组合的加密方案就能提供匿名数字货币以及其他的功能。乔姆的加密数字现金（到目前为止还没有任何地方的任何系统是加密的）为基于智能卡的数字货币提供了多项重要的实用改进。

首先，它提供了与实物现金同等的私密性。过去，如果你用一美元从商家那里买一份实用的小册子，商家就确实拿到了一美元，他可以把它支付给任何人；但是他没有给出钞票支付人的信息记录，同时也没有任何办法重构这些信息。在乔姆的数字货币中，商家同样收到从你的卡（或者在线账户）上转过来的一美元，银行则证明他确实收到一美元，不多不少，但是没人（除了你，如果你愿意）能够证明这一美元到底是从哪来的。

一个小告诫：按照迄今为止的实施情况，智能卡版的现金，如果被偷或者丢失的话，它跟实物现金一样有相同的价值，也造成相同程度的损失。不过，如果用个人身份码来加密的话，可以极大地增进安全性，虽然用起来会有些麻烦。乔姆预测，数字货币的用户进行小额交易时会用较短的个人身份码，或者完全不用密码，而进行大额交易时则会用较长的密码。考虑了一会儿，乔姆又说：“为预防被强盗用枪逼着说出密码，艾丽丝可以使用一种‘挟持密码’，输入后智能卡表面上正常工作，实际上却隐藏了那些更有价值的财产。”

其次，乔姆的智能卡系统是可离线工作的。它不要求像信用卡那样通过电话线即时验证。这样一来，其成本就很低，而且非常适用于拥有大量小规模交易的场所，比如，在停车场、餐厅、公交车上消费或打电话、在杂货店购物等。交易记录每天一次，成组传送到中央记账计算机。

在这一天的延迟时间内，从理论上说，是可能作弊的。那些处理大额交易的数字货币系统是在线且近乎实时地运行的，在收发的瞬间作弊的可能性很小，却仍然存在。从理论上说破解数字货币的隐私信息（谁付给谁钱）是不可能的。但如果你需要一小笔钱的话，可以用超级计算机破解数字货币的安全信息——这钱有没有用过。破解了RSA的公钥密码，你就可以用密钥消费不止一次，直到银行收到数据，把你抓住。因为乔姆的数字货币有个非常有趣的怪癖：除非你想要作弊花钱超过一次，否则这钱是不可追查的。这样的事情一发生，两次花费所携带的额外信息就足以追踪到付款人了。因此，数字货币跟实物现金一样是匿名的——但作弊者除外！

正是由于其成本低廉，丹麦政府正计划把“丹麦卡”换成“丹麦币”——一种适合小额交易的离线系统。运转这样一个系统所需的计算资源是极小的。每一次加密交易只占用智能卡上的64字节。一户人家一年所有收入和开支的财政记录，都可以很轻松地存到一张高密度软盘。乔姆计算过，现在的银行主机处理数字货币的计算能力绰绰有余。离线系统的加密保护，极大地削减了ATM和信用卡通过电话线进行的交易计算量，这就可以使同样的银行主机能够处理更多的电子现金。就算我们假设乔姆对更大规模系统的计算需求估计错误，比如，少算了一个量级，以目前计算机计算能力的迅猛发展，也只会使银行现有计算能力的可行性延期几年而已。

改变一下乔姆的基础设计，人们就可以在家为计算机设备装上数字货币软件，通过电话线接收别人的付费，或者给别人付钱。这将是互联网上的电子货币（或称数字货币）。你给你女儿发电子邮件，附件里添加400美元的数字货币。而她则可以通过电子邮件用这笔钱买回家的机票。航空公司则把这笔钱传给一位飞机餐的供应商。在乔姆的系统中，没有人能够追查到这笔钱的流动路径。电子邮件和电子货币可以说是天作之合。数字货币或许在现实生活中不成功，但在新兴的网络文化中却会繁荣发展起来。

我问乔姆，银行对于数字货币有什么看法。他的公司接触过大多数“大玩家”，也被他们拜访过。他们说没说过：哎呀，这种东西会威胁到我们的商业活动？或者，他们说没说过，嗯，这加强了我们的业务能力，使我们更有效率了？乔姆说：“这个嘛，参差不齐。我发现那些身穿1000

美元西装在私人会所进餐的公司规划者，比那些相对来说层级较低的工作人员对这种东西更有兴趣，因为前者的工作就是展望未来。银行自己不开发这样的东西，他们会让自己的系统人员从开发商那里定制或购买。我的公司则是第一家提供数字货币的开发商。我在数字货币方面有广泛的一套专利组合，包括在美国、欧洲或者其他地方。”乔姆的一些密码无政府主义的朋友们到现在仍然因为乔姆把他的技术申请了专利而不给乔姆好脸。乔姆为此辩护，对我说：“事实证明我进入这个领域时间很早，因此解决了许多的基本问题。现在的绝大多数新工作（关于加密的数字货币）都是在我做的基础工作上扩展和应用。而问题在于，银行不愿意把钱投到未受保护的东西上。专利权对于让数字货币成为现实非常有帮助。”

乔姆是一个理想主义者。他认为安全性和私密性是矛盾的两面。他的更大目标是，为网络世界的私密性提供工具，以使私密性和安全性达成平衡。在网络经济中，成本不成比例地依赖用户的数量。要达到传真机效应，需要早期接受者达到临界值。一旦数量超过了临界值，事情就无法停止了，因为它是自我加强的。各种迹象表明，与其他涉及数据私密性的应用相比，数字货币的临界值更低。乔姆打赌说，电子邮件网络内部的电子现金系统，或者是为地方公共交通网络服务的、基于智能卡的电子现金系统，都具有最低的临界值。

当前最想应用数字货币的人是欧洲的市政官员。他们把基于智能卡的数字货币看成是现在大多数城市公车或者地铁部门普遍发行的“快速通过磁卡”的替代产品。里面充的钱是你乘公交需要的钱。不过，它还有其他好处：同样一张卡，开车出行时可以用来支付停车费，长途旅行时可以用来买火车票。

城市规划人员希望能够在进城或者过桥的时候不用停车或者减速就可以自动缴费。条形码激光扫描器能识别在路上行驶的汽车，司机也会接受购买代金券。阻碍更精密的缴费系统实施的，是一种奥威尔式的恐惧：“他们会获得一份关于我的车都去过哪儿的记录。”不过，尽管有这种恐惧，记录汽车身份的自动缴费系统已经在美国的俄克拉荷马州、路易斯安那州和得克萨斯州投入使用了。这三个州地处交通繁忙的东北部地区。现在，存关方面同意安装一个兼容系统，开始在曼哈顿与新泽西的两座大桥上试验。系统中，贴在汽车挡风玻璃上的卡片大小的无线电装置发射信号给缴费闸门，然后闸门就会从你在这个闸门（而不是卡片）的账户上扣钱。类似的装置也正在得克萨斯州的收费公路系统上使用，其可靠程度达到了99.99%。只要人们愿意，这些已经验证过的缴费系统可以很容易地改造成乔姆的不可追踪的加密支付系统和真正的数字货币。

按照这种方式，用在公共交通上的智能卡，也能用来支付私人交通。乔姆讲述了他在欧洲城市的经历，这种传真机效应——在线的人越多，就越能刺激人们加入——一旦产生效应，很快会带来其他用途。电话公司的官员听到消息之后，就告诉大家他们会用这种卡片来摆脱让公用电话陷入“缺少硬币”的麻烦；卖报纸的打电话询问是否能用智能卡……很快网络经济就开始接管一切。

无处不在的数字货币与大规模电子网络配合默契。互联网绝对会是第一个数字货币深入渗透的地方。货币是另一类信息，一种小型的控制方式。货币也会随着互联网延伸而扩展。信息流动到哪里，货币肯定也会跟随其后。由于其去中心化、分布式的本性，加密的数字货币肯定能改变经济结构，就像个人电脑颠覆了管理和通信结构一样。最重要的是，在信息社会中，数字货币所需的私密性与安全性创新对于发展出更高层级的可适应的复杂性至关重要。我还要说：真正的数字货币，或者更准确地说，真正的数字货币所需要的经济机制，将会重新构造我们的经济、通信及社会方式。

12.5 点对点金融与超级小钱

数字货币对于网络经济的蜂群思维的重要影响已经开始显现。我们预计有五方面。

◎ 加速度。货币完全脱离物质实体后，流通速度就会加快。它将流通得更远、更快。而货币流通速度增加的效果等同于货币流通量的增加。卫星上天，使全球证券交易能够以接近光速的速度不分昼夜地运转，从而使得全球货币量增加了5%。大范围地使用数字货币将会进一步加快货币流通的速度。

◎ 连续性。由黄金、贵金属或者纸币组成的货币，以固定单位出现，并在固定时间支付。譬如，ATM机吐出的是20美元钞票，诸如此类。尽管你每天都要使用电话，但是一个月只给电话公司付一次钱。这是一种“批量模式”的货币。数字货币是连续流。用阿尔文·托夫勒[1]的话来说，它允许以“点滴的方式从你的电子账户中分分秒秒地流出”，来支付重复发生的费用。只要你挂上电话，数字货币账户就要为这一通话付费，或者

1 阿尔文·托夫勒（Alvin Toffler，1928—2016）：当代最具影响力的社会思想家之一。未来学大师、世界著名未来学家。

这样做怎么样？——在你通话的时候就付费。支付与使用同时发生。随着货币流通速度的加快，数字货币就能接近即时支付。而这会妨碍银行的发展，银行现在的利润有很大一部分是来自“在途货币”[1]，而即时性令其不复存在。

◎ 无限互换性。我们终于有了真正的可塑货币。一旦完全脱离了实体货币，电子货币就不再局限于单一的传递形式，而是可以愉快地在任何一种最方便的介质中迁移。分立的账单逐渐消失。账目会与服务内容或者服务本身同时出现。录像带的账单可以整合在录像带之中。发票就在条形码中，用激光一扫就可付清。任何一种有电荷的东西，都可用来充值付费。兑换外币变成了变换符号。货币跟数字信息一样具有了可塑性。以前不曾属于经济活动的某些交换和交互可以更容易地使用货币进行。它为商业活动打开了通向互联网之门。

◎ 可达性。迄今为止，对货币进行精密周全的操控一直是专业金融机构（金融神父）的私有领域。但是，正如百万台苹果机击溃由高等祭司所护卫垄断的主机电脑，数字货币也将打破金融婆罗门的垄断。想象一下，如果你的图标拖到电子票据上就可以收取（并且收到）你应得的利息；想象一下，如果你能在“应收利息”图标上分解并且设定可变的利息，让它随时间的增加而增长。或者，如果你能够提前发送款项，也许就能按分钟收取利息。或者，在个人电脑上编个程序，让它能够按照银行优惠贷款利率来区别付费——为业余人士把货币交易写成程序。或者可以让电脑追踪汇率，用当前最不值钱的货币支付账单。一旦大众可以和专业人士同饮一江水——数字货币这条江水，所有这些智能金融工具，就立刻浮出水面。现在，我们也许可以把金融也纳入我们的操控对象，我们正走向编码金融时代。

◎ 私有化。数字货币在获取、交付和产生方面的便利性让它成为私

1 在途货币（float）：在银行系统中，款项从付款方账户中划出到划入收款方账户中这段时间里，称为在途货币。

有货币的理想候选者。日本电信电话株式会社捆绑在电话卡上的那2140亿日元，只不过是私有货币的一种有限类型。互联网的法则是：只要计算机与数字货币连接，那么谁拥有了计算机，他拥有的就不只是印刷机，还有数字货币制币厂。准货币会突然出现在有信用的任何地方（也会在那里突然消失）。

从历史上看，绝大多数的现代实物交易网络会迅速转向使用货币交易；人们或许认为电子交易组织也会如此，但是，数字货币系统所具有的盲目性却可能不会遵从这一趋势。准货币网络能否浮出水面，是个涉及数千亿美元税费的问题。

货币的铸造和发行是政府仅存的尚未被私有部门侵占的少数国家权利之一。数字货币将削弱这难以克服的障碍。这么做，会为统治体制提供强有力的工具。这些私有统治体制可能是由少数民族的团体建立的，也可能是由世界大都市附近迅速增长的“边缘城市”建立的。在全球范围内使用机构数字货币，必须解决许多想到的或未想到的难题。

12.6 对隐秘经济的恐惧

数字货币的本质——无形、快速传播、廉价以及全球渗透，很可能会造就无法抹除的隐秘经济。这可比仅仅为贩毒洗钱严重多了。在网络世界中，全球经济根植于分散的知识和去中心化的控制方式之中，数字货币不是一种可选项，而是一种必需品。当网络文化繁盛起来的时候，准货币也会随之繁荣。电子矩阵，注定是一块坚硬的隐秘经济的内陆。互联网对数字货币如此友好，使其一旦嵌入网络的链接中，就很可能无法根除。

事实上，匿名数字货币的合法性从一开始就处于灰色地带。在美国，对于公民所能使用的实物现金交易的数额是有严格规定的：你可以试试用一个背包装1万美元现钞去银行里存款。而政府对匿名数字货币的额度限制又将会是多少呢？政府的倾向是，要求充分公开金融交易（以保证他们那份税钱）并且阻止非法交易（就像毒品之战）。在由联邦资助的网络中允许不可追踪的贸易繁荣发展，这样一种前景，如果政府真动脑子去想一想的话，是会非常忧虑的。他们当然不会这么做。一个无现金的社会，感觉就好像是老掉牙的科幻小说，而且这个观念还会让每一个身陷“纸海”的官僚想起那个未达成的无纸社会的预测。“密码朋克”邮件列表的维护员埃里克·休斯说：“真正的大问题是，在政府要求对每一笔小交易进行报告之前，数字货币在网络上的流动到底能达到多大的程度？因为如果流通量足够大，超过了某个临界值，那么汇聚起来的货币就有可能提供一种经济动力，刺激跨国的货币发行服务，那时候一国的政府做些什么就都无关紧要了。”

休斯设想在全球网络出现若干数字货币机构。供应商充当的就是旅行支票公司。他们为获取比如1%的额外费用而发行数字货币。然后你就可以在任何接受电子货币的地方使用互联网快速支付。不过，在全球互联网的某处，隐秘经济很可能会迎来它的曙光，也许是由正在苦苦求存的发展中国家政府所资助。就像那些老式的瑞士银行一样，这些数字银行业可以提供不上报的交易。如果在网上进行交易的话，那么即使你在康涅狄格的家里用尼日利亚奈拉付账，也不比你用美元付账困难。休斯说道：“有趣的市场试验是，等到市场均衡之后，看看匿名货币的收费差别有多大。我猜测是它可能会高上1到3个百分点，上限是大约10个百分点。这个数字将是金融私密性价值的第一个真实测度。还有一种可能，匿名货币将成为唯一的货币。”

草根阶级突然接管原本神秘、被禁止的密码和代码领域，产生的最重要的结果也许就是获得了可用的数字货币。日常生活中的数字货币，是加密技术中从没出现过的新用途。一定还有许多潜在的加密技术应用，因为“密码朋克”自身的思想倾向而被视而不见，它们恐怕要等到加密技术进入主流之后才能被发现——而它肯定会进入主流。

到今天为止，加密技术已经衍生出以下成果：数字签名、盲证书（比如说，你有一张文凭，证书上说你是博士，但是，却没有人能够把这张证书跟其他一些上面有你名字的证书，比如你从驾校获得的证书联系在一起）、匿名电子邮件，以及数字货币。这些“隔断”技术，将会随着网络的兴盛而兴盛起来。

加密胜出，因为它是必要的反作用力，防止互联网不加节制地联接。任由互联网自行发展，它就会把所有人、所有东西都联接在一起。互联网说，“联接”；密码则相反，说“断开”。如果没有一些隔断的力量，整个世界就会冻结成一团超载的、由没有私密性的联接和没有过滤的信息组成的乱麻。

我之所以能听得进去“密码朋克”的观点，并不是因为我觉得无政府主义是解决所有问题的万灵丹，而是因为，在我看来，加密技术使网络系统产生的铺天盖地的知识和数据变得文明一些。没有这种驯服精神，互联网就会变成扼住自身生命之网，它会因自己无限增多的联接扼杀自己。网络是阳，密码技术就是阴，一种微小隐蔽的力量，能够驯服去中心、分布式的系统引发的爆炸性的相互联接。

加密技术允许蜂巢文化所渴求的必要的“失控”，以便在向不断深化的复杂网络演变中保持灵活和敏捷。

第十三章

OUT OF CONTROL

上帝的游戏

13.1 电子神格

《上帝也疯狂 2 》是一款制作精良的计算机游戏，是那种玩家扮演天神的游戏。换句话说，在这个游戏里，你扮演的角色是天神，准确地说，是宙斯的某个儿子。通过计算机屏幕的窗口，你居高临下地审视着一片大陆，大陆上的小人儿们正在跑来跑去地种田、盖房子或四处溜达。通过一只闪闪放光的蓝手（神手），你可以向下探触这片大陆，改造它。你既可以逐渐地抹平山峰，也可以逐渐地雕琢山谷。无论是哪种情况，你要做的都是（整理）出可以让人类耕种的土地。而对于你来说，除了引发一系列自然灾难（比如地震、海啸、飓风）之外，你对这个世界中的人类唯一的直接影响，也就是这只“地理之手”了。

良田造就快乐的人民。你可以看着他们兴盛起来，四处忙碌。他们首先要盖农舍；接着，等人口增加之后，他们会盖起红瓦屋顶的宅院；如果一切进展顺利的话，最终他们就会建起复杂的带有城墙的城市，用石灰水刷得白白的，在地中海式的阳光下熠熠生辉。而这些小人儿们越是繁荣，他们对你就越崇拜，你这个神就能获得越多的魔法值。

不过，你的问题也由此而来。在更为广阔的土地上，宙斯的其他儿子也在为获得永生而与你以及更多人竞争。这些天神可以由别的玩家扮演，也可以由游戏平台通过人工智能自行产生。其他天神会对你的子民施以7种灾祸，将你的子民对你供奉和崇拜的基础完全抹去。他们会掀起摧毁性的蓝色海啸，不仅会淹死你的人民，还会淹没他们的农田，进而危及你自己作为神的存在。没有人民，就没有崇拜，也就不会有天神。

当然，你也可以“礼尚往来”，如果你手里有足够的魔法值。但动用破坏力所消耗的魔法值令人咋舌。不过，除了令对手的领地分崩离析以及吞噬正在尖叫的小人儿以外，你还可以用其他方法赚取魔法值——击败对手。你可以弄个牧神出来在你的地界上来回游荡，用他的魔笛吸引新的加入者。或者，你也可以立起一个“教皇磁石”——一座花岗岩质的埃及十字纪念碑，其功能相当于一个神龛，用来吸引信徒和朝圣者。

与此同时，你自己的子民正躲避着你那些心怀不轨的同父异母兄弟们降下的烈火风暴。另外，当诸神的小联盟祸害完你的一个村子后，你必须决定到底是着手重建它呢，还是利用你的武器库去追杀他们的子民。如果是后者，你可以用一般飓风把房子和人都吸起来，然后在光天化日之下把它们抛到大陆另一边。或者用圣经中的灭世之火把大地烧成不毛之地（直到某个天神再次播种下治疗性的野花，将这片土地恢复起来）。或者，也可以从一个位置不错的火山里释放出燃烧着的熔岩之流。

在拜访这个游戏的发行商“艺电”[1]的办公室时，我从一个元神的视角对这个世界来了一次“专家之旅”。在那里，我完全被神力的施展速度给吸引住了。杰夫·哈斯是这个游戏的开发人员之一。你可以把哈斯称为创造其他诸神的超级天神。他的手指向一个村庄上方的一大片滚滚黑云，这片黑云就突然激射出铺天盖地的闪电，闪电形成的电柱移动着击中大地。当一个白色电柱击中一个人时，这个人的表皮就被烤成了焦黑。哈斯看着这精美的画面哈哈大笑，我却大为震惊。“是的”，他有点不好意思地承认，“这个游戏的主旨就是破坏，尽是乱砍乱烧”。

1 美国艺电公司（Electronic Arts，Inc.）：世界著名的视频游戏开发商。代表作包括“命令与征服”系列、“极速快感”系列、“模拟城市”系列等。

“不过作为一个天神，你还是有一些积极的事情可以做的”，哈斯主动介绍说，“不过不太多。其中之一是植树。树总是能让人开心的。你还可以用野花为这片大地赐福。但多数情况下，它都是在破坏或被破坏”。这种理念，亚里士多德也许早已知晓。在他那个时代，诸神就是些让人恐惧的存在。天神作为兄弟甚至盟友的这种观念，绝对是太新潮了。在他那个时代，你最好是离神远点儿，需要的时候再安抚他们一下，然后就祈祷你的神能灭掉其他的神。那是个危险又反复无常的世界。

“我就这么说吧”，哈斯说道，“你绝对不想成为这么一个世界里的人”。你说对了，对我来说那是神格。

13.2 有交互界面的理论

要想玩好《上帝也疯狂2》这款游戏，你必须像神一样去思考。你不能指望一一经历这些小人儿的生活而取得胜利。你也不可能在同时操控每个小人儿时还指望保持神志清楚。控制权必须交给人数众多的群体。《上帝也疯狂2》中的个体，不仅是几段代码，他们还拥有一定的自主性和匿名性。他们的这种混乱嘈杂的状态，必须以一种集体性的方式巧妙地加以约束。而这正是你的工作。

作为神，你只能通过间接手段控制世界：你可以提供激励，处理全球性事件，精打细算地进行交易，或者希望将它们处理得井井有条，这样你手下的那些小东西才会追随你。在这个游戏中，原因与结果有一种共同演化的关系，因果链条颇为模糊，往往是牵一发而动全身。因果的演化也往往是朝着你最不想看到的方向去的，而所有的管理工作又都是平行进行的。

软件商店里还有其他在发售的上帝类游戏：《铁路大亨》《乌托邦》《月亮基地》。这些游戏都可以让你这位新神引导你的子民建设一个自给自足的帝国。在《传播力量》这款游戏中，你是四个类神的国王中的一个，你的目的是获得一个星球大片区域的至高无上的权力。而在你治下的数以百计的子民并非千篇一律的毫无个性。每个公民都有自己的名字、职业，并有自己的人生。作为神，你的任务是鼓励这些子民开荒、挖矿、制作农具，或者把它们锻造成武器。你能做的一切就是调整这个社会的参数，然后就放手让他们自己干。对于神来说，很难预测下面会发生什么事情。如果你的子民最终成功地统治了最多的土地的话，你就赢了。

在各种经典的上帝游戏的短暂历史中，《文明》这款游戏排名颇高。在这款游戏中，你的任务是带领你默默无闻的族群发展出自己的文明。你不能告诉他们如何制造汽车，但是你可以对他们进行合理安排，以便他们获得制造汽车所需要的“发现”。如果他们发明出了轮子，那么他们就能制造二轮战车。而如果他们获得了砖瓦匠的技能，就能进行数学运算。电力学需要冶金学和磁学，而企业则首先需要银行的支持。

这是一种新的游戏模式。急于求成的策略往往可能事与愿违。文明帝国的居民随时都可能起义，而且他们还真就时不时地这么干。你始终都在和对手掌控的其他文化群落进行殊死竞争。一边倒的竞争再寻常不过了。我曾经听说有一个狂热的《文明》玩家吹嘘，他曾用隐形轰炸机蹂躏了其他还在研究双轮战车的文明国度。

这只不过是个游戏，但《上帝也疯狂2》却体现了我们与所有的计算机和机器（在）相互影响时所发生的微妙变化。人造物不再是一动不动、千篇一律的傻大个了。他们可能是流动的、有适应力的、变化不定的网络机器。这些以集团形态出现的机器运行在无数代理软件上，这些代理软件以一种我们无法彻底了解的方式互相作用着，产生我们只能间接控制的结果。而若要获得某种有利结果，必然会对你的协调能力带来巨大挑战。那感觉就和放羊、照看果园和抚养孩子相似。

在计算机的发展过程中，普通人首先接触的是游戏，然后才是正常的功能。如果一个孩子同游戏中的机器能够相处，并且配合默契，那么他长大以后一定也会同样自如地和真实的机器一起工作。麻省理工学院心理学家雪莉·特克认为儿童对于复杂设备的好奇，就如同相似之人之间能够产生吸引一样自然，是一种将自我投射到机器上的行为。而玩具世界绝对鼓励了这种拟人化趋势。

而在另外一个上帝游戏《模拟地球》中，它标榜自己能够让玩家得到“终极的星球管理”体验，但这大可不必当真。我的一个熟人曾经讲过这样一个故事，有一次他开车和三个10岁到12岁的小男孩一起长途旅行。他们三个坐在后座，在一个笔记本电脑上玩《模拟地球》。他一边开车，一边偷听这些小孩的对话。听了一会儿，他推断这些小孩的目标是要进化出一条智能蛇来。孩子们说：

> “你觉得我们现在能开始造爬行动物了吗？”
>
> “瞎扯，哺乳动物都在接替它们了。”
>
> “我们最好多加点阳光。”
>
> “我们怎么才能让蛇变得更聪明一点呢？”

《模拟地球》没有什么故事情节或者固定的目标，在许多成年人眼里，这种游戏毫无成功希望。但是，小孩子们毫不犹豫且无须引导就爱上了这个游戏。1968年，斯图尔特·布兰德宣称：“我们就跟神一样，而且很可能同样擅于做这份工作。”而他说这话的时候，脑子里想到的就是个人计算机（这个词也是他在后来创造的）和其他活系统。

抛开所有的次要动机，电脑游戏让人上瘾的一个重要原因是，人们想创造一个属于自己的世界。我想不出有什么东西比作一个神更能让人上瘾的了。在未来一百年之内，我们可以买到模拟人造宇宙的卡带，接入到某个“世界”，看到其中的物种鲜活起来，并且自发地相互影响。神的地位是难以抗拒的诱惑——即使有另一个英雄要付出血的代价也无法阻止。我们每天都会花几小时沉浸在角色互动的历险中，而为了使我们的世界继续进行下去，这个世界的创造者可以对我们予取予求。有组织的犯罪将通过向那些游戏上瘾者兜售残暴的人工天灾——顶级飓风和价格不菲的龙卷风，而赚取数以十亿计的美元。随着时间的流逝，这些神类游戏的玩家将演化出坚强而讨人喜爱的群落，他们会迫不及待地用另一种经过充分渲染的自然灾害来考验它们。而对于穷人来说，肯定会存在变异体和偷盗物的地下交易。那种将神取而代之的一时快感，以及那种对自己个人世界的纯粹的、压倒一切的狂热喜爱，将把它附近的一切吞噬殆尽。

由于模拟世界在微小而可量的程度上与现实中的生物世界行为相仿，幸存者都会成长出相应的复杂度和数量。尽管有投射其上的第二自我存在，这种分布式的、平行的模拟世界游戏的有机环境并不单纯是神的意志的体现。

《模拟地球》的本意就是建立一个拉夫洛克和马基莉斯的盖亚假说的模型，而它所取得的成功已经非同小可。在这个模拟出来的地球大气和地理环境中，所有的重大变化都通过系统自身复杂的反馈循环得到补偿。比如，星球如果过热的话，会增加生物量的产出，进而又会降低二氧化碳排放量，使星球变得凉爽。

地球化学方面已经有证据表明地球具有进行自我修正的黏合力，但这能否证明地球本身是一个巨大的生物（盖亚），抑或其不过是一个大型的活系统，科学界一直争论不休。《模拟地球》也进行了同样的测试，从中我们得到一个更加明确的答案：在《模拟地球》这款游戏中，地球不是一个有机体。但它朝有机体迈进了一步。通过玩《模拟地球》和其他上帝游戏，我们能够体验与自主活系统共舞的感觉。

在《模拟地球》中，各种因素交织在一起，形成了一张令人头脑发怵的影响网络，使人根本搞不清楚什么是干什么的。有时候，玩家抱怨说《模拟地球》运行起来似乎根本置人类控制于不顾。就好像这游戏有自己的议程，而玩家只是在边上看着。

约翰尼·威尔逊是一位游戏专家，同时也是《模拟地球》手册的作者。按他的说法，毁灭盖亚（模拟地球）的唯一办法就是，发动一场天灾级的变化，比如将倾斜的地轴变成水平方向。他说《模拟地球》有一个由各种极限构成的“套路”，在这个套路之内，“模拟地球”总是会很快复原；你撞击系统时必须超过套路的极限才能撞毁它。只要“模拟地球”系统还在其原有的套路内运转，它就会按它自己的节奏来运行。一旦突破了这个套路，它的运转就会毫无节奏可言。作为比较，威尔逊指出《模拟城市》这款《模拟地球》的姊妹篇游戏“作为游戏来说要令人满意得多，因为你会获得更多针对变化的即时而又明确的反馈，此外你还会觉得你有更多控制权”。

和《模拟地球》不同，《模拟城市》是由居民驱动的上帝游戏中最重要的经典游戏。这款屡获殊荣的游戏对城市的模拟如此令人信服，以至于专业的城市规划师都用它来演示真实城市——也是由居民推动发展的——动态变化。在我看来，《模拟城市》的成功，是因为它是基于群体的，其基础像所有活系统一样，是一群高度联系而又独立自主的局部因素的集合，而各个局部因素又能互不干扰地运作。在《模拟城市》中，一个有效运转的城市，是由几百个做着纯朴工作的无知模拟人们（或叫模拟市民）创造出来的。

《模拟城市》遵循着上帝游戏那种头咬尾巴、自成圈套的惯常逻辑。除非你的城市里有工厂，否则模拟市民根本不会来定居，但是工厂会制造污染，污染又会把模拟市民赶走。道路便于人们往返，但是又增加了税负，结果往往会降低你作为市长的支持率，而这又是你在政治上生存下来所必需的因素。一座模拟城市想要可持续发展，其所需的因素相互关联是错综复杂的。我有一个朋友是《模拟城市》的超级玩家。我们可以从他下面这段话中对那座迷宫来个管中窥豹：“在一座我花了好几个模拟年搭建起来的城市中，我曾经得到过93%的支持率。这真是太棒了！我在能够创造税收的商业和能够留住市民的完美城市景观之间实现了良好的平衡。为了在我的大都会减少污染，我订购了原子能发电站。不幸的是，我一时疏忽把它盖在了我的飞机场的跑道上。一天一架飞机撞在了发电厂上，结果造成了灾难，在城里引起大火。可由于我没有在附近修建足够数量的消防站（太过昂贵），火势扩散了，最后把整座城都烧掉了。我现在正在重建它，这一次会完全不同了。”

威尔·莱特是《模拟城市》的作者，同时也是《模拟地球》的共同作者。他三十多岁，书生气十足，无疑是当下最富创意的程序员之一。

他喜欢将“模拟”系列游戏称为软件玩具，因为它们实在是难以控制。就是说，你需要摆弄它、琢磨它、试验你的各种不着边际的想法，然后从中进行学习。对于这种游戏来说，无所谓输赢，这就好像你在做园艺的时候也无所谓输赢一样。在莱特眼中，他的这些强大的模拟玩具就像是初生的婴儿向“适应性技术”的漫漫征程迈出的第一步。这些技术并非由某个创造者所设计，也没有人能够对其进行改进或调整，它们会按照自己的步调适应、学习、然后进化。这使权力从使用者手中向被使用者那里转移了一点。

而《模拟城市》的起源，正是沿着威尔自己的道路形成现在这般模样的。1985年，威尔写了一个他称为“一个很傻，我是说非常傻的视频游戏”，名字叫作《突袭笨笨海湾》。这是一款典型的“赶尽杀绝”式的射击类游戏，主角是一架直升机，它的任务就是将视线之内的所有东西都干掉。

“为了把这个游戏做出来，我必须把被直升机轰炸的那些岛都画出来”，威尔回忆说。通常来说，要完成这种任务，艺术家与作者会用颗粒细微的像素细节把这些完全属于想象中的东西做个模型出来。但是威尔却有点烦了。“我没用这种办法”，威尔说，“相反，我写了一个单独的程序，一个小工具。这个小工具能够让我四处游走，很容易就把这些岛给画出来了。另外，我还写了一些代码可以让这些岛屿自动生成道路”。

有了他的这种可以生成岛屿和道路的模块之后，整个程序就应该能够自己在模拟世界中填充上岛屿和道路。威尔回忆道：“最后我终于完成了那个‘赶尽杀绝’的游戏部分，但是出于某种原因，我不断回到这该死的东西里，把公共设施建筑弄得越来越花哨。我想让造路功能实现自动化。我做到了，这样一来，每当你为岛屿增加一块相连的部分，造路组件就可以自动地与之联通而形成一条不间断的道路。接着我又打算自动地铲平建筑物，于是我就专为建筑物做了一个小的选择菜单。”

“然后我开始问自己，游戏都已经设计完了，我为什么还要做这些事情？答案是，我发现我从建设这些岛屿上所获得的乐趣，要远远超过摧毁它们所能给我的乐趣。很快我就意识到，我是被能够赋予一个城市以生命给迷住了。一开始我想做的只是一个模拟交通系统。不过接着我就意识到，除非你有能让人开车去的地方，否则这条交通线毫无价值…… 由此导出一个又一个层级，直到通往一个完整的城市——模拟城市。”

一位《模拟城市》玩家总结了威尔发明这个游戏的顺序。一开始，他建立了一个有陆地和水的位置相对较低的地理基础，为道路交通和电话基础设施提供了支持，而道路交通和电话设施又为定居者的住房提供了支持，这些住房又供养着模拟城市的居民，而后者支持的正是市长。

为了对一个城市的动态规律获得一些感觉，莱特研究了麻省理工学院的杰伊 · 福瑞斯特在20世纪60年代所做的一个对普通城市的模拟模型。福瑞斯特把城市生活总结成用数学方程式写成的数量关系。它们基本上是些经验法则：供起一个消防队员需要多少居民；或者，你需要为每辆汽车安排多少停车空间。福瑞斯特把他的研究以《城市动力学》为书名出了一本书。这本书影响了一大批有抱负的计算机建模师。福瑞斯特自己的计算机模拟工作是完全数字化的，没有图形界面。他运行模拟程序后得到一大堆打印成表格的数据资料。

威尔 · 莱特为杰伊 · 福瑞斯特的那些方程式添加上了血肉，并且赋予它们去中心的、自下向上的实体。城市在计算机屏幕上（按照威尔 · 莱特这位神祇所设定的规则和理论）自行装配起来。从本质上说，模拟城市就是一个赋予了用户界面的城市理论。同理，玩具屋就是关于持家的理论。小说是被当成故事来讲的理论。飞行模拟器则是航空的互动理论。模拟生命就是自己照料自己的生物学理论。

理论把实在之物的复杂模式抽象成某种摹本模式，即模型或者模拟。如果做得好，那么这个小摹本就能把握到更大的整体的某种完整性。比如，爱因斯坦，这个人类天才中最有天赋的人，把宇宙的复杂状态简化为5个符号[1]。他的理论，或者说模拟，确实有效。——如果做得好，抽象就

1 这里应该是指爱因斯坦提出的质能方程：$E=mc^2$。

变为创造。

创造的理由五花八门。但我们所创造的却总是一个世界。我相信我们不可能创造出更少的东西。我们的创造可能匆忙草率，可能支离破碎，可能不值一提，甚至可能只是潜意识的灵光乍现，但我们始终在把自己填充到一个有待完成的世界里。当然我们有时候只是在涂鸦——无论从字面上还是从更深层的意义上都可以这么说。但我们随即就能看穿它的本质：毫无理论可循的胡言乱语，不成体系的胡说八道。其实，每一个创造行为，不多不少，正是对造物过程的重演。

13.3 一位造访他用多边形创造出来的天地的神祇

几年前，就在我的眼皮底下，一个长着一头蓬乱头发的男人创造出了一个“人造世界”。那实际上是一个模拟的场景，在这个场景中，一座蕨状穹顶横架在栗色方砖铺就的阿拉伯风格地板之上，与其相伴的是一座高耸入云的红色烟囱。在这个世界里没有物质形式。两个小时之前，它还只不过是这个男人头脑中幻想出来的地狱世界。而现在，它是一个在两台硅谷图形公司[1]的计算机上循环流转的梦幻仙境。

这个男人戴上了一副神奇的目镜，然后爬进了这个拟境之中。我也跟在后面爬了进去。

据我所知，1989年夏天这次对一个人的梦境的造访，是第一次有人创造出即时幻想，并邀请他人一同分享。

这个男人就是杰伦·拉尼尔[2]，一个圆滚滚的家伙，扎着一捆牙买加拉斯特法里教式的长发绺，咯咯笑的时候有些滑稽，总是让我想起芝麻街的那

1 硅谷图形公司（Silicon Graphics），美国一家生产图形显示终端的计算机公司，2006年3月申请破产保护。

2 杰伦·拉尼尔（Jaron Lanier，1960—）：虚拟现实（VR）的开创者。他在20世纪80年代初首先提出并推广了“虚拟现实”这个名词。

个大鸟先生。他对在梦想世界里进进出出的事情满不在乎，说起这次旅行时的口吻就像某个研究“对方”多年的人一样。杰伦公司办公室的四面墙上展示着过去那些试验用的魔法目镜和手套，这些都已经是化石级的古董了。一些常见的计算机硬件和软件装置堆满了实验室的剩余空间，包括烙铁、软盘、苏打罐，以及缠绕着各种线缆和插头而又到处是破洞的紧身服。

美国宇航局等机构早在几年前就开始研发这种生成可造访的世界的技术了。许多人都已进入过无实体的想象世界。这些都是一些为研究而存在的世界。而杰伦边做边摸索，发明了一种费用低廉的系统，其运行效果甚至比那些学院专业的模拟装置还要好，并且他所建立的是一个极不科学的“狂野世界”。杰伦为他的研究成果起了一个响亮的名字——虚拟现实。

要想进入虚拟现实中，参观者需要穿上一套连有许多线缆、可以监控主要身体运动的制服。这套行头还包括一个能够传达头部运动信号的面具。面具里面有两个小型彩色显示器，通过这两个显示器，参与者就能够获得立体现实的观感。从面具后面看上去，参观者宛如置身于一个三维的虚拟现实之中。

绝大多数读者对“计算机生成的虚拟现实”的概念其实并不陌生。因为在杰伦这次演示之后的几年中，虚拟现实的日常化前景已经成为杂志和电视新闻专题的常用素材。这种超现实性被一再强调，最终《华尔街日报》用“电子迷幻药”这个大标题来形容虚拟现实。

我必须承认，当第一次看到杰伦消失在他的世界中时，“迷幻药”这个词准确形容出了我当时的感觉。我和几个朋友站在边上，看着这位29岁的公司创始人面戴电气化呼吸器面罩，在地板上摇摇晃晃地慢慢走着，大张着嘴，一副目瞪口呆的样子。他将身体扭成一个新姿势，一只手推着空气，却什么也没抓到。在探索这个新铸就的世界时，他像一个熟悉慢动作的人一样，将身子从一种扭曲状态变换到另一种扭曲状态。他小心翼翼地爬过地毯，时不时地停下来审视眼前空气中某个别人看不见的奇观。我看着他干这些事感觉有些诡异。他的动作遵循着某种遥远的内在逻辑，一种完全不同的现实。而杰伦则会间或发出一声欢叫，打破周围的平静。

“嘿！这个石灰石底座下面是空的！你可以爬进去，看到红宝石的底部！”他兴奋地高声叫道。底座是杰伦自己创建的，顶端装饰着红色的宝石，但是杰伦在设计它的时候没有花心思考虑这些红宝石的底下面是什么样的。一个完整的世界对于人脑来说实在太复杂了。模拟世界则能够演示出这些复杂性。杰伦不停地报告着在自己所创造的世界中没有预见到的各种细节。杰伦的虚拟世界和其他的仿真一样：要想预测到底会发生什么，唯一的办法就是运行它。

仿真并不是什么新鲜事。置身于其中也是一样。玩具世界早在很久之前就由人类创造出来了，它甚至可以被看成人类出现的一个标志性征兆，因为考古学家往往把墓葬中的玩具和游戏视为人类文化的证据。毫无疑问，制作玩具的强烈愿望在个体发展的早期就出现了。比如，儿童沉浸在他们自己的微型人造世界里，洋娃娃和小火车在严格意义上说就属于仿真的微观世界。我们文化中很多伟大的艺术作品也是如此：波斯的微型画艺术、现实主义的彩色风景画、日本的茶园，也许还要算上所有的小说和戏剧。这些微小的世界啊！

不过，在计算机时代，或者说，在仿真时代，我们在速率更高的带宽上创造着这些微小世界，并且使其有更多的互动和更深入的体现。我们已经从静止的小塑像演进到动态的“模拟城市”。有些仿真场景，譬如迪士尼乐园，已经不再是那么小了。

事实上，只要给它能量、给它可能的行为以及成长的空间，任何东西都可以被仿真出来。我们所身处的文化与技术环境，可以仿真出上百万种物品，所需的只是一点点智能和电力。电话交换机中听到的接线员的声音是可以仿真的，广告片中汽车变形成为老虎，假树和能动的机器鳄鱼在一起就变成了休闲乐园里的模拟丛林，而我们对此已经熟视无睹。

在20世纪70年代早期，意大利的小说家安伯托·艾柯[1]曾经驾车周

1 安伯托·艾柯（Umberto Eco，1932—2016），哲学家、历史学家、文学评论家和美学家等多种身份，更是全球最知名的符号语言学权威。

游美国，尽其所能去观察路边那些属于底层的有吸引力的东西。艾柯是个符号学家，特别留意解读那些不起眼的符号。他发现美国到处传播着介于仿真和某种现实之间的微妙消息。比如，可口可乐作为美国的标志，在广告中标榜自己为“真实的东西”。蜡像馆则是艾柯最喜欢的教科书。在圣殿般的天鹅绒布幔和轻柔的解说声的衬托下，它们越是俗不可耐，效果就越好。艾柯发现蜡像馆里全部是真人（穿比基尼的碧姬·芭铎）和虚构人物（站在战车上的宾虚）的精美复制品。不管是历史还是传说，都得到了写实主义者入木三分的精妙刻画。这样一来，真实与虚构之间便没有了界线。造型艺术家不遗余力地用极致的现实主义来渲染那些并不真实存在的人物。镜像工具也将一个房间的人物形象映射到另一个房间中，进一步模糊了真实和虚构之间的差别。穿梭于旧金山和洛杉矶之间，光是列奥纳多·达·芬奇的名作《最后的晚餐》，艾柯就看到了7个蜡像版本。而每一个版本，每一个“看完之后就让人有重生之感”的蜡像，都竭尽全力要在忠实还原这幅虚构的油画上超过其他版本。

艾柯写道，他踏上了一段“超真实旅程，以寻找一些实例。在这些实例中，美国人的想象力需要真实的存在作为载体，而为此又必须打造绝对的虚构”。艾柯将这种绝对虚构的现实称为超真实[1]。在超真实中，正如艾柯所写：“绝对的虚构被作为真实存在而呈现出来。”

事实上，完美的仿真和计算机玩具世界就是超真实作品。它们虚构得如此彻底，以至于最后作为一个整体具有了某种真实性。

法国流行文化哲学家让·鲍德里亚用下面这两段紧紧缠绕的话作为他那本小册子《仿真》的开场白：

> 如果我们可以把博尔赫斯[2]的故事视作对仿真最绝妙的讽喻的话（在这个故事中，帝国的地图绘制师绘制了一幅极其详尽的地图，与

1 超真实（hyperreality）：多翻译为“超现实”。但超现实在艺术中有其特指，而且有专门的英文词对应。
2 博尔赫斯（Jorge Luis Borges，1899—1986）：阿根廷诗人、小说家兼翻译家，拉丁文学重要的代表人物。

帝国的领地分毫不差。但帝国的衰败也见证着这幅地图逐渐变得破损，最后完全毁掉，只剩下几缕残丝在沙漠中依稀可辨……），那么对我们今天来说，这个寓言恰好走过了一个完整的轮回。

在今天，所谓抽象已经不再仅限于地图、孪生、镜像或者概念。而所谓仿真，也不再仅限于领地、参照物或实体。这是一个由没有起源或真实存在的以真实作为模型的时代：一个超真实时代。领地不再先于地图而存在，也不会比地图存在得更久远。自今而起，反而是地图先于领地——拟像在先，是地图生成了领地。如果今天要重温前面那个寓言的话，将会是领地的碎片随着地图而逐渐残破。是真实而非地图，其残迹在各处幸存下来——在不再属于帝国版图而是属于我们自己的沙漠里——一个真实的沙漠。

在这片真实的沙漠里，我们忙着建造超真实的天堂。我们所参照的是模型（那张地图）。《人工生命》（*Artificial Life*，1991）一书正是为了庆祝这样一个时代的到来，在这个时代里，仿真手段极大丰富了，以至于我们不得不将其视为鲜活的东西。作者斯蒂芬·列维在书中对鲍德里亚的观点做了重新表述："彼地图非彼领地；地图即领地。"

然而，这片拟像的领地其实是一片空白。这种绝对的虚构是如此明显，以至于它对我们来说仍是不可见的。我们还没有分类方法来区分仿真之间细微而重要的差别。"拟像"这个词往往伴随着一长串含义相近的同义词：仿制品、假冒品、伪造品、仿品、人造品、次品、仿真幻象、镜像、复制品、错觉、伪装、矫饰、模仿、假象、假装、模拟像、角色扮演、幻影、阴影、虚情假意、面具、伪装、替代品、代用品、杜撰、拙劣地模仿、效仿、虚言、骗子、谎言。拟像这个词承载了沉重的命运。

由激进哲学家组成的古希腊伊壁鸠鲁学派曾推断出原子的存在，而且还对于视觉持有一种不同寻常的理论。他们认为每一个物体都释放出某种"幻象"。相同的概念在拉丁文中被叫作"拟像"。卢克莱修这位罗马伊壁鸠鲁主义者认为，你可以把"拟像"看成"事物的意象，某种从事物对表面被永久性地剥离下来的外皮，在空中飞来飞去。

这些拟像是有形的而又虚无缥缈的东西。看不见的拟像从某个物体上散发出来，刺激到眼睛从而产生视觉。一个东西在镜子中所形成的映象就证明了拟像的存在：如果不是这样的话，怎么会有两个物体（完全相同），而其中一个还是透明的呢？伊壁鸠鲁学派坚信，拟像可以在人熟睡时经由他们身体上的毛孔进入他们的感官，也由此产生梦境中的幻象（镜像）。艺术和绘画捕捉原来那些物体放射出的幻象，就像粘蝇纸捕捉小虫子一样。

所以，从这个意义上说，拟像其实是一个衍生性实体，属于原始起源，是一种与原版平行存在的镜像，或者用现代的词来说，是一种虚拟现实。

在罗马语中，“拟像”（simulacrum）是用来指代那种被鬼魂或者精灵激活的塑像或者画像。1382年，当第一本英语圣经问世时，需要一个词来描述那些被我们奉为神明、栩栩如生而又时而窃窃私语的形象，“拟像”的希腊语祖先“神像”（idol）一词借机进入了英语。

这些古代神庙的机器人中有些还设计得颇为精妙。它们有活动的头部和四肢，还有一些能把声音从身后传到前面来的管道。古人比我们所认为的要成熟得多。没有人把这些神像当作它们所代表的真神。不过另一方面，也没有人忽视这些神像的存在。神像真的在动、在说话；它有自己的行为。从这个意义上说，这些神像既非真，也并不假——它们是真实的幻象。用艾柯的说法，它们是超真实，就跟墨菲·布朗这个电视上的虚构人物一样，被当作某种真实。

事实上，我们这些后现代都市人每天都有大量时间沉浸在这种超真实之中：煲电话粥、看电视、用计算机、听广播。我们给予它们极高的重视。不信？你可以试试在吃饭时一句不提从电视或者其他媒体上获知的消息！拟像已经成了我们生活于其中的地域。绝大多数情况下，这种超真实的场景对我们来说就是真实的。我们可以轻易地进入和离开超真实。

在完成第一个即时世界的几个月后，杰伦·拉尼尔又搭建了一个超真实场景。在他完工后不久，我就进入了这个神像和拟像的世界。这个人造世界包括一个直径约一个街区那么大的环形铁轨和一辆齐胸高的小火车头。地面是粉红色的，火车是浅灰色的。还有其他一些东西，东一块西一块地，就像无数散落的玩具。那列呜呜叫的小火车还有其他玩具都是由多面体堆砌起来的，没有什么优美的曲线可言。色彩是单一的，鲜亮的。当我转头的时候，画面转换变得磕磕巴巴的。阴影部分非常鲜明。天空就是一片空荡荡的深蓝，没有丝毫距离和空间感。我有一种变成了动画城里的卡通人物的感觉。

一个用微小的多边形色块勾勒出来的戴着手套的手飘在我眼前。那是我的手。我动了动这个没有实体的东西。当我用精神意志把这个手想成一个点时，我就开始沿着我的手指所指的方向飞行。我朝小火车飞去，坐在它上面或者飘在它上面，我也分不清楚。我伸出我那只飘浮在空中的手，猛拉了一下火车上的拉杆。火车就开始绕圈运行了，我可以看到粉红色的风景从我身边掠过。不知道什么时候，我在一个倒置的大礼帽边上跳下了火车。我站在那里看小火车吱吱嘎嘎地在环形轨道上自己开着。我弯下腰去抓那个大礼帽，而我的手碰到它时，它却变成了一只白色的兔子。

我听见有人在“世界”的外面笑出了声，仿如来自天堂的窃笑。这是神开的一个小玩笑。

这个大礼帽的消失是真实的，以一种超真实的方式。那个长得跟火车一样的东西真实地开动了，最终又真实地停了下来。它真实地在绕圈进行。当我在飞行的时候，我也实实在在地穿越过了某种意义上的距离。对于某个在这个世界之外看着我的人来说，我就是一个在一间铺着地毯的办公室里四肢僵硬地来回转圈的人，跟杰伦一样行动怪异。但是在这个“世界”之内，这些超真实的事件是实实在在地发生过的。换了谁进去，都能证明这一点，对此有双方都认可的证据。在拟像的平行世界里，它们就是现实。

13.4 拟像的传送

如果拟像不是如此有用的话，由仿真的真实性而引起的不安原本会成为法国和意大利哲学家最合适的学术课题。

在麻省理工学院媒体实验室的娱乐与信息系统小组中，安迪 · 利普曼正在研发一种能够“由观众驾驭”的电视传输方法。媒体实验室的一个主要研究目标就是，允许消费者对信息的呈现进行个性化。利普曼发明了一种以超紧凑形式传送视频的方案，并且可以解压成一千种不同的版本。他传输的不是固定的图像，而是某种拟像。

在其演示版中，利普曼的小组用《我爱露茜》[1]中较早的一集作为素材，从一组镜头里抽取了露茜客厅的视觉模型。露茜的客厅变成了硬盘上的一个虚拟客厅。这个时候，客厅的任何一个部分都可以尽显无遗。利普曼接着用一台计算机把露茜的移动形象从背景场景中移除。当他要传输整个一集时，他会传输出两套不同的数据：作为虚拟模型的背景数据，和露茜的移动图像影片。观众的计算机把露茜的角色移动和由虚拟模型所生成的背景重新组合起来。这样一来，利普曼只需偶尔传送客厅那组数据，而

1 《我爱露茜》(*I Love Lucy*)：美国最经典的电视系列剧，播出于20世纪50年代。直到今天仍在不断地重播。

不用像平常那样连续不断地传送数据；只有当场景或灯光发生变化时才进行更新。利普曼说：“可以想象，我们能把一部电视连续剧的所有背景场景数据都储存到一张光盘的开头部分，而重构25集所需的各种动作和镜头移动可以放到剩下的光盘存储空间中。”

媒体实验室主任尼古拉斯·尼葛洛庞帝把这种方法称为“模型而非内容的传输，内容是接受者从模型中演绎出来的东西”。从《我爱露茜》这次实验中他看到了未来，到那时，整个场景、人物和一切东西都被做成拟像的模型，然后再传送出去。届时的节目中不再是播放一个球的一张二维图片，而是发送这个球的一个拟像。播放设备说：“这有一个球的拟像：呈亮蓝色，直径50厘米，沿着这个方向以这个速度运动。”接收装置则回答说：“唔，好的，一个跳跃的球体的拟像。好的，我看见它了。”然后以移动的全息图像方式显示出跳动着的篮球。然后观众可以从他希望的任何角度来直观地考察这个球。

举一个商业上的例子，尼葛洛庞帝建议在客厅里播放橄榄球赛的全息图像。体育台并非仅传送比赛的二维图像，而是传送比赛的一个拟像：体育场、球员以及比赛都被抽象成一个模型，这个模型被压缩成可传送的大小。观众家里的接收器再把模型解压成可视的形式。这样一来，抱着啤酒的球迷就可以在球员突破、过人、大脚长传时看到他们的三维动态幻影。他可以随意选择观看视角。而他的孩子则可以大呼小叫着从球的视角来观看比赛。

除了“打破视频信号按预先打包的帧来传送的传统”，传送拟像的主要目的还是数据压缩。实时全息图像需要天文数字般的比特量。即使用上所有的数据处理技巧，最新式的超级计算机也要花上好几个小时的时间来处理一段几秒钟电视屏幕大小的实时全息图像。在你看到那令人震撼的三维开场画面之前，球赛可能都已经结束了。

建模、生成、发送，然后让接收方来填充细节——还有什么比这更好的压缩复杂性的办法呢？

军方对拟像也显示出强烈的兴趣。

13.5 数字之战

1991年春天，美国第二装甲骑兵团上尉麦克马斯特走过一片静谧的沙漠战场。沙漠上满是碎石，如同一个月前他刚来这里时一样安静。而扭曲的伊拉克坦克残骸也保持着几周前他离开时的模样，只是不再燃烧着熊熊的火焰。感谢上帝，他和他的部队都活了下来。但是伊拉克人就没有那么幸运了。一个月前，交战双方都不知道他们所进行的是“沙漠风暴行动”中的关键战役。形势迅速发展。30天后，这场战役已经在历史学家那里获得了一个名字：东距73战役[1]。

现在，在美国后方一些狂热分析师的要求下，麦克马斯特又被召回到了这片不毛之地。五角大楼要求所有军官趁着美国尚能控制这块地盘并且对战斗的记忆仍未消退时，重新回到“东距73战役”的战场上。军方准备再现整个战役的三维仿真图像，以便未来军校的学员都可以进入并从头经历那场战斗。他们称它为“一本活的历史书”，一个战争的拟像。

1 东距73战役（Battle of 73 Easting）：1991年海湾战争期间一场决定性的坦克遭遇战。这次战役中，兵力处于劣势的美军装甲部队骑兵团击败了伊拉克的精锐部队。东距73是按某种坐标定位体系在伊拉克沙漠中划出的一条南北线。

在伊拉克的这片土地上，参战的士兵正粗略地勾勒出这场已经过去了一个月的战役。他们尽最大努力回忆当天的激烈战况，按照所能想起的内容来重复自己的行动。有些士兵还提供了日记来帮助重现当时的行动。甚至有几个士兵还拿出了自己在混乱中拍摄的录像。沙漠中的痕迹为仿真器提供了精确的运动路线。装在坦克上的用三颗卫星来定位的黑匣子，将地面坐标精确到8位有效数字。每一枚发射的导弹都在沙地上留下了一条细细的痕迹，静静地躺在那里。指挥中心有一盘磁带记录了当时从战场发过来的无线电通信内容。卫星从空中顺序拍摄的照片提供了重要的视图。士兵在被阳光晒干的场地上来回走着，热烈地争论到底是谁打中了谁。激光和雷达测绘出了该地的数字地形图。当五角大楼的人离去的时候，他们已经掌握了所有需要的信息，足以重建这场史上资料最详尽的战役。

而在后方的仿真中心——位于弗吉尼亚州亚历山大里亚的国防分析研究所的一个部门里，技术人员花了9个月的时间来消化这些过量的信息，用数以千计的片段拼接出了一个人工合成的现实。在几个月后，他们让当时驻扎在德国的一支真正的沙漠之旅观摩了这个“游戏”的初期版本。这个拟像已经有血有肉了：士兵可以坐在坦克仿真器中参加虚拟战斗。他们向技术人员指出需要修正的地方，后者则对模型进行修改。在战役结束一年之后，由麦克马斯特上尉做了最后的检查，紧接着，重现的“东距73战役”就为军方高层做了首次公演。麦克马斯特简洁而低调地表示，这一拟像能给人一种“驾驭战车亲临那场战役的非常真实的感受”。这个副本中记录了每一辆战车、每一个士兵的运动，记录了每一次交火、每一次阵亡。一位当时远离战场但却曾身经百战的四星上将参加了这场虚拟战斗，当他从仿真器中出来的时候，手臂上汗毛直立。他到底看到了什么呢?

一幅全景画面显示在50英寸电视上，图像分辨率可与最棒的电子游戏机相媲美。油烟把天空染得乌黑。灰暗的沙漠地面被近日的雨水打湿，隐入黑色的地平线。坦克那被摧毁的青黑色壳体，喷涌出黄橙色的火舌。火在持续而稳定的风中倾斜飘荡。超过三百辆的车辆——坦克、吉普、油车、水车，甚至还有两辆伊拉克的雪佛兰皮卡——在画面中游荡。黄昏时分，时速40节的夏马沙暴[1]刮起来，形成黄色迷雾，使能见度降至1000米以下。显示屏上可以看见单个的步兵在行进；还能看到数以百计的伊拉克士兵在意识到这次炮击不是精确制导的空袭之后，从脏兮兮的掩体中迅速爬出来，跳入坦克的场景。直升机出场了大概6分钟的时间，就被扬起的沙尘赶走了；而固定翼飞机则正在参加伊拉克战线后方纵深处的一场战役。

将军可以选择任意交通工具加入这场战斗，而且能够看到司机所能看到的一切。犹如真正的战斗，每个小丘陵后面都可能隐藏着一辆坦克。视野受到阻碍、那些重要的东西都隐藏起来，什么都看不清，一切都在同一时间发生。不过，在虚拟世界中，你可以骑上每个士兵都梦想拥有的飞毯，在战场之上迅速游走。如果你升到足够的高度，就可以看到“神眼”所见的天体图一样的图景。真正疯狂的是，你可以进入仿真环境，骑着飞向目标的导弹，发疯似的在天空中划出一道弧线。

这个系统目前还只是一个三维电影。不过，下一步会是这样：未来的军校学员可以通过在仿真系统中设置假设条件，来与伊拉克的共和国卫队进行较量。如果伊拉克人有红外夜视装备怎么办？如果他们的导弹射程是现在的一倍，又该怎样？如果他们一开始并没有爬出坦克呢？你还能赢吗？

如果没有提出“如果”的能力，这个“东距73战役”的仿真就只不过是一个非常昂贵的引人入胜的纪录片而已。但是，只要赋予仿真系统极小的朝无计划方向运动的权利，它就获得了某种灵魂，从而变成一名强有力的教员。它会在本质上变为某种真实的东西，而不再只是发生于伊拉克某处的一场战役。在调整了参数、装备了不同的军事力量以后，这场仿真战斗在同一地点以同一方式拉开帷幕，但很快就会运行到其自己的未来。

1　夏马沙暴（Shamal Sandstorm）：夏马是中亚或波斯湾一带的一种寒冷的西北风。由夏马风引起的沙暴称为夏马沙暴。

那些沉浸在仿真之中的学员参与的是一场超真实的战争，一场只有他们知道，也只有他们才能参与的战斗。他们进行的这些战斗，和“东距73战役”的仿真一样真实，也许更为真实，因为这些战事的结局是未知的，正如真正的人生一般。

在日常训练中，美军将部队投入超真实的战场。世界各地的十几个美军基地联结成名为“仿真网络”（SIMNET）的军事系统，那位四星上将正是通过这个系统进入仿真的“东距73战役”的。坦克和战斗机驾驶员就在这仿真的陆空立体战斗中进行对抗。用《国防杂志》（*National Defense*）专栏作家道格拉斯·尼尔姆斯的话来说，SIMNET“把地面人员和飞行器从地球这颗行星传送到另一个世界，在那里，他们可以将安全、经费、环境和地理因素抛在脑后进行战斗”。事实上，SIMNET中战士们首先侦察的地方，是自己的后院。在田纳西州的诺克斯堡[1]，80名M1坦克仿真器的乘员驾驶着仿真器穿越令人惊讶的虚拟世界：诺克斯堡的户外战场。这片数百平方英里土地上的每棵树、每座建筑物、每条溪流、每根电线杆以及每条斜坡在被数字化之后，都能在SIMNET的三维地貌上展现出来。这个虚拟空间如此之大，极易让人在里面迷路。今天部队也许还驾驶着油腻的真坦克穿越真实的道路，但第二天他们穿越的可能就是仿真世界中的同一个地方了——只是仿真器中嗅不到燃烧的味道和柴油味。部队征服了诺克斯堡之后，可以通过计算机菜单的选项把自己传送到另外一个地点。被完美地仿真了的地区还有：著名的国家训练场欧文堡，德国的部分乡村，富含石油的海湾国家的数以十万计平方英里的空旷地区。

标准的M1坦克是SIMNET的虚拟地面上一个普通的实体。从外面看，M1仿真器从来不会动：这是一个巨大的纤维玻璃盒子，外形有点像一个固定在地上的超大垃圾桶。一个四人的驾乘小组，或坐、或蹲、或靠

1 诺克斯堡（Fort Knox）：是美国陆军的一处基地，位于肯塔基州布利特县、哈丁县和米德县境内。美国陆军装甲中心、美国陆军装甲学校、美国陆军征兵司令部、美国金库和乔治·巴顿将军纪念馆等机构均位于该地。

地挤在他们那狭窄的岗位上。仿真器的内室模仿的是M1布满各种器材的内部设置。乘组人员要快速控制数百个复制的表盘和开关，同时还要密切注意监视器。驾驶员发动坦克仿真器时，它会轰鸣、啸叫和抖动，就和驾驶真的坦克一样。

8个或更多的这种纤维玻璃大盒子通过电线连接到诺克斯堡那土褐色的仓库中。一台M1可以在SIMNET的地面上对抗其他的M1。长途电话线将遍及世界的300个仿真器联接起来形成一个网络，使300辆战车可以在同一场虚拟战斗中同时亮相，而不管这些驾乘人员在什么地方——也许有些人在加利福尼亚州的欧文堡，其他人却在德国的格莱芬堡。

为了提高SIMNET的拟真度，军方的程序高手还设计了一些由人工智能软件操纵的车辆，这些车辆只需要一个计算机操作员就能轻松地照看过来。把这些“半自动化力量”投入虚拟战场，这支部队就可以得到规模更大、更能发挥作用的有生力量。仿真中心负责人尼尔·柯斯比说：“我们曾经在SIMNET中同时投入1000个实体。一个人在一个操作台上可以控制17辆半自动战车，或者一个连队的坦克。”柯斯比继续解释这种半自动装备的优点：“比如说，你是国民警卫队的一个上尉。星期六的早上，你和100个士兵守卫着一个军械库。你想带着你的连队抵挡一个500人的营队的攻击。在周六早上的圣地亚哥城，你到哪里去找500个人来？不过，有个不错的主意：你可以呼叫SIMNET，找上另外3个人，每个人操作两三个操作台来控制那些攻击你的武装力量。你发出这样一条信息：今晚21:00在巴拿马数据库碰面，准备行动。你所交谈的对象可能身处德国、巴拿马、堪萨斯或者加利福尼亚州，大家会在同一个虚拟地图上碰面。而你绝对分不清楚这些半自动战车到底是真的，还是一些数字复制品。”

柯斯比的意思是，你不会知道它们是真实的仿真还是虚构的仿真（超真实），军方现在开始重视这一新的特征了。真实、虚构和超真实虚构之间那难以察觉的模糊界限可以用来在战争中获得一些优势。在海湾战争中，美军颠覆了一个在双方战备专家那里都颇为流行的观点。传统的观点认为，伊拉克的军队士兵的年龄较大，经验较丰富，经受过战争的洗礼；而美军则较年轻，没有经验，是一群整天打游戏看电视的家伙。这个观点倒是没错：据统计，每15个美国驾驶员中只有1个人有战斗经验；他们中的大多数人是刚从军校毕业的新人。但是，美国在海湾战争中取得的那种一边倒的胜利，也不能单纯地解释为伊拉克一方没有斗志。军方内部将此归功于模拟训练。一位退伍的上校曾经问过“东距73战役”的指挥官这样一个问题：“你怎么解释你所获得的这种令人瞩目的胜利？你的队伍里没有一个军官或者士兵有任何的战斗经验，可你却在共和国卫队自己的战斗演习场上打败了他们？”这位指挥官答道：“啊，我们有经验。我们曾经在美国国家训练中心和德国参加过6次完整的仿真战役。这场战斗跟训练没什么区别。”

“东距73战役”的参战人员的经历并非独一无二。参与沙漠风暴行动的美国空军大队，有90%事先参加过高强度的战斗仿真训练；地面部队的指挥官也有80%事先参加过高强度的战斗仿真训练。美国国家训练中心为士兵精心打造了不同级别的SIMNET仿真设备。该家训练中心跟罗德岛差不多大小，位于加利福尼亚州西面的沙漠地带。中心建有价值1亿美元的高科技光纤和无线网络，可以模拟坦克在真正沙漠中的战斗场景。在扮演主队的对手时，骄傲的美国老兵会穿着交战对方的军服，按照对方的操典和战斗条例战斗，偶尔还会用对方的语言来通信。他们号称不败。受训的美国士兵不仅要对抗按照交战对方战术进行演练的军队，有时候，他们还要仿真特定的战术，直到这些战术成为他们的“第二天性”。比如，针对巴格达的目标所进行的令人震撼的空中袭击计划，美国空军飞行员就通过仿真装置非常精细地排演了长达一个月之久。结果，在发起战争第一天夜里，600架美军战斗机中只有一架没能返航。海湾步兵旅的指挥官罗·克恩上校对电子工程杂志《IEEE综览》（*IEEE Spectrum*）说：“几乎每个跟我聊过的指挥官都会说，他们在伊拉克遇到的战斗状况其难度比不上国家训练中心的训练难度。”

军方正在探索的是一种所谓的“嵌入式训练”——一种难分真假的仿真训练。对于现代的坦克炮手或战斗机驾驶员来说，让他们相信从

SIMNET仿真器中获得的战斗经验比从伊拉克战争中获得的更多。把一个真正坦克中的炮手，塞进一个价值数百万美元的钢铁舱室内的小洞里，他的周围全都是各种电子设备和仪表盘以及液晶读数屏。他跟外界战场之间的唯一通道就是眼前这个小小的电视监视器，可以像潜望镜那样用手来旋转。而他跟同僚之间的联系也要通过耳麦进行。这实际上跟操作一个仿真装置一般无二。而他获知的一切——仪表盘上的读数和监视器上的图像，甚至他发射的导弹所造成的爆炸，都能被计算机渲染出来。那么，监视器上一英寸高的坦克是真是假，又有什么关系呢？

对于参加了“东距73战役”的战斗人员来说，所谓仿真，其实是一种三位一体的东西。首先，士兵进行的是一场仿真战斗。其次，战斗是真正通过监视器和传感器来实现的。最后，战斗仿真的是历史。也许有一天，他们也无法说清其中的区别。

在一次由北约资助的“嵌入式训练”会议上，有人提出了对“嵌入式训练”的焦虑和不安。仿真与训练研究所[1]的迈克尔·摩歇尔的回忆道，有人还在会上念了奥森·斯科特·卡德[2]写于1985年的著名科幻小说《安德的游戏》(*Ender's Game*)中的精彩片段。卡德最开始是一个电子会议系统的虚拟空间中为那些津津乐道于在线生活的超真实面的读者写这本小说的。在小说中，一群男孩自幼就接受成为将军的训练。他们在一个失重的空间站里一刻不停地进行各种战术和战略游戏。训练的最终阶段是非常真实的电脑战争游戏。最后，最杰出的玩家、天生的领袖安德带着他的队友在一个大型的、复杂的战争游戏中对抗他们的成年导师。不过，他们不知道的是，他们的导师切换了系统的输入，这些任天堂游戏迷不再是玩游戏，而是指挥真正的星际战舰（里面搭载的都是真人）对抗入侵太阳系的

1 仿真与训练研究所：Institute for Simulation and Training。

2 奥森·斯科特·卡德（Orson Scott Card，1951—）：当今美国科幻界最炙手可热的人物之一。在科幻史上，从来没有人在两年内连续两次将“雨果”和“星云”两大科幻奖尽收囊中，直到卡德横空出世。1986年，他的《安德的游戏》囊括雨果奖、星云奖；1987年，其续集《死者代言人》再次包揽了这两个世界科幻文学的最高奖项。卡德生于华盛顿州里奇兰，在犹他州长大，分别在杨百翰大学和犹他大学取得学位，目前定居于北卡罗来纳州。

真正异形。最后这些孩子炸掉了异形的星球而赢得了战争的胜利。在此之后，他们被告知真相：他们所完成的并不仅是一次训练。

这种在真实和虚拟之间的切换也可以用在其他地方。既然仿真的坦克演习和实战之间区别甚微，为什么不用仿真系统来演习真实的战争呢？如果你能在堪萨斯州驾驶坦克穿越仿真的伊拉克，为什么不从同样安全的地方驾驶坦克穿越真正的伊拉克呢？这一梦想与五角大楼高层的希望不谋而合，因而在军方中广为流传。一种由身处后方基地的“远程临场”（*Telepresent*）司机驾驶的无人巡逻吉普原型，已经在真正的道路上行驶了。这些机械士兵仍然“需要有人来同舟共济”，却不会对人有什么伤害，因而得到军方的青睐。在最近的海湾战争中，无人却仍由人操作的飞机发挥了巨大作用。想象一架装有视频摄像头和计算机的巨大模型飞机。这些远程引导的飞机接收来自美军中东某基地的驾驶指令，盘旋在敌方上空，完成侦察或传递命令等任务。而在后方，则是一个操作模拟器的人类。

美国军方的这种愿景很宏大，却进展缓慢。价格低廉的智能芯片的迅猛发展超出了五角大楼的预判。据我了解，到1992年，军方的仿真和战争游戏比普通老百姓所玩的商业游戏强不了多少。

13.6 无缝分布的军队

乔丹·魏斯曼和他的好友罗斯·拜伯科克是美国“商船学院”[1]的海军士官生，同时也是玩《龙与地下城》这款梦幻游戏的高手。一次出海，他们瞥到一个超级油轮舰桥仿真器，那是一整面墙的监视器，可以色彩逼真地模拟一条穿过全球50个港口的路线。他们想玩这个东西想得要死。“对不起，这可不是什么玩具”，长官这样跟他们说。可那就是一个玩具，他俩很清楚这点。于是他们决定自己做一个这样的东西——一个能让别人也进入的秘密梦幻世界。他们用的材料包括胶合板、从Radio Shack店[2]里搜罗来的电子器件，还有一些自制的软件。另外他们还要收入场费。

1990年，魏斯曼和拜伯科克推出了《暴战机甲兵》。他们用从角色扮演类游戏中获得的丰厚利润作为资金，在自己位于芝加哥市中心北码头地段的一家购物中心的游戏场里建造了价值250万美元的游戏中心，全天营业（在获得沃尔特·迪士尼的孙子蒂姆·迪士尼的新投资之后，其他游戏中心迅速在全国各地开张）。当我在电话里问如何去那儿时，接听人员说：

1 美国商船学院: Merchant Marine Academy。

2 Radio Shack：美国很有名的一家老牌电器连锁店，创办于1921年。

“哪儿声大往哪儿走就对了。”一群吵吵闹闹的十几岁孩子逗留在星际战舰风格的店面前；印有“无胆不英雄”字样的T恤挂在那里售卖。

《暴战机甲兵》和SIMNET之间有不可思议的相似之处：12个拥挤的箱体固定在水泥地上，接入电网。箱体的外面涂写着不知所云的标语（“当心爆炸！”），颇具未来主义风格；内里则塞满了眼花缭乱的“开关装置”——旋钮、仪表盘、闪烁着的灯光。一个滑动座椅，两个屏幕，一个用来和队友联络的麦克风，还有几个控制开关。你用脚踏板来驾驶（跟在坦克上一样），踩油门来加速，用操纵杆来开火。哨声一响，游戏就闪亮开场了。你沉浸在一片红土沙漠世界中，追击其他的长腿坦克（就是《星球大战——绝地反击》中的场景），同时也被别人追。游戏规则和战争一样简单：杀戮或者被杀戮。开着坦克穿过这种红色沙漠是件很酷的事情。其他在这个仿真世界中狂奔的“机甲”是由另外11个蜷在彼此相邻的箱子里的玩家操纵的。其中有一半的人应该是你那头的，不过当打到白热化的时候，就很难分清楚谁是谁了。在显示器上能够看到我的队友的名字：大兵、鼠人、成吉思汗。显然我在他们的显示器上就只是“凯文”而已，因为我在开始之前忘了给自己起“绰号”了。我们都属于那种早早就被别人弄死的新手。可是，我是来采访的记者，他们又是什么人？

根据密歇根州立大学对狂热游戏迷的一项研究，他们主要是20多岁的未婚男性。这份报告调查了那些至少玩过200局（每局要花6美元）的老手。事实上，有些高手就吃住在《暴战机甲兵》游戏中心，以此为家。我跟一些玩了上千局游戏的人聊了聊。据这些《暴战机甲兵》的高手说，单是习惯驱动那些装置和使用基本武器进行攻击，就要玩上5局左右才行，再玩50局，你才能掌握和别人配合的技术。事实上，团队合作是这个游戏的要点所在。这些高手把《暴战机甲兵》视为一个“社会契约”。对于这些高手（除了一个都是男性）来说，无论新的网络虚拟世界出现在哪里，总会有特殊的人类群体出现并生活在其中。当被问及是什么迫使他们一次次回到《暴战机甲兵》的仿真世界时，这些高手提到了“其他人”“能够找到够格的对手”“名声和荣誉”“配合默契的队友”。

调查询问了47位狂热玩家，问他们《暴战机甲兵》需要做什么样的改进。只有两个人回答说应该在“提高真实度”上下功夫，而大多数人则希望游戏价格更低，软件缺陷更少，以及更多提高游戏体验的东西（更多的机甲、更多的地形、更多的导弹）。他们最希望的是，这个仿真世界里有更多的玩家。

不断增加新玩家——这是网络的呼声。他们的联系越多，我的联系就变得越有价值。这显示出这些上瘾的玩家已经意识到，提高网速比提高环境的分辨率更能获得“真实感”。所谓真实，首先指的是共同进化的动力，其次才是600万像素分辨率。

从量变到质变，更多就会变得不同。从第一粒沙子开始不断地增加沙子的粒数，你会得到一个沙丘，而它和单个沙粒是完全不同的。在一个游戏网络中不断增加玩家的人数的话，你得到的是什么呢？是某种完全不同的分布式存在，一个虚拟世界，一个蜂群思维，一个网络社区。

尽管军队某些高层人士会压制创新，但它巨大的规模却可以让军队尝试宏大的计划，而这是那些灵活敏捷的商业企业所做不到的。美国国防部高级研究项目局[1]，已经制订了一个雄心勃勃的超越SIMNET的行动计划。它想要的是一个21世纪风格的仿真。当来自该机构的杰克·索普上校为推动这一新的仿真方式而向军方做简要汇报时，他在投影仪上放了几张幻灯片。其中一张写着：仿真，美国的战略技术。而另一张则写着：

先仿真，再建造！

先仿真，再采购！

先仿真，再战斗！

1　国防部高级研究项目局（DARPA）：全称为Defense Advanced Research Projects Agency，互联网的前身就是由该机构研究开发的。

实际上，索普试图向上级军官和军方企业家推销的关键思想是，通过在流程的每个环节应用仿真技术，他们可以得到性价比更高的武器。换句话说，使用仿真来进行设计，在向它们投钱之前用仿真来进行测试，在玩真家伙之前用仿真训练用户和军官，这样就可以获得战略优势。

“先仿真，再建造”已经发展到一定程度了。诺斯洛普公司[1]建造B-2隐形轰炸机时就没有用图纸。相反，他们用的是计算机仿真。有些工业专家把B-2称为“有史以来最复杂的仿真系统”。整个计划都被设计成一种计算机拟像，它是如此复杂而精准，以至于诺斯洛普公司在实际建造这个价值数十亿美元的飞机之前并没费劲建造样机模型。通常来说，一个包括3万多个部件的系统必然要求在实际建造过程中对50%的部件进行重新设计。而诺斯洛普公司的“仿真优先”方法则把重新设计的部件比例降到了3%。

波音在对倾转旋翼飞机[2]VS-X的设计理念进行探讨时，首先在虚拟现实中建造了它。其拟像一建好，波音便把100多名工程师和员工送到拟像飞机里对其进行评估。说到仿真建造的优势，举一个小例子：在进行评估的时候，波音的工程师发现维修舱里有一个关键的压力计读数很难看清楚，不论机组人员再怎么使劲看也无济于事。结果这个维修舱就被重新设计了，仅此一项就省下数百万美元。

这个精巧的仿真平台代号为ADST[3]，是“高级分布式仿真技术”的古怪缩写。这里的关键词是“分布式”。索普上校所说的分布式仿真技术颇具远见卓识：一种无缝连接的、分布式的军事/工业复合体；一个无缝连接的分布式军队；一场无缝连接的分布式超真实战争。想象一下，一层由光纤组成的薄膜覆盖全球，打开一扇通往实时、宽带、多用户的三维仿真世界之门。任何一个想要接入某场超真实战斗的士兵，或者任何

1 诺斯洛普公司（Northrop）：美国主要飞机制造商之一。

2 倾转旋翼飞机：是一种将固定翼飞机和直升机特点融为一体的新型飞行器。

3 ADST：Advanced Distributed Simulation Technology。

一个想要在虚拟现实中检测其未来产品的国防制造商，都只需通过接入那个被称为“互联网”的巨大的国际空中高速公路就可以达到他们的目的。数以万计的“无中心仿真器”都连接到一个单一的虚拟世界；成千上万种仿真器——虚拟吉普、虚拟舰船、戴着电子眼罩的海军士兵、由人工智能生成的影子部队，都汇入一个无缝的、共有意识的拟像中。

13.7 一个万千碎片的超真实

军队是赢家，群氓是输家。独行的兰博终要归于死亡。军队比其他任何人更加懂得，最重要的事情就是如何让团队运转良好。正是团队变群氓为军队，变兰博为士兵。索普上校说得没错：是分布式智能，而不是火力，取得了战争的胜利。其他一些有远见之士也为未来的公司下了同样的断语。施乐公司帕洛阿托研究中心的主管约翰·西里·布朗说："下一个突破不是个人接口，而是团队接口"。

如果索普上校的主张能够实现的话，那么美军的四个兵种[1]和上百个工业承包商就形成了一个相互联结的超级有机体。位于佛罗里达州奥兰多市的国防仿真中心正在研发名为"分布式仿真互联网"（DSI）[2]的协议，这是迈向分布式智能和分布式存在的直接步骤。这个标准允许在现存的互联网上将各个独立的仿真对象（这里的一辆坦克，那边的一座建筑）纳入一个统一的仿真之中。事实上，随着足够的部件进入这个虚拟空间中，并以一种神奇的去中心化的群集方式组装起来时，一个完整的场景就浮现出

1 美军的四个兵种：陆军、海军、空军和海军陆战队，后来又增加了太空军和海岸警备队，现为六种。

2 分布式仿真互联网（DSI）：Distributed Simulation Internet。

来。由上万个战争场景所构成的整个超真实就分布在光纤互联网上的许多台计算机之中。某个节点也许能提供一座仿真山脉的细节，但对奔流的江河或小溪则一无所知，甚至不知道究竟是否有小溪从山间潺潺流过。

分布式智能是未来的趋势。互联网上的学生早已迫不及待。他们看到了分布式仿真的前景，并且已经在互联网的静谧角落中开始研发他们自己的版本了。

13.8 两厢情愿的文字超级有机体

戴维每天有12个小时的时间待在精灵和城堡的地下世界里，当一名神气活现的探险者。他所扮演的角色名字叫作洛苏（Lotsu）。他本来应该去上课拿个优等成绩的，可他却随波逐流于最新的校园时尚——沉溺在多用户奇幻游戏[1]之中。

多用户奇幻游戏是一款运行在由学校和个人计算机构建起来的大型网络中的电子冒险游戏。奇幻游戏的故事场景设置来自《星际旅行》[2]《霍比特人》[3]，或安妮·麦卡夫瑞关于龙骑士和魔法师的畅销小说，玩家每天都会花上四五个小时流连忘返于这个奇幻世界。

像戴维这样的学生使用学校或者个人的计算机登录互联网。这个巨大的网络现在是由政府、大学以及全世界的企业共同资助的，为所有普通的上网者提供补贴。大学为所有想上网的学生提供免费的账户。从波士顿的

1　多用户奇幻游戏：Multiuser Fantasy Game。

2　《星际旅行》（*Star Trek*）：是一部在文化上有重大意义的科幻电视剧集，拍摄于20世纪60年代。《电视指南》（*TV Guide*）将它评为“史上25大人文剧集”的第1名，之后更陆续制播了5部衍生电视剧集和11部电影。最近的一部同名电影《星际迷航》（英文名仍为 *Star Trek*）于2009年公映，票房高居当年的全球第8位和全美第5位。《吉尼斯世界纪录》将它列为有最多衍生作品的项目。

3　《霍比特人》（*The Hobbit*）：1937年出版，原本是托尔金为儿子所写的一部童话，后延伸出《魔戒》和其后的故事。托尔金也因此而一举成名。

一间宿舍里登录互联网，学生就可以“驱车”抵达世界上任何一台加入网络的计算机，免费挂在网上，并且想待多久就待多久。

除了能下载些关于基因算法的论文，这种虚拟旅行到底还有什么用处呢？如果有另外100名学生也突然出现在同一个虚拟地点，那就太有意思了！你们可以开派对、互相捉弄、玩角色扮演、搞阴谋，或者一起琢磨如何建设一个更美好的世界。这些完全可以同时进行。你需要的只不过是一个多用户的聚会地点，一个可以让大家在线上群集的地方。

1978年，罗伊·杜伯萧编写了一个类似于《龙与地下城》的角色扮演游戏，那会儿正是他在英国艾塞克斯大学读本科的最后一年。第二年他的同班同学理查德·巴图接手了这个游戏，扩展了它所能接纳的玩家人数，同时也增加了他们的动作选项。杜伯萧和巴图管这个游戏叫“泥巴”（MUD）[1]，然后把它放到了网上。

“泥巴”非常像经典游戏《魔域》ZORK[2]，或者其他任何一款自计算机诞生之后便一直风行的文字冒险游戏。在这种游戏中，你的显示器上会出现这样的东西：“你现在正在一个冰冷潮湿的地下城里，一支火光摇曳的火把带来些许光亮。石头的地面上有一个骷髅。一条走道通向北面，另外一条通向南面。污秽的地面上有一个壁炉。”

你的工作就是去探查这个房间和其中的各种东西，最终发现隐藏在与它相连的其他房间迷宫里的宝贝。要想赢得丰厚的奖品，你可能需要在路上收集一小部分财宝和线索。而奖品通常是破解一个咒语、变成一个巫师、杀死一条龙或者逃出地下城。

你的探索是通过在键盘上输入一些文字来进行的，比如“看骷髅”，而计算机则会回应说：“骷髅对你说：‘小心老鼠。’”你再输入：“看壁炉”，计算机则回应道：“这条路一片死寂。”你输入：“往北走”，然后

1 MUD：是 Multi-User Dungeon 或 Multi-User Dimension 或 Multi-User Dialogue 的缩写，直译成中文为“多人参与历险游戏”。由于其英文缩写与“泥巴”一词相同，因此中文也把这类游戏称为“泥巴”。1995年左右，玩“泥巴”在中国校园里掀起一股热潮，风头一时无二。

2 ZORK：是最早的文字冒险游戏之一，由4名麻省理工学院动态建模小组的成员编写于1977年到1979年。“ZORK”是一个技术行话，表示“未完成的工作”。

你就通过一个通道走出了这个房间，迈进另一个未知的房间。

“泥巴”和它的很多改良后裔与20世纪70年代的经典冒险游戏非常相似，但是有两个非常突出的改进。首先，“泥巴”可以在地下城里组织起多达100名其他玩家和你一起玩。这是“泥巴”所具有的一种分布式和并发式特征。其他玩家既可以作为绝佳拍档和你并肩战斗，也可以作为邪恶的敌人与你对抗，或者作为凌驾于你之上的反复无常的神，创造奇迹或者咒语。

其次，也是最重要的一点，其他的玩家（以及你自己）可以花工夫去增加房间、改变路径或者发明新的魔法道具。你可以对自己说：“这个地方最好有一座 塔，这样长着大胡子的精灵就可以监禁奴役那些粗心的人。”然后你就在这弄一座塔。简单来说，玩家生活在这个世界的同时，还可以建设这个世界。这个游戏的目的就是创造出一个比旧世界更酷的新世界。

于是，“泥巴”成了为两厢情愿的超级有机体显现而准备的并行分布式平台。有人只是为了好玩鼓捣出一个虚拟甲板。后来，别的人又加上一个舰桥或者一个轮机舱。结果一会儿之后你就发现已经用文字把《星际旅行》中的“企业号”造了出来。在接下来的几个月里，数百名其他玩家（他们本来应该在做他们的微积分作业的）连接到这个平台，又造出大量房间和设备，直到你能够组建起一支配备完整的舰队，进而发展出星球，以及互联的星系。一个星际旅行版的“泥巴”就成形了（互联网上真有这样的地方）。你可以随时登录，一天24个小时，在上面跟你的舰队同伴打招呼——他们各自扮演某个角色，共同执行舰长发出的指令，共同与由另一群玩家建造并控制的敌方战舰作战。

一个人花在探索和破解“泥巴”世界的时间越多，他从监管着这个世界的统治者那里获得的地位就越高。一个为新手提供帮助的玩家，或者一个担当数据库管理员工作的玩家，可以获得更高的排名和权力，比如可以免费进行远距离传送，或者不受某些普通规则的约束。成为本神或者巫师是每个“泥巴”玩家梦寐以求的目标。神也有好坏之分。理想情况下，神应能促进公平竞争，保障系统的平稳运行，并帮助那些“后进”者。但网上流传的往往是那些暴虐之神的故事。

真实生活中的事件也会在“泥巴”世界中重现。玩家会为死去的角色送葬守灵，还曾经举办过为虚拟人物和真实人物的小型婚礼。真实生活和虚拟生活之间模糊不清的界限，正是“泥巴”吸引人的主要地方之一，尤其对那些正纠结于自我认同的青少年来说更是如此。

在“泥巴”中，你可以自定义身份。当你进入一个房间之后，其他人就会读到一个对你的描述：“朱迪进来了，她是一个身材高挑的黑发女性，长着小而尖的耳朵，淡红色的皮肤，很可爱。她走路时有着体操运动员的柔韧性。她绿色的眼睛看起来风情万种。”而这段话的始作俑者，可能是一个不太漂亮的小女生，或者是个留着大胡子的男性。在“泥巴”里这种假装女生的男性已泛滥成灾，迫使大多数精明的老手假定所有玩家都是男性，除非经证明她是女性。这就导致了一种对真正的女性玩家的怪诞偏见：后者会不断遭到要求“证明”其性别的骚扰。

另外，绝大多数玩家在他们的虚拟生活中都扮演多个角色，就好像他们要去尝试其人格中的多面性一样。“‘泥巴’其实就是一个寻求认同的工场”，艾米·布鲁克曼这样说。他是麻省理工学院的研究人员，研究“泥巴”类游戏中的社会学。“很多玩家都注意到他们在网上的行为方式跟在线下多少有些不同，而这会让他们对自己在真实生活中的人格进行反思。”调情、迷恋、浪漫——就和在真实的校园中一模一样。只是主角不同而已。

雪莉·特克这位有时会把计算机称为“第二自我”的人甚至走得更远。她说：“在‘泥巴’中，自我是多重而且去中心的。”按此理解，一种多重、去中心化的结构作为理解真实生活和健康人格的模型而大行其道也就不足为奇了。

恶作剧在“泥巴”中也很猖獗。某个疯狂的玩家设置了一个隐形“锄头”，如果另外一个玩家（“到访者”）不小心捡起了这个锄头，这东西就会伤害到访者的肢体。而这时空间里的其他玩家就会读到这样的信息：

“到访者在地上四处打滚，浑身抽搐。”然后，神就会被召唤过来对到访者进行治疗。但是当他们为到访者“看诊”时，也会挨上一锄头，于是每个人就都会读到：“巫师在地上到处打滚，浑身抽搐。”普通物品可以被做成带有任何稀奇古怪功能的整人道具。事实上，在“泥巴”里最好的消遣是做一个看上去很不错的东西，让别人复制它，却又不知道它真正的威力。比如，当你毫无防备地观看挂在某人墙上的一幅书有“家啊！甜蜜的家啊！”的十字绣时，这东西可能会立即把你强制传送回你的家。（同时闪出几个大字：“啥地方都不如家好。”）

由于绝大多数“泥巴”玩家都是20岁左右的男性，所以在这个世界里往往暴力泛滥。那种“除了砍就是杀的世界”让所有的人都反感，那些痴迷者例外。不过，在麻省理工学院运行的一款实验性的“泥巴”却宣布一切杀戮皆为非法，并且汇聚起一大批初中、高中孩子拥趸。这个名为赛博城的世界，是个圆柱形的空间站。每天都有大约500个孩子涌到赛博城里乱逛或者不停地建造东西。迄今为止，这些孩子已经建造了5万个物品、人物和房间。这里有一座带有多厅电影院（播映孩子们写的文本电影）的购物中心，一座市政厅，一所科学博物馆，一个绿野仙踪主题公园，一个民用电台广播网络，若干亩带有房产的郊区，以及一辆观光巴士。一个机器人地产商四处转悠，跟所有想买房子的人做生意。

赛博城有意不提供地图，因为探险是让人感到兴奋的事情。知不知，为知之。你应该做孩子们做的事情：向其他的孩子打听。该项目在现实中的管理者巴里·科特说：“进入赛博城这样的陌生环境或文化的一大吸引力，就在于它把成年人拉回到跟孩子一样的起跑线上。有些成年人会认为这颠覆了权力的平衡。”赛博城主要的建筑师年龄甚至都不超过15岁。他们所构造的这片喧嚣和复杂的土地，吓住了那些试图到达某处或盖起某座建筑的独来独往、被过度教育的新移民。正如《旧金山纪事报》专栏作家乔恩·卡罗尔描述他第一次造访这里时的感受：“这个地方——所有那些房间，还有那些跑来跑去的‘玩偶’，让你感觉是被扔到了东京的市中心，而你随身带着的只有一块巧克力糖和一把螺丝刀。”在这里，活下去就是唯一的目标。

孩子们迷路了，接着又找到自己的路，然后又因另一次判断失误而再次迷失了。一刻不停地玩“泥巴”导致的连续不断的通信流量，可能会让一个计算机中心陷入瘫痪。阿默斯特学院[1]就禁止在校园内玩“泥巴”。澳大利亚要靠屈指可数的几条珍贵的卫星数据线和世界其他地方相连，因而在澳洲大陆上禁止一切国际性的“泥巴”游戏。学生建造起来的虚拟世界，足以使银行和电信系统瘫痪。其他机构肯定会随之对无限制的虚拟世界加以禁止。

迄今为止，每一款运行着的“泥巴”（大约有200款）大都是由一些狂热的学生在业余时间里写的，没经过任何人的许可。有几款类似“泥巴”的商业在线游戏获得了大量的追随者。这些几乎就是“泥巴”的游戏，比如《联邦2》（*Federation 2*）、《宝石》（*Gemstone*）和ImagiNation公司的《叶赛博斯》（*Yserbius*）都支持多个用户同时参与游戏，但只授予其有限的改变世界的权力。施乐公司帕洛阿托研究中心正在酝酿一个可以在其公司计算机上运行的实验性“泥巴”。这个代号为“木星计划”的尝试，旨在探索“泥巴”作为商业运行环境的可能性。此外，一个实验性的斯堪的纳维亚[2]系统和一个叫作“多用户网络”的创业公司（该公司运行着一个叫作*Kingdom of Drakkar*的游戏）都号称拥有可视化“泥巴”的雏形。能产生商业利润的“泥巴”已经不远了。

22世纪的孩子们看到20世纪90年代的任天堂游戏会感到十分奇怪——为什么居然有人费那个劲去玩这种只有一个人能进入其中的仿真游戏。这有点像世界上只有一部电话，你能打给谁呢？

“泥巴”的未来，SIMNET的未来，《模拟城市》的未来，以及虚拟现实的未来，终将归于一统。这种融合在某个点上就会诞生出终极版的上帝游戏。在我的想象中，这是一个广阔的世界，遵从几条精心选择过的规

1　阿默斯特学院（College of Amherst）：美国著名的私立文科学院，成立于1821年，坐落在马萨诸塞州。
2　斯堪的纳维亚（Scandinavia）：地理上指斯堪的纳维亚半岛，包括挪威和瑞典，文化和政治上也包括丹麦。

则而运动。居于其间的是无数自治的活物，以及其他人类玩家的拟像。随着时间的推移，角色一个个登场，彼此交织缠绵在一起。

随着相互关系的不断加深，随着个体的改变并塑造着他们的世界，这个仿真世界也会更加生机盎然。参与者——真的、假的、超真实的，与系统共同进化成一个与其刚开始时完全不同的游戏。于是，神自己戴上魔术眼镜，穿戴整齐，降临到他自己创造的世界中。

天神下凡到他自己创造的世界，这是一个古老的话题。斯坦尼斯拉夫·莱姆[1]曾经写过一部伟大的科幻经典著作，讲的是一个暴君把他的世界藏在一个盒子里的故事。而另一个类似的故事则要比这个还早上千年。

1 斯坦尼斯拉夫·莱姆（Stanislaw Lem，1921—2006）：波兰科幻小说家，代表作为1961年出版的《索拉里斯星》（*Solaris*）。

13.9 放手则赢

按照摩西讲述的故事，在创世的第6天，也就是在那令人激动不已的创世活动的最后时刻，上帝捏起一些黏土，用一种几乎戏谑的态度捏出一个小模型，把他放到自己所创造的新世界里。这个上帝——耶和华，是一个无法形容的全能的创造者。他仅仅是说出自己所想的，就能创造出他的世界。其他的造物工作只需在他的脑子里就可以完成，但这个部分却要花点工夫。这个最终用手制成的模型——这个眨着眼的、不知所措的东西，这个耶和华称之为“男人”的东西，理应比上帝在那一周里所创造出来的其他造物要强上那么一点。

这将是一个模仿耶和华的模型。从控制论的角度看，这个“男人”是耶和华自己的拟像。

因为耶和华是一个创造者，所以这个模型也能模仿他的创造性进行创造。因为耶和华有自由意志，有爱，所以这个反映了他的模型也会拥有自由意志，有爱。就这样，耶和华赋予了这个模型一种真正的创造性，那种他自己拥有的创造性。

自由意志和创造性带来一个开放而无限制的世界。任何事情都可以想象，任何事情都可能实现。这就意味着，人这种东西，既可能创造令人痛恨之物，又可能创造为人所爱之事。（虽然耶和华在创世之初试图教给他一种辨别善恶的能力。）

既然耶和华已经跳出三界外不在五行中，那么，制造一个他自己的模型却又要求这个模型只能在受限的时间、空间和物质中活动就不是一件容易的事情。更何况，模型总是不完美的。

为了继承摩西的事业，耶和华的人形物已经在创造这个行当里转悠了上千年，足以理解生命、存在和变化的内涵。一些大胆的人形物还抱有一个挥之不去的梦想：做耶和华曾经做过的事，也做一个自己的模型——一个拟像，一个从他们自己手里诞生的东西，一个像耶和华和他们自己一样能够自由创新的东西。

现在，耶和华的一些造物已经开始从地球上收集矿物来建造他们自己的模型。和耶和华一样，他们也为自己的造物起了个名字。但是，由于对人形物的巴别塔诅咒[1]，这个东西有很多种称呼：自动机、机器人、魔像、人形机器人、雏形人、拟像。

他们所创造的拟像各不相同。有些种类，比如计算机病毒，更像是灵魂而不是实体；另一些拟像则存在于另一个空间——虚拟空间；还有些拟像，比如那些在SIMNET中昂首挺胸的拟像，则是现实与超真实之间的令人恐怖的结合。

而其余的人形物则困惑于这些模型建造者的梦想。某些好奇的旁观者会欢呼：重现耶和华那无可比拟的创造活动是多么伟大啊！另外一些人则纠结于对人性的思辨。这是一个好问题！创造我们自己的拟像，是否以一种纯粹的顶礼膜拜来完成耶和华的创世？抑或它是以一种最愚蠢的胆大妄为开启了人类的灭亡？

模型动手去建自己的模型，这到底是虔诚还是亵渎？

有一件事是确切无疑的：建造自己的模型绝不是什么轻而易举的事情。

1 巴别塔诅咒：《圣经·旧约·创世记》第11章讲述，人类曾联合起来建造通往天堂的高塔。为了阻止人类的计划，上帝让人类说不同的语言，使人类相互之间不能沟通，计划因此失败，人类从此各奔东西。

人类还应该知道：他们的模型同样不可能是完美的。这些不完美的造物也不可能被置于“神”的控制之下。要想真正创造出具有创造性的造物，创造者必须把控制权交给被创造者，就好像耶和华把控制权让渡到人类手里一样。

要想成为上帝，至少是有创造性的上帝，你就必须放弃控制，拥抱不确定性。绝对的控制也就是绝对的无趣。要想诞生出新的、出乎意料的、真正不同的东西——也就是真正让自己惊讶的东西，你就必须放弃自己主宰一切的想法，让位于那些底层的群氓。

这个神之游戏中一个巨大的吊诡就在于：要想赢，先放手。

第十四章

OUT OF CONTROL

在形式的图书馆中

则。这个图书馆管理员观察到，所有的书，不管它们怎样千差万别，都是由相同的要素构成的：空格、句号、逗号、字母表上的22个字母。他还断言（被后来的旅人证实了）：在浩瀚的图书馆里，没有两本完全一样的书。在这两个无可争议的前提下，他推断图书馆即是全部，它的书架记录了20多个拼写符号的所有可能的组合（数字巨大，但并非无限）。

我：换句话说，你用任何语言写的任何书，在理论上说都能在图书馆中找到，它容纳了过去与未来所有的书！

博尔赫斯：一切东西——纤毫毕现的未来史，天使的传记，图书馆的真实目录，成千上万的虚假目录，真实目录的谬误展示，巴西里德斯派的诺斯底派福音书，对那个福音书的注释，对那个福音书的注释的注释，关于人的死亡的真实故事，每本书的所有语言的译本，在所有的书中对任何一本书的篡改。

我：那么，人们就只能猜想，图书馆拥有完美无瑕的书，有着最美轮美奂的文字和最深邃洞见的书，这些书比迄今为止人们写得最好的作品还要好。

博尔赫斯：图书馆里有这么一本书，这就够了。在某处六边形回廊的某个书架上，肯定有一本书堪为其余所有书籍的范本和完美总目。我向未知的神明默默祈祷，希望有一个人——哪怕只有一个人，即使在几千年前，曾发现并阅读它。

博尔赫斯接着不厌其烦地谈起一个不敬神灵的图书馆管理员派别，这些人认为销毁无用的书籍非常重要："他们侵入六边形回廊，挥舞着证件（这些证件并不总是假的），愤愤不平地草草翻完一本书，然后就给整个书架定罪。"

他注意到我眼里的好奇，又接着说："有人为毁于这种疯狂举动的'珍宝'而悲叹，他们忽视了两个显著事实。其一：图书馆是如此浩瀚，任何人类所能带来的损失只不过是沧海一粟；其二：虽然每一本书都是独一无二、不可替代的，但是（既然图书馆无所不包）总有几十万个不完美的副本——只相差一个字母或标点的作品。"

我：但是人们又该如何辨别真实与近似真实之间的差异呢？这种近似真实意味着不只我手里的这本书存在于图书馆，相似的一本书也是如此，差别仅仅在于对前一个句子里的一个词的选择上。或许那本相关的书中这样写道："每一本书都不是独一无二、不可替代的。"你如何得知你是否找到了你正在找的书呢？

无从回答。我抬起头来，注意到自己在一个发着神秘的光的六边形回廊里，周围是布满灰尘的书架。在一种奇思妙想的状态下，我站在博尔赫斯的图书馆里。这里有20个书架，透过低矮栏杆望出去，向上向下的楼层渐行渐远，迷宫般的回廊里书盈六壁。

博尔赫斯图书馆的诱惑力是如此的不可思议，整整两年，我一直在书写《失控》这本书。那时我拖延截稿日期已有一年了。我无力完成，却又欲罢不能。救我于此困境的绝佳方案就躺在这个包含所有可能的图书馆的某处。我要找遍博尔赫斯的图书馆，直到在某个书架上找到所有我可能写的书中最好的一本，书名叫作《失控》。这会是一本已经完稿、编辑和校对了的书。它将使我免于又一年冗长的工作，对于是否胜任这个工作，我甚至还不太有把握。它看上去肯定值得我一找。

于是我沿着这个满是书籍的一眼望不到尽头的六边形回廊出发了。

穿过第五个回廊之后，我稍作停留，一时兴起，伸手从一个塞满书的上层书架抽出一本绿色的硬皮书。书的内容可以说是极度混乱。

它旁边那本书也是如此，再旁边那本也是如此。我赶紧逃离这个回廊，匆匆穿过大约半英里长且千篇一律的回廊，直到我又停下来，随手从附近书架上抠下一本书。这是一本同样令人费解的低劣之作，我仔细翻看了整整一排书，发现它们同样低劣。我检查了这个回廊的其他几处，没有发现丝毫起色。又多花了几个小时，我不断改变方向，四处漫游，翻看了几百本书，有些在齐小腿高的低层书架上，有些则在几乎和天花板一般高的位置，但都是些同样平庸的垃圾。看上去有几十亿本书都是胡言乱语。要是能找到全篇充满MCV字母的书，正如博尔赫斯父亲所发现的，一定会令人非常兴奋。

而诱惑却纠缠不去。我想我可能会花上几天甚至几周时间寻找已完稿的凯文·凯利的《失控》，这个冒险很划算。我甚至可能发现一本比我自己写得更好，为此我会心怀感激地花一年时间苦苦寻找。

我在螺旋楼梯的一处台阶上驻足休息。图书馆的设计引起了我的深思。从坐的地方，我能看到天井的上边9层和下边9层，以及呈蜂室状的六边形楼层沿每个方向延伸出去一里远的地方。我继续推理下去，如果这个图书馆装得下所有可能的书，那么所有符合语法的书（就不考虑内容是否有趣了）在全部书籍中也不过是九牛一毛而已，而通过随机寻找碰上一本的想法就有些痴人说梦了。花500年找到合情理的两页——任何两页，听起来还算划算。要找到一整本可读的书就要花上几千年了，还要靠些运气。

我决定换一种策略。

每个书架都有数量恒定的书。每个六边形回廊都有数量恒定的书架。所有六边形回廊都是一样的，由一个西柚大小的灯泡提供照明，有两扇壁橱门和一面镜子做点缀。图书馆井然有序。

如果图书馆是有序的，这就意味着容纳其中的书籍（很可能）也是有序的。如果书册是有序排列过的，那么只有些许不同的书就彼此挨得很近，差异巨大的书则相隔甚远，那么这种有序性就会为我带来一条捷径，可以还算快地从包含所有书的图书馆的某处找到一本可读的书。如果庞大的图书馆的书籍这么有序摆放，甚至还有这种可能，我的手刚好摸到一本完稿的《失控》，一本扉页上刻着我的名字的书，一本不用我写的书。

我从最近的书架着手，开辟通往终点的捷径。我花了10分钟研究它的混乱度。我跨了100步走到第7个最近的六边形回廊，又选了一本书。我依次沿着6个向外扩展的方向重复同样的行动。我扫了一眼这6本新书，然后选择了跟第一本书相比最有“意义”的那本书，在这本书里我发现了一个读得懂的三词序列：“or bog and”。于是我用这本有“bog”的书为基准点，重复刚才的搜索程序，比较它周围6个方向上的书。往返数次之后我发现了一本书，它杂乱的字里行间有两个类似短语的句式。我感觉好多了。在如此这般多次迭代之后我寻到一本书，在一大堆乱码碎字之中竟然藏着4个英文词组。

我很快学会了一种大范围的搜索办法——从上一本“最佳”书籍处开始，在六边形回廊的每个方向上一次迈过大约200个六边形回廊，这样可以更快地探索图书馆。在这种方式下，我不断取得进展，终于找到有许多英文词组的书，尽管这些句子散落在各个页面。

我花的时间从按小时计算变成了按天计算。“好”书籍之外的拓扑[1]样式在我的脑海里形成一个图像。图书馆的每一本语法健全的书都静静地待在一个隐蔽起来的中心，中心点是这本书；紧紧包围着它的是这本书的直系摹本，每一个摹本都仅是标点符号的改变而已——加一个逗号，减一个句号。环绕着这些书则摆着改了一两个字的次级赝品。环绕着第二圈的则是一个更宽一点的环，其中的书有了整句整句的歧文，大部分都降级为不合逻辑的表达。

我把这样一圈圈的环想象成山脉的等高线地图。这个地图代表了地势的连贯性。唯一一本极佳的值得一读的书位于山巅；往下是数量更多的平庸一些的书籍。越是底层的书越平庸，其形成的环带也越大。这座由“凡是能算作书”的书构成的山体矗立在广袤的、无差别的、无意义的平原上。

那么，找到一本书就是登上秩序之顶。只要我能确定我总是在朝山顶攀登——总是朝有更多意义的书前进，我必然会登上可读之书的顶点。在这座图书馆中穿行，只要不断穿越语法渐趋完善的等高线，那么我就必然能到达顶峰——那个藏有完全符合语法的书的六边形回廊。

接连几天采用这种称为“方法”的手段，我找到了一本书。若像博尔赫斯的父亲那样漫无目的、毫无章法地找，就无法找到这本书。只有“方法”才能指引我来到这连绵书脉的中心。我告诉自己，用这种“方法”，我比几代图书馆员在不着边际的游荡中所能找到的书更多，因而我的时间

1 拓扑（Topology）：数学术语，简单地说，可以将其理解为几何图形的抽象模式。

投入是有成效的。

正如“方法”所料，我找到的这本书（书名为Hadal[1]）周围是类似的伪书籍所形成的巨大的层层同心环。然而这本书尽管语法正确，内容却令人失望，乏味、沉闷、毫无特色，最有意思的部分读来也像是很蹩脚的诗。唯独有一句闪现出了非凡的智慧，让我一直铭记在心：“当下往往不为我们所见。”

然而，我从未发现一个《失控》的摹本，也没有发现一本书能“偷得”我一个晚上的时间。我明白了，即使有“方法”相助，也要耗时数年。我退出了博尔赫斯的图书馆，走进大学图书馆，然后回家独自写完了《失控》。

“方法”勾起了我的好奇心，暂时分散了我写作的思绪。这个“方法”是否为旅行者和图书馆管理员所普遍知晓呢？过去可能已经有人发现过它，我有这个心理准备。回到（空间有限且编定目录的）大学图书馆，我试图找到一本书能给出答案。我的目光从索引跳到脚注，又从脚注跳到正文，落在和刚开始相去甚远的地方。我的发现让自己大吃一惊。真相出乎意料：科学家认为从遥远的年代起“方法”就已经充斥着我们这个世界。它不是由人发明的，也许是上帝所为。“方法”就是我们现在称为“进化”的各种东西。

如果我们可以接受这样的分析，那么“方法”就是我们这一切是如何被创造出来的。

然而，还有更惊人的：我曾经把博尔赫斯的图书馆当作一个富有想象力的作家的个人梦（一个虚拟现实），然而我越读就越入迷，渐渐体会到他的图书馆是真实存在的。我相信狡黠的博尔赫斯自始至终都明白这一点，他把自己的作品定位为小说，难道会有人相信他所说的吗？（有人认为他的小说精心守护着通往绝妙空间的道路。）

20年前，非图书馆员在人类制造的硅芯片中揭示了博尔赫斯图书馆。

1 Hadal：中文意思为“极深处”（海面6000米以下的深处）。

富于诗意的人们可以将图书馆内鳞次栉比的无数排六边形回廊和门厅想象成刻印在硅芯片上由布线和门电路组成的复杂莫测的“微型迷宫”[1]。拜软件所赐，硅芯片用程序指令创建了博尔赫斯的图书馆。这个首创的芯片采用与其配套的显示器来显示博尔赫斯图书馆中任何书籍的内容：首先是1594号区段的一段文字，接着是来自访者寥寥的2CY区的文字。书页毫不延迟地一个接一个出现在屏幕上。想要搜索容纳所有可能书籍的博尔赫斯图书馆——过去的、现在的，还有未来的——你只需要坐下来（现代的解决方案），点击鼠标就好了。

不论是模型、速度、设计的合理性，还是计算机被放在何处，对于生成一个通往博尔赫斯图书馆的入口来说没有任何不同。博尔赫斯自己并不知道这一点，尽管他会对此很欣赏：不论采用什么人工方式来实现，所有的游客到达的都是同一个图书馆。（这就是说容纳所有可能书籍的图书馆是相同的，不存在伪博尔赫斯图书馆，图书馆的所有摹本都是原本。）这种普适性的结果是：任何计算机都可以创建出容纳一切可能书籍的博尔赫斯图书馆。

1 微型迷宫：指芯片内部的空间与逻辑结构。

14.2 一切可能图像之空间

1993年制造的“连接机[1]5”（CM5）是当时运算能力最强的计算机，能够毫不费劲地生成以书籍为形式的博尔赫斯图书馆。CM5还可以生成以不同于书籍的复杂物为形式的庞大而神秘的博尔赫斯库。

卡尔·西姆斯是CM5的制造者，是思维机器公司[2]的工程师。他创建了一个由艺术品和图片构成的博尔赫斯库。西姆斯起初为“连接机”编写专门软件，然后为所有可能的图片建立了一个“大千”（有人称之为库）。用来生成一本可能之书的机器同样也能用来生成一张可能之图片。前者是以线性顺序印刷的字母，后者则是显示在屏幕上矩形区域中的像素。西姆斯追寻的是像素的模式而非字母的模式。

思维机器公司的办公室位于马萨诸塞州的剑桥，我在西姆斯有些昏暗的办公室小隔间里拜访了他。西姆斯的桌上有两个超大的明亮显示器，屏

---

1 连接机（Connection Machine）系列：包括CM-1、CM-2和CM-5。它把大量简单的存储/处理单元连接成一个多维结构，在宏观上构成大容量的智能存储器，再通过常规计算机执行控制、I/O和用户接口功能，能有效地用于智能信息处理。CM-1由4个象限组成，每个象限包含多达16384个一位处理器，全部处理器则分为4096组，组间形成12维超立方体结构，其集成峰值速度达到每秒600亿次。CM-5的结点数更多，功能更强。该系列对于早期的并行计算机科学有重要意义。

2 思维机器公司（Thinking Machines）：创办于1982年，1994年破产，由Sun公司（Sun Microsystems）收购，后来Sun又被Oracle公司收购。

幕被分割成20个矩形框，组成矩阵，纵排4个，横排5个；每个矩形框都是一个窗口，显示着一幅逼真的大理石纹样环形图；每一张的样式都各有不同。

西姆斯用鼠标点击右下角的矩形框。一眨眼的工夫，20个矩形框都变成新的大理石纹样环形图，每一幅图片都和刚才点击的矩形框略有不同。通过点击一系列的图片，西姆斯可以利用“方法”在视觉模式的博尔赫斯库里穿行。西姆斯的软件能计算出7码远位置的图案按逻辑会是什么样（因为事实证明博尔赫斯库是极其有序的），因此不用再亲自（沿着多个方向）跑到7码远的位置。他把这些新得到的模式显示在屏幕上。从上一个选定的模式开始，“连接器”能同时得到20个方向上的新模式，而且只需毫秒级的时间就可以完成这项工作。

库里会有什么样的图片是没有限制的。按真正的博尔赫斯方式，这个“大千”包含了所有的色彩和所有的条纹：它包括蒙娜丽莎画像及其所有的仿制品，各式各样的旋涡，五角大楼的蓝图，凡·高的所有素描，电影《乱世佳人》的每一帧画面，还有所有的斑点扇贝，等等。然而这些还只是愿望而已。西姆斯行踪飘忽地穿行于这个库中，收获的主要是布满视窗的形状不规则的斑点、条纹和令人眼花缭乱的色彩旋涡。

“方法”即进化，可以看成是繁殖，而不是旅行。西姆斯把这20幅新图像描述为父母的20个孩子。这20幅图像呈现出的不同就像子女们的不同一样，他选择了后代中“最佳”的一个，并立刻繁殖出20个新的变体；然后，再从这一批里选出最好的那个，再繁殖出20个变体；他可以从一个简单的球体开始，通过累积选择最终得到一座大教堂。

看着这些形状出现，在变化中繁殖，被选中，在形状上产生分枝，再精选，然后通过世代演变，成为更加复杂的形状。不论是理智还是直觉都无法回避这样一个印象：西姆斯实际上是在繁殖图像。更丰富、更狂野、更悦目的图像历经迭代演化逐渐显露。西姆斯和计算机学家同行把这个过程称为人工进化。

繁殖图像与繁殖鸽子的数学逻辑没有什么区别。从概念上讲，这两种进程是同等的。尽管我们称其为人工进化，却与它是否比繁殖腊肠犬需要更多或更少人工毫不相干。两种方式都既是人工的（从艺术的角度看），又是天然的（从本质上讲）。

在西姆斯的“大千”里，进化从生命世界中剥离出来，以纯粹的数学形式存在。去掉组织和毛发的遮蔽，取走栖身于其中的血与肉，将灵魂注入电子回路里，进化的重要本质就从天生的世界转移到了人造的世界，从原来唯一的碳水化合物领域转移到了算法芯片中的人造硅世界。

令我们震惊的不是进化行为从碳转到了硅，硅和碳实际上是非常相似的元素。人工进化真正令人吃惊的是，它对计算机来说是完全自然而然的事情。

在10次循环之内，西姆斯的人工繁殖就能创造出一些“有趣”的东西。往往只需5次跳跃就能把西姆斯带到某处，得到比胡乱地涂鸦妙得多的图像。在他一幅接一幅地点击图片的同时，西姆斯像博尔赫斯一样谈起了如何“遍历库房”或者“探索空间”。图像始终“就在那里”，即使它们在被找到或选定前还没有被渲染成视觉形式。

博尔赫斯图书馆的电子版本也是一样的道理。书中的文本是抽象存在、独立于形式的。每段文本都沉睡在这座虚拟图书馆的某个虚拟书架的指定位置上。当被选中时，神奇的硅芯片就给这本书的虚拟本体注入了形式，从而唤醒这段文本并使之出现在屏幕上。一个魔术师旅行到有序空间的某个地方时，就会唤醒肯定栖息在这里的某本书。每个坐标上都有一本书，每本书都有一个坐标。正如旅行者所见，一个景致展现出许多可以看到更多景致的新地点；图书馆的一个坐标引发了许多后继相关坐标。图书馆员以按序跳跃的方式穿越空间，路径就是一连串的选择。

从最初的那个文本衍生出6个亲戚，它们共有一个家族形式和信息种子。在图书馆里，它们之间的差异相当于兄弟姐妹间的差异。由于它们是由前一代衍生下来的亲戚，因此可以被称为后代。被选中的“最佳”后代就成为下一轮繁殖的亲本，而它的6个孙辈变异中有一个将成为其再下一代中的亲本。

当身处博尔赫斯图书馆时，我发现自己正循着一条从胡言乱语开始追寻一本可读之书的路径。然而换种思路再看一下，可以看见我正在把一本不知所云的书繁育成一本有可取之处的书，正如有人可以通过多代选择把杂乱无章的野花培育为优美的玫瑰花球一样。

卡尔·西姆斯在CM5上将灰色的杂点繁育成生机勃勃的植物生命。“进化的创造力是无穷的，它能够超过人类的设计能力”他断言。他想出了一个办法来在这无比巨大的库中圈定区域，以使他的漫游保持在所有可能的植物形式范围之内。在穿行于这个空间时，他复制了他觉得最迷人的那些形式的“种子”。后来西姆斯重组了他的成果，把它们渲染成能够用动画表示的想象中的三维植物。他繁育出来的人工林包括一株巨大的展开的羊齿蕨、树顶有球状物的纺锤形的类松树、蟹爪样的草和扭曲的橡树。最后他把这些进化出来的怪异植物放在了他的一个叫作“胚种论”的视频作品里。在这个视频里，异形的树和奇怪的巨草由种子开始，发芽长大，最终演变出盘根错节的异域丛林，铺满了一个贫瘠的星球。进化出来的植物繁育它们自己的种子，这些种子被植物的球形大炮爆裂到空中，然后来到下一个贫瘠的世界（这就是胚种论的过程。）

14.3 徜徉在生物形态王国

卡尔·西姆斯既不是博尔赫斯“大千”（有人称之为“库”）世界的唯一探索者，也不是第一个。据我所知，第一个合成的博尔赫斯“大千”世界的图书馆员是英国动物学家理查德·道金斯。1985年，道金斯发明了一个他称为“生物形态王国”的“大千”世界。“生物形态王国”是一个由可能的生物形状组成的空间，这些生物形状由短直线和分叉线构成。它是第一个由计算机生成的可能形式库[1]，并且可以用繁殖的方法进行搜索。

道金斯的“生物形态王国”是作为教育程序而编写的，目的是阐明在没有设计师的情况下，设计之物是如何产生的。他想用视觉方式直观地证明，随机选择和无目的的漫游绝不能产生连贯一致的设计物，而累积选择（“方法”）可以做到。

除了在生物学界享有盛誉，道金斯在大型计算机编程上也有着丰富的经验。“生物形态王国”就是个相当成熟复杂的计算机程序。它绘制出一段具有一定长度的线条，以某种生长方式给它加上枝条，再给枝条加上

---

1 可能形式库（library of possible forms）：由所有可能的形式所组成的库。为简洁计，我们后面都使用“可能形式库”这个词。

枝条。枝条如何分岔，加多少个枝条，枝条的长度是多少，这些都可以随形状的演变而在数值上有些许的变化，并且互不相干。在道金斯的程序里，这些数值的“变异”也是随机的。每次对9个可能变量中的一个进行“变异”，就得到一个新的形状。

道金斯希望通过人工选择和繁殖来遍历[1]一个树状的库。“生物形态王国”中诞生的形状起初很短，只能称为一个点。道金斯的程序生成了它的8个子代，这与西姆斯的程序非常相似。这个点的子代在长度上各不相同，这取决于随机变异赋予了它们什么样的值。计算机把子代加上亲属显示到9个方框中。通过“选择－繁殖”方法，道金斯选取了他最喜欢的形状（这是他的选择），进化出更加复杂的变异形状。到第7代时，后代已经加速进化到了精雕细琢的程度。

这正是道金斯最初用BASIC[2]写这个程序代码时所希望的。如果他足够幸运的话，就能得到一个由奇妙的、多种多样的分枝树所组成的“大千”世界。

在程序运行的第一天，道金斯度过了兴奋的1小时，他把他的博尔赫斯图书馆里最邻近的书架翻了个底朝天。在一次变异中，他发现树的茎、枝条、树干出现了意想不到的排列。这是些自然界中从未有过的奇异的树。还有那些世间从未出现过的灌木、草和花的线图。道金斯在《盲眼钟表匠》（*The Blind Watchmaker*）一书中从进化和“库”的角度对此做了双重解释：“当你通过人工选择在计算机中第一次进化出新生物时，感觉就像是在创造一般。确实如此。而从数学的角度看，你所做的实际上是在发现生物，因为在‘生物形态王国’的基因空间里，它早就待在那属于它的位置上了。”

随着时间的流逝，道金斯注意到他走进了库的另一个空间：在这里，

---

1 遍历（traverse）：计算机搜索算法中的术语，指按照某种算法，对一个树状结构的每个节点做一次且仅做一次访问。

2 BASIC：全名为“Beginner's All-purpose Symbolic Instruction Code”，直译为“适用于初学者的多功能符号指令码”，这正好与其首字母缩写成的英文词有相同的含义。BASIC是计算机发展史上应用最为广泛的高级语言，至今仍然是计算机初学者的入门语言。

树的分支开始互相缠绕，纵横交错的线条充满了一些区域，直到它们堆成一个实体。层层缠绕的分支形成了小小的躯体而不是树干。而从躯体中长出来的附属分支看起来像极了腿和翅膀。道金斯进入了库中的昆虫世界（尽管他这个上帝从未打算过要有这么一个国度！），他发现了各式各样奇怪的虫子和蝴蝶。

道金斯震惊了："当我写这个程序时，我从未想过除了类似树的形状，它还能进化出别的什么东西来。我本希望能够进化出垂杨柳、杨树或黎巴嫩雪松。"

而现在已经到处是昆虫了。那一晚，道金斯兴奋到了废寝忘食的程度。他花了更多的时间去发现那些令人惊叹的复杂生物，它们有的看起来像蝎子，有的看起来像水蜘蛛，还有的看起来像青蛙。他后来说："我简直兴奋得发狂。我无法形容，探索一个按自己设想所创造出来的王国是多么令人兴奋。在面对这些突现在屏幕上的东西时，无论是我的生物学家背景，还是我20年的编程经验，抑或是我最狂野的梦境，都未能让我有丝毫的心理准备。"

那一晚他无法入睡。他继续向前推进，渴望饱览他的"大千"世界所能延伸到的境界。这个原本以为简单的世界还有些什么神奇的东西？当他终于在清晨睡着时，"他的"昆虫图像成群结队地出现在梦里。

接下来的几个月里，道金斯在"生物形态王国"这个世外桃源中流连忘返，寻找非植物和抽象的形状。仙女虾、阿兹特克神庙、哥特式教堂的窗户、土著人的袋鼠壁画——这些只是他所碰到的形状中的一小部分。道金斯充分利用了一切空闲时间，最终用进化的方法找到了许多字母表里的字母。（这些字母是通过繁殖而得的，不是画出来的。）他的目标是找到他名字中的所有字母，但是他一直没能找到一个像样的D或一个精致的K。（在我办公室的墙上贴着一张令人称奇的招贴画，26个字母和10个数字在蝴蝶翅膀上若隐若现——包括完美的D和K。尽管自然进化出了这些字母，它们却不是被"方法"发现的。摄影师杰尔 · 山伍德告诉我，他看过了超过100万只翅膀才收集全这36个符号。）

道金斯在探寻。他后来写道:“市面上的计算机游戏可以让玩家产生某种置身于地下迷宫的幻觉，这个地下迷宫的地形就算复杂也是确定的，在那里他可以碰到龙、牛头怪或其他虚构的对手。在这些游戏中怪物的数量其实是相当少的，它们全都是由人类程序员设计的；迷宫的地形也是如此。而在进化游戏里，不论是电脑版还是现实版，玩家(或观察者)的感觉都犹如漫步于一个充满分叉口的迷宫，路径的数量是无穷尽的，而他所碰到的怪物也不是设计好的或可以预料的。”

最为神奇之处是，这个空间的怪物只出现一次，然后就消失了。“生物形态王国”最早的版本没有提供保存每个生物形态坐标的功能。这些形状仅仅出现在屏幕上，从库中各自所在的架子上被唤醒，当计算机关闭时，屏幕上的形状消失了，它们又回到其数学位置。重新碰到它们的可能性微乎其微。

当道金斯第一次到达昆虫区时，他拼命地想保留一只，以便日后能再次找到它。他打印出它的图片以及所有一路演化而来的28代先祖形态的图片，但是，他早期的原型程序却没有保存那些能使他重建这个形态的“后台”数据。他知道，一旦他那天晚上关闭了计算机，昆虫生物形态就消失了，唯余缕缕香魂残留在其肖像中。他到底能不能重新进化出一模一样的生命形态呢？他排除了这种可能性。但他至少证明了，它们存在于库中的某个地方。知道它们的存在就足以让他刻骨铭心了。

尽管道金斯手中有起始点和一套完整的进化序列“化石”，但重新捕获当初的那只昆虫仍然是一件可望而不可即的事情。卡尔·西姆斯也曾在他的CM5上繁育出一个由彩色线条组成的令人眼花缭乱的冷艳图案——颇有杰克逊·波洛克[1]之风，但那时他还没有添加保存坐标的功能，他后来也再没能重新找回这个图案，尽管他留有一张当时的幻灯片作为纪念品。

博尔赫斯空间是如此广大。刻意在这个空间里重新定位同一个点是如此困难，不啻重新下一盘一模一样的棋。任何一个轮次的选择，都会失之

1 杰克逊·波洛克(Jackson Pollock，1912—1956):20世纪美国抽象绘画的奠基人之一。

毫厘，谬以千里。在生物形态空间里，形式的复杂性，选择的复杂性，以及差异的微妙性，都足以使造访每一个进化出的形式既是第一次也是最后一次。

也许在博尔赫斯图书馆中有一本名为《迷宫》的书讲述了下面这个不可思议的故事（是大学图书馆那本《迷宫》里所没有记载的）。在这本书里，豪尔赫·路易斯·博尔赫斯讲述了他的父亲——徜徉在一切可能之书的“大千”里的行旅读者——在这片令人望洋兴叹的广阔空间中曾经偶遇过一本可读之书。全书410页，包括目录，都以两行回文（顺序倒序都是一样的词）的体裁写就。前33句回文既晦涩又深奥，但那就是他父亲仓促间读到的全部内容——地下室的一场意外大火迫使这个区的图书馆管理员将大家疏散到外面。由于撤离得匆忙，他父亲忘记了这本书的位置。出于羞愧，他在图书馆之外从未提起过这本回文书的存在。而在随后的整整8代人时间里，一个由前图书馆管理员组成的颇为诡秘的协会一直时不时地碰面，来系统地追踪这个先辈旅行者曾经留下的足迹，希望某天在图书馆浩瀚空间的某处重新找到这本书。然而，他们找到自己心目中圣杯的希望极其渺茫。

为了证实这样的博尔赫斯空间到底有多么巨大，道金斯曾悬赏能够重新繁育出（或者撞大运也行！）一幅高脚杯图像的人。这只高脚杯是他在生命形态王国的一次漫游时偶遇的，他称之为圣杯。道金斯深信它早已被深埋无踪，因而愿意向第一个能呈现出圣杯图案的人提供1000美元奖金。“用我自己的钱悬赏”道金斯说，“是用我的方式宣告，没有人会找到它”。让他大跌眼镜的是，他的悬赏挑战发出不到1年，加利福尼亚州一个软件工程师托马斯·里德竟然重逢了这个圣杯。这看上去与追踪老博尔赫斯的足迹来定位失落的回文书颇为相似，或者与在博尔赫斯图书馆中找到《失控》这本书一样，堪称伟大的壮举。

但是“生物形态王国”提供了线索。它的起源反映了道金斯作为一名生物学家的专业兴趣——在进化之上，它还体现了有机体的一些原则。正是生物形态的这第二生物学属性使里德得以发现这个圣杯。

道金斯认为，要想创造出一个有实际意义的生物“大千”世界，就必须把可能的形状限定在具有一定生物学意义的范围内。否则，即使用了累积选择的方法，找到足够多生物形态的机会也会被淹没在所有形状汇成的茫茫大海中。毕竟，他解释道，生物的胚胎发育限制了它们变异的可能性。举个例子，大多数生物都显示出左右对称的特性；通过把左右对称设定为生物形态的基本要素，道金斯就能够缩小整个库的规模，也就更容易发现生物形态。他把这种缩减称为“受限胚胎学”。他给自己的任务是设计一个“生物学意义上有趣的”受限胚胎学。

道金斯告诉我:“一开始我就有个强烈的直觉，我想要的胚胎学应当是递归的。我的直觉一部分基于这样一个事实——真实世界中的胚胎学可以被看作是递归的。”道金斯所说的递归，是指简单规则一遍又一遍地循环应用（包括用于其自身的结果），并由此生成了最终形式所具有的绝大多数复杂性。譬如，当“长出一个单位长度然后分叉成两个”的递归规则重复应用于一段起始线条上时，大约5次循环之后，它就会生成一片灌木般的具有大量分叉的形状。

其次，道金斯把基因和躯体的理念引入到库里。他认识到，（书中的）一串字母就好比是生物的基因（在生物化学的正规表述中，甚至就用一串字母来表示一段基因），而基因生成肌体组织。“但是”，道金斯说，“生物基因并不控制肌体的各个微小部分，这就相当于它并不控制屏幕上的像素点。相反，基因控制的是生长规则即胚胎的发育过程，而在‘生物形态王国’里，就是绘图算法”。因而，一串数字或文字就相当于一段基因（一条染色体），隐含着一个公式，并按这个公式用像素点绘出图案（躯体）。

这种以间接方式生成形式的结果就是，图书馆中几乎任何随机角落里摆放的，或者说几乎所有基因生成的，都是符合逻辑的生物形状。通过让基因控制算法而非像素，道金斯在他的“大千”中建立了一条内在语法，阻止了一切旧日荒谬的出现。即使是再出乎意料的变异，结局也不会是一个不起眼的灰点。同样的变换在博尔赫斯图书馆里也可以实现。每个书架的位置不再代表一种可能的字母排列，而是代表一个可能的词语排列，甚至是可能的句子排列。这样一来，你选中的任何书都将至少是接近可读的。这个得到提升的词语串空间远比文字串空间小，此外，正如道金斯所说，限定在一个更有意思的方向上，你就更有可能碰到有意义的东西。

道金斯引入的基因是以生物的方式发生作用的——每次变异都按结构化的路径来改变多个像素。这不仅缩小了生物形态库的规模，将其精炼成实用的形态群，而且为人类繁育者提供了发现形式的替代途径。生物形态基因空间的任何微妙变化都将放大成图像的显著而可靠的变化。

这给了托马斯 · 里德这个无冕的圣杯骑士以第二种繁育途径。里德不断地改变亲本形式的基因，观察基因引起的形状变化，以求了解如何通过改变单个基因来引导形状改变。这样他就可以通过对基因的调整来导出各种生物形态。道金斯把他程序中的这种方法叫作“基因工程学”。和在真实世界一样，它有着神奇的力量。

事实上，道金斯是将他的1000美元输给了人工生命领域的第一位基因工程师。托马斯 · 里德利用工作中的午餐间隙来寻觅道金斯程序里的圣杯。道金斯宣布竞赛发起的6个月后，里德通过图像繁育和基因工程双管齐下的办法找到了失落的圣杯。繁育是一个快速而随意的头脑风暴，而工程学则是微调和控制的手段。里德估计他用了40个小时来寻找圣杯，其中有38个小时花在工程学上。“只通过繁育手段，我是绝不可能找到它的”他说。接近圣杯的时候，里德无法做到不动其他的点而让最后一个像素改变。他花了好多时间在倒数第二个形式上，以试图控制最后那个像素。

无独有偶，让道金斯大为震惊的是，在里德之后数星期内又有两位发现者各自独立地找到了“圣杯”。他们能够在天文尺度的可能性空间里准确地定位到他的圣杯，同样并非只靠繁育，而主要是通过基因工程，有一个还运用了反向工程[1]。

1 反向工程（Reverse Engineering）：通俗说，就是倒推的办法，即根据结果或输出来推断输入或设计。

14.4 御变异体而行

也许是由于“生物形态王国”视觉化的特性，最先吸取道金斯的计算机繁殖思想的人是艺术家。第一位是英国小伙子威廉·拉萨姆，此后，波士顿的卡尔·西姆斯把人工进化研究向纵深推进。

在20世纪80年代早期，威廉·拉萨姆展示的作品就像是某个深不可测的精巧装置的零部件图册，似天外来物。在一面纸墙上，拉萨姆先画出一个简单形状，比如顶部中间位置画一个圆锥体，然后用渐趋复杂的圆锥体图形填满剩下的空间。每一个新图形的产生都遵循拉萨姆所预设的规则。一个形状与其变化而来的后代形状之间用细线相连起来。通常，一个形状会有多个变形。在这张巨大画面的底部，圆锥体变形成华丽的金字塔和带有艺术装饰风格的山丘形状。从逻辑上讲，这幅画是一个族谱图，但包含许多交叉婚姻。整个画面挤得满满当当，看起来更像一个网络或电路。

拉萨姆把这种用来生成各种形式并选择特定后代进一步演化的“基于规则的受迫过程”称为“形式合成”。最初他把“形式合成”用作启发灵感的工具来寻找可能的雕刻形式。他会从他的一堆草稿图中选出一个特别满意的图形，然后用木头或塑料把这个精巧复杂的图形雕刻出来。一份拉萨姆的作品目录中展示了一个中等大小的黑色雕刻，就像一个非洲面具，它是拉萨姆用“形式合成”的方法创造（或者说发现）的。但是，雕刻是如此花费时间却又毫无必要，因此他不再雕刻。让他最感兴趣的是那个庞大而未知的可能形式之库。拉萨姆说：“我的关注点从完成一件单一作品转向雕刻上百万件作品，而每件作品又能再延伸出上百万件作品。我现在的艺术作品就是整棵雕刻的进化树。”

20世纪80年代后期，计算机三维图形在美国兴起，受此启迪，拉萨姆开始采用计算机运算来自动生成形式。他与英国汉普郡IBM研究所的一位程序员合作，一起修改了一个三维建模程序，用来生成变异形式。拉萨姆用了大约一年的时间来手工输入或编辑基因值，以生成可能形式的完整树。通过手动修改某个形式的编码，拉萨姆可以随机地对空间进行搜索。在提起这个人工搜索的过程时，拉萨姆只是淡淡地表示“挺累人的”。

1986年，拉萨姆遇见了刚问世的“生物形态王国”程序。他将道金斯进化引擎的核心部分与他的三维形式的精致外在结合到一起，孕育出一种进化艺术程序的思想。拉萨姆将他的方法昵称为“变异体”。“变异体”的功能几乎与道金斯的变异引擎完全相同。程序生成一个现有形式的后代，每一个后代之间都略有不同。与道金斯的线段图形不同，拉萨姆的形式是有血有肉、极具感官性的。它们以三维立体并带有阴影渲染的图像跃入观者的感知系统。那些夺人眼球的电子怪兽都是由不知疲倦的IBM图形计算机鼓捣出来的。拉萨姆选取其中最好的三维作品，以此作为亲本，繁衍出其他变异。许多代之后，拉萨姆将会在一个真正的博尔赫斯库里进化出一个全新三维实体。如此巨大的“生物形态王国”也只不过是拉萨姆空间的一个子集而已。

拉萨姆说道：“我从未想到我的软件能够创造出如此多的雕刻类型。用这种方法所能创造出的形式是如此之多，几乎是无限的。”拉萨姆找到的这些形式纤毫毕现，令人叹为观止，这中间包括编制精巧的篮子，大理石质地的巨蛋，双体蘑菇状的东西，来自另一个星球的麻花状鹿角、葫芦、奇异的微生怪物、朋客造型的海星，还有拉萨姆称之为“Y1异形”的来自异域空间的多臂湿婆神。

“一个充满奇思妙想的花园”拉萨姆这样称呼他的收藏。他并非要仿制出地球生命的样式，而是在探寻其他的有机形式——比地球生命“更具野性的某种东西”。他记得在参观一次乡间展会时驻足于一个人工授精摊位，看到巨大的变异超级牛和其他各种“没用的”怪物的照片。他发现这些奇异的形式最能带来灵感。

打印出来的图案给人一种不真实的清晰感，仿佛是在月球上无空气的环境下拍摄的照片。每一种形式都蕴含着惊人的有机感。这些东西并不是自然的复现，而是存在于地球之外的天然存在。拉萨姆说：“这台机器可以让我自由地探寻以前从未接触到的、超出我想象力的形式。”

在博尔赫斯形式库的深处，一层层优雅的鹿角、一行行左旋蜗牛、一排排矮花树、一屉屉瓢虫，都在等待着它们的第一个造访者——这个造访者也许是大自然本身，也许是位艺术家。而在两者未曾触及它们之前，它们仍然在意识之外，在视觉之外，在触感之外，是纯粹的可能之形式。据我们所知，进化是造访它们的唯一途径。

这个形式库包含了从过去到未来的所有生命形式，甚至包括存在于其他星球的生命形式。受限于我们自己的“先天偏见”，我们无法深入思索这些非传统生命形式的任何细节。我们的思绪会很快滑落回自己熟知的自然形式。我们也许会有片刻的遐想，但一旦要给这样一个离奇幻物填充大量细节，则会畏缩不前。进化，则是一匹暴烈野马，带我们到人力所不能及之处。借助这匹难以驾驭的野马，我们来到一个充满奇异形体之处，那些形体穷极想象之所能（但却并非出自人类想象）。

设计CM5的艺术家兼工程师卡尔·西姆斯告诉我：“我使用进化方法是出于两个目的：一是为了繁育出我不可能想象到的、也不可能凭其他方式发现的东西；二是为了创造出我可能想象到的、但永远没有时间去细化的东西。”

西姆斯和拉萨姆都曾碰到过形式库里的断点。“对于进化空间中可能出现的东西，你会越来越有感觉”西姆斯称。他还提到，他时常在进展不错而扬扬自得的时候，一头撞到墙上——进化似乎到达了一个瓶颈期。即使最激进的选择也不能让那个慵懒的家伙挪动半步——它似乎陷在那里了。代代更迭并没有产生更好的形式，就好像身处一个巨大的沙漠盆地，下一步与上一步没有什么分别，而朝向的顶峰仍遥不可及。

而托马斯·里德在潜心追踪“生物形态王国”那失踪的圣杯时，经常需要回退。他可能会看似离圣杯很近了却无法取得任何进展。他常常把漫漫征途的中间形式保存起来。有一次他需要回退数百步到第6个存档，才能从死胡同里走出来。

14.5 形式库中也有性

拉萨姆在探索他的空间时也曾有过类似的经历。他时不时地闯入一种他称为不稳定态的领地。在可能之形式的一些区域，基因的显著变化只能对形式造成微乎其微的改变——这也就是西姆斯所滞留的盆地。他不得不对基因大动干戈，以获得一点点形式上的推进。而在另一些区域，基因的微小变化也会造成形式的巨大改变。在前一种区域，拉萨姆在空间中的进展极其缓慢；而在后一种区域，哪怕最微小的动作都会让他横冲直撞地跑出老远。

为了避免跑过头，并加快发现的进度，拉萨姆在探索时会有意调整变异的幅度。最初他会把变异率设得比较高，以便快速扫过空间。当形状变得较有意思之后，他会把变异率调低，这样，代与代之间的差距变小，他就可以慢慢地接近被隐藏起来的形状。西姆斯则设法使他的系统能够自动执行类似的方法。随着进化出来的图像越来越复杂，他的软件会调低变异率，以软着陆在最终形式上。“否则”，西姆斯说，“当你试图微调一帧图像时会很抓狂”。

这些开拓者还想出了几条巡游的妙计。最重要的就是交配。道金斯的生物形态王国尽管丰饶却寡欲，找不到任何性的迹象。一切变化都通过单亲的无性变异来达成。相比之下，西姆斯和拉萨姆的世界则是由性所驱动的。这些开拓者所认识到的最重要一点就是：在一个进化系统里，交配行为可以有多种花样！

当然，最传统的方法是：父母双方各提供一部分基因。即便是这种最平淡无奇的交配也可以有好几种方式。在图书馆里，繁育就好比挑两本书，把它们的文字融合成一本“子”书籍。你可以生下两种后代：“内亲”或“外戚”。

“内亲”后代继承了父母之间的性状。想象一条连接图书甲和图书乙的线段。子代（图书丙）可能位于这条线段上的任何一点。它可能在正中间——如果它正好继承了父母各自一半的基因；它也可能更靠近某一方——譬如1/10继承自母亲而9/10来自父亲。“内亲”还可以章节交错的方式继承两本书的内容，就好比来自父母的基因片段交错排列在一起。这种方法可以将那些彼此间存在某种关联（通常可以用某种近似函数来表示）的基因片段保留下来，因而更有可能“去芜存菁”。

另一种理解“内亲”的方式是，把它想象成生物甲正在“异形”（好莱坞的说法）成生物乙。在从甲到乙的整个蜕变过程中产生出来的所有异形生物，都是这对夫妻的“内亲”后代。

“外戚”所处的位置则是父母变形线之外的某点。一头狮子与一条蛇的“外戚”并非两者中间的某个点，而更有可能是一只狮头蛇尾却长着分叉舌的怪物[1]。制造怪物的方法有好几种，其中非常基本的一种方法就是：在父母双方所具备的特性中随机抽取一些，放在一个大锅里搅拌，然后捞起什么算什么。“外戚”后代更具野性，更加不可预料，也更加失控。

进化系统的诡异之处还不止于此。交配可以是有悖常理的。威廉·拉萨姆眼下正在他的系统里推行多配偶制。凭什么交配要限制在两位父母之

1 读者可能会有些困惑：狮头、蛇尾、分叉舌，并没有超出父母双方所具有的特性啊！实际上，“内亲”和“外戚”的差别在于，“内亲”是一种线性插值，而“外戚”则不是。狮子和蛇的内亲，有狮头蛇尾，或者有蛇头狮尾，都不足为奇；但狮头里长出分叉舌来，则超出了“线性”变异的范畴，因而不属于“内亲”。相对于可能存在的“外戚”来讲，“内亲”只是极小的一个集合，但由于“内亲”所具有的线性关联性，因而具有很多很好的特性。

间？拉萨姆的系统可以让他选择多达5位父母，并且每位父母在“传宗接代”中的权重各不相同。他对一群子形式吩咐道：下次要像这个多些，还有那个和那个，还要有一点点像这个。然后他让它们结合，一起生产出下一代。拉萨姆还可以赋予负的权重值：譬如，不要像这个。这相当于设定了一个“反父母”。“反父母”参与交配的结果是繁衍出（或者根本不繁衍）尽可能与之不同的子女。

在自然生物学（至少是我们目前所知的）基础上更进一步，拉萨姆的变异体程序会追随繁育者在库中的足迹。对于在特定繁育过程中保持不变的基因，变异体程序会认为它们是繁育者所喜好的，因而让它们成为显性基因[1]；而对于那些变化不定的基因，变异体程序则认为它们是试验性质的，且不为繁育者所喜爱，因而将其定义为隐性基因，以减小它们的影响。

跟踪进化过程来预测其未来进程的想法是如此让人心醉。西姆斯和拉萨姆都梦想建立一个人工智能模型，能够分析繁育者在形式空间内探索的点滴进步。这个人工智能程序将会推导出每一步选择所共有的要素，进而直达库的纵深并找到具有某种特性的形式。

在巴黎蓬皮杜中心，在奥地利林茨国际电子艺术节，卡尔·西姆斯都向公众展示了他的人工进化之“大千”。在长长的陈列走廊中间的平台上，一台连接机嗡嗡作响。伴随着机器的思考，墨黑色的立方体发出闪烁的红光。一条粗粗的电缆把这台超级计算机与呈弧形分布的20台显示器连接起来。每个彩色屏幕前的地板上都安了一个脚踏板，踩下脚踏板（下边盖着开关），参观者就从这排屏幕中选择了一个特定图像。

我有幸在林茨展会的CM2上繁育出了图像。一开始我选择了一个看起来像是开满了罂粟花的花园的图像，西姆斯的程序立刻繁育出20个后代。其中两块屏幕上堆满了灰色的、毫无意义的东西，另外18块屏幕上

1　显性基因，隐性基因：举例来说，人的双眼皮基因是显性基因，单眼皮基因是隐性基因。这就意味着，一个单眼皮的人必然有一对单眼皮基因，而一个双眼皮的人，可能有一对双眼皮基因，也可能有一个双眼皮基因和一个单眼皮基因。

则显示出新的“花朵”，有些支离破碎，有些具有新的颜色。我一直试图让画面变得更加绚烂多彩。在这间弥散着计算机热力的房间里，我很快就在脚踏板之间的来回奔跑中汗流浃背了。这份体力活像是在做园艺——精心照料那些形状以使之长大成熟。我不断进化出更精细的花卉纹样，直到另一个参观者改变了进化方向，使它变得像荧光格子花纹。这个系统所发现的如此众多的美丽图案让我目瞪口呆：几何学的静物、幻景、异国情调的纹理、怪诞的图标。精致的、色彩绚烂的作品一个接一个地出现在屏幕上，然而，若未被选中的话，就永远地消失了。

西姆斯的装置每天都不间断地进行着繁育，把进化之手交付给路过这里的群氓的奇思异想。连接机记录下每个选择的前世今生。由此，西姆斯得到了一个人们（至少是博物馆的观众）认为美丽或有趣的图像的数据库。他相信可以从这些丰富的数据中抽象出一些只可意会不可言传的内在，并作为将来在库的其他区域繁育时的选择条件。

也许，我们会惊讶地发现，并没有什么统一的选择标准。也许，任何高度进化的生命形式都是美丽的。众生皆美——尽管各有所好。帝王蝶和其宿主奶草豆荚谁也不比谁更显眼或更平庸。如果不带偏见地审视一下，寄生虫也很美。我隐约地觉得，自然之美就存在于物种进化的历程里，存在于形式必须完完全全地合乎生物之道这样一个重要事实中。

尽管如此，仍然有什么东西（不管它们是什么）把这些被选中的形式与它们周围斑驳陆离的灰色杂点区别开来。对两者的比较也许能为我们揭示更多美的内涵，甚至能帮助我们明确“复杂性”究竟是什么。

14.6 三步轻松繁育艺术杰作

俄罗斯程序员弗拉迪米尔·伯克希尔科提醒了我，单单为了美而进化可能就是一个够远大的目标了。伯克希尔科和他的同伴阿列克谢·帕杰诺夫（他编写了让人上瘾的计算机游戏俄罗斯方块）设计了一个非常强大的繁育虚拟水族馆的程序。伯克希尔科告诉我:“刚开始时，我们并没打算使用计算机来生成什么很实用的东西，只是想得到非常漂亮的东西。”伯克希尔科和帕杰诺夫一开始并没有打算创造一个进化世界。“我们从花道——日本的插花艺术开始，原本想做出某种计算机花艺之类的东西，而且是活的，是动的，永远不会重复自己。”由于计算机屏幕“看起来像一个水族馆，我们决定做一个可以由用户定制的水族馆”。

用户把多彩的鱼类和摇曳的海草恰当地搭配，填充进屏幕水族馆，从而也当了一回艺术家。他们会需要大量不同的生物体。为什么不让水族馆爱好者繁育自己的品种呢？于是“电子鱼”应运而生，而俄罗斯人也发现，他们是在玩一个进化游戏。

电子鱼是一个程序制作的怪物，这个程序主要是在莫斯科编写的。那时俄罗斯大学里往往整个数学系的人都会失业，而一个聪明的美国创业家可以用雇用一位美国黑客的薪水让这一帮人为他做事。多达50名为电子鱼编写代码的俄罗斯程序员重新发现了计算进化的方法和威力，而他们对道金斯、拉萨姆和西姆斯的工作一无所知。

电子鱼的商业版本于1993年由美国软件商Maxis发行。它将拉萨姆在IBM大型机上和西姆斯在连接机上运行的那种华丽的虚拟繁育程序浓缩到了个人计算机上。

每条电子鱼有56个基因，800个参数。多彩的鱼在虚拟的水下世界逼真地游来游去，会像真鱼一样地轻拂鳍尾来个转身，它们在一缕缕海藻（也是由程序繁育的）中无休止地来回穿梭。当你给它们“喂食”时，它们就成群地围在食物周围。它们永远不会死。当我第一次从10步外看到一个电子鱼水族馆时，竟以为它是一段真实水族馆的视频。

真正有趣的部分是繁育鱼类。首先，我在这片电子鱼的海域里随意地撒下一网，以捞起几条奇异的鱼作为亲本。不同的区域藏着不同的鱼，这片海域就是一个鱼类的形式库。我抓到两条鱼并把它们拖了上来：一条胖胖的，身体呈黄色，间有绿色的斑点，背鳍单薄，上唇突出（这是妈妈）；另一条体型较小，体态像鱼雷，蓝色，长着中式船帆一样的背鳍（这是爸爸）。我可以选择任意一种进化方式：既可以从那条胖鱼或那条小蓝鱼中任选一条进行无性繁殖，也可以让这一对儿进行交配，从它们繁育出的后代中挑选。我选择了交配。

就像其他人工进化程序一样，有十几个变异后代出现在屏幕上。变异的程度可以通过旋钮来调整。我把注意力放在鱼鳍上，选择了一条有着巨鳍的鱼，并使每一代的体态都朝着具有越来越华丽、越来越庞大的鳍进化。我生成了一条看起来周身长满鳍的鱼，背、腹、侧面都有。我把它从孵化器里移出来，在扔进水族馆之前进行了动画模拟（这个过程可能需要几分钟或几小时，取决于计算机运算速度）。经过了许多代的进化，我得到的这条鱼是如此之怪异，以至于不能再进行繁育。这也是电子鱼程序用来保证鱼之所以为鱼的手段。我已经处于库的边缘，超出这个边界的形式就不再是鱼了。电子鱼程序无法渲染那些非鱼类生物，也无法让那些太过异类的鱼动起来——让一条怪物游起来实在有些强人所难。（鱼的各部分比例要符合常规，这样游动起来才有真实感。）玩家乐此不疲地试图弄清楚鱼和非鱼的界限以及是否有什么漏洞可钻，这也正是这个游戏的一部分。

要存储整条鱼的信息会占用过多的磁盘空间，因此程序只存储基因本身。这些微小的基因种子被称作“鱼卵”。鱼卵比鱼要小250倍。电子鱼的狂热玩家通过网络交换鱼卵，或者将鱼卵上传保存在公共的数字库里。

罗杰是Maxis公司负责测试电子鱼的程序员。他发现了一种有趣的办法，可以用来探索鱼类形式库的边界。他没有用繁育或是在已有的样本中撒网捞鱼的办法，而是把自己的名字直接插入到一个鱼卵代码中。一尾短小的黑蝌蚪出来了，很快办公室里所有人的电子鱼鱼缸都有了一尾黑蝌蚪。罗杰想知道他还能把什么东西放进鱼卵里去。这次他输入了林肯在葛底斯堡演说的文本，鱼卵长成了一个鬼一样的生物——一张苍白的脸拖曳着一个残破的蝙蝠翼，爱开玩笑的人给它取了个绰号叫作“葛底斯堡鱼”。经过一通乱闯乱撞之后，他们发现，任何一个包含大约2000个数位的序列都可以作为“鱼卵”而孵化出可能的鱼来。电子鱼的项目经理很快就乐此不疲，他把自己的财务预算电子表格输入程序，滋生了一个鱼头、毒牙嘴和龙身的怪物，这可不是什么好兆头。

繁育新品种曾经是园丁独有的手艺，而现在画家、音乐家、发明家都可以掌握了。威廉·拉萨姆预言，进化主义将是当代艺术发展的下一个阶段，借用变异和有性繁殖的概念可以催生出这门艺术。艺术家西姆斯并没有费心为电脑图像模型去绘色或是生成材质图，他通过进化来完成这项工作。他随意进入一个木质图案的区域，随后进化出木纹精细、树节密布的松树般的纹理，并用来给视频中的墙刷色。

现在人们可以用Adobe Photoshop的一个商用模板来做到这一点。凯伊·克劳斯编写的“纹理变异体”软件可以由一个图案繁育出8个子代，并从中选择一个继续繁育。

当代艺术设计趋向于更多地运用分析控制的手段，而进化主义颠覆了这种趋势。进化的终点目标更加主观（“最美者生存”），更少控制，更贴近天马行空般的意境，更加自然天成。

进化艺术家进行了两次创造。首先，艺术家扮演了上帝的角色，为生成美而设计了一个世界或一个系统。其次，他是这个伊甸园的园丁和看护人，诠释并呈现出他选中的作品。他更像慈爱的天父，导引一个个生灵降临世间，而不是用冰冷的模具塑造出一个个创造物。

目前，探索式的进化方法还有其局限性，艺术家只能从随机的某点或最基本的形式出发。进化的下一步是能够从人为设计的样式开始，然后从那里随心所欲地繁育开。在理想状况下，你会希望能有挑选的权利，譬如从一个还需要加工或改进的图标开始，逐步向前进化。

这样一个商业软件的架构是相当清晰的。具有创新精神的威尔·莱特——《模拟城市》的编写者和Maxis公司的创始人以及电子鱼程序的发行商，甚至想出了一个完美的名字："达尔文绘图。"在"达尔文绘图"中，你可以草草勾勒出一个新的企业图标。每条线，每个点，都用数学函数来表示。当你完成这些后，你就有了一个显示在屏幕上的图标以及计算机中作为基因的一组函数。然后你开始繁育这个图标，任由它进化成你也许从未料想过的奇异设计，并且其精细度也是你力不能及的。起初你在原型附近随机游荡，以寻找灵感；然后你对着某个让你眼前一亮的图案精雕细琢：你调低了变异度，用多配偶方式和反父母方式来进行微调，直至找到最终版本。你现在有了一个精致而使人目眩的艺术品，它的精细阴影和复杂纹饰美得让你不敢相信。因为这个图像是基于算法的[1]，它有无限的可伸展性，你想把它放到多大就多大，都不会丢掉相关的细节。尽情打印吧！

为了演示进化的效果，西姆斯把CM5的标志扫描进他的程序里，用它作为一个起始图像来繁育一个"改良的"标志。与那种了无新意的现代风格不同，它的字母边缘有着有机体一样细密的褶纹。办公室的同事们非常喜欢这件进化而来的艺术品，他们决定，以此图案去做T恤衫。"我倒是中意于进化出领带图案来，"西姆斯笑道，他甚至提议，"试试进化布

1 用函数来表示线条和点，所生成的图像是天量形式的，其变在与减少都不影响图像质量。

纹、墙纸或者字体怎么样？”

IBM一直以来都在支持艺术家威廉·拉萨姆的进化实验，因为这家全球化公司意识到这里蕴藏着巨大的商业潜力。拉萨姆认为西姆斯的进化机器是一个“较粗劣、较不易控制”的入门产品，而他的软件对工程师来说更可控，更加实用。IBM正在把拉萨姆研发的进化方法交给汽车设计师，让他们用来改变车身外形。他们试图回答的一个问题是，进化设计是在原始创意阶段更有用，还是在后面的精细控制阶段更有用？或者两者兼具。IBM打算利用这个技术来实现盈利，而且不只用于汽车产业。他们认为进化的“驾驭”方法对所有涉及大量参数的设计问题都是有帮助的，这些问题往往需要用户“折返”到一个先前的方案。拉萨姆认为进化与包装设计有本质上的相似——外部参数都是固定的（容器的大小和形状），但是内部所能做的却没有一定之规。进化能够带来多层次的细节，这是人类艺术家永远不会有时间、精力或金钱来做的事。而进化式工业设计的另一个优点是拉萨姆慢慢意识到的：这样的设计模式极其适合群体共享共管。参与的人越多，效果就越好。

人工进化作品的版权问题还处于法律真空中。谁将受到保护，是繁育出作品的艺术家，还是编写繁育程序的艺术家？将来，律师可能要求一个艺术家记录下创作进化作品所遵循的轨迹，以此证明他的作品并非复制或归属于某个形式库的创建者。正如道金斯所指出的，在一个真正巨大的形式库中，一个模式不可能被发现两次。拥有一条通往特定地点的进化路径，就不容置疑地证明了艺术家是最先找到这个目标的原始权利人，因为进化不会两次光顾同一个地点。

14.7 穿越随机性

归根结底，繁育一个有用的东西几乎就和创造一个东西一样神奇。理查德·道金斯的论断印证了这一点，他说："当搜索空间足够大时，有效的搜索流程就与真正的创造并无二致了。"在"包括一切可能之书"（大千）的图书馆里，发现某一本特定的书就等同于写了这本书。

人类早在几个世纪前就意识到了这点——远远早于计算机的出现。正如德尼·狄德罗[1]在1755年写道：

> 书籍的数量将持续增加。可以预见，在未来的某个时刻，从书本中学习知识就如同直接研究整个宇宙一样困难；而寻觅藏身于自然的某个真理也并不比在恒河沙数般的书册里搜求它更麻烦些。

《循环的宇宙》（*The Recursive Universe*）作者威廉·庞德斯通用一个类比来阐述为什么搜索知识所形成的巨大博尔赫斯库与搜索自然本身形

1 德尼·狄德罗（Denis Diderot，1713—1784）：法国启蒙思想家、唯物主义哲学家、无神论者和作家，百科全书派的代表，最大成就是主编《百科全书》。

成的博尔赫斯库一样困难。想象一座包含所有可能之视频的图书馆。像所有的博尔赫斯空间一样，这个图书馆的绝大多数馆藏品充满了噪声和随机灰度。通常一盘磁带所能播放出来的只是两个小时的雪花斑点。要找到一盘可以一看的磁带，最大的问题在于，一盘随机磁带除了它本身，无法用占用更少空间或更短时间的符号来表示。博尔赫斯库中的大多数藏品都无法进行哪怕是一点点压缩（这种不可压缩性正是随机性的最新定义）。要想搜索磁带，你只有去观看带子的内容，因而花在对磁带进行整理上的信息、时间和精力将超过创作这盘磁带的所需，不论这盘带子的内容是什么。

进化是解决这道难题的笨办法，而我们所说的智能恰好就是一条穿堂过室的隧道。当我在博尔赫斯图书馆里搜索《失控》时，如果我足够机敏，说不定要不了几个小时，我就已经辨明了绕过图书馆层层书架直捣黄龙的方向了。我可能已经注意到，一般来说，往上次翻过的书的左边去会更有“折痕”。我可能向左跑出去几英里，而这段路程以往需要很多代的缓慢进化才能通过。我也许已经了解了图书馆的架构，并可以预测出所求之书的藏身之处，这样我就可以胜过随机的猜测和乌龟爬一样的进化。通过将进化与对图书馆内在秩序的学习结合起来，我也许能找到我想要的《失控》。

一些研究人类心智的学生提出了一个强有力的论点：思维是大脑内想法的进化。根据这个主张，所有创造物都是进化出来的。当我写下这些文字时，我不得不承认这一点。我在写这本书之初，脑子里并没有一个成形的句子，完全是随意选了一个“我被”的短语；接着下意识地对后面可能用到的一脑袋单词做了个快速评估。我选了一个感觉良好的“封闭”。接着，继续从10万个可能的单词中挑选下一个。每个被选中的都繁育出可供下一代用的单词，直到我进化出差不多一个完整的句子来。在造句时，越往后，我的选择就越受到之前所选词汇的限制。所以，学习可以帮助我们更快地繁育。

但下一句的第一个单词可能是任何一个单词。这本书的结尾，远在

15万次选择之外，看起来如此遥不可及，恍若银河系的尽头。书是遥不可及的，在世上已经写成或将要写成的所有书里，只有在这本里才能找到这句话之前那两个前后相接的句子。

既然我的书已经写了一半了，我就要继续进化文字。我在这一章里将要写的下一个词是什么呢？说实在的，我并不知道。它们可能是什么？也许有几十亿种可能性——即便考虑到它们受到约束，必须符合上一句的逻辑性。你能猜到下一个句子就是这句吗？我也没猜到。但我写到这句结尾时，发现就是它了。

我通过寻找来写作。我在自己的书桌上对它进行进化，从而在博尔赫斯图书馆里找到它。一个单词接着一个单词，我穿行在豪尔赫·路易斯·博尔赫斯的图书馆内。仰仗我们头脑所进行的某种学习和进化的奇妙组合，我找到了我的书。它就在中间那层书架上，几乎齐眉高，坐标在52427区的第7个回廊。谁知道它究竟是不是我的书，抑或几乎算是我的书（也许这段或那段略有不同，或者漏掉了一些重要事实）？

这次漫漫搜索给我的最大满足是——不管这本书是珠玉还是敝屣，只有我才能找到它。

第十五章

OUT OF CONTROL

人工进化

15.1 汤姆·雷的电进化机

汤姆 · 雷[1]刚把编写好的小玩意儿（一小段程序）放进计算机，它就迅速繁殖起来，直到几百个副本占满了可用的存储空间。雷的小玩意儿勉强算是个试验性的计算机病毒，因为一旦离开他的计算机便不能再复制，所以它没什么危险。他只是想看看，如果病毒必须在一个有限空间里互相竞争，会有什么结果。

雷的世界设计得很巧妙，在病毒老祖宗数以千计的克隆品中，有大约10%在自我复制时发生了微小变异。最初那个家伙是一个“80”，叫这个名字是因为它的编码长度为80个字节。有些80发生了一点随机的变异，成了79或81。这些“新病毒”中的一些变种不久就接管了雷的虚拟世界。它们进而再变异出更多种类。80几乎被这些迅速增长的新“物种”大军逼到濒临灭绝的地步。不过，它挺了过来，在79、51和45这些新面孔出现并达到数量峰值一段时间以后，80又死灰复燃了。

不过区区几个小时，汤姆 · 雷的电进化机已经进化出了“一锅培养

1　汤姆 · 雷（Tom Ray，全名Thomas S. Ray）：生态学家，编写出了名为“Tierra”（西班牙语“地球”之意）的计算机人工生命模型，引起学术界的轰动。目前他在俄克拉荷马大学任教。

液”，近百种计算机病毒在这个与世隔绝的世界中为了生存而龙争虎斗。在花了几个月的时间编写代码后，雷在他的首次尝试中就孕育出了人工进化。

当雷还是个说话细声细气、腼腆的哈佛本科生时，就曾为著名的蚁人艾德华·威尔森[1]在哥斯达黎加收集蚁群。威尔森的剑桥实验室需要活的切叶蚁群，而雷受雇到中美洲茂密的热带丛林寻找并捕获状态良好的野外蚁群，然后运到哈佛。他发现自己特别擅长做这个工作。他的窍门是，以外科医生般灵巧的手对丛林土壤进行挖掘，搬走蚁群的核心部分。需要搬走的是蚁后的完整内室，包括蚁后自己、它的看护蚁，以及一个储存着足够食物的微型蚁园，以确保在运输中蚁群们不会忍饥挨饿。年轻的新生蚁群是最理想的了。这种蚁群的核心部分正好可以装进一个茶杯里。而另一个技巧就是找出藏在森林植被下的很小的蚁巢。只需几年时间，这个巴掌大小的小蚁群就可以填满一个大房间。

在热带雨林采集蚂蚁的同时，雷还发现了一种不明种类的蝴蝶，它会尾随行军蚁的行军路线。行军蚁吞噬其前进道路上所有动物的残忍习性，会把一群飞虫赶得慌不择路。一种鸟逐渐形成了跟随这个掠食大军的习惯，愉快地享用那些在空中四散奔逃的虫儿。而在紧随行军蚁大军的飞鸟身后，蝴蝶又接踵而至。蝴蝶尾随其后的目的是享用“蚂蚁鸟”的粪便“大餐”——产卵所急需的氮的来源。蚂蚁、“蚂蚁鸟”、“蚂蚁鸟蝴蝶”，也许还有谁不知道的什么玩意儿跟在后面，组成了一支“联合部队”，像一群串联好了的吉卜赛人一样，浩浩荡荡地横扫这片丛林。

雷被如此精妙的“联合部队”折服了。这简直就是一个游牧社会嘛！在无奇不有的天地万物面前，大多数企图了解生态关系的尝试都显得那么可笑。在茫茫宇宙之中，这三个种群（一种蚂蚁、三种蝴蝶、十几种鸟）

1　艾德华·威尔森（Edward Osborne Wilson，1929—）：美国昆虫学家和生物学家，尤其以他对生态学、进化论和社会生物学的研究而著名。他的主要研究对象是蚂蚁，尤其是蚂蚁通过弗洛蒙进行通信。他于1975年所写的《社会生物学：新的综合》（*Sociobiology:The New Synthesis*）引起了对社会生物学的争论。生物多样性这个词也是他引入的。威尔森的成就获得了许多奖励，其中包括美国国家科学奖章、克拉福特奖和两次普利策奖。

是如何结成这种奇异的相互依赖关系的呢？为什么会这样呢？

雷在读完博士的时候，觉得生态科学暮气沉沉、停滞不前，因为它不能对上面这些重要的问题给出一个满意的答案。生态学缺少好的理论来概括由每片荒野的观察数据所积累起来的财富。它受到大量局部知识的困扰，没有一个总体理论，生态学只不过是个充斥着迷人童话的“图书馆”。藤壶群落的生命周期、毛茛田地的季节性形态变化或山猫家族的行为已是众所周知的了，但是，是什么原则（如果有的话）主导了这三者的变化呢？生物学需要一门关于复杂性的科学来解答这个关于形态、历史和发展的难解之谜——这些都是非常有趣的问题，而且都有野外观察数据的支持。

和许多生物学家一样，雷也认为生物学的希望在于将其研究重点从生物时间（森林的千年寿命）转移到进化时间（树种的百万年寿命）。进化起码还有 一个理论。然而，对细节的过分执着也往往纠缠着进化科学的研究。“我很沮丧”雷对我说，“因为我不想研究进化的产品——爬藤啊、蚂蚁啊、蝴蝶啊什么的。我想研究进化本身。”

汤姆·雷梦寐以求的是制造一台电进化机。用一个“盛有”进化的黑匣子，他就能够阐明生态学的历史法则——雨林是如何由早期森林传承而来的，生态系统到底是如何从产生了各种物种的同一原初力量中涌现出来的。如果他能研制出一台进化机，他就会有一个试验台可以用来做真正的生态实验。他可以选择一个群落，以不同的组合一遍又一遍地进行试验，比如说生成没有水藻的池塘，没有白蚁的森林，没有黄鼠的草地，或者为免以偏概全，生成有黄鼠的丛林和有水藻的草地。他可以从制造病毒开始，看看这一切将把他带向何处。

雷以前观察鸟类，收集昆虫，种植花卉——与计算机狂人完全不沾边儿，而他却坚信这样一台机器是能够被造出来的。他记得10年前当他向一位麻省理工学院的计算机高手学习中国围棋时，那位高手曾运用生物隐喻来解释围棋规则。雷陈述道：“他对我说，‘你知道吗？编写一个能够自行复制的计算机程序是可行的。’在那一刻，我所憧憬的正是我现在所做的。我问他该怎么做，他说，‘噢，小菜一碟，不值一提。’但是我不记得他说了什么，或者他是否真的懂。当我想起那次谈话时，我就把小说扔到一边，捧起计算机手册读了起来。”

雷的电进化机方案是从简单的复制体开始，给它们一个舒适的栖息地，以及大量能源和有待填补的空间。和这些家伙最接近的实物是自复制的核糖核酸碎片。这个艰巨任务看上去是可行的。他打算研制一个计算机病毒的“培养液”。

当时正值1989年，新闻杂志上铺天盖地都是“计算机病毒比瘟疫还糟”“邪恶技术”的报道。但雷却从计算机病毒的简单代码中窥见了一个新科学的诞生：实验进化与生态学。

为保护外部世界（也保证自己的计算机不会崩溃），雷用一台虚拟计算机来运行他的实验。虚拟计算机是一种在真实计算机的潜意识深处模拟特定计算机的智能软件。通过将那些可自我复制的小玩意儿限制在这个虚拟计算机中，雷把它们与外部的计算机隔离，使自己在不危及外部计算机的情况下，能够对计算机内存这样的重要功能胡乱折腾。“之后，我坐下来写代码。两个月后，这小玩意儿跑起来了。在程序运行的头两分钟里，我就已经获得了可以进化的生物。”

雷在他称为“地球”的世界里种下了他编写的一个小玩意儿——80字节的程序代码，并把它放入他的虚拟计算机的内存中。这个小家伙先是找到一块80字节大小的空白内存空间，然后用一份自己的复制品占据这块地盘，从而实现了自我复制。不消几分钟，内存里就满是80的复制品了。

雷增加了两个重要功能，将这台施乐复印机般的复制机改造成一台进化机：他的程序在复制中偶尔会搞乱几位代码，他还赋予这些“生物”中的刽子手优先权。简言之，他引入了变异和死亡。

计算机科学家告诉过他，如果随意改变计算机代码（他的所有生物实际上都是代码），改变后的程序可能无法正常运行，甚至使计算机崩溃。他们认为通过向编码中随机引入漏洞来获得可运行的程序的概率太低了，他的方案无异于浪费时间。雷其实也知道，维持计算机运行所需的完美环境实在是太弱不禁风了——漏洞会杀死进程。不过，由于他的造物程序在他的虚拟计算机中运行，一旦变异产生一个严重“畸形”的东西，他的刽子手程序——他将其命名为“收割机”——就会将它杀死，而他的“地球”的其余部分则继续运转。“地球”实际上是找出不能复制的漏洞程序，将其从虚拟计算机中“拖”出去丢掉。

然而“收割机”会放过极少数有效变种，也就是说，那些碰巧形成一个真正的替代程序的变种。这些合法的变种能够复制并产生其他变种。如果你像雷那样将“地球”运行10亿个指令周期，在这10亿次的机会中，将出现数量惊人的随机产生的东西。为了让系统更有活力，雷还为造出来的小玩意儿们打上了年龄标记，这样一来，老一些的家伙就会死亡。“收割机既杀死最老的家伙，也杀死最捣蛋的家伙。”雷笑着说道。

在“地球”的首轮运行中，随机变异、死亡和自然选择都起了作用。没几分钟，雷就见证了一个生态系统的诞生——这个系统由那些新的生物组成，它们为抢夺指令周期而竞争。竞争奖励个头小的家伙，因为它们需要的运行时间更少，而残酷的达尔文进化论淘汰的是贪婪的消耗者、体弱多病的物种和老家伙。79（比80少一个字节）是幸运的。它的工作卓有成效，很快就超过了80。

雷还发现了非常奇怪的东西——一种只有45个字节的变种。它的代码效率极高，数量上也超过了所有其他变种。“这个系统自我优化的速度之快令我震惊”雷回忆说，“系统中的存活者有着越来越短的基因，我可以用图把这个速度描绘出来。”

在对45的代码做进一步考察时，雷惊奇地发现它是一只寄生虫。它只包含了生存所需的代码。为了繁殖，它“借用”了80的繁殖代码来复制自己。只要周围有足够的80宿主，45就会兴盛起来。但是，如果在有限的范围内45太多了，就不会有足够的80提供复制源。随着80的减少，45也减少了。这对舞伴跳着共同进化的探戈，进进退退，就像北部森林中的狐狸和兔子一样。

“所有成功的系统都会吸引寄生虫，这似乎是生命的普遍属性。”雷提醒我说。寄生虫在自然界如此常见，以至于宿主很快就共同进化出针对它们的免疫力。寄生虫随之进化出骗过那种免疫力的策略。结果宿主再共同进化出抵制它们的防御能力。实际上，这些行动并不是交替出现的，而是两股力量持续相互作用产生的。

雷学会了用寄生虫在“地球”中进行生态实验。他把79装到他的“培养液”里，因为他觉得79可能对寄生虫45免疫。的确如此。不过随着79的兴旺，第二种能够捕食79的寄生虫进化出来。这一种有51字节长。当雷为它的基因排序时发现，45之所以能变成51，正是由一个“基因事件”所引起的：“7个出处已无从考究的指令取代了45中间段某处的一个指令”，把一个丧失能力的寄生虫变成了强有力的新物种。但这还不算完——一个对51具有免疫力的新物种进化了出来，而这样的过程还在继续。

在运行了很长时间的“培养液”中，雷发现了以其他寄生虫为宿主的超寄生虫：“超寄生虫就像是从你家的电线上偷电的邻居。他们用你的电，你付电费，而你还蒙在鼓里。”在“地球”里，像45这样的有机体发现自己无须“携带”大量代码来复制自己，因为它们周围有足够的代码。雷俏皮地说：“这就像我们利用其他动物的氨基酸一样（在我们吃它们的时候）。”在进一步检查中，雷发现“超—超”寄生虫兴旺起来，寄生升级到了第三代。他发现了“社交骗子”——这种生物利用两个合作的超寄生虫的代码（“合作”的超寄生虫彼此还相互偷窃！）。社会骗子需要相当发达的生态环境。至于“超—超—超”寄生虫，虽然还没看到，不过也许已经有了。在那个世界里，这种不劳而获的游戏也许永无止境。

15.2 你力所不逮的，进化能行

雷所发现的“生物”是人类程序员无法编写出来的。

“我从编写80字节的小玩意儿开始”雷回忆说，“因为那是我能拿出来的最佳设计了。我猜想或许进化能把它降到75字节左右，于是就让程序运行了一整夜。结果第二天早上就出现了一个新东西——不是寄生虫，而是某种能完全自我复制的东西——它只有22字节！令我大惑不解的是，在没有像寄生虫那样盗用别人指令的情况下，一个计算机病毒是怎样仅通过22个指令就做到自行复制的呢？为了和他人分享这个新发现，我把它的基本算法发到网上。麻省理工学院一位计算机专业的学生看到了我的解释，但不知怎么没有得到病毒22的代码。他试图手工重新创造它，但是他的最好成绩也需要31条指令。当他得知我是在睡觉时得到22条指令的时候，他沮丧极了。”

人类力所不逮的，进化却能做到。雷在一台显示器上展示了22在培养液中繁殖倍增的踪迹，以作为他的陈述的最佳诠释：“想想看，随机地改动程序竟然能胜过精雕细琢的手工编程，这听上去挺荒谬的，可这就是一个活生生的例子。”这位旁观者突然明白了，这些“没脑子”的黑客具有的创造力是永无止境的。

因为病毒要消耗计算机指令周期，所以较小（指令集更短）的病毒就有一定的优势。雷重写了“地球”的代码，使系统根据病毒大小按比例为其分配计算机资源，大病毒得到更多周期。在这种模式下，雷的病毒所栖息的是一个不偏不倚的世界。正因为这个世界对大小病毒一视同仁，因此长期运行也许会更有意义些。有一次雷将它运行了150亿个指令周期。在第110亿个周期左右时，诞生了一种长度为36字节的病毒，它可是聪明得近乎狡诈了。它计算自己的真实尺寸，然后在“尾部”（我们姑且用这样的称谓吧）将长度值向左移了一位，在二进制中，这就相当于翻倍。靠着谎报自己的尺寸，36神不知鬼不觉地窃取了72的资源，这就意味着它得到了两倍于实际所需的中央处理器时间（指令周期数）。这个变种自然横扫了整个系统。

也许汤姆·雷的电进化机最惊人的事情是它创造了性。没人告诉它什么是性，然而它还是发现了。在一次实验中，为了看看关闭变异功能会产生什么结果，雷让“培养液”在没有外加错误的情况下运行。结果让他大吃一惊，即便没有程序变异，进化仍然发生了。

在真实的自然生活中，性是远比变异更重要的变化来源。从概念上讲，性是遗传重组——一些来自父亲的基因和一些来自母亲的基因结合成为后代的全新基因组。在雷的“地球”中，寄生虫有时会在无性繁殖中“借用”其他病毒的复制功能，而“收割机”有可能在这个过程中碰巧杀死了宿主，宿主原有的空间被新病毒占用。发生这种情况的时候，寄生虫就会使用新病毒的部分代码，以及“死去”病毒被打断了的部分复制功能。由此产生的后代是个未经刻意变异而产生的天然的新组合。在雷的“培养液”里，这种中断式交配其实一直都在发生，但只有当他关闭变异功能时，他才注意到这点。原来，不经意的重组本身就足以推动进化。生物死亡时所栖息的内存空间中就会有足够的不规则性，而这种复杂性提供了进化所需的多样性。从某种意义上说，系统进化出了变异。

对科学家而言，上述成果最令人欣喜之处在于，他的小世界展示的似乎是间断平衡。在相对较长的时期里，种群比例保持着一个相对稳定的局面，只是偶尔有物种灭绝或新物种诞生。接着，几乎是一眨眼工夫，这种平衡就立刻被一阵翻江搅海般出现的新老物种交替给打断了。对一个较短的时间来说，变化是狂暴而不受约束的。接着事情解决了，静止和平衡再次成为主宰。古化石研究显示，这种形式在地球上的自然界中占压倒优势。静止是常态，而变化总是突如其来的。在其他计算机的进化模型中也能看到同样的间断平衡方式，比如克里斯蒂安·林格伦的囚徒困境式的共同进化世界。如果人为进化反映了生物进化，你肯定想知道，如果雷让他的世界永远运行下去，会出现什么状况？他的病毒怪物会创造出多细胞吗？

遗憾的是，雷从来没有将他的世界以马拉松的方式运行过，去看看几个月或者几年之后会发生些什么。他还在不停地摆弄着他的程序，对其进行改进，以使之能够收集长期运行所产生的海量数据（每天50兆字节）。他承认："有时，我们就像一群有一辆车的男孩子。我们总是在车库里打开发动机罩，把引擎零件拿出来摆弄，但是我们几乎从不开车，因为我们太执着于如何加大车辆马力了。"

事实上，雷正专注于开发一种新硬件，那应该是一种新技术。雷认为他可以将虚拟计算机和为它编写的基本语言"烧制"进一块专用集成电路芯片——一块进化用的芯片。这个现成的达尔文进化芯片就成了可以插进任何计算机的模块，它会为你迅速繁殖东西。你可以进化出代码或子程序，甚至是整个软件程序。"我发现这相当奇怪"雷吐露道，"作为一个热带植物生态学家，我竟然搞起了计算机设计。"

达尔文进化芯片可能带来的前景是美妙的。设想在你的个人计算机中就有一块，而在你的计算机中使用的文字处理软件是微软的Word。由于达尔文进化算法常驻内存，Word会随着你的工作而进化。它会利用处理器的空闲周期，以缓慢的进化方式自我改善和学习，使自己适应你的工作习惯。只有那些提高了速度和准确性的改变会保留下来。不过，雷深信应该将杂乱无章的进化与工作分割开。"你应该把进化与终端用户分开。"他说。他设想在后台离线进行"数字耕耘"，这样一来，进化中不可或缺的错误和失败就不会为用户所见；在用户的使用过程中，进化也处于"休眠"状态。

进化在市面上也算不上天方夜谭了。今天你就能买到类似功能的电子表格模块。它的名字就叫作“进化者”。“进化者”是苹果计算机上的电子表格模板——非常复杂，密密麻麻有数百个变量和功能函数。工程师和数据库专家都使用它。

比如说，你有3万名病人的医疗记录。你可能很想了解一个典型患者的症状。数据库越大，想看到你存在特定位置的数据就越困难。大多数软件都能计算平均值，但是凭这并不能抽取出一个“典型”患者。假设你想了解的是，在收集到的几千种类别的数据中，哪一套量测值对最多数人群来说具有相似的意义。这是一个对海量交互变量进行优化的问题。对任何生物来说，这都是一个再熟悉不过的问题：如何将成千上万个变量所输出的结果最大化呢？浣熊必须确保自己的生存，但是有上千种变量（脚的大小、夜视能力、心率、皮肤颜色等）会随时间推移而发生变化，且一个参数的改变会引起另一个参数的改变。要想穿过这片包含各种可能结果的广阔空间，并且还留有些许登顶的希望，唯一的方法就是进化。

“进化者”软件对最大多数患者的最宽泛的病历进行优化。它尝试给出一名典型患者的基本描述，然后检查有多少患者符合这份描述，再对病历进行多维度改进，看看是否有更多患者与之相符，然后修改、选择、再修改，直至最大数量的患者符合这份描述。这项工作特别适合进化。

计算机科学家把这个过程叫作“爬山法”。进化程序试图在包含最优解的形式库中向顶峰攀升。通过持续不断地向更好的解决方案推进，程序一直向上攀登，直到不能爬得更高。在那一点上，它们就到达了峰顶——一个极大值。然而始终有个问题：这个峰顶是周围最高的吗？或者，程序是否被困在一个局部高点，与旁边高得多的峰顶只有一条峡谷之隔，却又无从回退？

找到登上一处高点的路径并不难。自然界中的进化和计算机中的进化程序所擅长的就是，在山峦起伏、一山更比一山高的地形中，爬到全局意义上的制高点——主峰。

15.3 并行实施的盲目行为

从外表看很难判断约翰·霍兰德的真实年龄。他曾经摆弄过世界上最早的计算机，现在则任教于密歇根大学。他首次提出了一种数学方法，用以描述进化所具备的优化能力，并且该方法可以轻松地在计算机上编程实现。因其数学形式在某种程度上类似于遗传信息，霍兰德把它们称为遗传算法[1]。

和汤姆·雷不同，霍兰德从性开始入手。霍兰德的遗传算法选取两组类似于DNA的计算机代码，这两组代码在问题求解上都有不错的效果，然后以交配互换的方式将它们随机重组，看看新的代码会不会表现得更好一点。在设计系统时，和雷一样，霍兰德必须克服一个悬而未决的问题：对于任何随机生成的计算机程序来说，往往都谈不上什么好坏，而是根本就不靠谱。从统计学的意义上说，对可用代码做随机变异，结局注定是屡战屡败的。

早在20世纪60年代初，理论生物学家就发现，与突变相比，交配所

1 遗传算法（Genetic Algorithms，GA）：人工智能领域的一个重要算法，最早由约翰·霍兰德于20世纪70年代提出。

产生的实用个体比例更高，因而以其为基础的计算机进化也更稳定和有生命力。但是，单靠有性交配，其结果很受局限。20世纪60年代中期，霍兰德发明了遗传算法；遗传算法中起主要作用的是交配，但突变也是幕后策划者之一。通过将交配与突变结合在一起，系统变得灵活且宽泛。

和其他具有系统观念的人一样，霍兰德认为大自然的工作和计算机的任务是相似的。“生物体是高明的问题解决者”霍兰德在他的工作总结中写道，“它们所展示出来的多种才艺使最好的计算机程序都为之汗颜。”这个论断尤其令计算机科学家感到难堪。他们可能经年累月地在某个算法上绞尽脑汁，而生物体却通过无目标的进化和自然选择获得了它们的能力。

霍兰德写道，进化的方法“排除了软件设计中最大的一个障碍：预先规定问题的所有特征”。如果你有许多相互矛盾而又彼此关联的变量，而目标定义又很宽泛，可能有无数个解，那么进化正是解决之道。

正如进化需要大量的个体才能发挥效用一样，遗传算法也要炮制出数量庞大的代码群，并且这些代码同时进行处理数据和发生变异。遗传算法实际上是一大群略有差别的策略，试图在崎岖的地形上同时攀爬不同的峰顶。由于大量代码并行作业，因而能同时访问该地形的多个区域，确保它不会错过那真正的高峰。

隐含的并行主义是进化过程确保其不但攀上高峰、而且是最高峰的魔力所在。如何找出全局最优值？通过同时考察整个地貌的每一寸土地。如何在复杂系统中对上千个相互冲突的变量做出最佳平衡？通过同时尝试上千种组合。如何培养出能在恶劣条件下生存的生物体？通过同时投入1000个略有差异的个体。

在霍兰德的算法中，那些“处在最高处”的代码彼此交配。换句话说，“地势高”的区域，交配率就高。这便将系统的注意力集中到最有前途的区域，同时，对那些没有希望的地区，系统则剥夺了它们所占用的计算周期。这样，并行主义既做到了“天网恢恢，疏而不漏”，又减少了寻找顶峰所需要的代码数量。

并行是绕过随机变异所固有的愚蠢和盲目的途径之一。这是生命的极大讽喻：一个接一个的重复盲目行为只能导致更深层的荒谬，而由一群个体并行执行的盲目行为，在条件适合时，却能导出所有我们觉得有趣的东西。

约翰·霍兰德在20世纪60年代研究适应机制时发明了遗传算法。而直到20世纪80年代末，他的成果都没有引起任何关注，除了12个异想天开的计算机研究生。其他几个研究者，如工程师劳伦斯·福格尔[1]和汉斯·布雷默曼[2]，在20世纪60年代独立开展了种群的机械式进化研究；现在密歇根州韦恩州立大学工作的计算机科学家迈克尔·康拉德，在20世纪70年代也从对适应的研究转向了为种群进化建立计算机模型；他们都受到了同样的冷落。总之，这项工作在计算机科学领域里可以说是默默无闻的，而生物学界对它更是一无所知。

在霍兰德关于遗传算法和进化的书《自然与人工系统中的适应》（*Adaptation in Natural and Artificial Systems*）于1975年问世前，只有两三个学生写过关于遗传算法的论文。到1992年再版时，这本书只卖出了2500本。在1972年至1982年，整个科学界关于遗传算法的文章仅有二十几篇，更遑论有什么对计算机进化顶礼膜拜的追随者了。

生物学界对此缺乏兴趣尚情有可原（但也不是什么光彩的事情）；生物学家认为自然界太复杂，难以用当时的计算机来展现其真实全貌。而计算机科学对此兴趣寥寥，就莫名其妙了。我在为本书做调研时经常感到困惑，像计算进化这样重要的方法为什么竟无人理睬呢？现在我相信，这种视而不见的根源，在于进化所固有的看上去杂乱无章的并行性，以及它与当时盛行的计算机信条——冯·诺依曼串行程序——在根本上的抵触。

人类的第一台电子计算机叫作电子数值积分计算器[3]，是1945年为解

---

1 劳伦斯·福格尔（Lawrence Fogel，1928—2007）：进化计算和人为因素分析的先驱者，进化规划之父。

2 汉斯·布雷默曼（Hans Bremermann，1926—1996）：加利福尼亚州伯克利大学名誉教授，数学生物学先驱。

3 电子数值积分计算器（Electronic Numerical Integrator and Computer，ENIAC）：1946年2月15日诞生于宾夕法尼亚大学，由美军在“二战”中投资研制。它曾被认为是世界上第一台电子计算机，但最近的一场旷日持久的官司改变了这个历史，阿塔纳索夫-贝瑞计算机（Atanasoff-Berry Computer，ABC）取而代之成为世界上第一台电子计算机。

决美军的弹道计算问题而研发的。电子数值积分计算器是一个由1.8万支电子管、7万个电阻和1万个电容构成的庞然大物。它需要6000个手动开关来设置指令，然后才能运行程序；各个数值的计算实际上是以多数值位并行方式同时进行的。这对编程来说是个负担。

天才的冯 · 诺依曼从根本上改变了这种笨拙的编程系统。电子数值积分计算器的接替者——离散变量自动电子计算机[1]，是第一台可运行存储程序的通用计算机。冯 · 诺依曼24岁那年（1927年）发表了他的第一篇关于数学逻辑系统和博弈论的学术论文，自那时起，他就一直在考虑系统逻辑问题。在与离散变量自动电子计算机小组共事时，为了应付计算机编程在求解多问题时所需的复杂运算，他发明了一种方法来控制这些运算。他建议将问题分成离散的逻辑步骤，类似于长除法的求解步骤，并把求解过程的中间值临时储存在计算机中。这样一来，那些中间值就可以被看成下一部分问题的输入值。通过这样一个共同演化的循环（现在称为子程序）来进行计算，并将程序的执行逻辑储存在计算机中以使它能与答案交互，冯 · 诺依曼能将任何一个问题转化成人脑所能理解的一系列步骤。他还发明了描述这种分步线路的标记法：即现在大家所熟悉的流程图。冯 · 诺依曼的串行计算架构——一次执行一条指令，其普适性令人惊叹，并且非常适合人类编程。1946年，冯 · 诺依曼发表了这个架构的概要，随后所有的商用计算机都采用了这个架构，无一例外。

1949年，约翰 · 霍兰德曾效力于离散变量自动电子计算机的后续项目“旋风计划”[2]。1950年，他参加了IBM“国防计算机”的逻辑设计团队，这款机型后来演变成IBM 701机，是世界第一部商用计算机。当时的计算机有房间那么大，耗电量惊人。到了20世纪50年代中期，霍兰德加

1 离散变量自动电子计算机（Electronic Discrete Variable Automatic Computer，EDVAC）：是一台早期的电子计算机。它和电子数值积分计算器的建造者均为宾夕法尼亚大学的电气工程师约翰 · 莫奇利和普雷斯波 · 艾克特。冯 · 诺依曼以技术顾问的身份参与了研制。

2 旋风计算机（Whirlwind）：一款由麻省理工学院研制的早期电子计算机。引入了当时先进的实时处理理念，并最先采用显示器作为输出设备，拥有世界首款成熟的操作系统。其设计理念对20世纪60年代的商用计算机产生了巨大影响。

入了一个带有传奇性的圈子，里面都是些思想深邃之人，他们开始讨论人工智能的可能性。

当赫伯特·西蒙和艾伦·纽厄尔[1]这样的学界泰斗把学习看作高贵和高等的成就时，霍兰德却把它看作光鲜外表下的低端适应。霍兰德认为，如果我们能理解适应性尤其是进化的适应性，就可能理解甚至模仿有意识的学习。尽管其他人有可能意识到进化与学习之间的相似之处，然而在一个快速发展的领域里，进化并不太为人所关注。

1953年，霍兰德在密歇根大学数学图书馆漫无目的地浏览时，偶然发现了一卷由R.A.费希尔[2]写于1929年的《自然选择的遗传理论》(*Genetical Theory of Natural Selection*)，顿时大受启发。达尔文引领了从对生物的个体研究到种群研究的转向，而把种群思维转变为定量科学的则是费希尔。费希尔以一个随时间推移而进化的蝴蝶族群为对象，将其看作一个将差别信息并行传遍整个族群的整体系统。他提出了控制信息扩散的方程。通过驾驭自然界最强大的力量——进化，以及人类最强有力的工具——数学，费希尔单枪匹马开创了一个人类知识的新世界。“我第一次意识到能对进化进行有意义的数学运算”霍兰德回忆起那次奇妙邂逅时说，“那个想法对我非常有吸引力。”霍兰德如此醉心于将进化作为一种数学来处理，以至于(在复印机还没有问世的当时)拼命想搞到绝版的全文。他恳求图书馆把书卖给他，但没有成功。霍兰德吸取了费希尔的见解，又将其升华为自己的构想：一群协处理器，在计算机内存的原野上如蝴蝶一般翩翩起舞。

霍兰德认为，人工学习其本质上是适应性的一个特例。他相当确定能在计算机上实现适应性。在领悟了费希尔关于进化是一种概率的洞见后，霍兰德着手尝试把进化编为代码输入机器。

---

1 艾伦·纽厄尔(Alan Newall，1927—1992)：计算机科学和认知心理学领域的科学家，曾任职于兰德公司以及卡内基-梅隆大学的计算机学院、商学院和心理学系。1975年他和赫伯特·西蒙一起因人工智能方面的基础贡献而被授予图灵奖。

2 R. A. 费希尔爵士(Sr. Ronald Aylmer Fisher，1890—1962)：英国皇家学会会员、统计学家、生物进化学家与遗传学家。他是现代统计学与现代进化论的奠基人之一。他被认为是“一位单枪匹马创立现代统计科学的天才”“达尔文最伟大的继承者”。

在尝试之初，他面临着一个两难处境：进化是并行的处理器，而所有可用的电子计算机却都是冯·诺依曼式的串行处理器。

在把计算机变为进化平台的迫切愿望下，霍兰德做了唯一合理的决定：设计一台大规模并行计算机来运行他的实验。在并行运算中，许多指令同时得到执行，而不是一次只执行一个指令。1959年，他提交了一篇论文，其内容正如其标题所概括，介绍了《能同时执行任意数量子程序的通用计算机》[1]，这个机巧装置后来被称为“霍兰德机”。而等了差不多30年，一台这样的计算机才终于问世。

在此期间，霍兰德和其他计算进化论者不得不依赖串行计算机来培育进化。他们使出浑身解数在快速串行处理器上编程模拟一个缓慢的并行过程。模拟工作卓有成效，足以揭示出并行过程真正的威力。

1 《能同时执行任意数量子程序的通用计算机》: *A Universal Computer Capable of Executing an Arbitrary Number of Sub-programs Simultaneously*。

15.4 计算中的军备竞赛

直到20世纪80年代中期，丹尼·希利斯才开始建造第一台大规模并行运算计算机。其实早在几年前，希利斯就已是一个计算机科学专业的“神童”了。他的那些恶作剧和黑客事迹即使在麻省理工学院这个号称“黑客鼻祖”的学校中也颇具传奇性。希利斯以其惯有的清楚明了向作家史蒂文·列维[1]总结了冯·诺依曼计算机的瓶颈所在：“你为计算机输入的知识越多，它运行得越慢。而对人来说，你给他的知识越多，他的头脑越敏捷。所以说我们处在一种悖论之中，你越想让计算机聪明，它就变得越愚笨。”

希利斯真正想成为生物学家，而他理解复杂程序的特长却将他吸引到麻省理工学院的人工智能实验室。在那里，他最终决定尝试设计一台“会成为我的骄傲”的思考型计算机。他把设计一个无法无天、三头六臂的计算机怪兽的开创性想法归功于约翰·霍兰德的启发。最终希利斯领导的小组发明了第一台并行处理计算机——“连接机”。1988年，一台“连接机”可卖得一百万美元高价，赚得盆满钵满。有了机器，希利斯就开始认

1 史蒂文·列维（Steven Levy，1951—）：美国新闻工作者，写了不少有关计算机科技、密码系统、网络安全和隐私的书。

真地从事计算机生物学研究了。

“我们知道，只有两种方法能制造出结构极其复杂的东西”希利斯说，“一个是依靠工程学，另一个是通过进化。而在两者中，进化能够制造出更加复杂的东西。”如果靠设计不能制造出令我们骄傲的计算机，那我们就不得不依靠进化。

希利斯的第一台大规模并行运算的“连接机”能使64000个处理器同时运行。他迫不及待地要启动进化研究，于是给计算机注入了64000个非常简单的程序。和霍兰德的遗传算法或雷的“地球”一样，每个个体都是可以发生变异的一串符号。不过，在希利斯的“连接机”中，每个程序都有专门的处理器来对其进行处理。因此，种群能极其迅速地做出反应，而其数量之多，是串行计算机根本不可能做到的。

在他的“培养液”里，最初的“小玩意儿”都是些随机的指令序列，但是经过几万代进化，它们就变成能将一长串数字进行排序的程序（排序体）。大多数较大型的软件都会包含这样的排序例程。多年来，在计算机科学领域，有无数的人力花费在设计最有效的排序算法上。希利斯让数千个排序体在计算机中增殖，随机变异，偶尔进行有性基因互换。然后，正如通常的进化策略一样，他的系统会测试这些程序，终止那些效率低下的，只有最短的（最好的）排序体才有复制的机会。经过上万代的循环后，他的系统培育出一种程序，它几乎和由人类程序员编制的最佳排序程序一样短。

接着，希利斯重新开始试验，不过这次有一个很重要的不同：在对进化的排序体进行测试时，测试程序（测试体）本身也允许发生变异。用来测试的字符串可以变得更复杂，以抵制那些简单的排序体。排序体必须瞄准一个移动的目标，而测试体需要躲避一支会转向的利箭。事实上，希利斯将测试用的数字列表从一个僵化被动的环境转变成了一个积极主动的有机体。就像狐狸和野兔、黑脉金斑蝶和马利筋一样，排序体和测试体也构成了经典的共同进化关系。

希利斯骨子里还是个生物学家，他把不断变异的测试体看成一个试图干扰排序程序的寄生生物，并把他的世界看成一场“军备竞赛”——寄生虫进攻，宿主防卫，寄生虫反攻，宿主防守反击……如此循环。传统观念认为，这种胶着的“军备竞赛”是在愚蠢地浪费时间，或难逃陷入泥潭的厄运。然而希利斯发现，寄生虫的引入并没有妨碍排序体的发展，恰恰相反，它加快了进化的速度。寄生虫引发的“军备竞赛”也许很丑陋，但它们的作用却很显著。

和汤姆·雷一样，丹尼·希利斯也发现进化能超越通常的人类能力。在“连接机”中发展起来的寄生虫，刺激了排序体去设计更有效的解决办法。在共同进化了1万个周期之后，希利斯的小怪物们进化出一种计算机科学家前所未见的排序体。最具讽刺性的是，它刚好比人类设计的最短算法少一步。看似愚钝的进化设计出了一个独具匠心又非常有效的软件程序。

“连接机”中的单个处理器的功能是很低下的，智力跟一只蚂蚁差不多。不管花上多少年时间，单个处理器都无法独自想出解决任何问题的独创性办法。即使把64000个处理器串到一起也好不了多少。

而当64000个又蠢又笨的蚂蚁似的大脑形成相互连接的庞大网络时，它们就构成了一个进化的种群，看起来就像大脑里的一大堆神经元。那些使人类筋疲力尽的难题，却往往在这里得到绝妙的解法。这种“海量连接中涌现出秩序”的人工智能方法便被冠以“连接主义”的名号。

早期认为进化与学习紧密相关的直觉又被连接主义重新唤醒了。探索人工学习的连接主义者通过将愚钝的神经元联结成巨大的网络而大展拳脚。他们研发了一种基于联结的并行处理方法——在虚拟或硬件实现的并行计算机上运行——与遗传算法相似，它能同时进行大量的运算，不过它的评估机制更加精密（更聪明）。这些大大“开窍”了的网络被称为神经网络。迄今为止，神经网络在产生“智能”方面所取得的成就还很有限，尽管它们的模式识别能力非常有用。

然而，一切事物均来自低等连接这一理念着实令人惊诧。并行计算网络内部究竟发生了什么神奇变化，竟使它具有了近乎神的力量，从相互连接的愚钝节点中孕育出组织，或是从相互连接的低功能处理器中繁育出程序？当你把所有的一切连接到一起时，发生了什么点石成金的变化呢？在上一分钟，它们还只是由简单个体组成的乌合之众；在下一分钟，连接之后，你却获得了涌现出来的、有用的秩序。

曾有那么一瞬间，连接主义者猜想：也许创造理智与意识所需要的一切，不过就是一个足够大的互相连接的神经元网络，理性智能可以在其中完成自我组装。甫一尝试，他们的这个梦却破灭了。

但是人工进化者仍然在追寻着连接主义的梦想。只是，和着进化的缓慢节奏，他们会更有耐心。而这缓慢的，甚至非常缓慢的进化节奏着实令我不安。我这样向汤姆·雷表达我的忧虑："现成的进化芯片和并行进化处理机让我有些焦虑，因为进化需要的时间多得令人难以置信。这个时间从何而来？看看大自然的运行速度，想一下，在我们谈话期间，有多少微小分子被吸附到一起。大自然的并行速度之快、规模之广之大令人难以置信，而我们却打算尝试超越它。在我看来，根本就没有足够的时间能做成这件事。"

雷回答道："哦，我也有同样的焦虑。但另一方面，让我惊讶的是，在我的系统里即使仅靠一台虚拟计算机，进化也能进行得如此之快。再者，时间是相对的。进化的时间尺度是由进化中一代的时间跨度来决定的。对人类来说，一代是30年，但对我的小玩意儿来说，一代就是几分之一秒。而且，当我扮演上帝时，我能加快整体的突变率。我不敢肯定，但是也许我可以在计算机上得到更多的进化。"

在计算机上进行进化还有其他的原因。比如，雷能记录每个"小玩意儿"的基因组序列，保存完整的人口统计和种群谱系。它生成大量数据，而在现实世界中根本无法收集这些数据。尽管随着人造世界复杂性的激增，提取信息的复杂性和成本也会激增，但做起来仍可能比无法掌控的有机世界更容易些。正如雷告诉我的那样："即使我的世界变得像真实世界一样复杂，但我是上帝，我无所不知。我能获取任何我感兴趣的信息而不打扰它，也不用走来走去踩坏植物。这是一个根本的不同。"

15.5 驾驭野性的进化

回到18世纪，本杰明 · 富兰克林很难让朋友们相信，他实验室里产生的微弱电流与荒野中发生的雷电本质上是一回事。部分原因是他的人造电火花与撕裂天空的巨型闪电相比根本不在一个级别上，但更主要的原因是，那些旁观者认为，福兰克林所声称的再现自然有违常理。

今天，汤姆 · 雷也难以让他的同事们信服，他在实验室里人工合成的进化与塑造自然界动植物的进化本质上是相同的。他的世界里几个小时的进化与在蛮荒的大自然中数十亿年的进化在时间尺度上的差别也只是部分原因；最主要的是，怀疑者也认为，雷所声称的再现一个难以明了的自然过程是有违常理的。

在富兰克林发明电之后200年，人工生成的可驾驭和可度量的闪电通过电线被导入建筑物和工具，成为社会尤其是数字社会中最重要的组织力量。再过200年，可驾驭和可度量的人工适应也将被导入各种机械设备，成为我们社会的主要组织力量。

目前，还没有一个计算机科学家可以合成出符合预期的、无比强大的、能带来翻天覆地变化的人工智能。也没有一个生物化学家能够创造出人工生命。然而，雷和一些人已经捕捉到了进化的一角，并按照他们各自的需求来再现进化。许多技术人员相信，星星之火必将燎原，我们梦寐以求的人工生命和人工智能都将由此而来。与其制造，不如培育。

我们已经运用工程技术造出了尽可能复杂的机器。如今，我们所面对的项目——数千万行代码的操作系统，覆盖全球的通信系统，必须适应迅速变化的全球购买习惯并在几天内更新设备的工厂，价廉物美的机器人——其复杂度只有进化才能搞定。

由于进化是缓慢的、无形的和冗长的，因而在这个快节奏的、咄咄逼人的人造机器世界里，进化恍若一个难以察觉的幽灵。但我更愿意相信，进化是一种能被容易转化为计算机代码的自然而然的技术。进化与计算机之间的这种超级兼容性，将推动人工进化进入我们的数字生活。

15.6 “进化”聪明分子的愚钝科学家

不过，人工进化不仅限于芯片。只要是工程方法一筹莫展的地方，都可以导入进化。生物工程这种尖端领域已经采用了合成进化技术。

这是一个来自真实世界的问题。你需要一种药物来抗击刚刚分离出机制的疾病。把这个疾病机制看作一把锁。你所需要的是一把正确的钥匙——一种药，来打开这把锁。

有机分子的构成非常复杂。它们由数千个原子组成，其排列方式多达数十亿种。仅仅知道一种蛋白质的化学成分对我们了解其结构没有太大帮助。长长的氨基酸链层层叠叠绕成一团，而热点[1]——蛋白质的活跃部分——恰好处于外侧面的合适位置上。这种折叠蛋白质的方式就好比将一条1英里长、上面用蓝色标记了6个点的绳子绕成一团，使6个蓝色的点都落在不同的外侧面上。缠绕的方式不计其数，但是符合要求的却没有几个。你甚至无从知道一种方式是否接近答案——除非你已经快完成了它。变化是如此之多，纵使穷尽地老天荒也无法一一试遍。

---

1 热点（hot spot）：基因组上的某些小块区域。这些区域内发生基因重组的频率要高于周围区域上百倍乃至上千倍。热点的成因目前尚不清楚，但所有热点的特性都很相似。此外，最近的研究显示，人类基因组中有超过25000个热点，这也表明热点是基因组中普遍存在的现象。

制药商通常有两种手段来对付这种复杂性。过去，药剂师靠的是碰运气。他们试遍所有从自然中发现的化学物质，看看哪一个可以解开这把给定的锁。一般都会有一两种天然化合物能够部分地发挥效用——这也算是获得了钥匙的一部分。今天，在工程学大行其道的时代，生物化学家试图破译基因代码和蛋白质折叠之间的路径，看是否能通过工程方法设计出构建分子所需的步骤。尽管有些许成功的例子，但蛋白质折叠和基因路径仍然因过于复杂而难以控制。因而，这种被称为"合理化药物设计"的逻辑方法，实际上已经撞上了工程方法所能处理的复杂性的极限。

自20世纪80年代末起，世界各地的生物工程实验室都开始致力于完善另一种我们用来创造复杂体的工具——进化。

简单地说，进化系统产生出数十亿随机分子，并用来试着开锁。在这数十亿个平凡的候选者中，也许只有一个分子的一部分与这把锁的6个点之一相合。这把"亲和"钥匙便被保留下来，其余的则被无情地淘汰。接着，由幸存下来的"亲和"钥匙又繁育出数十亿个新变种，同时与锁相合的那个点保持不变（称为绑定），再被用来试那把锁。也许此时又能发现一把可以匹配两个点的"亲和"钥匙。这把钥匙就作为幸存者保留下来，其余的则死去。幸存者繁育出数十亿个变种，最般配的后代将存活下去。这种"淘汰—变异—绑定"的过程重复几代后，这个分子繁育程序就会找到一种药——或许是救命药，与锁的所有点都相契合。

几乎任何一种分子都能被进化。譬如，生物技术人员能进化出一种改进版的胰岛素。他们将胰岛素注入兔子体内，兔子的免疫系统会对这种"毒素"产生抗体（抗体是毒素的互补构型[1]）。接下来，将这种抗体提取出来，注入进化系统。在进化系统中，抗体就好比是测试用的锁。经过几代进化之后，生物技术人员可以得到抗体的互补构型，实际上也就是胰岛素的替代版。这种替代版极具价值。天然药物的替代品具备诸多优势：它们可能更小、更容易注入身体、副作用更小、更容易制造或靶向更精准。

1 互补构型（complementary shape）：指能像手与手套、钥匙与锁一样合在一起的构型。

生物进化者还可以进化出一种对抗肝炎病毒的抗体，然后再进化出一种与抗体相配的仿肝炎病毒。被选中的病毒并非完美的变种，而是缺失了一些可引发致命症状的活性点。这种有缺陷、低能力的替代品就是所谓的疫苗。因而，疫苗也可以通过非工程的方法进化出来。

所有药物制造的常规逻辑在进化方法面前都不再适用。进化出来的分子与合理化设计出来的药物在效果上并无二致。唯一不同的是，我们对其功效的原理和方式一无所知。我们只知道它通过了所有的测试。这些发明出来的药物已经超出了我们的理解力，它们是“非理性设计”的产物。

药物进化允许研究人员不明就里，而进化本身却慢慢聪明起来。印第安纳州立大学的进化生物化学家安德鲁 · 埃林顿（Andrew Ellington）告诉《科学》杂志，在进化系统中“要让分子告诉你有关它的事情，因为它比你更了解它自己”。

繁育药物可以使医学受益，但药物与软件不同。我们也许可以繁育软件，然后将系统交到它的手里，任由其自行繁育，走向无人知晓的境界。但我们能否让分子也走上这条不知通往何处的进化之路呢？

答案是肯定的，但这也会是一项艰巨的任务。汤姆 · 雷的电进化机偏重处理可遗传的信息，却忽略了机体；而分子进化偏重机体，却忽略了可遗传的信息。单纯的信息本身很难消除，而没有死亡就没有进化。肌肉和血液之所以对进化非常有帮助，正是因为机体提供了一个让信息死去的便捷方式。任何能将可遗传信息与可消亡机体合二为一的系统都具备了进化系统的要素。

圣地亚哥的生物化学家杰拉尔德 · 乔伊斯研究的是早期生命化学。他提出了一种简单的方法，能够将信息和机体这对进化的双重本质融入一个强健的人工进化系统中：他在一个试管里再现了可能是地球生命的早期阶段——“核糖核酸[1]世界”。

1 核糖核酸（RNA）：是一种重要的生物大分子，是细胞中遗传信息的中间载体。对一部分病毒而言，RNA是其唯一的遗传物质。

核糖核酸是非常精密的分子系统。它并不是最早的生命系统，但地球生命发展到某个阶段几乎必然成为核糖核酸生命。乔伊斯说："生物学中的一切迹象都表明，39亿年前的地球是由核糖核酸来唱主角的。"

核糖核酸有一个独一无二的优势，是我们所知的任何其他系统都不具有的。它能同时兼任机体和信息两个角色——既是表现形式，又是内在成因；既充当信使，又是信息。一个核糖核酸分子既要担当起与世界互动的职责，又要完成延续世界的重任，至少要把信息传递给下一代。尽管身负重任，核糖核酸仍然是一个极为紧凑的系统，开放式的人工进化正可以由此展开。

斯克里普斯研究所坐落在加利福尼亚州圣地亚哥市附近的海边，是一座雅致而时髦的现代化实验室。在这里，杰拉尔德·乔伊斯带着几位硕士和博士生进行他的进化实验。在塑料试管的底部有少许液滴，体积还赶不上顶针大小，这就是他的"核糖核酸世界"。几十支这样的试管放在冰桶里，需要进化的时候，就把它们加热到身体的温度。一旦暖和起来后，核糖核酸能在1小时内产生出来10亿个副本。

"我们所拥有的"乔伊斯指着一个小试管说，"是一个大型的并行处理器。我之所以选择生物进化而不是计算机模拟，原因之一就是在地球上，至少在不久的将来，还没有计算机能为我提供10^{15}个并行的微处理器。"试管底部的液滴在尺寸上与微处理器上的智能部分大体相当。乔伊斯进一步阐述道："实际上，我们的人工系统甚至比自然进化还要好，因为没有多少自然系统能让我们在一小时内产生10^{15}个个体。"

自维持的生命系统除了能带来智能革命，乔伊斯认为进化还可以在制造化学品和药品上带来商业利润。在他的想象中，分子进化系统能够每天24小时、一年365天不停运转。"你给它下达一项任务，并告诉它，在搞清楚如何将分子A变成分子B之前，不要离开工作间。"

乔伊斯一口气说出了一大串专门从事定向分子进化[1]研究的生物技术

1 定向分子进化（directed molecular evolution）：根据所需要的属性进行分子进化的技术。

公司（吉莱德[1]、Ixsys[2]、Nexagen[3]、Osiris[4]、Selectide[5]，以及达尔文分子公司）。他的名单中还不包括那些已经颇具规模的生物技术公司，如基因泰克公司[6]，该公司不仅从事定向进化技术的前沿研究，也进行合理化药物设计。达尔文分子公司主要专利的持有人是研究复杂性的科学家斯图尔特 · 考夫曼，该公司募集了数百万美元来利用进化设计药物。诺贝尔奖得主、生物化学家曼弗雷德 · 艾根[7]称，定向进化是“生物技术的未来”。

然而，这是真正的进化吗？它与那个带给我们胰岛素、眼睫毛和浣熊的进化是一回事？没错，这就是进化。“我们通常所说的进化是达尔文进化”乔伊斯告诉我，“不过在另一种进化中，选择压力[8]是由我们来决定的，而不是自然，因此我们称其为定向进化。”

定向进化是另一种监督式学习，另一种遍历博尔赫斯图书馆的方法，另一种繁育。在定向进化中，选择是由培育者引导的，而非自然发生的。

---

1 吉莱德（Gilead）：1987年成立于硅谷的一家高科技生物制药公司，研发和生产的药品种类主要包括抗艾滋病毒药、抗肝炎药、严重心血管疾病和呼吸道疾病用药。该公司2009年的收入超过70亿美元，在《商业周刊》评选的2009年50强公司中名列第一。

2 Ixsys：创立于1989年，是第一家从事定向分子进化研究的公司。后更名为“应用分子进化”（Applied Molecular Evolution，AME）。现为纳斯达克上市公司。

3 Nexagen：位于俄亥俄州的健康保健品公司，主打产品为减肥药Jen Fe Next。

4 Osiris：纳斯达克上市公司，从事干细胞产品的研发和生产。

5 Selectide：1990年创立于亚利桑那州图森市，公司后经多次收购与转手，已名存实亡。

6 基因泰克（Genentech）：美国历史最悠久的生物技术公司，创办于1976年。公司在20世纪末和21世纪初曾推出过几款癌症用药，风靡市场。瑞士制药业巨头罗氏集团目前为该公司的完全拥有者。

7 曼弗雷德 · 艾根（Manfred Eigen，1927—2019）：德国化学家及生物物理学家，诺贝尔化学奖得主，曾任马克斯 · 普朗克生物物理化学所主任。

8 选择压力（selection pressure）：也称进化压力，指在由变异引起的进化中，影响生物体进化方向的外加力量。

15.7 死亡是最好的老师

戴维·艾克利是贝尔通信研究所[1]神经网络和遗传算法领域的研究员。我偶然间了解到艾克利对进化系统有一些独到的看法。

艾克利是个壮得像头熊、爱说俏皮话的家伙。他和他的同事迈克尔·利特曼[2]制作了一段关于人工生命世界的搞笑视频，并在1990年第二届人工生命大会上播放出来，惹得在场的250位严肃的科学家哄堂大笑。他的“造物”实际上就是些代码片段，和经典的遗传算法没有多大区别，但是，他用滑稽的笑脸来表示这些代码片段，让它们四处游动并相互啃咬，或者撞上代表边界的墙壁。聪明的活下来，愚蠢的则死掉。和其他人一样，艾克利发现，他的世界能够进化出对环境异常适应的有机体。成功的个体非常长寿——按其所在世界的时间来尺度衡量的话，能活25000“天”。这些长寿有机体把系统给琢磨透了。它们知道如何用最小的努力来获取自己所需的东西，也知道如何远离麻烦。具有这种基因的

1 贝尔通信研究所（Bellcore – Bell Communication Research）：1984年，原贝尔实验室根据1982年联邦法院做出的裁决进行了拆分，各个地方的分支研究机构组成了一个联盟，成为贝尔通信研究所。于1996年被美国科学应用国际公司（SAIC）收购，更名为泰尔科迪亚（Telcordia）。该公司在电信、移动、安全等领域拥有1800多个专利。

2 迈克尔·利特曼（Michael Littman）：哲学博士，罗格斯大学计算机科学系教授。

"生物"，不仅个体很长寿，而且由其组成的种群也传承兴旺。

在对这些"街霸"的基因进行了一番研究后，艾克利发现它们有些资源尚未充分利用，这使得他觉得自己可以有番作为：通过改进它们的染色体，使它们更加适应他为它们搭建的环境。于是，他修改了它们进化后的代码（这个举动实际上相当于早期的虚拟基因工程），再把它们放回到他的世界。作为个体，其能力超强，在脱颖而出后，其适应力超过了以往的任何前辈。

然而，艾克利注意到，个体形成群体后，它们的种群数目却低于自然进化而来的那些家伙，它们活力不足。尽管从未绝迹，但它们总是濒临灭绝。艾克利认为，由于数目太少，这个物种的繁衍不会超过300代。也就是说，尽管手工改进的基因能够最大限度地适合个体，但从对整个族群有利的角度看，却不如那些自然进化起来的基因。此时此刻，在这"午夜黑客"的自酿世界中，一句古老的生态学格言又一次得到了明证：对个体而言最好的，对物种而言却不一定。

"我们弄不明白，从长远看，到底什么才是最好的，这点让人很难接受。但是我想，嘿，这就是生命！"

贝尔通信研究所之所以允许艾克利从事他的芥子世界研究，是因为他们认识到进化也是一种计算科学。贝尔通信研究所曾经而且现在也一直对更好的计算科学很感兴趣，尤其是那些基于分布式模型的方法，因为电话网就是一个分布式系统。如果进化是一种有效的分布式计算方法，那么是否还有其他的方法？如果可以的话，我们又能对进化技术做出怎样的改进或变化呢？借用我们常用的那个图书馆/空间的比喻，艾克利滔滔不绝地说道："计算的空间大得令人难以置信，我们只不过探索了其中非常微小的一些角落。我现在正在做的，以及我下一步想做的，就是扩展人类认识到的计算的空间。"

在所有可能的计算类型中，艾克利最感兴趣的是那些与学习有关的过程。"强学习"是一种学习方式，它需要聪明的老师。老师会告诉学生应该知道些什么，而学生则负责分析信息并将其储存在记忆中。不太聪明的老师则通过不同的方法教学，他对所要教的东西本身也许了解并不深入，但是，他能告诉学生什么时候猜出了正确答案——就像代课教师给学生测验打分一样。如果学生猜出了部分答案，老师可以给出“接近”或“偏离”的暗示，帮助学生继续探索。这样一来，这位不太聪明的老师就能传播他所不具备的知识。艾克利一直在推动对“弱学习”的研究，他认为，这是一种让计算空间扩大化的方式：利用较少的输入信息，获取较多的输出信息。“我一直在试图找出在进化过程中最愚笨、最孤陋寡闻的老师”艾克利告诉我，“我想我找到了。答案是：死亡。”

死亡是进化中唯一的老师。艾克利的使命就是查明：只以死亡为老师，能学到什么？我们还不是很清楚答案，但有些现成的例证：翱翔的雄鹰、鸽子的导航系统或白蚁的“摩天大楼”。要找到答案需要些时间。进化是聪明的，但同时又是盲目和愚笨的。“我想象不出比自然选择更笨的学习方法了。”艾克利说道。

在所有可能的计算和学习的空间中，“自然选择”占据了一个特殊的位置，它是一个极点，在这个点上，信息传递被最小化。它构成了学习和智能的最低基线：基线之下不会有学习产生，基线之上则会产生更加智能、更加复杂的学习。尽管我们仍然不能完全理解自然选择在共同进化世界中的本质，但它依然是学习的基础起点。如果我们能够给进化一个度量值的话（我们还不能），就可以此为基准评判其他形式的学习。

自然选择躲藏在许多表象之下。艾克利是对的；如今计算机科学家已经意识到，计算方式有许多种——其中许多是进化的方式。任何人都知道，进化和学习的方式可能有数百种；不论哪种策略，实际上都是在对图书馆进行搜索。“传统人工智能研究的闪光思想——也是唯一思想——‘搜索’。”艾克利断言道。实现搜索的方法有很多种，对自然生命中起作用的自然选择只是其中的一种。

生物意义上的生命是与特殊的硬件绑定在一起的，这就是以碳为基础的DNA分子。这个特殊的硬件限制了自然选择所能使用的搜索方法。而有了计算机这个新硬件，特别是前面介绍的那种并行计算机，许多新的自适应系统得以问世，全新的搜索策略也得以应用。例如，生物DNA的染色体无法将自己的代码向其他生物体的DNA分子“广而告之”，以便它们获得信息并改变其代码，而在计算机环境中，你就能做到这一点。

戴维·艾克利和迈克尔·利特曼都是贝尔通信研究所认知科学研究组的成员。他们着手在计算机上构建一个非达尔文的进化系统。他们选择了一个最合逻辑的方案：拉马克进化，也即获得性遗传[1]。拉马克进化学说很有吸引力。直觉上，它远比达尔文进化更有优势，因为按道理来说，有用的变异能更快地进入基因序列。然而，它的计算量之大很快就让满怀憧憬的工程师明白，构造这样一个系统是多么不现实。

如果一名铁匠需要使肱二头肌凸起，他的身体该怎样倒推出基因上所需的变化呢？拉马克系统的缺陷在于，对于任何一个有利的变化，都需要回溯到胚胎发育期的基因构成。由于生物体的任何变化都可能由多个基因引起，或者是在身体的发展过程中由多个相互作用的指令引起。任何外在形式的内在因果都是一张错综复杂的网络，厘清这个网络所需的追踪系统其复杂性与这个生物体本身相比也不遑多让。生物学上的拉马克进化受困于一条数学规律：求多个质数的乘积极其容易，但分解质因数则异常困难。最好的加密算法正是利用了这种不对称的难度。拉马克学说之所以没有在生物界中真正存在过，就在于它需要一种不可能存在的生物解密方案。

不过，在计算中并不需要躯体。在计算机进化（如汤姆·雷的电进化机）中，计算机代码兼任基因和躯体两个角色。如此一来，从表象中推导出基因的难题就迎刃而解了。（事实上，这种“表里如一”的约束并非只限于人工领域，地球上的生命必然已通过了这个阶段。也许任何自发组织的活系统都必须从一个“表里如一”的形式开始，就像自复制的分子那么简单。）

在计算机的人工世界里，拉马克进化是有效的。艾克利和利特曼在一

1　获得性遗传（Inheritance of Acquired Traits）：与“用进废退”（User and Disuse）一起构成拉马克进化学说的核心观点，认为生物在出生后，为适应环境的变化可能产生变异，并且这种变异可以遗传给后代。

台拥有16000个处理器的并行计算机上实现了拉马克系统。每个处理器管理一个由64个个体组成的亚种群，总计大约有100万个个体。为了模拟出躯体和基因的双重信息效果，系统为每个个体制作了基因副本，并称其为“躯体”。每个躯体的代码都略微有些差别，它们都尝试解决同一个问题。

贝尔通信研究所的科学家设置了两种运行模式。在达尔文模式中，躯体代码会发生变异。某个幸运的家伙可能会意外地得到较好的结果，于是系统就选择它进行交配和复制。然而在达尔文进化中，生物交配时必须使用其代码的原始“基因”副本——它所继承的代码，而非后天获得的经过改良的躯体代码。这正是生物的方式。所以，当铁匠生育传代时，他使用的是他的“先天”代码，而非“后天”代码。

相比之下，在拉马克模式中，当那个改良了躯体代码的幸运儿被选中生育传代时，它能使用后天获得的改良代码，作为其生育传代的基础。这就好比铁匠能将自己粗壮的胳膊传给后代一样。

经过对两个系统的比较，艾克利和利特曼发现，就他们所考量的复杂问题而言，拉马克系统的解决方案要比达尔文系统强上两倍。最聪明的拉马克个体比最聪明的达尔文个体聪明得多。艾克利说，拉马克进化的特点在于它把种群中的“白痴非常迅速地排挤出去”。艾克利曾经朝一屋子的科学家大喊道：“拉马克比达尔文强太多了！”

从微小的意义上来说，拉马克进化注入了一点“学习要素”。学习被定义为个体在活着时的适应性。在经典的达尔文进化中，个体的学习并不重要。而拉马克进化则允许个体在世时所获得的信息（包括如何增强肌肉，或如何解方程）可以与进化这个长期的、愚钝的学习结合在一起。拉马克进化能够产生更聪明的答案，因为它是更聪明的搜索方法。

拉马克进化的优越性使艾克利大感惊讶，因为他认为大自然已经做得很好了：“从计算机科学的角度看，自然选择是达尔文主义的而不是拉马克主义的，这实在是很蠢。可是自然受困于化学物质，而我们没有。”这使他想到，如果进化的对象不局限于分子的话，也许会有更有效的进化方式和搜索方法。

15.8 蚂蚁的算法天赋

意大利米兰的一组研究员（后文称米兰小组）提出了一些新的进化和学习方法。他们的方法填补了艾克利所提到的“搜索所有可能的计算空间”中的一些空白。这些研究员把自己的搜索方法称为“蚁群算法”，因为他们受到了蚁群集体行为的启迪。

蚂蚁把分布式并行系统摸了个门清。蚂蚁既代表了社会组织的历史，也代表了计算机的未来。一个蚁群也许包含百万只工蚁和数百只蚁后，它们能建起一座城市，尽管每个个体只是模模糊糊地感觉到其他个体的存在。蚂蚁能成群结队地穿过田野找到上佳食物，仿佛它们就是一只巨大的复眼。它们排成协调的并行行列，穿行在草木之间，并共同使其巢穴保持恒温，尽管世上从未有任何一只蚂蚁知道如何调节温度。

一个蚂蚁军团，智愚而不知测量，视短而不及远望，却能迅速找到穿越崎岖地面的最短路径。这种计算能力正是对进化搜索的完美映射：一群无知而短视的个体在数学意义上崎岖不平的地形上同时作业，能成功地找出一条优选路径。蚁群就是一个并行处理系统。

真正的蚂蚁通过名为信息素的化学系统来彼此交流。蚂蚁在彼此之间以及自己的环境中散发信息素。这些芳香的气味随着时间的推移而消散。

它还能通过一连串的蚂蚁来接力传播：它们嗅到某种气味，复制它并传给其他蚂蚁。信息素可以被看作在蚂蚁系统内部传播或交流的信息。

米兰小组（成员为阿尔贝托·克罗尼、马可·多利古和维多里奥·马涅索）仿照蚂蚁的逻辑构建了方程式。他们的虚拟蚁群是一大群并行运转的低性能处理器。每个虚拟蚂蚁有一个微不足道的记忆系统，可以进行本地沟通。如果干得好的话，所获得的奖赏也以一种分布式计算的方式与其他同类分享。

意大利人用标准的“旅行商问题”来测试他们的蚂蚁机。这个问题是这样描述的：你需要拜访很多城市，但每座城市需要拜访一次且只能拜访一次，那么哪条路径最短？为了求解这个问题，蚁群中的每个虚拟蚂蚁会动身从一座城市漫游到另一座城市，并在沿途留下信息素的气味。路径越短的话，信息素挥发得越少。而信息素的信号越强，循迹而来的蚂蚁就越多。那些较短的路径由此得到自我强化。运行5000回合之后，群体思维就会进化出一条相当理想的路径。

米兰小组还尝试了各种变化。如果虚拟蚂蚁都由一座城市出发或均匀分布在各个城市，会有什么不同吗？（分布的效果要好一些）一个回合中虚拟蚂蚁的数量会有影响吗？（越多越好，直到蚂蚁与城市的数量比为1∶1）通过改变参数，米兰小组得到了一系列蚂蚁搜索算法。

蚂蚁搜索算法是拉马克搜索的一种形式。当某只蚂蚁偶然发现一条短路径，这个信息通过信息素的气味间接地传播给其他虚拟蚂蚁。这样，单只蚂蚁的学习所得就间接地成为整个蚁群信息存储的一部分。蚂蚁个体把它学习到的知识有效地传播给自己的群体。与文化教导一样，传播也是拉马克搜索的一部分。艾克利说：“除了交配，信息交换还有许多方式。”

无论是真实的蚂蚁，还是虚拟的蚂蚁，它们的聪明在于投入“传播”的信息量非常少，范围非常小，信号也非常弱。将“弱传播”引入进化的提法相当有吸引力。即使地球的生物界中存在拉马克进化，那它也一定被埋藏得很深。不过，仍然存在充满了各种稀奇古怪算法的空间，各种拉马克式的传播尽可以在那里找到用武之地。我听说有的程序员整天在鼓捣

“弥母（文化基因）”式的进化算法，即模仿思想流（弥母）从一个大脑进入另一个大脑，试图捕捉到“文化革命”的精髓和力量。连接分布式计算机节点的方法有千千万万，迄今为止，只有极少数的方法（如蚂蚁算法）被人们考察过。

直到1990年，并行计算机还遭到专家的嘲讽，认为它尚有很多地方值得商榷，它过于专业，仅属于狂热派的玩物。认为它的结构混乱，难以编程。但狂热派却不这么看。1989年，丹尼·希利斯与一个知名计算机专家公开打赌，预测到1995年，并行计算机每月处理的数据量将超过串行计算机。看来他是对的。当串行计算机由于其狭窄的冯·诺依曼通道不堪复杂任务的重负而痛苦呻吟时，专家的看法一夜之间就发生了变化，并迅速席卷了整个计算机产业。彼得·丹宁[1]在《科学》杂志上撰文《高度并行的计算》（*Highly Parallel Computation*）称：“解决高级科学问题所需的计算速度，只能通过高度并行的计算架构来获得。”斯坦福大学计算机科学系的约翰·柯扎[2]更直截了当地说：“并行计算机是计算的未来。”

然而，并行计算机还是很难掌控。并行软件是水平的、并发的、错综复杂的因果网络。你无法从这样的非线性特性中找出缺陷所在，它们都隐藏了起来。没有清晰的步骤可循，代码无从分解，事件此起彼伏。制造并行计算机相对容易，但要为其编程却很难。

并行计算机所面对的挑战是所有分布式系统都会面对的——包括电话网络、军事系统、金融网络，以及庞大的计算机网络。它们的复杂性考验着我们掌控它们的能力。“为一个大规模并行机编程的复杂度可能超过了我们的能力”汤姆·雷对我说，“我认为我们永远也写不出能充分利用并行处理能力的软件。”

并行的愚昧的小玩意儿能够“写”出比人类更好的软件，这让雷想到

---

1 彼得·丹宁（Peter J. Denning，1942—）：美国计算机科学家，多产的作家。他最有名的发明是提出了工作集模型（Working-Set Model），该模型成为所有内存管理策略的参考标准。

2 约翰·柯扎（John Koza）：美国计算机科学家，斯坦福大学顾问教授，以利用遗传算法对复杂问题进行优化的开拓性工作而著称。他是科学游戏公司的创始人之一，该公司开发了美国博彩业的计算机系统。

了一个能得到我们想要的并行软件的办法。“你看”他说，“生态的相互作用就是并行的最优化技术。多细胞生物本质上就是在宇宙尺度上运行大规模的并行代码。进化能够‘想出’我们穷尽一生也无法想清楚的并行编程。如果我们能够进化软件，那我们就能往前迈进一大步。”对于分布式网络这类事物，雷说：“进化是最自然的编程方式。”

自然的编程方式！这听起来真有些让人泄气。人类就应该只做自己最擅长的工作：那些小而美的、快而精的系统。让（人工注入的）自然进化去做那些杂乱无章的大事吧。

15.9 工程霸权的终结

丹尼 · 希利斯也得出了相同的结论。他很认真地表示，想让自己的“连接机”进化出商务软件。“我们想让这些系统解决一个我们只知如何陈述却不知如何解决的问题。”一个例子就是，如何编写出数百万的飞机驾驶程序。希利斯提议建立一个群系统，以进化出“驾驶技巧”更优秀的软件，系统中有一些微小的寄生虫程序会试图坠毁飞机。正如他的实验所展示的，寄生虫会促使系统更快地向无差错和抗干扰强的导航程序收敛。希利斯说：“我们宁肯花更多时间在编制更好的寄生虫上，也不愿花上无数个小时去做设计代码和查错这些事情。”

即使技术人员成功地设计出一款庞大的程序，譬如导航软件，要想对其进行彻底的测试也是不可能的。但进化出来的东西则不同。“这种软件的成长环境里充斥着成千上万专职的挑刺者”希利斯说着，又想起了自己的寄生虫，“凡是在它们手下躲过一劫的，都经受住了严酷的考验。”除了能够创造我们制造不出来的东西，进化还有一点值得夸耀：它能造出来缺陷更少的东西。“我宁愿乘坐由进化出来的软件驾驶的飞机，也不愿乘坐由我自己编制的软件驾驶的飞机。”作为一名非凡的程序员，希利斯如是说道。

长途电话公司的呼叫路由程序总共有200万行代码。而这200万行代码中的3行错误代码就导致了1990年夏天美国全国电话系统的连锁崩溃。现在，200万行已经不算多了。装载在海军海狼潜艇上的作战计算机包含了360万行代码。微软的新操作系统大约有5000万行代码。1亿行的程序也离我们不远了。

当计算机程序膨胀到几十亿行代码时，仅仅是维护程序、保持正常运行本身就会成为一个非常大的负担。有太多的经济活动和人的生命会依赖于这种数十亿行的程序，因此不能让它们有哪怕片刻的失效。戴维·艾克利认为，保证可靠性和更长的无故障运行时间将成为软件最首要的任务。“我敢说，对真正复杂的程序来说，仅仅是为了存活下来就要消耗更多的资源。”目前，一个大型程序中只有一小部分致力于维护、纠错和清理工作。“将来”艾克利预言道，“99%的原始指令周期都将被用在让这个怪兽自我监视以维持其正常运转上。只有剩余的1%将被用于执行用户任务——电话交换或其他什么。要知道，这个怪兽只有活下来，才能完成用户任务。”

随着软件越来越大，其生存变得越重要，同时也越来越困难。要想在日复一日的使用中存活下来，就意味着必须能够适应和进化，而这需要做更多的工作。只有不断地分析自己的状况，修正自己的代码以适应新的需要，净化自己，不断地排除异常情况，并保持适应与进化，程序才能生存下来。计算必须有生命力和活力。艾克利称之为“软件生物学”或“活力计算”。程序员即使24小时都保持在线服务支持，也不能确保上亿行的代码的系统不出故障。人工进化也许是唯一能使软件保持生命力和活力的方法。

人工进化是工程霸权的终结。进化能使我们超越自身的规划能力，进化能雕琢出我们做不出来的东西，进化能达到更完美的境界，进化能看护我们无法看护的世界。

但是，正如本书标题所点明的，进化的代价就是——失控。汤姆·雷说道：“进化系统的一个问题就是，我们放弃了某些控制。”

丹尼·希利斯所乘航班的驾驶程序是进化出来的，没有人能弄懂这个软件。它就像一团千丝万缕的乱麻，也许真正需要的只是其中的一小部分，但是它能够确保无故障地运行。

艾克利的电话系统是由进化出来的软件管理的，它是“活”的。当它出现问题时，没有人能排除故障，因为程序以一种无法理解的方式埋藏在一个由小机器组成的未知网络中。不过，当它出现问题时，它会自行修复。

没有人能把握住汤姆·雷的培养液的最终归宿。它们精于设计各种小技巧，却没人告诉它们下一步会有什么技巧。唯有进化能应对我们所创造的复杂性，但进化却不受我们的节制。

在施乐公司帕洛阿尔托研究中心，拉尔夫·默克勒[1]正在制造能够自我复制的极小分子。由于这些分子的尺度为纳米级别（比细菌还小），因此这种技术被称为纳米技术。在不久的将来，纳米技术的工程技能与生物技术的工程技能将趋于一致：它们都把分子看成机器。对纯粹的生命来说，纳米技术可以被看作生物工程；对人工进化来说，纳米技术则等同于生物分子。默克勒告诉我：“我可不想让纳米技术进化。我希望把它限制在一定的框架内，并且受到国际公约的制约。对纳米技术来说，最危险的事情莫过于交配。是的，我想，应该有个国际公约来限制在纳米技术中使用交配。一旦交配，就有了进化；只要进化，就会有麻烦。”

到目前，进化并未完全超脱我们的控制；放弃某些控制只不过是为了更好地利用它。我们在工程中引以为傲的东西——精密性、可预测性、准确性及正确性，都将被进化所淡化。

而且这些东西必须被淡化，因为真实的世界是一个充满不测性的世界，是一个变化着的世界；生存在这个世界里，需要一点模糊、松弛、更多适应力和更少精确度的态度。生命是无法控制的，活系统是不可预测

---

1 拉尔夫·默克勒（Ralph Merkle）：1979年获斯坦福大学电机工程博士学位。2003到2006年任乔治亚理工大学计算教授。研究范围包括纳米技术、分子机械臂、自复制，等等。1998年获费曼奖，此外还曾因参与发明公钥密码系统获两个奖项。

的，活的造物不是非此即彼的。谈起复杂程序时，艾克利表示：“‘正确’是水中月，是小系统的特性。在巨大的变化面前，‘正确’将被‘生存能力’所取代。”

当电话系统由适应性很强的进化软件来运行时，是没有一种所谓的正确方式的。艾克利继续道：“说一个系统是‘正确的’，听起来就像是官话或空话。人们评判一个系统，是根据其对意外情况的反应力以及应对措施的创造性。”与其正确但不如灵活，不如耐久；所谓“好死不如赖活着”。艾克利说：“小而专且正确的程序就像蚂蚁，对身处的世界茫然无知；而反应灵敏的程序往往是失控的庞然大物，仅把1%的精力花在你要解决的问题上。孰优孰劣，不言而喻。”

有一次，在斯图亚特·考夫曼的课上，一个学生问他：“对于你不想要的东西，你的进化是如何处理的？我知道你能让一个系统进化出你想要的东西，可是，你又怎么能肯定它不会制造出你不想要的东西？”“问得好，孩子。我们能足够准确地定义我们想要的东西，从而将它培育出来。然而，我们往往不知道我们不想要什么。即使知道，这些不受欢迎者的名单也长得不切实际。我们怎样才能剔除那些不利的副作用呢？”

“你做不到的。”考夫曼坦率地回答。

这就是进化的交易。我们“舍”控制而“取”生存能力。对我们这些执着于控制的家伙来说，这无异于魔鬼的交易。

放弃控制吧，我们将人工进化出一个崭新的世界和想象不到的富裕。放手吧，它会开花结果的。

我们曾经抵制住过魔鬼的诱惑吗？

第十六章

OUT OF CONTROL

控制的未来

16.1 玩具世界的卡通物理学

电影《侏罗纪公园》里的恐龙最了不起的地方在于，它们有足够长的人工生命，可以在电影《石头城乐园》[1]中被再次用作卡通恐龙。

当然，再次出场的恐龙不会完全一样。它们会更为驯服、更长、更圆，也更听从指挥。不过，这些恐龙的身体内，跳动的却是一颗数字心脏，一颗属于霸王龙或速龙的心脏——不同的身体，同样的恐龙之心。作为工业光魔公司[2]的奇才、虚拟恐龙的发明者，马克 · 戴普[3]只要改变这些生物的数字基因设置就可以把它们变成可爱的宠物，同时又让它们保持逼真的银幕形态。

《侏罗纪公园》中的那些恐龙不过是些行尸走肉。它们有逼真的身体，却缺少自己的行为、自己的意志、自己的生存力。它们是由计算机动画师操纵的幽灵般的提线木偶。不过有朝一日，这些恐龙会像匹诺曹[4]一样获

---

1 《石头城乐园》（*The Flintstones*）：改编自20世纪60年代的同名卡通片，1994年上映。

2 工业光魔公司（Industrial Light and Magic）：是一家动画视觉特效公司，由乔治 · 卢卡斯于1975年5月创立，隶属于卢卡斯电影公司。

3 马克 · 戴普（Mark A.Z. Dippé，1958 ~ ）：1991年起参与多部影片的视效、制片、导演、剧作等工作。

4 匹诺曹：意大利童话《木偶奇遇记》的主角，一个爱说谎的木偶，最后改正错误变成真人。

得属于自己的生命。

在这些侏罗纪恐龙进入栩栩如生的电影世界之前，它们栖居在一个空旷的三维世界里。在这个幻想世界中，除音量、灯光、空间外，几乎一无所有。风、重力、惯性、摩擦力、硬度以及物质世界所具有的细枝末节全都不存在，需要想象力丰富的动画师来构建。

“传统动画中所有的物理习性都取决于动画师的认知。”说这话的是迈克尔·凯斯[1]，他是苹果计算机公司的一位计算机图形工程师。比如，当华特·迪士尼画出米老鼠屁颠屁颠地从楼梯上滚下来的时候，他在画纸上展示出的效果来自他对万有引力的认识。不管是真还是假，米老鼠遵循的是迪士尼对物理学规律的理解。这种理解通常都不怎么真实，而这也恰恰是动画片的魅力所在。很多动画师都会借助夸张、变异，甚至干脆忽视真实世界的物理规律的情节以博观众一笑。不过，现代电影风格追求严格的真实感。观众们希望电影《E.T.外星人》里的飞行自行车像“真的”飞行着的自行车，而不是卡通版自行车。

凯斯想要尝试的，就是把物理学知识引入仿真世界。“我们参考了把物理学知识装进动画师脑子的传统做法，决定改一下，让计算机也懂得一些物理学知识。”

让我们从那个一无所有的幻想世界说起，想象里面有一个漂浮的徽标。凯斯说，这个简单世界的问题之一是“里面的东西看起来轻飘飘没有一点重量”。为了增加这个世界的真实感，我们可以给对象添加质量属性，同时给环境设置重力。这样一来，如果一个飘浮的徽标掉在地板上，它坠落的加速度会跟一个实物在地球上掉落的加速度一样。重力公式非常简单，把它置入一个小世界也不难。我们可以给徽标再加上一个弹性公式，这样它就能“自然而然”地以非常有规律的方式从地板上弹起来。它遵守重力定律、动能定律以及让它减速的摩擦力定律。我们还可以给它加

1 迈克尔·凯斯（Michael Kass）：皮克斯动画制作公司的高级科学家。和戴维·巴拉夫、安德鲁·威特金一起开发了为影片《怪物公司》渲染衣服和毛发的动画软件。凯斯在计算机图形图像、计算机视觉领域的研究使他获得了许多奖项，包括电子艺术大奖、图像大奖等。

上硬度——比如塑料的硬度或者金属的硬度，这样它对冲击的反应也变得真实起来。最后的结果就有一种真实感，当镀铬徽标摔到地上的时候，它反弹的幅度越来越小，直到“咔嗒”声一下停了下来。

我们可以继续运用更多的物理定律和公式，比如弹性系数、表面张力、旋转效果，然后把它们编码应用到环境中去。随着我们为这些人工环境加入更多的复杂度，它们就会成为合成生命成长的沃土。

这就是这些侏罗纪恐龙如此逼真的原因。当它们抬腿的时候，它们要克服虚拟的躯体重量，它们的肌肉会伸缩或隆起。当脚落下的时候，重力会拉扯它，落地时带来的冲击同时向上反射到腿部。

迪士尼于1993年夏天发行的电影《人吓鬼》中那只会说话的猫，也是一个类似于恐龙的虚拟角色，但更逼真。动画师首先制作了一个数字猫的外形，然后以一张照片里的猫为参照，为这只数字猫披上带有质感的皮毛。要不是它那非同寻常的讲话能力，它和那只真猫简直像极了。它嘴部的动作是从人那里映射来的。所以，这只虚拟动物其实是一个“猫—人”的混合体。

电影观众看到秋叶被吹到街上。他们没有意识到这个场景其实是计算机生成的动画。这个画面之所以看起来很真实，是因为这段影像中确实有某种真实性：片片虚拟的叶子被一阵虚拟的风吹到了虚拟的街道上。就像雷诺兹的那群虚拟蝙蝠一样，真的有大量东西按照物理定律被某股力量真实地推动着。那些虚拟的树叶是有属性的，比如重量、形状和表面质感。当把这些树叶释放到某一阵虚拟的风里的时候，它们所遵循的那套规律，跟真的树叶所遵循的物理规律是一样的。所以，在这个虚拟场景中，各部分之间的关系就如同你的身体发肤一样真实。尽管叶子的细节不足以近看，但飘零的落叶其实也不需要太多的画工。

让动画形象遵循自己的物理学规律是现实主义的新秘诀。当《终结者Ⅱ：审判日》中的机器人从一摊熔化的铬里冒出来时，那效果逼真得令人震惊，因为它遵循的是液体在真实世界里的物理规律（譬如表面张力）。这是一摊“仿真”的液体。

凯斯和他在苹果公司的同事盖文·米勒[1]设计出一些计算机程序，来渲染小溪涓涓流下或者雨点滴落在水池中的种种微妙细节。他们把水体力学各种规律与一个动画引擎挂上钩，把这些规律移植到了仿真世界。在视频短片中你可以看到，在柔和的光线下，一道浅波扫过一片干燥的沙岸，像真的波浪那样不规则地破碎，然后退下，留下湿漉漉的沙地。其实这些都不过是些关于水的方程式而已。

为了使这些数字世界以后也能有用，所有创造出来的东西都得简化成某种方程式。其中不仅包括那些恐龙和水，最终还要包括那些恐龙啃咬的树木，那些吉普车（在《侏罗纪公园》里，有些场景中的吉普车就是数字的）、建筑物、衣服、餐桌还有天气。这些数字形式并不会仅仅是在拍电影时才用。在不久的将来，不只是电影，所有制造品都将通过计算机辅助设计[2]软件进行设计、生产。如今，汽车部件已经先要在计算机屏幕上进行仿真，然后将方程式直接传送给工厂的车床和焊接机，使这些数字变为真实的形状了。一种名为“自动成型”[3]的新工业流程从计算机辅助设计那里获取数据后，能在瞬间由粉末金属或液态塑料直接生成三维原型。某个物体这一刻还只是屏幕上的一些线条，下一刻就已经是一个可以拿在手里或带着到处走的实实在在的东西了。自动成型技术“打印”出来的是真正的齿轮而不是某个齿轮的图纸。为工厂机器准备的紧急备用件是用抗压塑料在车间就地“打印”出来的；在拿到真正的备用件之前，它们可以顶上一阵子。不久的将来，这种打印出来的零件就会成为真正可用的零件。约翰·沃克[4]是世界上最知名的计算机辅助设计软件AutoCAD的创始人，他告诉记者：“计算机辅助设计要做的，就是在计算机里为真实世界中的物体建造模型。我相信，在时机成熟的时候，世界上所有的东西，无论是

1 盖文·米勒（Gavin Miller）：Adobe公司的科学家。

2 计算机辅助设计：Computer Assisted Design，CAD。

3 自动成型（Automatic Fabrication）：根据作者的描述，这种技术现在称为快速原型技术（Rapid Prototyping）。

4 约翰·沃克（John Walker，1950—）：计算机程序员，AutoCAD早期版本的创作人之一。与Autodesk一样，AutoCAD采用了程序员迈克尔·瑞德尔（Michael Riddle）的创意。

否是制造出来的，都可以在计算机里生成模型。这是一个非常巨大的市场，这里包罗万象。”

生物学当然也不例外。人们在计算机上已经为花朵建立了模型。普鲁辛凯维奇[1]是加拿大卡尔加里大学的一位计算机科学家。他运用植物生长的数学模型创造出三维虚拟花朵。显然，绝大多数植物的生长过程都符合几条简单的定律。开花的信号可能非常复杂，同一根枝条上花朵的开放顺序也可能受到几个交互信息的影响。但是将这些相互作用的信号编制成一个程序却非常简单。

1 普鲁辛凯维奇（Przemyslaw Prusinkiewicz）：波兰计算机科学家。

16.2 合成角色的诞生

米老鼠是人工生命的“前辈”之一。如今已超60岁高龄的米奇，很快就要进入数字时代。在迪士尼格兰岱尔工作室外景地一栋永久性的“临时”建筑里，米奇的受托人正在谨慎地规划着如何把自动化技术运用在动画角色和背景上。在这儿，我跟鲍勃·兰伯特聊了起来，他是为迪士尼动画师提供新技术的负责人。

鲍伯·兰伯特让我明白的第一件事情就是，迪士尼并不急于把自动化技术完全运用在动画上。动画是一门手艺，一种艺术。迪士尼公司的巨大财富就封存在这门手艺之中，而它的皇冠上的那些明珠——米老鼠跟它的伙伴们——在观众眼中就是这门艺术的楷模。如果计算机动画就意味着孩子们在周六早上看到的那种木呆呆的卡通机器人的话，那迪士尼宁可不碰它的边。兰伯特说：“我们可不想人们说，‘噢，见鬼，又一门手艺钻到计算机眼儿里去了’。”

艺术家是一个问题。兰伯特说：“瞧，我们已经让400位穿着白大褂的女士画了30年米老鼠，不可能一下子就都变过来。”

兰伯特想要说清楚的第二件事情是，从1990年开始，迪士尼就已经在他们那些著名的电影里使用了一些自动化的动画制作技术。他们正一步一步地数字化他们的世界。他们的动画师已经意识到，如果不把艺术家的智慧从自己的头脑里迁移到某种鲜活的仿真世界中，那么他们很快就会变成另外一种意义上的恐龙。“老实说”兰伯特说，“1992年的时候，我们的动画师就已经大吵着要用计算机来完成其工作了。”

在动画片《妙妙探》[1]中，手绘的角色曾经跑过一个巨大的时钟，那就是一个用计算机生成的时钟模型。在《救难小英雄之澳洲历险记》[2]中，信天翁奥维尔[3]穿过的就是一座虚拟的纽约城，那是一个完全由计算机生成的环境，数据来自一个大建筑承包商为商业目的而收集的数据库。而在《小美人鱼》[4]中，爱丽儿在仿真的鱼群中穿梭，海草轻盈地舞动，水泡像在真实世界中一样散开来。不过，这些计算机生成的背景画面，每一帧都是在向那400位白大褂女士打过招呼后，先打印到精细的画纸上，然后通过手工上色来与电影的其他部分合为一体的。

在《美女与野兽》[5]中，迪士尼首次在至少一个场景中使用了“无纸动画”技术。在电影结尾的舞会中，除野兽和美女仍是手绘，其他角色都是用数字技术合成和渲染的。不仔细看的话，是察觉不到电影里真假卡通之间的转换的。而之所以能察觉到这种不连贯，并不是因为数字画面没有手工画得好，恰恰相反，它比传统卡通更逼真。

迪士尼第一个完全无纸化的角色是《阿拉丁》中那块飞来飞去（走来走去、跳来跳去、指来指去）的毯子。为了制作它，要先在计算机屏幕上绘出一块波斯地毯。动画师通过移动光标为它折出各种姿势，之后由计算机把各个姿势之间的中间帧填上。最后，再将数字化了的毯子动作加入其他手绘部分的数字版本里面。迪士尼一部动画片《狮子王》里，有好几种

---

1 《妙妙探》（*The Great Mouse Detective*）：又译为《鼠辈侦探》《傻老鼠与大笨狗》，迪士尼出品，1986年上映。

2 《救难小英雄之澳洲历险记》（*The Rescuers Down Under*）：迪士尼出品，1990年上映。

3 信天翁奥维尔（Orville the Albatross）：是《救难小英雄》（*The Rescuers*）中的角色，帮助两位老鼠主角逃生的重要人物。但在续集《救难小英雄之澳洲历险记》中出现的应该是他的兄弟威尔伯（Wilbur）。

4 《小美人鱼》（*The little Mermaid*）：迪士尼出品，1989年上映。

5 《美女与野兽》（*Beauty and the Beast*）：迪士尼出品，1991年上映。

动物是按制作《侏罗纪公园》里恐龙的方法由计算机生成的，其中包括一些具有集群行为的飞禽走兽。现在，迪士尼制作了他们的完全数字化的动画[1]，这部电影在1994年上映。它成为前迪士尼动画师约翰·拉塞特[2]所从事工作的活广告。这部电影几乎全部的计算机动画都是由皮克斯公司[3]制作的。这家公司位于加利福尼亚州里齐蒙得市一个翻新的商业园区里，是一家富于创新意识的小工作室式公司。

我顺便拜访了皮克斯公司，想看看他们到底在孵化什么样的人工生命。迄今为止，皮克斯公司已经制作了4部获奖的计算机动画短片，而这4部动画短片的作者都是拉塞特。拉塞特喜欢让一些正常状态下没有生命的东西动起来——自行车、玩具、灯，或是书架上的小摆件。尽管皮克斯公司的电影在计算机图形圈子里被看成高水平的计算机动画作品，可它的动画部分，绝大部分其实是“手绘”的。只不过拉塞特用于绘画的工具不是铅笔，而是鼠标；他的画板不是木制的，而是计算机屏幕。如果他想要他的玩具士兵变得沮丧起来，他就会在计算机屏幕上调出玩具士兵的一张笑脸，移动鼠标把人物的嘴角拉下来。在端详它的表情后，他可能会认为玩具士兵的眉毛不该垂得这么快，或者眼睛眨得太慢了。于是他再用鼠标拉动这些部位。“我不知道除这个办法之外，还有什么办法来告诉它要怎样做，才能把嘴变成——比如这个样子”拉塞特一边说，一边用嘴比了个表示惊讶的O形，“而且这比我自己做要更快一点，也更好一些。”

我在皮克斯公司的制作主管拉尔夫·古根海姆[4]那里听到了更多有关人机交互的问题：“绝大多数手工动画师觉得皮克斯公司的做法就是把草图喂进计算机里，然后就出来一部电影。我们曾一度因此而被禁止参加动

1　迪士尼第一部完全数字化的动画：这里应该是指《玩具总动员》（*Toy Story*），于1995年夏天上映。

2　约翰·拉塞特（John Lasseter）：皮克斯公司创意执行副总裁，导演，动画师。他导演完成的计算机动画电影《玩具总动员》，赢得了奥斯卡特别成就奖。

3　皮克斯公司（Pixar）：前身是卢卡斯电影公司下的计算机动画部。1986年，史蒂夫·乔布斯以1000万美元收购该部门，成立皮克斯公司。1991年开始与迪斯尼结为合作伙伴。2006年被迪士尼以74亿美元收购。

4　拉尔夫·古根海姆（Ralph Guggenheim）：皮克斯公司创始人之一，首席执行官，并身兼动画部的副总裁。在皮克斯工作室任职期间，他负责工作室的成长和发展，使其从1986年的7人发展到1997年的350名员工。他的许多成就之一就是为皮克斯和迪士尼制作的《玩具总动员》，这部动画片的制作费用为3000万美元，票房收入超过3.5亿美元。

画电影节。可是，如果我们真的这么做的话，是不可能创作出这么好的影片的……在皮克斯公司，我们每天遇到的最主要问题其实是计算机对传统动画流程的颠覆。新的流程要求动画师在动手之前先要描述清楚想要画的东西！”

作为真正的艺术家，动画师与作家一样，在看到自己的作品之前，往往不知道自己到底想要表达什么。古根海姆反复强调：“动画师在角色没有画出之前，不会知道它是什么样的。他们会告诉你，在开始做一个故事的时候会很慢，因为他们要慢慢熟悉他们的角色。之后，随着他们和角色之间越来越熟悉，绘制速度也就越来越快。等到电影完成过半的时候，他们已经很了解这些角色了，而角色也就开始在画面上神气活现起来。”

在动画短片《小锡兵》[1]中，玩具士兵的帽子上有一根羽毛会非常自然地随着士兵的头摆动。这个效果就是用虚拟物理学或者动画师称为“拖、拽、摆”的方法达到的。当羽毛的根部移动的时候，羽毛的其他部分会按照弹簧摆的方式来运动——这是个颇为标准的物理学公式。羽毛的确切摇摆方式不是预先设定的，却显得很真实，因为它遵循着摇摆的物理定律。不过，玩具士兵的脸完全是由一位经验丰富的动画师人工操纵的。换句话说，这个动画师就是一个“替身演员”。他扮演角色的方式就是把它画出来。每个动画师的桌子上都有一面镜子，动画师利用镜子来画出自己特有的夸张表情。

我问过皮克斯公司的艺术家，他们能不能够想象出一种自动生成的计算机角色——你把粗糙的草图提供给它，然后就出来一个能够自己调皮捣蛋的数码唐老鸭。我得到的回答一概是严肃的否定和摇头。“如果把草图喂进计算机里就能画出好角色来，那这世界上就没有什么蹩脚演员了”古根海姆说，“但是，我们知道，并不是所有的演员都是好演员。你

---

1 《小锡兵》（*Tin Toy*）：是皮克斯公司1988年制作的短片，是其第一部赢得奥斯卡奖的动画短片，也是《玩具总动员》的创意来源。

随时都能见到一堆模仿猫王和梦露的人。但我们为什么不会被骗到？因为模仿者的工作其实非常复杂，你得知道什么时候抽动一下哪边的嘴角，话筒又该怎样拿。人类演员做到这一点都不容易，计算机草图又怎么可能做得到呢？”

他们提出的问题就是一个关于控制的问题。事实证明，特效和动画行业就是各种控制狂的天下。在他们看来，演技的微妙之处是如此的细微，只有人类的掌控者才能够引导数字角色或者手绘角色做出它们的选择。他们是对的。

不过，将来他们就不再是正确的了。如果计算机的运算能力像现在这样继续增强下去，在5年之内，我们就可以看到合成出来的角色在电影中担任主角，不仅他们的身体是合成出来的，行为举止也是合成出来的。

在《侏罗纪公园》中，那些合成的恐龙其逼真度已经达到了近乎完美的程度。从视觉上说，这些恐龙的肉身已经跟我们所期待的那种直接拍摄下来的恐龙没有什么区别了。目前，许多数字特效实验室都在汇集那些可以用来制作出逼真的数字化人类演员的元素。某个实验室专攻数字化的头发，另一个则把精力集中在手部动作上，第三个则专注于面部表情的生成。事实上，现在已经有数字角色加入好莱坞的电影里面了（而且一般人察觉不到），例如，一个要求有人在远处移动的合成场景。不过，做出真实衣物那种自然褶皱悬垂的效果，还是一个挑战；如果不能做到尽善尽美，就会让虚拟的人物显得呆板。不过在开端阶段，数字角色只会被用来完成危险的特技，或者是插入复合场景之中——但仅给长镜头远景或者群众场面，而不会是给其吸引观众注意力的特写镜头。制作以假乱真的虚拟人物形态虽然棘手，但已经近在咫尺了。

而模拟出以假乱真的人物行动则要更远一些。尤其难的是让面部动作达到以假乱真的程度。据图形专家说，这个领域中最后的堡垒就是人物的表情。控制人物的脸部活动将会是一场攻坚战。

16.3 没有实体的机器人

在位于旧金山工业区的克洛萨尔图像工作室，布莱德 · 格拉夫[1]正在进行仿造人类行为的工作。克洛萨尔是一个鲜为人知的特效工作室，很多著名电视动画广告的幕后都有它的身影。克洛萨尔还为MTV制作过名为《流动的电视》[2]的先锋动画系列。这些动画片由一些粗线条的形象——骑摩托的落魄布偶、栩栩如生的动画剪纸，以及坏小子瘪四和猪脑等——领衔主演。

格拉夫的工作室落户在一间重新装修过的仓库里，很拥挤。在几间灯光黯淡的大屋子里，二十几台巨大的显示器闪烁着。这是一个20世纪90年代的动画工作室。计算机用的是由硅谷图形公司[3]制造的强力图形工作站，上面闪烁着项目不同阶段的图像，其中包括一个完全计算机化了的摇滚明星彼得 · 盖布瑞尔[4]的半身像。计算机对盖布瑞尔的头型以及脸部进

1 布莱德 · 格拉夫（Brad deGraf）：风险投资人和数字媒体投资分析师。2001年被《动画》杂志评为“年度瞩目人物”。自1982年以来他一直是电脑动画在娱乐行业的领军人物。

2 《流动的电视》（*Liquid TV*）：美国音乐电视台（MTV – Music Televisions）在20世纪90年代播放的动画栏目，时长30分钟，包含一系列风格迥异的小节目，但其中也包含某些固定的元素。该系列曾获艾美奖。

3 硅谷图形公司（Silicon Graphics Inc.，SGI）：1981年11月在美国加利福尼亚州创立，生产加速3D显示的专门硬件和软件。2006年3月8日宣布破产。

4 彼得 · 盖布瑞尔（Peter Gabriel，1950.02.13 ~）：出生于英国伦敦，是个音乐鬼才，不但是乐队主唱，而且键盘、打击、木管等乐器都是他的拿手绝活。

行扫描和数字化，再拼接到虚拟的盖布瑞尔上去，用来替代他在音乐录影带中的真身。这些事情能在录音棚或者舞池里完成，谁还会费那个劲在摄像机面前跳舞呢？我看着一位动画师摆弄这个虚拟明星。当时她正要通过拖动光标来提起盖布瑞尔的下巴，好让他的嘴巴合上。"糟了。"她发出一声惊叹，刚才她的动作幅度过大了，结果盖布瑞尔的下嘴唇提得太高穿过了他的鼻子，扯成了一副难看的鬼脸。

我去格拉夫的工作室是想见一见莫西——第一个完全计算机化的动画人物。在显示器中看，莫西看起来就像一只卡通狗。他有一个大鼻子，一只被啃了的耳朵，戴着白手套的手，还有"橡皮管"一样的手臂。他还有非常滑稽的声音。当时他的动作还没画好。这些动作是从一个人类演员的动作中提取出来的。在房间的一角，有一个自制的虚拟现实装置"瓦尔多"。所谓瓦尔多（名字取自一个老科幻小说中的人物）是一种可以让人远距离操纵木偶的装置。第一个以这种方式完成的计算机动画是带有试验性质的科米蛙[1]，它是用一个手掌大小的瓦尔多装置画出来的。而莫西是一个拥有完整身体的虚拟角色，一个虚拟木偶。

当动画师想让莫西跳舞的时候，他就会戴上一顶黄色的头盔。盔顶有一个用胶带固定的小棍，小棍的末端是一个位置传感器。随后，动画师在肩膀和胯部也绑上传感器，再拎起两个泡沫板裁成的巨型卡通手——其实是手套。他一边跳舞一边挥动这两只手——那上面也有位置传感器。于是，卡通狗莫西也在屏幕上它那个古怪的桃木屋里亦步亦趋地舞起来。

莫西最擅长的把戏是可以自动地对口型。把录制好的语音输入一个算法中，这个算法可以计算出莫西的嘴唇应该怎么动，然后牵动它们。工作室的高手总是让莫西用别人的声音说各种气人的话。其实，让莫西动起来的方法有很多。旋转拨盘，敲键盘命令，移动光标，甚至用算法生成某种自主行为，都能让莫西动起来。

1 科米蛙（Kermit the Frog）：是著名布偶艺术家吉姆·汉森（Jim Henson）创造的最受欢迎的卡通形象之一。1955年首次亮相，之后出现在许多布偶剧中，包括《芝麻街》（*Sesame Street*），并在好莱坞星光大道上占有"一席之地"。

格拉夫和其他动画师下一步想做的事情是：赋予莫西这样的角色某些基本动作——起立、趴下、负重，这些基本动作可以组合成连贯逼真的活动。然后就可以应用到复杂的人类角色上去了。

如果时间足够充裕的话，今天的计算机勉强能进行人类动作的计算。但是，要想进行实时计算，就像你的身体在真实生活中那样随机应变，这种仿真几乎是无法计算的。人体大概有200个运动点。这200个运动点所能做出的动作姿态其数量基本上是天文数字。单单是个抠鼻子的实时动作，所需要的计算量就已经超过了我们现在所拥有的大型计算机的能力。

而人类动作的复杂性还不止如此，因为身体的每个姿势都可以通过多种不同的途径来达到。当我把脚伸到鞋里去的时候，我要通过小腿、脚及脚趾的数百个动作的配合引导腿精确完成整个动作。事实上，我的四肢在走路时所完成的动作顺序复杂到可以用上百万种不同的方式去完成它。通常，熟人在100尺开外不用看我的脸就能把我认出来，完全是因为我走路时无意识地使用了惯用的腿部肌肉。模仿他人的动作组合是非常困难的。

那些试图让人工形象模拟人类动作的研究者很快认识到那些制作兔八哥和猪小弟的动画师早就知道的事情：就动作而言，某些连接顺序会比其他连接顺序显得更“自然”。当兔八哥伸手去拿胡萝卜的时候，它的手臂伸向胡萝卜的路径更像人类的手臂运动（当然，兔八哥的行为不是模仿自兔子，而是人），并且与各个部位动作的前后时机也很有关系。一个动画形象即使按照人类的正确顺序来行动，如果它甩膀、掀胯的相对速度跟不上节奏，仍会显得很机械。人类大脑能够轻易地识别出这种赝品。所以说，时机的掌握是动作的又一个复杂面。

创造人工动作的早期尝试迫使工程师对动物的行为进行研究。为了建造一个能够在火星上漫游的多腿车，研究者对昆虫进行了研究，其目的不是学会如何做出一条腿来，而是要搞清楚昆虫是如何实时协调六条腿的动作的。

在苹果公司的实验室中，我曾经看到一位计算机图形学专家翻来覆去地播放一段猫走路的录像来分解它的动作。这盘录像带，以及一堆关于猫的四肢本能反射的科学论文，能够帮助他提炼出猫走路的风格。然后他打算把这个风格植入一个计算机化的虚拟猫里。而他的终极目标则是提取出某种具有普遍性的四足运动模式，在相应调整后可以用到狗、豹子、狮子或者随便什么东西上去。他根本不关心这些动物的外形、他的模型就是一些粗线条的形象。他关心的是如何组织复杂的腿、踝、脚部的动作。

麻省理工学院媒体实验室的戴维·塞尔彻[1]带着一帮研究生研发出了一种能够在不平的地面上“自己”走动的粗线条形象。这些形象很简单——一条线段作为躯干，四条线段是四条腿，连在躯干上。学生为这个“小活物”[2]设定好一个方向，它就挪动步子，探明哪儿高哪儿低，并随之调整自己步伐的长短，迈步前进。结果就生成了一个生物走过崎岖小路的逼真图像。与我们看到的“哔哔鸟”[3]动画不同，在这个片子里，动物何时搬动哪条腿，不是由人来决定的。从某种意义上说，是这个角色自己做出了决定。塞尔彻团队后来还在他们的世界里加入了六条腿的能自动行走的“小活物”，甚至还弄出了一个会到山谷里逛一圈再回来的两腿生物。

塞尔彻的学生还组装了一个能够自己走路的卡通形象，叫“柠檬头”。柠檬头走起路来要比那些线条形象更真实也更复杂，因为它的行动需要更多的身体构件和关节支持。它可以非常逼真地绕过躺倒的树干之类的障碍。柠檬头启发了塞尔彻实验室的另外一个学生史蒂文·斯特拉斯曼[4]，他想试试在设计行为库上到底能走多远。基本的想法就是给柠檬头这样的

1 戴维·塞尔彻（David Zeltzer）：麻省理工学院媒体实验室计算机图形图像及动画制作组成员。

2 小活物（animat）：这是一个造出来的词，表示有自主动作的动画生物。

3 哔哔鸟（Road Runner）：是一只卡通鸟，与另一个卡通形象丛林狼威尔（Wile E. Coyote）一起在一系列动画片里无止境地追逐和奔跑。

4 史蒂文·斯特拉斯曼（Steve Strassman）：交互式视像科学的先行者和专家。他在麻省理工学院媒体实验室获得博士学位，导师是马文·明斯基。他先后在苹果公司等4个机构做研究，又开过2家由风投资金支持的公司，现在是橙子假想工程公司的首席影像工程师。

16.4 行为学架构中的代理

20世纪40年代，欧洲著名的动物学家三人组——康拉德·劳伦兹[1]、卡尔·冯·弗里希[2]和尼可·丁柏根[3]开始描述动物行为背后的逻辑。劳伦兹在家里养了一群鹅，冯·弗里希住在蜂窝环绕的房屋里，丁柏根则天天跟棘背鲈鱼和海鸥待在一起。通过严谨而巧妙的实验，三位动物行为研究者把动物的滑稽行为归纳成值得尊敬的学科——“动物行为学”（粗略地说，就是研究动物行为特性的科学）。1973年，他们因为这一开创性的成就共同获得了诺贝尔奖。后来，当漫画师、工程师还有计算机科学家深入研究有关动物行为的文献时，他们非常惊讶地发现这三位行为学家早已建立了一套非常好的行为框架，完全可以直接拿过来用到计算机上。

行为学架构的核心是“去中心化”这样一个关键概念。正如丁柏根在他1951年的著作《昆虫研究》（*The Study of Insect*）中指出的，动物行为

1 康拉德·劳伦兹（Konrad Lorenz，1903—1989）：奥地利动物行为学家。1973年由于对动物行为学研究方面开拓性的成就而获诺贝尔奖。除了在学术上的成就，劳伦兹最为人称道的是他在动物行为方面的通俗写作，著有《所罗门王的指环》《攻击的秘密》《雁语者》《狗的家世》等。

2 卡尔·冯·弗里希（Karl von Frisch，1886—1982）：德国动物学家，行为生态学创始人。出生于奥地利维也纳，逝于德国慕尼黑。

3 尼可·丁柏根（Niko Tinbergen，1907—1988）：荷兰裔英国动物行为学家，他最大的贡献在于，他总是能设计出精准严谨的实验来验证自己以及他人的假设。

是一种去中心化协同，它将许多独立的动作（驱动）中心像盖房子一样搭建到一起。有些行为模块是由反射现象组成的；它们能调用一些简单的功能，比如遇热时回缩或者被触碰时闪避。这些反射现象既不知道自身所处的位置，也不知道外界在发生什么事，甚至不知道它们所附属的这个身体当前的目标是什么。无论什么时候，只要出现适当的刺激，它们就会被触发。

雄性鳟鱼会本能地对下面这些刺激因素做出反应：一条已经到了交尾期的雌性鳟鱼，一条游到附近的虫子，或是一个从身后袭来的捕食者。但是，当这三种刺激因素同时出现的时候，捕食者模块总是会压制交配或者进食的本能，抢先抵御袭击。当不同的行为模块之间或多个同时出现的刺激之间出现冲突的时候，就有某种模块被激活以做出决策。比如，你正在厨房里做饭，两手弄得很脏，这时候电话响了，同时外面又有人敲门。在这种情况下，那些相互冲突的冲动——赶快去接电话！不，先擦干净手！不，得冲到门口去！——就可能使你手足无措，除非这时有另外一个后天习得的行为模块进行仲裁，也许就是这个模块让你喊出一声："请等一下！"

从一个更积极的角度来看待丁柏根所说的驱动中心，这种驱动中心相当于某种代理机制。代理（不管它是什么物理形式）侦测到一个刺激，然后做出反应。它的反应，或者按计算机行话说是"输出"，在其他模块、驱动中心或代理看来可能是输入。一个代理的输出可能使其他模块处于能动状态（拉开撞针），或者激活处于能动状态的其他模块（扣动扳机），或者还可能取消邻近模块的能动状态（关闭撞针）。同时做揉肚子和拍头动作相当困难，因为出于某种未知的原因，其中一个动作会压制另一个动作。通常，一个输出信息可能会在激活某些中心的同时抑制其他中心。显然，这是一个网络的架构，充斥着大量的循环因果关系和首尾相衔的怪圈。

外在行为就这样从错综复杂的盲目反射中涌现出来。由于行为源头的分布式特性，底层最简单的代理也能在上层产生意料之外的复杂行为。猫的身上并没有什么中心模块去决定这只猫挠自己的耳朵或者舔自己的爪子。相反，这只猫的所作所为是由独立的“行为代理”——即各种反射——构成的乱麻般的网络决定的，这些代理彼此交叉激活，构成一个总体的行为模式（称为舔或挠的动作），从这个分布式的网络中冒了出来。

听起来这跟布鲁克斯的包容结构非常相似。它其实就是一种包容结构！动物就是能够正常运作的机器人。支配动物的去中心化、分布式控制在机器人和数字生物身上同样适用。

在计算机科学家的眼里，行为学教科书上那些相互连接的行为模块网络图其实就是计算机的逻辑流程图，于是可得出的结论是：行为是可以计算机化的。通过对子行为进行安排，任何人格特征都能够编成程序。从理论上来说，动物所具有的任何情绪，任何微妙的情感反应，都可以用计算机来生成。用来支配机器人罗比的那种自下而上的行为管理机制也可以用来支配银幕上的生物，而这也正是从活生生的燕雀和棘背鱼那里借鉴来的机制。与燕雀歌唱和鱼儿摆尾所不同的是，分布式系统吞吐着数据，让计算机屏幕上动物的腿动起来。这样，银幕上的自主动画角色就可以按照和真正动物一样的一般组织规则来行动。尽管是合成的，它们的行为却是真实的（或者至少是超真实的）。因而可以说，动画人物就是没有实体的机器人。

能够被编程的远不只是动作，性格也同样可以被封装到数字里。沮丧、兴奋还有愤怒都可以作为模块添加到造物的操作系统中。某些软件公司销售的恐惧情感程序会比其他公司的好。也许，他们还会销售“关联式恐惧”——这种恐惧不仅仅表现在生物的身体上，还会渗入一连串的情感模块中，并随时间的流逝而逐渐消散。

16.5 给自由意志强加宿命

行为想要自由，可如果要为人类所用，人工生成的行为就需要受到监管和控制。我们希望机器人罗比或者兔八哥能够在不需要我们监管的情况下自行完成任务。与此同时，罗比或兔八哥所做的事情并不都是有成效的。我们怎么才能让机器人或没有实体的机器人，或者任何一种人工生命自由行动，同时还能继续引导它们成为对我们有用的东西？

卡内基梅隆大学关于互动文献的研究项目出人意料地揭示出这个问题的部分答案。该项目的研究员约瑟夫 · 贝茨虚构了一个叫作“奥兹”[1]的世界，这个世界多少有点类似史蒂文 · 斯特拉斯曼创造的那个居住着约翰和玛丽的小房间。在奥兹中有各种角色，一个物理环境，还有一个故事——跟古典戏剧中的三元素完全一样。在传统戏剧中，故事讲述着角色和环境。不过，在奥兹中，这种控制关系略微颠倒过来：在这里，角色和环境影响着故事。

创造奥兹就是为了好玩。这个奇幻虚拟世界中聚居着自动机器人和受

1　奥兹（Oz）：既是《绿野仙踪》里的一个神秘国度，也是这个国度的主宰者——一个无所不能的巫师的名字。传说奥兹能帮来者实现所有的梦想，具有无边的魔力。

人类控制的角色。游戏的目的是让人们参与创建这个环境、故事以及其中的自动机器人，既不会破坏故事情节，又不仅仅是个旁观者。为这个项目出谋划策的戴维·塞尔彻举了一个非常好的例子来作说明：“假设我们为你提供一个数字版的《白鲸》，没有理由不让你在裴廓德号上拥有一个小舱。你可以跟正在追踪白鲸的大副斯达巴克聊天。故事有足够的空间让你参与进去，还用不着去改情节。”

奥兹世界涉及了3个控制研究的前沿领域。

◎ 如何组织一个既允许一定偏离又围绕着既定结局的故事？

◎ 如何构建一个能产生意外事件的环境？

◎ 如何创造自主但又受节制的生物？

我们从史蒂文·斯特拉斯曼的“桌面剧场”来到了约瑟夫·贝茨的“计算戏剧”。贝茨想象的是一种具有分布式控制的戏剧。故事变成了某种类型的共同进化，这种进化也许只有外部的边界是预先设定的。你可以进入《星际迷航》的某一幕里施加影响以形成另一条故事线索；你也可以跟合成的堂吉诃德把臂同游，共同面对新的狂想。贝茨本人最关心的是人类用户对奥兹的使用体验。对于他的课题，他是这么说的：“我研究的问题是，怎样在不剥夺用户自由的情况下，给他们设定某种结局？”

我对控制未来的探寻是从被造物而不是造物主的角度出发的，因此我把贝茨的问题改为：怎样在不剥夺人工生命角色自由的情况下，给它设定某种结局？

布莱德·格拉夫相信，控制的这种转换改变了作者的写作目标：“我们正在创造一种完全不同的东西。我所创造的不是故事，而是一个世界。我创造的是一种人格，而不是角色之间的对话和动作。”

当我有机会和贝茨开发的这些人工角色嬉戏的时候，我才体会到这种具有人格的宠物是多么有趣。贝茨管他的宠物叫“小圆扣”。小圆扣有三种：蓝色、红色和黄色。这些小圆扣是有两个眼睛的弹性球体。它们在一个只有台阶和洞穴的简单世界中蹦来蹦去。每种颜色的小圆扣都被编排了一组与众不同的行为模式。一种颜色是羞怯型的，另一种颜色是进攻型的，还有一种颜色则是模仿型的。当一个小圆扣恐吓另外一个小圆扣的时候，进攻型的小圆扣就会张牙舞爪以吓退威胁者，羞怯型的小圆扣则会浑身发抖，然后逃之夭夭。

在一般的情况下，这些小圆扣会在自己的群体中到处跳来跳去，做一些小圆扣才会做的事情。但是，如果有人在它们的空间里插入一个光标，它们就会和到访者进行互动。它们可能会跟着你到处跑，也可能躲着你，或者等到你离开了再继续去骚扰其他小圆扣。你确实是在这个局里，但你却无法控制这里的局面。

我从一个原型世界那里获得了对未来的宠物控制更清晰的感觉。这个世界是对贝茨小圆扣世界的某种拓展。日本富士通实验室的一个虚拟现实（VR）研究小组选取了类似小圆扣的角色，经过加工把它们做成了栩栩如生的虚拟三维角色。我观看了一个头戴笨重的虚拟现实头盔、手戴数据手套的伙计做的现场演示。

他当时身在神奇的水下世界。一座朦胧的水下城堡在深远的背景中微微闪光。几个古老的希腊式立柱和齐胸高的海草一起点缀着眼前的游戏区。三只“水母”在周围游来荡去，还有一条类似鲨鱼的小鱼在四处巡游。那些样子像蘑菇、大小跟狗差不多的水母，会根据它们的情绪或者行为状态改变自己的颜色。当它们三个自己玩耍的时候，它们是蓝色的。这时，它们可以不知疲倦地蹦蹦跳跳。而如果虚拟人招手示意它们过来，它们就会兴奋地弹过来，颜色也随之变成橙色，像等着追逐棍子的友善小狗一样跳上跳下。当虚拟人向它们表示关注时，它们会一脸幸福地眯起眼睛。这位伙计还可以通过食指发射出一束蓝色激光召唤远处那条不那么友好的鱼，实现一次远距离的抚摸。这个动作会改变鱼的颜色，也会引起它对人类的兴趣，这样一来，它会绕得近一些，然后在附近游来游去——不过，它像猫儿那样，不会跟你贴得很近——只要蓝色光线时不时地触碰鱼儿，它就会做出同样的举动。

哪怕从外面看，这些活动在一个公共三维空间里、具有某种三维形态、有一些自主行为的人工角色也明显有着各自不同的特性。我可以想象和它们一起去冒险。我可以想象它们是侏罗纪恐龙，而我真被它们吓着了。当虚拟鱼游得太靠近人的头部的时候，连那位富士通的仁兄也会吓得蹲下躲避。“虚拟现实”格拉夫说，“只有里面住满了有趣的角色，才会有趣。”

派蒂·梅斯[1]是麻省理工学院媒体实验室的人工生命研究员。她极度痛恨那种戴着眼镜和手套才能进入的虚拟现实，因为这身披挂实在是“太过人工”而且太过拘束。于是她和她的同事桑迪·朋特兰德[2]琢磨出了另外一种跟虚拟生物进行互动的方法。她的系统叫作ALIVE，可以让人通过计算机屏幕和摄像机来跟动画生物进行互动。摄像头对着人类参与者，把观察者嵌入他/她在计算机屏幕上看到的世界之中。

这个巧妙的设计能让人产生一种真实的亲切感。我可以通过移动我的手臂来跟屏幕上的小“仓鼠”互动。这些仓鼠长得像安在轮子上的烤面包机，不过它们是能自主寻找目标的“小活物”，具有丰富的动机、感觉和反应。当这些仓鼠饿了一段时间之后，它们会在封闭的围栏中四处漫步寻找“食物”。它们会各自找伴，有时候还会相互追逐。如果我的手动得太快，它们会逃避开去。如果我慢慢移动手掌，它们又会因为好奇而跟着我的手走。这些仓鼠会起身来讨要食物。而玩累了的时候，它们躺倒就睡。它们是某种介于机器人和动画动物之间的存在，距离真正的虚拟角色仅几步之遥。

眼下，派蒂·梅斯正试图教会这些生物“怎样做正确的事情”。她想让她创造出来的生物在不太受人监护的情况下，通过它们在环境中的经验来学习东西。如果侏罗纪的恐龙不会学习，那它们就不能成为真正的角色。如果一个人类虚拟角色不会学习，那创造这种角色就很难说有什么实际意义。按照包容架构模型，梅斯正在构造一个算法的层级，以使她的造

1 派蒂·梅斯（Pattie Maes）：软件信息技术领域的先驱者之一。她是麻省理工学院媒体实验室的副教授，自1994年以来一直是活跃的互联网创业者，成立了萤火虫网络公司和其他几个公司。

2 桑迪·朋特兰德（Sandy Pentland）：麻省理工学院教授，是计算机科学领域论文被引用次数最多的作者之一。他还是人类动态研究实验室的负责人。

物不仅具有适应力，还能将自身导向更为复杂的行为模式，并且——作为这一整套设计必不可少的部分——还能让它们的目的从行为中自然地涌现出来。

迪士尼和皮克斯的动画师差点被这个想法惊呆了，但总有一天，米老鼠是会拥有自作主张的能力的。

16.6 米老鼠重装上阵

2001年冬天，在迪士尼片场的一个角落里，一辆拖车被布置成了最高机密实验室。一卷卷古老的迪士尼动画磁带，一大批大容量计算机硬盘，还有3个24岁的计算机图形艺术家藏身其中。他们用了大约3个月的时间解构了米老鼠。这个只出现在二维动画片里的家伙被重新塑造成一个具有三维潜质的存在。他知道怎样走路、跳跃和起舞，怎样表示惊讶，怎样挥手道别。虽然他仍不会说话，却能够对口型。焕然一新的米老鼠现在装在一个2GB的移动硬盘里。

这块硬盘被带着穿过旧的动画制作室，经过一排排空荡荡的、积满尘土的动画架，最后到达摆着SGI图形工作站的小隔间里。米奇被装入计算机中。动画师早就为这只老鼠创造了一个应有尽有的人工世界。他被带入布景，摄像机也启动了。开机！米奇在他家的楼梯上失足，重力把他拉倒。他那富于弹性的屁股摔在木板楼梯上，产生逼真的弹跳效果。一阵虚拟的风从敞开的前门刮进来，吹走了他的帽子。而当他要去追自己的帽子的时候，地毯却从他下面滑走，并遵循织物的物理规律卷成一团，正如米奇因其仿真出来的重量而摔倒一样。整个过程中，米奇只收到了一个指令，就是进入房间并且一定要去追自己的帽子，其他事情都是自然而然发生的。

1997年之后，就没有人再去用手画米老鼠了，也没有必要再这么做。哦，有时候动画师还是会插上一脚，对这里或那里的某个关键面部表情做一下润色——制片方把这些动画师称为化妆师。基本上，米奇拿到一个剧本，他就照着演。而且，他——或者他的分身，现在是全年无休息地同时出现在多部电影的片场。当然，他也从来不会抱怨。

图形高手并未因此而满足。他们在米奇的代码中加入了一个梅斯的学习模块。有了这个之后，米奇就成长为一名合格的演员了。它会对同一幕里其他大牌演员——如唐老鸭和高飞狗——的情绪和行为做出反应。每当一场戏重拍的时候，它都会记得上一次的表演，并在下一次加以强化。它也借助外力来进化。程序员调整它的代码，提高它的动作流畅性，丰富它的表情，并且使它的感情更具深度。它现在可以扮演一个“情感丰富的家伙”了。

不仅如此，经过了5年的学习，米奇已经开始有自己的主见了。不知怎么地，它对唐老鸭充满敌意；而如果有人用木槌敲他的头的话，他就会暴跳如雷。一旦生起气来，它就会变得非常固执。经年的学习让它懂得了要避开各种障碍物和崖边，如果导演让它在悬崖边行走，它就会迟疑。米奇的程序员抱怨说，如果要编一段程序来避免这些癖性，就不得不破坏另外一些米奇已有的品性和技能。“这就好比是一个生态环境”他们说，“你要想移走一个东西，就肯定会搅动整个环境。”关于这一点，有一位图形专家说得最好：“实际上，这就跟心理学一样。这只老鼠现在有真正的人格。你不可能把人格分割开，你只能在它的基础上做些补救。”

到了2007年的时候，米老鼠就是个相当不错的演员了。它在经纪人那里炙手可热，它会说话，它可以熟练地应对你能想象的任何一种闹剧情境。它确实有自成一派的绝活，它有很强的幽默感，还有一种喜剧演员才有的让人难以置信的把握时机能力。唯一的问题就是，如果与它共事的话，你会发现它是个混蛋。它会突然发飙然后暴跳如雷。导演恨死它了。不过他们得容忍它——他们还见过更刺儿的——说到底，它是米老鼠。

而最棒的是，它永远不会死，也永远不会老。

迪士尼公司在影片《谁陷害了兔子罗杰》[1]中预示了这种动画角色的解放。这部电影里的动画角色各自拥有独立的生活和梦想，但它们只能待在动画城这个属于它们的虚拟世界里，只有在需要时它们才能出来在电影中进行表演。按照设定，这些动画角色可以是合作的、愉快的，也可以不是。它们拥有像人类演员那样的任性和坏脾气。兔子罗杰虽说是个虚构的角色，但是，总有一天，迪士尼非得和一只自主的、失控的兔子罗杰打交道不可。

问题就在于控制。米奇在它的第一部电影《蒸汽船威利号》[2]中，受到华特 · 迪士尼的完全操控。迪士尼和米老鼠是两位一体的。随着越来越多的逼真行为被植入米奇，它和它的创造者之间就越来越貌合神离，也就越发失控。对有孩子或宠物的人来说，这算不上什么新鲜事。但对于那些拥有卡通角色或者机器（这些机器会变聪明）的人来说，就是非常新鲜的事了。当然，无论是小孩子还是宠物都不会完全地失控。他们的服从体现了我们直接的权威，而且他们的教育和成形更体现出我们更大程度的间接控制。

描述这一状况的最恰当说法是：控制是一个范畴：一端是“一体”式的全面支配，另一端则是“失控”；这两端之间则是各种类型的控制，我们尚没有恰当的词语与之对应。

直到最近，我们所有的人工产品、所有的手工造物都仍然处在我们的统御之下。可是，由于我们在培育人工产品的同时，也培育出了合成的生命，因此，也预示着我们将丧失令行禁止的特权。老实说，所谓“失控”，是对未来的一种夸张描述。那些我们赋予了生命的机器还是会间接地接受我们的影响和指导，只不过脱离了我们的支配而已。

---

1 《谁陷害了兔子罗杰》（*Who Framed Roger Rabbit*）：迪士尼出品，1988年上映，是一部真人与动画角色同台演出的影片，1989年获4项奥斯卡奖。

2 《蒸汽船威利号》（*Steamboat Willie*）：是迪士尼官方指定的米奇出演的第一部作品，也被广泛认为是世界上第一部有声动画。它的首映日期——1928年11月18日——被定为米老鼠的官方生日。

尽管我已经努力地四处寻找，却仍然找不到一个恰当的词来描述这种类型的影响。我们确实没有一个恰当的名字来称呼这种在具有影响力的创造者和拥有自己心智的造物之间的松散关系。我们在未来还会见到更多此类造物。按理说，在父母与子女的关系范畴里应该有一个专用的词，但可惜的是没有。我们用“牧羊”这个词来描述和羊群的关系：当我们放牧一群羊的时候，我们知道自己不具有完全的权威，但我们也并非全无控制。也许，我们将会“放牧”人工生命。

我们也会“栽培”植物，帮助它们实现自身的目标，或者对它们稍加影响以为我们所用。“管理”这个词，也许在意义上最贴近我们对人工生命（譬如那只虚拟的米老鼠）所能施加的控制。女人可以“管理”她不听话的孩子，或者一只乱叫的狗，也可以管理她属下300名能力高超的销售人员。迪士尼也可以管理电影里的米老鼠。

“管理”这个词虽然贴近，但并不完美。我们虽然在管理着像大沼泽地那样的野生环境，但实际上我们对那里的藻类、蛇、湿地野草等几乎没有什么控制权；我们虽然在管理着经济活动，可它还是为所欲为；同样，我们虽然在管理着电话网络，但我们并没权力监控某个特定的通话。“管理”所意味的高高在上的监管权力，远远超出我们在上述例子中所能行使的权力，也超出了未来我们在极其复杂的系统中所能行使的权力。

16.7 寻求协同控制

我要寻找的词更接近于“协同控制”（co-control），在某些机械类的语境中已经看到有人在用这个词了。在恶劣的天气里使波音747大型喷气式客机平稳降落是个非常复杂的任务。由于飞机上有好几百个小系统在同时运转，高速的飞行又要求反应迅速，而飞行员经过长途飞行后往往困倦不堪，再加上恶劣的天气，都使计算机能够比人类飞行员更好地胜任驾驶工作。几百人的生命系于一身，不允许出现任何差错和失误。那么，为什么不让一台非常聪明的机器来控制飞机呢？

工程师在飞机上加装了自动导航系统。事实证明这套系统非常好使。它驾驶的大型喷气式客机无论是飞行还是降落都完美无缺。自动驾驶也轻易地满足了空中交通管控员对于秩序的要求——所有的东西都处于数字化监控之中。最初的想法是，人类飞行员可以监视计算机，以应对可能出现的问题。不过唯一的问题是，人类做这种消极的监工实在是不怎么样。他们会觉得无聊，于是走神，随之可能会忽视一些关键的细节。然后，紧急情况突然发生，他们不得不忙着“救火”。

因此，现在的新想法不是让飞行员去盯着计算机，而是反过来让计算机监督飞行员。欧洲的空中客车A320是迄今为止世界上自主程度最高的飞机之一，它就采用了这种方式。从1988年开始，飞机上的机载计算机就开始担负起监督飞行员的工作。当飞行员推动操纵杆使飞机转向的时候，计算机会计算出左倾或右倾的程度，但它不允许飞机的倾斜度超过67度，也不允许机头抬起或低下的幅度超过30度。用《科学美国人》的话来说，这意味着“这个软件织出了一个能够阻止飞机超出其结构限度的电子茧”。这还意味着飞行员有理由抱怨，抱怨被强迫交出了控制权。1989年，英国航空公司驾驶747客机的飞行员经历了6次不同的事故，每一次他们都必须推翻计算机发出的减小动力指令。如果他们当时没能成功地纠正自动导航系统的失误——波音公司后来把这些错误归咎于程序漏洞（Bug），就可能导致机毁人亡。而空中客车A320上竟然不提供让飞行员纠正自动系统的手段。

人类飞行员觉得他们是在为飞机的控制权而战的。计算机应该做飞行员还是导航员？飞行员取笑说，计算机就像是放到了驾驶舱里的一条狗。狗的任务就是在飞行员想要去控制的时候咬他，而飞行员唯一要做的就是喂狗。实际上，在自动飞行的新行话里，飞行员被称为“系统管理员”。

我相信计算机终将成为飞机上的副驾驶员。它将完成许多飞行员不能胜任的工作。但是，飞行员会管理——或者说“放牧”——计算机的行为。而且机器和人这两者之间会不停地发生些小龃龉，就像所有具有自主性的事物一样。他们将以协同控制的方式来驾驶飞机。

皮特·利特维诺维兹[1]是苹果公司的图形专家，他做了一件了不起的事。他从一个真人演员那里提取出身体和表情动作，然后把这些应用到数字形式的演员身上。他先让一个人类演员用一种夸张的方式要一杯鸡尾酒，然后把这些姿态——扬起的眉毛、唇边的傻笑、头部的轻快摆动等。然后，他用这套表情来控制一只猫的脸部活动。这么一来，这只猫演绎这句台词的方式就和这个演员完全一样。随后，利特维诺维兹又把

1 皮特·利特维诺维兹（Pete Litwinowicz）：计算机图形领域的程序员和技术专家。

这套表情用到一个卡通角色上，接着又用到一副木然的古典面具上，最后他甚至让树干做出了同样的表演。人类演员是不会因此失业的。尽管有些角色具有完全的自主性，但是绝大多数角色本质上还是人机混合的。演员可以让一只动画猫鲜活起来，而这只猫又会反过来教演员如何做得更像猫。演员可以“驾驭”卡通角色，就像牛仔骑马一样，或者像飞行员驾驶由计算机掌控的飞机。数字化的“忍者神龟”能自己满世界飞奔，而与它共享控制权的人类演员则面带微笑地时不时给它补点妆，或者恰到好处地发出一声怪叫。

《终结者Ⅱ：审判者》的导演詹姆斯·卡梅隆[1]最近对一群计算机图形专家说：“演员都喜欢化妆。他们愿意在化妆椅上坐8个小时把妆化好，但不愿意为合成角色而花费时间。我们必须让他们参与到合成角色的创作中。给他们以新的身体和新的面容，来拓展他们的表演。”

控制的未来是：伙伴关系，协同控制，人机混合控制。所有这些都意味着，创造者必须和他的创造物一起共享控制权，并且要同呼吸共命运。

1 詹姆斯·弗朗西斯·卡梅隆（James Francis Cameron，1954—）生于加拿大的美国电影导演，擅长拍摄动作片以及科幻电影。他导演的这些电影经常超出预定计划和预算，不过都很卖座。詹姆斯·卡梅隆电影的主题往往试图探讨人和技术之间的关系。

第十七章

OUT OF CONTROL

开放的宇宙

17.1 拓展生存的空间

一群蜜蜂从蜂巢里溜出来，然后聚成一团悬挂在一根树枝上。如果附近的养蜂人运气好的话，它们落脚的树枝很容易够着。此时，这些喝饱了蜂蜜又不需要看护幼蜂的蜜蜂就像瓢虫一样温顺。

我曾有过一两次将悬聚在我头部高度的蜂团移进自己的空蜂箱的经历。将上万只蜜蜂从树枝上移入蜂箱的过程可以说是生活中的一场奇妙表演。

如果有邻居在看，你可以给他们露一手：在嗡嗡作响的蜂团下铺上一块白布或者一大块硬纸板。将布单一边盖在自己的空蜂巢底部支撑用的门板上，使布单与硬纸板形成一个导向蜂巢入口的巨大坡道。此时，戏剧性地停一下，然后抓住树枝用力一抖。

蜂团整个儿从树上掉下来，落到布单上四下奔涌，像翻腾的黑色糖浆。成千上万只蜜蜂交叠在一起，乱哄哄地挤作一堆，嗡嗡作响。慢慢地，你会看出些眉目。蜜蜂面向蜂巢的开口排成一行，鱼贯而入，就像是接受了同一个指令的小小机器人。它们确实收到了指令。如果你俯下身来靠近白布，将鼻子凑近蠕动的蜂群，会闻到玫瑰花似的香味。你会看见蜜蜂一边行进，一边弓着背，猛烈地扇动着翅膀。它们从自己的尾部喷出玫瑰香气，并把它扇到身后的队伍里。这种香气告诉后面的伙伴们："蜂后在此，跟我来。”第二个跟着第一个，第三个跟着第二个，五分钟后，整个蜂群都钻进了蜂箱，布单上几乎空空如也。

地球上最初的生命是不可能上演这一幕的。这并非因为缺少足够的变种。早期的基因根本就没有施展这种本事的能力。用玫瑰花的香味道来协调上万只飞虫聚成一个目标明确的爬行怪物，这不是早期生命所能做到的。早期生命不仅还未能创造出大戏上演的舞台——工蜂、蜂后、花蜜、树、蜂巢、信息素，而且连搭建这个舞台的工具也还没有创造出来。

大自然之所以能产生令人震惊的多样性，是因为它在本质上是开放的。生命不会仅靠最早诞生的那几个基因去产生令人眼花缭乱的变化。相反，生命最早的发现之一是：如何创造新的基因、更多的基因、可变的基因，以及一个更大的基因库。

博尔赫斯图书馆里的一本书含有相当于100万个基因的信息量，而一帧高分辨率好莱坞电影画面所含的信息相当于3000万个基因。由此构建的“书库”尽管堪称庞大，但在由所有可能存在的书库组成的“元书库”中，它们不过是一粒尘埃。

生命的特征之一是，它会不断地拓宽自身的生存空间。大自然是一个不断扩展的可能性之库，是一个开放的大千世界。生命一边从书架上抽出最不可思议的书来，一边为藏书增建厢房，为不可思议的文本创造空间。

我们不知道生命如何突破了从固定基因空间到可变基因空间的分界线。也许某个特殊的基因决定着染色体中基因的数量。只要使那个基因产生变异，就可以使链中基因的总数增加或减少。也许基因组的大小是由多个基因间接决定的。或者更有可能的是，基因组的大小是由基因系统自身的结构决定的。

汤姆·雷的实验显示，在他的自我复制世界里，可变的基因长度瞬时就涌现出来了。他的创造物自行决定其基因组的长度（由此也决定了它们可能存在的基因库的规模），短至出乎他意料的22字节，长至23000字节。

开放的基因组带来开放的进化。一个预先设定了每个基因的工作或基因数量的系统只能在预先设定的范围内进化。道金斯、拉萨姆和西姆斯最初的那些系统，以及俄罗斯程序员的电子鱼，都搁浅在这个局限性上。它们也许能生成所有可能的具有既定大小和深度的画面，但不能生成所有可能的艺术品。一个没有预先确定基因角色和数量的系统才能出奇制胜。这就是汤姆 · 雷的创造物造成轰动的原因。从理论上说，他的世界只要运行的时间够长，就能在最终的形式库中进化出任意东西。

17.2 生成图像的基元组

形成开放基因组的方法不止一种。1990年，卡尔·西姆斯利用“连接机”（CM2）的超级计算能力设计了一个由长度可变基因组成的新型人工世界，比他设计的植物图像世界更为先进。西姆斯的妙招是创造一个由小方程而非长串数码组成的基因组。他原来的基因库中每个固定长度的基因各自控制着植物的一个视觉参数；这个新基因库则拥有长度不定且可自由扩展的方程，借此绘制各种曲线、色彩和形状。

西姆斯的方程——或者说基因，是一种计算机语言（LISP）[1]的小型自包含逻辑单元。每个模块都是一个算术指令，诸如加、减、乘、余弦、正弦。西姆斯把这些单元统称为“基元组”——它们构成了一个逻辑的字母表。只要有一张恰当的逻辑字母表在手，就可以建立任何方程，就像用适当多样的语音元素表就能合成任何语音句子一样。加、乘、基本函数等的相互组合能产生许多我们想得出的数学方程。既然任何形状都可以用方程来表达，这一基元字母表也就可以画出任何一种图像。增加方程的复杂

1 LISP语言：LISP是List Processing的缩写，即表处理语言，诞生于20世纪60年代左右。表（list）是LISP语言中求值和运算的基本单位。由于LISP语言建立在递归逻辑的基础上，形式化程度很高，适合于符号运算和问题求解，曾是人工智能常用的语言之一。

性也就神奇地扩大了所生成图像的复杂性。

方程基因库还有个意外的好处。在西姆斯的原版世界中（以及在汤姆·雷的“地球”和丹尼·希利斯的共同进化的寄生虫世界中），有机体是一串串每次随机转换一个数字的数码，就像博尔赫斯图书馆里的书那样，一次改变一个字母。而在西姆斯的改良版世界里，有机体成了一串串每次随机转换一个基元的逻辑基元组。仍以博尔赫斯图书馆为例的话，这次被调换的是词而不是字母。每本书里每个词的拼写都是正确的，每本书的每页由此就更有实际意义。但是，对于以词为原料的博尔赫斯图书馆来说，要煮这锅汤[1]至少需要数以万计的词，而西姆斯仅用一打左右的数学基元就能列出所有可能的方程。

对逻辑单元而不是数字位元做进化，最根本的优势还在于，它能马上将系统引上通往开放宇宙的大道。逻辑单元本身就是功能，而不像数字位元那样仅仅是功能的数值。在任意一个地方增加或交换一个逻辑基元，程序的整体功能就会产生转变或得到扩展，从而在系统中涌现出新功能和新事物。

而这就是西姆斯的发现。他的方程进化出全新的图像，并把它们显示到计算机屏幕上。这个新的空间是如此之丰富，使西姆斯大为震惊。由于基元组只包含逻辑部件，西姆斯的LISP字母表确保了大部分方程所绘出的图像都具有某种模式。屏幕上不会再充斥着模糊灰暗的图像，无论西姆斯“漫步”到哪里，都能看到令人惊艳的风景。“艺术”仿佛成了信手拈来之物。一开始，屏幕上布满了狂野的红色和蓝色之字形线条。下一刻，屏幕的上部点缀着黄色的斑斑点点。之后，斑点下出现一条朦胧的水平线，再接着，是重笔墨的波浪伴着蓝色的海天一线。再然后，斑点洇成毛茛花般嫩黄的困晕。几乎每一轮画面都展现出惊人的创意。1小时内，上

---

1 汤（Soup）：在英语中有alphabet soup的用法，用于指一种用字母状面团作汤料的汤。可查的说法有二：一是说此汤是父母为鼓励儿童学字而做的，喝汤的儿童可以把汤内的字母随意组合，从而学到词汇；二是指在网上遇到的需要处理的一大堆杂乱字母戏称为“字母汤”。此外，在生命起源的问题上经常将产生生命的初始状态（科学家推测，生命起源于呈混合溶液状态的物质“汤”）称为汤。

千张美轮美奂的图像被从其藏身之所唤起，第一次也是最后一次展现在我们面前。这好比站在世上最伟大的画家身后，观看他创作从不重复主题和风格的素描。

当西姆斯选中一幅图画，繁衍出其变种，再从中选取另一幅时，他所进化的不只是图像。撇开表象，西姆斯进化的是逻辑。一个相对较小的逻辑方程能绘制出一幅让人眼花缭乱的复杂图画。西姆斯的系统曾经进化出下面这段逻辑代码：

(cos (round (atan (log (invert y) (+ (bump (+ (round x y) y) #(0.46 0.82 0.65) 0.02 #(0.1 0.06 0.1) #(0.99 0.06 0.41) 1.47 8.7 3.7) (color-grad (round (+ y y) (log (invert x) (+ (invert y) (round (+ y x) (bump (warped-ifs (round y y) y 0.08 0.06 7.4 1.65 6.1 0.54 3.1 0.26 0.73 15.8 5.7 8.9 0.49 7.2 15.6 0.98) #(0.46 0.82 0.65) 0.02 #(0.1 0.06 0.1) #(0.99 0.06 0.41) 0.83 8.7 2.6))))) 3.1 6.8 #(0.95 0.7 0.59) 0.57))) #(0.17 0.08 0.75) 0.37) (vector y 0.09 (cos (round y y)))))

这个方程在西姆斯的彩色屏幕上绘出了一幅引人注目的图画：北极的落日余晖映照在两根冰柱上，冰柱晶莹剔透；远方的地平线淡然而宁静。这可堪比一个业余画家的大作。西姆斯告诉我说："这个方程的进化从头到尾仅用了几分钟时间——如果是人类有意为之的话，可比这个费工夫多了。"

但是西姆斯无法解释方程背后的逻辑以及它为何会绘出一幅冰的图画。在这个方程面前，西姆斯和我们一样茫然无知。方程所隐藏的逻辑已经无法用简单明了的数学来破解了。

17.3 无心插柳柳成荫

真正开始将逻辑程序的进化从理论付诸实践的是约翰·柯扎。他是斯坦福大学计算机科学系的教授，约翰·霍兰德的学生。他和霍兰德的另外几个学生一起使20世纪60—70年代一度被冷落的霍兰德遗传算法重放光芒，进入80年代末并行算法的复兴时期。

与“艺术家”西姆斯不同，柯扎并不满足于单纯地探索方程的可能空间，他想进化出能够解决特定问题的最佳方程。举个牵强一点的例子，假设在所有可能的图像中有一幅图会吸引奶牛凝视它，并由此提高产奶量。柯扎的方法就可以进化出能绘制这一特定图像的方程。在这个例子中，柯扎会对那些所绘图像哪怕只是轻微增加产奶量的方程给予奖赏，直至牛奶产量无法再提高。当然，柯扎所选的问题要比这个实际得多，譬如，找出一个能操纵机器人移动的方程。

但从某种意义上来说，他的搜索方式与西姆斯以及其他研究者的相似。他也在由可能存在的计算机程序组成的博尔赫斯图书馆内搜寻——只不过不是毫无目的地东瞧瞧西看看，而是去寻找解决特定实际问题的最佳方程。柯扎在《遗传编程》(*Genetic Programming*)一书中写道：“这些问题的求解过程可以重新表述为：在可能存在的计算机程序中，搜索最合适的单个计算机程序。”

柯扎通过繁衍“找到”方程的想法之所以被认为有悖常理，和计算机专家对雷的进化方案嗤之以鼻的理由是一样的。过去，人人都“知道”逻辑程序是脆弱的，不能容忍任何错误。计算机科学理论中，程序只有两种状态：（1）无故障运行；（2）修改后运行失败。第三种状态——随机修改后还能运行——几乎是不可能的。程序“轻度出轨”被称为程序漏洞，这是人们耗费大量财力和时间试图避免的。专家过去认为，如果计算机方程渐进式改良（进化）真有可能的话，也肯定只会出现在少数罕见领域或专门类型的程序中。

然而，人工进化的研究成果出乎意料地表明，传统观点大错特错了。西姆斯、雷和柯扎都有绝妙的证据来证明，逻辑程序是可以通过渐进式改良进化的。

柯扎的方法基于一种直观判断，即如果两个数学方程在解决一个问题时多少有些效果，那么它们的某些部分就是有价值的。如果这两者有价值的部分能被重新整合成一个新程序，其结果可能比两个母程序中的任何一个都更有效。柯扎数千次地随机重组两个母程序的各个部分，从概率上讲，希望这些组合中能包含一个程序，对母程序中有价值的部分做了最优安排，因而能更好地解决问题。

柯扎的方法和西姆斯的有很多相似之处。柯扎的“数据培养液”也含有大约一打用LISP语言表达的数学基元，诸如加、乘和基本函数。这些基元随机串在一起形成一棵棵逻辑“树”——一种形似计算机流程图的树形层次结构。柯扎的系统像繁殖人口一样创建了500—10000棵不同的独立逻辑树。“数据培养液”通常在繁衍了大约50代之后收敛到某个合适的后代身上。

树与树之间交换分枝迫使它们产生变种。有时嫁接的是一根长树枝，有时仅仅是一根细枝或枝头的“叶子”。每根树枝都可以被看作是由更小的分枝构成的完整无缺的逻辑子程序。通过分枝交换，一小段方程（一根树枝），或一个有用的小程序，可以得到保存甚至传播。

通过方程进化能解决形形色色的古怪问题。柯扎用它来解决的一个经典难题是，如何让一根扫把立在滑板上。滑板必须在马达的推动下来回移动，而倒立的扫帚在滑板中央保持直立。马达控制的计算量惊人，但在控制电路上与操纵机器人手臂的电路并无多大区别。柯扎发现，他可以进化出一个程序来实现这种控制。

被他用来测试方程进化的问题还有走出迷宫的策略，二次方程的求解方法，优化连接众多城市最短路径的方法（又称为旅行商问题），在tic-tac-toe[1]一类简单游戏中胜出的策略。在每个例子中，柯扎的系统每次都会去寻找解决问题的一般公式，而不是寻找每一个测试实例的具体答案。一个公式经受不同实例的测试越多，这个公式就会进化得越完善。

尽管方程进化能得出有效的解决方案，可这些方案却往往要多难看有多难看。当柯扎拿起他那些高度进化的宝贝开始查看细节时，他和西姆斯以及雷一样感到震惊：解决方案简直是一团乱麻！进化要么绕上一个大弯，要么钻个曲里拐弯的逻辑漏洞来"抄近道"。它塞满冗余，毫不雅致。出了错时，宁愿添加一节纠错程序，或者让主流程改道绕过出错的区域，也不愿去错误的部分。最后的公式颇有几分神奇的鲁宾 · 戈德堡[2]联动装置的样子，依靠某些巧合才能运作。当然，它实际上就是一架戈德堡神奇动机。

拿柯扎曾经给他的进化机器玩过的一个问题为例。那是一个由两条互相缠绕的螺旋线构成的图形，大致类似于纸风车上的双重螺旋线。柯扎要用进化方程机器进化出一个最佳方程式，从而判定约200个数据点各在双螺旋的哪一条线上。

柯扎将10000个随机产生的计算机公式加载到他的"数据培养液"里。他放任它们进化，而他的机器则挑选出最有可能获得正确公式的方

1 tic-tac-toe：一个很有名的益智游戏。弈者在井字形的9个方格上轮流落子，三点连成一条直线（横、竖、斜均可）的一方获胜。只要弈法得当，双方一定会以和局结束。

2 鲁宾 · 戈德堡（Rube Goldberg）：美国漫画家，画了许多用极其复杂的方法完成简单小事的漫画。比如把鸡蛋放进小碟子这种事，在戈德堡笔下可能是这样的：一个人从厨房桌子上拿起晨报，于是牵动了一条打开鸟笼的线，鸟被放出来，顺着鸟食走向一个平台。鸟从平台摔到一水罐上，水罐翻倒，拉动扳机，使手枪开火。猴子被枪声吓得把头撞在系有剃刀的杯子上，剃刀切入鸡蛋，打开蛋壳，使鸡蛋落入小碟子中。

程。柯扎睡觉的时候，程序树交换分枝，偶尔产生一个运行更好的程序。在他度假期间，机器照常运行。待他度假归来，系统已经进化出能完美划分双螺旋线的答案了。

这就是软件编程的未来！定义一个问题，机器就能在程序员打高尔夫球的时候找到解决方案。但是，柯扎的机器找到的解决方案让我们得以一睹进化的技艺。这是它得出的公式：

(SIN (IFLTE (IFLTE (+ Y Y) (+ X Y) (- X Y) (+ Y Y)) (* X X) (SIN (IFLTE (% Y Y) (% (SIN (SIN (% Y 0.30400002))) X) (% Y 0.30400002) (IFLTE (IFLTE (% (SIN (% (% Y (+ X Y)) 0.30400002)) (+ X Y)) (% X 0.10399997) (- X Y) (* (+ -0.12499994 -0.15999997) (- X Y))) 0.30400002 (SIN (SIN (IFLTE (% (SIN (% (% Y 0.30400002) 0.30400002)) (+ X Y)) (% (SIN Y) Y) (SIN (SIN (SIN (% (SIN X) (+ -0.12499994 -0.15999997))))) (% (+ (+ X Y) (+ Y Y)) 0.30400002)))) (+ (+ X Y) (+ Y Y))))) (SIN (IFLTE (IFLTE Y (+ X Y) (- X Y) (+ Y Y)) (* X X) (SIN (IFLTE (% Y Y) (% (SIN (SIN (% Y 0.30400002))) X) (% Y 0.30400002) (SIN (SIN (IFLTE (IFLTE (SIN (% (SIN X) (+ -0.12499994 -0.15999997))) (% X -0.10399997) (- X Y) (+ X Y)) (SIN (% (SIN X) (+ -0.12499994 -0.15999997))) (SIN (SIN (% (SIN X) (+ -0.12499994 -0.15999997)))) (+ (+ X Y) (+ Y Y))))))) (% Y 0.30400002)))))

这公式不但样子难看，而且还令人费解。即使对一个数学家或一个计算机程序员来说，这个进化出来的公式也是一团乱麻。汤姆 · 雷说，进化写的代码只有喝醉酒的人类程序设计员才写得出来。依我看，说进化生成的是只有外星人才写得出来的代码恐怕才更确切些——这绝非人类所为。对这个方程追本溯源，柯扎终于找到了这个程序处理问题的方式。完全是凭着百折不挠和不择手段，它才打通了一条艰难曲折又令人费解的解决之道。但这确实管用。

进化得出的答案看起来很奇怪，因为几乎任何一个高中生都能在一行内写出一条非常简洁优雅的方程式来描述这两条螺旋线。

在柯扎的世界里没有要求方案简洁的进化压力。他的实验不可能找到那种精简的方程式，因为它并不是为此目的而构建的。柯扎试着在运行过程中添加点简约性因素，却发现在运行开始就加入简约性的限制条件会降低解决方案的效率。得到的方案虽然简单却只有中下水平。有证据表明，在进化过程末期加入简约性因素——也就是说，先让系统找到一个管用的解决方案，再开始对其进行简化，这是进化出简洁方程更好的方法。

但柯扎坚信简约的重要性被过分高估了。他说，简约不过是“人类的审美标准”。大自然本身并不特别简约。举个例子：时为斯坦福大学科学家的戴维·斯托克分析了小龙虾尾部肌肉中的神经回路。当小龙虾想逃走的时候，其神经网络会引发一个奇怪的后空翻动作。对人类来说，那种回路看起来如巴洛克建筑那般繁复，取消几个多余的循环指令马上就可以使它简化一些。但那堆乱七八糟的东西却很管用。大自然并不会只为了优雅而简化。

17.4 打破规则求生存

柯扎指出，人类之所以追求类似牛顿的 $F=ma$ 那样简单的公式[1]，是因为我们深信：宇宙是建立在简约秩序的基础之上。更重要的是，简约对人类来说是很方便的。$F=ma$ 这个公式比柯扎确定螺旋线的怪物使用起来容易得多，这使我们更加体会到公式中所蕴含的美感。在计算机和计算器问世前，简单的方程更加实用，因为用它计算不易出错。复杂的公式既累人又不可靠。不过，在一定范畴内，不管是大自然还是并行计算机，都不会为繁复的逻辑发愁。那些我们觉得既难看又让人头晕的额外步骤，却能以令人乏味的高精确度运行来保证运行无误。

尽管大脑像并行机器一般运作，人类意识却无法并行思考。这一讽刺性的事实让认知科学家百思不得其解。人类的智慧有一个近乎神秘的盲点。我们不能凭直觉理解概率、横向因果关系及同步逻辑方面的各种概念。它们完全不符合我们的思维方式。我们的思维退而求其次地选择了串行叙述——线性描述。那正是最早的计算机使用冯 · 诺依曼串行设计方案的原因：因为人类就是这样思考的。

1 $F=ma$：这个公式描述的是牛顿力学第二定律，即加速度定律，F为外力，m为质量，a为加速度。

而这也正是为什么并行计算机必须被进化而不是被设计出来：①因为在需要并行思考的时候我们都变傻子；②计算机和进化并行的思考；③意识则串行思考。在《代达罗斯[1]》1992年冬季刊上一篇极具争议的文章里，思维机器公司的市场总监詹姆斯·贝利描述了并行计算机对人类思维的飞反效应[2]。文章题为《我们先改造计算机，然后计算机改造我们》，贝利在文中指出，并行计算机正在开启知识的新领域。计算机的新型逻辑反过来迫使我们提出新的问题和视角。贝利暗示道："也许，世上还有一些截然不同的计算方式，一些只有用并行思考才能理解的方式。"像进化那样思考也许会开启宇宙中新的大门。

约翰·柯扎认为，能处理定义不严格的并行问题，这是进化的另一个独特优势。教计算机学会解决问题的困难在于，时至今日，为了解决我们遇到的每一个新问题，我们最终还是要逐字逐句地为它重新编程。如何才能让计算机自行完成任务，而不必一步步告诉它该做什么和怎么做？

柯扎的答案是：进化。在现实世界中，一个问题可能有一个或多个答案，而答案的范围、性质或值域可能完全模糊不清。进化可以让计算机软件解决这种问题。譬如：香蕉挂在树上，请给出摘取程序。大多数计算机学习都不能解决这样的问题。除非我们明确地向程序提供一些明确的参数作为线索，诸如：附近有多少梯子？有没有长竿？

而一旦定义了答案的界限，也就等于回答了问题的一半。如果我们不告诉它附近有什么样的石头，我们知道是不会得到"向它扔石头"的答案的。而在进化中，完全有这个可能。更可能出现的情况是，进化会给出完全意想不到的答案，譬如：使用高跷，学习跳高，请小鸟来帮忙，等暴风雨过后，生小鸟然后让它们站在你的头上。进化并不一定要昆虫飞行或游泳，只要求它们能够快速移动来逃避捕食者或捕获猎物。开放的问题得出了诸如水黾用脚尖在水上行走或蚱蜢猛然跳起这样各不相同

1 代达罗斯（Daedalus）：希腊神话中技艺高超的匠人，他发明了刨子、吊线与胶水。

2 飞反效应（Boomerang Effect）：指产生与原目标相反的效果，在经济、广告等行业有许多例子。

却明确的答案。

每一个涉足人工进化的人都为进化能轻而易举地得出异想天开的结果而大为吃惊。汤姆·雷说："进化可不管有没有意义，它关心的是管不管用。"

生命的天性就是，以钻常规规则的漏洞为乐。它会打破它自己所有的规则。看看这些生物学上令人瞠目结舌的奇事吧：由寄居在体内的雄鱼来进行受精的雌鱼，越长越萎缩的生命体，永远不会死的植物等。生命是一家奇物店，货架上永远不会缺货。自然界层出不穷的怪事几乎跟所有生命的数量一样多，每一种生物在某种意义上都在通过重新诠释规则来为自己找活路。

人类的发明物就没有那么丰富了。大部分机器被造出来是为了完成某个明确的任务。它们遵照我们旧式的定义，服从我们的规则。然而，如果让我们构想一架理想的、梦寐以求的机器的话，它应该可以改变自身来适应环境，更理想的是，它还能自我进化。

"适应"是对自身结构的扭曲，以使之能够钻过一个新的漏洞。而"进化"是更深层的改变，它改变的是构建结构本身的架构——也即如何产生变化的方式，这个过程常常为其他人提供了新的漏洞。如果我们预先确定了一台机器的组织结构，也就预先确定了它能解决怎样的问题。理想的机器应该是一台通用的问题解决机，一台只有想不到没有做不到的机器。这就意味着它必须拥有一种开放性的结构。柯扎写道："（解决方案的）规模、形式以及结构复杂度都应是答案的一部分，而不是问题的一部分。"当我们认识到，是一个系统自身的结构决定了它所能得出的答案，那么我们最终想要的是如何制造出没有预先定义结构的机器。我们想要的是一种不断自我更新的机器。

那些致力于推动人工智能研究的人无疑会对此大唱赞歌。在没有任何提示或限定答案方向的前提下，能想出一个解决方案——人们称之为横向思维，几乎就等同于人类的智能了。

我们所知唯一一台能重塑自己内部连接的机器就是，我们称为大脑的灰色活体组织（大脑灰质）。我们目前唯一可以设想付诸生产的重塑自身结构的机器，可能是一种能够自我改编的软件程序。西姆斯和柯扎的进化方程是通向自我改编程序的第一步。一个可以繁衍其他方程的方程正是这种生命种类的土壤。繁衍其他方程的方程就是开放性宇宙。在那里任何方程都能产生，包括自我复制的方程和衔尾蛇式的无限循环公式。这种循环作用于自身并重写自身规律的递归程序，蕴含着世上最宏伟的力量：创造恒新。

“恒新”是约翰·霍兰德使用的词组。多年来，他一直在潜心研究人工进化方法。用他的话说，他真正在从事的，是一种恒新的新数学。那是能够创造永无止境的新事物的工具。

卡尔·西姆斯告诉我：“进化是一个非常实用的工具。它是一种探索你不承想过的新事物的方式。它是一种去芜存精的方式。它也是一种无须理解便能探索程序的方式。如果计算机运转速度够快，这些事它都能做到。”

探索超越我们理解力外的领域并提炼我们所收获的，这是定向式、监督式和最优化的进化带给我们的礼物。汤姆·雷说：“但是，进化不仅是优化。我们知道进化能超越优化并创造新事物来加以优化。”当一个系统可以创造新事物来加以优化时，我们就有了一个恒新的工具和开放的进化。

西姆斯的图像遴选和柯扎那通过逻辑繁衍进行的程序遴选都是生物学家称为育种或人工选择的例子。“合格”标准——被选择的标准，是由培育员决定的，因而也是人工产物或人为的。为了达到恒新——找到我们不曾预料的东西，我们必须让系统自己为它的选择划定标准。这就是达尔文所说“自然选择”的涵义所在。选择标准由系统的特性所确定，它自然而然地出现。开放的人工进化也需要自然选择，如果你愿意，也可以叫它人工自然选择。选择的特征应该从人工世界内部自然地产生。

汤姆·雷已经通过让他的世界自主选择适合的方式加载了人工自然选择工具。因此，他的世界从理论上说就具有了进化全新事物的能力。但是雷确实“做了点小手脚”以使系统进入运作。他等不及他的世界靠自己的力量进化出自我复制能力了。因此一开始他就引进了一个自我复制机制，该机制一旦开始运行，复制便再也不会终止了。用雷的比喻来说，他将生命在单细胞有机体状态下强力启动，然后观看了一场新生物体的“寒武纪大爆发”。但是他并不歉疚。“我只是尝试获得进化，并不真的在意获取它的方式。如果我需要将我的世界的物理和化学成分拉升到能支承花样繁多无限制进化的水平，我乐于这么做。我不得不操纵它们来达到这个水平，对此我并不感到内疚。如果我可以操控一个世界达到寒武纪大爆发的临界点，然后让它自己沸腾溢出边界，那才真是永生难忘呢。和系统所产生的结果相比，我不得不操控它达到临界点是一件不值一提的事。”

雷认为，启动开放的人工进化本身已经极具挑战性了，他不一定非得使系统自己进化到那种程度。他会控制他的系统直到它能靠自己的力量进化。正如卡尔·西姆斯所说，进化是一种工具。它可以与控制相结合。雷在控制数月之后转入了人工自然选择。与之相反的过程同样可行——也许有人会在进化数月之后再施以控制，以得到想要的结果。

17.5 掌握进化工具

进化作为一种工具，特别适用于做以下3件事。

◎ 如何到达你想去而又找不到路的领域。

◎ 如何到达你无法想象的领域。

◎ 如何开辟全新领域。

第三种用途就是通向开放世界的门户。它是非监督式、非定向式的进化过程。它是霍兰德设想的不断扩张的恒新机器，是一个可以自己建设自己的事物。

像雷、西姆斯和道金斯这些伪上帝在实验伊始都以为自己划定了系统空间，当他们看见进化如何扩大这一空间时，都大感惊诧。“那比我想象的要大得多”是他们常说的话。当我在卡尔·西姆斯进化展的图片之间穿行的时候，也有类似的无法抗拒的感觉。我找到的（或系统为我找到的）每一张新图片都色彩斑斓且意想不到的复杂景象，与我从前曾经见过的任何东西都大不相同。每个新图像似乎都扩大了可能存在的图片的空间。我意识到我从前对图片的概念是由人类，或者说由生物本性，来定义的。但在西姆斯的世界里，有相当多数量的激动人心的景象有待展现。它们既非人造也非生物制造，却同样丰富多彩。

进化在拓展着我对可能性的认知。生命的机制与此非常相似。DNA的区段都是功能单位，是拓展可能性空间的逻辑进化者。DNA与西姆斯和柯扎的逻辑单位的运行方式是等同的。（也许我们该说他们的逻辑单位与DNA相等同？）屈指可数的几个逻辑单位就可以通过混合和配对形成天文数字般的蛋白质编码。细胞组织、疾病、药品、味道、遗传信息以及生命的基础结构等所需的蛋白质，均来自这张小小的功能字母表。

生物进化是一种开放的进化，它以旧的DNA单元繁育新的DNA单元，这些单元构成了一个不断扩张、永无止境的库。

分子育种学家杰拉德·乔伊斯很喜欢他所从事的分子进化工作——“既是为了兴趣，也能有利可图”。但他的真正梦想是，孵化出另一种开放进化机制。他告诉我：“我想试试看，能否在我们的控制之下启动自组织过程。”乔伊斯和同事们正在做一个试验，让一种简单的核酶[1]进化出复制自己的能力——那正是汤姆·雷跳过的一个至关紧要的步骤。“我们的明确目标是启动一个进化系统。我们要让分子自己学会如何复制自身。之后，自发进化就将取代定向进化。”

目前，自发且能自我维持的进化对生物化学家来说还只是一个梦想。至今还没有人能够驱使一个系统迈出“进化的一步”——发展出之前未曾有过的化学进程。到目前为止，生物化学家只能针对那些他们已经知道该如何解决的问题来进化出新的分子。“真正的进化是要闯出一片未知的新天地，而不是仅仅是在感兴趣的变异中打转转。”乔伊斯如是说。

一个有效的、自发的、进化的分子系统将会是一个超级强大的工具。它将是一个可以创造出任何生物的开放系统。“它将是生物学的巨大成就。”乔伊斯宣称。他相信，其冲击力相当于“在宇宙中找到了另一种乐于与我们分享这个世界的生命形式”。

但是，乔伊斯是一个科学家，他不会被热情冲昏了头脑：“我们并非

1 核酶（ribozyme）：是一种化学本质上为核糖核酸（RNA）却具有酶的催化功能的物质。核酶的发现，打破了酶都是蛋白质这一传统认识，并使得分子层面上的进化成为可能。发现核酶的两位美国科学家因此而获得1989年的诺贝尔化学奖。

要制造生命，然后让它发展自身的文明。那无异于痴人说梦。我们只是要制造一种与现有的生命存在略有不同的人工生命形式。这可不是什么天方夜谭，而是可以实现的。”

17.6 从滑翔意外到生命游戏

但是，克里斯·朗顿并不觉得能创造自己文明的人工生命是一个天方夜谭。作为开创了人工生命中一个时髦领域的特立独行之人，朗顿承受了许多压力。他的故事很值得向大家陈述一下，因为他自身的经历再现了人造的、开放的进化体系的觉醒。

几年前，我和朗顿参加了在图森召开的为期一周的科学会议，为了清醒一下头脑，我们逃了一下午的会。我应邀去参观尚未完成的生物圈二号项目，路程大约要1小时。当我们在南亚利桑那州盆地中那蜿蜒的黑色缎带般的沥青路上平稳行驶时，朗顿向我讲述了他的生命故事。

当时，朗顿以计算机科学家的身份在洛斯阿拉莫斯国家实验室[1]工作。整个小镇和洛斯阿拉莫斯实验室最初都是为研制终极武器而建的。因此，朗顿在故事一开始说他是越南战争时期拒服兵役的人，我感到很吃惊。

作为拒服兵役的人，朗顿得到一个替代兵役的机会——在波士顿的马萨诸塞州综合医院做护理工。他被分配去做一件没人乐意做的苦差事：把

---

1 洛斯阿拉莫斯国家实验室（Los Alamos National Laboratory）：位于新墨西哥州洛斯阿拉莫斯，是隶属于美国能源部的国家实验室。该实验室曾研制首枚原子弹，是曼哈顿计划所在地。20世纪90年代兴起的复杂科学和人工生命，也与该实验室有密切关系。此外，被美国政府错误地以间谍罪名起诉的华人科学家李文和也是在此实验室工作的。

尸体从医院地下室搬运到太平间地下室。上班第一个星期，朗顿和他的搭档把一具尸体放到一架轮床（一种带滚动的车）上，推着它穿过连接两幢楼的阴冷潮湿的地下走廊。他们必须在地道中唯一的灯光下推着轮床通过一段狭窄的水泥桥。当轮床撞到隆起物时，尸体打了个嗝，坐了起来，并开始从轮床上滑下来！朗顿下意识地转身想抓住他的搭档，却只看见远处的门在夺路而逃的搭档身后来回晃荡。死了的人本可以表现得像活的一样！生命就是一种行为，这是朗顿最初的体会。

朗顿对老板说他无法再做那种工作了，能不能做点别的？“你会编写计算机程序吗？”老板问他“当然会。”

于是，他得到了一份为早期计算机编写程序的工作。有时，他会在晚上让一个无聊的游戏在闲着的计算机上运行。这个游戏被称为“生命”，由约翰·康威设计，然后再由名为比尔·高斯帕的早期黑客改写成主机程序。该游戏是一组能产生多种多样形式的非常简单的代码，其模式令人想到生物细胞在琼脂盘上的生长、复制和繁衍。朗顿回忆起那一天，他独自工作到深夜，突然感到屋里有人，有某种活着的东西在盯着他看。他抬起头，在“生命”的屏幕上，他看到令人惊异的自我复制的细胞模式。几分钟之后，他再次感到那种存在。他再次抬起头来，却看到那个模式已经死去。他突然意识到那个模式曾经活过——活着，而且像琼脂盘上的细胞一样真切地活过——不过是在计算机屏幕上。也许计算机程序能够获得生命——朗顿心里萌生了这个大胆的想法。

他开始摆弄这个游戏，研究它，思考着是否能够设计一个开放的、类似“生命”那样的游戏，以使事物能够开始自行进化。他苦练编程技术。期间，朗顿接到一个任务：将一个程序从一台过时的大型计算机中移植到一台构造完全不同的新计算机中去。完成此任务的窍门是抽象出旧计算机上的硬件运行方式，在新计算机上以软件的方式模拟出来，即提取硬件的行为，再将之转换成无形的符号。这样，旧的程序就可以在新计算机上由软件仿真出来的一个虚拟旧计算机的系统中运行。朗顿说：“这是将过程从一个媒介转到另一个媒介上的直接体验。硬件是什么并不重要，因为你可以在任何硬件中运行程序。重要的是要抓住过程的本质。”这让他开始遐想，生命是否也能从碳结构中提取出来，转化成硅结构。

替代兵役工作结束之后，朗顿在滑翔运动上消磨了一个夏天。他和一位朋友得到一份日薪25美元的工作——在北卡罗来纳州老爷山上空滑翔，以招徕游客。他们每天都要在风速为每小时40英里（约64.37千米）的高空中逗留数小时。一天，一阵狂风袭击了朗顿，导致他从空中坠落。他以胎儿的姿势摔在地上，折断了35根骨头，其中包括头部除颅骨以外的所有骨头。尽管他的膝盖撞碎了脸，但他还活着。接下来他卧床6个月，处于半昏迷状态。

在严重脑震荡恢复过程中，朗顿感觉他正看着自己的大脑在“重启”，仿佛计算机重启时必须重新载入操作系统一样。他大脑深层的功能一个接一个地重现。朗顿记得那灵光一现的刹那，他的本体感受——那种在一种躯体之中的感知——复原了。他为一种“强烈的发自内心深处的直觉”所震撼，感知的本我融入肉体，好像他这架机器完成了重启，正等待着被投入使用。“关于心智形成是什么感觉，我有亲身的体验”他告诉我。正如他曾经在计算机上看到生命一样，现在，他对他自己那处于机器中的生命有了发自内心的认识。生命是否可以独立于躯体而存在？他体内的生命和计算机中的生命难道不能是一样的吗？

他想，要是能在计算机中通过进化使某种东西成活，那岂不是很棒！他觉得应该从人类文化入手。对人类文化进行模拟似乎比模拟细胞和DNA容易得多。作为亚利桑那州立大学的大四学生，朗顿写了一篇题为《文化的进化》（*The Evolution of Culture*）的论文。他希望他的人类学、物理学和计算机科学教授能认同他制造一台可运行人工进化程序的计算机的想法，并以此获得学位，但是教授不鼓励他这么做。他自己掏钱买来了一台苹果II型电脑，并编写了他的第一个人工世界程序。他没能实现自我复制或自然选择，但是他找到了元胞自动机[1]的大量文献——文献表明，

1 元胞自动机（cellular automata）：也称为细胞自动机、格状自动机，是一种离散模型，具有并行计算的特征。

“生命游戏”仅仅是元胞自动机模型的一个例子。

这时，他偶然读到约翰·冯·诺依曼在20世纪40年代对人工自我复制的论证。冯·诺依曼提出了一个会自我复制的里程碑式公式。不过实现这个公式的程序冗长而令人费解。在接下来的几个月里，朗顿每夜都在他的苹果Ⅱ型电脑上编写代码（这是冯·诺依曼不具备的有利条件，后者是用铅笔在纸上完成他的编码的）。终于，靠着他那要在芯片中创造生命的梦想的引导，朗顿设计出了当时人们所知的最小的自我复制器。在屏幕上，这个自我复制器看上去就像一个蓝色的小Q。在这个仅有94个字符的循环中，朗顿不仅塞进了完整的循环语句，还有如何进行复制的语句以及甩出复制好的另一个自我的方法。他太兴奋了。如果他能设计出如此简单的复制器，那么他还能模仿出多少生命的关键过程呢？再者，生命还有哪些过程是不可或缺的呢？

对现有文献资料的仔细搜索显示，关于这个简单问题的著述非常有限，而那有限的论述，又分散在数百篇论文中。洛斯阿拉莫斯实验室的新研究职位给朗顿壮了胆。1987年，他以破釜沉舟的决心召集了“活系统合成与模拟跨学科研讨会”[1]——这是首届讨论（如今朗顿称为）人工生命问题的会议。为了寻找能显现出活系统行为的任何一种系统，朗顿举办了这个面向化学家、生物学家、计算机科学家、数学家、材料科学家、哲学家、机器人专家和电脑动画师的专题研讨会。我是为数不多的与会记者之一。

1 活系统合成与仿真跨学科研讨会（Interdisciplinary Workshop on the Synthesis and Simulation of Living Systems）：这个会议后来更名为“人工生命”（Artificial Life）大会。

17.7 生命的动词

在专题研讨会上，朗顿发表了他对生命的定义。现有的生命定义似乎不够充分。首届研讨会结束后多年里，更多的学者对此进行了研究。在此基础上，物理学家多恩 · 法默提出了界定生命的一个特征列表。他说，生命具有：

◎ 时间和空间上的模式。

◎ 自我复制的能力。

◎ 自我表征（基因）的信息库。

◎ 使特征持久的新陈代谢功能。

◎ 功能交互——它并非无所事事。

◎ 彼此相互依赖，或能够死亡。

◎ 在扰动中保持稳定的能力。

◎ 进化的能力。

这个清单引起了争议。因为，尽管我们不认为计算机病毒是活的，它们却符合上述大多数条件。它们是一种能够复制的模式，它们包含一份自我表征的副本，它们能截获计算机新陈代谢（CPU）的处理周期，它们能死亡，而且它们也能进化。据此，便可以说，计算机病毒是首例涌现出来的人工生命。

另外，有些东西毫无疑问是生物，但是却并不符合此清单的所有条件。骡子不能自我复制，疱疹病毒也没有新陈代谢。朗顿在创造能自我复制的个体上的成功也令他怀疑，人们是否能够达成对生命定义的共识："每当我们成功地使人工生命达到生命所定义的标准时，生命的定义都会被扩充或被改变。譬如，杰拉尔德·乔伊斯认为生命是能够经历达尔文式进化的自立化学系统，我相信，到2000年时，世界上某个实验室就会造出一个符合这个定义的系统。然后，生物学家就会忙着重新定义生命。"

朗顿对人工生命的定义则更容易为人们所接受。他说，人工生命是"从不同的材料形式中提取生命逻辑的尝试"。他的论点是，生命是一个过程，是不受特殊材料表现形式限制的行为。对生命而言，重要的不是它的组成材料，而是它做了什么。生命是个动词，不是名词。法默对生命标准列出的清单描述的是行动和行为。计算机科学家不难把这个生命特征的清单想象为变化多样的过程。朗顿的同事斯蒂恩·拉斯穆森也对人工生命感兴趣，他曾经把铅笔扔在办公桌上叹息道："在西方，我们认为铅笔要比铅笔的运动更真实。"

如果铅笔的运动是其本质，是真实的那部分，那么，"人工"就是一个误导词。在第一届人工生命会议上，当克雷格·雷诺兹展示出他是如何能够利用三个简单的规则就使无数的计算机动画所作出的鸟在计算机中自发地成群结队地飞行时，所有的人都能看到一个真实的许多鸟群飞的画面。这是人工鸟真正在群飞。朗顿总结这个经验说："关于人工生命，要记住的最重要部分是，所谓人工，不是指生命，而是指材料。真实的事物出现了。我们观察真实的现象。这是人工媒介中的真实生命。"

生物学这门对生命普遍原理进行研究的学科正经历着剧变。朗顿说，生物学面临着"无法从单一实例中推论出普遍原理的根本障碍"。地球上的生命只有单一的集体实例，而它们又有着共同的起源，因此，想把它们的本质及普适特征与次要特征区分开来是徒劳无功的。比如，我们对生命的看法在多大程度上是取决于生命由碳链结构组成的事实？如果连一个建立在非碳链结构上的生命实例都没有，我们又怎能弄清这个问题？为了推导出生命的普遍原理和理论，即识别任何活系统和任何生命所共享的特征，朗顿主张“我们需要一整套实例来得出结论。既然在可见的将来，外来生命形式都不太可能自己送上门来供我们研究，那么唯一的选择就是，靠自己的努力制造出另一种生命形式”。这是朗顿的使命——制造出另一种甚至是几种不同形式的生命，以此作为真正的生物学的依据，推导出生命本原的可靠逻辑。由于这些另类生命是人工制品而非自然产物，我们称其为人工生命；不过，它们和我们一样真实。

这种雄心勃勃的挑战在一开始就将人工生命从生物学中分离出来。生物学设法通过剖析生物，将其分解为部分来了解生物体。而人工生命没什么可解剖的。因此，它只能通过将生物聚合在一起、把部分组装成整体的方式取得进展，它是在合成生命，而不是分解生命。因此，朗顿解释说：“人工生命相当于是合成生物学的实践。”

17.8 在超生命的国度中安家落户

人工生命承认存在新的生命形式及对生命的新定义。所谓“新生命”，其实也是旧瓶装新酒，是用旧的力量以新的方式来组织物质和能量。我们的祖先在看待什么是“活”的问题上很宽松。而在科学时代，我们对“活”的概念进行了细分。我们称动物和绿色植物是活的，但当我们把一个邮局那样的机构称为“有机体”时，意思是说它与生物有类似之处，“仿佛是活的”。

我们（此处我首先是指科学家）开始认识到那些一度被比喻为活着的系统确实活着，不过，它们所拥有的是一种范围更大、定义更广的生命。我将其称为“超生命”。超生命是一种特殊形式的活系统，它完整、强健、富有凝聚力，是一种强有力的活系统。一片热带雨林和一枝长春花，一个电子网络和一个自动驾驶装置，模拟城市游戏和纽约城，都是某种意义上的超生命。“超生命”是我为包括艾滋病毒和米开朗基罗计算机病毒在内的生命类型而创造的词汇。

生物学定义的生命不过是超生命中的一个物种罢了。电话网络则是另一个物种。牛蛙虽小，却充满了超生命。亚利桑那州的生物圈二号项目则到处都聚集着超生命，“地球”和终结者2号也一样。将来某一天，超生命将会在汽车、建筑物、电视和试管中发展壮大。

这并不是说有机生命和机器生命是完全相同的；他们不相同。水黾将永远保留某些碳基生命独一无二的特点。不过，有机的和人工的生命共享一套我们刚刚开始学会辨别的特性。当然，世上很可能还会出现其他我们暂时还无法描述的超生命形式。人们可以想象生命的各种可能性——由生物和人造合成物杂交而产生的怪种，旧科幻小说中出现的“半动物+半机器”的电子生化人——也许会自然演化出在父母双方身上都找不到的超生命特性。

人类为创造生命而做的每一次尝试都是在探索可能存在的超生命空间。这个空间包含所有能够再造地球生命起源的要素。但我们所要承担的挑战远不止于此。创造人工生命的目的不仅仅是描述“如我们所知的生命”空间。激励朗顿进行探索的，是描绘出所有可能存在的生命空间的渴望，是把我们带入非常广阔的“如其可能存在的生命”领域的使命。超生命这座图书馆包含了所有的活物、所有的活系统、所有的生命薄片、所有抵制热力学第二定律的东西、过去和未来中能够无限进化的各种物质组合，以及某种我们还说不清楚的非凡之物。

探索这个未知领域的一种方法是建立众多实例，然后看看它们是否适合这个空间。朗顿在为第二届人工生命会议论文集所写的介绍中提出：“假设生物学家能够‘倒回进化的磁带’，然后在不同的初始条件下，或在不同的外部扰动下一遍遍重放，他们就有可能拥有完整的进化路径来得出结论。”不断地从零开始，稍微改变一下规则，然后建立起一个人工生命的实例。如此反复无数次。每个合成生命的实例都被添加到地球上有机生命的实例中，以形成一个完满的超生命体。

由于生命是一种形式，而非物质，我们能植入“活”行为的材料越多，能够积累的“如其可能存在的生命”的实例就越多。因此，在所有通往复杂性的途径中，人工生命的领域是广阔而多样的。典型的人工生命研究者聚会往往包括生物化学家、计算机奇才、游戏设计师、动画师、物理学家、数学怪人和机器人爱好者。聚会背后的议题是要突破生命的定义。

一天晚上，在首届人工生命大会的一次午夜演讲之后，我们中一些人正眺望着沙漠夜空中的繁星，数学家鲁迪·鲁克尔讲出了一番研究人工生命的动机——这是我听到过的最高远的动机：“目前，普通的计算机程序可能有一千行长，能运行几分钟。而制造人工生命的目的是要找到一种计算机代码，它只有几行长，却能运行一千年。”

这番话似乎是对的。我们在制造机器人时也怀着同样的想法：用几年的时间设计，之后能让它们运行几个世纪，甚至还能制造出它们的替代品。正如橡子一般，几行的编码却能长出一棵180年的大橡树。

与会者认为，对人工生命来说，重要的不仅是要重新界定生物学和生命，而且要重新定义人工和真实的概念。这在根本上扩大着生命和真实的领域。与以往学术界“论文不能发表就是垃圾”的模式不同，多数从事人工生命研究的实验者，甚至是数学家，都支持新的学术信条：“演示或死亡。”要想在人工生命和超生命上取得任何一点进展，唯一的办法就是运行一个有效的实例。前苹果公司雇员肯·卡拉科提西乌斯在解释自己是如何开始从事人工生命的研究时回忆道：“每遇到一种计算机，我都试着在其上编写生命游戏的程序。”最终在苹果电脑上实现了名为“模拟生命”的人工生命程序。在“模拟生命”中，你能创建一个超生命的世界，并将一些小生物放入其中，使其共同进化成为一个越来越复杂的人工生态系统。现在，肯正试图编写出最大的最好的生命游戏，一个终极的“活”程序：“要知道，宇宙是唯一足够大能运行终极生命游戏的地方。然而，将宇宙作为平台的唯一难题是，眼下它正在运行别人的程序。”

苹果公司的拉里·雅格曾经给过我一张他的名片。名片上是这样写的：“拉里·雅格，微观宇宙之神。”雅格创造了多边形世界——一个包括了多种多边形有机物的尖端计算机世界。数以百计的多边形物体飞来飞去，交配、繁殖、消耗资源、学习（雅格神给予它们的能力）、适应并进化。雅格正在探索可能的生命空间。会出现什么呢？“一开始”雅格说，“我的设定是繁殖并不消耗能量。它们可以随心所欲地繁殖后代。但我不断地得到这么一类家伙，游手好闲的食人族：它们喜欢在其父母和子女附近的角落里闲逛，什么也不做，就待在那儿。它们所做的只是相互交配，相互争斗，相互吞食。既然能靠吃孩子过日子还干什么活呢！”这意味着，某种超生命形态出现了。

“研究人工生命的核心动机是为了扩大生物学的领域，使之能囊括比地球上现有生命形式种类更多的物种。”多恩·法默轻描淡写地描述了人工生命之神所拥有的无穷乐趣。

法默对某些事情已经心中有数了。人工生命之所以在人类所做的尝试中是独一无二的，还有另外一个原因。像雅格那样的神灵正在扩展生命的种类，因为“如其可能存在的生命”是一个我们只能通过先创建实例再进行研究的领域。我们必须制造出超生命，然后才能对其进行探索；要想探索超生命，就必须制造出超生命。

当我们忙于创造一个个超生命的新形式时，我们的脑海中悄然出现了一个令人不安的想法——生命在利用我们。有机的碳基生命只不过是超生命进化为物质形式的第一步而已。生命征服了碳。而如今，在池塘边杂草和翠鸟的伪装下，生命骚动着想侵入水晶、电线、生物凝胶、以及神经和硅的组合物。看看生命向何处发展，我们就会同意发育生物学家刘易斯·海尔德说的话：“胚细胞只不过是经过伪装的机器人。”在第二届人工生命会议上，汤姆·雷在其为大会论文集所写的报告中写道：“虚拟生命就在那里，等着我们为其建立进化的环境。”在《人工生命：来自计算机生物学交叉前给的报告》（*Artificial Life: A Reportfrom the Frontier Where Computers Meet Biolopy*）一书中有这样一段论述，朗顿告诉史蒂文·列维：“其他形式的生命——人工生命——正试图来到这个世界。它们在利用我来繁衍和实现它们。”

生命，特别是超生命，想要探索所有可能的生物学和所有可能的进化方式。而它利用我们创造它们，因为这是唯一探索它们的途径。而人类的地位——所谓仁者见仁，智者见智——既可能仅仅是超生命匆匆路过的驿站，也可能是通往开放宇宙的必经之门。

“随着人工生命的出现，我们也许是第一个创造自己接班人的物种。”

多恩·法默在其宣言式的著作《人工生命》中写道："这些接班人会是什么样？如果我们这些创造者的任务失败了，那他们确实会变得冷酷而恶毒。不过，如果我们成功了，那他们就会是在聪明才智上远远超过我们的、令人骄傲的开明生物。"对于我们这些"低等"的生命形式来说，他们的智力是我们所不能企及的。我们一直渴望成为神灵。如果借助我们的努力，超生命能找到某种合适的途径，进化出使我们愉悦或对我们有益的生物，那我们会感到骄傲。但是，如果我们的努力将缔造出超越我们、高高在上的接班人，那我们就会心存恐惧。

克里斯·朗顿办公室的斜对面是洛斯阿拉莫斯原子博物馆——它警示着人类所具有的破坏力。那种力量使朗顿不安。"20世纪中期，人类已经获得了毁灭生命的力量"他在自己的一篇学术论文中写道，"而到20世纪末期，人类将能够拥有创造生命的力量。压在我们肩头的这两副重担中，很难说哪一副更沉重。"

我们到处为其他生命种类的出现创造空间：少年黑客放出了威力巨大的计算机病毒；日本工业家组装了灵敏的绘画机器人；好莱坞导演创造了虚拟的恐龙；生物化学家把自行进化的分子塞进微小的塑料试管。终有一天，我们会打造出一个能够持续运行并创造恒新的开放世界。我们也将借此在生命的空间中另辟蹊径。

丹尼·希利斯说他想制造一台以他为荣的计算机，这可不是玩笑话。还有什么能比赋予生命更具人性？我想我知道答案：赋予生命和自由。赋予开放的生命；对它说，这是你的生命，这是汽车钥匙；然后，让它做我们正在做的事情——在前进的路上，一切由它自主。汤姆·雷曾经对我说："我不要把生命下载到计算机中。我要将计算机上传到生命中。"

第十八章

OUT OF CONTROL

有组织的变化之架构

18.1 日常进化的革命

翻开任何一本论述进化的书，关于变化的故事俯首可拾。适应、物种形成、突变，这些术语说的都是一回事——转变，即随着时间的推移而产生变化。用进化科学教给我们的“变”之语言，我们用变动、变形、创新等词描述我们的历史。“新”是大众最喜欢的词。

不过，在进化理论的书里很少有谈到稳定性的。你在这类书中找不到类似静态平衡、固定性、稳定性或类似表示恒常的术语。尽管进化在大部分时间里都变化不大，但老师和教科书却闭口不谈这种恒定。

恐龙被当作不愿改变的典型，这实在有点冤枉。在人们脑海中，这个高大的怪物总是瞪着眼、傻傻地看着鸟一样的生物在自己步履迟缓的脚边飞来跑去。我们时常劝诫怯懦者：别做恐龙！不要被前进的车轮碾碎！我们告诉迟钝者：要么适应，要么倒下。

当我在图书馆的在线索引中输入“进化”这个词时，得到了如下名单：《中国语言的进化》《音乐的进化》《早期美国政党的进化》《技术的进化》《太阳系的进化》。

很明显，这些标题里的“进化”是一种约定俗成的用法，意为随着时间推移而发生递增的变化。但是，世界上是否有什么东西不是渐变的呢？我们周围几乎所有的变化大多是递增的。灾难性巨变很少见，长期持续的灾难性变化几乎是闻所未闻的。所有的长期变化都是进化性的吗？

有人是这样认为的。华盛顿进化系统协会是由180名工程及科学专家组成的充满活力的全国协会。其宪章认为所有系统毫无例外都是进化性的，“（我们）对所要考察的系统没有任何限制……所有我们看到的和经历的，都是正在上演的进化过程的产物”。在研究了他们对进化的一些看法后——譬如“客观现实的进化，企业的进化”，我忍不住问协会创始人鲍伯·克劳斯贝：“有没有你认为不是进化的系统的？”他回答道：“我们还没看到任何一处没有进化的角落。”我曾努力避免在本书中使用“进化”的这个意思，即随时间推移而发生递增的变化，但我没能完全做到。

尽管“进化”这个词会引起混淆，但最能体现变化之意的那些词都与有机体密切相关：成长、发育、进化、变异、学习、蜕变、适应……大自然就是一个有序变化的王国。

而迄今为止的无序变化正是技术的真实写照。无序变化的极致是“革命”——这是一种人造之物所特有的激烈、间断式的骤变。自然界中革命性的变化很少见。

技术以革命为其常见的变化模式。从工业革命开始，伴随而来的是其始料未及的法国大革命和美国独立战争，随后我们又见证了一系列由科技进步引发的连续不断的革命——电子器件、抗生素和外科手术、塑料制品、高速公路、节育，等等。现如今，每周我们都能听到社会和技术领域发生革命的消息。基因工程和纳米技术等科技的出现，意味着我们能制造任何想要的东西，也就保证了革命每天都会发生。

但我预言，这种每天发生的革命将会受到每天发生的进化的狙击。科技革命最终将会与进化合二为一。科学和商业都在试图掌控变化——以结构化的方式持续为自己滴注变化，以便使它稳定运转，产生持续的微革命浪潮，而不是戏剧性的、摧枯拉朽的“大革命”。我们该如何将变化植入人造之物，使其能够既有序又自主？

进化科学不再仅为生物学家视若珍宝，工程师也同样如此。人工进化在我们身边兴起；对自然进化和人工进化的研究也越来越受到重视。阿尔文·托夫勒是一位未来主义者，是他首次使公众意识到，不仅科技和文化在迅速地变化，变化本身的速率似乎也在提高。我们生活在一个不断变化的世界中，必须理解这个世界。而我们对自然进化的了解还不够透彻。借助近年来发明的人工进化与自然进化及其相关研究，我们能更好地了解有机界的进化，并在我们的人造世界里更好地掌握、引入和预见变化。人工进化是生物所属的新生物学的第二主线，也是机器所属的新生物学的第一主线。

我们的目标是制造，比如说，制造自己会调整框架和车轮以适应行驶路况的汽车，修筑能检查自身路况并进行自我修复的道路，建造可以灵活生产并满足每个客户个性化需求的汽车厂，架设能察觉车流拥堵状况并设法使拥堵最小化的高速公路系统，建设能学习协调其内部交通运输流量的城市。这当中的每个目标都需要借助科技改变自身的能力。

然而，与其不断地泵入少许的变化，不如将变化的本质——一种适应的精神，植入系统的内核。这个神奇的幽灵就是人工进化。往大了说，它能繁育出人工智能；往小了说，它可以促成温和的适应。无论从哪方面来说，进化都是一种机器远不具备的自引导力量。

后现代思维接受了“进化对未来一无所知”这一曾经令人不安的理论。毕竟，人类不可能预见到未来的一切需要，而我们还自认比其他的物种具有更长远的眼光呢。讽刺的是，进化本身比我们所想的更混沌无知：它既不知从何而来，也不知向何处去。不仅对事物的将来一无所知，对它们的过去和现在也茫然一片。大自然从不知道它昨天做过什么——它也不在乎这个。它不会记录所谓的成功、妙招或是有用之物。我们所有的生物加在一起勉强算得上是一个历史记录，不过，如果没有大智慧，我们难以揭示或解密人类的历史。

一个普通的有机体对其下层的运作细节没有丝毫概念。一个细胞在了解自己基因上非常无知。植物和动物都是小型的制药厂，随便鼓捣出的生化药剂都会使基因泰克公司垂涎三尺。但是，无论细胞、器官、个体，还是物种，都不会对这些成就追本溯源。知其然，不知其所以然——这正是生命所秉持的哲学。

当我们把自然看作一个系统时，并不指望它有意识，而是希望它能记录下自己的所作所为。众所周知，生物学有一条金科玉律或称为中心法则。该法则指出，自然没有任何簿记。更确切地说，信息由基因传递给肉体，但绝不可能倒推——从肉体回到基因。也就是说，自然对自己的过去是不留一丝记忆的。

18.2 绕开中心法则

假使大自然能在生物体内双向传递信息的话，就可能实现以基因和基因产物之间双向交流为前提的拉马克进化学说。拉氏进化，优势巨大。当羚羊需要跑得更快以逃离狮口时，它可以利用由身体到基因的交流方式引导基因强健大腿肌肉，再把革新后的基因传递给后代。这样一来，进化的过程将大大加快。

不过，拉马克进化学说需要生物体能够为其基因编制有效的索引。如果生物体遇到了严酷的环境——比如海拔极高，它就会通知体内所有会影响呼吸的基因，要求它们尽快调整。身体无疑能通过激素和化学反应把消息通知到各个器官。如果能精准到那些基因的话，身体也能把同样的消息传递给它们。然而，这种簿记活儿正是缺失的。身体并不记录自己是如何解决问题的，因此也就不能确定到底是哪个基因被用来在肱二头肌上给肌肉充血，或者哪个基因被用来调节呼吸和血压的。生物体内有数百万个基因，可以生成数十亿个特征——一个基因能生成不止一个特征，而一个特征也可能由不止一个基因生成。簿记和索引的复杂性将远超过生物体本身的复杂性。

所以，与其说躯体内的信息不能向基因方向传递，不如说由于消息没有确切的递送目的，才使信息传递受到了阻碍。基因中没有管理信息交通的控制中心。基因组就是极致的分权系统——蔓生的冗余片段，大规模并行处理，没有主管，无人监察各项事务。

如果有办法解决这个问题又会怎么样呢？真正的双向遗传通信将引发一连串有趣的问题：这样的机制会带来生物学上的进步吗？拉氏进化学说还需要些什么？是否曾出现过通往这一机制的生物路径？如果双向通信是可能的，为什么这种情况还没有发生？我们能通过思想实验勾勒出一种可行的拉氏进化学说吗？

拉氏进化学说十有八九需要一种高度复杂形式——这种形式智能，而多数生物的复杂性都达不到这个水平。在复杂程度足以产生智能的地方，如人类和人类组织，以及他们的机器人后裔，拉马克进化不仅是可能的，而且是先进的。阿克里和利特曼已经展示，由人类编程的计算机能运行拉氏进化。

在最近十年里（指1984—1994），主流生物学家已经认可了一些标新立异的生物学家鼓吹了一个世纪的言论：如果一个生物体内获得了足够的复杂性，它就可以利用自己的身体将进化所需的信息教给基因。因为这种机制实际上是进化和学习的混合，因而在人工领域中最具潜力。

每个动物的躯体都有一种与生俱来且有限的能力来适应不同环境。人类能适应比目前高得多的海拔地区的生活。我们的心率、血压和肺活量必然也一定会自我调整以适应较低的气压。当我们转移到低海拔地区时，同样的变化就颠倒过来了。不过，我们能适应的海拔高度是有限的。对我们人类来说，就是在海平面以上6000米。超过这个海拔，人体自我调整的能力达到极限，无法长期停留。

设想一下住在安第斯高山上的居民的生活状况。他们从平原迁移到一个空气稀薄之地，严格来说那里不是最适合他们居住的地方。几千年的高山生活中，当地人的心肺和身体为了能适应高海拔环境，不得不超负荷运转。假如他们的村里出生了一个“怪人”，他的基因有处理高海拔压力的更好方式——比如有一种更好的血红蛋白变体，而不是更快的心跳，那么这个怪人就有了一种优势。如果怪人又有了孩子，那么这种特征就有可能在村子里代代相传，因为它有利于降低心肺承受的压力。根据达尔文的“自然选择”学说，这种适应高地生活的突变就开始主宰当地人的基因库。

乍看之下，这似乎是经典的达尔文进化论。但是，为了使达尔文进化论能够进行，生物必须在未得益于基因改变的条件下，在这个环境里生活许多代。因此，是身体的适应能力使种群能够延续到突变体出现的那一天，并借此修正自己的基因。由躯体带头的适应能力（肉体适应性），随着时间的推移，被基因吸收并化为己有。理论生物学家沃丁顿[1]称这种转变为“遗传同化”（Genetic Assimilation）。控制论专家格雷戈里·贝特森称其为“肉体适应性”（Somatic Adaptation）。贝特森将它与社会的立法变革相比——最初的变革由人民推行，然后才被制定为法律。贝特森写道：“明智的官员很少率先提出行为的新准则，他往往仅限于将那些已经成为人民行为习惯的准则确认为法律。”在技术文献中，这种遗传认证也被认为是鲍尔温效应，以心理学家鲍尔温[2]的名字命名。1896年，他首次公布这个概念，并称其为“进化中的新因子”。

我们再用高山村落打个比方，这次是在喜马拉雅山脉西端，一个名为香格里拉[3]的山谷地带。那里的居民身体能适应最高达8000米的海拔高度——比安第斯山的居民高2000米——不过，他们也有能力生活在海平面高度上。如同安第斯山的居民一样，这种变异经过几代的传递，刻写到这些居民的基因中。拿这两个高山村落来比较，香格里拉人现在获得了一副更具伸屈性、更可塑的躯体，因此从本质上说更具进化的适应能力。这似乎有点像拉马克进化学说的典型实例，只不过那些能最大限度伸展脖子的长颈鹿能够借助它们的躯体来守护这种适应能力，直到自己的基因迎头赶上。从长远来看，只要这些长颈鹿能保证自己的躯体适应各种极端的压

1 沃丁顿（C. H. Waddington，1905—1975）：英国发育生物学家、古生物学家、遗传学家、胚胎学家和哲学家，系统生物学的奠基人。他兴趣广泛，包括诗歌和绘画，并带有左翼政治倾向。

2 鲍尔温（J. M. Baldwin，1861—1934）：美国哲学家和心理学家，普林斯顿大学心理学系的创办者，对早期心理学、精神病学和进化论都有所贡献。

3 此处的香格里拉指小说《消失的地平线》中描绘的神秘国度。——编辑注

力，它们就会最终赢得竞争。

谁具有灵活的外在表现形式，谁就能获得回报——这正是进化的精髓所在。一副能适应环境的躯体，显然要比一副刻板僵硬的躯体更具优势；在需要适应的时候，后者只能像等着天上掉馅饼一样期待突变的光临。不过，肉体的灵活性是“代价不菲”的。生物体不可能在所有方面都一样灵活。适应一种压力，就会削弱适应另一种压力的能力。将适应刻写到基因中是更有效的办法，但那需要时间来完成；为了达到基因上的改变，必须在相当长的时期内保持恒定的压力。在一个迅速变化的环境里，保持身体灵活可塑是首选的折中方案。灵活的身体能够预见，或者更确切地说，是尝试出各种可能的基因改进，然后就像猎狗追踪松鸡一样，紧紧地盯住这些改进。

这还不是故事的全部。左右着身体的是行为。不管出于什么原因，长颈鹿必须先想要够到高处的树叶，之后不得不一次次地努力为之。人类则因为某种原因不得不选择移居到海拔更高的村庄。通过行为，一个生物体能够搜索自己的各个选项，探求自己可能获得的适应性的空间。

沃丁顿曾说过，遗传同化（或称鲍尔温效应），实际上就是如何将后天习得的技能转化为先天遗传的特性。而问题的真正症结所在，则是自然选择对特性的控制。遗传同化将进化提速了一个量级。自然选择是将进化的刻度盘调至最佳特性，而肉体和行为适应性则不仅提供了进化的刻度盘，还能告知应该向哪个方向转动及离最佳特性还有多远。

行为适应性还通过其他方式来影响进化。自然学家已经证实，动物不断走出自己已经适应的环境，浪迹四方，在“不属于”它们的地方安家。郊狼悄悄地向遥远的南方进发，嘲鸟则向遥远的北方迁徙；然后，它们都留在了那里。在这一过程中，适应最初起源于一种模糊的意愿，而基因则认同了这种适应，并为之背书。

如果将这种起源于模糊的进化应用到个体学习上，则会滑向古典拉马克进化学说的危险边缘。有一种雀科小鸟学会了用仙人掌刺去戳刺昆虫。这种行为为小鸟开启了一个新的窗口。通过学习这种有意的行为，它改变了自己的进化过程。它完全可能通过学习，即使这种可能性不大，来影响该物种的基因。

一些计算机专家在用到“学习”这个词时，所指的是一种不严格的、控制论上的概念。格雷戈里·贝特森把躯体的灵活性看作一种学习。他不认为由躯体进行的搜索和由进化或思维进行的搜索有多大区别。以此解释的话，可以说是“灵活的身体学习适应压力”。“学习”应该是在一生而非几代中获得的适应。通常，计算机专家区分行为学习和肉体学习。关键是，这两种适应形式都是个体在一生中对适应空间进行搜索。

生物体在其一生中有很大的空间重塑自己。加拿大维多利亚大学的罗伯特·里德指出，生物能通过以下可塑性来回应环境的变化。

◎ 形态可塑性（一个生物体可能有不止一种肉体形态）。

◎ 生理适应性（一个生物体的组织能改变其自身以适应压力）。

◎ 行为灵活性（一个生物体能做一些新的事情或移动到新的地方）。

◎ 智能选择（一个生物体能在过去经历的基础上做出选择）。

◎ 传统引导（一个生物体能参考或吸取他人的经验）。

这里的每个自由度都代表一个方向，生物体可以沿着它在共同进化的环境中寻找更好的办法重塑自己。考虑到它们是个体在一生中所获得的适应性，并能在以后被遗传同化，因而我们称这5种选项为可遗传学习的5个变种。

18.3 学习和进化之间的区别

人们在最近几年才开始研究学习、行为、适应与进化之间那令人兴奋的联系。绝大部分的研究工作是通过计算机仿真进行的。生物学家曾经或多或少地轻视这些工作——不过情况已经今非昔比了。有一批如戴维·艾克利和迈克尔·利特曼（1990年）、杰弗里·韩丁和史蒂文·诺兰（1987年）这样的研究人员已经通过仿真实验明确无疑地揭示了会学习的生物族群是如何比那些不会学习的生物族群更快地进化的。这里所说的学习是指，通过改变行为来不断搜索种种可能的适应性。用艾克利和利特曼的话说："我们发现，能够将学习和进化融为一体的生物要比那些只学习或只进化的生物更成功，它们会繁育出更有适应力的族群，并能一直存活到仿真实验结束的时刻。"在他们的仿真实验中，生物所进行的探索式学习实质上是一个对确定问题的随机搜索算法。而在1991年12月举办的第一届欧洲人工生命会议[1]上，另外两位研究人员帕里西和诺尔夫提交的实验结果显示，由生物群自行选择任务的自导向学习具有最佳的学习效率，生物的适应性也由此得到了加强。他们大胆断言，行为和学习都是遗传进化的

1 第一届欧洲人工生命会议：First European Conference on Artificial Life。

动因。这一断言将越来越被生物学界所接受。

更进一步讲，韩丁和诺兰推测，遗传同化（鲍尔温效应）最有可能适用于那些特别“崎岖”的问题。他们认为：“对那些相信进化空间中地势起伏都有规律可循的生物学家来说……鲍尔温效应没什么意义，而对那些质疑自然搜索空间有着良好结构的生物学家来说，鲍尔温效应就是一个重要机制，它允许生物利用其体内的适应过程大大改善其进化空间。”生物体便开创了属于自己的可能性。

迈克尔·利特曼告诉我说，“达尔文进化的问题在于，你要有足够的进化时间！”可是，谁能等上一百万年呢？在将人工进化注入制造系统的各种努力中，要加快事物的进化速度，一个办法就是向其中加入学习。人工进化很可能需要一定的人工学习和人工智能，才能在人类可接受的时间内上演。

学习加上进化，正是文化的一剂配方。通过学习和行为将信息传递给基因，是遗传同化；反之，由基因将信息传递给学习和行为，就是文化同化。

人类历史就是一个文化传承的过程。随着社会的发展，人类的学习与传授技能与生物学意义上继承的记忆与能力是遥相呼应的。

从这点来看——这个观念其实由来已久，由先前的人类所获得的每个文化进步（刀耕、火种、书写），都为人类心智和躯体的转变预备了“可能的空间”，从而使昔日的生物行为转化为日后的文化行为。随着时间的推移，由于文化承担了部分生物性的工作，人类的生物行为逐渐依赖于人类的文化行为，并更有效地支持了文化的进一步发展。孩子们从文化（祖辈的智慧）而非动物本能中每多传承一分，就使得生物学的人类多一个机会，将这种文化代代相传下去。

文化人类学家克利福德·格尔茨对此做了总结：

> 贯穿冰河时代的、如同冰川一般缓慢而坚定的文化成长，改变了进化中的人类所面对的选择压力，对人类进化起着主要的指导作

用。尽管其细节难以回溯，但工具的完善，有组织的狩猎和采集活动，真正的家庭结构，火的发现，更重要的是，在交流和自我约束中对符号系统（语言、艺术、神话、仪式）的日渐依赖，凡此种种，都为人类创造了不得不去适应的新环境……我们不得不放弃试图通过基因来精准、规律地控制我们行为的道路……

如果我们把文化看作一个自组织系统——一个具有自己的日程和生存压力的系统，那么，人类的历史就会显得更有意思了。理查德·道金斯曾经表示，那些自复制的思想或文化基因体系能迅速累积自身的事务和行为。我认为对于一个文化系统来说，最本原的动力就是复制自身及改变环境以有利于其传播，除此之外，别无其他。消耗人类的生物资源是文化这个自组织系统得以存续的一个途径。而人类在一些特定的工作上也往往善假于物。书本使得人类的头脑从长期存储信息的负荷中解脱出来，得以去做些别的事情；而语言则把笨拙的手势交流压缩为省时省力的声音。经过世代的变迁，文化会承载起越来越多的机体功能。社会生物学家威尔逊和查尔斯·拉姆斯登利用数学模型发现了他们所谓的“千年规则”。计算表明，文化进化能带动基因的重大变化，使基因在一千年内就能迎头赶上。他们推断，在过去千年里人类所经历的文化上的巨变可能会在基因上找到一些影子——尽管基因层面的变化可能是我们还无法察觉的。

威尔逊和拉姆斯登认为，基因和文化的耦合度是如此的紧密，以至于“基因和文化不可分离地连为一体。任何一个发生变化都将不可避免地迫使另一个也发生变化”。文化进化能塑造或改变基因组，但也可以说基因对文化也存在必然的影响。威尔逊相信，基因变化是文化演变的先决条件。如果基因的灵活性不足以适应文化的变迁，就无法在文化中长期生根。

文化随我们的躯体而进化，反之亦然。没有了文化，人类就失去了独有的天赋（一个不那么恰当的证据是，我们无法把由动物养大的“狼孩”培养成有创造力的成年人）文化和肉体融合成了一种共生关系。在丹尼·希利斯的概念中，文明的人类是“世界上最成功的共生体”——文化和生物行为互惠互利、互为依存——这是一个绝妙的共同进化的例子。如同所有的共同进化一样，它也遵循正反馈和收益递增的规律。

文化重塑了生物（确切地说，是让生物重塑了自己），使之适于更进一步的文化发展。因此，文化趋于一个自提速的过程。如同生命会繁衍出更多数量和种类的生命一样，文化也会孕育出更多数量和种类的文化。这里我所指的是一个强化了的过程：在文化引导下的生物，从生物本质上更适于从事生产、学习和适应等工作，而且是以文化而非生物的方式。这意味着，我们之所以拥有能创造文化的大脑，是因为文化需要并产生出这样的大脑。也就是说，在人类出现之前的物种，不管曾拥有怎样微末的文化碎片，对于后继者创造出更多的文化都会有所助益。

对人体来说，这种朝向信息系统的加速进化似乎意味着生物性的萎缩。从学习和知识积累的角度看，文化是一种自组织行为，它以生物性为代价来做大自己。正如生命无情地侵入物质并将物质据为己有一样，文化也将生物性据为己有。在此我宣称，文化修改我们的基因。

对此我没有丝毫生物学上的证据。我从史蒂文 · 杰 · 古尔德[1]等那里听过一种说法："人类自两万五千年前的克鲁马努人[2]以来就没有发生任何形态上的变化。"不过我不知道这个说法对我的主张意味着什么，也不确定古尔德等的说法到底有多准确。从另一方面来说，生物退化的速度之快令人咋舌。栖息在全黑洞穴中的蜥蜴和老鼠据说随时都可能丧失它们的视觉功能。在我看来，肉体只要有机会就会将它每天背负的苦差事甩掉一部分。

我想说的是，拉马克进化的优势是如此显著，以至于大自然找到了使其发生的方式。在达尔文的语义下，我会这样来描述它的成功：进化无时无刻不在细察这个世界，不仅仅是为了找到更适合的生物体，更是为了找

1 史蒂文 · 杰 · 古尔德（Steven Jay Gould，1941—2002）：美国古生物学家、进化生物学家、科学史学者，也是其同时代最有影响力的科普作家。

2 克鲁马努人（Cro-Magnon）：旧石器时代晚期生活在欧洲的最早的新人类，距今大约三万五千年（凯文 · 凯利的数字可能有误）。

到提升自身能力的途径。它每时每刻都寻求在适应上有所寸进。这种不间断的自我鞭策形成了一种巨大的压力——如同整个大洋在寻找一处可以渗漏的缝隙一样，迫使其提高自身的适应能力。进化搜寻着行星表面，寻找让自己加快速度的方法，使自己更具灵活性，更具“进化性”——这并非出于它的主观努力，而是因为不断加速的适应性就是失控了的轨道，它行驶其上，身不由己。它搜索着，力图找寻拉马克进化而不自知；拉马克进化正是那个更加通畅、更具可进化性的缝隙。

随着动物不断进化出复杂行为，进化开始从“达尔文进化枷锁”中挣脱出来了。动物能对外界刺激作出反应，能够作出选择，还能够迁徙到新环境，适应环境的变化，这些都为准拉马克进化创造了条件。而随着人脑的进化，人类创造了文化，文化又催生了真正具备获得性遗传的拉马克进化。

达尔文进化作为一个学习过程不仅缓慢，用马文 · 明斯基的话来说，而且“愚钝”。当最原始的脑组织诞生时，进化发现，引入主动学习可以加快进化的步伐。而当人类的大脑诞生后，进化终于找到了预见并引导自身进程所需的复杂性。

18.4 进化的进化

进化是一种有组织的结构的变化。不仅如此，进化是一种自身求变、自行重组的有组织的结构的变化。

地球上的进化已经经历了40亿年漫长的结构的变化，未来会有更长的路要走。进化的进化可以归结为以下一系列历史进程。

◎ 系统自发。

◎ 自复制。

◎ 遗传机制。

◎ 肉体可塑性。

◎ 弥母文化。

◎ 自我导向。

在地球的早期岁月中，在尚无任何生命可进化之前，进化更侧重于那些稳定的事物（这里暗含一个循环论证的逻辑，因为在太初时期，稳定即意味着生存）。

进化可以更长久地作用于那些稳定的事物，因而，稳定通过进化产生进一步的稳定。从沃尔特 · 方塔纳[1]和斯图亚特 · 考夫曼的工作（参见第

1　沃尔特 · 方塔纳（Walter Fontana）：意大利学者，毕业于奥地利维也纳大学，生物化学专业。曾参加圣塔菲研究所工作。2004年加入哈佛大学医学院，从事系统生物学研究。

二十章）我们得知，能够催化出自身产物的简单化合物可以通过简明的化学过程形成某种自持的化学反应环。因此，进化的第一步就是系统自发进化出能够自我生成复杂性的母体，为进化提供可作用于其上的持久种群。

进化的下一步是进化出自复制的稳定性。自复制为错误和变异提供了可能。由此，“进化”进化出自然选择，并释放出强大的搜索功能。

接下来，遗传机制从幸存机制中分离出来，“进化”进化出同时具有基因型和表现型的对偶系统。通过将巨大的可能形式之库压缩到致密的基因中，进化进入一个广袤的运行空间。

随着“进化”进化出更复杂的躯体和行为，躯体得以重塑自身，动物得以选择自己的生死之门。这些选择打开了躯体“学习”的空间，使进化得以继续进化。

学习加快了下一个步骤，那就是人脑这台复杂的符号学习机的进化。人类的思考进化出文化和弥母型（观念）进化。进化也因而能通过新的庞大的可能形式之库，以自觉和“更聪明”的方式加快自身的进化速度。这就是我们现在所处的历史阶段。

只有上帝才知道进化下一步会走向哪里。人类所缔造的人工进化是否会成为进化的下一个舞台？显而易见的是，进化迟早会触及“自我导向”这个进程。在自我导向的进化之下，进化自行选择向哪里进化。这已经不是生物学家所讨论的范畴了。

我倾向于将这段历史重述如下：进化曾经并且将会继续探索可能进化之空间。正如可能图画之空间、可能生物形式之空间以及可能计算之空间一样，还存在一个探索空间的可能方法之空间，我们并不知道这个空间到底有多大。而这个元进化，或者以超级进化、深度进化，乃至终极进化命名，逡巡于所有可能的进化游戏中，搜索着所有可能的进化。

有机体、弥母、生物群系，凡此种种，都只是进化用以维持其进化的工具。进化真正想要的，也就是它去往的目的地，是揭示（或创造）某种机制，能以最快的速度揭示（或创造）宇宙中可能的形式、事物、观念、进程。其最终目的不仅要创造形式、事物和思想，而且要创造用以发现或创造新事物的新方法。超级进化通过从无到有、分阶段的策略，不断地扩大自己所及的范围，不断地创造可供探索的新领域，不断地寻找更好、更具创造力的方法去创造，从而最终实现这一目的。

这听起来有些饶舌，好像在说罗圈话。但我找不到不那么绕口的说法。或许可以这么说：进化的工作就是通过创造所有可能的可能性借以栖身的空间，来创造所有可能的可能性。

18.5 进化解释一切

进化的理念是如此强大且具有普适性，似乎万事万物背后都有它的影子。传奇考古学家德日进曾写道：

> 进化乃理论乎？体系乎？抑或假说乎？未及其万一也。概凡理论、假说、体系，皆须以进化为基本之原则，方可成其为真。进化乃普照世间之光明，指引万物之航标。是为进化。

然而，进化这种解释一切的作用使其蒙上了一层宗教的阴影。华盛顿进化系统协会的鲍伯·克劳斯贝就曾毫无顾忌地说道："凡是人们看见上帝之手的地方，我们都能看见进化。"

进化与宗教有许多貌似之处。进化的理论框架是自包容的、丰富的，几乎是不证自明、不容争辩的。各种小型的地方性协会如雨后春笋般冒了出来，并且每月定期聚会，就如克劳斯贝的大型协会那样。作家玛丽·密德格雷在其短小精悍的著作《作为宗教的进化》（*Evolution as a Religion*）中，以这样四句话作为开场白："进化不仅是理论科学中的一潭死水。它还是——也不得不是，关于人类起源的一个至强传说。任何故事都一定有其象征意义。我们大概是第一个弱化这种意义的文化。”

她并非质疑进化理论的真实性，她所反对的是罔顾进化的逻辑性而空谈这个强大的理论对我们人类所做的一切。

我深信，从长远来看，正是这未经实证的进化——不管它从何而来，到哪里去，都在塑造着我们的未来。我毫不怀疑，揭示深度进化的内在本质之时，也即触动我们灵魂之日。

第十九章

OUT OF CONTROL

后达尔文主义

19.1 达尔文进化论不完备之处

“它完全地错了。像在巴斯德之前的传染病医学一样错了。像颅相学一样错了。它的所有重要信念都错了。”说这话的是直言不讳的林恩·玛格丽丝，她说的是她最近的靶子：达尔文派的进化论信条。

关于“什么是错的”，玛格丽丝以前曾经说对过。1965年，她提出真核细胞共生起源的惊人论断，撼动了当时的微生物学界。她声称漫游在真核生物间质内的细菌合力形成了细胞，这让传统理论家难以相信。1974年，玛格丽丝再次震惊主流生物学界。她（跟詹姆斯·洛夫洛克一起）提出了这样的设想：地球的大气形成、地质变迁和生物发展进程之间的相互联系是如此紧密，这使得他们犹如一个有活力的单一自我调节系统——盖亚。如今，玛格丽丝又公开对历经百年的达尔文理论的现代框架发起了抨击。达尔文进化论认为，新的物种是通过不间断的、渐进的、独立的和随机变异的线性过程形成的。

不是只有玛格丽丝一人向达尔文理论的堡垒发起挑战，不过，很少会有人像她这样无遮无掩。对于所知不多的大众来说，反对达尔文好像就是在同意创世论；而由此可能给科学家的声誉带来污点，成了怀疑进化论者的软肋。再加上达尔文是咄咄逼人的天才，使几乎所有挑战者都望而退却，只有一些鲁莽的“离经叛道者”才敢公开质疑达尔文理论。

激发玛格丽丝研究兴趣的是达尔文进化论中那显而易见的不完整性。她认为，达尔文理论的错处在于忽视了一些东西，又错误地强调了另外一些东西。

有一些微生物学家、基因学家、理论生物学家、数学家和计算机科学家正在提出这样的看法：生命所包含的东西，不仅仅是达尔文主义所说的那些东西。他们并不排斥达尔文所贡献的理论；他们想做的，只是要超越达尔文已经做过的东西。我把他们称为“后达尔文主义者”。无论林恩·玛格丽丝，还是任何一位后达尔文主义者，都不否认在进化过程中普遍存在自然选择。他们的异议所针对的是这样一种现实：达尔文的论证具有一种“横扫一切、不容其他”的本性，结果是到最后它根本解释不了什么东西；事实上，已经逐渐有证据表明，仅凭达尔文理论来解释我们的所见种种已然不敷应用。后达尔文主义学者提出的重大课题是：自然选择的适用极限何在？什么是进化所不能完成的？以及，如果自然界这位盲眼钟表匠[1]放任的自然选择确有极限，那么，在我们所能理解的进化之中或者之外，还有什么别的力量起着作用？

当代，信奉进化论的生物学家普遍认为，我们在自然界中所见的一切，都可以用“自然选择”这一基本过程来解释。用学术行话来说，这种立场可以被称为选择论。这也是当今活跃着的生物学家普遍接受的立场。这样的立场比达尔文自己当时所持的立场更为极端，所以有时候又会被称为新达尔文主义。

就人工进化的探寻而言，自然选择的界限（如果有的话），或者一般意义上的进化的界限，对实践而言是非常重要的。我们希望人工进化过程中能产生出无穷的多样性，但迄今为止，却不容易做到。我们想把自然选择的动力机制延伸到具有多种尺度的巨大系统中，可却不知道它能延伸多

1 盲眼钟表匠：现代生物学中流行的一个隐喻，“钟表匠”比喻“进化机制”，“盲眼”则凸显了进化的两个特点：基因随机变异以及进化无法预知方向，又暗指“不需假定有个深思熟虑的创世主就能解释生命世界的繁复与瑰丽”。（理查德·道金斯，《盲眼钟表匠》）

远。我们希望有这么一种人工进化，我们对其的控制能略多于我们对有机进化的控制。有此可能吗？

正是这样的一些问题，促使后达尔文主义者重新去考虑不同的进化论——很多早在达尔文之前便已存在，只不过被达尔文理论的夺目光芒所盖过了。遵循着扩展到智力领域的适者生存法则，当代生物学对这些“劣等的”落败理论很少给予重视，结果它们就只能苟存在那些已经绝版的“冷门”著作中。不过，这些当年的开创性理论中的有些观点，却很适合人工进化这个新的应用环境，因而人们谨慎地重新启用这些理论并对其加以检验。

当达尔文在1859年出版《物种起源》的时候，尽管他不懈地去说服同行，但那个时代最负盛名的博物学家和地质学家却还是迟疑着不肯全盘接受他的理论。他们接受了达尔文的演化理论——“经过改良的继承”，或新物种是从先前存在的物种逐渐变化而来的看法。但是，对于他用自然选择来解释进化的机制——即一切都只源于随机取得而累积的微小进步——仍很怀疑，因为他们觉得达尔文的说法不能准确地对应自然现实，而那是一种他们再熟悉不过的现实。他们所用的研究方法，是如今这个年代中已然属于罕见的方法；这个年代的学者有着精细的专业分类，终日关在实验室里对着瓶瓶罐罐而不是身处大自然中做研究。可由于他们既不能找出权威的证据来“证伪”，更不能提供同样高质量的替代性理论，他们那些强有力的批评，最终也就埋没于往来通信和学术争论之中了。

达尔文也没能提供某种具体的机制来解释自己提出的自然选择是如何发生的。他对那时刚出现的遗传因子研究一无所知。在达尔文的力作发表之后的50年里，各种关于进化论的补充学说可以说是层出不穷，直到“基因”和后来“DNA”的概念被发现并确立，达尔文理论才真正站稳了主导地位。事实上，我们在今天所看到的所有那些激进的进化论观点，几乎都可以在那一段时间——从达尔文发表他的理论开始直到他的理论被当成教条接受之前——的某些思想家那里找到根源。

对于达尔文理论的弱点，没有人比达尔文自己更清楚。达尔文曾经主动提供过一个实例来说明他的理论所遇到的困难，就是高度复杂的人眼（自那以后，达尔文理论的每位批评者也都曾用过这个例子）。设计精巧且相互作用的晶状体、虹膜、视网膜等结构，看起来确实挑战了达尔文那种“轻微、累进的”随机改进机制的可信度。正如达尔文在给他的美国朋友阿萨·格雷的信中所写的：“你说的弱点我同意。直到今天，眼睛还是会让我不寒而栗。”格雷所遇到的困难，是他想不出在一个没有进化完全的眼睛中，某些部分会有什么用处，也就是说，他想不出一个没有晶状体与之配套的视网膜，或者反过来，没有视网膜与之配套的晶状体能有什么用处。而既然生物不会囤积它的发明（“嘿，等熬到白垩纪这东西就有用了！”），那每个阶段的物种进步就都得是“马上就能用上”——能产生效果的。每次突破，都必须首演即获成功。即使是聪明的人类也无法为这么久远以后的挑剔需求而矢志不渝地谋划。以此为例，具有这样非凡创造力的自然背后还有神明的造物主啊。

我们在驯养繁育的过程中已经能看到那“微进化式”的变化——那些具有特别大的豆荚的豆子会繁育出具有更大豆荚的豆子，或者比较矮的马会生出更矮的马。那么，让我们设想一下，达尔文说，让我们从这些已经看到的事情开始做一个外推。如果我们把这些因为人工选择而造成的微小变化外推到数百万年长的尺度上，那么，当把所有这些细微的差异都累加起来的时候，看到的就是一个根本性的变化。这种变化，达尔文说，就是让细菌变成珊瑚礁和犰狳的变化，也就是累进的微小变化。而达尔文想要我们做的，就是把这种微小变化的逻辑合理性进行扩展，一直扩展到能够适用于地球和自然史这样一个尺度的空间和时间的地步。

达尔文的立论，即自然选择可以扩展到解释所有生物，是基于逻辑推理的论断。可是人类的想象和过往经验让人们都知道：合乎逻辑的东西未必是实情。合乎逻辑只不过是成真的必要条件，但并不是成真的充分条件。新达尔文主义把蝴蝶翅膀的每次扇动，叶片上的每条曲线，鱼的每个种类都归于适应性选择来解释。似乎没有什么不能归结为适应的结果。可是，正如理查德·莱旺顿这位著名的新达尔文主义者所言：“正是因为自然选择什么都能解释，所以它其实什么也没有解释。”

生物学家并不能（或者至少到现在还没有）排除这样的可能，即还有其他的力量在自然中发挥作用，在进化过程中产生和自然选择类似的效果。这样一来，除非“进化”可以在受控条件下在野外或者在实验室内被复制出来，否则，在此之前，新达尔文主义就仍只是一个好听的“本该如此”式故事；它更像是传说，而非科学。科学哲学家卡尔·波普直截了当地认为，因为不能被证伪，所以新达尔文主义根本不是什么科学。“不管是达尔文还是任何一个达尔文主义者，迄今为止都还没能为任何一个单独生物体或任何一个单独器官组织的适应性进化提供出一种具体的、实实在在的因果解释。所有论据——为数还不少（原文如此）——都只是在说这种解释可能成立，意思就是，（这些理论）并非在逻辑上不可行。”

生命形式有一个因果关系上的难题。任何共同进化的生物体，看起来都是自我创造出来的。这样一来，确立因果关系的工作就异常繁重了。为进化论寻求更完备解释的部分任务就在于探究自然产生的复杂性，以及实体从由部件构成的网络中涌现出来所需遵循的规则，并为此寻求一种更为完备的逻辑解释。另外，对于人工进化（现在还主要是通过计算机仿真来完成）的研究，在很大程度上其实是与科学的一种新证明方式捆绑在一起的。在计算机的大规模应用之前，科学包含两个方面：理论和实验。一个理论会构造出一个实验，同样实验则会证实或证伪这种理论。

但是，在计算机之中却诞生出了第三种进行科学工作的方式：仿真。一次仿真，同时就会既是理论也是实验。事实上，当我们在运行一个计算模型（比如汤姆·雷的人工进化模型）的时候，我们不仅是在试验一个理论，同时也是让某种实实在在的东西运转了起来，而且还在不断累积着可以证伪的数据。弄清楚复杂系统中的因果关系始终是一个难题，但也许，这种新的理解方式，即通过建立能成功运转的模型替代物来对真实进行研究，却可以让我们绕过这样一个两难的境地。

人工进化曾一度作为自然进化的一种仿真，但如今它闯出了自己的一片天地。

19.2 只有自然选择还不够

世界各地的一些自然学家对野生环境中的生命种群进化进行了长期的观察研究，其中包括塔希提岛的蜗牛、夏威夷的果蝇、加拉帕戈斯群岛的鸣禽，以及非洲的湖中鱼类。随着研究一年一年地进行下来，科学家得以有更好的机会去清楚地证明，长期的进化一直在野外上演着。利用细菌和近来投入实验的面象虫开展的较短期研究，在实验室中显示出生物体短期进化的样态。迄今为止，这些通过活的生物种群进行的实验，其结果都与新达尔文主义理论所料想的相吻合。为应对干旱引起的食物供给变化，加拉帕戈斯群岛上鸣禽的喙确实会变粗变厚。

这些精心的测量证实了：自我管理的适应性变化确实会在自然界中自发地出现。它们也明确证明了：当那些微不足道却稳定的、针对“不适用”部分的清除工作越来越多时，它们的累积就能自然而然地表现出明显的变化。不过，实验结果却并未显示出新层级的多样性或任何新物种，甚至也未能证实有新的复杂性涌现出来。

我们仔细地查阅了历史记录，未见有野外进化出新物种的记录。而且，最值得注意的是，人类在对动物的驯养过程中，也未见有任何新的物种出现。其中包括，在对数亿代果蝇的研究中未见有新物种果蝇出现，即使人们为了诱发新果蝇物种的形成，已经有意对果蝇种群软硬兼施地添加了环境压力。在计算机仿真生命领域，“物种”这个词没有什么意义——除了最初的爆发，并未见瀑布飞泻式的连续的全新种类出现。在野生环境、人工饲养环境以及人工生命环境里，我们都看到了变异的现象。但是，由于看不到更大的变化，我们也很清楚地意识到，产生变异的范围似乎很狭窄，而且往往被限定在同一物种之内。

关于这种现象，标准的解释是，我们现在其实在用一个短得有点荒谬的极小的时间跨度来衡量一个发生在漫长地质时间中的事件。那么，我们还能指望看见什么？生命在发生巨变之前以类似于细菌的形态存在了数十亿年。请耐心点吧！这正是达尔文和其他生物学家转而求助于化石记录来为进化提供证明的原因。但是，尽管化石记录无可争辩地展示了达尔文更重要的论断——久而久之，性状变化会累积到后代的身上，它却未能证明这些变化可纯粹归功于自然选择，甚至不能证明变化应主要归功于自然选择。

因为，迄今为止，还没有人见证过化石记录或真正生命体，又或者计算机模拟人工生命中那确切的变化时刻——也就是自然选择机制激发其复杂性跃入新层次的那一时刻。邻近物种间似乎存在着某种可疑的屏障，不是阻挠了这种关键性变化的发生，就是把这种变化移出我们的视野。

史蒂文·杰·古尔德认为，是进化那令人难以置信的瞬时性（在进化论的语境中）将确切的变化阶段从我们眼中的化石记录里移走了。不管他的理论正确与否，现有证据表明，存在某种自然的制约因素，阻碍了微小变化的延展，而进化必须设法克服这种制约。

人工合成的原生生命及计算机模拟的人工进化，为我们带来了越来越多的惊喜。然而，人工生命跟它的“表亲”人工智能有着同样的弊病。据我所知，没有一种人工智能——不管是自动机、学习机、还是大型认知程序，能连续运行超过24个小时[1]。一天一夜之后，这些人工智能就会停

1 上述表达是作者观点，或许是信息获取问题，或许是针对的领域不同，人工智能在一些领域和一些应用场景中能够长时间、连续运行。——编辑注

止运转。人工生命同样如此。绝大多数依靠计算运行的模拟生命，热闹了一阵子后，很快就归于沉寂。尽管有时候程序还在运行，搅和出一些微小的变化，但是，在首次高潮过后，它们的复杂性就不再跃升至新水平，也没有生成新的出人意料的东西（其中包括汤姆 · 雷设计的“地球”）。也许多给一些运行时间，它们能行。但是，不管什么原因，基于质朴的自然选择生成的计算机模拟生命并没有让我体验到自由进化的神奇，而自由进化正是它们的创造者和我所乐见而未见的。

正如法国进化学者比埃尔 · 格拉斯所说：“变异是一回事，进化则完全是另一回事。两者之间的差异，怎么强调都不会过分……变异提供了变化，但不是进步。”所以，尽管自然选择也许形成了微变（一些趋势性变异），却没人能担保它可以形成宏变，即向着日益发展的复杂性自由地创造出无法预料的新形态和进程。

即使人工进化仅仅是适应上的微变，本书所预言的那些人工进化前景也仍然会实现。自发自导的变异和选择机制是应对难题强有力的天才。在跨度小的时间内，自然选择确实有效。我们可以利用它找到我们找不到的证据、填补我们无法想象的空白。问题归结到是否单靠随机变异和选择机制，就足以在很长的时期内持续地产生新生事物。另外，如果真的是“只有自然选择还不够”，那么在自然进化中，到底还有什么东西在发挥作用呢？我们还能在人工进化中引入一些什么才能令其产生自组织的复杂性？

绝大多数自然选择的批评家都勉强承认达尔文的“适者生存”是正确的。自然选择主要意味着不适合者的毁灭。一旦有适合者产生，自然选择去粗汰劣的势头就无可阻挡了。

但是，创造出有用的东西听来有点唬人。达尔文主义观点所忽视的，是对适合者产生的似是而非的解释。在被选定之前，适合者又在哪里呢？按照当今新达尔文主义者的解释，适合者归功于随机变异。染色体内的随机变异造成了发育成长的有机体的随机变异，而后者则不时地为整个有机体增加适应度。换句话说，适合者是随机产生的。

正如野外及人工进化实验所表明的那样，这种简单的进程在较短的时间内能够引导协调变化。但是，倘若自然选择有无限的时间，并且能够把那些不可胜数的失败尝试都清除出去，这种随机的变异能否产生可供选择的个体，并由其胜出者组成完整系列？达尔文主义理论肩负着重任，要证明消极的死亡选择制动力与随机的漫无目的混沌力量结合起来，能够产生持续的、具有创造性的、积极的推动力，进一步迈向我们所见的、大自然历经亿万年而经久不衰的复杂性。

后达尔文主义者提出，归根到底，进化过程中还存在别的作用力。这些权威的变化机制重组了生命，让其达到新的适合度。这些看不见的动因扩展了生命信息库，也许那正是自然选择所掌管的信息库。深度进化不一定就比自然选择神秘多少。他们把每种动态共生、定向变异、突变论或者自组织理论都看作一种机制，一种从长远来看，作为对达尔文那无情的选择过程的补充，能促使进化不断革新的机制。

19.3 生命之树上的连理枝

人们曾经认为，共生现象（两个有机体合而为一）只会发生在类似地衣这种比较孤立的奇特生物身上。自从林恩·玛格丽丝提出“细菌共生是祖细胞形成的核心事件”这一假设之后，生物学家忽然发现，在微生物世界中，共生现象比比皆是。由于微生物生命是（而且一直是）地球上所有生命形式中的主要部分，而且是盖亚假说的首要主力，因而广泛分布的微生物共生使共生无论在过去还是现在都是一种基本行为。

按照传统的图景，一个种群在偶然形成某种新的稳定结构之前，会随着其日常行为中微小的、随机的、累进的变化而骚动不安，与此相反，玛格丽丝希望我们考虑的是两个正常运转的简单系统合并为一个更大、更复杂系统的意外现象。举例来说，由一个细胞系继承而来、负责运送氧气的经过验证的系统，可能和另一个细胞系中负责气体交换的现存系统紧密结合在一起。双方共生相连，就有可能形成一个呼吸系统，而这一发育过程未必是累进的。

玛格丽丝建议把她本人关于有核细胞共生本性的研究作为生物史的一个例子。这些涌现的细胞，无须历经十亿年的反复摸索来重新发明一种过程，将几种细菌分别完成的光合作用和呼吸作用巧妙地融合在一起。相反，这些已经形成了细胞膜的细胞把细菌及其信息资产整合进自身，完全占有这些附件来为细胞工作。它们将细菌的发明据为己有。

在某些情况下，共生伴侣的基因株（碱基片断）会融合在一起。有人为这种共生关系所需的信息间合作提出了一种机制，即著名的细胞间的基因转移。在野生环境的细菌之间，这种转移发生的频率极高。一个系统的专有信息可以在不同的物种之间穿梭往返。新的细菌学说认为，世界上所有的细菌就是一个单一的、在基因方面相互作用的超有机体，它在其成员之中以极快的速度吸收并且传播基因的革新成果。另外，物种间的基因转移也同样会（速度未知）在包括人类的较为复杂的物种之间发生。每种类型的物种都在持续地交换基因，通常由裸露病毒担任信使。病毒自身有时候也会被纳入共生。许多生物学家认为人类DNA链中有大块大块的片段是插入的病毒，还有一些生物学家甚至认为这是一个循环——人类很多疾病的病毒就是逃逸的人类DNA链的乖戾部分。

如果这是真的，那么细胞所具有的这种共生本性，就能为我们提供不少的教益。它为我们提供了一个实例：重大的进化改变减少了输送给个体生物的直接好处（因为个体消失了），这与达尔文主义教条相反。它还提供了一个实例：进化的改变不是由细微渐进的差异累积而成的，这同样与达尔文主义教条相悖。

大规模的常规共生行为能促成自然界中很多复杂现象——那些看起来需要多种创新同时出现才能够达成的现象。它还会为进化提供另外一些便利条件：比如，共生行为可以只利用合作而不是竞争的力量。至少，合作能培育出一套独特的小环境，以及一种竞争无法提供的多样性，如地衣系统。换句话说，它通过对生物形式库进行扩充而释放出了进化空间的另一个维度。不仅如此，在恰当的时机稍稍进行一下共生协调，就能取代漫长的细微变化。处于交互关系中的进化过程可以越过个体的上百万年反复试错的时间。

也许，没有共生，进化过程也可以直接获得有核细胞，但是要完成这个目标可能要再花上10亿年或者50亿年的时间。共生将散布在生命谱系中的各种经验和所得重新结合起来。生命之树在不断地生根长叶，向四方蔓生枝条。与此同时，共生又把这棵生命之树上分叉的枝条重新拢到一起使之相交并整合。而融合了共生的进化，更像是一片丛林而非一棵树——生命之丛。如果这幅图景大致无误的话，也许我们就应该重新思考自己的过去和未来了。

19.4 非随机突变的前提

自然选择是自然界冷酷的死神。达尔文大胆宣称：在进化的真正核心，许多被批量删除的无足轻重的部分、许多微不足道的任意死亡——仅从轻微的变化中获得一时的欢乐，却能以违反直觉的方式，累积成真正新颖而有价值的产物。在传统的自然选择理论的戏剧性事件中，死神出演了主角，它一心一意地削减着生命，它是一位编辑，但只会一个字："不"。变异则轻易地通过衍生大量新生命来与死神这首单音符的葬曲相抗衡。变异也只会一个词："可能"。变异制造出大量一次性的"可能"，死神则马上大量地摧毁这些"可能"。大部分平庸之才一现世，就被肆意妄为的死神打发回去了。有时候，这种理论也会这样描述：二重奏蹦出一个音："可以！"——于是海星留下了，肾脏细胞分裂出来了，莫扎特活下来了。从表面上看，由自然选择推动的进化仍然是个令人惊叹的假说。

死亡清除了那些无能者，为新生者腾出了位置。但如果说是死亡导致翅膀的形成、眼球的运作，那就犯了根本性的错误。自然选择只不过筛选掉了那些畸形的翅膀或者那些瞎了的眼睛。林恩·玛格丽丝说："自然选择是编辑，而不是作者。"那么，又是什么，创造发明了飞行能力及视觉能力呢？

关于进化过程中革新性成果最初起源的问题，自达尔文以来的进化理论交出来的都是颇为黯淡的记录。正如达尔文著作的标题明确显示的那样，他希望解决的问题，是物种起源的大谜题，而不是个体起源的问题。他曾提问：新的生命种类从何而来？但没有问：个体之间的变异从何而来？

遗传学一开始就是与众不同的独立科学领域，它确实关注过变异与创新的起源。早期的遗传学家，比如孟德尔、威廉·贝特森（格雷戈里·贝特森的父亲，正是他创造了“genetics”——遗传学这个词），为了解释差异何以在个体中产生以及变异如何传递给后代而孜孜以求。高尔顿爵士证明，从统计学的角度——在生物工程学出现之前，统计学是遗传学的一个主流研究方法——可以认为种群内部变异的遗传出自某一随机的源头。

后来，科学家在由4个符号编码而成的长链分子[1]里发现了遗传机制，这条长链的某个随机点上符号的随机翻转，很容易被想象为变异的一个原因，也很容易建立数学模型。这些分子的随机变动一般归因于宇宙射线或者某种热力学的扰动。从新的视角来看，曾经意味着严重畸形的怪模怪样的突变，只不过是一次偏离了平均变异的翻转而已。就在前不久，有机体身上所发生的所有性状变化——从雀斑到腭裂，都被看成统计意义上的程度不一的变异误差。于是，变异就变成了突变，而“突变”又跟“随机”组合成不可分割的“随机突变”。如今，连“随机突变”这个术语看起来都有点多余。——除了随机突变，还会有其他类型的突变吗？

在计算机强化的人工进化实验中，突变是通过电子手段，也就是随机发生器生成的。但是，生物界的突变和变异起源的准确的事实真相仍不确定。我们确知的是：显然，变异不是由于随机突变而产生的——至少不总是如此；在变异中其实存在着某种程度的秩序。这是一个古老的观念。早在1926年，斯马茨[2]就为这种遗传学上的半秩序起了个名字：内在选择。

---

1 由4个符号编码而成的长链分子：这里指DNA，DNA分子由4种碱基排列而成。

2 斯马茨（J. C. Smuts，1870—1950）：南非政治家、生物学家。1926年发表《整体论与进化》，提出进化的整体论解释。

关于这种“内在选择”，一个比较可信的描述是：允许宇宙射线在DNA编码中产生随机的错误，然后，某种已知的自我修复装置以一种区别对待（但是未知）的方式在细胞中纠正这些错误——纠正某些错误，同时放过另外一些错误。修正错误需要耗费大量的能量，所以，需要在纠正错误所需的能量消耗和变异可能带来的好处之间进行衡量。如果错误发生在合时宜的地方，纠错机制就会让它留下，而如果它发生在会惹麻烦的地方，就会被纠正过来。举一个假设的例子：克雷布斯循环[1]是体内每一个细胞的基本能量工厂。它良好运转了数亿年的时间，如果乱动它，就会得不偿失。一方面，如果身体侦测到克雷布斯循环的编码有一处发生了变异，它就会迅速将其排除掉。另一方面，身体的大小或者身体各部分的比例，也许值得好好调整；那么，不妨放手让变异在这方面折腾。如果内在选择就是这么工作的话，那么，有区别的变异就意味着某些随机变异要比另外一些随机变异“更受优待”。不仅如此，这种调整会产生一个迷人的结果：调节装置本身的突变造成的大规模影响，将会远远超过发生在其监管的DNA分子链上的突变。稍后我还会再谈到这一点。

基因与基因之间存在着十分广泛的相互作用和相互调节的关系，因此，基因组形成了抗拒变化的复杂整体。因为基因大都是相互依赖的，其关系如此紧密——交错锁合在一起，以至于变异不成为一种选择，因而只在少数特定的领域中，才可能出现变异。正如进化论学者恩斯特·迈尔所说：“自由变异只在基因型的有限部分才能见到。”而这种遗传的整体性力量，从人类驯养动物的过程中可见一斑。饲养员通常会遇到这样的困窘：在挑选某一特定性状的过程中，会同时激活某些未知的基因，从而带来一些不太如意的副作用。不过，当放松了那些针对这一性状的环境压力之后，生物体的后继世代能够迅速地恢复原本的特质，基因组仿佛是弹回到了原点。真正基因中的变异，与我们所想象中的相去甚远。这种迹象表

1 克雷布斯循环（Krebs Cycle）：生物化学家克雷布斯（Hans Adolf Krebs）于1937年发现的一种代谢现象，普遍存在于需氧生物体中，又称三羧循环或柠檬酸循环。糖类、脂肪和氨基酸会在这种代谢中产生ATP（三磷酸腺苷），为细胞提供能量。对于真核生物来说（比如人类），这一过程发生在线粒体中。

明，变异不仅是非随机的、范围有限的，而且根本就是很难获得的。

人们得到这样的印象：有一个高度灵活的基因官僚机构管理着其他基因的生活。最令人惊讶的是，所有生命，从果蝇到鲸鱼，都授权同一个基因管理机构进行管理。比如，在每一种脊椎动物体内，都能发现几乎完全相同的同源异形盒[1]自控序列（这是一段主开关基因，可以打开大段的其他基因）。

这种非随机变异的逻辑现下非常流行，当我发现居然找不到任何依然坚持随机突变观点的主流学者时，一开始还真是大吃一惊。他们近乎一致地承认突变“并非真正随机”。这对他们来说就意味着，（就我的感觉而言），个体的突变也许并不那么随机——只属于近似随机或看似随机。不过，他们仍然相信，从统计意义上来说，如果时间拉得足够长的话，那么大量的突变会表现出一种随机的样子。林恩·玛格丽丝讽刺道：“哦，所谓随机，只不过是为无知找的一个借口而已。”

现如今，这种弱化的非随机突变观点已经引不起什么争论了，而另一种加强版的才是富有刺激性的“异端观点”。这种观点认为，变异可以通过某种有意的、精心准备的方式来选择。与其说基因管理局仅仅对随机变异进行编辑，不如说它按照一些计划表自己产生出变异。基因组为特定目的会创造出突变。定向突变可以刺激自然选择的盲目进程，把后者带出泥潭，将其推向越来越复杂的状态。在某种意义上，有机体会自编自导出定向突变以响应环境因素。多少有点讽刺的是，这种定向突变的强势看法在实验室里获得的证据，比弱化的非随机看法更多且更过硬。

根据新达尔文主义的定律，环境且只有环境，能够对突变进行选择，而且环境永远不能诱发或者指引突变。1988年，哈佛的遗传学家约翰·凯恩斯和他的同事们发表了大肠杆菌受环境影响诱发突变的证据。他们的断言颇为大胆：在某些特定的条件下，这种细菌会自发产生所需的突变来直

1　同源异形盒（Homeobox）：也称同位序列，是引导动物生长发育的一段基因，最初是由爱德华·刘易斯等在对果蝇的研究中发现的。其作用是在胚胎发育的时候赋予身体前后不同部位的细胞以空间特异性，这样把不同部位分化出来，在正确的位置发育出正确形态的器官。

接响应环境压力。不仅如此，凯恩斯居然敢用这样话来结束他的论文：不管是什么导致了这种定向突变，“实际上，都提供了一种获得性遗传机制”——这简直就是赤裸裸的达尔文理论的对手拉马克的观点。

另一位分子生物学家拜瑞·豪尔发表的研究结果，不仅证实了凯恩斯的断言，而且还补充了大自然中令人惊异的定向突变的证据。豪尔发现，他所培养的大肠杆菌不仅能产生所需的突变，而且其变异的速率与按照随机理论统计得出的预期值相比，要高约一亿倍。不止如此，当他对这些突变细菌进行基因测序并将其分离出来之后，发现只有那些有选择压力的领域发生了突变。这意味着，这些成功的小不点们并不是因为绝望而拼命地打出所有的突变牌来找到起作用的那张；相反，他们精确地敲定了那种刚好符合需要的变化。豪尔发现，有一些定向变异很复杂，以至于需要同时在两个基因上发生突变。他把这称为“极小可能发生事件中的极不可能”。这些奇迹般的变化，不应该是在自然选择下的一系列随机累积的结果。它们（定向突变）身上带着某种设计的味道。

豪尔和凯恩斯都宣称，已经细心地排除了对实验结果的其他可能的解释，坚持认为细菌正在指导其自身的突变。不过，在他们能够阐明无知的细菌如何明白自己需要何种突变之前，其他分子遗传学家几乎都不准备放弃严谨的达尔文进化理论。

19.5 怪亦有道

自然界中的自然进化与计算机上的合成进化之间的差别就是：软件没有躯体。你将程序载入计算机是一个直截了当的过程。如果你（希望得到更好的结果而）更改了程序代码，那么只需运行它，就能看到结果。在代码是什么以及它要做些什么之间没有多余的东西，只有运行代码的计算机硬件。

生物就大不相同了。如果我们把一段假想的DNA当成软件代码，对它做一个改动，那么，在改动的结果能证明自己之前，必须先相应地发育出一个有机实体。动物由受精卵发育成产卵者，也许要耗费许多年才能够完成。因此，生物代码改动后显现的效果，可以依据发育阶段的不同而有不同的评判。当初做过相同改动的代码，会在成长中的极小的胚胎上产生一种效果，而在性成熟的生命体上（如果胚胎能存活到那一步）产生另一种效果。在生物体的每个阶段，代码的变动及其终端效果（如更长的手指）之间，存在一系列受物理或化学变化控制的中间实体——酶、蛋白质和生命组织，它们也必然会间接地受到代码改变的影响。这样一来就大大增加了变异的复杂度。运行程序的计算机是无法与之相比拟的。

你曾经只有句号那么大。时间不长，你就成了滚来滚去的一个多细胞球——很像池塘里的水藻，水流有力地冲刷着你。还记得吗？然后你长大了。你变成了海绵、变成了腔肠动物，全身就一根直肠子。吃就是你的全部生活内容。你渐渐长出了感觉外界的脊髓神经；慢慢添加了用以呼吸和咀嚼的腮颌。你又长出了用以游动和转向的尾巴。你不是鱼，而是一个扮演着鱼类胚胎角色的人类胚胎。你在每个动物胚胎的幽灵中潜入潜出，重新扮演了为抵达终点而必须放弃的种种可能的角色。进化，就是对选择的屈从。要成长为新的物种，就要历经所有你不会再扮演的角色。

进化是善于创造的，也是保守的，总在凑合着用些现成的东西。生物极少会从头来过。过去是它的起点，而过去的点滴精华都凝结在生物体的发育过程中。当生物体开始它的发育时，它所做的数百万次妥协堵塞了它向其他方向进化的去路。没有躯体的进化是不受限制的进化。而有实体的进化则受到诸多条件的约束，并且既有的成功阻止了其开倒车。不过，这些束缚也给予了进化一个立足之地。人工进化要想真的有所成就的话，也许同样需要依附一个躯体。

躯体成形之际，时间也就滴嗒开始了。沿着时间的维度，突变之花在一个生长的躯体中绽放。（这是迄今为止人工进化几乎没有的另一样东西：发育的时间）。改动胚胎的早期发育过程，实际上是对时间的大不敬。在胚胎发育过程中突变出现得越早，它对生物体的影响就越严重。这同时也削弱了那些用以对抗失败的约束。因此，在发育过程中，来得越早的突变，越不可能成功。换句话说，生物体越复杂，就越不可能出现早期变异。

发育早期的变异往往牵一发而动全身。一个恰到好处的变动能够激发或者抹去千百万年的进化成果。果蝇身上著名的触足突变就是一个实例。这个单点突变搅乱了果蝇胚胎的足肢生成系统，在原本应该是触角的地方生出一条腿来。苦恼的果蝇出生时前额就会突出一只假肢——这都源自基因编码的一点小小改变，并随之触发了一系列的其他基因。任何一种怪物都能够通过这种方法孵化出来。这引发了发育生物学家的好奇心：生物体身上的自我调控基因，是否能有目的地对基因做些改变，制造出有用的怪物来，这样不就绕过了达尔文那种渐进式的自然选择规律了吗？

不过，奇怪的是，看起来这些怪物似乎遵循着某种内在的规律。在我们看来，一头双头的小牛也许只是某种随机缺陷，其实并非如此。生物学家研究这些特异性状时发现，同种类型的畸形会在许多物种中出现，而且其特异性状还能加以分类。比如，独眼——这是在哺乳动物中相对常见的一种特异现象，包括天生独眼的人类；而有独眼这种异常现象的动物，不论是什么物种，鼻孔几乎总是长在它的眼睛上面。类似的，双头通常要比三头更为常见。无论双头还是三头，都是没有什么优势的变异。既然这些怪物很少能生存下来，自然选择也就不可能在两者中有什么偏好。那么这种变异的指令必定来自内部。

在19世纪初期及中叶，有一对法国父子组合——父亲圣提雷尔和他的儿子小圣提雷尔[1]，为这些自然界中的“怪物”设计了一套分类体系。这套分类体系与物种的林奈分类系统相对应：每种畸变都被赋予了纲、目、科、属甚至种。他们的研究成果为畸形学这门研究“怪物”的现代科学奠定了基础。圣提雷尔父子暗示，有序形态比自然选择要更广泛。

哈佛比较动物学博物馆的皮埃·阿博彻，是为畸形学在进化生物学中的重要性而奔走呐喊的当代学者。他认为畸形学是一幅被忽视的描绘活生物体强劲内在自组织进程的蓝图。他声称：“对于一个发育过程来说，畸形学能为其潜在的种种可能提供一份详尽的资料。尽管要面对极强的负选择[2]，畸形现象不但以一种有组织并离散的方式在发生着，而且还展现出带有普遍性的变形规律。这些规律并不仅限于畸形学的范围，相反，他们是所有可持续发展系统的普遍性质。”

“怪物们”的这种有序内在——譬如从突变果蝇的前额上冒出来的发

---

1 圣提雷尔（Etienne Saint Hilaire，1772—1844）和小圣提雷尔（Isidore Geoffroy Saint Hilaire，1805—1861）：圣提雷尔是法国博物学家，拉马克的同事。他捍卫并发展了拉马克进化论，并认为所有生物都有内在的一致性。小圣提雷尔是法国动物学家，早年曾对数学感兴趣，但最终投身自然史和医学，曾担任他父亲的助手。他提出了“动物行为学”（ethology）的概念，并在1832年到1837年发表了开创性的著作《畸形学》（*Teratology*）。

2 负选择（Negative Selection）：也称否定选择，指自然选择过程中淘汰有害个体的倾向，因此也叫“净化选择”（Purifying Selection）。

育完整的足，显示出一种深深潜伏着的内在力量，影响着有机体的外部形状。这种“内在论”与绝大多数适应论者所持的正统“外在论”截然不同。后者认为，无处不在的选择才是塑造生物体外形的主要力量。而作为持有反对意见的内在论者，阿博彻这样写道：

> 内在论基于这样一个重要假设：形态的多样性是由各参数值（如扩散率、细胞黏着力等）的扰动所造成的，与此同时，生命体各组成部分之间相互作用的关系结构则保持恒定。在这个前提下，即使系统的参数值在发育过程中受到随机扰动——或者是遗传突变，或者是环境变化或人工操纵——系统也只会产生出某个有限的、离散的表型子集。也就是说，可能的形式集合是系统内在结构的表象。

因而，我们看到的双头怪物，其出现的原因也许就跟我们有对称生长的手臂一样；很有可能两者的出现都不归因于自然选择。恰恰相反，内部结构特别是染色体的内部结构，以及发育过程中所累积的形态改变，发挥着等同于或超出自然选择的作用，形成了生物组织的多样性。

19.6 化抽象为具象

在基因的进化过程中，基因所依附的那些实体扮演着某种不可思议的角色。在性活动中，两条染色体不是一丝不挂地重新结合，而是被包裹在一个巨大的卵细胞里面。这个塞得满满的卵细胞对于如何重组基因拥有很大的话语权。蛋黄似的卵细胞里充满了各种蛋白因子和类激素介质，并且受其自身非染色体DNA[1]的控制。当染色体基因开始分化的时候，卵细胞就会指导它们、控制它们、为它们确定方向，并精心策划宝宝的构造。毫不夸张地说，最终诞生的生物体在一定程度上受到卵细胞的控制，并非由基因来完全掌控大局。而卵细胞的状态，会受到压力、年龄、营养状况等因素的影响。（有一种观点认为高龄产妇的婴儿之所以更容易罹患唐氏综合征，就是因为两条控制生育缺陷的染色体在母体的卵细胞中相处了太多年[2]，以致彼此纠缠在一起而造成的。）甚至在你还没出生之前——确切地说，是从受孕那一刻开始——你的遗传信息之外的各种力量就已经通过遗

1 非染色体DNA（nonchromosomal DNA）：存在于细胞质内的DNA，如线粒体DNA、叶绿体DNA、细胞质粒DNA等。

2 女性一生所有的卵细胞都是在出生时就准备好了的，以后会不断减少。刚出生的女婴有不到100万个卵细胞，到初潮时只有约25万个了，到绝经为止女性一生所能排出的卵子总数只有不到500个。

传的渠道在塑造你了。遗传信息并不独立于其物质载体而存在。生物体的这身皮囊正是在非遗传的细胞物质与基因的双重作用下成型的——肉体与基因共存。进化理论，特别是进化遗传学，如果不能对繁杂的生物形态烂熟于心，就不可能充分理解进化；而人工进化也只有依附于实体，才有可能大行其道。

和绝大多数有核细胞一样，每个生物卵细胞都会在染色体之外携带好几个DNA信息库。令正统理论最感困扰的事情在于，卵细胞有可能在内部DNA与染色体DNA之间不断交换编码信息。如果卵细胞的自身经历能够影响到内部DNA的形成，并经此传递到染色体DNA上的话，那它就违反了正统理论严格恪守的中心法则。该法则声称，在生物学意义上，信息只能从基因向细胞流动，反之则不行。也就是说，不存在从肉体（显性）到基因（基因型）的直接反馈。达尔文的批评者亚瑟·凯斯特勒指出：我们有理由怀疑中心法则这样的规则，因为“它会是生物进程中唯一不需要反馈的实例”。

躯体的成形过程对于人工进化的缔造者来说有两个借鉴之处：第一，成熟机体的变异，受到胚胎期母体卵细胞环境的间接作用，以及基因的直接作用。在这一过程中，一些非常规信息大有可能经由某些控制要素或细胞内DNA交换而从细胞（确切说是母体细胞）流向基因。正如德国形态学家鲁伯特·雷德尔所说的，“新拉马克主义者认为存在一种直接的反馈；而新达尔文主义者则认为不存在这种反馈。两者皆错。真相介于两者之间。反馈是有的，但不是直接的。”间接反馈的一个主要环节发生在胚胎期的极早阶段，就在基因化身为肉体的那几个小时内。

在这几个小时里，胚胎就是一个放大器。而这就是我们要学的第二课：微小的改变会在发育过程中被放大。躯体的形成就是以这种方式跳过了达尔文的渐进模式。这个观点是由加州大学伯克利分校的遗传学家理查德·高兹史密特提出的。他的非渐进进化观点在其一生中都受到人们的嘲笑和嗤之以鼻。他的主要著作《进化的物质基础》（*The Material Basis of Evolution*，1940）——被当作痴人说梦。直到20世纪70年代，史蒂文·杰·古尔德才重提他的观点并开始大力宣传。高兹史密特著作的标题恰好与我想说明的主题相吻合：进化是物质与信息相互混合的过程，遗传逻辑不能违背其所栖身的物质世界的规律。（由此我们可以得出这样的观点：人工进化与自然进化会有所不同，原因就在于它运行在不同的基质上。）

高兹史密特一直都希望证明一件事情：仅仅将微进化（从红玫瑰到白玫瑰）推而广之是无法解释宏进化（从虫子到蛇）的。通过研究昆虫的发育，他得出结论：进化过程是跳跃式前进的。发育早期的小变化会导致成熟期的大变化，从而诞生一个“怪物”。尽管多数极端变异都会夭折，但偶尔也会有些大的变化能融入整体，于是诞生某种“有前途的怪物”。这个有前途的怪物可能会长出一对完整的翅膀；而按照达尔文理论则需要有一种半翅的中间形态。生物体也许能够一步到位实现最终形态，那些所谓中间形态的物种也许从未出现过。这种有前途的怪物的出现，也能解释为什么在化石中找不到过渡形态的物种。

高兹史密特还宣称，通过对发育时机做些小改动就能轻易地生成那些“有前途的怪物”。他发现某类“速率基因”能够控制生物体的局部生长和分化进程的时机。譬如，如果我们对控制着色速率的基因做一点手脚，就会培养出一种色彩样式差异巨大的毛毛虫。正如他的拥护者古尔德所写：“胚胎早期的微小改变，经过生长过程的累积之后，会在成体身上产生巨大的差异……如果我们不能通过发育速率中的微小变化来引发间断式变异的话，那么最重要的进化过渡根本就不可能完成。”

个体构成的，而那些子个体又是由某些子子个体构成的，进化空间同样有限。

因而，哪怕我们发现进化实际上是以量子跃迁的方式进行的，也没有什么好大惊小怪的。生物体的既有组成部分，可以组合成这种或那种形态，但绝不能组成这两者之间的所有形态。整体所具有的层级架构的本质，阻碍了整体去到达理论上有可能到达的状态。与此同时，整体所具有的这种层级结构，也赋予了它完成大规模跃迁的能力。因而，生物体在历史上就会呈现出从这个点跳至那个点的记录。这就是生物学中的跳变论（saltationism，这个词源于拉丁文saltare，即“跳跃”之意），它在专业生物学家那里可不怎么受待见。随着人们对高兹史密特所提出的“有前途”怪物说的兴趣越来越浓厚，温和的跳变论又焕发青春，但那种完全不顾过渡状态的跳变论到目前为止仍属异端。不过，复杂事物组成部分间的相互依赖和共同适应必然会产生量子式的进化。人工进化迄今为止还未能有一副具备足够复杂层级架构的“有机体”，因而我们也就无从得知突变会以什么样的面目出现在合成世界中了。

19.8 DNA 并不能给所有东西编码

卵细胞在发育过程中背负了太多传承下来的包袱，限制了其成体可能的多样性。总的来说，构成躯体的物质利用物理约束限定了躯体所能发育成的形态，例如，大象不可能长着蚂蚁般的细腿。基因的物理本质也同样限定了动物所能形成的种类。每一段遗传信息都能"转译"成蛋白质分子，并通过物理移动来传播。由于基因的这些物理约束，一些信息很难或者根本不可能在复杂的躯体里完成编码。

基因具有独立于躯体的动态特性，对它们的产出物具有生杀予夺之权。在基因组内，基因之间相互关联，以至于形成互锁现象：A以B为前提，B以C为前提，而C又以A为前提。这种内在连接形成了一股保守力量，迫使基因组保持不变状态——与它所产生的躯体无关。与复杂系统一样，基因组通过限制所允许的变化来对抗扰动，它所追求的是以一个有凝聚力的统一体留存下来。

当人工选择或者自然选择使某个基因型（如一只鸽子的基因型）偏离了稳态而趋向自己的喜好（如白色）时，基因组中的相互关联特性就会发挥作用，从而产生许多负效应（如近视）。达尔文作为一名育鸽人，已经注意到了这点，并把这种现象称为"生长中神秘的相关法则"。新达尔文主义的元老恩斯特·迈尔称："据我所知，在过去50年中进行的所有精细选择（繁育）实验中，没有一例是不出现负效应的。"被传统群体遗传学视为基石的单点突变实际上是非常罕见的。基因通常身处复杂环境，并且其自身就是一个复杂适应系统，它有自己的智慧与惰性。这正是"怪亦有道"的原因。

基因组必须偏离其通常组合足够远，才能在外形上与通常组合产生本质区别。当基因组被竞争压力拉出其正常轨道时，它必须在物质层面上重组它的关联模式，以维持稳定。用控制论的话来说就是，它必须使自己落在另一个具有整体性和内敛性并且内部稳定的吸引域[1]中。

生物体在问世之前，在直面竞争与生存的自然选择之前，就已经两度受制于其内部选择——一个是来自基因组的内部约束，另一个则来自躯体所遵循的法则。在生物体真正同自然选择打交道之前，它还面临着来自第三个方面的内部选择。一个被基因接受并随后被躯体接受的变化，还必须被种群接受。只发生在单体身上的变异，即使再出色，也必然随着单体的死亡而灰飞烟灭。除非变异的基因能够在整个种群中扩散开。种群（或者同类群）自身具有内敛性和整体性，并呈现一种整体的涌现行为，恍若是一个庞大、内部稳定的系统——种群即个体。

任何跨越这些障碍而得以进化的新事物都足以令人惊叹。在《走向新的生物学哲学》[2]一书中，迈尔写道："进化最艰难的壮举就是挣脱这种内敛性的束缚。这就是为什么在过去5亿年中只出现了很少的新物种；此外，99.999%的进化分支都已灭绝也很可能与此有关。这种内敛性阻碍了物种在环境突变时快速地进行响应。"在这个不断变化、共同进化的世界中，进化的停滞现象曾一度令人们非常困惑，如今终于有了一个像样的说法。

我之所以深入研究这些情况，是因为对生物进化的束缚是人工进化的

1 吸引域（Basin of Attraction）：系统空间中某些点的集合。当系统以这个集合中的点为起始点时，可以动态地收敛（或进化）到某个特定的吸引子（稳态）。

2《走向新的生物学哲学》：*Toward a New Philosophy of Biology: Observations of an Evolutionist*, Ernst Mayr, Harvard University Press, 1989.

希望所在。进化动力学中的每个负面约束都可以从正面来看待。用来维持传统的束缚力可以用来创造新事物。将生物限制在自己的形态内，防止其随意“漂移”到其他形态的力量，也是最初使生物成形的力量。基因内部的这种自强化特性使得它难以离开其稳定状态，就如同一条山谷，将各种随机因素拽入其中，直到它们找到可能的栖身之所。在数百万年中，基因组和躯体的多重稳定性维持着物种的向心状态，其作用超过了自然选择。而当某个物种奋力一跃，挣脱原有的稳定态时，同样的内敛性会诱使它进入一个新的稳定态——自然选择的影响依然微乎其微。乍一看这有些奇怪，但的的确确，束缚即创造。

正所谓“成也束缚，败也束缚”。在生物不同层面上涌现出的内敛性而非自然选择，很可能正是那99.999%的生命形式得以起源的原因。我们还无法衡量束缚在形成生命上的作用——有些人称之为“自组织”，但它很可能是巨大的。

19.9 不确定的生物搜索空间密度

达尔文的《物种起源》写于一个多世纪之前，彼时第一台计算机尚未问世。而达尔文却在书中用计算机化的语言准确地描绘了一幅著名的进化图景："进化每日每时都在筛查着整个世界，不放过哪怕是最微小的变异；它剔除劣质的变异，保留并累积优质的变异；它默默地、不为人知地做着这一切……"这不正是在"所有可能生命形式库"中搜索时要用到的算法吗？这个"所有可能生命形式库"，究竟是一个零星点缀着有效样本的巨大空间，还是一个拥挤之所呢？随机的进化脚步究竟有多大可能落在某处真实生命之上？在这个空间中，有效的生命形式究竟聚类到了何种程度，每个聚类之间又相隔多远呢？

如果可能的生命形式中密集地存在着可行[1]，那么用单凭运气的自然选择的方式在这个可能性空间搜索时就会更容易些。一个充满可行解且能够通过随机方法进行搜索的空间为进化提供了无数随时间而展开的路径。如果可行的生命形式非常稀疏且彼此相隔很远的话，单凭自然选择可能就无法到达新的生命形式。在可能的生物空间[2]中，能存活的生命体其分布

1 可行（feasible）：数学规划中的术语，指符合问题的约束条件的解。

2 可能的生物空间：这一段提到了两个只有一字之差的空间——"可能的生物空间"与"可能的生命空间"。前者是后者的一个子空间。在可能的生命空间中，可行的生命形式可能非常密集，这取决于我们如何定义生命，包括人工生命等；而可能的生物空间中，可行的生物形式可能非常稀疏，因为可行的生物必须能够在自然环境中生存。做个不恰当的类比，就好比整数集合与实数集合一样。

可能非常稀疏，以至于这个空间的绝大部分都空空如也。在这个充满失败的空间里，可存活的生命形式可能聚集在一小片区域内，或是汇聚在几条蜿蜒的路径上。

如果可行的生物空间是非常稀疏的，那么进化无疑需要一些引导，才能穿过空旷的荒野，从可存活生物的一片聚集区走到另一片聚集区。自然选择所奉行的试错方法，只会让进化很快陷入不知“身在何处”的境地。

我们对现实的生命形式库中真正的生命分布情况几乎一无所知。也许分布非常稀疏，甚至只有一条可供穿行的路径——也就是眼下我们正走着的那条路径。也许若干条小路可以汇聚成宽阔的高速公路，通往几处必经的关隘——如具有四肢、腔肠、五指等特点的吸引子。也许冥冥中自有天意，不论你从哪里起步，最终都会到达具有对称性、四肢以及这样或那样智能的彼岸。究竟是哪种情况，我们尚不得而知。但如果人工智能能够取得进展，我们也许就会知道答案了。

人们正在借助一门新的科学——复杂性科学，而非生物学来对进化的本质规律提出有益的质疑。令生物学家感到恼火的是，推动后达尔文主义理论形成的主要力量来自数学家、物理学家、计算机科学家，还有那些整体论者，而这些人是否有能力（推动）？对于那些执意要把复杂的自然现象简化成计算机模型，并且对最伟大的自然观察者达尔文毫无敬意之人，自然学家除了不屑，还是不屑。

说到达尔文，他自己曾在《物种起源》第三版中这样提醒读者：

> 最近我的结论被多次错误地表述，并且有一种说法认为我将物种变化完全归因于自然选择。请允许我再次重申，自本书的第一版起，我就在最显眼的位置，也就是绪论的结尾处，写道：“我确信自然选择是物种变化的主要途径，但并非唯一途径。”这句话显然没有起到应有的作用。断章取义的力量还真是强大啊！

新达尔文主义描述了一个凭借自然选择进行进化的精彩故事，一个精心编织的故事，其逻辑简直让人无从辩驳：既然自然选择能够从逻辑上创造所有的物种，那么所有的物种就都是自然选择创造的。如果我们只能就地球上的一种生命模式来争论这个问题的话，就不得不接受这个宽泛的解释，除非有不可辩驳的证据来进行证伪。

我们至今尚无这样的证据。我在此所叙述的种种——共生、定向变异、突变、自组织，都还远称不上有什么结论。但它们确实表明了一点：在自然选择之外，进化还有许多其他路径。进一步说，一个大胆而富于冒险精神的蓝图正从这些问题和碎片中呼之欲出——开展生物学之外的人工进化。

当我们试着将进化从自然移植到人工介质中时，进化的内在本质就暴露在我们眼前。计算机中运行的人工进化模型已经通过了新达尔文主义的第一个考验。它显示，自发的自我选择作为一种适应的手段，也能产生某些原发的创新。

19.10 自然选择之数学原理

要想让人工进化具有和自然进化同等的创造力，我们则须为其提供我们所无法提供的无限时间，或者借鉴自然进化中更具创造力的因素（如果有的话）来提升它。不过，人工进化至少可以帮助我们解释地球上生命进化的真正特点，而无论现有的观察还是历史的化石，都无法做到这一点。

我根本不担心进化理论可能会被那些没有生物学学位的后达尔文主义者所接管。人工进化早已教给我们重要一课——进化不是一个生物过程。它整合了技术的、数学的、信息的和生物学的过程。几乎可以说，进化是一条物理法则，适用于所有群体，不管它们有没有基因。

达尔文的自然选择说中最不能让人接受的部分就是它的必然性——自然选择的条件非常特殊，但这些条件一旦满足，自然选择就会无可避免地发生！

自然选择只能发生在种群或者群集的事物中间。这实际上是一种发生在空间和时间中的乱众现象。在这一进程中所涉及的种群必定具有以下特点：（1）个体间存在某种特性上的变化；（2）这些特性为个体的生育率、繁殖力或者存活能力带来某些差异；（3）这些特性能够从亲代以某种方式传递给子代。如果具备了这些条件，自然选择就必然会出现，就像6之后必然是7，或者硬币必然有正反两面一样。正如进化理论家约翰·恩德尔所说："自然选择也许不该被称为生物学定律。它发生的原因不是生物学，而是概率论。"

但自然选择并不是进化，进化也不等同于自然选择，正如算术不是数学，数学也不等同于算术一样。当然，你可以说数学其实就是加法的组合。减法是加法的逆运算，乘法是连续的加法，而所有基于这些运算的复杂函数都只是加法的扩展。这与新达尔文主义者的逻辑有些相似：所有的进化都是对自然选择组合的扩展。虽说这有一点点道理，但它妨碍了我们理解和接受更为复杂的事物。乘法确实就是某种连加运算，但从这种快捷运算中涌现了全新的力量，如果我们只把乘法看成加法的重复，就永远也不可能掌握这种力量。只满足于加法，你就永远得不到$E=mc^2$。

我相信存在一种有生命的数学，自然选择也许就是这种数学中的加法。要想充分解释生命的起源、复杂性的趋势以及智能的产生，不仅仅需要加法，还需要一门丰富的数学，由各种互为基础的复杂函数组成。单凭自然选择是远远不够的，它需要更为深入的进化。要想大有作为，就必须融入更富创造力和生产力的过程。除了自然选择，它必须有更多的手段。

后达尔文主义者已经证明，由一个维度上的自然选择推进的单一进化是不存在的。进化应该是既有宽度，又有纵深的。深度进化是多种进化的聚合，是一位多面的"神祇"，一位千臂的造物主，他的造物方法多种多样，自然选择也许只是其中最普遍的一个方法。深度进化正是由这许许多多尚未明了的进化所构成的，就好像我们的心智是一个兼收并蓄的社会一样。不同的进化在不同的尺度上、以不同的节律、用不同的风格运行着。此外，这种混合的进化随时间的推移而改变。某些类型的进化对于早期的原型生命来说很重要，另一些则在40亿年后的今天承担着更重要的责任。某种进化（自然选择）会出现在每一处地方，其他进化则可能只是偶尔一见、起着特定的作用。这种多元化的深度进化，犹如智能，是从某种动态群落中涌现出来的。

当我们构建人工进化的繁育机器或者软件时，也要考虑到进化的这种异质特性。我期待着在具有开放性和可持续创造力的人工进化中看到以下特性（我相信生物进化中也存在着这些特性，但是人工进化会将这些特性表现得更显著）。

◎ 共生——便捷的信息交换以允许不同的进化路径汇聚在一起。

◎ 定向变异——非随机变异，以及与环境的直接交流和互换机制。

◎ 突变——功能聚类、控制的层级结构、组成部分的模块化，以及同时改变许多特性的适应过程。

◎ 自组织——偏向于某种特定形态（如四轮）并使之成为普遍标准的发展过程。

人工进化不能创造一切。虽然我们能够细致无遗地想象出很多东西，而且按照物理和逻辑法则来判断它们也一定能够运转，但由于进化自身的束缚，我们无法真的将其实现。

那些整天带着计算机的后达尔文主义者会下意识地问道：进化的极限在哪里？什么是进化做不到的？有机体进化的极限也许无法突破，但它的倾向和力所不逮之处却可能藏有为致力于进化研究的天才们准备的答案。在可能的生物这片原野上，哪儿还有未被占据的黑洞呢？对此我也只能引述阿博彻的话，他说：“我更关心那些空白的地方，那些能想象得到却实现不了的形态。”用列万廷的话说就是：“进化不能产生所有的东西，但可以解释某些东西。”

第二十章

OUT OF CONTROL

沉睡的蝴蝶

20.1 无序之有序

通常，我们头脑中的某些想法是基于重重事实的，而另一些想法则毫无来由或根据，但就是这些想法，往往萦绕在我们心头，挥之不去。

反混沌[1]——也即无序之有序——的想法就是这样一种未经证实的念头。

30年前，当斯图亚特·考夫曼还是一名美国达特茅斯学院的医科研究生时，这个念头攫住了他。他记得当时他站在书店的玻璃窗前，正就染色体的结构设计而浮想联翩。考夫曼是个健壮的小伙子，一头卷发，总是带着微笑，整天忙忙叨叨的。他看着窗外，脑海中浮现出一本书——一本印有他名字的书，一本他完成于未来某个时刻的书。

在他的想象中，书中到处都是由相互连接的带箭头的线段组成的网

1　反混沌（antichaos）：混沌理论认为，一切系统的行为都是动态演化的，在其演化过程中可能会呈现出有序态、无序态、混沌态、反混沌态和自组织临界态5种类型的状态，不同状态下的系统具有不同的预测特性。考夫曼在他的《生物序的起源——进化中的自组织与选择》一书中这样描述：如果一个由简单的化学分子构成的系统达到某种特别复杂的程度时，该系统就会出现戏剧性的突变，这种突变类似于液态水结冰时发生的突然相变，同在即将坍塌的沙堆上再加一粒沙子一样。这时，那些原本简单的小分子会自发地相互结合（化合），自组织成一些非常复杂的大分子，这种复杂大分子又会自动发生催化作用，使周围混乱无序的分子都自组织成为有序的分子链。这个从混沌到有序的过程被称为反混沌过程，最初的生物大分子就是在这个过程中形成的。

络，线段们混乱地结成一团的同时却又仿佛是活的，在自己形成的乱麻中进进出出。这正是网络的标志。不过，这种混乱并非没有秩序。乱麻中的网络透漏出神秘甚至是神奇的气息，“意义”沿着各条线路流动、传递。从这些“隐晦”的连接中，考夫曼看到一幅涌现出来的图像，就像从立体派油画那支离破碎的画面中识别出一张脸来一样。

作为一名研究细胞发育的医科研究生，考夫曼把他想象中的那些结成一团的线段看作是基因之间的相互联系。突然之间，考夫曼确定无疑地意识到，在这看似杂乱无章的混乱之中有着意料之外的秩序——有机体的架构正蕴含其中。混沌会毫无理由地产生秩序，或者称之为“无序之有序”。由线段和箭头所形成的网络的复杂度似乎能自发地产生秩序。这个想法对考夫曼来说是如此亲切和自然，仿佛就是他的归宿一般。而他的任务就是解释和证明它。他说，“我不清楚为什么会选这个问题，会走这条艰难的路”，但这的确成了他“一种心底的感觉，一幅坚信的图景”。

为了证实自己的猜想，考夫曼开始进行细胞发育的学术研究。像许多生物学家一样，他研究了果蝇由受精卵发育到成虫的过程。生物最初的单个受精卵是如何设法一分二、二分四、四分八地分化成新的类别的细胞的？哺乳动物的受精卵会分化出肠细胞、脑细胞、毛发细胞等；而这些“术业有专攻”的细胞很可能运行着同样的“操作系统”。只需分裂几代，一个细胞就能分裂并分化出所有类型的细胞，不管它是大象还是橡树。人体的受精卵仅仅需要分裂50次，就能产生上千亿的细胞，并发育成婴儿。

当受精卵沿着分裂50次的道路前行时，是什么样的无形之手在控制着每个细胞的命运，指引它们从同一个细胞分化成数百种专门的细胞呢？既然每个细胞理应都受到相同基因（或许并不真的相同）的驱策，那么它们又怎么可能如此分化呢？基因又是由什么来控制的呢？

弗朗索瓦·雅各布和雅克·莫诺于1961年发现了一条重要线索，他们偶然间发现了一种基因，他称其为调控基因。调控基因的功用令人震惊：它负责开启其他基因。这使得那种短期内破解DNA和生命奥秘的希望顷刻间化为乌有。有一段经典的控制论对话非常适用于调控基因：是什么控制了基因？是其他基因！那又是什么在控制那些基因？还是其他基因！那……

这种绕圈子的逻辑使考夫曼想起了他那幅宿命的图景。某些基因控制着其他基因，而其他基因也可能控制着另外一些基因。这正是他脑海里的那本书中，由指向各个方向的箭头所组成的错综复杂的网络。

雅各布和莫诺的调控基因代表了一种如意大利面一般的管理模式——由基因组成的去中心化网络掌控着细胞网络的命运。考夫曼很是兴奋。他的“无序之有序”图景让他冒出了一个更大胆的念头：每个细胞经历的分化（秩序）是必然的，不管最初的基因到底是什么！

他可以设想一种实验来验证这个想法。将果蝇的基因用随机基因来取代。他打赌：你得到的绝不会是果蝇。但不管得到什么样的怪物，发生何种诡异的变异，你所得到的秩序与果蝇在自然态下得到的秩序并无二致。“我问自己，”考夫曼回忆道，“如果把基因随意地连在一起，会得到任何有用的东西吗？”他的直觉告诉他，凭着自下而上的分布式控制以及“一切连接一切”的模式，必然会出现某种模式。必然！正是这个异端的想法，值得他用一生去追寻。

“我在医学院的日子很难熬。”考夫曼说道，“因为我不务正业，没有去研究什么解剖学，反而在这些笔记本中涂鸦似地画满了染色体模型。”为了证明他的想法，考夫曼做了一个明智的决定，与其在实验室中逆天而行，不如在计算机中建立数学模型。不幸的是，没有一个精通数学的人具备跟踪大规模群体的横向因果关系的能力。考夫曼开始自力更生。与此同时（1970年前后），在其他几个研究领域中，那些擅于用数学解决问题的人们（如约翰·霍兰德）找到了一些方法，使得他们可以通过仿真来观察相互作用的节点（这些节点的取值受到彼此的影响）产生的效应。

20.2 反直觉的网络数学

考夫曼、霍兰德和其他几个人发明的这套数学方案还没有合适的名字，我在这儿叫它“网络数学”。其中的一些方法有各式各样的非正式名称：并行分布式处理、布尔网络、神经网络、自旋玻璃[1]、细胞自动机、分类系统、遗传算法、群计算等。不管是对哪一种网络数学来说，由数千个相互作用的函数所形成的横向因果关系都是其共同要素。它们都试图协调大量同时发生的事件——那种在真实世界中无处不在的非线性事件。网络数学与古典牛顿数学理论是不同的。牛顿数学理论适用于大多数物理问题，因而曾被看作严谨的科学家所需要的唯一数学。而网络数学离开了计算机则毫无用处。

群系统和网络数学的广泛多样性让考夫曼很想知道这种奇特的群体逻辑——他确信它会产生必然的秩序——是不是一种更普遍而非特殊的逻辑。譬如说，研究磁性材料的物理学家遇到了一个棘手问题：构成普通铁磁体（那种可以吸在冰箱门上或用在指南针中的磁铁）的微粒会着了魔似地指向同一个方向，从而形成显著的磁场。而弱磁性的自旋玻璃，其内部

1 自旋玻璃（Spin Glass）：一种内部微粒间相互作用处于随机无序状态的磁性材料。

微粒更像是“墙头草”，其指向会受到附近微粒的影响。邻近的微粒影响力大，相隔较远的微粒影响力小。这个网络中相互影响、头尾相衔的一个个磁场，构成了考夫曼头脑中那幅熟悉的画面。自旋玻璃的这种非线性行为可以用各种网络数学方法建模，后来在其他的群体模式中也发现了这种非线性行为。考夫曼确信，基因的环路在架构上与此类似。

网络数学不像古典数学，它具有的特性往往不符合人们的直觉。一般来讲，在相互作用的群体中，输入的微小变化可以引起输出的巨大变化。这就是“蝴蝶效应”——结果与起因并不成比例。

即使是最简单的方程，只要将它的中间结果反馈到输入，其输出就是变化莫测的。仅靠研究方程本身很难描述清楚其特性。各部分纠缠成一团，试图用数学来描述清楚它们之间的关联无异于给自己添堵。要想知道方程能产生什么效果的话，唯一的方法就是让方程运行起来，用计算机的行话来说，就是“执行”方程的程序。植物种子的压缩方式也是如此。蕴含其中的化学路径错综复杂，以至于无论以多么智慧的方式来检验一粒未知的种子，也不能预测出最终的植物形式。想要知道一粒种子会长成什么样，最便捷的途径就是让它发芽生长。

而方程则是在计算机中生根发芽的。考夫曼设计了一种能在普通计算机上运行的基因模型，其中包含一万个基因，每个基因都是能够开启或关闭其他基因的微小代码段。基因间的关联是随机设置的。

考夫曼的观点是：不管基因的任务是什么，如此复杂的网络拓扑都能产生秩序——自发的秩序！

当考夫曼研究基因模型时，他意识到他所做的是在为任意一种群系统构建通用的基因模型。他的程序可以为任何一群在大规模并发领域中互相影响的媒介们建模。它们可以是细胞、基因、企业、黑箱系统，也可以是一些简单的规则——只要这些媒介有输入和输出并且其输出又作为邻近介子的输入即可。

考夫曼将这一大群节点随机地连接起来，形成一个互动的网络。他让它们彼此作用，并记录下它们的行为。他把网络中的每个节点都看作一个开关，可以开启或关闭周边的某些特定节点。而周边节点又可以反过来作用于该节点。最终，这种“甲触发乙，乙又触发甲”的混乱局面将会趋于一个稳定且可测量的状态。随后，考夫曼再次随机重置整个网络的连接关系，让节点们再次相互作用，直到它们都安定下来。如此重复多次，直到他认为已经“踏遍”了这个可能随机连接空间的每一寸土地。由此他可以获知网络的一般行为，这种行为与网络的内容无关。用现实中的事物来做个类比实验的话，可以选一万家企业，将每家企业的员工用电话网络随机联系起来，然后考量这一万个网络的平均效果，而不管人们到底在电话中说了什么。

在对这些通用的互动网络进行了数以万计的实验后，考夫曼对它们有了足够的了解，可以描绘出这类群系统在特定环境下的大致表现。他尤其想了解一个种属的基因组会有哪些类型的行为。为此他编写了成千上万个随机组合的基因系统，并在计算机上运行它们——基因们变化着，彼此影响着。他发现它们落在了几种行为“盆地”中。

当水从自来水管中低速流出时，水流并不平稳，但连绵不断。开大水龙头，水会突然喷射出来，形成混乱但尚可描述的急流。将水龙头完全打开，水流则会像河水一般奔涌出来。小心翼翼地调节水龙头，使它处于两种速度之间，但水流却不会停留在中间模式上，而是迅速地从一种模式转向另一种模式，仿佛两边的模式对它有吸引力一样。正如落在大陆分水岭上的一滴雨水，最终一定会流入海洋。

系统的动态过程迟早会进入某个“盆地”，该“盆地”可以捕获周边的运动态，使之进入一个持续态。考夫曼认为，随机组合系统会找到通往某个盆地的道路，也即是混沌之中会涌现出“无序之有序”。

考夫曼进行了无数次的基因仿真实验，他发现，系统中的基因数（平方根）与这些基因最终所进入的“盆地”数之间存在大致相似的比率关系。生物细胞中的基因数与这些基因所产生的细胞种类数（肝细胞、血细胞、脑细胞）之间也存在相似的关系。所有生物的这个比率大体恒定。

考夫曼宣称，这一比率对许多物种都适用的这一事实表明，细胞种类的数量实质上是由细胞结构本身决定的。那么，身体内细胞种类的数量就可能与自然选择没太大关系，而与描述基因互动现象的数学模型有关。考夫曼兴奋地想，还有多少其他生物学上的表象也与自然选择没太大关系呢？

他直觉地认为，可以通过实验来寻求这个问题的答案。不过，他首先需要一种能够随机构造生命的方法。他决定对生命的起源进行仿真。首先生成所有生命诞生前的“元件”，然后让这些“元件”汇聚在一个虚拟“池塘”中，相互作用。如果这个“池塘”必然能够产生秩序的话，那他就有了一个例证。其中的诀窍是让“元件”们都来玩一个名为“迭坐”的游戏。

20.3 迭坐，喷涌，自催化

多年前，“迭坐”游戏风行一时。这个引人入胜的户外游戏充分展示了合作的力量。游戏主持人让25个或更多的人紧挨着站成一圈，每个参与者盯着他前面那个人的后脑勺。想象一下排队等着买电影票的人吧，把他们连成一个整齐的圈就好了。

主持人一声令下，一圈人立刻屈膝坐到后面参与者的膝盖上。如果大家动作协调一致，这圈人坐下时就形成了一个自支撑的椅子。如果有一个人失误，整个圈子就崩溃了。“迭坐”游戏的世界纪录是几百人同时稳稳地坐到后面的“椅子”上。

自催化反应与衔尾蛇都很像“迭坐”游戏。化合物（或函数）A在化合物（或函数）C的帮助下合成了化合物（或函数）B。而C自己是由A和D合成的。D又是由E和C合成的，诸如此类。无他则无我。换句话说，某种化合物或功能得以长期存在的唯一途径，就是成为另一种化合物或功能的产物。在这个循环世界里，所有的起因都是结果，就像所有的膝盖都是别人的“椅子”一样。与我们通常的认识相反的是，这个世界里的一切实体的存在都取决于其他实体的共同存在。

“迭坐”游戏证明了循环因果关系并非不可能。我们这一身“臭皮囊”也正是由套套逻辑所支撑的。套套逻辑是真实存在的，它实际上是稳定系统的一个基本要素。

认知哲学家道格拉斯·霍夫施塔特把这些矛盾的回路称为“怪圈”，并举了两个例子：巴赫的卡农轮唱曲里似乎不断拔高的音符，以及埃舍尔画笔下无限上升的台阶。他把著名的克里特岛人的说谎者悖论以及库尔特·哥德尔[1]关于不可证明的数学定理的证明也算在“怪圈”里。霍夫施塔特在其著作《哥德尔、埃舍尔和巴赫》中写道：“当我们在某个层级系统的不同层级间向上（或向下）移动时，却意外地发现自己又回到原来待过的地方，这就是‘怪圈’。”

生命和进化必然会陷入循环因果的怪圈，它们在基本面上具有套套逻辑。缺少了这种根本的循环因果逻辑矛盾，也就不可能有生命和开放的进化。在诸如生命、进化和意识这类复杂的问题中，主因似乎在不断地迁移，就好像埃舍尔所描绘的光学错觉。人类在试图构建像我们一样复杂的系统时遇到的问题之一就是，过去我们一直坚持一定程度上的逻辑一致性，即如钟表般的精确逻辑，而这阻碍了自主事件的涌现。正如数学家哥德尔所阐明的，矛盾是任何自维持系统所固有的特性——即便组成该系统的各部分都是一致的。

哥德尔在1931年提出的理论中阐明，企图消除自吞噬的圈子是徒劳无益的，究其原因，霍夫施塔特给出的答案类似“不识庐山真面目，只缘身在此山中”。在“局部”层面上审视时，每个部分好像都是合乎逻辑的；只有当合乎逻辑的部分形成一个整体时，矛盾才会出现。

1991年，年轻的意大利科学家沃尔特·方塔纳从数学上论证了函数A生成函数B，函数B再生成函数C这样的线性序列很容易构成类似闭环控制系统的自生成环，因而最后的函数与最初的函数同为结果的生成者。考夫曼第一次看到方塔纳的成果时，就被它的美所倾倒。“你一定会爱上它！函数之间彼此生成。它们自所有函数所形成的空间中来，在创造的怀抱中手牵着手！”考夫曼把这种自催化系统叫作“卵”。他说：“一个卵就

1 库尔特·哥德尔（Kurt Godel，1906—1978）：美国数学家、逻辑学家和哲学家。最杰出的贡献是哥德尔不完全性定理。

是一套规则，它拥有这样的特性——它们所生成的规则也正是创造它们的规则。这一点也不荒谬。”

要获得卵，首先要有一大“池”不同的媒介。它们可以是各种各样的蛋白质碎片，也可以是计算机代码片段。如果让它们在足够长的时间内相互作用，就会形成“一种物体产生另一种物体”的小闭环。最终，如果时间和空间允许的话，系统中由这些局部闭环形成的网络会蔓延开来，并逐渐致密起来，直至环路中的每个生产者都是另一个生产者的产品，直至每个环路都融入其他环路，形成规模庞大的并行且相互关联的网络。这时，催化反应停止，网络突然进入一个稳态游戏中——系统坐在自己的膝头上，始端倚在末端，末端亦倚在始端。

考夫曼称，生命就是在这种“聚合体作用于聚合体形成新的聚合体”的“汤”中开始的。他通过“符号串作用于符号串产生新的符号串”的实验，论证了这种逻辑的理论可行性。他假设蛋白质碎片与计算机代码片段在逻辑上是等同的，并把“代码产生代码”的数字网络视作蛋白质模型。当他运行这个模型时，便得到了如同“迭坐”游戏一般的自催化系统——没有开始，没有中心，也没有结束。

生命是以一个整体的样子突然冒出来的，就像晶体突然从过饱和溶液中显露出其最终（尽管微小）的形式一样：没有从浑浊的半晶体开始，也没有呈现为半物化的幽灵，而是突然一下就成了整体，就像“迭坐”游戏中，200个人突然坐成一圈一样。“生命是完整的、综合的，不是支离破碎的，也不是无组织的。”斯图尔特·考夫曼写道，“生命，从深层意义上来说，是结晶而成的。”

他继续写道，“我希望证明，自复制和动态平衡这些生物体的基本特征是高分子化学固有的集体表达式。我们可以预计，任何足够复杂的一组催化聚合体在一起都能形成自催化反应”。这里，考夫曼再次暗示了那个必然性的概念：“我的模型如果是正确的，那么宇宙中生命的路径就是一条条宽敞大道，而不是迂回曲折的窄巷。”换句话说，在现有的化学环境中，“生命是必然的”。

20.4 值得一问的问题

考夫曼曾经对一群科学家表示:“我们已经习惯于处理数以十亿计的事情!”任何事物在与其他事物聚集成群时都会与原来有所不同:随着聚合体数量增多,由一个聚合体触发另一个聚合体这样的相互作用的次数会呈指数级增长。在某个点上,不断增加的多样性和聚合体数量就会达到一个临界值,从而使系统中一定数量的聚合体瞬间形成一个自发的环,一个自生成、自支持、自转化的化学网络。只要有能量流入,网络就会处于活跃状态,这个环就不会垮掉。

代码、化学物质或发明,能在适当的环境下产生新的代码、化学物质或发明。很显然,这是生命的模式。一个生物体产生新的生物体,新的生物体再接着创造更新的生物体。一个小发明(晶体管)产生了其他发明(计算机),它(计算机)又产生了更新的其他发明(虚拟现实)。考夫曼想从数学上把这个过程概括为:函数产生新的函数,新的函数再生出其他更新的函数。

考夫曼曾回忆,“我和布赖恩·古德温坐在意大利北部某个第一次世界大战的掩体中,在暴风雨中谈论着自催化系统。那时我就有了一个深刻的体会:达尔文所说的物竞天择和亚当·斯密《国富论》中的观点何其相似，二者都有一双‘无形的手’。但是在看到沃尔特·方塔纳关于自催化系统的研究成果之前，我一直都不知道该如何深入地把研究进行下去。方塔纳的成果实在是太漂亮了”。

不难想象，考夫曼的布尔逻辑网络和随机基因组正是对市府乃至州府运作方式的映射。通过地方层级上持续不断的微小冲突和微小变革，避免了大规模的宏观和全面革命，而整个系统既不会一片混乱，也不会停滞不前。当不断的变革落实在小城镇上时，国家则保持了良好的稳定——而这又为小城镇不停寻求折中的状态创造了环境。这种循环支持是另一个“迭坐”游戏，也表明这样的系统在动态上与自支持的活系统相似。

“这只是一种直觉。”考夫曼提醒我道，“你会有你的体会——从方塔纳的‘字符串生成字符串再生成字符串’，到‘发明产生发明再产生发明’，再到文化进化，然后到《国富论》。”考夫曼毫不隐瞒他的野心：“我在寻找一幅自洽的图景，可以将所有的事物联系起来：从生命起源到基因调控系统中自发秩序的涌现，到可适应系统的出现，到生物体间最优折中方案的非均衡价格的确立，再到类似热力学第二定律的未知规律。这是一幅万象归一的画面。我真的觉得就是这样。而我现在致力于解决的问题则是：我们能否证明有限的函数集合可以产生无限的可能性集合？”

我称它为“考夫曼机”。一个精心挑选的不大的函数集合，连接成一个自生成环，并产生出无限更复杂的函数。自然界中充满了考夫曼机。受精卵发育成巨鲸就是其中一例。进化机器经过十亿年时间由细菌生成火烈鸟又是一例。我们能制造一个人工考夫曼机吗？也许叫作冯·诺依曼机更合适，因为冯·诺依曼早在20世纪40年代初期就提出过同样的问题。他想知道，机器会制造出比自己更复杂的机器吗？不管它叫什么，所指向的问题都是同一个：复杂性是如何自行建立的？

“通常，只有当知识结构建立起来后，我们才可能着手论证。所以关键是要把问题问到点子上。”考夫曼告诫我。在谈话过程中，我常常听到考夫曼自言自语。他会从一大堆漫无边际的推测中剥离出一个，然后翻来覆去地从各种角度去审视它。“你该怎么去问这个问题？”他咬文嚼字地问自己。他所要的是一切问题之问题，而不是一切答案之答案。“一旦你问对了问题，就很有可能找到某种答案。”他说道。

如何提出值得一问的问题——这正是考夫曼在思考进化系统中自组织秩序时所想的。考夫曼向我吐露，“我们每个人的头脑深处似乎都有一些问题，并且都会认为其答案至关重要。令我困惑的是，为什么每个人都在问问题”。

有好几次，我都感到这位集医学家、哲学家、数学家、理论生物学家等众多头衔于一身的斯图亚特·考夫曼，被他与之打交道的这个问题深深困扰。传统科学将所有关于宇宙中蕴藏创造性秩序的理论都拒之门外，而“无序之有序”则公然对抗传统科学，因而也可能受到排斥。当同时代的科学界在宇宙的方方面面都看到失控的非线性蝴蝶效应时，考夫曼则问道，“混沌之蝶”是否可以休眠了。他唤醒了造物体内可能存在的整体设计架构，正是这种架构，安抚了无序的混乱，生成了有序的平静。许多人听到这一说法时都会觉得很神奇。而追寻和构想这独一无二的重大问题则是考夫曼勇气和精力的主要源泉：“毫不夸张地说，我23岁的时候就想知道，有10万个基因的染色体究竟如何控制不同类型细胞的出现。我认为我发现了某种深层的东西，我找到了一个深层的问题，而且我现在仍然那么认为。”

“如果你要就此写点东西的话，你一定要说这只是人们的一些疯狂想法。”考夫曼轻轻地说，“但是，如果真的存在这种规则生出规则再生出规则的情形——用约翰·惠勒[1]的话说就是——宇宙是一个内视的系统，难道不是很神奇吗?！宇宙自己为自己制定规则，并脱胎于一个自洽的系统。这并非不可能，夸克、胶子和原子等基本粒子创造了规则，并依此而互相转变。”

考夫曼深信，他的系统们自己创建了自己。他希望发现进化系统用

1 约翰·惠勒（John Wheeler，1911—2008）：美国理论物理学家，爱因斯坦晚年的合作者之一。他试图完成爱因斯坦“大一统理论”的构想。

以控制自身结构的方法。当那幅网络图景第一次从他脑海中冒出来时，他就有个预感，进化如何实现自我管理的答案就存在于那些连接中。他并不满足于展示秩序是如何自发而又不可避免地涌现出来的，他还认为这种秩序的控制机制也是自发涌现出来的。为此，他用计算机仿真了成千上万个随机组合，看哪一种连接允许群体有最大的适应性。“适应性”指系统调整自身内部连接以适应环境变化的能力。考夫曼认为，生物体，比如果蝇，会随着时间的推移而调节自己的基因网络，以使其结果——果蝇的身体——能够最好地适应由食物、庇护所和捕食者所构成的周围环境的变化。值得一问的问题是：是什么控制了系统的进化？生物体自身能够控制其进化吗？

考夫曼研究的主要变量是网络的连接度。在连接稀少的网络中，平均每个节点仅仅连着一个或者更少的节点。在连接丰富的网络中，每个节点会连接十个、百个、千个乃至上百万个节点。理论上每个节点连接数量的上限是节点总数减一。一百万个节点的网络，每个节点可以有一百万减一个连接，也即每个节点都连接着其他所有节点。做一个粗略类比的话，通用汽车的每个员工都可以直接连接除自己外的其他所有几十万个员工。

在改变其通用网络连接度参数的过程中，考夫曼发现了一个不会让通用汽车总裁感到惊讶的事实。一个只有少数个体可以影响其他个体的系统不具备较强的适应性。连接太少不能传播创新，系统也就不会进化。增加节点间的平均连接数量，系统弹性也随之增加，遇到干扰就会“迅速反弹”。环境改变时，系统仍能维持稳定。这种系统能够进化。而完全出乎意料的发现是，在超出某个连接度时，继续增加连接度只会降低系统作为整体的适应性。

考夫曼用山丘来描绘这种效应。山顶是灵活性的最佳点。山顶的一侧是松散连接的系统：迟缓而僵化；另一侧是连接过度的系统：一个由无数牵制力量形成的死锁网格——每个节点都受到许多相互冲突的影响，使整个系统陷入严重瘫痪。考夫曼把这种极端情况称为“复杂度灾难”。出乎许多人意料的是，这种过度连接的情形并不少见。从长远来看，过度连接的系统与一盘散沙并无二致。

最佳的连接度位于中间某个位置，它将赋予网络最大的灵活性。考夫曼在他的网络模型中找到了这个最佳点。他的同事起初难以相信他的结果，因为这似乎是违反直觉的。考夫曼所研究的精简系统的最佳连接度非常低，“只在个位数左右”。拥有成千上万个成员的大型网络里，每个成员的最佳连接度小于10，而一些网络甚至在连接度小于2时达到性能顶点！大规模并行系统不必为了适应而过度连接，只要覆盖面足够，即使是最小的平均连接数也够用了。

考夫曼第二个出乎意料的发现是，不管某个网络由多少个成员组成，这个较低的最佳值似乎都波动不大。换句话说，即使网络中加入更多的成员，它也不需要（从整个系统的适应性来说）增加每个节点间的连接数。通过增加成员数而不是成员间的平均连接数来加快进化，这印证了克雷格·雷诺兹在其人工生命群中的发现：你可以在一个群中增加越来越多的成员，而不必改变其结构。

考夫曼发现，当生物体或媒介的平均连接数小于2时，整个系统的灵活性就不足以跟上变化。如果群体的成员之间缺乏充分的内部沟通，就无法作为一个群体来解决问题。更准确地说，它们形成了几个孤立的小团体，但小团体之间没有互动。

在理想的连接数下，个体之间所流动的信息量也处于理想状态，而作为整体的系统就能不断地找到最佳解决方案。即使环境快速改变，网络仍能维持稳定并作为一个整体而长久存在。

考夫曼发现的规律还表明，当个体间的连接度超过某个值时，适应性就冻结了。当许多行动取决于另外许多互相矛盾的行动时，就会一事无成。用地形来做比喻，极端的连接产生极端的险峻，使任何动作都有可能从适应的山顶跌入不适应的山谷。另一种说法是，当太多人可以对其他人的工作指手画脚时，“官僚主义”就开始复活。适应性束缚于互锁的网格中。对于看重互连（或互联）优势的当代文化来说，这个较低的“连接度上限”实在出人意料。

我们这些有“社交瘾”的后现代人应该关注这个结果。我们正在不断增加我们网络社会的总人数（1993年全球网络用户月增长率为15%）以及每个成员所连接的人数和地点数。在企业和政府中，传真、电话、垃圾邮件和庞大的相互关联的数据库，实际上也增加了每个人之间的连接数。而不论是哪一种增长，都没有显著地提高我们所在的系统（社会）作为整体的适应性。

20.5 自调节的活系统

斯图亚特 · 考夫曼的数学仿真像任何数学模型一样：缜密、新颖，备受科学家的关注。也许还不只如此，因为他是在用真实的（计算机）网络来仿真假设的网络，而不是像往常一样，用假设的网络来仿真真实的网络。尽管如此，我承认这只是将纯数学的抽象概念应用于不规则的现实世界的漫漫征途中的一点点进展。没有什么比互联网络、生物基因网络和国际经济网络更不规则的了。不过，斯图亚特 · 考夫曼非常渴望将其通用试验的结果外推到真实生命中。复杂的真实世界网络与他自己运行在硅芯片上的数学仿真之间的比对正是考夫曼苦苦追寻的圣杯。他认为他的模型“就仿佛是真实的一般”。他打赌道，群网络在某个层面上的表现都是相似的。考夫曼喜欢说:“IBM和大肠杆菌看待世界的方式并无不同。”

我倾向于相信他的观点。我们拥有把每个人与其他所有人连接起来的技术，但一些试着以那种方式生活的人却发现，无论要完成什么事情，我们都在断开连接。我们生活在加速连接的时代，其实，就是在稳步地攀登考夫曼的小山丘。但是，我们很难阻止自己越过山顶，滑入连通性越来越强而适应性越来越弱的山坡。而断开就是刹车，它能避免系统过度连接，它能使我们的文化系统保持在最高进化度的边缘。

进化的艺术就是管理动态复杂性的艺术。把事物连接起来并不难，但是进化的艺术是要找到有组织的、间接的、有限的连接方式。

考夫曼在新墨西哥州圣塔菲研究所的同事克里斯·朗顿从其人工生命的群体模型试验中得到了一种抽象的参数，叫作 λ 参数。λ 参数能预测一个群体在某个特定规则集下产生行为“最佳平衡点”的可能性。在这个平衡点之外的系统往往陷入两种模式：它们或者定格在几个晶格点上，或者散落成“白噪声”。那些落在最佳平衡点范围内的值则使系统最长时间地保持有意义的行为。

通过调节 λ 参数，朗顿就能调节世界使之更容易地学习或进化。朗顿把在几个固定点之间变化的状态和无定相的气态之间的临界值称为“相变”——物理学家用同样的术语来描述液体转化为气体，或是液体转化为固体。然而，最令人惊奇的是，朗顿发现，当 λ 参数接近相变，即最大适应性的“最佳平衡点”时，它减速了。也就是说，系统趋向于停在这个边缘上，而不会跑过头。在靠近这个进化的极致点时，它会变得小心翼翼。朗顿喜欢将之描绘成这样一幅图景：系统在一个缓慢运动的永不消逝的完美浪头上冲浪，越接近于浪顶，时间就走得越慢。

这种在“边缘”处的减速对于解释为什么不稳定的胚胎活系统能不断进化非常关键。当一个随机系统接近相变时，它会被“拉向”并停靠在最佳平衡点，在那里进化，并力求保留那个位置。这就是它为自己所建的自静态的反馈环。由于最佳平衡点很难用静止来形容，所以也许把这种反馈环称为“自动态”会更好。

斯图亚特·考夫曼也讲到过将其仿真的基因网络参数“调节”到“最佳平衡点”。上百万个基因或神经元的连接方式数也数不清，但在连接方式之外，一些数目较少的情况对促进整个网络的学习和适应要重要得多。处于这个进化平衡点上的系统能够最快地学习，最容易地进化。如果朗顿和考夫曼是对的话，那么一个进化的系统会自己找到这个平衡点。

那么这一切是如何发生的呢？朗顿找到了一些线索。他发现，这个点就处于混沌的边缘。他认为，最具适应性的系统是如此不羁，以至于与

圣塔菲研究所的研究员瑞奇 · 巴格利[1]告诉我："我正在寻找的是与我相隔一层窗户纸的东西"。他进一步解释道，它既不是规则的，也不是混乱的；它处在近乎失控和危险的边缘中。

"没错，"无意中听到我们谈话的朗顿回答道，"确实就像拍岸的海浪，它们砰砰地拍着岸边，就像心跳一样稳健的节拍。然后突然之间，哗——掀起一个大浪。而那就是我们所有人正在寻找的。"

1 瑞奇 · 巴格利（Rich Bageley）：圣塔菲研究所的研究员。

第二十一章

OUT OF CONTROL

水往高处流

21.1 40亿年的庞氏骗局[1]

在19世纪初，关于“热”的问题还是一个令人费解的深奥难题。每个人都本能地知道一个热的物体会逐渐冷却到与周围环境相同的温度，而一个凉的物体温度会慢慢升高。但是关于热的完整理论还没有诞生，并且困扰着当时的科学家。

真正的热力学理论必须能够解释某些令人费解的问题。是啊，同一空间里的一个极热的物体和一个极冷的物体最终会变得温度相同。但是有一些物体，比如一盆冰水混合物，相比而言，温度升高的速度就没有同样大小的一盆冰或者一盆水来得快。热胀冷缩，运动产生热，热导致运动。还有某些金属被加热的时候，重量会增加，也就是说，热是有重量的[2]。

早期对热进行研究的先驱者并不知道他们研究的是温度、卡路里、摩擦力、做功、效率、能量和熵——这些术语都是后来才产生的。事实上，琢磨了几十年，他们还根本不确定自己所琢磨的究竟是什么。最广为认同

1 庞氏骗局（Ponzi Scheme）：一种金融诈骗，类似传销，相似的还有“金字塔骗局”（Pyramid Scheme）。简单来说就是用后来投资者的钱冒充前期投资者的收益。庞氏骗局是一种最古老和最常见的投资诈骗，这种骗术是一个名叫查尔斯·庞齐（Charles Ponzi）的投机商人“发明”的。

2 这个结论是有争议的。传统物理学的结论是，热是没有重量的。——编辑注

的一种理论是，热是一种无孔不入的弹性流体——是一种物质以太[1]。

1824年，法国军事工程师卡诺[2]（卡诺与萨缪尔·贝克特的著名荒诞戏剧《等待戈多》中行动迟缓的主角戈多谐音）推导出后来被称为热力学第二定律的原理，这一原理的简单表述为：没有永动系统。卡诺的热力学第二定律连同热力学第一定律（能量守恒定律）一起，作为理解许多科学理论的主要框架影响了随后的一个世纪。其中不仅包括热力学，还有大部分物理学、化学，以及量子力学。总之，热力学理论加固了所有现代物理科学的基础。

然而生物学却没有如此显赫的理论。时下，在复杂性研究员中间最流行的笑话就是，今天的生物科学正在“等待戈多”。理论生物学家感觉他们自己就像19世纪热力学即将诞生之前的热研究者。生物学家讨论复杂性问题，却没有一个衡量复杂性的标准；他们提出了生物进化的假说，却无法重现一个实例。这让他们再次回想起研究热问题却没有类似卡路里、摩擦、做功，甚至能量这样的概念的情形。正如卡诺通过他的热寂原理为当时无序的物理学构建了一个框架，一些理论生物学家也在热切期盼着生物学第二定律的诞生，以框定生命领域的大势——从无序中找到有序。可是这个笑话里有一丝潜藏的讽刺，因为在贝克特的这部著名的戏剧里，戈多是一个神秘的人物，而且根本就没有出场！

探索深度进化和找寻超生命的背后，大多都藏有对生物学第二定律这一关于有序诞生的法则的探索。许多后达尔文主义者质疑自然选择本身能否强大到足以抵消卡诺的热力学第二定律。既然我们仍然存在，就说明有这种可能。他们并不清楚他们正在寻找的究竟是什么，但直觉告诉他们，可以说它是一种熵的互补力量。有些人称之为反熵，有些人称之为“负

---

1 以太（Ether 或 Aether）：是古希腊哲学家所设想的一种物质。人们认为它充满宇宙，无处不在，是传导电磁波、引力等场力的介质。但后来的实验和理论表明，许多物理现象并不需要以太的存在就能很好地解释，换言之，没有观测和理论支持以太的存在，因此，以太理论逐渐被科学界所抛弃。

2 卡诺（Sadi Carnot，1796—1832）：法国物理学家和军事工程师，1824年提出了热机工作的“卡诺循环”，在此之上奠定了热力学第二定律的基础。此外他还提出了“卡诺效率”“卡诺定律”“卡诺热机”等概念和理论，被誉为“热力学之父”。

熵”。格雷戈里·贝特森就曾经问道：“是否也有一个生物物种的熵？”

正式的科学研究文献很少明确表述对这一生命奥秘的探索。当夜深人静披卷而读时，大多数文献都给人以管中窥豹或盲人摸象的感觉：每篇文献都只看到了事物的一部分。它们都力图用严谨的科学词汇来完整地表达其理念和直觉。这里，我把它们所包含的构想归纳如下。

从宇宙大爆炸迄今，100亿年来，宇宙从一团致密而极热的原始物质慢慢冷却。当这一漫长的历史走到大约三分之二的时候，一些特别的事情发生了。一种贪得无厌的力量开始强迫这些正在慢慢消散的热和秩序在局部形成更好的秩序。这个半路杀出来的程咬金其最不寻常之处在于：（1）它是自给自足的；（2）它是自强化的——它自身愈庞大，就产生愈多的自身。

自此之后，宇宙中就并存着两种趋势。

第一种是永远下行的趋势，这股力量初时炽热难当，然后嘶嘶作响归于冰冷的死寂。这就是令人沮丧的卡诺第二定律，所有规律中最残酷的法则：所有秩序都终归于混沌，所有火焰都将熄灭，所有变异都趋于平淡，所有结构都终将自行消亡。

第二种趋势与此平行，但产生与此相反的效果。它在热量消散前（因为热必然会消散）将其转移，在无序中构建有序。它借助趋微之势，逆流而上。

这股上升之流利用其短暂的有序时光，尽可能抢夺消散的能量以建立一个平台，来为下一轮的有序作铺垫。它倾尽所有，无所保留，其秩序全部用来增强下一轮的复杂性、成长性和有序性。它以这种方式在混沌中孕育出反混沌，我们称之为生命。

上升之流是一股波浪，是衰退的熵的海洋里微微的上涨，是自身落于自身之上的永不消逝的波峰，且永远处在坍塌的边缘。

这波浪是划过宇宙的一道轨迹，是混沌的两个不同侧面之间的一条细线：线的一面下滑形成僵硬的灰色固体，另一面悄悄没入沸腾的黑色气态，而这波浪就是两种状态间不断变幻着的瞬间——是一种永恒的液体。

熵的引力不容藐视；不过由于波峰不断跌落，生物的秩序便如同冲浪者一般踏浪滑翔。

生物的秩序利用这股上涨的波浪不断积累，犹如冲浪板利用外来的能量将自己送入更加有序的领域。只要卡诺定律的力量继续下行使宇宙冷却，上升流便不断地偷走热能提升自己，凭自己的力量维持自身高度。

这就像一个庞氏骗局，或一个空中楼阁，在这场游戏里，生物秩序作为游戏的杠杆，其功用便是用来套取更多的生物秩序，若不能持续扩张，便只有崩溃。如果把所有生命当作一个整体的话，其历史就是一个高明绝顶的骗子的故事。这个骗子找到了一个极为简单的骗人把戏，并且堪称完美地实施了这个计划——至今仍逍遥法外。“生命也许应该被定义为逃避处罚的艺术。”理论生物学家沃丁顿如是评说。

或许，这富于诗意的想法仅仅是我个人的幻想，是我对他人见解的一知半解或断章取义。但我不这样认为。我已经从许多科学家那里听到了类似的观点。我也不认为人们所期待的“卡诺法则”纯属神秘主义——当然，这还只是人们的一种希望而已，但我仍希望能找到一种可证实或证伪的科学理论。尽管有种种貌似上升流的不那么靠谱的学说，譬如“生机论”[1]，但这第二种力量的科学性绝不输于概率论或达尔文的自然选择理论。

然而，一种犹豫不决的氛围笼罩在“上升流”的头上。人们的主要顾虑在于，“上升流”意味着宇宙中存在某种方向性：当宇宙的其余部分慢慢耗尽能量，超生命却在稳步积累自己的力量，朝着相反的方向逆流而上。生命朝着更多的生命、更多种类的生命、更复杂的生命以及更多的某种东西进发。而这导致了某种怀疑论。现代认知在这种进程中嗅到了一丝气味。

这种进程散发着以人类为中心的味道。对一些人来说，它如同“宗教狂热”一般刺激。最早也是最狂热地支持达尔文理论的正是基督教新教徒

1 生机论（Vitalism）：又称活力论，一种认为生命体充满了非生命体所没有的机能上的力量的学说。该学说主张有某种特殊的非物质的因素支配着生物体的活动，超越了自然科学法则的限制。

的神学家和修士，因为它为人类的主导地位提供了科学证据。达尔文进化论提供了一个漂亮的模型，描述了无知的生命向已知的完美巅峰——人类男性——进发的过程。

对达尔文理论的滥用不仅助长了种族主义，而且无助于进化这个概念的发展。比进化的进步更重要的是，重新审视我们人类的位置。我们并非宇宙的中心，只不过是宇宙中一处毫不起眼的角落里一个无足轻重的螺旋星系边微不足道的一缕烟尘。如果我们并不重要，那么进化会通往何处呢？

进步是条死胡同，没有任何出路。在进化论研究以及后现代史、经济学和社会学中，“进步之死”基本上已盖棺定论。没有进步的变化正是我们当代人对自己命运的认识。

第二种力量的理论重新点燃了进步的希望，同时也提出了棘手的问题：如果存在一个生命的第二法则——上升流，那么这个潮流的方向究竟指向哪里？如果进化的确有一个方向，那么它究竟会有一个什么样的方向？生命到底是在进步，还是仅仅在盲目地徘徊？也许进化只不过有个小斜坡，使之看上去有某种趋势，并且可以部分地预测。生命（不论是天然的还是人工的）会具备哪怕是微小的趋势吗？人类文化和其他活系统是有机生命的镜像吗？或者，某个物种能够不依赖其他物种而独立地发展呢？人为进化是否有它自己的规律和目标，完全超越其创作者的初衷？

我们必须承认，我们所看到的生命和社会的进步只不过是人类的错觉。生物学中流行的“进步阶梯”或“大物种链”这些概念在地质学中尚未找到任何证据。

我们从最初的生命开始，把它看作一个起点。想象它的所有后裔一层层缓慢膨胀，就好比一个越吹越大的气球。时间即半径。每个生活在特定时间的物种就成为当时这一球面上的某个点。

在40亿年（也即今天）这个时间点上，地球的生命世界里满满地塞了大约3000万个物种。其中某个点是人类，而远端另一侧某个点是大肠杆菌。在这个球面上，所有点与最初生命起点的距离都是相同的，因此，没有哪个物种优于其他物种。地球上所有生物在任何一个时间点上的进化都是同步的，他们都经历了同样多的进化时间。说穿了，人类并不比大多数细菌进化得更多。

让我们仔细看看这个球面，很难想象，人类不过是其中毫不起眼的一个点，凭什么成为全球的最高点？也许3000万个共同进化的其他特种中的任何一个点——比如说，火烈鸟或毒橡木——都代表了这整个进化的过程呢。随着生命不断地探索新的领域，整个球体的范围也在不断地扩大，共同进化的位子数也随之增加。

这个生命的球状图不动声色地动摇了进步式进化的自证图景，即生命从简单的单细胞成功攀登到人类这一阶梯的顶点。这幅图景忽略了其他数十亿也应该存在的进化阶梯，包括那些最平淡无奇的故事，比如，一个单细胞生物沿着漫无目的的进化之梯演变成另外一种略有不同的单细胞体。事实上，进化没有顶点，只有数十亿个分布在球面上的不同的点。不管你做的是什么，只要有个结果就好。

不管是四处游荡还是待在原地不动，都无所谓。在进化的时间进程中，原地踏步的物种可要比那些激进变革的物种多得多，而他们在回报上却没有什么差别。不管是现代人类，还是大肠杆菌，都是进化的幸存者，是经历了亿万年淘汰后获胜的佼佼者。而且，没有谁会在下一个百万年的进化中比其他幸存的物种更具优势。事实上，许多悲观主义者认为，人类比大肠杆菌幸存更久的概率是1%，尽管这种微不足道的物种目前还只能生存在我们人类的肠道里。

21.2 进化的目的是什么

就算我们承认生命的进化没有展示出任何进步的迹象，那它也会有个大致的方向吧？

翻了翻关于进化的书籍，我找不出哪一本书的目录上有“趋势”或者“方向”这样的字眼。许多新达尔文主义者绝口不提这两个字眼，近乎狂热地铲除着进化中有关进步的概念。其中最直言不讳的一个人就是史蒂文·杰·古尔德，他也是为数不多的几个曾公开讨论这个观点的生物学家之一。

古尔德其科普作品《奇妙的生命》[1]一书中对伯吉斯页岩化石群[2]给出了全新的解释。这本书的核心思想就是，生命的历史可以被视为一盘录像带。我们可以试想着将带子倒回起点，并借助某种神奇的力量，改变生命之初的某些关键场景，然后从那一点起重新播放生命的历程。这种屡试不

1 《奇妙的生命》：*Wonderful Life – The Burgess Shale and the Nature of History*，1990年出版。

2 伯吉斯页岩化石群（Burgess Shale Fossils）：发现于1909年。当时美国科学家沃尔柯特在加拿大西部落基山脉5.15亿年的寒武纪中期黑色页岩中，发现大量保存完美、造型奇特的动物遗骸。在所收集的6.5万件珍贵标本中，科学家陆续辨认出几乎所有现存动物每一个门的祖先，还有许多早已绝灭了的生物门类，这就是著名的伯吉斯动物化石群。这一发现震撼了当时的科学界，导致了人们对寒武纪大爆发的猜想。

爽的文学手法在美国经典圣诞电影《美好人生》[1]中达到了极致：在这部电影中，主人公吉米 · 斯图尔特的守护天使为他重演了因没有他的存在而变得不幸和痛苦的其他人的生活。因此，古尔德将其名字借用过来，作为自己的书名[2]。

如果我们能够重播地球上生物演化的过程，这一过程是否会按照我们已知的历史发展？生命将重现那些我们熟悉的阶段，还是会做出相反的选择而让我们大吃一惊？古尔德用讲故事的方法，告诉我们为什么他认为如果进化可以重来的话，我们将会完全认不出地球上的生命。

此外，既然我们能够将这盘神奇的录像带放到我们的机器里播放，那么也许还可以进一步做一些更有趣的事。如果我们关掉灯，然后随意地翻转带子，再播放它，那么，来自另外一个世界的访客是否能够判断磁带究竟是正常播放还是在倒带后播放？

如果我们倒过来播放这史诗般的《奇妙的生命》，那么会在屏幕上看到些什么？现在，就让我们调暗灯，仔细地欣赏吧。故事在一个蔚蓝色的壮丽的星球上展开：地球的表面包裹着一层很薄的生物膜，有些是移动的动物，有些是生根的植物。影片中是数以万计的不同种类的演员，大约一半是各式各样的昆虫。在这个开场中，并没有太多的故事发生。植物演变出不计其数的形状。一些灵巧的大型哺乳动物逐渐演变成外形相似而体型较小的动物。许多昆虫逐渐演化成其他昆虫；与此同时也出现了许多全新的面孔，它们又随之逐渐地变化为其他模样。如果我们仔细地观察某一个体，并且通过慢镜头密切关注它的变化，很难辨别出什么特别明显的前进或是倒退的变化。为了加快节奏，我们按下了快进键。

从屏幕上，我们看到地球上的生物越来越稀少。许多动物——但并非全部——形体开始逐渐缩小。生物种类的数目也在变少。故事情节的发展

1 《美好人生》（*It's a wonderful life*）：拍摄于1947年的经典黑白片，每年圣诞节都会重播。剧情温情而充满幻想，主人公吉米 · 斯图尔特（Jimmy Stewart）在圣诞夜丧失了对生活的信心，准备自杀。于是，上帝派了一个天使，来帮他渡过这个危机。在天使的指引下，吉米看到了如果这个世界上没有自己，很多人的人生会变得不幸和痛苦。他由此明白了自己生命的价值何在，重新鼓起了生活的勇气。

2 古尔德的书名《奇妙的生命》与电影名《美好人生》的主要英文词汇相同——*Wonderful Life*。

慢了下来。生物所扮演的角色越来越少，每个角色的变化也越来越少。生命的规模和大小都逐步衰退，直到变成微小、单调的基本元素。在乏味无趣的大结局中，随着生物演变成一个个单一、微小且形状不定的小球，最后一个活物也消失了。

让我们回顾一下：一个由形式多样的生物群组成的错综复杂、相互关联且无比壮阔的生物网络，最终退化成一些结构简单、样式单一而且大多只会自我复制的蛋白质微粒。

那你怎么看？来自雷神之星的朋友？你觉得这微粒是起点还是终点呢？

新达尔文主义者辩称，生命当然会有时间上的方向，但除此之外，一切都不能肯定。既然有机界的进化没有定向的趋势，那么生命的未来便无法预测。因此，进化不可预测的本质倒是我们有把握做出的少数几个预测之一。新达尔文主义者相信进化是不可预测的。当鱼类在海洋里撒欢的时候——当时正是生命和复杂性的“巅峰”，谁又料想得到，一些丑八怪正在靠近陆地的干涸泥潭里做着极其重要的事情？而陆地，那又是什么东西？

另外，后达尔文主义者不断提及“必然性”。1952年，英国工程师罗斯·艾希比在其颇有影响力的著作《为大脑而设计》[1]中写道：“地球上生命的发展绝对不能被视为一件不同寻常的事情。相反，它是必然发生的事情。像地球表面这么庞大且基本处于多态稳定的系统，不温不火地保持了50亿年之久，所有变量都聚合成具有极强自维持力的形式，除非是奇迹才能使之脱离这种状态。在这种情况下，生命的诞生就是不可避免的。”

然而，当“必然”与进化放在同一个句子里时，真正的生物学家却退缩了。我认为这是正常反应，因为历史上“必然”曾经指的就是“上帝”。不过，即使是最正统的生物学家也认同，人工进化为数不多的合法用途之一就是将其作为研究进化中定向趋势的实验台。

---

1 《为大脑而设计》：*Design for a Brain: The Origin of Adaptive Behavior*，1952年出版。

在物理世界中，是否存在某些基本的限定条件，使生命只能沿某种特定的轨迹前行？古尔德把生命的可能性空间比作一个“宽广、低洼、均匀的巨大斜坡”。水滴随机地落在斜坡上涓涓而下，侵蚀出许多杂乱无章的细小沟壑。形成的沟壑因为有更多的水流冲刷而不断地加深，很快形成了小溪谷，并逐渐成为更大的峡谷。

在古尔德的比喻中，每一个细小的沟壑都代表了一个物种发展的历史路径。而最初的细小沟壑设定了随后的属、科、类的走向。初期，这些细小沟壑的走向是完全随机的，一旦形成，随后形成的峡谷的走向便固定了。尽管他承认在他的这个比喻中有一个起始斜率，而这个斜率“确实给坡顶上的降水设定了一个优先的流向”，但是古尔德还是坚持没有任何东西可以扰乱进化的不确定性。他喜欢重复的解释就是，如果你一次次地重复这样的实验，每次都从一个完全相同的空白斜坡开始，那么，你每次得到的由山谷和山峰构成的地形都会大不相同。

有意思的是，如果你完全按照古尔德的假想实验在沙盘上进行实地实验的话，结果可能恰好暗示了另外一个相悖的观点。当你像我曾经做的那样，一次次地重复这个试验，你首先注意到的事情就是，你得到的地貌类型是所有可能形成的类型中非常有限的子集。许多我们熟悉的地貌地形——连绵山脉、火山锥、拱肩、悬谷，永远也不会出现。因此，你尽可以放心地预测，生成的山谷和峡谷一般都是和缓的溪谷。

其次，尽管由于水滴是随机滴落的，因而最初的沟壑也是随机出现的，但随后的侵蚀则循着非常相似的过程。峡谷会按照一个必然的次序显露出来。借用古尔德的类比：最初的一滴水好比是最先出现的物种，它可能是任何所料不及的生物体。虽然它的特点是不可预期的，但是沙盘的推演证明，根据沙子构成的内在趋势，其后代显露出一定的可预测性。所以，尽管进化在某些点上对于初始条件是敏感的（寒武纪生命大爆发就是其一），但是这绝不能排除大趋势的影响。

在19世纪与20世纪之交，一些颇有声望的生物学家曾大力宣传进化的趋势。其中一个著名的学说是垂直进化论。在其看来，垂直进化的生物沿着一条直线发展，从最早的生物A，顺着生命的字母表，演化成最后的生物Z。过去有些定向进化论者真的认为进化是没有分支的：他们把进化想象成一个向上攀登的生物阶梯，每一层都驻有一个物种，每一层都近乎“天道”般完美。

就算是不那么倾向于线性般完美的垂直进化论者也往往是超自然主义者。他们觉得，进化之所以有方向，是因为有某种力量为其引导了其方向。这种引导力量，是超自然的作用，或是注入活物的某种神奇的生命力，甚至是上帝本身。这些观念显然超出了科学的认知范围，本来就对科学家没有什么吸引力，加上神秘主义和“新人类”的膜拜，更使人们对其敬而远之。

但在过去几十年里，“视神为无物”的工程师已经制造出了可以自己设定目标且似乎有自己动机的机器。控制论的创始人诺伯特·维纳是最早发现机器内部自我导向的人之一。他在1950年写道：“不仅是人类可以为机器设定目标，而且在绝大多数情况下，一台被设计来用于预防某些故障的机器，会找寻自己能够达成的目标。”维纳暗示，一旦机械的设计复杂性越过某个门槛，就会不可避免地涌现出目的。

我们自己的意识是一个无意识因子的集合，其中涌现出目的的方式和其他非特意的活系统中涌现出目的的方式完全相同。举一个实际的例子，一个低端的恒温调节器也有它的目标和方向，即寻找并保持设定的恒定温度。令人震惊的是，有目的的行为可以从软件执行流程中许多无目的的子行为中显现出来。罗德尼·布鲁克斯的麻省理工学院移动式机器人采用自下而上的设计，能够基于目标和决策来执行复杂任务，而它的目标则是从简单的、无目的的电路中产生的。于是乎，“成吉思”这个虫形机器人“想要”爬过厚厚的电话簿。

当进化论者把上帝从进化中“抖落掉”的时候，他们认为自己已经“抖落掉”了所有目的和方向的痕迹。进化曾是一台没有设计者的机器，一只由盲人表匠打造的钟表。

然而，当我们真正构造非常复杂的机器、涉猎合成进化的时候，我们发现两者都能自行运转，而且都形成了它们自己的一串处理事务的方式。斯图亚特·考夫曼在适应系统中所见的自组织的无序之有序，和罗德尼·布鲁克斯在机器中培育出的带有目的性的目标，是否足以说明，不管进化是如何发生的，它都会进化出它自己的目标和方向？

如果仔细寻找，我们可能会发现，在生物进化中涌现出来的方向和目标可能产生自一大群无目的和无方向的组成部分，而无须援引活力论或者其他什么超自然的解释。用计算机做的进化实验证实了这一内在的目的性，这一自发产生的“趋势”。两位复杂性研究的理论家，马克·贝多和诺曼·帕卡德，仔细评判了许多进化系统，并得出结论：“正如最近混沌研究的结果所表明，确定性系统可能是不可预测的，我们相信确定性系统是有目的性的。”对于那些被“目的和进化”的争论吵昏了头的人们来说，这个解释会有助于他们把目的性理解为“冲动”或“势头”，而非一种自觉的、有意的目标或计划。

在下一节里，我列出了进化可能存在的大规模、自发性势头。我在这里所用的“势头”这个词，是一个笼统的概念，并且容许例外，并非每一个生物种类都会遵循这些趋势。

我们以教科书中常见的原理“柯普法则”[1]为例。柯普是20世纪20年代著名的巨型骨化石收藏家，他曾经用多种方法重新绘制了恐龙的外形。他是恐龙研究的先驱，并不懈地推动了对这一奇特生物的研究。柯普注意到，总体而言，随着时间的推移，哺乳动物和恐龙的形体似乎在逐渐增大。后来的古生物学家仔细地研究之后发现，他的观点只适用于大约三分之二有记载的化石；人们可以找到很多例外，即使是在他曾经十分留意的物种中也存在例外。如果他的这一法则没有例外的话，那么地球上最大的生物也许应该是如城市街区一样巨大的真菌，而非现在那些藏在森林底层的“原始”蘑菇了。尽管如此，进化中肯定存在着长期的趋势，即较小的生物，如细菌，是早于鲸这类大型生物而出现的。

1　柯普法则（Cope's rule）：指生物在进化过程中体型随时间推移而逐渐增大的规律。

21.3 超进化的 7 个趋势

我注意到，在一刻不停的生物进化中涌现出了7个主要趋势。而当人工进化踏上漫漫征途时，这7个趋势也将伴随其左右。它们是：不可逆性、递增的复杂性、递增的多样性、递增的个体数量、递增的专业性、递增的相互依存关系，以及递增的进化力。

不可逆性。进化不可倒退（即著名多洛氏“不可逆法则”）。当然，这个也有一些例外。比如鲸在某种意义上从哺乳动物回退成一条鱼。但这些例外也恰恰验证了这一法则。总之，今天的物种无法退回过去的形态。

要放弃来之不易的属性并不容易。这是一个文明演进的公理：已经发明的技术就再也不能当作从未发明过。某个活系统一旦进化出了语言或者记忆，就再也不会放弃它。

同样，生命出现了就不会再隐退。我注意到，没有任何一个地质区域会在有机生命渗入之后重归寂静。生命一旦在某种环境中安顿下来，就会顽强地维持着某种程度的存在，无论那里是滚烫的温泉水、高山裸岩，还是机器人的金属表面。生命利用无机物质世界，不顾一切地将其转化为有机物质。正如沃尔纳德斯基所写道的：“原子一旦卷入生命物质的洪流，就别想能轻易离开。”

生命出现之前的地球在理论上是一个贫瘠荒凉的行星。现在人们普遍同意，虽然当时地球一片荒凉，却在慢慢熬制着生命所需的配料。实际上，地球是一个等待接种的球形培养基地。你可以想象，有一个方圆8000英里的大碗，装满了经过高温灭菌的鸡汤。某一天你将一个细胞滴落其中，第二天，细胞便以指数级的增长速度布满这个海量的巨碗。几十年间，各种变异的细胞就拱入了每个角落。即使它要用上百年的时光，也不过是地质年代的一个瞬间。生命诞生了，就在一瞬间！生命势不可挡。

同样，人工生命一经渗入计算机，就永远留在计算机的某处，永远不会消失。

递增的复杂性。每当我问朋友，进化是否有方向？总是得到这样的答案（如果有回答）："它朝越来越复杂的方向发展。"

尽管几乎每个人都清楚地知道进化朝着更加复杂的方向发展，但是我们手头真正言之有物的有关复杂性的定义却少之又少。而当代生物学家却质疑进化趋向复杂性的观点。史蒂文 · 杰 · 古尔德就曾经断然地对我说："日趋复杂性的幻觉是人为的现象。因为你必须先建立一些简单的东西，如此一来，随后产生的自然就是复杂的东西了。"

然而，有许多简单的事情大自然从未做过。如果没有某种朝向复杂性的驱动力，大自然为什么不停留在细菌时代，发展出数百万各种各样的单细胞物种？它又为何不停留在鱼类阶段，尽可能创造出所有能够创造的鱼类形式？为什么要把事情搞得那么复杂？就此而言，生命为什么要以简单的形态开始呢？据我所知，并没有一个相关的规则说明事情必须越变越复杂。

如果复杂性是一个真正的趋势，那么一定有某种事物推动了它。在过去的百年里，科学家提出了多种理论来解释这种复杂性的现象。这些理论按其提出时间罗列如下。

◎ 对部件的复制以及复制中的意外导致复杂性（1871年）。

◎ 客观环境的苛刻导致部件的分化，分化集合成为复杂性（1890年）。

◎ 复杂性更具热力学效率（1960年）。

◎ 复杂性只是（自然）选择其他属性时偶然产生的副产品（1960年）。

◎ 复杂的有机体能不断聚集周围更多的复杂性；因此复杂性是一个自身不断放大的正反馈循环（1969年）。

◎ 非均衡系统在熵消散或热消耗时积累复杂性（1972年）。

◎ 相对而言，一个系统增加一个部件比减少一个部件容易，因此复杂性是累积的（1976年年）。

◎ 意外本身产生复杂性（1986年）。

◎ 无休止的军备竞赛逐步增强复杂性（1986年）。

目前，由于对复杂性的定义仍然含糊不清，而且很不科学，因此，迄今为止，尚未有人系统地研究化石记录，以确定能测量的复杂性是否随着时间的推移而增加。人们已经针对某些特定的短谱系生物进行了一些研究（采用了各种不同的方法来测量复杂性）。研究证明这些生物某些方面的复杂性有时候确实增强了，但有时候并没有增强。简而言之，我们并不确知，伴随着生物显而易见的复杂性，究竟发生了什么事情。

递增的多样性。这一点需要详细说明。著名的软体动物化石群，加拿大的伯吉斯页岩化石群，正迫使我们重新思考究竟什么才是我们所谓的"多样性"。正如古尔德在《奇妙的生命》一书中所说的，伯吉斯页岩展现了寒武纪生命大爆发时期一系列令人瞩目的新生物的出现和蓬勃发展。这些奇妙的生物群体，其基本类型要比我们的先祖生物的基本类型更富有多样性。古尔德争辩说，我们看到，自伯吉斯页岩之后的生物从基本类型上说是多样性的递减，而各个基本类型中的小物种则大量递增。

举例来说，生命对数百万种昆虫进行精雕细琢，却没有再发展出更多诸如昆虫的新物种。三叶虫的变体无穷无尽，却没有诸如三叶虫的新种类。伯吉斯页岩化石展现出来的林林总总的生物结构基本类型大拼盘，超过了如今生命在同一地区显现出的少得可怜的基本结构。有人可能会争辩，那种认为多样性始于微小的变化，并随着时间的推移而膨胀的传统观念，也许是本末倒置的。

如果你将差异定义为显著的多样性，那么差异正在缩小。一些古生物学者把更为本质的基本类型的多样性称为“差异”，并与普通的物种多样性区别开来。锤子和锯子之间，存在着根本差异，而台式电锯和电动圆锯之间的差异，或者当下生产的数千种千奇百怪的电器用具之间的差异，则没有那么显著。古尔德这样解释：“三只不同种类的盲鼠构不成一个多样的生态动物群落，而一头大象、一棵树加一只蚂蚁就可以构成这样的群落——尽管这一个组合只包含了三个物种。”也正是认识到很难得到真正创新的生物基本类型（试着为消化系统找个通用的替代品看看！），我们才会更重视在基本面上的不同。

正因为多样性的基本类型非常罕见，所以经历了寒武纪大爆发之后，大多数物种的基本类型便再也无可替代。这可谓特大消息，它引发了古尔德的感慨：“生命史的惊人事实就是，它标记着多样性的锐减，以及继之而来的在少数幸存物种中激增的多样性。”取其10种，弃其9种，而剩下的第10种确实产生了巨量的变异，例如甲虫。因此，我们所说的自寒武纪之后进化“递增的多样性”是就更细的物种划分而言的。今天，地球上生活着的物种的确比以往任何时候都多。

递增的个体数量。与10亿年前，甚或100万年前相比，今天世界上生物体的总数也有了巨大的增长。假设生命只有一次起源，那么这世界上就一度只有孤零零的生命始祖存在。而如今，生命这个种群的生命个体总数可谓是不计其数。

生命数目的增加还有另外一种重要形式。从层级的角度看，超群和子群也构成了个体。蜜蜂群集成为一个群体，这样一来，个体的总数就是蜜蜂的数量加上一个超级群体。人是由数以万亿计的细胞构成的，因而也为增加的生命个体总数贡献了一份力量。此外，每个细胞都可能存在寄生，这样一来个体的数量就更多了。不管从哪个角度看，在同一个有限的空间里，个体都可以以嵌套的方式存在于其他个体内部。因此，在一定容积里，连同所有细胞、寄生虫以及病毒感染物在内的蜂群的个体总数可能大大超过同等容积中所能容纳的细菌总数。正如斯坦利·塞尔斯在《进化出层级架构》（*Evolving Hierarchical Systems*）中所描述的：“如果个体可以相互嵌套，那么在一个有限的世界里，就有可能存在不计其数的独一无二的生命个体，世界的范围也因此被扩展了。”

递增的专业性。生命开始时如同一道可以完成许多工作的通用工序。随着时间的过去，单一的生命分化成许多做更专业事情的个体。正如一个普通的卵细胞经过发育分化成众多不同的专属细胞，动植物为了适应更狭窄的生态位，在进化中也分化成更多不同的种类。实际上，“进化”这个词，最初只是用来表示一个卵细胞分裂扩展成一个胚胎生物的过程。直到1862年，赫伯特·斯宾塞才第一次利用这个术语表述随着时间推移而发生的器质性变化。他把进化定义为：“通过不断的分化和整合，从不明确、不连贯的同质性状态转变成明确、连贯的异质形态的变化过程。”

将前面列出的趋势与递增的专业性归拢在一起，就可以描绘出这样一幅广阔的画面：生命从一个简单的、不明确的、未定型的创意开始，随着时间的推移，渐渐稳定形成一大群精确的、稳固的、机器般的结构。细胞一旦分化，就难以回归到更通用的状态，动物一旦专业化，也极难回归到更一般的物种。随着时间的推移，专业的生物体的比例加大，种类增加，专业性的程度也提高了。进化朝着更细化的方向迈进。

递增的相互依存关系。生物学家已经注意到，原始生物直接依赖于自然环境。有些细菌生活在岩石之中，有些地衣以石头为食。这些生物体的自然栖息地稍有扰动就会对其产生强大的冲击（正是这样的原因可以将地衣用作酸雨污染的天然监测器）。随着演变，生命逐渐解脱无机物的束缚，而更多地与有机物相互影响。在植物将根直接扎入土壤的同时，那些依赖于植物的动物则摆脱了土壤的束缚。两栖类和爬行类动物一般产出受精卵，之后便将卵交于自然环境；而鸟类和哺乳类动物则抚养它们的后代，因此它们从出生之时起就与生命的接触更密切。随着时间的推移，它们与大地和矿物质的亲密关系逐渐被对其他生物的依赖所取代。舒适地生活在动物温暖的消化系统里的寄生虫，可能永远没有机会接触有机生物外部的环境。社会性生物也是如此：虽然蚂蚁可以生活在地下，但是它们的个体生命更依赖的是其他蚂蚁而不是周围的土壤。社会化的加深正是生命递增的相依共生关系的另一种形式。人类正是一个越来越依赖生命而不是非生物的极端例子。

只要有可能，进化就努力地牵引生命远离惰性与自己更紧密地结合，从无到有创造出令人满意的东西。

递增的进化力。1987年，来自剑桥大学的动物学家理查德·道金斯在第一届人工生命研讨会上发表了一篇题为《进化性的进化》（*The Evolution of Evolvability*）的论文，文中他仔细研究了进化的自身进化的可行性和有利条件。差不多在同一时间，克里斯·托弗威尔斯在《基因的智慧》（*Wisdom of the Genes*）一书中，也公布了关于基因如何控制自己的进化力的推断。

道金斯的灵感源于他在生物形态领域创造人工进化的尝试。他意识到，在扮演上帝时，偶尔为之的创新不但会给个体提供直接进步的机会，而且可以看作一种"进化的怀孕"，并且使后代能够在更大的范围内变异。他拿现实中第一个分化出来的动物为例，他把它看作"一个怪物……而并非一个成功的个体"。但动物分化这个事件是生命进化的一个分水岭，由此分化出的一系列后裔成了进化的赢家。

道金斯提出了更高一层的自然选择方式："它所偏爱的类型，不仅仅能成功地适应环境，而且能朝着既定的方向进化，或者只要保持进化就好。"换言之，进化不仅选择生存力，也选择进化力。

进化力并非由某个单一的特征或参数来表示——譬如说突变率，而突变率也确实在生物体的进化力中有一定的作用。一个物种如果不能产生必要的变异，就不能进化。物种改变自身的能力与其行为的可塑性一样，在它的进化力中占有一席之地。而基因组的灵活性是至关重要的。归根结底，一个物种的进化力属于系统特征，它不会只体现在某个局部，正如一个生物的生存力也并非由某个局部来决定一样。

如同进化所选择的所有特性一样，进化力必须是可以累积的。一个还很弱小的创新一旦被接受，就能够作为一个平台，产生竞争力更强的创新。凭借这种方式，使星星之火，可以燎原。在一个很长的时期内，进化力都是生存力的一个必不可少的组成部分。因而，一个生物族谱，如果其基因能够增强进化力，那么它就会累积起进化的决定性力量（和优势），代代相传，生生不息。

进化之进化就像一个阿拉丁神灯不会给予你的愿望，即获得另外三个愿望的愿望。这是一股合法改变游戏规则的力量。马文·明斯基注意到在儿童心智的发育中存在着“类似对改变其自身的规则做出改变的力量”。明斯基认为：“仅仅依靠不断地积累越来越多的新知识，心智不能真正很好地成长。它还必须开发出更新更好的运用已有知识的方法。这就是派普特原理——心理发育过程中的一些最关键的步骤，不仅仅建立于获取新技能的基础之上，而且建立于获取运用已知知识的新应用方法的基础之上。”

对变化做出改变是进化的更高目标。进化之进化并非意味着突变率在进化，尽管它的确促成了突变率的进化。事实上，长期以来，不论是在有机界，还是在机器世界乃至超生命界，突变率都基本保持恒定不变。（突变率达到几个百分点之上或是低于百分之一个百分点都是非常罕见的情况。理想的数值在十分之一个百分点左右。这意味着在一千个想法中只要有一个荒谬狂野的想法，就足以保持事物的进化。当然，某些情况下千分之一也是一个很疯狂的比例。）

自然选择进化倾向于维持一个能保证最大进化力的突变率。与此同时，自然选择会将系统的所有参数都移至有利于进一步自然选择的最优点上。而这个进化力的最优点是一个移动的目标，达成这个目标的动因也就是使其漂移的动因。在某种意义上，一个进化系统是稳定的，因为它会不断回归到最优进化力的状态。但是因为这个最优点是变化的——就像镜子上变色龙的颜色——这个系统又永远处在非均衡状态。

进化系统的本质，是一种产生永恒变化的机制。永恒的变化并非重复出现的周期变化，不像万花筒那样缺乏想象力。那是真正永恒的活力。永恒的变化意味着持续的不平衡，永远处在即将跌落的状态。它意味着对变化做出变化。这样一个系统将永远处在不断改变现状的边缘上。

回过头来说，既然进化力是由进化而来的，那么最早的进化又是从什么地方开始的呢?

如果我们接受这样一个理论，即生命进化起源于某些类型的非生命，或者说原生命，那么进化必然早于生命。自然选择是一个非生命的后续过程，在原生物群体中也能起到很好的作用。一旦进化的基本变异运作起来，形式的复杂性所允许的更复杂的变异就会加入进来。我们在地球生物化石记录中所看到的是，不同类型的简单进化逐步累积、最终形成一个有机整体的过程，我们如今称之为进化。进化是许多过程的综合，这些过程形成一个进化的群体。进化随着时间的推移而进行，因此进化本身的多样性、复杂性和进化力也增长了。正所谓，变自生变。

21.4 土狼般的自我进化

对进化之进化可做如下总结。起初，进化启动了各色自我复制，产生了足够的数量以诱发自然选择。一旦数量膨胀，定向的突变就逐渐重要起来。接下来，共生开始成为进化的主要推动者和振荡器，依靠自然选择产生的变化来滋养。随着形态的增大，对形态的制约开始形成。随着基因组长度的增长，内部选择开始控制基因组。随着基因的集结，物种形成和物种级别的选择即行闯入。由于生物体拥有了足够的复杂性，行为和肢体的进化显露出来。随后，智力萌芽，拉马克式的文明进化取而代之。随着人类引入基因工程和自编程的机器人，地球上的进化将继续进化。

因此，生命的历史，就是一个由各种进化组成的进程，而这些进化则是由不断扩展的生命复杂性所驱动的。由于生命变得越来越层次化——基因、细胞、组织、物种，进化也改变了其对象。耶鲁大学的生物学家利奥·巴斯称，在进化之进化的每一个阶段，受制于自然选择的单位层级在提高。巴斯写道："生命的历史就是一个选择不同单位的历史。"自然选择选择的是个体；巴斯认为构成个体的部分一直在随时间发生演变。举个例子来说，数十亿年前，细胞是自然选择的单位，但最终细胞组合起来构成了组合体，自然选择就转而选择它们的组合体——多细胞有机生命体，将其作为个体来选择。看待这个问题的角度之一，就是看构成进化个体的组成部分进化出了什么。起初，个体是一个稳定的系统，随后是分子，之后是细胞，然后是一个生物体。接下来是什么呢？自达尔文以来，许多富有想象力的进化论者就提出了“群选择”，即那种以物种组群为单位，好像一个物种就是一个个体的进化。某些种类物种的生存或者灭绝，不是因为这种生物体的生存力，而是因为其物种性中不为人知的某些特质——或许是进化力吧。

群选择仍然是一个有争议的观点，而巴斯所做的结论更具争议性。他认为“进化的主要特性在自然选择单位的转换中形成”。因此，他说：“在每一个转型期——在生命发展史中每一个有新的自我复制单位出现的阶段，涉及自然选择运作模式的规则都发生了彻底改变。”简而言之，大自然的进化本身也进化了。

人工进化也将经历同样的演变过程，既是人工的，也是自然的。我们会把它设计成能够完成指定的工作，也能培育出一些人工进化的新物种来把某些特殊的工作做得更好。这样许多年之后，你也许就能够从目录里选用一个特定的人工进化的品牌，恰好符合你所期望的新颖度，或者是恰到好处的自导向。不过，人工进化与其他任何进化系统一样，也会拥有某种偏好。任何一个种类，都绝对不会完全接受我们的控制，它们拥有自己的进化日程。

如果真的存在各种各样的人工进化，并且在我们称之为进化的那个东西中真的有各种各样的子进化过程，那么，这个更大的进化，这个变化之变化的特征是什么？这个超进化——不但包括一般级别的进化，而且包括穿行其中的更大进化——它的特征是什么？它又通往何方？进化究竟想要做什么？

我核对证据，确定进化的目标正是它自己。

进化的过程不断地集中力量，一次次及时地再造自己。每一次改造，进化都变成更有能力改造自己的过程。因此，“它既是来源，又是结果”。

“进化算法”并非驱使它造出更多的火烈鸟、更多的蒲公英，或者更多的其他生物实体。多产不过是进化的副产品——瞧，孵化数百万只青蛙——而非目标。相反，进化的方向是实现自我。

生命是进化的培养基。生命提供了生物组织和物种的原材料，从而使进化得以进一步进化。没有浩浩荡荡日益复杂化的生物，进化就无法进化出更大的进化力。所以，进化产生复杂性和多样性以及成千上万的存在，从而为自己拓展空间，使进化成更强大的进化者。

所有自进化者必须是像土狼一样高明的魔术师。这位魔术师对自身的改造永远也不满意。它总是抓住自己的尾巴，把自己躯体向外翻转，变成更复杂、更柔韧、更花俏、更依赖自己的东西，然后会再次无休无止地努力去抓自己的尾巴。

宇宙容忍这种几近残酷的进化积蓄更为强大的进化力，究竟得到了什么？

我所能看到的，就是可能性。

而且，在我看来，可能性是蛮不错的终点。

第二十二章

OUT OF CONTROL

预言机

22.1 接球的大脑

“给我说说未来吧。”我恳请道。

我现在正坐在导师办公室的沙发上。经过了一段艰苦的跋涉，我才来到这个位于地球能量点之一的高山哨站——美国新墨西哥州洛斯阿拉莫斯国家实验室。在导师的办公室里，贴满了各种色彩斑斓的过去高科技会议的海报，勾画出他近乎传奇的履历：他，还是标新立异的物理系学生时就拉一帮嬉皮黑客成立了一个地下组织，在拉斯维加斯利用可穿戴式计算机赢光了庄家的钱；他，通过研究滴水的水龙头，成了一帮离经叛道的科学家中的人物，正是他们发明了之后迅速发展的混沌科学；他，是人工生命运动之父；他，现在在美国洛斯阿拉莫斯原子武器博物馆斜对面的小实验室里领导研究复杂性这门新科学。

导师多恩·法默，又高又瘦，看上去三十多岁的样子，他很像戴了饰扣式领带的伊卡伯德·克瑞恩。法默正在着手开始他下一个不同寻常的冒险：开办一家公司，通过计算机模拟来预测股价，然后打败华尔街的金融大学。

“我一直在思考未来，我有一个疑问”我开口道。“你是想知道IBM的股票到底是会涨还是会跌！”法默带着一脸歪笑提示道。“不。我想知道未来为什么这么难以预测。”“哦，这个简单。”

我之所以探询预测未来的问题，是因为预测是控制的一种形式，是一种尤其适合分布式系统的控制形式。通过预测未来，活系统能够改变其姿态，预先适应未来，以这种方式掌控自己的命运。约翰·霍兰德说：“复杂自适应系统所做的，就是预测。”

在对预测机制进行剖析的时候，法默最喜欢用下面的例子来进行说明：“来，接着！”说着就朝你扔过来一个棒球。你抓住了球。“你知道你是怎么接住这个球的吗？”他问道，然后回答，“通过预测。”

法默坚信你的脑子里有一个关于棒球是如何飞行的模型。你可以采用牛顿的经典力学算式$F=ma$来预测一个高飞物体的运动轨迹，但是你的大脑之中却并没有存储这样的基本物理学算式。更确切地说，它直接依照经验数据建立起一个模型。一个棒球手成千次观察球棒击飞棒球的情景，成千次举起戴着棒球手套的手，成千次利用戴手套的手调整他的预测。自然而然地，他的大脑就逐渐构建出了一个棒球落点的模型——一个几乎跟$F=ma$不相上下的模型，只不过适用范围没有那么广而已。这个模型完全建立在过去接球过程中产生的一系列手与眼配合数据的基础上。在逻辑学领域中，这样的过程统称归纳，它与导出$F=ma$的推演过程截然不同。

在天文学发展的早期，也就是在牛顿的$F=ma$出现之前，天体事件的预测都是根据托勒密的嵌套圆形轨道模型做出的——一环套一环。由于建立托勒密理论的核心前提（所有天体都绕着地球转）是错误的，所以每当新的天文观察提供了某个星体更精确的运动数据时，都需要修正这个模型。不过，嵌套的复杂结构惊人地坚固，足以应付层出不穷的修修补补。每次有了更好的数据，就会在模型中增加更多层的圆环，用这种方法来调整模型。尽管产生了各种严重错误，这个巴洛克风格的模拟装置仍然行得通，而且还会“学习”。托勒密的这个头脑简单的体系，为日历的调节以及对天象的实际预测，恰好服务了1400年！

一个棒球外野手基于经验形成的空中飞行物的“理论”，很像托勒密行星模型的后期阶段。如果我们解析外野手的“理论”的话，就会发现它是不连贯的、即兴的、复杂的，而且还是近似的。但是，它也可以是发展的。这是一个紊乱的理论，但它不仅有效，而且还能提高。如果非要等到每个人都能弄明白$F=ma$这个算式（对$F=ma$一知半解还不如什么都不懂）再行动的话，就根本没有人能接住任何东西。就算你现在了解了这个算式，也没什么用。“你可以用$F=ma$来求解飞行中的棒球问题，但你不能在外场实时解决问题。”法默说。

“现在，接着这个！”说着，法默又扔出了一个充好气的气球。这气球在房间里放肆地飘来弹去，像喝醉酒似的。谁也接不住这东西。而这正是混沌的一种经典表现——一个对初始条件具有敏感依赖的系统。气球在扔出时的一点微不可察的变化，也能被放大成飞行方向的巨大改变。尽管$F=ma$这条定律仍然支配着气球，但是，另有一些力量，比如推动力、空气抬升的推与拉，造成了运动轨迹的不可预测性。在这混沌之舞中的歪歪斜斜的气球，反映的是太阳黑子周期循环、冰河时期的气温、流行性传染病、沿着管道流动的水的种种难以捉摸的华尔兹，更为切题的是，股票市场的波动。

可是，难道气球的运行轨迹真的不可预测吗？如果你试图用算式来解决气球那摇摇晃晃的飞舞运动，你会发现它的路径是非线性的，因此它几乎是不可解的，因此也是不可预测的。尽管如此，一个玩任天堂公司（一家日本游戏公司）的游戏长大的十几岁小孩，却可以学会如何接气球。虽说不是完全准确无误，但是比单纯靠运气要强多了。只要接过几十次之后，小孩的大脑就开始根据所获得的数据来构筑某种理论，或者说构筑某种直觉、某种归纳。放飞了上千次的气球之后，他的大脑就已经构建出了这个气球飞行的某种模型。这样的模型虽然不能精确地预测出气球到底会落到什么地方，但是能探查出飞行物的飞行意向，比如说，是往发射的相反方向飞，还是按照某种模式绕圈子。也许，随着时间的推移，这个人抓气球的成功率，要比纯粹靠运气去抓高上10个百分点。关于抓气球，你还能有什么更高的要求呢？某些游戏里，并不需要太多的信息就可以做出有效的预测。比如逃离狮群的追捕或者投资股票的时候，哪怕只是比纯粹的运气高那么一点点，也是有重大意义的。

几乎可以明确地说，“活系统”——狮群、股票市场、进化中的种群、智能等，都是不可预测的。它们所具有的那种混乱的、递归式的因果关系，各个部分之间互为因果的关系，使得系统中的任何一个部分都难以用常规的线性外推法推断未来。不过，整个系统却能够充当分布式装置，对未来做出可信的预测。

为了破解股票市场，法默在推导金融市场动向方面下了大力气。“金融市场的可爱之处就是，其实不需要太多的预测，就可以做很多事情。”法默说。

报纸灰色的末版里，有股票市场上下波动的走势图，只显示两个维度：时间和价格。从有股票市场的那一天起，投资者就已经在细心解读这个在二维图形之上起伏的黑色线条，希望从中找出某种能够预测股市走向的模式来。只要是可靠的，哪怕只是模糊的方向性提示也能让人获得不小的收获。正因为如此，推介这样那样的预测图表来判断未来走向的昂贵金融通信，才会成为股票界的一个永久附件。从事这个职业的人就被称为图表分析师。

在20世纪70年代和80年代，图表分析师在货币市场的预测方面有了一点成功，这是因为，按照一种理论的说法，中央银行和财政部在货币市场中的强势角色约束了各种变量，因而可以用一种相对简单的线性算式来描述整个市场的表现。（在线性算式中，一个解可以用一条直线在图中表示。）而当越来越多的图表分析师利用这种简单的线性算式成功地找出各种趋势之后，市场的利润也就越来越薄了。自然而然地，预测者开始把目光投向那些更为狂野和更为杂乱的地方，那些仅由非线性算式统治的地方。在非线性系统中，输入与输出之间并非简单的线性关系。而世界上绝大多数的复杂系统——包括所有的市场，都是非线性的。

随着价格低廉、具有产业优势的计算机的出现，预测者对非线性的某些方面已经能够理解。金融价格可以体现为一种二维曲线，而通过对这种二维曲线背后的那种非线性现象进行分析，提取出可靠的模式，就可以挣钱，而且是大钱。这些预测者可以推测出图形的未来走向，然后在预测上下赌注。在华尔街，人们把能破解出这种或那种神秘方法的计算机“呆子”称为“火箭科学家”——股市分析高手。而这些西装革履、在各种交易公司的地下室里工作的技术怪才，其实就是20世纪90年代的黑客。法默这位数学物理学家，还有那些原来跟他一起进行数学冒险的同事们，将美国境内离华尔街远得不能再远的地方——圣达菲的四间砖房作为办公室，现在已经是华尔街最炙手可热的股市分析高手。

在现实中，影响股票二维图形轨迹的因素不是几个，而是数千个。当我们把股票的数千个向量绘制成一条线时，它们都被隐藏起来，只显现出了价格。同样的情况也会发生在我们用图形来表示太阳黑子的活动或者气温的季节性变化时。比如，你可以在平面图上用一条简单的、随时间变化的细线表示太阳的活动轨迹，但是，那些影响到这条线的各种因素却是令人难以置信的复杂多样，相互纠结，反复循环。在一个二维曲线的表面背后，活跃着驾驭这条曲线的力量的混乱组合。股票、太阳黑子或气候的数据图表都会包括一个为所有影响力因素准备的轴，因而这张图也会成为一种难以描绘的千臂怪物。

数学家一直努力寻找驯服这类怪物的方法，他们称之为“高维”系统。任何有生命的造物、复杂的机器人、生态系统或者自治的世界，都是一个高维系统。而形式之库，就是一个高维系统的建筑。仅仅100个变量，就可以创造出一群数量巨大无比的可能性。因为每一个变量行为都和其他99个行为互相影响，所以如果不同时对这个相互作用的群体整体进行考察的话，你根本无法考察其中的任何一个参数。比如说，哪怕是一个简单的只有三个变量的气候模型，也会通过某种奇怪的回路连回到自己身上，从而哺育出某种混沌，让任何一种线性预测都成为不可能。（最初就是因为在气象预测上的失败才发现了混沌理论。）

22.2 混沌的另一面

流行的观点认为，混沌理论证明了这些高维的复杂系统——比如天气、经济、行军蚁，当然还有股票价格，其未来行为本质上是无法预测的。这种设想是如此坚不可破，以至于人们通常认为，任何一种用来预测这些复杂系统输出结果的设计，都是天真的，要不然就是疯狂的。

可是，人们大大地误解了混沌理论。它还有另外一副面孔。出生于1952年“婴儿潮”时期[1]的法默用黑胶唱片打了个比方：他指出，混沌就好像是一个双面都录有音乐的热门唱片。

正面的歌词是这样的：根据混沌定律，初始秩序可以分解为原不可预测性。你无法做出远期预测。

另一面则是这样的：根据混沌定律，那些看起来完全无序的东西，在短期内可以预测到。你可以做出近期预测。

换句话说，混沌的特性，既载有好消息，也带有坏消息。坏消息是：可做远期预测的东西，即便有，也只是一点点。而好消息，也就是混沌的

1 美国在第二次世界大战结束后的1946—1964年期间，新生儿出生率保持高位，该时期被称为“婴儿潮”（Baby Boom）。

另一面，则是：就短期而言，有更多的东西可能比其第一眼看上去更具可预测性。而无论是高维系统长期的不可预测性，还是低维系统的短期的可预测性，都来源于同一个事实，即“混沌”和“随机”是两回事。“在混沌中存在着秩序”法默说。

法默肯定知道。早在混沌形成科学理论、成为时尚的研究领域之前，他就是探索这一黑暗领域的一位先行者。20世纪70年代，在时尚的美国加利福尼亚州小城圣克鲁斯，法默和朋友诺曼·帕卡德共同建立了一个计算机迷嬉皮士公社来实践集体科学。他们同住、同吃，同熬时间，一起寻找解决问题的方法，一起分享科学论文的荣誉。作为混沌社成员，这伙人研究的是滴水的水龙头和其他看似随机生成的设备的古怪物理学。法默对轮盘赌的轮盘特别着迷。他坚信表面上随机旋转的轮盘里，一定隐藏着某种秩序。如果有人能在这旋转的混沌中找出隐秘的秩序，那么……哎呀，他就发财了……发大财了。

1977年，在苹果机这样的商用计算机诞生之前很久，圣克鲁斯的混沌社造出了一组可手动编程的迷乐计算机，装在三个普通皮鞋的底部。这些计算机用脚趾键入信息；它们的功能，是预测轮盘赌中小球的走向。法默的团队从拉斯维加斯买来二手轮盘机架在公社拥挤不堪的卧室里，对其进行研究。这种自制的计算机，运行的就是由法默依据小组的研究成果编制的代码。法默的计算机算法不是基于轮盘赌的数学规律，而是基于轮盘的物理规律。从根本上说，混沌社的编码，在鞋子里的芯片内模拟了整个轮盘赌旋转的轮盘和弹跳的小球。它完成这种模拟只用了微不足道的4KB内存[1]，而那个时代，计算机还是一些需要24小时的空调恒温机房和专门人员照顾的巨型怪兽。

这个科学公社，曾经不止一次把混沌的另一面翻出来，场景大致如此：在赌场里接上线，由一个人（通常是法默）穿上一双魔法鞋来测定轮盘操

1　在那个年代4KB内存容量已经不小了，几年后推出的苹果第一代微型机的样机也只有4KB内存，直到苹果第二代微型机的内存才扩至16KB~64KB。

作员对轮盘的弹击、球的跳动速度以及轮盘摆动的倾角。附近，同社的一个人穿着第三只无线电信号连接的魔法鞋，在台面上实际下注。而在这之前，法默已经用脚趾头调整他的算法，仿定了赌场的一部轮盘机。此时，就在小球落下到最终停下来之间的短短15秒左右的时间里，他的鞋计算机就模拟完成了这个球的整个混沌运行过程。法默用他的右脚拇趾点击预测装置，生成这个球未来落点的信号，其速度要比一个真球落到号码杯中的速度快上大约100万倍。法默动一下左脚拇趾，把这个信息传递给他的同伙，后者从他自己的脚底“听”到这个信息，然后，一本正经地在小球落定之前把筹码放到已经预先确定了的方格中。

如果一切都运转良好的话，这一注就赢了。不过，这个系统所预测的从来都不是那个会赢下赌注的准确号码；混沌社员是一些现实主义者。他们的预测装置预报出一小片相邻的号码——轮盘的一个小扇面，作为球在赌桌上的目的区。而参赌的同伙则会在小球停止转动的过程中在这个区域内遍撒筹码。最后，其中一个赢得赌注。尽管下在它旁边的那些筹码输了，可这个小区域作为一个整体，往往能赢，而且足以超过赔率，从而挣到钱。

后来，因为这个系统的硬件不可靠，小组把整个系统卖给了别的赌博者。不过，从这次冒险中，法默却学到了三件对于预测未来非常重要的事情：

首先，你可以抽取混沌系统内在的固有模式，取得良好的预测；

其次，进行一次有用的预测用不着看得太远；

最后，即使是一点点有关未来的信息，也是非常有价值的。

22.3 具有正面意义的短视

法默牢记着这些经验，又跟另外5个物理学家（其中一个是前混沌社成员）组建了一个新公司。这一回，他们要破解的是所有“赌徒”的梦想：华尔街的股票行情预测。而且，这一回，他们将用上高性能的计算机。他们会把这些计算机装上实验性的非线性动力，以及火箭科学家秘不外传的其他诀窍。他们将从旁思考，让这种技术在没有他们控制的情况下承担尽可能多的责任。他们要创造出一个东西，如果你愿意也可以说，创造出一个有机体来，它能自行完成数百万美元的“赌博”。他们会让这个有机体……（嗯，请把鼓擂起来）预测未来。这帮老练的家伙有点虚张声势地挂出了新招牌：预测公司。

预测公司里的这些人领会到，要想在金融市场里挣到大钱，只要能够提前几天预见要发生的事情就足够了。的确，法默和同事们待过的圣塔菲研究所最近的研究就解释了“看得远并不意味着看得好”。当你埋首真实世界的复杂性时，少有清晰界定的选择，不完全的信息又蒙蔽了所有的判断，这个时候，要评判过于遥远的选择就达不到预期的目的了。尽管这个结论似乎符合人们的直觉，但是，我们还不清楚为什么它也应该符合计算机和模型世界。人类大脑的注意力很容易被分散。但是，假定说，你已经拥有了无限的计算能力，而且专注地执行着预测的任务。那么，有什么比看得更深更远更好呢？

这个问题的简单答案就是：当极小的误差（由有限的信息引起的）持续到非常遥远的未来的时候，将会累积成极为严重的误差。即使计算本身是免费的（而它从来就不是免费的），处理这些呈指数量级增长、被误差污染的可能性所需要的代价也是巨大的，而且根本就不值得付出。圣塔菲研究所研究员、耶鲁大学经济学家约翰·吉纳考普劳斯和明尼苏达大学的教授拉里·格雷曾经用一个国际象棋比赛的计算机程序作为他们预测工作的试验台。（最好的计算机象棋程序，比如顶级的“深思”程序，能够击败除了几个最顶尖的大师的所有人类棋手。）

结果却和计算机科学家的预料完全相反，无论是“深思”程序，还是人类的象棋大师，其实都不需要看得太远就能下出非常好的棋。这种“有限的前瞻”就是所谓的“有正面意义的短视”。一般来说，这些大师会首先纵览盘面的局势，然后只对各个棋子下一步的走法做出预测。接下来，他们会挑选出最可能的一种或两种走法，更深入地去考虑这些走法的后果。尽管每多向前推演一步，可能的走法就会以指数量级爆炸性增长，但是在每一个回合，那些伟大的人类大师却只会把注意力集中在有限的几个最有可能的应对走法上。在遇到以往经历过的熟悉环境、深知其间利害取舍的情况下，他们偶尔也会往前多探几步。但是，一般来说，大师（现在再加上“深思”程序）都是凭经验布置棋局。例如：首选那些增加选择余地的走法；避开那些结果不错但要求弃子求兑的走法；从那些毗邻多个有利位置的有利位置着手。在对局势的前瞻与通盘关注当前状况之间取得平衡。

我们每一天都会遇到类似的折中。无论是在商业、政治、技术还是生活场景中，我们都必须预估隐匿在犄角旮旯的情况。可是，我们从来都得不到充足的信息来做出完全正确的决策。我们在黑暗中经营，为了做出补偿，我们只能凭借经验或者粗略的指导原则，而国际象棋中的经验规则，是可以指靠的相当不错的指导原则。（这里注意了：首选那些增加选择余地的走法；避开那些结果不错但要求弃子求兑的走法；从那些毗邻多个有利位置的有利位置着手。在对局势的前瞻与切实通盘关注当前的状况之间取得平衡。）

常识能促使这种“有正面意义的短视”具体化。与其花费数年的时间去搞一本预测一切可能发生状况的公司员工手册——它在付印之际就过时了，不如采用那种有正面意义的短视，也不要去想那么远，这显然要好得多。也就是说，先设计出一些一般性的指导原则来应对那些看起来一定会在“下一步”发生的事情，等那些极端事例真的发生的时候再来应付。如果你身在一个陌生的城市，又想在交通高峰时段出行，你可以在地图上计划好穿越整个城市的详细路线——想得比较远，又或者试探一下，比如“一直向西，到达沿河路时，再左转”。通常，我们两种方法都会尝试一些。我们会尽量忍耐着不去想得太远，又确实会关注眼前马上要发生的事情。我们会蜿蜒向西，或上坡，或下坡，同时，不管到了哪里，都会想象一下马上要到达的路口。我们使用的方法，实际上是由经验规则引导的有限的前瞻。

预测机制即使看起来没有先知的样子也一样好使，只要它能从随机和复杂的伪装背后发现有限的模式——几乎什么样的模式都行。

22.4 从可预测性范围里挣大钱

按照法默的说法，有两种不同的复杂性：内在的和表面的。内在的复杂性是混沌系统“真正的”复杂性。它造成晦暗的不可预测性。另一种复杂性是混沌的另一面，掩盖着可利用秩序的表面复杂性。

法默在空中画了一个方框。往上，表面复杂性增加；对角线向上穿过正方形，内在复杂性增加。“物理学通常是在这里工作。”法默指着两类复杂性低端交汇处的底角，即那些简单问题所在的区域说道。“而到了那边，”法默指着方框中跟这个底角相对的那个上角说道，“都是些难题。不过，我们现在是要滑到这个位置，到了这里，问题就会比较有趣——这里表面复杂性很高，而内在复杂性仍然保持比较低的水平。到了这里，复杂的可预测性难题中有些部分是可以预测的。而那些正是我们要在股票市场中找的东西。”

预测公司希望能够借助那些简陋的计算机工具，那些占了混沌的另一面的便宜的工具，来消灭金融市场中简单的问题。“我们正在运用我们能找到的所有方法。”前混沌社成员，公司的合伙人诺曼·帕卡德说道。这个想法是把得到了验证的各种来源的模式搜寻策略都变成数据，然后“不断地锤炼它们”，以此对算法进行最优化。找到模式最清晰的提示，然后使真相大白。这是一种赌徒的心态：任何利益都是利益。

激励法默和帕卡德的信念是从他们自己的经验中得来的，即混沌的另一面非常稳定，足以依赖。没有比他们在拉斯维加斯的轮盘赌试验中挣到的那一大把实实在在的钞票更能打消疑虑的了。不利用这些模式就太傻了。正如那位记录他们高赢率冒险尝试的作者在《幸福的馅饼》(*Eudaemonic Pie*)一书里大声疾呼的那样："干吗不在鞋里穿上计算机去玩轮盘赌？"

除了经验，法默和帕卡德在他们通过混沌研究创造出来的颇受人敬重的理论中还注入了大量的信念。不过，他们现在还在测试自己最狂野、最有争议的理论。与绝大多数经济学家的怀疑相反，他们相信其他那些复杂现象中的某些区域也能精确预测。帕卡德把这些区域称为"可预测性范围"或者"局部可预测性"。换句话说，不可预测性在整个系统中的分布并不是统一的。绝大多数时间，绝大多数复杂系统也许都不能预测，但是其中一小部分也许可以进行短期预测。回头去看，帕卡德相信，正是这种局部的可预测性才让圣克鲁斯混沌社通过对轮盘上小球的近似路径进行预测来挣到钱的。

即使真的存在这种可预测性范围，它们也肯定被掩埋在一大堆不可预测性之下。局部可预测性的信号，会被上千个其他变量产生的盘旋杂乱的干扰所掩盖。而预测公司的6位股市分析高手，则利用一种混合了旧与新、高端与低端的搜索技术来对这个庞杂的组合信号堆进行扫描。他们的软件既搜寻那些从数学上来讲属于高维空间的金融数据，也寻找局部区域——不管什么样的局部区域，只要它能够和可预测的低维模式相匹配就好。他们是在金融的宇宙中寻找秩序的迹象——任何秩序。

他们做的这种实时的工作，也可以称为"超实时"的工作。就跟在鞋内计算机里模拟出来的弹跳球会在真球停下来之前停下来一样，预测公司的这种模拟金融模式也会比在华尔街那边的实际运行速度要快。他们在计算机里重新制定股票市场的一个简化部分。当他们探测到正在展开的局部秩序的波动时，就会以比真实生活更快的速度进行模拟，然后把筹码下在他们想见的这一波动可能结束的点位。

戴维·拜瑞比曾经在1993年3月的《发现》杂志上用一种非常可爱的比喻来形容这种寻找可预测性范围的过程："看着市场中的混沌，就好像看着波涛汹涌、浪花四溅的河流，它充满了狂野的、翻滚着的波涛，还有那些不可预料的、不断盘旋着的旋涡。但是，突然之间，在河流的某个部分，你认出一道熟悉的涡流，在之后的5~10秒内，就知道了河流这个部分中的水流方向。"

当然，你没有办法预测水流在下游半英里处的流向，但是，就有那么5秒——或者在华尔街那5个小时的时间里，你可以预测这个演示的进展。而这也正是你致用（或者致富）所需要的。找出任意一个模式，然后利用它。预测公司的算法，就是抓住飞逝的一点点秩序，然后利用这个转瞬即逝的原型来挣钱。法默和帕卡德强调说，当经济学家遵循职业操守对这些模式的原因进行挖掘的时候，赌徒却没有这种约束。预测公司的重要目标并不是模式形成的确切原因。在归纳式的模型——预测公司构造的那种模型中，事件并不需要抽象的原因，就跟具有意念之中的棒球飞行路线的外野手，或者一只追逐抛出的飞盘的狗一样不需要抽象的原因。

应该操心的，并不是这类充斥着因果关系循环的大规模集群式系统中因与果之间模糊不清的关系，而是如法默所说："要在股票市场中求胜，关键性的问题是，你应该关注哪些模式？"哪些模式掩盖了秩序？学会识别秩序而不是原因，才是关键。

在使用某个模型下注之前，法默和帕卡德会用"返溯"的方法对它做一个测试。在运用"返溯"技术（专业的未来学家常用到的方法）时，要通过来自人力管理模型中的最新数据建立模型。一旦系统在过往数据，比如说20世纪80年代的数据里，发现了某种秩序，就会把过去那几年的数据提供给它。如果系统能够依据80年代的发现准确地预测出1993年的结果，那么这个模型和算法就可以拿到奖章了。法默说："系统得出20个模型。我们会把所有这些模型都运行起来，用诊断统计学把它们筛一遍。然后，我们6个人就会凑在一起，选出真正要运行的那个。"这种建模活动，每轮都可能要在公司的计算机上运行上好几天。不过，一旦找到了某种局部秩序，根据这种秩序进行预测就只需要百万分之一秒的时间。

最后的一步，也就是在它手里塞上大捆的真钱来实际运行这个程序，还需要这几位博士中的一位在键盘上敲一下“回车”键。这个动作就会把选定的算法投入那个高速运转、钱多得能让脑子停转的“顶级赛事”的世界。割断了理论的缰绳，自动运行起来，这个充实起来的算法就只听到它的创造者喃喃低语：“下单啊，伙计，下单啊！”

“只要我们能够超过市场盈利5个百分点，那么我们的投资者就能挣到钱了。”帕卡德说。关于这个数字，帕卡德是这么解释的：他们能够预测出55%的市场走向，也就是说，比随机的猜测高出5个百分点，不过，如果他们真的猜对了话，那么最终得到的结果会高出200%，也就是说，比市场的赢率高两倍。那些为预测公司提供金融支持的华尔街大佬（当前是奥康纳及关联公司），可以获得这个算法的独家使用权，作为交换，他们则要根据算法所得到的预测结果的具体表现支付公司一定的费用。“我们还是有一些竞争者的，”帕卡德笑着说道，“我知道有另外4家公司也在琢磨同样的事情，用非线性动力学去捕捉混沌中的模式，然后用这些模式进行预测。其中的两家已经发展起来了。里面还有一些是我们的朋友。”

花旗银行就是使用真钱交易的竞争者之一。从1990年开始，英国数学家安德鲁·科林就已经开始搞股票交易算法了。他的预测程序首先随机生成数百个假设，这些假设的参数影响着货币数据，然后用最近5年的数据来检验这些假设。最可能产生影响的参数会被传送到计算机神经网络，由它调整每个参数的权重，以求更好地与数据吻合，采取给最佳参数组合加权的办法，以便产生出更优的猜测。这个神经网络系统也会不断地把得到的结果反馈回来，通过某种自我学习的方式不断打磨自己的猜测。当一个模型跟过去的数据吻合时，它就会被传送到未来。1992年，《经济学人》杂志曾经有一篇文章这样写道：“经过两年的实验，科林博士估计他的计算机虚拟股票交易资金能够获得每年25%的回报……这已经是绝大多数人类交易者期望值的好几倍了。”当时伦敦的米兰银行有8位股市分析高手在研究预测装置。他们计划由计算机生成算法。不过，和在预测公司一样，在敲“回车”键之前，计算机生成的算法还是要由人类来评估。直到1993下半年，他们将其用于实际交易。

投资者喜欢向法默提出的一个问题是，他怎么证明人们确实可以凭借这么一点点信息上的优势就在市场中挣到钱。法默举了一个“现实存在的例子”，即华尔街上像乔治·索罗斯这样的人，通过货币交易或者其他别的交易，年复一年地赚取数百万的金钱。成功的交易者，法默不平地说，“被那些学院派人士满脸鄙视地瞧不起，以为他们只是超级有运气而已——可是证据却显示说事情完全不是这样的”。人类交易者会在无意识中学会如何在随机数据的海洋里识别出那些属于局部可预测性的模式。这些交易者之所以能够挣到数以百万计的美元，是因为他们为了做出预测，先发掘出了模式（虽然他们也说不清道不明），然后建成内部模式（虽然他们并未意识到）。他们对自己的模型或理论的了解并不比他们对自己如何抓住飞行的棒球的了解更多。他们就这么做了而已。不过，这两种模型都是基于经验，以同样的托勒密归纳法建立起来的。而这也正是预测公司利用计算机来对飙升的股票进行建模的方法——以数据为起点，自下而上。

法默说：“如果我们在现在所做的事情上取得基础广泛的成功，那就证明机器的预报能力比人强，而且，算法是比米尔顿·弗里德曼还要优秀的经济学家。股票交易师已经在猜疑这个东西了。他们感受到了它的威胁。”

困难之处是要保持算法的简洁。法默说：“问题越复杂，最后要用到的模型就越简单。跟数据严丝合缝其实并不难，但如果你真的去做了，那你最后一定只是侥幸成功。概括是关键。”

说到底，预测机制其实是生产理论的机制，是产生抽象和概括性的机制。预测机制仔细咀嚼那些看似随机、被鸡爪刨过、源自复杂、活生生的东西的杂乱数据。如果有日积月累的足够大的数据流，这个设备就能从中分辨出星星点点的模式。慢慢地，这种技术就会在内部形成专门特定的模式，以解决如何产生数据的问题。这种机制不会针对个别数据对模式做“过度调校”，它倾向于有几分不精确的概括性模糊拟合。一旦它获得了某种概括性拟合，或者说，获得了某种理论，它就能够做出预测。事实上，预测是整套理论的重点。法默宣称：“预测是建立科学理论之后最有用、最实在的结果，而且从许多方面来说，也是最重要的结果。”尽管制造理论是人类大脑擅长的创造性的行为，可是具有讽刺意味的是，我们却没有如何制造理论的法则。法默把这种神秘的“概括模式搜寻能力”称为“直觉”。华尔街的那些“走运的”交易员，利用的恰恰就是这种能力。

我们在生物学中也可以见到这种预测机制。正如一家名为Interval的高技术智囊公司的主管戴维·李德所说，“狗不会数学”，但是经过训练的狗能够预先计算出飞盘的路径然后准确地抓住它。一般而言，智能或者聪明，根本就是一种预测机制。同样地，对预测与预报而言，所有适应与进化，也都是相对更为温和、分布更为稀疏的机制。

在一次各家公司CEO的私人聚会上，法默公开承认：“对市场进行预测并不是我的长期目标。老实说，我是那种一翻开《华尔街日报》看金融版的时候就觉得无比痛苦的人。”对一个死不改悔的前嬉皮士来说，这也没有什么可奇怪的。法默规定自己花5年的时间研究股票市场预测的问题，大挣一笔，然后转移到更有趣的问题上，比如，真正的人工生命、人工进化和人工智能。而金融预测就跟轮盘赌一样，只不过是另外一个难题而已：“我们之所以对这个问题感兴趣，是因为我们的梦想是要生产出预测的机制，一种让我们能够对很多不同的东西都进行预测的机制”——天气、全球气候、传染病——“所有能够产生很多让我们吃不透的数据的事物”。

“最终，”法默说道，“我们希望能够使计算机‘感染’上某种粗略形态的直觉。”

至1993年年底，法默和预测公司公开报告说他们已经成功运用“计算机化的直觉”对股票市场进行了预测，而且采用了真钱交易。他们与投资者之间的协议不允许他们谈论具体的业绩表现，虽然法默非常想这么做。不过，他确实说过，再过几年，他们就能够获得足够多的数据来“用科学的标准”证明他们在交易上的成功不仅仅是统计上的运气所致：“我们确实在金融数据中找到了在统计上非常重要的模式。确实存在着可预测性范围。”

22.5 前瞻：内视行动

在对预测和模拟机制进行调研的过程中，我获得了一个去拜访位于加利福尼亚州帕萨迪那的喷气推进实验室的机会。那里正在开发一种最先进的战争模拟系统。应加利福尼亚州大学洛杉矶分校的一位计算机科学教授的邀请，我来到喷气推进实验室。这位教授一直以来都在拓展计算机实际应用的领域。而且和很多缺乏资金支持的研究者一样，这位教授也不得不依靠军方的资助来进行他那些前沿的理论实验。按照交易协议，他这一方需要做的，就是挑一个军事方面的实际问题来检验他的理论。

他的实验台要观察的是大型分散式控制并行计算（我称其为“集群计算”）能怎样提高计算机模拟坦克战的速度，是一种他并不太感兴趣的应用软件程序。另外，我倒真的非常有兴趣看一场顶尖水准的战争游戏。

一到实验室繁忙的前台，就直接进行安检。由于我拜访的是一个国家级的研究中心，而且当时美国军队在伊拉克边境正处于红色警戒的状态，保安已算是相当热情了。我签了一些表格，就我的忠诚和公民身份起誓，别上一个大徽章，然后就跟教授一起被护送到楼上他的舒适的办公室里。在一个灰暗的小会议室中，我遇到了一位留着长发的研究生，他借着研究如何用数学方法来模拟战争的名义，探寻关于宇宙计算理论的某种创新概念。接着，又见到了喷气推进实验室的头头。他因为我作为记者出现在这里感到紧张不安。

为什么？我的教授朋友问他。模拟系统并不是什么机密的东西；研究结果是发表在公开文献中的。实验室负责人的说辞一大堆："啊，嗯，你看，现在正在打仗，而且，我们在过去差不多一年的时间里都在泛泛推演那个情节——我们选择那个游戏纯属偶然，根本没有预测的意思，现在却真的打起来了。我们开始测试这个计算机算法的时候，总要选择一些情节，随便什么情节，来试用模拟的效果。所以我们就挑了一个模拟的沙漠战争，参战的……有伊拉克和科威特。现在既然这个模拟战争真打起来了，那么我们这里就多少有点像在现场。有点敏感。对不起。"

我没能看到那场战争模拟。不过，在海湾战争结束了大概一年之后，我发现其实并不只有喷气推进实验室一个地方偶然预演了那场战争。战争之前，佛罗里达州的美国军事中央司令部，又进行了一场更为有效的沙漠战模拟。美国政府提前模拟科威特战争两次，愤世嫉俗者认为，美国政府两次模拟了科威特战争，这描画出了它帝国主义的嘴脸，以及蓄谋已久发动科威特战争的欲望。而在我看来，预测性的种种场景，与其说它狠毒，倒还不如说它诡异、离奇、具有指导性。我用这个实例来勾画预测机制的潜能。

在世界各地，大概有24个操作中心进行着这种以美国为蓝军（也就是主角）的战争游戏。这些地方绝大多数是军校或者训练中心下属的小部门，例如，亚拉巴马州马克斯韦尔空军基地的兵棋推演中心，罗德岛钮波特美国海军军事学院的全局博弈室，或者堪萨斯州莱温沃斯的陆军野战理念部的那个经典的"沙盘"桌面推演装置。而为这些战争模拟提供技术支持及实用重大知识的，就是一些躲在无数准军事智囊团里面的学术人员或者专业人士，这些智囊团要么沿华盛顿环城路撒布，要么窝藏在如喷气推进实验室、加利福尼亚州的劳伦斯 · 利弗莫尔国家实验室等各个国家实验室角落的研究区里。当然了，这些战争模拟系统，都以首字母缩写标识，比如TACWAR、JESS、RSAC、SAGA。最近的一份军事软件的目录上，列出了大约400种不同的军事模拟或其他军事模型，而且都是列架销售的。

美国的任何一次军事行动，其神经中枢都会设在佛罗里达州的中央司令部。中央司令部作为五角大楼的一个机构，其存在的目的就是像猎鹰一样替美国国会 和美国人民紧盯住一个主要的战局。20世纪80年代，诺曼·施瓦茨科夫将军到任的时候，却并不接受这种观点。施瓦茨科夫将他的作战计划制订者的注意力引向其他战局上。而高居榜单前列的，就是伊拉克边境沿线的中东。

1989年年初，中央司令部的一位官员，加里·威尔，开始按施瓦茨科夫的要求为基础建立战争模型。他和一组军事未来学家一起搜集整理数据，以便能够创造出一个模拟的沙漠战争。这一模拟的代号是“内视行动”。

任何模拟都只能做到与它们的基础数据相当，而威尔希望“内视行动”能尽可能地贴近现实。这意味着，要收集当下驻中东部队的近10万种的细节数据。这部 分工作，绝大多数极度沉闷乏味。战争模拟需要知道部署在中东的车辆数目、食物和燃料的物资储存量、武器的杀伤力、气候条件，等等。而这些细枝末节的东西，绝大部分没有现成的，甚至军方也不容易弄到。所有这些信息都处在持续不断的变化之中。

一旦威尔的团队形成军队组织的方案，战事推演员就会编制整个海湾地区的光盘存储的地图。而这个模拟沙漠战的基础——这块疆域本身，则是从最新的卫星数字 照片中转过来的。等这个工作结束之后，军队相关人员就会把科威特、沙特这些国家的地形压缩到光盘上。这时他们就可以把这些数据输入TACWAR这个计算机战争模拟程序里。

威尔是从1990年年初开始在虚拟的科威特和沙特战场上进行沙漠战争的。7月，在佛罗里达州北部的一个会议室里，加里·威尔向他的上级概述了“内视行动”的各种成果。他们审看了这样的一种局势：伊拉克入侵沙特，然后美国和沙特反击。意想不到的是，威尔的模拟恰恰预测了一场为期30天的战争。

就在两周之后，萨达姆·侯赛因突然入侵了科威特。最开始的时候，五角大楼的高层还根本不知道他们已经拥有了完全可操作的、数据翔实的模拟程序。只要转动启动钥匙，这个模拟程序就预测无尽的变局下这个地区可能发生的战事。当这个“有先见之明”的模拟程序的消息传出之后，威尔就像玫瑰般闻着都香。他承认说：“如果等到侵略发动时才开始着手去干的话，那我们就永远都赶不上趟了。”未来，标准的军备条例可能会要求给指挥中心配置一个盒子，里面运转着包括种种可能的战事的模拟场景，随时启动。

萨达姆入侵科威特之后，战事推演员立刻把“内视行动”转向运行变化无穷的“真实”局势的模拟。他们的注意力重点集中在一组围绕变量产生的可能性上：“如果萨达姆不断地进攻，事态会怎样？”对预测到的30天内的战事做迭代运算，威尔的计算机只花了大概15分钟的时间。通过在多个方向上运行这些模拟，威尔的团队很快就得出了这样一个结论：空中力量将是这场战争的决定性因素。进一步精确的迭代模拟非常清楚地显示，如果空战打赢了，美国就能取胜。

不仅如此，根据威尔的预测机制得到的结果，如果空中力量确实能够完成分配给他们的任务，美国的地面部队就不会有重大的损失。而高级官员对这一结论的理解就是先进行精确的空中打击，这是美国低伤亡率的关键。加里·威尔说：“在保持我们部队的绝对最小伤亡这方面，施瓦茨科夫非常强硬，以至于低伤亡变成了我们所有分析工作的基准。”

这样一来，预测性的模拟给了军方的指挥团队这样的信心，即美国可以最小的人员损失取得战争的胜利。这种信心引领美军实施了高强度的空中打击。威尔说：“模拟绝对影响了我们（在中央司令部）的思维。不是说施瓦茨科夫事前对此没有强烈的感受，而是模型给了我们信心去贯彻这些理念。”

作为预测，“内视行动”确实获得了非常好的成绩。尽管在最初的军力平衡上有些变化，而且空中作战和地面作战的比例方面有一点小的差异，但是模拟出的30天空中与地面的战役与真正发生的战事仍非常接近。

地面战斗基本上是按照预测逐步展开的。与所有不在现场的人一样，模拟人员对施瓦茨科夫在前线那么快就结束了最后一轮的较量感到惊奇。威尔说："不过，我得告诉你，我们当时并没料到能在100个小时的时间里（在战场上）取得这样的进展。根据我的回忆，我们当时预测的是要用6天的时间来进行地面战，而不是100个小时。地面部队的指挥官曾经跟我们说，他们当时曾经预想行动会比模拟所得出的结果快。结果他们行动得确实像自己预测得那么快。"

按照这个战争预测机制的计算，伊拉克人的抵抗会比实际中他们的抵抗要大一些。这是因为，所有的战斗模拟都会假设敌对方会全力以赴调用他们的所有可用的资源。但是实际上伊拉克根本就没有那么顽强。战事推演员曾经厚着脸皮开玩笑说，没有一种模型会把投降白旗纳入武器序列。

由于战争进展得实在太快，结果这些模拟者再也没时间依次考虑下一步的模拟：以日报模式预报战事的进展。尽管计划者尽可能详细地记录了每天发生的事件，而且他们也可以随时计划到未来，但是，他们还是感觉："最初的12个小时之后，就不需要天才来推算未来的发展了。"

22.6 预测的多样性

如果硅芯片足以起到水晶球的作用，引导一场大的军事战争，如果那些在小型计算机里快速运行的算法足以提供预测技术看透股票市场，那么，我们为什么不改装一台超级计算机，用它来预测世界其他国家呢？如果人类社会只是一个由各种人和机器组成的大型分布式系统，为什么不装配一个能够预测其未来的设备呢？

即使对过去的预测做一点浮皮潦草的研究，也能看出这到底是为什么。总的来说，过去那些传统的预测还不如随机的猜测。那些陈年的典籍如坟场一样，埋葬着各种对未来的预言——从来没有实现过的预言。虽然也有些预言击中了靶心，但是，我们没有办法预先把罕有的正确预言和大量的错误预言区分开来。由于预测如此频繁地出错，而相信错误的预测又如此诱人、如此令人迷惑，所以有些未来学家原则上完全回避做出任何预测。为了强调试图预言无可救药的不可靠性，这些未来学家宁愿蓄意夸张地陈述他们的偏见："所有的预测都是错误的。"

他们说得也有一定的道理。被证实为正确的长期预测显得如此之少，因此以统计的眼光看来，满眼见到的都是错误。而根据同样的统计计量，正确的短期预测是如此之多，因此有人认为"所有的短期预测都是对的"。

对于复杂系统最有把握的说法，莫过于说它下一刻跟这一刻完全一样。这个观察接近于真理。系统是持之以恒的东西，因此，它只是从此刻到彼刻不断重复的过程。一个系统，甚至一个有生命的东西，都少有变化。一棵橡树，一个邮局，还有我的苹果电脑，从某一天运行到第二天，几乎没有什么变化。我可以轻松地保证对复杂系统做出一个短期的预测：它们明天会跟今天差不多。

还有一个老生常谈的说法同样正确：从某一天到第二天，事情偶尔也会发生一点变化。可是，能预测到这些即刻发生的变化吗？如果能的话，那么我们是否可以把这一系列可预测的短期变化积攒起来，勾勒出一种可能的中期趋势？

可以。尽管基本上长期预测是不可能的，但是对于复杂系统来说，短期预测不仅可能也必要。而且，有些类型的中期预测完全可行，并且越来越可行。尽管对当下的行为做一些可靠的预测，会有艾丽丝漫游奇境般的离奇感觉，但是人类在社会、经济和技术各种方面的预测能力，会有稳步的增长。至于为什么，我在下面会说。

我们现在拥有预测许多社会现象的技术，前提是我们能够在合适的时机抓住它们。我奉行席奥多 · 莫迪斯[1]1992年的著作《预测》(*Predictions*)对预测的功用和可信性情况的精确总结。莫迪斯提出了在人类互动的更大网络中建立有序性的3种类型。每种都在特定的时间构成了一个可预测性范围。他把这一研究应用到经济学、社会基础设施和技术领域之中，而我相信，他的发现同样适用于有机系统。莫迪斯的3个范围是不变量、成长曲线和循环波。

不变量。对所有优化其行为的有机体来说，自然的、无意识的趋势逐渐向其行为中注入了随时间推移极少变化的“不变量”。尤其人类，是最有资格的优化者。一天有24小时是一个绝对的不变量，那么一般而言，

---

1 席奥多 · 莫迪斯（Theodore Modis，1943—)：分析师、未来学家、物理学家、国际顾问。

人生几十年，虽然其间隔、所完成的事业不尽相同，但是很明显，人类都趋向把一定量的时间用来干这些琐事：烹饪、旅行、打扫卫生。如果把新的行为（比如，乘坐0201483408航班[1]，而不是步行）纳入基本维度（比如，每天奔波要花多长时间），就会看到，这种新行为的模式持续展现的是原有行为的模式，同样可以预测（或预言）它的未来。换句话说，你以前是每天走半个小时路去上班，现在则是开半个小时车去上班。而在未来，也许你会飞半个小时去上班。市场苛求效率的压力如此冷酷，如此无情，致使它必然将各种人造系统推向最优化这单一的（可预测）方向。追踪一个不变量的优化点，往往会提醒我们注意到一个规则的可预测性范围。比如说，机械效率的提高是非常缓慢的。到现在为止，还没有一种机械系统的效率能够超过50%。设计一个运行效率达到45%的系统是可能的，而要设计一个效率达到55%的系统，就不可能。因此，我们可以对燃料效率做一个可靠的短期预测。

成长曲线。一个系统越大，层次越多，越是去中心化，它在有机成长方面取得的进展也就越多。所有成长的东西，都拥有几个共同的特点。其中一个，就是形状为S形曲线的生命周期：缓慢地诞生、迅速地成长、缓慢地衰败。全球范围内每年的汽车产量，或者莫扎特一生中创作的交响乐，都相当精确地符合这种S形曲线。“S形曲线所具有的预测能力，既非魔法，也非无用，”莫迪斯写道，“在S形曲线那优雅的形状下面，隐藏着一个事实，即自然的生长过程遵循着一种严格的定律。”这个定律说明，结局的形态与开端的形态相对称。这个定律以数千生物学的历史，以及形成制度的生命历史的经验观测值为基础。这个定律还与以钟形曲线表述的复杂事物的自然分布有着密切的联系。成长对初始条件极度敏感；然而成长曲线上的初始数据点几乎毫无意义。不过，一旦某个现象在曲线上形成不可遏止的趋势，有关它的历史的数字快照就会形成，并在预测这个现象的最终的极限和消亡方面起颠覆性的作用。人们可以从这条曲线中抽取它

1　0201483408航班：0201483408为《失控》（1994年英文版）的国际标准书号（ISBN）。

与竞争系统的一个交界点，或者一个“上限”，以及这个上限必然水平拉开的数据。并不是每个系统的生命周期都呈现光滑的S形曲线；但是，符合这个曲线的系统无论种类还是数量都相当可观。莫迪斯认为，服从这一生长定律的东西比我们设想的要多。如果我们在恰当的时机（其生长过程的中期）检验此类生长系统，这种由S形曲线定律概括的局部有序状态的出现，就为我们提供了另一个可预测性范围。

循环波。系统明显的复杂行为，部分地反映了系统环境的复杂结构，这是赫伯特·西蒙在大约30年前指出的。当时，他利用一只蚂蚁在地面的运动轨迹作为例证。一只蚂蚁歪来扭去地穿过土地的线路，反映出的并不是蚂蚁自己复杂的移动，而是它所处环境的复杂结构。按照莫迪斯的说法，自然界的循环现象能给运行其间的系统注入循环偏好。莫迪斯曾经为经济学家康德拉季耶夫[1]所发现的“56年经济周期”所吸引。而且，除了康德拉季耶夫发现的这个经济波，莫迪斯还补充了两个类似的周期，一个是他自己提出的科学发展中的“56年周期”，另一个是阿诺夫·古儒柏[2]研究的基础设施更换的“56年周期”。其他作者已经提出了各种假说来说明这些明显波动原因，有人认为它来自56年的月亮运动周期，或者是第5个以11年为周期的太阳黑子周期，甚至还有人将其归结为人类隔代周期——因为每个28年期的代群都会偏离其父辈的工作成果。莫迪斯辩称，本初的环境周期引发了许多尾随而来的次生和再生的内部循环。研究者只要发现了这些循环的任何片段，就可以利用它们来预测行为的范围。

上述3种预测模式表明，在系统地提高了能见度的某些特定时刻，秩序的无形模式对于关注者来说会变得清晰起来。这就好像到了下一个鼓点之时，几乎可以预先听到它将要发出的声音。不一会儿，干扰把它搅浑覆盖了，那种模式就消逝了。可预测性范围也有大惊喜。不过，局部的可预

1 尼古拉·康德拉季耶夫（Nikolai D. Kondratieff，1892—1938）：俄罗斯经济学家及统计学家，因提出康德拉季耶夫长波闻名于西方经济学界。

2 阿诺夫·古儒柏（Arnulf Grubler）：英国科学家，国际应用系统分析学会的一名研究员。他在奥地利维也纳理工大学获得博士学位后，先后在意大利里亚斯特（Trieste）理论物理国际研究中心等机构任职。

测性确实指向一些可改进、可深化，也可延长为更大东西的方法。

尽管成功进行大型预测的概率非常之小，但是，试图从过去的股票市场价格中析取长波模式的业余的或专职的金融图表分析师并不因此气馁。对于图表分析师来说，任何一种外在的周期性行为都是可以猎取的猎物：裙裾的长度、总统的年龄、鸡蛋的价格。图表分析师永远都在追逐神话般预测股价趋势的“领先指标”，用来作为下注的参考值。多年来，图表分析师一直因为采用这种说不清道不明的数字逻辑方法而受到嘲笑。不过，最近一些年来，一些专业学者，比如理查德 · 斯威尼[1]和布莱克 · 勒巴朗[2]却说图表分析师的方法往往切实可行。图表分析师的技术准则可以简单到令人咋舌：“如果市场保持上涨趋势有一段时间了，就赌它还会继续上涨。如果它处在一个下跌的趋势，就赌它还会继续下跌。”这样的一种准则，就把一个复杂市场的高维度简化为这样简单的“双拍子规则”的低维度。一般来说，这种进行模式寻找的办法行之有效。这种“涨就一直涨，跌就一直跌”的模式，要比随机地碰运气好得多，因此也比普通投资者的炒作要强得多。既然对于一个系统来说，最可预测的事情就是它的停滞，那么，这种有序模式的出现并不出乎意外——尽管它真的令人惊讶。

与图表分析主义相反，另外一些金融预测人员依靠市场的“基本面”数据来预测市场行情。这些被称为基本面分析师的人们试图理解复杂现象中的驱动力量、潜在动力及基本条件。简单来说，他们要找的是一个理论：$F=ma$。

另一方面，图表分析师是从数据中寻找模式，并不关心自己是否明白这个模式存在的理由。如果宇宙中确实存在着有序，那么所有的复杂性的有序，其未来路径都会（至少暂时地）在某处以某种方式被揭示出来。人们仅仅需要了解可以把什么信号当作噪声而忽视。图表分析师按照多

1 理查德 · 斯威尼（Richard J. Sweeney）：博尔顿 · 苏利文/托马斯国际金融组织主席。斯威尼教授专长于国内国际金融货币经济学及国家政策。其当前研究重点在美联储对外汇市场的影响，财政交叉截面分析办法，以及欧盟、美国的立宪提案等。

2 布莱克 · 勒巴朗（Blake LeBaron）：芝加哥大学经济学哲学博士，布兰代斯大学金融学教授，金融理论家。

恩·法默的方式进行组织归纳。法默自己也承认，他和他那些预测公司的同事是“统计意义上的严格的图表分析师”。

再过50年，计算机化的归纳法、基于算法的图表分析及可预测性范围，将会成为受尊敬的行业。股票市场的预测则仍然是一件古怪的事情，因为与其他系统相比，股票市场更多的是建立在预期之上的。在一个“靠预期取胜的游戏”中，如果所有人都分享这个预测方法的话，准确的预测就不会提供赚钱的机会。预测公司真正能够拥有的，只不过是时间上的领先。只要法默的团队开发某个预测性范围挣到了大钱，其他人就会冲进来，多少模糊了模式，大多数情况下，会把挣钱的机会拉平。在一个股票市场中，成功会激发起强烈的、自我取消的反馈流。在其他系统中，比如说成长性网络，或者一家正在扩张的公司，预测反馈不会自我取消。通常来说，反馈是自我管理型的。

22.7 以万变求不变

最早的控制论学者，诺伯特·维纳，曾经殚精竭虑地要说明反馈控制的巨大力量。他当时脑子里想的就是简单的冲水马桶型的反馈。他注意到，不断地一点点地把系统刚刚实现的微弱的信息（“水平面还在下降”）注入系统，在某种意义上引领了整个系统。维纳总结说，这种力量，是时间平移的一项功能。在1954年，他这样写道：“反馈是控制系统的一种方式，它把系统过去的运行结果重新输入系统，从而完成对系统的控制。”

感知现实的传感器里没有悬念。除了此时此地，还需要知道什么与现在有关的别的东西吗？显然，关注当前对系统来说是值得的，因为它几乎没有什么别的选择。可是，为什么还要在已经过去的和无法改变的东西上消耗资源呢？为什么要为了当下的控制而袭扰过去呢？

一个系统——不管是有机体、企业、公司，还是计算机程序，之所以花费精力把过去发生的事情反馈到现在，是因为这是系统在应对未来时比较经济的做法。要想预见未来，你就必须了解过去。沿着反馈回路不断地分析过去，给未来提供信息，并控制着未来。

不过，对于一个系统来说，时间移动还有另一条通往未来的途径。身体中的感觉器官，那些能够识得几英里之外的声波和光波信息的感觉器官，其功能有如对当下进行衡量的仪表，而且更像是对未来进行衡量的量具。地理位置遥远的事件，从实用的角度来说，是来自未来的事件。一个正在靠近的捕猎者的图像，现在就变成了关于未来的信息。而远处的一声咆哮，很快就变成一只扑到跟前的动物；闻到一股盐味，表明潮汐马上要变化。所以说，一个动物的眼睛就是把发生在“时/空”远处的信息“前馈”到位于“此处/现在”的身体中。

有些哲学家认为，生命能够起源于一个笼罩着空气和水这两种介质的行星上并不是一件偶然的事情，因为水和空气，在绝大多数光谱下都具有令人惊讶的透明度。清洁、透明的环境，使器官能够接收来自“远处”（未来）的含有丰富数据的信号，并对来自有机体的信号进行预处理。因此，眼睛、耳朵和鼻子都能够感受时间的预测机制。

根据这个概念，完全浑浊的水和空气可能会通过阻止远处事件的信息传至现在而抑制预测机制的发展。生存在浑浊世界中的有机体，无论是在空间上还是在时间上，都会受到束缚；它们会缺乏空间去发展适应性反应。而适应，就其核心而言，要求对未来感知。在一个变化的环境中，不管这环境是浑浊的还是清澈的，能够预测未来的系统都更可能存续下去。迈克尔·康拉德写道：“归根结底，适应性，就是利用信息来应付环境的不确定性。”格雷戈里·贝特森则用电报文体简洁地说：“适应就是以万变求不变。”一个系统（根据定义是不变的）适应（变化）的目的就是存续（不变），火烈鸟改变自己的目的就是继续生存。

如此来说，那些被卡在当下动弹不得的系统，更容易受到变化的奇袭而死去。因此，一个透明的环境，会奖励预测机制的进化，因为预测机制把生命力赋予复杂性。复杂系统之所以能够存活下来，是因为它们具有预测的能力，而一种透明的介质，则能够帮助它们进行预测。相反，浑浊会完全阻碍复杂的活系统的预测、适应及进化。

22.8 系统存在的目的就是揭示未来

后现代人类在已成形的第三种透明介质中畅游。即每种现实都能够数字化；即人类每次集群活动的测量都可以通过网络传输；即每个个体生命的生活轨迹都可以变形为数字形式，并且通过线路发送。这个联网的行星，已经变成了比特的洪流，在光纤纤维、数据库和各种输入设备组成的清澈壳体里流动。

数据一旦流动起来，就创造出透明；社会一旦联网，就可以更多地了解自己。预测公司的那些火箭科学家，能够比老牌的图表分析师获利更多，那是因为他们工作在一个更为透明的介质里。网络化金融机构抛出的数以十亿计的数字信息凝结为一种透明的氛围，预测公司据此侦测出那些正在演变中的模式。流经他们工作站的数据之云，形成了一种清澈的数据世界供他们仔细探查。从这清新空气的某些片段中他们能够预见未来。

与此同时，各种工厂大批生产摄像机、录音机、硬盘、文本扫描仪、调制解调器和卫星电视天线信号接收器。这些东西分别是眼睛、耳朵或者神经元。它们连接起来，就形成了一个由数十亿个碎片组成的感觉器官，漂浮在飞速运行的数字组成的清澈介质之中。这个组织的作用是把那些来自远处肢体的信息“前馈”到这个电子身体中。美国中央司令部可以利用科威特的数字化地形图、实时传输的卫星图像，以及通过全球定位信息进行定位的（无论在地球的哪个位置，误差范围在50英尺之内）手持传送器分段传送过来的报告预测——通过集体心智的眼睛去了解——即将到来的战斗过程。

归根结底，揭示未来不仅是人类的向往，也是任何有机体，也许还是任何复杂系统所拥有的基本性质。有机体存在的目的就是揭示未来。

我给复杂系统的工作定义是一个“跟自己对话的东西”。也许有人会问：复杂系统会跟自己说些什么呢？我的回答是：它们给自己讲未来的故事，讲接下来也许会发生的故事——无论这个“接下来”是以纳秒还是年为单位计算。

22.9 全球模型的诸多问题

20世纪70年代，在讲述了数千年关于地球的过去、关于天地万物的传说故事之后，地球上的居民开始讲述第一个关于未来可能发生的故事。当时的高速通信，第一次为他们展示了自己家园全面的实时视图。来自太空的图像非常迷人——黑色的远景里优美地着悬挂一个云蒸霞蔚的蔚蓝色球体。而地面上正在发生的故事就没那么可爱了。地球每个象限发回来的报告，都在说地球正在分解。

太空中的微型照相机带回了地球的全貌照片，惊艳绝伦，用老式的辞意表达是，既令人振奋又令人恐惧。这些照相机，连同由每个国家涌出的大量的地面数据，组成了一面分布式的镜子，反映了整个地球系统的画面。整个生物圈变得越来越透明。地球系统开始预测未来——像所有系统都会做的那样，希望知道接下来（比如说，在下一个20年里）可能发生什么事情。

从环球外膜收集的数据中，我们获得了第一印象——我们的地球受伤了。没有一种静态的世界地图能查证（或反驳）这个景象；也没有一个地球仪能够显示随着时间推移而起落的污染状况和人口图表，或者破译出一个因素与另一个因素之间的那种相互关联的影响；还没有任何一种来自太空的影片能够诠释这个问题，继续下去会怎样？我们需要一种全球预测装置，一个全球假设分析的数据图表。

在麻省理工学院的计算机实验室里，一位谦逊的工程师拼凑了第一份全球电子数据表。杰伊 · 福瑞斯特从1939年开始就涉猎反馈回路，改良转向装置的伺服控制机制。福瑞斯特和他在麻省理工学院的同事诺伯特 · 维纳一起，沿着伺服控制机制的逻辑路径直到走到了计算机的诞生。在为发明数字计算机提供帮助的同时，他还把第一台具有计算能力的机器应用于典型工程技术理念之外的领域。他建立了各种能够辅助公司管理和制造流程的计算机模型。这些模型的有效性，激发了福瑞斯特新的灵感。他在波士顿一位前市长的帮助下，建立了一个城市模型，模拟整个城市系统。他凭借自己的直觉，非常正确地意识到级联反馈回路——虽然用纸笔不可能进行追踪，但是计算机能轻而易举地追踪——是接近财富、人口和资源之间互相影响的网络的唯一途径。那么为什么不能模拟整个世界呢？

1970年，在瑞士参加了有关“人类处境”的会议之后，福瑞斯特坐在返程的飞机上，开始草拟第一个公式，一个将会形成他称之为“世界动态”模型的公式。

粗糙不说，而且是份草图。福瑞斯特的粗糙模型反映出明显的回路和力量，他的直觉感到的是，它们统治着大型经济体。至于数据，只要现成，他都抓过来用来做快速估计。罗马俱乐部，资助了那次会议的集团，来到麻省理工学院，对福瑞斯特拼凑起来的这个原型进行评估。他们受到眼前所看到东西的鼓励。于是，他们从大众汽车基金会筹到资金聘请福瑞斯特的伙伴丹尼斯 · 梅多斯[1]对这个模型做下一步的工作，继续完善它。在1970年剩下的时间里，福瑞斯特和梅多斯共同改进“世界动态”模型，设计更为周密的流程回路，并满世界地淘选最近的数据。

丹尼斯 · 梅多斯和他的妻子丹娜 · 梅多斯[2]，还有另外两位合著者，

1 丹尼斯 · 梅多斯（Dennis Meadows，1942—）：美国科学家，美国麻省理工学院斯隆管理学院教授，福瑞斯特的副手。

2 丹娜 · 梅多斯（Dana Meadows，1941—2001）：美国开拓型环境科学家、教师和作家，丹尼斯 · 梅多斯的妻子。与丹尼斯及另外两位合作者共同发布了“增长的极限”。

一起发布了一个功力增强的模型，里面存满了真实的数据，名为“增长的极限”。作为第一个全球电子数据表，这一模拟获得了巨大的成功。有史以来第一次，整个地球的生命系统、地球资源，以及人类文化，都被提炼出来，形成一个模拟系统，并任其漫游至未来。“增长的极限”模拟系统作为全球警报器，也是非常成功的。它的作者用这样的结论提醒全世界：人类现有路径的每一次扩张，几乎都会导致文明的崩溃。

“增长的极限”模型得出的结果发表后的许多年里，在全世界范围内激发的社论、政策辩论和报纸文章成千上万。一幅大字标题惊呼：“计算机预测未来令人不寒而栗。”这个模型的发现要点是：“如果当前的世界在人口、工业化、污染、食品生产以及资源消耗方面的增长趋势保持不变的话，那么这个星球将会在接下来的100年之内的某个时刻达到其增长极限。”模型的制造者曾经以数百种差别细微的情景进行了数百次的模拟。但是，无论他们如何进行权衡，几乎所有的模拟都预测到人口和生活水平要么逐渐萎缩，要么迅速膨胀然后立刻破灭。

这个模型极具争议性，而且受到极大的关注，主要是因为其中蕴含着显著清晰又令人讨厌的政策意义。不过，它永久性地把有关资源和人类活动的讨论提升到了必要的全球范围。“增长的极限”模型并没有成功地孕育出其他更好的预测模型，而这恰恰是它的作者希望做到的。相反，在其间的20年里，世界模型都受到怀疑，主要是因为“增长的极限”引发的种种争议。具有反讽意味的是，在20年后的今天，公众唯一看得见的世界模型，仍然是“增长的极限”。在模型发布20周年纪念日的时候，作者只略做改动后又重新发布了这个模型。

重新发布的“增长的极限”模型，运行在一个被称为Stella的软件程序上。Stella采用由杰伊·福瑞斯特在大型计算机上研发的动态系统方法，再把结果移植到苹果电脑的可视化界面上。“增长的极限”模型是一张用各种“库存”与“流”编结而成、给人深刻印象的网。库存（货币、石油、食物、资本诸如此类）流入某些特定的节点（代表一般进程，比如耕种），在那里引发其他库存的流出。举例来说，当货币、土地、肥料及劳动力流入农场之后，就会引流出未加工的食物。而食物、石油和其他一些库存流入工厂则生产出肥料，从而完成一个反馈回路。由回路、次级回路和交叉回路组成的意大利面似的迷宫构成了完整的世界。每个回路对其他回路的影响都是可以调整的，而且视现实世界中的数据比例而定。比如，每公斤肥料、每公斤水，能在一公顷的田里生产出多少粮食，又会产生多少污染和废料。确实，在所有的复杂系统里，单一调整所产生的影响都无法事先估量；必须让它在整个系统中展现出来之后，才能进行测度。

活系统必须为存活而预测。可是，预测机制的复杂性绝不能盖过活系统本身。我们可以详细地考察“增长的极限”模型，以此作为预测机制固有困难的实例。选择这个特殊的模型有4个理由。第一，它的重新发布要求把它（重新）看作人类的预测努力可以依赖的预测装置。第二，这个模型提供了方便的20年期进行评估。这个模型在20年前探查的那些模式是否仍占有优势？第三，“增长的极限”模型的优点之一在于它是可以评论的。它生成的是可以量化的结果，而不是含混其词的描述。也就是说，它是可以检验的。第四，为地球上人类生活的未来建立模型是最野心勃勃的目标。无论成功还是失败，如此杰出的尝试都会教给我们如何运用模型预测极其复杂的适应系统。人确实要反躬自问：到底有没有信心模拟或预测像世界这样一种看起来完全不可预测的进程？反馈驱动的模型能够成为复杂现象的可靠预报器吗？

“增长的极限”模型有很多值得抨击的地方。其中包括：它并非极度复杂，它塞满了反馈回路，它的演练情景。但是，我从模型里还发现有如下弱点。

有限的总体情景。“增长的极限”与其说是在探索各种真实存在的多样性的可能的未来，倒不如说它不过是在一组颇为有限的假设上演绎大量微小的变化。它所探查的那些“可能的未来”，绝大多数似乎只是在它那些作者那里才说得通。20年前建立模型的时候，作者觉得有限的资源会枯竭是个合理的假设，他们就把那些没有建立在这个假设基础上的情景忽略掉了。但是，资源（比如稀有金属、石油或肥料）并没有减少。任何一种真正的预测模型，都必须具备能够产生“想象不到”的情景的能力。一个系统在可能性的空间要有充分的活动余地，可以游荡到出乎我们意料之外的地方，这很重要。说它是一门艺术，是因为模型拥有了太多的自由度，就变得不可驾驭了；而把它拘束得太紧，它就变得不可靠了。

错误的假设。甚至最好的模型，也会因为错误的前提而误入歧途。就“增长的极限”本身来说，它的一个关键性的原始假设，就是认为世界只容纳了可供250年使用的不可再生资源，而且对于这种资源的需求在迅猛发展。20年过后，我们已经知道这两个假设全都是错误的。已探明的石油和矿物的储量增加了，而它们的价格却没有增加；同时，对某些原材料的需求，比如铜，并未呈指数级增长。1992年重新发布这一模型的时候，作者对这些假设做了修改。现在的基础假设是，污染必然会随着发展而增加。如果以过去的20年为指南的话，我能想象，这样的一条假设，在未来的20年中，又需要再修正。这种基本性的“调整”必须做，因为“增长的极限”模型需要……

没有为学习留下余地。一批早期的批评者曾经开玩笑说，他们用“增长的极限”模型模拟1800—1900年这段时间，结果发现“街上堆了一层20英尺（约6.096米）高的马粪”。因为当时的社会，使用马来进行运输的比例正在增长，所以这是一个“逻辑外推”。那些半开玩笑半当真的批评者认为，“增长的极限”模型没有提供技术可供学习和提高效率，以及人类行为自律能力、改革发明能力的规则。

这个模型内里连接着某种类型的适应。当危机发生的时候（比如污染增加了），资本资产就会转过来处理危机（于是污染的生成系数就降低了）。可是，这种学习既非分散的，也不是终端开放的。事实上，这两种类型建模都不容易。本书其他地方提到的很多研究是有关在人造环境或自然环境中实现分布式学习和终端开放式增长的开拓性努力。而如果没有这种分散的、终端开放的学习，要不了多少日子，真实的世界就可以胜过模型。

现实生活中，印度、非洲、中国及南美的人口并没有按照“增长的极限”模型的假设性规划来改变他们的行为。而他们之所以适应，是因为他们自有的即时的学习周期。比如，全球出生率的下降速度快得超过了任何人的预测，使“增长的极限”这个模型（与绝大多数其他预测一样）措手不及。这是否归因于“增长的极限”之类的世界末日的预言的影响呢？更为合情理的机制是，受过教育的妇女生育的子女越少，过得也越好，而人们会仿效过得好的人。而她们并不知道，也无须关心全球的增长极限。政府的种种激励促进了这些本来就已经出现的局部动态的发展。无论什么地方的人总是为了本地的直接利益而行动和学习。这也适用于其他方面的功能，比如作物的生产力、耕地、交通等。在“增长的极限”模型中，这些波动数值的假设都是固定的，但是在现实生活中，这些假设本身就拥有共同进化的机制，会随着时间的变化而变化。关键在于，必须把学习作为一种内在的回路植入模型。除了这些数值，模拟中或者说想要预测活系统的任何模拟中，假设的确切构造必须具备很强的适应性。

世界平均化。“增长的极限”模型把世界上的污染、人口构成及资源的占有统统看作划一的。这种均质化的处理方式简化了现实世界，使之足以稳妥地给它建模。但是，因为地球的局部性和区域划分是它最显著和最重要的特性，这样做的结果最终破坏了模型存在的目的。还有，源自各不相同的局部动态的动态层级，形成了地球的一些重要现象。建立“增长的极限”模型的人，意识到了次级回路的力量——事实上，这正是福瑞斯特支撑这个软件的系统动力学的主要优点。可是，这个模型却完全忽略了对于世界来说极为重要的次级回路：地理因素。一个没有考虑地理因素的全球模型……根本不是这个世界的。在整个模型中，不仅学习必须是分布式的，而且所有的功能都必须是分布式的。这个模型最大的失败就在于，它没有反映出地球生命所具有的这种分布式的本性——群集本性。

任何终端开放的增长都不能模仿。我曾经问过丹娜·梅多斯，当他们在以1600年，甚至1800年为起点运行这个模型的时候，得到了什么结果，她回答道，他们从来没有这样运行过这个模型。我当时非常吃惊，因为返溯实际上是对各种预测模型进行实际检验的“标准方法”。“增长的极限”这个模型的建造者怀疑，如果进行这样的模拟的话，这个模型就会产生出与事实不符的结果。这应该成为一种警报。从1600年开始，这个世界就已经进入了长期的增长。而如果一个世界模型是可靠的，那么它就应该能够模拟出4个世纪以来的增长状况——至少作为历史来进行模拟。说到底，如果我们要相信“增长的极限”这个模型对于未来的增长确实是有用的话，那么，这个模拟就必须，至少从原则上说，能够通过对几个过渡期的模拟，正确地生成长期的增长。而就它现在的情况而言，“增长的极限”所能够证明的，充其量也就是模拟出了一个“崩溃的世纪”而已。

“我们的模型异常‘强健’，”梅多斯告诉我，“你得千方百计来阻止它的崩溃……总是有相同的行为和基本动态出现：过火和崩溃。”依靠这种模型来对社会的未来进行预测，是相当危险的。系统的所有初始参数迅速向着终点收敛，可历史告诉我们，人类社会是一种显示出非凡的持续膨胀的系统。

两年前，我曾经用了一个晚上的时间，跟肯·卡拉科迪西乌斯聊天。他是一个程序员，正在建造一个生态和进化的微型世界。这个微型世界（最后变成了SimLife这款游戏）为那些扮演神的角色的玩家提供了工具，他们用这些工具可以创造出32种虚拟动物和32种虚拟植物。这些虚拟的动植物相互影响、相互竞争、相互捕食，然后进化。“你让你的世界最长运行了多长时间？”我问他。“唉，”他感叹道，“只有一天。你知道，要保证这种复杂的世界不断运行下去确实是一件困难的事情。它们确实喜欢崩溃。”

“增长的极限”里面的那些情景之所以会崩溃，是因为“增长的极限”这个仿真模型善于崩溃。在这个模型里，几乎每个初始条件都只有两种状态：要么导致大灾难，要么导致某种（极少情况下）稳定状态——但是从来不会产生任何新的结构，因为这个模型天生不能产生某种终端开放式的增长。“增长的极限”没有能力模拟出农耕时代进入工业社会的自然发展过程。梅多斯承认：“它也不可能把这个世界从工业革命带向任何一种接下来会出现的、超越工业革命的阶段。”她解释说：“这个模型所展示出来的，是工业革命的逻辑撞到了无可避免的‘限制墙’。这个模型有两件事情可做：要么开始崩溃；要么由我们作为模型的建立者对它进行干预、做出改变来挽救它。”

我：“不能搞一个拥有更好的自身转换能力、可以自动转换到另一个层级的世界模型吗？”

丹娜·梅多斯：“当我想到，这种结局是系统设计好让它发生的，而我们只是这么往后一靠然后作壁上观时，就觉得有点宿命的感觉。但相反，我们在建立模型的时候，实际上把自己也放在里面。人类的智能进入这个模型之中，去感知整个形势，然后在人类的社会结构里做出改变。这就反映了在我们脑中出现的系统如何升华到下一个阶段的图景——利用智能介入并重建系统。”

这是拯救世界的模型，可是，作为一个不断复杂化的世界如何运转的建模不足以胜任。梅多斯是对的，走了一条采用智能来插手把他人文化并改其他的结构的路子。不过，这个工作不只是由模型的建立者来完成，也不只是发生在文化的起始点。这个结构的重建发生在全球60亿个大脑里[1]，是每天发生、每个时代都发生的事情。如果说确实存在着去中心化的进化系统的话，人类的文化就是这样一种系统。任何不能包容这种每日在数十亿头脑中进行的分布式微型进化的预测模型，都注定会崩溃，如果没有这样的进化，文化本身就会崩溃。

20年后，“增长的极限”模拟模型所需要的就不仅仅是更新换代了，它需要推倒重来。利用它的最好方式，是把它看成一个挑战，是建立更好的模型的一个新起点。一个真正的全球社会的预测模型，应该满足下面这些条件。

◎ 能够大量运行各式各样的情景；

◎ 从一些更灵活、更有根据的假设开始；

◎ 实施分布式学习；

◎ 包含局部性和地区性的差异；

◎ 如果可能的话，展现不断增长的复杂性。

1 当时的地球人口总数约为60亿人。

我之所以不把焦点放在“增长的极限”世界模型上，是因为我想指摘它那些强有力的政治内涵（毕竟，它的第一个版本激发了一代反增长的激进主义分子）。确切地说，这个模型所具有的种种不充分性，恰好跟我想在本书提出的几个核心论点相对应。为了把这个系统的某段情景“前馈”到未来，福瑞斯特和梅多斯勇敢地尝试模拟一个极端复杂的、具有适应性的系统（在地球上生活的人类的基础结构）。这个福瑞斯特/梅多斯模型所突出的，不是增长的极限，而是某些特定的模拟的极限。

梅多斯的梦想，同样是福瑞斯特的梦想，是美国中央司令部那些战争博弈者的梦想，是法默和他的预测公司的梦想，也是我的梦想。而这个梦想就是：创造出一个系统。这个系统要能够充分反映出真实的、进化着的世界，使这个微型模型能够以比真实世界跑得更快的速度进行运转，从而把它的结果投射到未来。我们想要预测机制，不是出于预知命运的使命感，而是为了获得指引。理念上，只有考夫曼或者冯·诺伊曼的机器，才能自行创造出更为复杂的东西。

为了做到这一点，模型就必须拥有“必要的复杂性”。这个术语，是20世纪50年代控制论专家罗斯·艾希比创造出来的，他最早制作出了一些电子自适应模型。每一个模型，都必须一点一滴地提取出无数现实的细节，汇聚起来压缩成像；它必须浓缩的最重要的特质之一，就是现实的复杂性。艾希比总结了自己那些用真空管造出迷你模型的试验，得出了这样的结论：一个模型如果过于急切地简化了复杂现象，就会错失目标。模拟的复杂程度，不得超出它所模拟的复杂性的活动领域；否则，模型跟不上它所模拟的东西的曲折路线。另外一位控制论专家，杰拉尔德·温伯格，在他的著作《论稳定系统的设计》中给这个“必要的复杂性”提供了一个非常贴切的比喻。温伯格提示说，想象一下，一枚制导导弹瞄准了一架敌机。导弹自己并不一定也是一架飞机，但是它必须具备与飞机的飞行行为复杂性旗鼓相当的飞行复杂性。如果这枚导弹不具备至少与目标飞机一样的速度，而且在空气动力学方面的敏捷程度也不如那架目标敌机，那么它肯定打不中目标。

22.10 舵手是大家

那些以Stella为基础的模型，比如“增长的极限”模型，显而易见过量拥有反馈回路。正如诺伯特·维纳在1952年所指出的，具备各类组合变化的反馈回路，是控制和自我管理的根源。不过，在反馈引发最初的兴奋激情的40年之后，我们现在已经知道，仅有反馈回路是不足以培育出那些我们最感兴趣的活系统行为的。本书提及的研究者已经发现，要想生成功能齐备的活系统，还必须拥有另外两种类型的复杂性（也许还有别的类型）：分布式存在，以及无止境的进化。

近年来，通过研究复杂系统得出的主要洞见就是：一个系统要想进化成某种新的东西，唯一的途径就是要有一个弹性结构。小蝌蚪可以变成青蛙，而一架747喷气式飞机的发动机即使只增加6英寸的长度，也会把它变成残废。这就是分布式存在对具有学习、进化能力的系统如此重要的原因。一个分散化、冗余的组织能够在功能不受影响的前提下收放自如，因此它能够适应。它能够控制变化。我们称之为“成长”。

直接反馈的模型，比如“增长的极限”，能够获得系统稳定性，这是生态系统的一个重要特征，但是它们不能学习，不能成长，也不能变化。而这3个复杂性，是变化中的文化或者生命模型必备的同样重要的特征。

没有这些能力，世界模型就会远远落在不断运动的现实后面。学习能力缺位的模型，可以用来预估不远的未来，那时进化的变化很小；但是，要想预测一个进化系统——如果能做“口袋式预测”的话，就需要这种模拟的人工进化模型包含“必要的复杂性”。

但是，要引入进化和学习特征，不抽离这个系统的控制是不行的。丹娜·梅多斯在谈及人类集体智慧先行退后去理解全球问题，然后“插手并改造”人类活动的体系的时候，她指出的是“增长的极限”这个模型最大的错误所在：它那线性、机械、不可行的控制意念。

自我制造系统之外不存在控制。活系统，比如经济、生态和人类文化，无论从哪个位置下手都难加以控制。它们可以被刺激、可以被干扰、可以被哄骗、可以被驱动，充其量也就是可以从内部进行协调。地球上不存在任何一个平台，从那里可以伸出自由之手进入活系统，而且，在活系统的内部也没有理由存在等待拨动的控制拨号盘。大型、群集状态下的系统，比如人类社会的导向，是由一大堆相互连接、自相矛盾的成员控制的。而这些成员，在任何一个时刻，对于整体也就只有那么一丁点儿的意识。不仅如此，在这个群集系统中，很多活跃的成员根本就不是个体人类智能；它们是公司实体、集团、体制、技术系统，甚至还包括地球本身的那些非生物系统。

有歌云：没人来当家。未来不可测。

现在来听唱片的背面：舵手是大家。而且，我们能够学会预测即将发生的事情。学习就意味着生存。

第二十三章

OUT OF CONTROL

整体，空洞，以及空间

23.1 控制论怎么了

“早上好，组织系统！”

这位愉快的演讲者优雅而自如地整了整领带，微笑着说：“在这个精心挑选的日子里，海军研究处和装甲研究基金会联袂发起这次研讨会，来探讨我个人认为非常重要的课题，我感到非常高兴。”

1959年5月仲春的一天，400名学科背景迥异的学者云集芝加哥，参加这个有望震惊科学界的盛会。与会嘉宾几乎涵盖了世界主要的科学分支：心理学、语言学、工程技术学、胚胎学、物理学、信息论学、数学、天文学和社会科学，等等。在此之前还没有过任何一次会议，召集过这么多不同领域的顶尖科学家来花两天时间研讨一个主题。当然也从来没有为这一特别的主题举办过大规模的会议。

只有年轻而兴旺发达的国家，在对自己在世界格局里扮演的角色信心满满时才会思考这样的问题：自组织系统——组织是如何自举图存的。自举图存！这是置于方程式的美国梦。

“会议选择的时机对我的个人生活而言，也有特别重要的意义，”演讲者接着说道，“过去的9个月里，美国国防部一直在全力以赴地做着组织工作，这恰恰清楚地表明，要正确理解自组织系统的成因，我们还有很长的路要走。”

一早进入会场落座的人群里传来会心的笑声。讲台上发言的海军研究处主任约阿希姆·威尔博士，继续笑着说道：“我想提请各位注意三个基本要素，它们值得好好研究。从长远来看，我们对计算机领域中存储器要素的基本理解，绝对且不可避免地将运用到‘自组织系统’内。谈到电脑，如今大家可能和我一样，认为它不过是一种工具，一种帮助记忆从一种状态转入另一种状态的工具。

“第二个基本要素，生物学家称之为分化。很显然，任何能够进化的系统，都离不开遗传学家所说的本质上属于随机事件的突变。将一个群推往一个方向，将另一个群推往另一个方向，这需要一些最初的触发机制。换句话说，为使长期的自然选择规律发挥作用，必须依赖包含噪声的环境提供触发机制。

“第三个基本要素在我们论述庞大的社会组织时，也许会以最纯粹最易理解的方式自行体现出来。就本次会议的目的而言，姑且让我称之为从属性，如果你愿意，也可以称之为执行功能。”

看看这些术语：信号噪声、突变、执行功能、自组织。说出这些词的时候，DNA模型尚未建立，数字技术尚未应用，信息管理系统专业尚未出现，复杂性理论尚未诞生。很难想象这些想法在当时是多么离经叛道，多么具有革新性，而且又是多么正确。35年前的刹那之间，威尔博士概述了我在1994年出版的一整本书。我在那本书里论述了适应性、分布式系统的突破性科学及这门科学导致的突发现象。

尽管1959年的这次会议上的预言是非凡的，我却看到了值得一提的另一方面：35年来，我们对整个系统的认识提高得是多么少。尽管本书中提及了近期取得的巨大成就，但很多关于整体系统的自我控制、变异分化和从属性等基本问题还是迷雾重重。

为1959年这次会议递交论文的“全明星阵容”会集了自从1942年起就常在一起召集小型会议的科学家。这些私密的，只能凭邀请函参与的聚会由梅西基金会发起并组织，后来以“梅西会议”闻名。在当时紧张的战时气氛下，与会成员多为跨学科的学术精英，着重考虑重要组织问题。这9年里，会议邀请的几十位人工智能研究者中包括格雷戈里·贝特森、诺伯特·维纳、玛格丽特·米德、劳伦斯·弗兰克、冯·诺依曼、沃伦·麦克洛克和罗森布鲁斯，这次群星闪烁的聚会因其开拓性的观点——控制论，即控制的艺术和科学，而以控制论群体闻名于世。

有些事情初期并不显眼，而这次却不是。梅西会议的与会者从第一次会议中，就能想象到自己开启的“异端之门”后面会是怎样瑰丽的美景。尽管他们都有资深的科学背景，又都是天生的怀疑论者，但是，他们仍然马上意识到这种革新的视角能使自己余生的学术事业为之一变。人类学家玛格丽特·米德后来回忆说，自己参加第一次会议时，为那些横空出世的思想兴奋不已，以至于“直到会议结束我才注意到自己咬掉了一颗牙齿”。

这个核心组的成员包括生物学、社会科学还有现在被我们称为计算机科学等领域的主要思想家，虽说这个群体那时仅仅才开始创立计算机概念。他们最主要的成就是，清晰地描述了控制和设计语言，从而为生物学、社会科学和计算机学效力。这些会议的卓越成果得益于当时另类的方法：严格地把生物视为机器，把机器视为生物。冯·诺依曼从数量上比较了大脑神经元和真空电子管的运算速度，大胆暗示两者可以类比。维纳回顾了自动控制机器进入人体解剖学的演变历史。医生罗森布鲁斯预测了人体及细胞内的自我平衡线路。史蒂文·海姆斯在《控制论群体》一书中详细讲述了这群颇具影响力的思想家的故事，他说到了梅西会议：“即使是像米德和弗兰克这样的人类社会学家也成了从机械视角理解事物的拥护者。在这一理念中，他们把生命体描绘为熵的衰减装置，赋予人类自动控制装置的特色，把人的思维看成计算机，并以数学博弈论来看待社会冲突。”

在大众科幻小说刚刚问世、尚未成为当今对现代科学有影响力的元素的时代，梅西会议的与会者常常使用极度夸张的隐喻，很像如今的科幻小说家。在一次会议上，麦克洛克说过这样的话：“我特别不喜欢人类，从没喜欢过。在我看来人类是所有动物里最卑鄙、最具破坏性的。如果人能进化出活得比人自己更有趣味的机器，我想不出为什么机器不应该十分快乐地取代我们，奴役我们。它们也许会过得快活的多，找出更好玩的乐子。”人道主义者听到这种言论惊惧不已，但在这种噩梦般泯灭人性的情节背后，隐藏着一些非常重要的理念：机器有可能进化，它们也许确实能比我们更好地完成日常工作，我们与精良的机器享有相同的操作原理。这些理念就是下一个千年的绝好比喻。

就像米德在梅西会议后写的：“控制论群体没有考虑到的是，一系列具有很高秩序的卓有成效的新发明陆续问世。”特别是产生了反馈式控制、循环性因果、机器的动态平衡和政治博弈理论等观念，并且都渐渐进入主流，直到今天，它们成了基础得近乎泛滥的理念。

控制论群体并没有按照自己安排的解决问题的时间表找到相应答案。几十年后，研究混沌、复杂性、人工生命、包容架构、人工进化、模拟仿真、生态系统和仿生机器的科学家将会为控制论中的问题提供一个框架。对《失控》进行片面概述的人也许会说，本书是控制论研究现状的最新资料。

但是本书也令人颇为迷惑。如果它真是探讨控制论的，那么为什么全书罕见“控制论”这个术语呢？从事尖端科学研究的早期开拓者如今在哪里？为什么老一辈的学术权威和他们的杰出想法没有处在他们那自然延伸的研究工作的中心呢？控制论怎么了？

在我最初和年轻一辈的系统开发者打交道的时候，这是困扰我的一个难以理解的事情。这些更为博学的人当然知道早期的控制论工作，但他们当中几乎没有一个人具有控制论背景。好像在知识传播的过程中，那整个一代人都消失了，出现了一个缺口。

对于控制论运动消亡的原因有3种推测。

由于当时炙手可热但夭折了的人工智能研究领域抽走了大量资金，控制论研究因资金枯竭而中止。人工智能的失败在于，开发出了效用，却牺牲了控制论。人工智能只是控制论研究的一方面，但是，当它得到政府和大学的大部分资金时，控制论其余大量待研究的课题就消失了。刚毕业的学生纷纷进入人工智能研究领域，于是，其他领域后继乏人。之后，人工智能研究自身也陷入停顿。

控制论是批处理计算模式的受害者。信息传递是控制论的最主要的妙策。这种需要测试其想法的各种试验，要求计算机以全面考察的方式全速运算多次。这样的要求对于保护主机的严格律条来讲显然不合时宜。因此，控制论理论几乎很少对此进行实验。后来廉价的个人计算机开始风行于世，但在大学里采用是出了名得慢。连中学生都把苹果Ⅱ型机搬回家了，大学里还在使用老式的穿孔卡片式计算机。克里斯·朗顿在苹果电脑上做出了平生第一个人工生命实验。多恩·法默和朋友用组装的微型计算机，发现了混沌理论。实时掌控一台完备的通用型计算机是传统控制论需要但从未做到的事情。

“把观察者放进盒子里。”这句话扼杀了控制论。1960年，福瑞斯特英明地提出，可以把系统观察者作为一个部件加入一个更大的元系统，来获得对社会系统的创新观点。他给自己的观察设立了一个称为二次指令控制的框架，或称观察系统的系统。这个真知灼见在以下一些领域是有的放矢的，比如家庭心理治疗，临床治疗师得在理论上把自己融入这个家庭以求疗效。但是，当临床治疗师给病人录像，之后社会学家给临床治疗师观看病人录像的情况录像，然后再为自己观察治疗师录像……时，“把观察者放进盒子里去”就陷入无限回归。到了20世纪80年代，美国社会控制论名册里就有许多位临床治疗师、社会学者，以及主要兴趣在观察系统的效用上的政治学者。

以上3种原因一致行动，以至于到了20世纪70年代末，控制论就此枯萎消亡。绝大多数控制论的研究停留在本书述及的水平：不切实际地拼织一幅宏大的画卷。真正的研究人员要么在人工智能研究室里遭遇挫折，要么在俄罗斯偏僻的科研机构里继续工作，在那里控制论研究作为数学的分支确实继续进行着。在我看来，没有一本真正的控制论教科书是用英文写成的。

23.2 科学知识网之缺口

被我们称为科学的知识构架中存在着裂缝，一个缺口。热衷于科学的年轻人填补了这个缺口，他们没有背负睿智前辈强加的包袱。而这个缺口让我对科学的空间充满了好奇。

科学知识是一种平行的分布式体系。没有中心，没人处于控制地位。其中容纳着无数智慧的头脑和分散的书籍。它也是一个网络，一个事实和理论互相作用、互相影响、共同进化的体系。但是科学研究作为一个行动者的网络在崎岖不平的神秘王国中并行探索，其领域远比我在这里已经谈及的任何领域都更为宽广。仅仅适当地论述科学的结构，就需创作出比我至今已完成的著述更冗长的一本书。在此书结尾的章节中，对此复杂体系我只能点到为止。

知识、真理和信息在网络和群体系统内流动。我一直醉心于科学知识的构造，因为看上去它似乎凹凸不平、厚薄不匀。我们共同了解的很多科学知识都发源于一些小的领域，而在这些领域之间却是大片无知的荒漠。我可以将现在的观察数据解释为由正反馈和吸引子带来的结果。一点点知识就可以阐释周围的许多现象，而新的阐释又启发了知识自身，于是知识的角落迅速扩大。反之亦然，无知生无知。一无所知的领域，人人都避而远之，于是愈加一无所知。结果就出现这样一幅凹凸不平的图景：大片无知的荒漠中横亘着一个个自成体系的知识山峰。

在这种由文化产生的整体空间中，我最着迷的是那些荒漠——那些科学认知的缺口。对于未知的事物我们能知道些什么？进化理论隐现的最大希望是，揭开生物体为什么不改变 的神秘面纱，因为静态比改变更为普遍，也更难解释清楚。在一个变化的系统中，我们对于不变能了解多少？变化的缺口向我们明示了变化整体的什么情况？因此，我跃跃欲试要探个究竟的是整体空间中的认知缺口。

这本特别的书存在许多缺口，对于知识的整体，我不知道的远远多于我知道的，但是很不走运，论述我不知道的却远远难于论述我所知道的。由于无知的本性，我当然也无法知道自己所拥有知识的所有缺口。承认自己无知真是个不错的秘诀。科学认知也是如此。全面勾绘出人类在科学认知上的缺口或许就是科学的下一次飞跃。

今天的科学家相信，科学是不断革新发展的。他们通过变革的模型来解释科学是如何发展的。按此观点，科研人员建立起一种理论来解释事实（比如，因为可见光是一种波，所以能生成彩虹），而理论本身又能指引人们去寻找新的事实。你能弯曲光波吗？此处用的又是收益递增法则，把新发现的事实整合进理论体系，使理论更加有力，也更加可靠。偶尔，科学家会发现不易用理论解释的新事实（光有时的表现像粒子）。这些事实被称为异常事件。当与起支配作用的理论一致的新事实不断涌现时，最初的异常事件就被搁置了。到了某个时刻，经验证、累积的异常事件太大、太讨厌或太多了，再也无法忽略了。这时，必然会有一些激进分子提出变革性的另类模型来解释异常事件（比如，光的波粒二象性）。旧的理论被更替甚至扫地出门，新的理论迅速占据优势地位。

按照科学史家托马斯·库恩[1]的说法，起支配作用的理论形成被称为

1 托马斯·库恩（Thomas Kuhn，1922—1996）：美国哲学家，曾任麻省理工学院心理学讲座教授。他认为类似爱因斯坦发现“相对论”的事件在科学研究中并非常态，而是革命性的创举。

典范的自我强化思维，来指定哪些是事实，哪些只不过是干扰。在此典范内，异常事物是些微不足道的、稀奇古怪的、凭空幻想的或是不合格的数据。赞同典范的研究计划就会获得拨款、实验空间和学位认可。那些忤逆典范的研究课题——那些涉猎分散琐事的课题，就什么都得不到。然而，拒绝了资金支持和学界信任而又做出伟大变革发现的著名科学家比比皆是，这样的故事已经很老套了。在本书中，我引述了几个那样的老套故事供大家分享。其中一个例子介绍了科学家在涉及与新达尔文教条相矛盾的思想时被忽略的工作。

库恩在他那本有创意的著作《科学变革的结构》（*The Structure of Scientific Revolutions*）中提到，科学史上真正的发现，只能“从了解异常事物开始”。进步源自对反面意见的认可。受到压制和排斥的异常事物（及其发现者）凭借反面事实揭竿而起夺取王位，颠覆一系列已确立地位的典范。新的理论至少在一段时间内占据优势地位，直到它们自身也僵化起来并对后起的异常事物麻木不觉，最后自己被赶下宝座。

库恩的科学典范更替模式如此令人信服乃至自己也变成一种典范——典范的典范。现在，我们在科学领域内外随处可以看到典范和推翻典范的事例。典范更替成为我们的典范。如果事物没有如此演化，那么，这件事本身就是异常事物。

阿兰·莱特曼和欧文·金戈里奇在1991年的一期《科学》杂志上发表的论文《异常事物何时出现？》声称，与占统治地位的库恩的科学模式相反，“只有在新的基本概念范围内对某些异常事物做出令人信服的解释，它们才能为大家所公认。在此之前，那些特异的事实在旧框架内要么被当作假想的事实，要么被忽视”。换句话说，最终颠覆典范的真正异常事物，最初没被看作异常事物，甚至被忽视了。

基于莱特曼和金戈里奇的文章，这里有一些简短的例子来解释“事后识别”。

南美洲和非洲的地形就像锁和钥匙一样契合，20世纪60年代前的地质学家从未思考过这一事实。对此现象的观察，以及对大洋中脊的观察也未对他们或他们的大陆成形理论造成任何困扰。尽管自打第一次有人绘制大西洋海图时，这一明显的契合就被注意到了，但这个既存的事实甚至不需要解释。只是后来解释此事时，大家才注意到了这一契合。

牛顿精确测量了很多物体的惯性质量（使物体运动的内在动力，例如钟摆往复运动的动力）和它们的引力质量（以多快的速度向地表坠落），以此来确定这两种力是均等的，如果不均等，在做物理学运算时可能就会互相抵消。几百年来这两者的关系从未有人质疑。可是，爱因斯坦却惊讶于“牛顿定律在宇宙的大厦基石里找不到任何位置”。与别人不同，他对此穷追不舍，最终成功地以创新的广义相对论解释清楚了这个现象。

几十年来，宇宙动能和重力能之间精准平衡——这对作用力使膨胀中的宇宙得以在暴涨和坍塌间维持平衡，让天文学家顺便注意到了这种现象。但是，这个现象从未被当作一个“难题”，直到1981年革命性的“宇宙膨胀”模型问世，才使这一事实成为令人不安的悖论。对此平衡的观察，开始并不是“异常事物”，直至典范更替后，回顾过去，它才被看作“麻烦”的制造者。

以上例子的共同主题都是说，一开始异常事物都只是人们观察到的事实，一般不需要解释。这些事实不是引起麻烦的事实，它们只是事实。异常事物不是典范更替的原因，而是更替的结果。

在一封写给《科学》杂志的信里，戴维·巴拉什讲述了自己的经历。1982年他写了本社会生物学的教科书，书中他写道：“自达尔文开始，进化生物学家常被此现象烦扰：动物常常做一些看上去利他的行为，而往往自己要付出极高的代价。”1964年，威廉姆·汉密尔顿在《理论生物学杂志上发表了内含适应性理论》。他的理论提供了尽管有争议但是切实可行的方法来解释动物的利他行为。巴拉什写道：“受莱特曼－金戈里奇论文的启发，我当时回顾了大量1964年以前的有关动物行为和进化生物学方面的教科书，却发现，事实上——和我上面引用的主张（生物学家的烦扰）相反，在汉密尔顿顿悟之前，动物界出现的明显的利他行为并没困扰进化生物学家（至少他们没有对此现象投入精力做多少理论探究或是实验考察）。”他在去信的结尾半开玩笑地建议生物学家“来给大家上一课，讲讲我们所不了解的，比如说动物的行为”。

23.3 令人惊讶的琐碎小事

本书的最后章节是个简短的综述，讲述我们，或至少是我，所不了解的复杂的自适应系统和控制的本质。这是一份问题的清单，一份“缺口”的目录。即使对于非科学工作者来说，其中很多问题看起来也是愚蠢、浅显、琐碎或几乎不值得一提的。同样，相关领域的专家也许会说：这些问题是科学发烧友扰乱人心的疯话，是技术先验论者闭门造车的冥想，都无关紧要。而我读到一个精彩段落，才获得灵感写下了这一非传统性“综述”。下面这个精彩段落是道格拉斯·霍夫施塔特写的，早于彭蒂·卡内尔瓦那晦涩难懂的有关稀疏分布式计算机存储器技术专论。霍夫施塔特写道：

> 我先从近乎琐碎的事物开始观察，发现对于日常熟知的事物，我们看到其个体就能自然联想到其所属类别的名字。比方说看见楼梯，无论它多大或多小，是螺旋的还是直上直下的，是雕栏画柱还是朴素无奇的，是现代的还是古老的，是脏乱的还是干净的，想也不用想，“楼梯”这个标签总能自然而然地蹦跶出来。显然，电话、邮箱、奶昔、蝴蝶、飞机模型、弹力裤、八卦杂志、女鞋、乐器、密封

球形救生器、旅行车、杂货店等，莫不如此。借此外界物质刺激物间接地激活我们大脑记忆区的某处，这种现象完全融入了我们的生活和语言，以致大多数人难以对此留意并产生兴趣，更别提对此感到惊讶了。然而，这或许正是所有心理机制的最关键之处。

对没人感兴趣的问题惊讶不已，或者对于没人认为是问题的问题惊讶不已，这也许是一个更好的科学进步的典范。

我对自然和机器的运行之道感到无比惊讶，这也是写作本书的根本动力。我写这本书是想努力向读者解释我的困惑。当写到某些我不懂的事情时，我会与之较劲，认真研究，或大量阅读相关书籍直到能理解为止，然后重新提笔写下去，直至被下一个问题难住。之后，我会重复上边过程，周而复始。我总会遇到使写作无法继续的问题。要么是没人解答问题，要么是有人根本不理解我的困惑，而给出落入俗套的解答。这些拦路虎一开始绝未显得这么举足轻重，成为一个让我无法继续下去的问题，但实际上它们就是原型异类。就像霍夫施塔特对人类头脑具有识物之前先分类的能力感到惊讶却表示赏识一样，这些未解之谜在未来也许会产生深刻的见解，也许是革命性的理解力，也许最终会成为我们必须解释的公认事物。

这里列举的大部分问题似乎就是我在上述章节中已经回答过的问题，读者看到也许会感到困惑。而事实上，我所做的一切就是围绕着这些问题，测量其范围，然后向上攀爬，直到自己卡在某个虚假的顶点。以我的经验来看，迷恋别处的部分答案往往能引出大部分很好的问题。本书就是寻找有趣问题的尝试。但是在探索途中，一些实在平常的问题困住了我。以下就是这些问题。

我在本书中常用“涌现”这个词语。在把什么都弄得复杂化的专业人士那里，这个词有点这个意思：“各个部分一致行动生成的组织。”但是当我们撇开含混不清的印象细读这个词，其“涌现”的含义就渐渐消失了，实际上这个词没有特别的意义。我试过在每个用到“涌现”的地方，用

“发生”来取代，效果似乎还不错。我们可以试试。全球的秩序发生自各地的规则。我们用涌现要表达什么意思呢？

还有就是“复杂性”，它到底是什么？我把希望寄托于两本1992年出版的科学著作之上，它们的书名同为《复杂性》，作者分别是米奇·沃尔德罗普和罗杰·卢因，因为我希望其中一本能提供实用的复杂性的衡量方法。但两位作者围绕这一主题成书，都不敢冒险给出有用的定义。我们怎么知道一件事物或一个过程就比另一样更复杂呢？黄瓜比卡迪拉克汽车更复杂吗？草地较之哺乳动物的大脑更复杂吗？斑马比国民经济更复杂吗？我知道复杂性有三四种数学上的定义，但没有哪种可以大体上解答我刚刚提出的这类问题。我们对事物的复杂性如此无知，以至于我们还提不出关于复杂性是什么的恰当问题。

如果进化日趋复杂化，为什么？如果真相并非如此，那为什么它看上去似乎如此呢？复杂真的比简单的效率更高吗？

似乎存在着一种“必需的多样性”——一种最小限度的复杂性或个体间的差异，适用于诸如自组织、进化、学习和生死这些过程。我们如何能确切地知道足够的多样性什么时候才算足够？我们甚至对多样性都还没有适当的度量办法。我们拥有直观的感觉，却无法非常精确地将其转化为任何东西。多样性是什么？

“混沌的边缘”听上去常有“处这有度”的感觉。是否这仅仅是通过玩金发女孩和3只熊的把戏[1]，来定义这种使系统达到自适应性的最大值为“正好的适应”？这是另一种必需的赘言吗？

计算机科学理论里有个著名的丘奇/图灵猜想，它加强了人工智能和人工生命研究的大部分推理。假设是这样的：假定有无限的时间和无穷长的输入用纸带，一台通用计算机就可以计算另一台通用计算机所能计算的任何东西。可是天哪！无限的时间和空间恰恰是生与死之间的差别。死亡

1　金发女孩和3只熊：民间故事，金发女孩访问3只熊的住所，品尝了每只熊碗里的麦片粥，坐过了每只熊的椅子，睡过了每只熊的床，来选出自己最喜欢的。

拥有无限的时间和空间。活着则存在于限制中。那么在某一特定的范围内，当计算过程独立于运行其上的硬件时（一台计算机可以仿效另一台计算机所能做的一切），过程的可替代性就具有了真正的限制。人工生命建立的前提，是能从其碳基的载体中萃取出生命并使其开始运行于其他不同的母体。到目前为止的实验表明这要比预想的要真实。那么真实时间和真实空间内的界限在哪里呢？

究竟什么是不可模仿的？

所有对人工智能和人工生命的探求全都专注（有人说受困）于一个重大的谜题，即一个极端复杂系统的模拟，是伪造，还是某种独立的真实事物？或许它是超现实的，又或许超现实这个术语正好回避了这个问题。没人怀疑模仿原物的模型的能力。问题在于：我们授权一个物体去模拟复杂系统的是何种真实？模拟系统和复杂系统之间的差别究竟是什么？

你能把一块草地浓缩到何种程度，使它缩身为种子？这是大草原恢复者不经意间提出的问题。你能把整个生态系统所包含的珍贵信息简化成几十升的种子吗？浇水以后，这些种子还会再造草原生命那令人敬畏的复杂性吗？有没有完全不能精简并精确模拟的重要的自然系统？这样一个系统应该本身就是自己最小的压缩形式，是它自己的模型。有没有不能浓缩或提炼的人造的大系统？

我想知道更多关于稳定性的知识。如果我们建造一个“稳定”的系统，有没有什么办法可以定义这种稳定？稳定的复杂性有什么限制条件、必要条件？何时改变不再是改变？

物种究竟为什么会灭绝？如果自然万物都随时有效地适应环境，不遗余力地在生存竞争中战胜对手并利用对手的环境资源，那么为什么某些物种还会被淘汰？也许某些生物体比别的生物体有更好的适应性。但为什么自然的普遍机制有时候对所有生物起作用，有时候又不会惠及所有生物，而是容许某些特别的种群衰退，容许另一些种群发展？说得更明白些，为什么某些生物体能发挥很好的动态适应性，另一些却不能呢？为什么自然界会默许一些生物类型被迫成为天性低效的形式呢？这里有个例子，一种牡蛎状双壳贝，进化出越来越趋螺旋状的外壳，直到该物种灭绝前，其外壳已经几乎打不开了。为什么这种生物体的进化不能回归到适用的范围内呢？为什么灭绝发生在同一族群，是劣质基因的责任吗？自然界是如何产生出一整群劣质基因的呢？也许，灭绝是由外来物体引起的，比如彗星或小行星。古生物学家戴夫·诺普假设75%的物种灭绝事件是小行星撞击地球造成的。如果没有小行星，它们就不会有灭绝了吗？若地球上的所有物种都没有灭绝，那么今天的芸芸众生会是怎样的？就此而言，为什么任何形式 的复杂系统都会走向失败或绝灭呢？

另外，在这个共同进化的世界里，为何任何事物归根结底都是稳定的？

我听说自然界和人造自维持系统的每个数据都显示系统自稳定变异率在百分之一到万分之一。这样的变异率是普遍的吗？

连接一切会带来什么负面效应呢？

在所有可能有生命存在的空间里，地球上孕育的生命只占那么一小条——创造性的一次努力。定质量的物质所能容纳的生命数量有没有限度？为什么地球上没有更多不同种类的生命形式？宇宙怎么会如此之小？

宇宙运行的规律也会进化吗？如果主宰宇宙运行的规律是宇宙自行生成的，它会受到宇宙自我调节力的影响吗？也许维持所有理性规律的特殊的基本规律都处于不断变动中，我们是否在玩一场所有规则都在被不断重写的游戏？

进化能进化自己的目的吗？如果只是愚笨作用物联合体的有机体能够创造出能自我进化的目标，那么同样盲目愚笨而且在某一点上非常迟钝的有机体，是否也能进化出一个目标？

那么“上帝”又是怎么回事？人工生命研究者，进化理论家，宇宙论者，仿真学者，在他们的学术论文上都看不到“上帝”的痕迹。但让我感到意外的是，在一些私下场合，还是这些研究者，却会常常谈到“上帝”。科学家用到的“上帝”是个技术概念，淡定自若，与宗教无关，更接近一方神圣——本地创造者。每当讨论天球世界，包括现实和模型中的，“上帝”俨然成了精确的代数符号，替代无处不在的X，运行于某个世界之外，创造了那个世界。“好吧，就算你是‘上帝’吧……”一位计算机科学家在演示一段新程序的时候嘟囔道，他的意思是：“好，我听你的……”。对于永存的定义事物是否真实存在的观测者来说，“上帝”就是一个简略的表达方式。于是“上帝”成了一个科学术语，一个科学概念。它既没有哲学上的初始起源的微妙之处，也没有神学上“造物主”的华丽外表，它不过是探讨运行一个世界所必需的初始条件的一种方便途径。那么我们对神明又有什么要求呢，是什么造就了一个好“上帝”？

23.4 超文本：权威的终结

上述诸个问题都是老问题了。别人在之前不同的文章里都提到过。如果知识网络完全连通，那我此时此刻就可以把恰当的引用记录附在本书之后，而且能为所有这些沉思和默想提取出历史背景。

研究者做梦都想拥有这样一个数据和思想紧密相连的网络。今日的科学处于联通性局限的另一个关口；分布式网络上的节点在达到其进化能力的极点之前，必须更为紧密地相互连接。

美国陆军医学图书馆的管理员设法将医学期刊的索引编制到一起，迈出了走向高度连接的知识网络的第一步。1955年，参与该项目的一位图书管理员，对机器索引感兴趣的尤金·加菲尔德开发了一个计算机软件来自动跟踪医学界发表过的每份科学论文的文献资料出处。后来他在位于费城的自家车库里开创了一家商业化公司——科学信息研究所（ISI），研发了可以在计算机上跟踪某段时间内所有发表过的科学论文的软件。如今，科学信息研究所已是一家拥有众多雇员和超级计算机的大公司，将数百万份学术论文与文献参考目录网状交联在一起。

打个比方，就拿我的参考书目里罗德尼·布鲁克斯写于1990年的文章《大象不下棋》来讲，我可以登录科学信息研究所系统，在其作者名下找到这篇文章，并能很快读取在参考书目或脚注里引用过这篇文章的所有发表过的科学论文清单，而我这本《失控》也在其中。假定认为清单中的学者和作者的文章可能对我来说也是有益的，我就有办法回溯这些思想的影响。（截至本书第一次出版，书籍还不能编制引文索引，因此，事实上，如果《失控》不是书而是篇文章，这个例子才行得通。但其原理是适用的。）

引文索引让我可以跟踪自己的思想在未来的传播情况。再一次地，假设《失控》作为一篇文章编入了索引清单，每年我都能在系统上查阅引文索引，并得到所有在其著作中引用过此文的作者清单。这个网络会让我接触到很多人的观点——其中许多观点在引用了我的看法后就显得更贴切了——我以别的方式也许根本无法查到。

引文索引功能被用来绘制突破性的科学研究热门领域的“热力图”。引用频率极高的论文能预示某一研究领域正在快速发展。这个系统还有一个“无心插柳”的效果，就是政府资金资助方可以利用引文索引来帮助他们决定资助哪些项目。他们计算某学者著作被引用的总次数，并根据刊发论文的杂志的“分量”或声望进行调整，来显示该学者的重要性。但就像任何网络一样，引文评价培育了一种积极反馈回路的良机：资金投入越多，发表的论文就越多，引文累积的次数越多，资金资助的安全越有保障，如此等等。而没有资金，就没有论文，没有论文的引用，也就没有资金的回报，也会产生出消极反馈回路。

我们也可以把引文索引看成一种脚注跟踪系统。如果你把每份参考目录看作正文的脚注，那么一份引文索引的作用就是把你引向脚注，然后允许你找出脚注的脚注。对此系统作出较为简洁的介绍的是特德·纳尔逊，他于1974年创造了“超文本”的概念。本质上，超文本是一种大型分布式文档。超文本文档就是在文字、思想和资料来源之间实况链接的模糊网络。这样的文档没有中心，没有尽头。阅读超文本时，你可以在其间纵横穿越，可以翻过正文去看脚注，看脚注的脚注，可以细读和“主要”正文一样长、一样复杂的附加说明的思想。任何一个文档都可以链接到另一个或许多个文档，并成为其中的一部分。计算机处理的超文本可以在正文中添加各种批注或注释，这些注释是其他作者的补充、更新资料、修订、提炼、摘要和解释，并且就像在引文索引中一样，要在文章中列出所有参考书目。

这种分布式文档的应用范围是不可预知的，因为它没有边界并且常常是多位作者的共同结晶。它是一种群集式文本。一位作者就能独自编辑一个简单的超文本文档，别人可以按照许多不同指示，沿着多种途径阅读该文档。因而，超文本的读者在作者架设的网络上又有了自己的创造，这种创造取决于读者是怎样看待并利用素材的。因此，在超文本文档领域中，就像在别的分布式创造物中一样，创造者必须对他的创造物适当放权，减少控制。

各种深度的超文本文档已经存在几十年了。1988年，我参与开发了第一代商用超文本产品，一本名为《全球目录》的杂志的电子版本，它是在麦金塔（苹果Miaintosh计算机）上用HyperCard程序编写而成的。即便在这样一个相对较小的文本网络里（例如有1万个微型文档，并有数百万种组合方式去浏览它们），我也对这种互相连接的理念产生了想法。

一方面，超文本很容易使读者迷路。超文本网络没有的叙事核心部分，其间所有事物好像都不分主次，处处显得大同小异，这个空间仿佛是杂乱无章的区域。如何在网络里定位查找某个条目是个重要问题。回到早期的书籍时代，在14世纪，写字间里的书本是很难定位查找的，因为它们缺乏编目、没有索引或是目录。相比口述，超文本模式通过网络体现出来的优势在于，后者可被编制索引和目录。阅读索引是阅读印刷文本的两种方式的其中一种，但对于阅读超文本来说，它只是许多方式中的一种而已。在一个没有实物形态的应有尽有的大型信息库中（比如现在已经出现的数字图书馆），你会很容易地获知虽然简单但心里总觉得很重要的线索，比如想知道你总共读了几本书或是要读到一本书大概有多少种途径。

另一方面，超文本为自己创造了可能性空间。正如杰伊 · 戴维 · 伯尔特[1]在他那本杰出的但鲜为人知的著作《写作空间》(*Writing Spaces*)里写道：

> 在这个后印刷时代，作者和读者理解的文本，以及文本本身，都有在于印刷书籍的空间中。在印刷书籍的概念空间中，书籍稳定不变，浩瀚而不朽，而且绝对由作者做主。这是一个由成千上万册印刷精美的相同书卷所确立的空间。另一方面，流动不定，作者和读者间往来互动的关系成为电子书的概念空间的特色。

应用科学，特别是认知领域的应用科学，塑造了我们的思想。由每种应用科学创造的可能空间促进了某些思维方式的出现，也阻碍了另外一些思维方式的发展。黑板让使用者可以重复地书写、修改、擦除，从而促进了随心所欲的思考以及自发行为的产生。用羽毛笔在写字纸上书写要求你小心翼翼、注意语法、保持整洁、克制思考。印刷的页面要求的是反复修改过的草稿，还需要编辑、复核、打样。而超文本激发的是新型的思维方式，是简短的、组合式的、非线性的、可延展的、协作式的思维方式。正如音乐家布莱恩·伊诺在写伯尔特的作品时写道，“(伯尔特的理论)是说，我们组织写作空间的方式，也就是我们组织思想的方式，最终成为我们认为整个世界应该被组织的方式”。

古代的知识空间形式是动态的、口述式的。通过修辞和语法，知识构成了诗歌和对话——易于插话、质疑及转移话题。早期的写作也是这般灵活的。文本是个不断发展的事物，作者创作、读者加以修正、门徒校订，是一种可协商的内容创作。待到手稿付诸印刷之时，作者的想法就成为确立不变的永存的思想。读者在文章成型后所起的作用就非常有限了。贯穿全书的一系列坚定不移的思想赋予著作令人敬畏的权威——“权威”和

---

1 杰伊·戴维·伯尔特(Jay David Bolter，1951—)：传播学、语言学教授。对现代媒体进化、超文本、新印刷理念都有研究和革新性观点。

“作者”源于相同的字根。正如伯尔特所指出的，“当远古、中世纪甚至文艺复兴时期的书籍呈现在现代读者面前时，不仅其中的文字有了改变，其文本也被转移到现代印刷品的空间之中”。

在过去的印刷时代，一些作者想方设法地探究拓展自己的写作和思考空间的方式，试图从封闭线性的印刷书籍转入带来非连续性体验的超文本。詹姆斯·乔伊斯写的《尤利西斯》和《芬尼根守灵记》就如同互相撞击、前后呼应的思想网络，每次阅读都会有变幻不定的感觉。博尔赫斯写作的风格是传统线性的风格，但他描述的写作空间是：有关书的书，包含不断分支的情节的文本，怪异地反复自我指称的书，无尽排列的文本，保存各种可能性的图书馆。伯尔特这样评价道：“博尔赫斯能够想象出这样的空中楼阁，却无法制造出来……博尔赫斯本人从未为自己创建一个有效的电子空间，在这个文本网络里，各个时代发散、融合或并行。”

23.5 新的思考空间

我以计算机网络为生。这张网络之网——互联网，连接了全球数以亿计台个人计算机。没有人知道网络到底连接了多少台计算机，甚至没有人知道其中存在着多少个中继节点。1993年8月，互联网协会作出了有根据的推测，称当时这张巨网由170万台主机和1700万个用户组成。网络无人控制，也无人主管。间接资助了互联网的美国政府，有一天突然意识到，无须多少管理和监督，互联网已在技术精英的终端里自行运转起来。正如用户们自豪地夸耀的那样，互联网已然是全世界最大的有效运转的组织，每天有无数条信息在网络用户间传递。我个人每天都要收发很多信息。除了这么多个人信件的往来流动，网络中还存在着信息互动的脱离实体的计算机空间，一个公开的书面交流的共享空间。遍及全球的作者每天要在数不清的重叠话题中添加数百万条语句。人们日复一日地建造着一个巨大的分布式文档，一个处于不停建造、连续变化、短暂永恒状态下的文档。"电子写作空间内的基本元素不是纯粹的杂乱无章。"伯尔特写道，"它处于一种持续的重新组织的状态中。"

网络结出的硕果远远超过印刷书籍或餐桌闲谈。文本是一次与无数参与者的理智交谈。由互联网的多维空间激发出来的思维方式，趋向于传播非教条的实验理念、妙语连珠的全球化观念，培养有跨学科能力的、思想天马行空又充满感情反馈的综合人才。许多参与者之所以喜欢在网上写作而非写书，是因为网上写作采用的是平等的对话方式，是因为它的无拘无束、畅所欲言，而不是因为它的一丝不苟、矫揉造作。

分布式的动态文本，比如网络和很多超文本格式的新书，完全是一个容纳观念、思想和知识的崭新空间。印刷时代塑造的知识孕育了经典著作的概念，这就意味着存在一套核心的基础原理——真理用油墨定型，可以完美复制，因而人类知识只进不退。每代读者要做的事情就是从书本里找出公认的真理。

另外，分布式文本或者说超文本为读者提供了一个新的身份——每个读者共同决定文本的含义。这种关系正是后现代文艺评论秉持的基础理念，后现代主义者的头脑不受世俗标准束缚，他们说超文本可以使“读者参与其中，与作者一起来控制写作空间”。阅读一部作品，每次都能读到不同的道理，每种解读都不是详尽无遗的，也不比另一个更有根据。作品的意义层次众多，不同的人有不同的解读。要想解读文本就必须把它看成思想的网络，即思路。有些思路属于作者，有些属于读者及其历史背景，还有一些则属于作者所处的时代背景。伯尔特说：“读者从网络中引出自己的文本，而每一篇这样的文本都属于某位读者和某一次特别的阅读过程。”

这种对作品的拆分、解析叫作“解构”。“解构主义之父”雅克 · 德里达把文本（一个文本可以是任何复杂体）称为“一种微分的网络，一种不断地指向不同于自身的另一些不同踪迹的踪迹织物”。或者用伯尔特的话来说，文本是“一个指向其他标记的标记结构”。当然，这种涉及其他符号的符号意象，就是分布式群的无限倒退和紊乱的递归逻辑的原型意象，是网络的标志，是万物相连的象征。

我们称为知识或科学的总体是一张相互联系、相互启发的思想之网。超文本和电子书写促进了这种互惠作用。网络重新调整了印刷书籍的写作空间，在新的空间中，许多写作风格和写作方式比油墨印刷更奔放、更复杂。我们可以将生活的整体乐章视为那种“写作空间”的一部分。当气象传感器、人口调查、交通记录器、收银机，以及形形色色的电子信息装置中的数据将它们的“谈话”或陈述大量地注入网络之时，它们极大地扩展了写作空间。它们的信息成为我们所知道的部分，成为我们所谈论的部分，成为我们所意指的部分。

与此同时，网络空间的这种特殊形式也塑造了我们。后现代主义者随着网络空间的形成而崛起绝非巧合。在过去的半个多世纪中，统一的大众市场（工业化迅猛发展的后果）已经分崩离析，让位于小型利基市场的网络（信息化潮起的结果）商业市场、社会习俗、精神信仰及种族划分和真理本身的残片分裂为越来越细小的碎片，构成了这个时代的特征。我们这个社会是碎片交汇的场所。这几乎就是分布式网络的定义。伯尔特又写道：“我们的文化本身是一个广阔的写作空间，一个复杂的象征性结构……正如我们的文化由印刷书籍时代进入计算机时代那样，它也处于由分层次的社会秩序过渡到我们或许可以称为‘网络文化’的社会秩序的最后阶段。”

网络中没有知识的中央管理者，只有独特观点的监护人。人们如今身处高度连接又深度分裂的社会，不能再依赖“中心标准”的指导。人们被迫进入现代存在主义的“黑暗”中，要在互相依赖的碎片的混乱困境里创造出自己的文化、信仰、市场和身份特征。傲慢的中心标准或潜藏着“我是”的工业图标变得空洞乏力。分布式的、无领导的、自然出现的整体性成为社会的理想。

一向富有洞察力的伯尔特写道：“批评者谴责计算机使我们的社会单调统一，通过自动化产生了一致性，但是电子阅读和写作恰恰起了相反的作用。”计算机促进了异质化、个性化和自由意志。

对于计算机的使用后果，没人比乔治·奥威尔在《1984》中的预言错得更离谱了。到目前为止，计算机创造的几乎所有实际的可能性空间都表明，计算机是权威的终结而非权威的开始。

蜂群的工作模式为我们开启的不仅是新的写作空间，还是新的思考空间。如果并行超级计算机和计算机网络可以做到这一点，那么未来的科技——比如生物工程学，会赋予我们怎样的思考空间？生物工程学可以为我们新的思考空间做的一件事是改变我们的时间尺度。现代人类可以构想10年内的事情。我们的历史向过去回溯5年，我们的未来向前延展5年，不会再进一步了。我们还不具备结构化的方法和一个文化工具，来考虑无论是几十年还是几个世纪的问题。为研究基因和进化而准备的工具也许能改变这种状况。如果有药物能提升我们的认知能力，当然也能改造我们的思考空间。

最后一个难住我的，使我暂时搁笔的问题是：思维方式的可能性空间有多大？迄今为止，我们在思维和知识的宝库里发现的所有种类的逻辑，是多还是少？

思维空间也许是很辽阔的。无论是解决一个问题、探究一个概念、证明一个说法还是创造一个新的观念，其方法或许和想法本身一样多。相反，思维空间也许是狭小有限的，就和古希腊先哲们所认为的一样。我曾说过，当人工智能真正出现时，它会是智慧的，但不会十分类似于人类。它将成为许多种非人类思考方式中的一种，也许能填充思维空间的宝库。这个空间也将包含我们人类根本无法理解的某些思考类型。但我们仍可拿来一用。非人类的认知方法会为我们提供超越我们想象并失去我们控制的美妙结果。

说不定我们会为自己创造出惊喜。我们也许会创造出考夫曼机似的头脑，它可以通过一个小型的指令有限集生成所有的思考类型和所有前所未见的复杂性。也许那可能存在的认知空间就是我们的空间，那么我们就能够进入我们所能创造、进化或发现的任何类型的逻辑之中。如果我们能在认知空间内畅行无阻，就能进入无拘无束的思维领域。

我坚信，我们会为自己创造出意外惊喜。

第二十四章

九律

OUT OF CONTROL

24.1 如何无中生有

大自然从无创造了有。

先是一颗坚硬的岩石星球，然后是生命，许许多多的生命，先是贫瘠的荒山与沟壑，然后是点缀着鱼、香蒲，和红翅黑鹂的山涧；先是橡子，然后是一片橡树林。

我想自己也能够做到这一点。先是一大块金属，然后是一个机器人；先是几根电线，然后是一个头脑；先是一些古老的基因，然后是一只恐龙。

如何无中生有？虽然大自然深谙这个把戏，但仅仅依靠观察它，我们并没有学到太多的东西。我们能做的更多是从构造复杂性的失败中以及模仿和理解自然系统的点滴成就中吸取经验教训。我从计算机科学和生物研究的最前沿成果以及交叉学科的各种犄角旮旯里，提取出了大自然用以无中生有的九条规律——是为九律：

◎ 分布式

◎ 自下而上的控制

◎ 递增收益

◎ 模块化生长

◎ 边界最大化

◎ 鼓励犯错误

◎ 不求最优化，但求多目标

◎ 谋求持久的不均衡态

◎ 变自生变

在诸如生物进化、“模拟城市”等各式各样的系统中都能发现这九律的身影。当然，我并不是说它们是无中生有的唯一规律。但是，从复杂性科学所累积的大量观察中总结出来的这九律是最为广泛、最为明确、也最具代表性的通则。我相信，只要坚守这九律就能有如神助一般无往而不利。

分布式。蜂群意识、经济体行为、超级计算机的思维，以及我的生命都分布在众多更小的单元上（这些单元自身也可能是分布式的）。当总体大于各部分的简单之和时，那多出来的部分（也就是从无中生出的有）就分布于各部分之中。无论何时，当我们从无中得到某物，总会发现它衍生自许多相互作用的更小的部件。我们所能发现的最有趣的奇迹——生命、智力、进化，全都根植于大型分布式系统中。

自下而上的控制。当分布式网络中的一切都互相连接起来时，一切都会同时发生。这时，遍及各处而且快速变化的问题都会围绕涌现的中央权威环行。因此全面控制必须由自身最底层相互连接的行动通过并行方式来完成，而非是出于中央指令的行为。群体能够引导自己，而且在快速、大规模的异质性变化领域中，只有群体能引导自己。想要无中生有，控制必然要依赖简单性的底层。

递增收益。每当你使用一个想法、一种语言或者一项技能时，你都在强化它、巩固它并使其更具被重用的可能。这就是所谓的正反馈或滚雪球。成功能孕育成功，这条社会动力学原则在《新约》中表述为：“凡有的，还要加给他更多。”任何改变其所处环境以使其产出更多的事物，玩的都是收益递增的游戏。任何大型和可持续的系统玩的也是这样的游戏。这一规律在经济学、生物学、计算机科学以及人类心理学中都起作用。地球上的生命改变着地球以使其产生更多的生命。信心能建立信心，秩序造就更多的秩序，既得者得之。

模块化生长。要创造一个能运转的复杂系统，唯一的途径就是，先从一个能运转的简单系统开始。未加培育就立即启用高度复杂的组织（如智力或市场经济），注定会走向失败。整合一个大草原需要时间，哪怕你手中已掌握了所有分块。我们需要时间来让每个部分与其他部分充分磨合。将简单且能独立运作的模块逐步组装起来，复杂性就由此诞生了。

边界最大化。世界产生于差异性。一方面，千篇一律的实体必须通过偶尔发生的颠覆性革命来适应世界，否则，一个不小心就可能灰飞烟灭。另一方面，彼此差异的实体则可以通过每天都在发生的数以千计的微小变革来适应世界，让自己处于一种永不静止却不会死掉的状态中。多样性垂青那些“天高皇帝远”的偏远之地，那些不为人知的隐秘角落，那些混乱时刻，以及那些被孤立的族群。在经济学、生态学、进化论和体制模型中，健康的边界能够加快它们的适应过程，提升抗干扰力，并且几乎总是创新的源泉。

鼓励犯错误。小把戏只能得逞一时，到人人掌握之时就不灵了。若想超凡脱俗，就需要想出新的游戏，或是开创新的领域。而跳出传统方法、游戏或领域的举动，又很难同犯错割裂开。就算是天才们天马行空的行为，归根结底也是一种“试错”行为。“犯错和越轨，皆为上帝之安排。”诗人威廉·布莱克这样写道。无论随机还是刻意的错误，都必然成为任何创造过程中不可分割的一部分。进化可以看作是一种系统化的错误管理机制。

不求最优化，但求多目标。简单的机器可以非常高效，而复杂的适应性机器则做不到。一个复杂结构中会有许多个“主子”，系统不能厚此薄彼。与其费劲地将任一功能最优化，不如将多数功能做到“足够好”，这才是大型系统的生存之道。举个例子，一个适应性系统必须权衡是拓展已知的成功（优化当前策略），还是分出资源来开辟新路（因此把精力浪费在试用效率低下的方法上）。在任一复杂实体中，纠缠在一起的驱动因素是如此之多，以致于不可能明了究竟是什么因素可以使系统生存下来。生存是一个多指向的目标，而多数有机体更是多指向的，它们只是某个碰巧可行的变种，而非蛋白质、基因或器官的精确组合。无中生有讲究的不是高雅，只要能运行，就已经很棒了。

谋求持久的不均衡态。静止不变和过于剧烈的变化都对创造无益。好的创造犹如一曲优美的爵士乐，不仅要有平稳的旋律，还要不时地爆发出激昂的音节。均衡即死亡。然而，一个系统若不能在某个平衡点上保持稳定，就几乎等同于引发爆炸，必然会迅速灭亡。没有事物能既处于平衡态又处于失衡态。但某种事物可以处于持久的不均衡态——仿佛在永不停歇、永不衰落的边缘上冲浪。创造的神奇之处正是要在这个流动的临界点上安家落户，这也是人类孜孜以求的目标。

变自生变。变化本身是可以结构化的。这也是大型复杂系统的做法：协调变化。当多个复杂系统构建成一个特大系统的时候，每个系统就开始互相影响直至最终改变其他系统的组织结构。也就是说，如果游戏规则的订立是由下而上的，则处在底层的相互作用的力量就有可能在运行期间改变游戏的规则。随着时间的推移，那些使系统产生变化的规则自身也产生了变化。人们常挂在嘴边的进化是关于个体如何随时间变化而变化的学说。而深层进化——按其可能的正式定义，则是关于改变个体的规则如何随时间变化而变化的学说。要做到从无中生出最多的有，你就必须要有能变化的规则。

24.2 将宇宙据为己有

九律支撑着令人敬畏的自然界的运作：大草原、火烈鸟、雪松林、眼球，地质时代中的自然选择，乃至从精子、卵子到幼象的演变……

如今，这些生物逻辑规则被注入到半导体芯片、通信网络、智能机器人、药物研发、软件设计、企业管理之中，旨在使这些人工系统胜任自身的复杂性。

当科技被生物激活之后，我们就得到了能够适应、学习和进化的人工制品。而当我们的技术能够适应、学习和进化之后，我们就拥有了一个崭新的生物文明。

在精确刻板的齿轮系统和繁花点缀的大自然荒原之间，是连绵不断的复杂体集合。工业时代的标志是机械设计能力的登峰造极；而新生物文明的标志则是使设计再次回归自然。早期的人类社会也曾依赖从自然界中找到的生物学方案——草药、动物蛋白、天然染料等。但新生物文化则是将工程技术和不羁的自然融合在一起，直至将二者整合得难以区别，这似乎是件令人不可思议的事情。

即将到来的文化带有鲜明的生物本性，这是由于受到以下五个方面的影响。

◎ 尽管我们的世界越来越技术化，有机生命，包括野生的也包括驯养的，将继续是人类在全球范围内进行实践和认知的基础；

◎ 机械将变得更具生物特性；

◎ 技术网络将使人类文化向更有利于保持生态环境的平衡和进化的方向发展；

◎ 工程生物学和生物技术将使机械技术黯然失色；

◎ 生物学方法将被视为解决问题的理想方法。

在即将到来的“新生物时代”，所有我们所依赖和担心的事物，都将具有更多天生的属性。如今我们要面对的事物包括计算机病毒、神经网络、生物圈二号、基因疗法以及智能卡——所有这些人工构造的产品，连接起了机械与生物的进程。将来的仿生杂交会更令人困惑、更普遍，也会更具威力。我想，也许会出现这样一个世界：其中有变异的建筑、活着的硅聚合物、脱机进化的软件程序、自适应的车辆、塞满共同进化家具的房间、打扫卫生的蚊形机器人、能治病的人造生物病毒、神经性插座、半机械身体部件、定制的粮食作物、模拟的人格，以及由不断变化的计算设备组成的巨型生态。

生命长河，或者说生命流动的逻辑，将始终奔流不息。

对此我们不应大惊小怪：生命已征服了地球上大多数非活性物质，接下来它就会去征服技术，并使之接受它那不断进化、常变常新且不受我们掌控的进程安排。就算我们不交出控制权，新生物技术世界：也远比时钟、齿轮和可预测的简单世界要有看头得多。

今天的世界已经够复杂了，而明天的一切将会变得更加复杂。科学家，以及本书中所提及的那些项目，已经在关注如何利用设计规则，使混沌中产生有序，使有组织的复杂性避免解体为无组织的复杂性，并做到无中生有。

附录 人名索引

本译本采用随文注解的方式。书中提到的人物有上百个，其中一些人物出现在多个章节里，只有首次出现时，才会添加注解。为方便读者，特做此索引。列表中的人名按照姓氏第一个字的汉语拼音排列，并在后面注明首次出现的章节。

A - B

阿基米德 7.1

罗伯特 · 阿克塞尔罗德 5.5

保罗 · 埃尔利希 5.2

格瑞特 · 埃里克 6.7

埃舍尔 5.3

曼弗雷德 · 艾根 15.6

安伯托 · 艾柯 13.3

戴维 · 艾克利 6.4

罗斯 · 艾希比 5.2

安培 7.3

瑞奇 · 巴格利 20.5

约翰 · 巴罗 20.5

柏拉图 7.3
比尔 · 鲍尔斯 7.2
鲍尔温 18.2
丹 · 鲍肯 6.1
格雷戈里 · 贝特森 5.1
马克 · 波林 3.1
杰克逊 · 波洛克 14.3
博尔赫斯 13.3
托尼 · 博格斯 6.1
杰伊 · 戴维 · 伯尔特 23.4
迪特里希 · 布拉斯 2.7
H. S. 布莱克 7.2
斯图尔特 · 布兰德 5.1
汉斯 · 布雷默曼 15.3
罗德尼 · 布鲁克斯 3.1

C - D

大卫 · 查奈尔 6.7
列奥纳多 · 达 · 芬奇 7.4
丹尼尔 · 丹尼特 3.3
彼得 · 丹宁 15.8
马克 · 戴普 16.1
弗里曼 · 戴森 6.6
保罗 · 戴维斯 20.5
科内利斯 · 德雷贝尔 7.1
吉姆 · 德雷克 4.3
汉斯 · 德里施 6.6
德谟克利特 2.1
德日进 11.5
德尼 · 狄德罗 14.7
尼可 · 丁柏根 16.4
堵丁柱 2.7

F - G

沃尔特 · 方塔纳 18.4
莱昂 · 法尔科 7.2
罗纳德 · 艾尔默 · 费希尔 15.3
海因茨 · 冯 · 福尔斯特 3.5
劳伦斯 · 福格尔 15.3
罗伯特 · 福罗什 10.5
梅里尔 · 弗勒德 5.5
爱德华 · 弗雷德金 6.6
卡尔 · 冯 · 弗里希 16.4
弗洛伊德 6.7
杰克 · 弗农 3.7
彼得 · 盖布瑞尔 16.3
安东尼 · 高迪 10.1
哥白尼 6.7
库尔特 · 哥德尔 20.3
鲁宾 · 戈德堡 17.3
布莱德 · 格拉夫 16.3
詹姆斯 · 格雷克 2.2
H. A. 格利森 6.3
布赖恩 · 古德温 7.4

史蒂文·杰·古尔德 18.3
拉尔夫·古根海姆 16.2
阿诺夫·古儒柏 22.6

H-J

弗里德里克·哈耶克 7.3
海伦 7.1
威廉姆·汉密尔顿 6.3
凯斯·汉森 3.5
赫伯斯 3.7
托马斯·亨利·赫胥黎 5.4
黄光明 2.7
威廉·莫顿·惠勒 2.1
约翰·惠勒 20.4
以利·惠特尼 7.3
托马斯·霍布斯 5.5
道格拉斯·霍夫施塔特 2.4
约翰·霍兰德 5.1
威廉·吉布森 11.1
乔治·吉尔德 7.4
约翰·休林斯·杰克逊 2.4

K

奥森·斯科特·卡德 13.5
詹姆斯·弗朗西斯·卡梅隆 16.7
彭蒂·卡内尔瓦 2.4
卡诺 21.1
罗伦·卡彭特 2.2
艾伦·凯 2.7
迈克尔·凯斯 16.1
尼古拉·康德拉季耶夫 22.6
约翰·柯扎 15.8
克特西比乌斯 7.1
斯图亚特·考夫曼 4.3
约·科恩 6.2
弗雷德里克·克莱门茨 6.3
托马斯·库恩 23.2
詹姆斯·布赖恩·奎恩 11.3

L

皮埃尔·拉蒂尔 7.3
拉马克 5.4
杰伦·拉尼尔 13.3
阿纳托尔·拉普伯特 5.5
约翰·拉塞特 16.2
斯坦尼斯拉夫·莱姆 13.8
克里斯·朗顿 2.6
约翰·劳顿 6.2
康拉德·劳伦兹 16.4
布莱克·勒巴朗 22.6
汤姆·雷 15.1
克雷格·雷诺兹 2.2
戴维·雷泽尔 5.3

奥尔多 · 利奥波德 4.1
迈克尔 · 利特曼 15.7
皮特 · 利特维诺维兹 16.7
史蒂文 · 列维 15.4
克里斯蒂安 · 林德格雷 5.5
阿利斯蒂德 · 林登美尔 16.1
罗杰 · 卢因 7.4
伯特兰 · 罗素 7.3
詹姆斯 · 洛夫洛克 5.2
罗伯特 · 洛克利夫 6.3
阿尔弗雷德 · 洛特卡 5.4

M

戴维 · 马尔 2.4
罗蒙 · 马格列夫 6.2
林恩 · 玛格丽丝 5.4
布鲁斯 · 马兹利士 6.7
马歇尔 · 麦克卢汉 5.2
沃伦 · 麦克洛克 7.3
迈克尔 · 麦肯纳 16.3
罗伯特 · 梅 6.2
丹娜 · 梅多斯 22.9
丹尼斯 · 梅多斯 22.9
派蒂 · 梅斯 16.5
墨里斯 · 梅特林克 2.1
托马斯 · 米德 7.1
盖文 · 米勒 16.1
马文 · 明斯基 3.1
劳埃德 · 摩根 2.3
斯卡 · 摩根斯特恩 5.5
席　多 · 莫迪斯 22.6
拉尔夫 · 默克勒 15.9
C. J. 穆德 5.2

N - R

艾伦 · 纽厄尔 15.3
纽科门 7.1
约翰 · 冯 · 诺伊曼 5.5
史蒂夫 · 帕克德 4.1
戴维 · 帕那斯 11.4
怀尔德 · 潘菲尔德 2.4
威廉 · 庞德斯通 5.5
霍华德 · 派蒂 6.3
桑迪 · 朋特兰德 16.5
斯图亚特 · 皮姆 4.3
P. W. 普莱斯 5.2
普鲁辛凯维奇 16.1
荣格 7.4

S

多里昂 · 萨根 9.4
戴维 · 塞尔彻 16.3
色诺芬 2.1

布赖恩·山内 3.4
叶夫根尼·舍甫列夫 8.3
圣提雷尔 19.5
李维·施特劳斯 11.2
赫伯特·斯宾塞 5.4
斯马茨 19.4
鲁道夫·斯坦纳 2.1
史蒂文·斯特拉斯曼 16.3
查德·斯威尼 22.6
苏格拉底 7.3
爱德华·苏斯 5.4
弗兰克·索尔兹巴利 8.3

T-W

约翰·汤普森 5.2
哈丁·提布斯 10.5
阿尔文·托夫勒 12.5
托勒密二世 7.1
詹姆士·瓦特 7.1
艾德华·威尔森 15.1
马克·威瑟 10.2
利奥·维纳 7.3
诺伯特·维纳 2.5
乔纳森·韦纳 5.4
戴维·温盖特 4.4
沃丁顿 18.2
米奇·沃尔德罗普 20.5
斯蒂芬·沃尔夫拉姆 6.6
弗拉基米尔·沃尔纳德斯基 5.4
约翰·沃克 16.1

X-Z

丹尼·希利斯 4.4
赫伯特·西蒙 11.4
欧文·薛定谔 6.6
朱利安·亚当斯 6.4
亚里士多德 2.1
道格拉斯·英格巴特 3.1
威廉·詹姆斯 3.3

译后记："失控"的协作与进化

很多人都会认为本书过于技术化了，不适合阅读。本书的确不是一本轻松的读物。事实上，那些有机会先睹为快的朋友告诉我，每读上一小节，他们都要停下来，想一想，甚至还要休息一下。不过，他们也无一例外地表示，这是一部真正有价值的书，是一部思想之书、智慧之书。

这样一部读着都很"辛苦"的书，其翻译过程就更不必说了。但翻译的辛苦，并不是值得在这里大书特书的事情——翻译本身就是一件苦差事。这部书的翻译过程之所以与众不同，正在于它身体力行地实践了这本书中的思想。

翻译工作早在2008年5月就开始了。起初只有一位译者——同时拥有清华数学系的学士学位和北大哲学系的准博士学位。我们在评估原作后一致认为，这样一个"大部头"，绝不能采用多人协作的方式，否则很难保证质量。现在回过头来看，这其实也是一个近于"荒谬"的结论。20世纪也曾有很多高质量的译著，是由团队协作完成的。只不过后来，地理上聚在一起的团队不复存在，翻译似乎成了"一个人的战斗"，即使有多人参与，也往往是编辑在时间的压力下将原作分成几块，包给不同的译者分头完成而已。译者间绝少通气和交流，因而也不能称之为"协作"，并且质量也无法得到保证。

到了2008年年底，《失控》的翻译进度远远落后于计划——只完成了初稿的1/4左右。无奈之下，我决定铤而走险，通过社区公开招募的方式，选拔了另外8名译者。这些译者中，有大学生，有中学教师，有大学教师，有国家公务员，更多的其实连是做什么的我都不是很清楚。他们与之前的译者组成一个虚拟团队，以协作的方式继续工作。为此，我们创建了维基页面和谷歌小组。

协作一开始就处在一种“失控”的状态中：章节段落是自由认领的，译者喜欢哪一章就在维基页面那章的标题后面注上自己的ID。有的译者只小心翼翼地认领半章；也有的译者死乞白赖地求手快的译者把喜欢的章节让给自己。作为协作翻译的组织者，我只是维护一张表格，每周向大家汇报进度而已。虽然感觉上有些乱哄哄的，不过也没出什么大问题，每周的进度也很令人满意。

很快新的问题又冒出来了。有些译者将翻译过程中遇到的难点发到谷歌小组里，引起了争论，并且常常谁都很难说服谁。这时候我觉得有必要设立某种仲裁机制了，于是提出由大家推举三位译者组成仲裁小组，作为最终的裁定机构。想不到的是，我的提议竟然遭到了所有译者的反对。“不，我们自己能摆平这些问题！”好吧，于是我缩回去继续做我那份很有前途的进度汇报工作。

仅仅用了一个半月的时间（中间还过了一个春节），全书的初稿就奇迹般地完成了。鉴于之前的组织工作实在“混乱”，也不“规范”——例如，事先并没有一个统一的术语表，只是译者在翻译过程中觉得哪些术语有必要统一，就把它们添加到一个维基页面上；但其他译者是否认可和遵从，也没有强制约束——因此，大家一致同意进入互校阶段（事实上，有些手快的译者在此之前已经完成了一遍对自己那部分的自校工作）。

互校中也免不了吵吵闹闹。但还有更“节外生枝”的事情发生。一位译者用了一周时间，将书中所涉及的过百个人物在互联网上检索了一遍，做了注释；另一位译者列出了他认为对理解本书来说至关重要的30几个关键词；还有几位译者从自己的专业背景出发，结合从维基百科、互动百科上查到的词条，为专业术语做了加注。在大家今天看到的这本中文版中，注解多达400多个！这正是译者的工作成果。

两轮互校完成后，大家又推举了一位译者对全书文字做了润色。到2009年5月，这种“蜂群思维”式的协作基本上告一段落。第一版的中文《失控》译本诞生了。那时候，全部的译文都放在维基页面上，并且谁都可以看到。现在网上能找到的《失控》译文，基本上都是那个版本的节选和转载。

这之后，我决定亲自对全书再做一次终校，以进一步提升质量。谁曾想，这一校就是一年多。其间经历了我被迫离开联合创业并担任总经理的公司，从头建设一个新的网站和社区——“东西”。好在团队承担了绝大部分工作，社区也给了我莫大的鼓励和帮助。我得以在这一年多的时间里，时断时续地完成了终校工作。说是完成，其实也不确切，最终还是未来得及对第22章和第23章进行终校。因此，这一版的中译本还算不上完美，还有很大的进化空间。

终校的“拖沓”，在我看来并不能算是“失败”，它从某种程度上再次验证了《失控》中所提及的思想，并让我们更深刻地认识了“众包”这一互联网经济时代的新模式。

如果说终校之前的协作是在一个扁平层级上的“蜂群思维”，那么终校则是在这个层级之上的更高级行为。这里的层级不是阶级的层级，而是功能的层级。正所谓“革命只有分工不同，没有高低贵贱之分”。

理想状态下，高层级的行为不应简单重复低层级的行为。“终校”与其说是“校”，不如说是“读”。我依靠自身的知识背景，通读译文，遇到别扭或难解之处，再去对照原文。不过在这个过程中，我发现译文的质量参差不齐，一些章节不得不近于重新翻译一遍。但这并不是译者的问题，而是因为在2008年年底的时候，我们还没有能力通过社区招募到这么多能够充分胜任《失控》这本书的译者。

即便在两年后的今天，我们也不敢保证能够通过社区招募到数量恰恰好、水平恰恰够、文风足够近的译者来组成一个完美的协作团队。而且我相信，不论是现在还是将来，达成这个目标的概率都几乎为0。

这也就是“众包”的特点——带有一定的不确定性和不可控性。

在继续讨论“众包”模式之前，先澄清一个曲解。“众包”不是“威客”。借助网络从茫茫人海中筛选出最突出的个体来完成任务，这其实是“超女”的海选；没有了协作，没有了“蜂群思维”，也就不成其为“众包”。

不确定性往往使人们感到不安，而不可控性更是被视为现代企业管理的大敌。然而从另一方面讲，不确定性和不可控性也正是创新的源泉、进化的动因。这点无须我来赘述。

如何既不抹杀创造性和进化空间又能保证产品和服务的质量？

答案就是层级架构，而且往往只需要两个层级就足够了：下层是充满活力的“蜂群”式协作，上层则对产品或服务的最终质量进行把控。《失控》中用了一个相对专业的术语来描述这种结构——包容架构；其所涉及的细节和故事，也要比我这里的三言两语丰富得多。

《连线》编辑杰夫·豪（Jeff Howe）最初在2006年提出“众包”概念的时候，认为是网络和科技产品的进步——如数码相机——使得原本需要专业人士才能完成的工作由业余人员就可以完成，并且在海量的业余作品库中，总有一款适合你。

4年之后，我们相信，“众包”需要重新被定义。

杰夫·豪的立论基础并非今天所特有。历史上每一次重大的科技进步，都会将某个原本高高在上的行业或技能“贬值”为大路货，例如书写。只不过今天，科技发展如此迅速，使得成千上万的行业和技能在瞬间就从“专业”的顶峰跌入“业余”的谷底，让那些专业人士无所适从。而至于海量的内容库，拜托，我们已经在为信息过载而头疼了。

因而，我们在这里所说的“众包”，是以“蜂群思维”和层级架构为核心的互联网协作模式。嗯，就是这样。

好了，感谢你耐心地读到这里，而不是一看见“后记”这样的字眼就潇洒地把这几页纸撕掉——我听过不止一个人表达过类似的强烈愿望。

感谢参与《失控》协作翻译的译者：陆丁、袁璐、陈之宇、郝宜平、小青、张鹃、张行舟、王钦、顾珮钦、卢蔚然、gaobaba；感谢“东西”团队：傅妍冰（西西）、张文武（铁蜗牛）、师北宸、郝亚洲、王懿、管策、周峰、张宁、杜永光、左向宇、任文科（Kevin Ren）、王萌（Neodreamer）；还要感谢曾协助校对的金晓轩。

感谢鼓励和帮助我一路走来的朋友们：张向东、毛译敏（毛毛）、刘刚。

更要感谢KK对我们的包容和支持。

也期待《失控》中译本在你我的手上继续进化！

赵嘉敏（拙尘）

2010年11月于北京